蒂图·安德雷斯库系列丛书(第一辑)

数学反思

(2014—2015)

Mathematical Reflections two special years (2014–2015)

[美]蒂图·安德雷斯库(Titu Andreescu) 著

余应龙 译

哈爾濱工業大學出版社
HARBIN INSTITUTE OF TECHNOLOGY PRESS

黑版贸审字 08－2017－067 号

图书在版编目(CIP)数据

数学反思. 2014－2015/(美)蒂图·安德雷斯库(Titu Andreescu)著;余应龙译. —哈尔滨:哈尔滨工业大学出版社,2019.3

书名原文:Mathematical Reflections two special years(2014－2015)

ISBN 978－7－5603－7520－5

Ⅰ.①数… Ⅱ.①蒂… ②余… Ⅲ.①数学－竞赛题－题解 Ⅳ.①O1－44

中国版本图书馆 CIP 数据核字(2018)第 164887 号

策划编辑　刘培杰　张永芹
责任编辑　张永芹　关虹玲
封面设计　孙茵艾
出版发行　哈尔滨工业大学出版社
社　　址　哈尔滨市南岗区复华四道街 10 号　邮编 150006
传　　真　0451－86414749
网　　址　http://hitpress. hit. edu. cn
印　　刷　哈尔滨市工大节能印刷厂
开　　本　787mm×1092mm　1/16　印张 25.25　字数 567 千字
版　　次　2019 年 3 月第 1 版　2019 年 3 月第 1 次印刷
书　　号　ISBN 978－7－5603－7520－5
定　　价　78.00 元

(如因印装质量问题影响阅读,我社负责调换)

序言

因为得到了忠实读者的赏识和他们具有建设性反馈意见的鼓舞，所以在此我们呈现《数学反思》一书：本书编撰了同名网上杂志 2014 和 2015 卷的修订本. 该杂志每年出版六期，从 2006 年 1 月开始，它吸引了世界各国的读者和投稿人. 为了实现使数学变得更优雅、更激动人心这一个共同的目标，该杂志成功地鼓舞了具有不同文化背景的人们对数学的热情.

本书的读者对象是高中学生、数学竞赛的参与者、大学生，以及任何对数学拥有热情的人. 许多问题的提出和解答，以及文章都来自于热情洋溢的读者，他们渴望创造性、经验，以及提高对数学思想的领悟. 在出版本书时，我们特别注意对许多问题的解答和文章的校正与改进，以使读者能够享受到更多的学习乐趣.

这里的文章主要集中于主流课堂以外的令人感兴趣的问题. 学生们通过学习正规的数学课堂教育范围之外的材料才能开阔视野. 对于指导老师来讲，这些文章为其提供了一个超越传统课程内容范畴的机会，激起其对问题讨论的动力，通过极为珍贵的发现时刻指导学生. 所有这些富有特色的问题都是原创的. 为了让读者更容易接受这些材料，本书由具有解题能力的专家精心编撰. 初级部分呈现的是入门问题（尽管未必容易）. 高级部分和奥林匹克部分是为国内和国际数学竞赛准备的，例如美国数学竞赛（USAMO）或者国际数学奥林匹克竞赛（IMO）. 大学部分为高等学校学生提供了解线性代数、微积分或图论等范围内非传统问题的独有的方法.

没有忠实的读者和网上杂志的合作，本书的出版是看不到希望的. 我们衷心感谢所有的读者，并对他们继续给予有力的支持表示感激. 我们真诚希望各位能沿着他们的足迹，接过他们的接力棒，使该杂志给热忱的数学爱好者提供更多的机会，以及在未来出版既有创新精神，又有趣的作品的这一使命得到实现.

我们也要对 Maxim Ignatiuc，Sean Elliott 先生为收集稿件提供的帮助表示感谢. 对 Gabriel Dospinescu 先生审阅本书表示十分感谢. 特别要感谢的是 Richard Stong 先生对手稿多处做了改进. 如果你有兴趣阅读该杂志，请登录：http://awesomemath. org/mathematical-reflections/. 读者也可以将撰写的文章、提出的问题或给出的解答发送到邮箱：reflections@ awesomemath. org.

出售本书的收入，我们将用于维持未来几年杂志的运营. 让我们共同分享本书中的问题和文章吧！

Titu Andreescu 博士

◎ 目录

1 问　　题

1.1 初级问题

J289 设 a 是实数，且 $0 \leqslant a < 1$. 证明：

$$\lfloor a\left(1+\lfloor \frac{1}{1-a} \rfloor\right) \rfloor + 1 = \lfloor \frac{1}{1-a} \rfloor$$

J290 设 a,b,c 是非负实数，且 $a+b+c=1$. 证明：

$$\sqrt[3]{13a^3+14b^3}+\sqrt[3]{13b^3+14c^3}+\sqrt[3]{13c^3+14a^3} \geqslant 3$$

J291 在 $\triangle ABC$ 中，$\angle BCA = 2\angle ABC$，P 是 $\triangle ABC$ 内一点，且 $PA=AC$，$PB=PC$. 求 $\triangle PAB$ 与 $\triangle PAC$ 的面积比.

J292 求最小实数 k，对于每一个正实数 x,y,z，以下不等式成立：

$$\prod_{\text{cyc}}(2xy+yz+zx) \leqslant k(x+y+z)^6$$

J293 求一切正整数 x,y,z，使

$$(x+y^2+z^2)^2 - 8xyz = 1$$

J294 设 a,b,c 是非负实数，且 $a+b+c=3$. 证明：

$$1 \leqslant (a^2-a+1)(b^2-b+1)(c^2-c+1) \leqslant 7$$

J295 设 a,b,c 是正整数，且 $(a-b)^2+(b-c)^2+(c-a)^2=6abc$. 证明：

$$a^3+b^3+c^3+1 \text{ 不能被 } a+b+c+1 \text{ 整除}$$

J296 黑板上写着若干个正整数. 我们每一步选择两个数 u,v，这里 $u \geqslant v$，然后用 $u+v$ 和 $u-v$ 代替 u,v. 证明：在有限步以后，不能得到原来的这些数.

J297 设 a,b,c 是 $x(x \geqslant 4)$ 进制的数字(其中至多有一个是零). 证明：

$$\frac{\overline{ab}}{\overline{ba}}+\frac{\overline{bc}}{\overline{cb}}+\frac{\overline{ca}}{\overline{ac}} \geqslant 3$$

这里所有的数都是 x 进制.

J298 考虑直角 $\angle BAC$ 和过点 A 的圆 $\omega_1,\omega_2,\omega_3,\omega_4$. 圆 ω_1,ω_2 的圆心在射线 AB 上，圆 ω_3,ω_4 的圆心在射线 AC 上. 证明：这四个圆除点 A 外的四个交点共圆.

J299 证明：无论我们如何从集合 $\{1,2,\cdots,2n\}$ 中选择 n 个数，其中必有一数无大于 1 的平方因子.

J300 设 a,b,c 是正实数. 证明:

$$\frac{b+c}{\sqrt{2a^2+16ab+7b^2}+c}+\frac{c+a}{\sqrt{2b^2+16bc+7c^2}+a}+\frac{a+b}{\sqrt{2c^2+16ca+7a^2}+b}\geqslant 1$$

J301 设 a,b 是非零实数,且 $ab\geqslant \frac{1}{a}+\frac{1}{b}+3$. 证明:

$$ab\geqslant\left(\frac{1}{\sqrt[3]{a}}+\frac{1}{\sqrt[3]{b}}\right)^3$$

J302 已知实数 x,y,z 满足 $x+y+z=0$,以及

$$\frac{x^4}{2x^2+yz}+\frac{y^4}{2y^2+zx}+\frac{z^4}{2z^2+xy}=1$$

确定并证明 $x^4+y^4+z^4$ 的一切可能的值.

J303 设 $\triangle ABC$ 是等边三角形. 考虑圆心在 C,且过 A,B 两点的圆的直径 XY,使直线 AB 和 XY,AX 和 BY 都相交于圆外. 设 Z 是 AX 和 BY 的交点. 证明:

$$AX\cdot XZ+BY\cdot YZ+2CZ^2=XZ\cdot YZ+6AB^2$$

J304 设 a,b,c 是实数,且 $a+b+c=1$. 设 M_1 是 $a+\sqrt{b}+\sqrt[3]{c}$ 的最大值,M_2 是 $a+\sqrt{b+\sqrt[3]{c}}$ 的最大值. 证明:$M_1=M_2$,并求出这个最大值.

J305 考虑 $\angle ABC=30°$ 的 $\triangle ABC$. 假定从顶点 B 出发的角平分线的长是从顶点 A 出发的角平分线的长的 2 倍. 求 $\angle BAC$ 的大小.

J306 设 S 是正实数的非空集合,且对于 S 中的任何 a,b,c,$ab+bc+ca$ 是有理数. 证明:对于 S 中的任何 a,b,$\frac{a}{b}$ 是有理数.

J307 证明:对于每一个正整数 n,存在完全平方数,它的各位数字的和等于 4^n.

J308 是否存在质数三数组 (p,q,r),使 $S=(p^2-7)(q^2-7)(r^2-7)$ 是完全平方数?

J309 设 n 是大于 3 的正整数,S 是平面内 n 个点的集合,这些点不是一个凸多边形的顶点,也没有三点共线. 证明:在这些点中存在一个以其中三点为顶点的三角形,在 S 中恰有另一个点在其内部.

J310 Alice 将棋子放在 8×8 的棋盘的一些方格中,使得:

(1) 在任何 2×1 或 1×2 的矩形中至少存在一枚棋子;

(2) 在任何 7×1 或 1×7 的矩形中至少存在两枚相邻的棋子.

求 Alice 必须满足这两个条件所放的棋子的最少个数.

J311 设 a,b,c 是大于 1 或等于 1 的实数. 证明:

$$\frac{a(b^2+3)}{3c^2+1}+\frac{b(c^2+3)}{3a^2+1}+\frac{c(a^2+3)}{3b^2+1}\geqslant 3$$

J312　设 $\triangle ABC$ 的外接圆为 Γ，P 是三角形内的一点. 设 M 是边 BC 的中点，直线 AP，BP，CP 分别交 BC，CA，AB 于点 X，Y，Z. 再设直线 YZ 交 Γ 于点 U 和 V. 证明：M，X，U，V 共圆.

J313　求方程组

$$x(y+z-x^3)=y(z+x-y^3)=z(x+y-z^3)=1$$

的实数解.

J314　Alice 在做梦. 在梦境中她认为形如 $3k+1$ 的质数是怪异的. 于是她认为找到一个大于 1，且不能被怪异的质数整除的连续整数的数列是很有趣的. 她很快找到具有这样性质的五个连续整数：

$$8=2^3,9=3^2,10=2\cdot 5,11=11,12=2^2\cdot 3$$

她能够找到最长的数列的长是多少？

J315　设 a，b，c 是非负实数，且 $a+b+c=1$. 证明：

$$\sqrt{4a+1}+\sqrt{4b+1}+\sqrt{4c+1}\geqslant\sqrt{5}+2$$

J316　求方程

$$x^3+y^3+z^3+u^3+v^3+w^3=53\ 353$$

的质数解.

J317　在 $\triangle ABC$ 中，$\angle A$ 的平分线交 BC 于 D，交 $\triangle ABC$ 的外接圆于 E. $\angle A$ 的外角平分线交 BC 于 F，交 $\triangle ABC$ 的外接圆于 G. 证明：$DG\perp EF$.

J318　确定函数 $f:\mathbf{R}\to\mathbf{R}$ 对一切实数 x 和 y，满足 $f(x-y)-xf(y)\leqslant 1-x$.

J319　设 $0=a_1<a_2<\cdots<a_n<a_{n+1}=1$，且 $a_1+a_2+\cdots+a_n=1$. 证明：

$$\frac{a_1}{a_2-a_0}+\frac{a_2}{a_3-a_1}+\cdots+\frac{a_n}{a_{n+1}-a_{n-1}}\geqslant\frac{1}{a_n}$$

J320　求一切正整数 n，使 $2\ 014^n+11^n$ 是完全平方数.

J321　设 x，y，z 是正实数，且 $xyz(x+y+z)=3$. 证明：

$$\frac{1}{x^2}+\frac{1}{y^2}+\frac{1}{z^2}+\frac{54}{(x+y+z)^2}\geqslant 9$$

J322　设 $\triangle ABC$ 的重心为 G. 过该三角形所在平面内的点 P 与中线 AA'，BB'，CC' 的平行线分别交直线 BC，CA，AB 于 A_1，B_1，C_1. 证明：

$$A'A_1+B'B_1+C'C_1\geqslant\frac{3}{2}PG$$

J323　在 $\triangle ABC$ 中，$\sin A+\sin B+\sin C=\frac{\sqrt{5}-1}{2}$. 证明：

$$\max(A,B,C)>162^\circ$$

J324 设 X,Y,Z 分别是 $\triangle ABC$ 的顶点 A,B,C 关于对边 BC,CA,AB 的对称点. 设 X_b,X_c 分别是 X 在 AC,AB 上的射影, Y_c,Y_a 分别是 Y 在 BA,BC 上的射影, Z_a,Z_b 分别是 Z 在 CB,CA 上的射影. 证明: X_b,X_c,Y_c,Y_a,Z_a,Z_b 共圆.

J325 对于正实数 a 和 b,定义它们的完全平均数为它们的算术平均数与几何平均数的和的一半. 在集合 $\{1,2,\cdots,2\ 015\}$ 中,求有多少对无序整数对 (a,b) 的完全平均数是完全平方数.

J326 设 a,b,c 是非负实数. 证明:

$$\sqrt{2a^2+3b^2+4c^2}+\sqrt{3a^2+4b^2+2c^2}+\sqrt{4a^2+2b^2+3c^2}\geqslant (\sqrt{a}+\sqrt{b}+\sqrt{c})^2$$

J327 一位珠宝商将九颗不同的宝石串成一串环状的项链. 其中有三颗蓝宝石,三颗红宝石,三颗绿宝石. 如果两颗同类的宝石不相邻,并且认为旋转或翻转后所得到的两条项链是同一条项链. 问珠宝商能串成多少条不同的项链?

J328 设 a,b,c 是正实数,且 $a+b+c=2$. 证明:

$$\sqrt{a^2+bc}+\sqrt{b^2+ca}+\sqrt{c^2+ab}\leqslant 3$$

J329 设 $a_1,a_2,\cdots,a_{2\ 015}$ 是正整数,且 $a_1+a_2+\cdots+a_{2\ 015}=a_1\cdot a_2\cdot\cdots\cdot a_{2\ 015}$. 证明: 在 $a_1,a_2,\cdots,a_{2\ 015}$ 中至多有 9 个数大于 1.

J330 设 $ABCD$ 是重心为 G,内接于圆 O 的四边形,对角线相交于点 P. 证明:如果 O,G,P 共线,那么 $ABCD$ 是等腰梯形.

J331 确定所有的正整数,使

$$n!\left(1+\frac{1}{2}+\cdots+\frac{1}{n}+\frac{1}{n!}\right)$$

能被 n 整除.

J332 设 $n\geqslant 3,0=a_0<a_1<\cdots<a_{n+1}$,且 $a_1a_2+a_2a_3+\cdots+a_{n-1}a_n=a_na_{n+1}$. 证明:

$$\frac{1}{a_3^2-a_0^2}+\frac{1}{a_4^2-a_1^2}+\cdots+\frac{1}{a_{n+1}^2-a_{n-2}^2}\geqslant\frac{1}{a_{n-1}^2}$$

J333 考虑等角六边形 $ABCDEF$. 证明: $AC^2+CE^2+EA^2=BD^2+DF^2+FB^2$.

J334 在 $\triangle ABC$ 中, $\angle A\geqslant 60°$, D,E 分别在线段 AB,AC 上. 证明:

$$\frac{BC}{\min(BD,DE,EC)}\geqslant\sqrt{5-4\cos A}$$

J335 证明:对于任何 $a,b>-1$,有

$$\max\{(a+3)(b^2+3),(a^2+3)(b+3)\}\geqslant 2\,(a+b+2)^{\frac{3}{2}}$$

J336 设 AD 是 $\mathrm{Rt}\triangle ABC$ 的高, T 是线段 BD 上的任意一点. 过 T 向 $\triangle ADC$ 的外接圆作切线,这两条切线分别交 AB 于 X,Y. 证明: $AX=BY$.

J337　证明：对于每一个整数 $n\geqslant 0$，$16^n+8^n+4^{n+1}+2^{n+1}+4$ 是两个大于 4^n 的整数的积.

J338　考虑坐标为 (u,v) 的格点 $P_1,P_2,\cdots,P_{n^2}$，其中 $1\leqslant u,v\leqslant n$. 对于点 $P_i(u_i,v_i)$ 和 $P_j(u_j,v_j)$，定义 $d(P_iP_j)=|u_i-u_j|+|v_i-v_j|$.

求：$\sum\limits_{1\leqslant i<j\leqslant n^2} d(P_iP_j)$ 的值.

J339　求方程

$$\frac{x-1}{y+1}+\frac{y-1}{z+1}+\frac{z-1}{x+1}=1$$

的正整数解.

J340　设 $\triangle ABC$ 的内切圆是 ω，外接圆是 Γ，I 是 $\triangle ABC$ 的内心，D 是 ω 与 BC 的切点，M 是 ID 的中点，N 是 A 关于 Γ 相对的点. 设点 A' 是与 Γ 外切，并与射线 AB，AC 相切的圆的切点. 证明：直线 $A'D$ 与 MN 相交在 Γ 上.

J341　设点 P 在 $\triangle ABC$ 的内部. $PA=x$，$PB=y$，$PC=z$. 证明：

$$\frac{(x+y+z)^9}{xyz}\geqslant 729a^2b^2c^2$$

J342　求方程组

$$\frac{x^3}{4}+y^2+\frac{1}{z}=\frac{y^3}{4}+z^2+\frac{1}{x}=\frac{z^3}{4}+x^2+\frac{1}{y}=2$$

的正实数解.

J343　证明：共有 2 014 个 0 的数 102400…002401 是合数.

J344　已知：对一切 $a,b,c\in\mathbf{R}$，有

$$\frac{a^2+b^2+c^2}{3}-\left(\frac{a+b+c}{3}\right)^2\geqslant k\max\{(a-b)^2,(b-c)^2,(c-a)^2\}$$

求：k 的最大可能的值.

J345　设 a 和 b 是正实数，且

$$a^6-3b^5+5b^3-3a=b^6+3a^5-5a^3+3b$$

求：$a-b$.

J346　现有依次成等差数列的 $12n$ 个数. 从中任取四个数. 在取出的四个数中有三个数成等差数列的概率是多少？

J347　设 x,y,z 是正实数. 证明：

$$\frac{x}{2x+y+z}+\frac{y}{x+2y+z}+\frac{z}{x+y+2z}\geqslant\frac{6xyz}{(x+y)(y+z)(z+x)}$$

J348　设 $ABCDEFG$ 是正七边形. 证明：

$$\frac{AD^3}{AC^3}=\frac{AC+2AD}{AB+AD}$$

J349 证明:对于每一个正整数 n,$6^{n+1}+8^{n+1}+27^n-1$ 至少有 11 个真约数.

J350 设 a,b,c 是正实数,且 $ab+bc+ca=1$.证明:

$$\sqrt{a^4+b^2}+\sqrt{b^4+c^2}+\sqrt{c^4+a^2}\geqslant 2$$

J351 如果 a 和 b 是一个整数的两个相邻的数字,那么 $|a-b|\geqslant 2$.求所有这样的六位数的和.

J352 设 D 是 $\triangle ABC$ 的边 AC 上一点,且 $\frac{1}{3}\angle BCA=\frac{1}{4}\angle ABD=\angle DBC$,$AC=BD$.求 $\triangle ABC$ 的各个内角.

J353 设 a,b,c 是非负实数,且设

$$A=\frac{1}{4a+1}+\frac{1}{4b+1}+\frac{1}{4c+1}$$

$$B=\frac{1}{3a+b+1}+\frac{1}{3b+c+1}+\frac{1}{3c+a+1}$$

$$C=\frac{1}{2a+b+c+1}+\frac{1}{2b+c+a+1}+\frac{1}{2c+a+b+1}$$

证明:$A\geqslant B\geqslant C$.

J354 求 $\sum\limits_{n\geqslant 1}\frac{3n+1}{2n+1}\binom{2n}{n}^{-1}$ 的值.

J355 设 a,b,c 是正实数,且 $a+b+c=3$.证明:

$$4(a^2+b^2+c^2)-(a^3+b^3+c^3)\geqslant 9$$

J356 求所有正整数 n,使得

$$2(6+9i)^n-3(1+8i)^n=3(7+4i)^n$$

J357 若对于任何 $z\in\mathbf{C}$,有 $\left|z+\frac{1}{z}\right|=\sqrt{5}$.证明:

$$\left(\frac{\sqrt{5}-1}{2}\right)^2\leqslant|z|\leqslant\left(\frac{\sqrt{5}+1}{2}\right)^2$$

J358 证明:对于 $x\in\mathbf{R}$,方程

$$2^{2^{x-1}}=\frac{1}{2^{2^x}-1}\text{ 和 }2^{2^{x+1}}=\frac{1}{2^{2^{x-1}}-1}$$

等价.

J359 $\triangle ABC$ 的中位线平行于 BC,且交 $\triangle ABC$ 的外接圆于 B',C'.用 $\triangle ABC$ 的边长表示 $B'C'$ 的长.

J360 在 $\triangle ABC$ 中,设 AA' 和 BB' 分别是 $\angle A$ 和 $\angle B$ 的平分线.证明:

$$\frac{A'B'}{ab\sin\frac{C}{2}}\leqslant\frac{1}{(b+c)\sin\left(A+\frac{B}{2}\right)}+\frac{1}{(c+a)\sin\left(\frac{A}{2}+B\right)}$$

1.2　高级问题

S289　设 x,y,z 是正实数，且 $x\leqslant 4, y\leqslant 9, x+y+z=49$. 证明：

$$\frac{1}{\sqrt{x}}+\frac{1}{\sqrt{y}}+\frac{1}{\sqrt{z}}\geqslant 1$$

S290　证明：不存在整数 n，使

$$\frac{1}{2^2}+\frac{1}{3^2}+\cdots+\frac{1}{n^2}=\left(\frac{4}{5}\right)^2$$

S291　设 a,b,c 是非负实数，且 $ab+bc+ca=3$. 证明：

$$(2a^2-3ab+2b^2)(2b^2-3bc+2c^2)(2c^2-3ca+2a^2)\geqslant\frac{5}{3}(a^2+b^2+c^2)-4$$

S292　给定 $\triangle ABC$，证明：在边 BC 上存在一点 X，使 $\triangle AXB$ 和 $\triangle AXC$ 的内切圆半径相等，并给出用尺规作出点 X 的方法.

S293　设 a,b,c 是不同的实数，n 是正整数. 求一切非零复数 z，使

$$az^n+b\bar{z}+\frac{c}{z}=bz^n+c\bar{z}+\frac{a}{z}=cz^n+a\bar{z}+\frac{b}{z}$$

S294　设 $s(n)$ 是 n^2+1 的各位数字的和. 定义数列 $(a_n)_{n\geqslant 0}$ 为 $a_{n+1}=s(a_n)$，其中 a_0 是任意正整数. 证明：存在 n_0，对于所有的 $n\geqslant n_0$，有 $a_{n+3}=a_n$.

S295　设 a,b,c 是正实数，且 $a+b+c=3$. 证明：

$$\sum_{\text{cyc}}\frac{(a+\sqrt{b})^2}{\sqrt{a^2-ab+b^2}}\leqslant 12$$

S296　有 n 位女士（其中有些人穿红衣服）和 m 位男士参加维也纳的一场舞会. 一些女士和一些男士认识. 舞池中跳舞的是互相认识的一对对女士和男士. 那天夜里的某一时刻，可以看到在场的所有男士都在舞池中跳舞. 在另一时刻，可以看到所有穿红衣服的女士都在舞池中跳舞. 证明：在某一时刻，可能所有男士和所有穿红衣服的女士都在舞池中跳舞.

S297　设 A_1,A_2,B_1,B_2,C_1,C_2 分别是 $\triangle ABC$ 的边 BC,CA,AB 上的三等分点. Cevians 线 AA_1,BB_1,CC_1 彼此相交成一个没有任何交点在其内部的凸六边形的顶点. 证明：如果这个六边形内接于一圆，那么 $\triangle ABC$ 是等边三角形.

S298　证明以下恒等式：

$$\sum_{k=0}^{a}(-1)^{a-k}\binom{a}{k}\binom{b+k}{c}=\binom{b}{c-a}$$

S299　在梯形 $ABCD$ 中，$AB\parallel CD$. P 是梯形所在平面内任意一点. 如果 $E=PD\cap AC$，$F\in PC\cap BD$，$M\in PD\cap AF$，$N\in PC\cap BE$，证明：$MN\parallel AB$.

S300 设 x,y,z 是正实数,$a,b>0$,且 $a+b=1$. 证明:

$$(x+y)^3(y+z)^3\geqslant 64abxy^2z(ax+y+bz)$$

S301 设 a,b,c 是正实数. 证明:

$$(a+b+c)(ab+bc+ca)(a^3+b^3+c^3)\leqslant(a^2+b^2+c^2)^3$$

S302 如果 $\triangle ABC$ 的边长为 a,b,c,$\triangle A'B'C'$ 的边长为$\sqrt{a}$,$\sqrt{b}$,$\sqrt{c}$. 证明:

$$\sin\frac{A}{2}\sin\frac{B}{2}\sin\frac{C}{2}=\cos A'\cos B'\cos C'$$

S303 设 $a_1=1$,当 $n\geqslant 1$ 时,$a_{n+1}=\frac{1}{2}\left(a_n+\frac{n}{a_n}\right)$. 求:$\lfloor a_{2\,014}\rfloor$.

S304 设点 M 在 $\triangle ABC$ 的内部. 直线 AM 与 $\triangle MBC$ 的外接圆的第二个交点为 D. 类似地,直线 MB 与 $\triangle MCA$ 的外接圆的第二个交点为 E. 直线 MC 与 $\triangle MAB$ 外接圆的第二个交点为 F. 证明:

$$\frac{AD}{MD}+\frac{BE}{ME}+\frac{CF}{MF}\geqslant\frac{9}{2}$$

S305 求方程:

$$x^2+y^2+z^2=2(xy+yz+xz)+1$$

的整数解.

S306 已知 M,N,K 分别是 $\triangle ABC$ 的边 BC,CA,AB 上不同于顶点的点. 如果 $\angle BAC=\angle KMN$,$\angle ABC=\angle KNM$,那么 $\triangle MNK$ 称为美丽的三角形. 如果在 $\triangle ABC$ 中存在有一个公共顶点的两个美丽的三角形,证明:$\triangle ABC$ 是直角三角形.

S307 在 $\triangle ABC$ 中,$\angle ABC-\angle ACB=60^\circ$. 假定过点 A 的高的长是 $\frac{1}{4}BC$. 求 $\angle ABC$.

S308 设 n 是正整数,G_n 是 $n\times n$ 的网格,其中每一个单位正方形中都写 1. 将一列中所有的数都乘以 -1 或一行中所有的数都乘以 -1 算作一次操作. 确定对 G_n 实施有限次操作以后能得到的不同的网格的个数.

S309 设 $ABCD$ 是圆外切四边形,且严格位于圆 ω 内. 设 ω_A 是在 $ABCD$ 外与 AB,AD 相切,并与圆 ω 相切于 A' 的圆. 类似地,定义 B',C',D'. 证明:AA',BB',CC',DD' 共点.

S310 设 a,b,c 是非零复数,且 $|a|=|b|=|c|=k$. 证明:

$$\sqrt{|-a+b+c|}+\sqrt{|a-b+c|}+\sqrt{|a+b-c|}\leqslant 3\sqrt{2k}$$

S311 设 n 是正整数. 证明:

$$\prod_{j=0}^{\lfloor\frac{n}{2}\rfloor}(x+2j+1)^{\binom{n}{2j+1}}-\prod_{j=0}^{\lfloor\frac{n}{2}\rfloor}(x+2j)^{\binom{n}{2j}}$$

是一个 $2^{n-1}-n$ 次多项式，其最高次项的系数是 $(n-1)!$.

S312 设 a,b,c,d 是正实数，且 $a^3+b^3+c^3+d^3=1$. 证明：

$$\frac{1}{1-bcd}+\frac{1}{1-cda}+\frac{1}{1-dab}+\frac{1}{1-abc}\leqslant\frac{16}{3}$$

S313 设 a,b,c 是非负实数，且 $\sqrt{a}+\sqrt{b}+\sqrt{c}=3$. 证明：

$$\sqrt{(a+b+1)(c+2)}+\sqrt{(b+c+1)(a+2)}+\sqrt{(c+a+1)(b+2)}\geqslant 9$$

S314 设 p,q,x,y,z 是实数，且满足

$$x^2y+y^2z+z^2x=p,\ xy^2+yz^2+zx^2=q$$

求：$(x^3-y^3)(y^3-z^3)(z^3-x^3)$ 的值.

S315 考虑内切圆的半径为 r 的 $\triangle ABC$. 设 M 和 M' 是该三角形内的两点，且 $\angle MAB=\angle M'AC$，$\angle MBA=\angle M'BC$. 用 $d_a,d_b,d_c,d'_a,d'_b,d'_c$ 分别表示 M,M' 到 BC，CA，AB 的距离. 证明：

$$d_ad_bd_cd'_ad'_bd'_c\leqslant r^6$$

S316 圆 $C_1(O_1,R_1)$ 和 $C_2(O_2,R_2)$ 相交于点 U 和 V. 点 A_1,A_2,A_3 位于 C_1 上，点 B_1,B_2,B_3 位于 C_2 上，且 A_1B_1,A_2B_2,A_3B_3 经过点 U. 记 M_1,M_2,M_3 是 A_1B_1,A_2B_2,A_3B_3 的中点. 证明：$M_1M_2M_3V$ 是圆内接四边形.

S317 $\triangle ABC$ 内接于半径为 1 的圆. 证明：

$$\frac{\tan A}{\tan^3 B}+\frac{\tan B}{\tan^3 C}+\frac{\tan C}{\tan^3 A}\geqslant 4\left(\frac{1}{a^2}+\frac{1}{b^2}+\frac{1}{c^2}\right)-3$$

S318 点 A_1,B_1,C_1,D_1,E_1,F_1 在凸六边形 $ABCDEF$ 的边 AB,BC,CD,DE,EF，FA 上，且 $\frac{AA_1}{AB}=\frac{AF_1}{AF}=\frac{CC_1}{CD}=\frac{CB_1}{CB}=\frac{ED_1}{ED}=\frac{EE_1}{EF}=\lambda$.

证明：当且仅当 $\frac{[ACE]}{[BDF]}=\left(\frac{\lambda}{1-\lambda}\right)^2$ 时，A_1D_1,B_1E_1,C_1F_1 共线.

S319 设 a,b,c 是正实数，$a+b+c=1$. 证明：

$$(at^2+bt+c)(bt^2+ct+a)(ct^2+at+b)\geqslant t^3$$

S320 设 $\triangle ABC$ 的外心为 O，内心为 I. 设 D,E,F 分别是内切圆与边 BC,CA,AB 的切点. 证明：当且仅当 $\angle BAC=60^\circ$ 时，直线 OI 垂直于 $\angle EDF$ 的平分线.

S321 设 x 是实数，当 m,n 是某互质的正整数时，$x^m(x+1)$ 和 $x^n(x+1)$ 都是有理数. 证明：x 是有理数.

S322 设 $ABCD$ 是圆内接四边形. 点 E 和 F 分别在边 AB 和 BC 上，且 $\angle BEF=2\angle BDE$. 证明：

$$\frac{EF}{AE}=\frac{FC}{AE}+\frac{CD}{AD}$$

S323 求方程

$$x+y+(x-y)^2=xy$$

的正整数解.

S324 求所有函数 $f:S\to S$,对一切 $x,y\in S$,当(1)$S=\mathbf{Z}$;(2)$S=\mathbf{R}$ 时,满足

$$f(x)f(y)+f(x)+f(y)=f(xy)+f(x+y)$$

S325 设 S 是由 $\triangle ABC$ 三边的中点所形成的三角形的内心. Cevians 线 AS,BS,CS 分别交 BC,CA,AB 于 M,N,P. 证明:如果过点 M,N,P 分别与 $\triangle ABC$ 的边垂直的直线共点,那么 $\triangle ABC$ 是等腰三角形.

S326 设 a,b,c 是正实数,$a^3+b^3+c^3+3abc=\frac{1}{3}$. 证明:

$$abc+9\left(\frac{a^5}{4b^2+bc+4c^2}+\frac{b^5}{4c^2+ca+4a^2}+\frac{c^5}{4a^2+ab+4b^2}\right)\geqslant \frac{1}{4(a+b+c)(ab+bc+ca)}$$

S327 设 H 是锐角 $\triangle ABC$ 的垂心,D 和 E 分别是从 B 和 C 出发的高的垂足. 直线 DE 交 $\triangle ABC$ 的外接圆于点 F 和 G(F 在劣弧 $\overset{\frown}{AB}$ 上,G 在劣弧 $\overset{\frown}{AC}$ 上). 用 S 表示 H 在 DE 上的射影. 证明:$EF+DS=DG+ES$.

S328 设 k 是正奇数,在一个圆上写 k 个正整数,它们的和是 $2k$. 证明:对于任何 $1\leqslant m\leqslant k$,在这 k 个数中能找到一个或多个连续分布的数,它们的和是 $2m$.

S329 在给定的四边形 $ABCD$ 中,$AB+AD=BC+DC$,设(I_1)是 $\triangle ABC$ 的内切圆,切 AC 于 E,(I_2)是 $\triangle ADC$ 的内切圆,切 AC 于 F. 对角线 AC 和 DB 相交于点 P. 假定 BI_1 与 DE 交于 S,DI_2 与 BF 交于 T. 证明:S,P,T 共线.

S330 设 $x_1,x_2,\cdots,x_n$ 是实数,$n\geqslant 2$,且 $x_1^2+x_2^2+\cdots+x_n^2=1$. 证明:

$$\sum_{i=1}^{n}\sqrt{1-x_i^2}+k_n\cdot\sum_{1\leqslant j<k\leqslant n}x_jx_k\geqslant n-1$$

这里 $k_n=2-2\sqrt{1+\frac{1}{n-1}}$.

S331 求

$$E(x_1,x_2,\cdots,x_n)=x_1^2+x_2^2+\cdots+x_n^2+x_1x_2+\cdots+x_1x_n+\cdots+x_{n-1}x_n+x_1+\cdots+x_n$$

的最小值,其中 $x_1,x_2,\cdots,x_n\in\mathbf{R}$.

S332 在任意边长为 a,b,c,中线长为 m_a,m_b,m_c 的三角形中,证明:

$$4(m_a+m_b+m_c)\leqslant\sqrt{8a^2+(b+c)^2}+\sqrt{8b^2+(c+a)^2}+\sqrt{8c^2+(a+b)^2}$$

S333 设 $x>1$,定义 $(a_n)_{n\geqslant 1}$ 是对于每一个正整数 n,有 $a_n=\lfloor x^n\rfloor$ 的数列. 证明:如果 $(a_n)_{n\geqslant 1}$ 是等比数列,那么 x 是整数.

S334 设 $a_0\geqslant 0$,当 $n\geqslant 0$ 时,有 $a_{n+1}=a_0\cdot\cdots\cdot a_n+4$. 证明:对于一切 $n\geqslant 1$,有

$$a_n - \sqrt[4]{(a_{n+1}+1)(a_n^2+1)-4} = 1$$

S335 设 ABC 是三角形，D 是射线 BA 上的点，但不在边 AB 上，E 是边 AC 上不同于 A，C 的点. 设 X 是 D 关于 B 的反射，Y 是 E 关于 C 的反射. 假定 $4BC^2 + DE^2 = XY^2$. 证明：当且仅当 $\angle BAC = 90°$ 时，$BE \perp CD$.

S336 设点 M 在 $\triangle ABC$ 的内部，K 是 M 关于 AC 的对称点. 直线 MB 交 AC 于点 N，直线 BK 交 AC 于点 P. 证明：如果 $\angle AMP = \angle CMN$，那么 $\angle ABP = \angle CBN$.

S337 设 a,b,c 是正实数，且 $ab+bc+ca=3$. 证明：

$$(a^3+1)(b^3+1)(c^3+1) \geqslant 8$$

S338 在 $\triangle ABC$ 中，设 $\angle A$ 是最大角. 设 D,E,F 分别在边 BC,CA,AB 上，且 AD 是过点 A 的高，DE 是 $\angle ADC$ 的内角平分线，DF 是 $\angle ADB$ 的内角平分线. 如果 $AE=AF$，证明：$\triangle ABC$ 是等腰三角形或直角在三角形.

S339 设 p 是模 7 余 2 的质数. 求方程组

$$7(x+y+z)(xy+yz+zx) = p(2p^2-1)$$

$$70xyz + 21(x-y)(y-z)(z-x) = 2p(p^2-4)$$

的非负整数解.

S340 已知三角形的边长为 a,b,c，半周长为 s，内切圆的半径为 r，外接圆的半径为 R. 证明：

$$\sum_{\text{cyc}} \frac{a}{\sqrt{(s-b)(s-c)}} + \frac{5}{4}\sum_{\text{cyc}} \frac{(a-b)^2}{(s-a)(s-b)} \geqslant \frac{3R}{r}$$

S341 设 a,b,c,d 是非负实数，且 $a+b+c+d=6$. 求 $4a+2ab+2abc+abcd$ 的最大值.

S342 设 $a \geqslant b \geqslant c$ 是正实数. 证明：对于一切 $t \in \left[0,\frac{\pi}{4}\right]$，有

$$\frac{a-b}{a\sin t + b\cos t} + \frac{b-c}{b\sin t + c\cos t} + \frac{c-a}{c\sin t + a\cos t} \geqslant 0$$

S343 设 a,b,c,d 是正实数. 证明：

$$\frac{a+b+c+d}{\sqrt[4]{abcd}} + \frac{16abcd}{(a+b)(b+c)(c+d)(d+a)} \geqslant 5$$

S344 求一切非零多项式 $P \in \mathbf{Z}[X]$，对于一切整数 a,b,c，有

$$a^2+b^2-c^2 \mid P(a)+P(b)-P(c)$$

S345 求方程组

$$\begin{cases}(x-3)(yz+3) = 6x+5y+6z \\ (y-3)(zx+3) = 2x+6y \\ (z-3)(xy+3) = 4x+y+6z\end{cases}$$

的正整数解.

S346 设 a,b,c 是正实数.证明:

$$\frac{1}{(a+b)^2}+\frac{1}{(b+c)^2}+\frac{1}{(c+a)^2}+\frac{15}{(a+b+c)^2}\geqslant\frac{6}{ab+bc+ca}$$

S347 证明:在凸四边形 $ABCD$ 中,当且仅当 $\triangle ABD$ 和 $\triangle ACD$ 内切圆的不同于 AD 的公切线平行于 BC 时,凸四边形 $ABCD$ 是圆内接四边形.

S348 求所有函数 $f:\mathbf{R}\times\mathbf{R}\to\mathbf{R}$,对于一切 $a,b,c\in\mathbf{R}$,有

$$f(a^2,f(b,c)+1)=a^2(bc+1)$$

S349 八个单位立方体的每一个面都用 k 种颜色中的一种涂色,其中 $k\in\{2,3,4,6,8,12,24\}$,使得每一种颜色有 $\frac{48}{k}$ 个面.证明:可以用这些单位立方体拼装成一个 $2\times2\times2$ 的立方体,使得它的表面上每种颜色的方块的数量相等.

S350 设 $a_1,a_2,\cdots,a_{15}$ 是正整数,且

$$(a_1+1)\cdot(a_2+1)\cdot\cdots\cdot(a_{15}+1)=2\,015a_1\cdot a_2\cdot\cdots\cdot a_{15}$$

证明:在 $a_1,a_2,\cdots,a_{15}$ 中至少存在 6 个数,至多存在 10 个数都等于 1.

S351 设 a,b,c 是正实数,且 $abc=1$.证明:

$$a+b+c\geqslant\frac{1}{a(b+1)}+\frac{1}{b(c+1)}+\frac{1}{c(a+1)}+\frac{3}{2}$$

S352 在 $\triangle ABC$ 中,设 ω 是 Brocard 角,φ 满足恒等式

$$\tan\varphi=\tan A+\tan B+\tan C$$

证明:

$$\frac{\cos 2A+\cos 2B+\cos 2C}{\sin 2A+\sin 2B+\sin 2C}=-\frac{1}{4}(\cot\omega+3\cot\varphi)$$

S353 设 a,b,c,x,y 是正实数,且 $xy\geqslant1$.证明:

$$\frac{ab}{xa+yb+2c}+\frac{bc}{xb+yc+2a}+\frac{ca}{xc+ya+2b}\leqslant\frac{a+b+c}{x+y+2}$$

S354 求所有的函数 $f:\mathbf{R}\to\mathbf{R}$,对于一切实数 x,y,有

$$[f(x+y)]^2=[f(x)]^2+2f(xy)+[f(y)]^2$$

S355 设 a,b,c 是非负实数,且 $ab+bc+ca=1$,$\max(a,b,c)\leqslant\sqrt{2}\mid a+b+c-2\mid$.证明:

$$(a+b+c-2)^4\geqslant16(a+b+c-1)(abc+a+b+c-2)$$

S356 设 a,b,c,d,e 是正实数,且

$$\sin a+\sin b+\sin c+\sin d+\sin e\geqslant3$$

证明:$\cos a+\cos b+\cos c+\cos d+\cos e\leqslant4$.

S357 在任意 $\triangle ABC$ 中,证明:

$$\sum_{\text{cyc}}\sqrt{\frac{a(h_a-2r)}{(3a+b+c)(h_a+2r)}}\leqslant\frac{3}{4}$$

S358 证明:对于每一个正整数 n,存在十八个正整数,使它们的和以及五次幂的和等于 n.

S359 在任意 $\triangle ABC$ 中,证明:

$$m_a\left(\frac{1}{2r_a}-\frac{R}{bc}\right)+m_b\left(\frac{1}{2r_b}-\frac{R}{ca}\right)+m_c\left(\frac{1}{2r_c}-\frac{R}{ab}\right)\geqslant 0$$

S360 设 $\triangle ABC$ 的垂心是 H,外心是 O. 过 B 和 C 且平行于 AO 的两条直线分别交 $\angle BAC$ 的外角平分线于 D,E. 证明:BE,CD,AH 共点.

1.3 大学本科问题

U289 设 $a\geqslant 1$,且对于充分大的整数 n,有 $(\lfloor a^n\rfloor)^{\frac{1}{n}}\in\mathbf{Z}$. 证明:$a\in\mathbf{Z}$.

U290 证明:存在无穷多个连续质数三数组 (p_{n-1},p_n,p_{n+1}),使

$$\frac{1}{2}(p_{n+1}+p_{n-1})\leqslant p_n$$

U291 设 $f:\mathbf{R}\to\mathbf{R}$ 是有界函数,设 S 是所有不减映射 $\varphi:\mathbf{R}\to\mathbf{R}$ 的集合. 证明:在 S 中存在唯一的函数 g 满足条件:

(1) 对一切 $x\in\mathbf{R}$,有 $f(x)\leqslant g(x)$.

(2) 如果 $h\in S$,对于一切 $x\in\mathbf{R}$,有 $f(x)\leqslant h(x)$,那么对于一切 $x\in\mathbf{R}$,有 $g(x)\leqslant h(x)$.

U292 设 r 是正实数,求

$$\int_0^{\frac{\pi}{2}}\frac{1}{1+\cot^r x}\mathrm{d}x$$

的值.

U293 设 $f:(0,\infty)\to\mathbf{R}$ 是有界连续函数,$\alpha\in[0,1)$. 假定存在实数 $a_0,\cdots,a_k(k\geqslant 2)$,使

$$\sum_{p=0}^{k}a_p=0 \text{ 以及 } \lim_{x\to\infty}x^{\alpha}\left|\sum_{p=0}^{k}a_pf(x+p)\right|=\beta$$

证明:$\beta=0$.

U294 设 $p_1,p_2,\cdots,p_n$ 是两两不等的质数. 证明:

$$\mathbf{Q}(\sqrt{p_1},\sqrt{p_2},\cdots,\sqrt{p_n})=\mathbf{Q}(\sqrt{p_1}+\sqrt{p_2}+\cdots+\sqrt{p_n})$$

U295 设 a 是实数,且 $(\lfloor na\rfloor)_{n\geqslant 1}$ 是等差数列. 证明:a 是整数.

U296 设 a,b 是非零实数,$z_0\in\mathbf{C}\setminus\mathbf{R}$ 是方程 $z^{n+1}+az+nb=0$ 的根,这里 n 是正整数. 证明:

$$|z_0| \geqslant \sqrt[n+1]{|b|}$$

U297 设 $a_0=0, a_1=2$,对于一切 $n \geqslant 0$,有 $a_{n+1}=\sqrt{2-\frac{a_{n-1}}{a_n}}$. 求:$\lim_{n\to\infty} 2^n a_n$.

U298 确定一切正整数数对(m,n),使多项式

$$f=(X+Y)^2(mXY+n)+1$$

在 $\mathbf{Z}[X,Y]$ 中不可约.

U299 设 $\triangle ABC$ 的内切圆是 ω,A_0, B_0, C_0 是 ω 外的点. 过 A_0 的圆 ω 的切线交 BC 于点 A_1, A_2. 类似地,定义点 B_1, B_2 和 C_1, C_2. 证明:当且仅当 $\triangle ABC$ 与 $\triangle A_0B_0C_0$ 成透视三角形时,点 $A_1, A_2, B_1, B_2, C_1, C_2$ 在一条圆锥曲线上.

U300 设 $f:[a,b]\to[a,b]$ 是在每个点上有单侧极限的函数. 如果对于一切 $x\in[a,b]$,有

$$\lim_{t\to x^-} f(t) \leqslant \lim_{t\to x^+} f(t)$$

证明:存在 $x_0\in[a,b]$,使 $\lim_{t\to x_0} f(t)=x_0$.

U301 设 $x,y,z,t>0, x\leqslant 2, x+y\leqslant 6, x+y+z\leqslant 12, x+y+z+t\leqslant 24$. 证明:

$$\frac{1}{x}+\frac{1}{y}+\frac{1}{z}+\frac{1}{t}\geqslant 1$$

U302 设 a 是实数. 计算

$$a-\sqrt{a^2-\sqrt{a^4-\sqrt{a^8-\cdots}}}$$

U303 设 $p_1, p_2, \cdots, p_k$ 是不同的质数,$n=p_1\cdot p_2\cdot\cdots\cdot p_k$. 对于每一个函数 $f:\{1,2,\cdots,n\}\to\{1,2,\cdots,n\}$,记

$$P_f(n)=f(1)\cdot f(2)\cdot\cdots\cdot f(n)$$

(1) 对于多少个函数 f,n 与 $P_f(n)$ 互质?

(2) 对于多少个函数 f,最大公约数$(n, P_f(n))$是质数?

U304 在有限图 G 中,如果 G 的顶点的集合的子集 S 满足以下条件,那么我们称 S 为一个连通强势集合:

(1) 由 S 导出的子图是连通的;

(2) G 的每一个顶点或者属于 S,或者与 S 的一个顶点相连.

给定正整数 k 和 $n\geqslant k+3$,求:有 n 个顶点的连通图 G 的棱的条数的最大值,且不存在大小为 k 或 k 以下的连通强势集合.

U305 设$(a_n)_{n\geqslant 1}$是正实数数列,且对于一切 $n\geqslant 1$,有

$$a_1+a_2+\cdots+a_n<n^2$$

证明:$\lim_{n\to\infty}\left(\frac{1}{a_1}+\frac{1}{a_2}+\cdots+\frac{1}{a_n}\right)=\infty$.

U306 设 n 是自然数. 证明:恒等式

$$\pi=\sum_{k=1}^{n}\frac{2^{k+1}}{k\binom{2k}{k}}+\frac{4^{n+1}}{\binom{2n}{n}}\int_{1}^{\infty}\frac{1}{(1+x^2)^{n+1}}\mathrm{d}x$$

并推导下面的估计:

$$\frac{2}{2^n\sqrt{n}}<\pi-\sum_{k=1}^{n}\frac{2^{k+1}}{k\binom{2k}{k}}<\frac{4}{2^n\sqrt{n}}$$

U307 证明:对于任何多项式 $f\in\mathbf{R}[X]$ 能写成两个递增多项式的差.

U308 设 a_1,b_1,c_1,a_2,b_2,c_2 是正实数. 考虑可微的正值函数 $X(x,y)$ 和 $Y(x,y)$,且满足函数方程组

$$\frac{x}{X}=1+a_1x+b_1y+c_1Y$$

$$\frac{y}{Y}=1+a_2x+b_2y+c_2X$$

证明:如果 $0<x_1\leqslant x_2,0<y_2\leqslant y_1$,那么 $X(x_1,y_1)\leqslant X(x_2,y_2),Y(x_1,y_1)\geqslant Y(x_2,y_2)$.

U309 设 $a_1,\cdots,a_n$ 是正实数,且 $a_1+\cdots+a_n=1,n\geqslant 2$. 证明:对于任何正整数 m,有

$$\sum_{k=1}^{n}\frac{a_k^{m+1}}{1-a_k^m}\geqslant\frac{1}{n^m-1}$$

U310 设 ε 是焦点为 F 和 G 的椭圆,P 在椭圆外. 设 A 和 B 是过 P 的椭圆 ε 的切线的切点,A 离 F 较近. 再设 X 是 AG 和 BF 的交点. 证明:XP 平分 $\angle AXB$.

U311 设 $f:[0,1]\to[0,1]$ 是不减的凹函数,且 $f(0)=0,f(1)=1$. 证明:

$$\int_0^1[f(x)f^{-1}(x)]^2\mathrm{d}x\geqslant\frac{1}{12}$$

U312 设 p 是质数,R 是特征值为 p 的(有单位元的)可交换环. 集合 $S_k=\{x\in R\mid x^p=k\}$,这里 $k\in\{1,\cdots,p\}$. 证明:S_k 有同样多的元素.

U313 设 $\boldsymbol{X}$ 和 $\boldsymbol{Y}$ 是非负的确定的 Hermitian 矩阵,且 $\boldsymbol{X}-\boldsymbol{Y}$ 也是非负的确定的矩阵. 证明:$\mathrm{tr}(\boldsymbol{X}^2)\geqslant\mathrm{tr}(\boldsymbol{Y}^2)$.

U314 证明:对于任何正整数 k,有

$$\lim_{n\to\infty}\left(\frac{1+\sqrt[n]{2}+\cdots+\sqrt[n]{k}}{k}\right)^n>\frac{k}{\mathrm{e}}$$

这里 e 是欧拉常数.

U315 设 $\boldsymbol{X}$ 和 $\boldsymbol{Y}$ 是同一阶复数矩阵,且 $\boldsymbol{XY}^2-\boldsymbol{Y}^2\boldsymbol{X}=\boldsymbol{Y}$. 证明:$\boldsymbol{Y}$ 是幂零矩阵.

U316 对于一切 $n\geqslant 1$,数列 $\{F_n\}$ 由 $F_1=F_2=1,F_{n+2}=F_{n+1}+F_n$ 定义. 对于任何非

负整数 m,设 $v_2(m)$ 是整除 m 的 2 的最高次幂.证明:恰存在一个正实数 μ,有无穷多个正整数 n 满足方程

$$v_2(\lfloor \mu n \rfloor !)=v_2(F_1 \cdot \cdots \cdot F_n) \tag{1}$$

并求出 μ.

U317 对于任何正整数 s,t,p,证明:存在数 $M(s,t,p)$,使每一个具有与大小至少是 $M(s,t,p)$ 匹配的图 G 或者包含一个完全图 K_s,这个 K_s 是完全二分图 $K_{t,t}$ 的一个诱导复本,或者包含一个与大小为 p 的匹配作为诱导子集.如果用“路径”代替“匹配”,结果是否仍然正确?

U318 确定 $\sum\limits_{k=1}^{\infty}\frac{(-1)^{q(k)}}{k^2}$ 的一切可能的值,其中 $q(x)$ 是一个二次多项式,在整数位上只取整数值.

U319 设一个三角形的角 A,B,C 的大小用弧度制表示,外接圆的半径和内切圆的半径分别是 R 和 r.证明:

$$\frac{A}{B}+\frac{B}{C}+\frac{C}{A}\leqslant \frac{2R}{r}-1$$

U320 求

$$\sum_{n\geqslant 0}\frac{2^n}{2^{2^n}+1}$$

的值.

U321 考虑定义为

$$P_{k+1}(x)=(x^a-1)P'_k(x)-(k+1)P_k(x)(k=1,2,\cdots)$$

的多项式序列 $(P_s)_{s\geqslant 1}$,其中 $P_1(x)=x^{a-1}$,a 是大于 1 的整数.

(1) 求 P_k 的次数.

(2) 求 $P_k(0)$ 的值.

U322 求

$$\sum_{n=1}^{\infty}\frac{16n^2-12n+1}{n(4n-2)!}$$

的值.

U323 设 X 和 Y 是以下独立均匀分布的随机变量

$$p_X(x)=\begin{cases}1,0<x<1\\0,其他情况\end{cases}$$

则使不等式 $X^2+Y^2\geqslant 3XY$ 成立的概率是多少?

U324 设 $f:[0,1]\to\mathbf{R}$ 是可微函数,且 $f(1)=0$.证明:存在 $c\in(0,1)$,使

$$|f(c)|\leqslant|f'(c)|$$

U325 设 $\triangle A_1B_1C_1$ 外接圆的半径是 R_1.对于每一个 $n\geqslant 1$,$\triangle A_nB_nC_n$ 的内切圆切

边于点 $A_{n+1}, B_{n+1}, C_{n+1}$. $\triangle A_{n+1}B_{n+1}C_{n+1}$ 外接圆的半径也是 $\triangle A_nB_nC_n$ 内切圆的半径 R_{n+1}. 求 $\lim\limits_{n\to\infty}\dfrac{R_{n+1}}{R_n}$.

U326 求

$$\sum_{n=0}^{\infty}\frac{a_n+2}{a_n^2+a_n+1}$$

的值,其中 $a_0>1$,对于一切整数 $n\geqslant 1$,有 $a_{n+1}=\dfrac{1}{3}(a_n^3+2)$.

U327 设 $(a_n)_{n\geqslant 0}$ 是实数数列,$a_0=1$,且

$$a_{n+1}=\frac{a_n}{n^2a_n+a_n^2+1}$$

求:极限 $\lim\limits_{n\to\infty}n^3a_n$.

U328 设 $(a_n)_{n\geqslant 1}$ 是递增的正实数数列,且 $\lim\limits_{n\to\infty}a_n=\infty$,数列 $(a_{n+1}-a_n)_{n\geqslant 1}$ 单调. 求

$$\lim_{n\to\infty}\frac{a_1+a_2+\cdots+a_n}{n\sqrt{a_n}}$$

的值.

U329 设 $a_1\leqslant\cdots\leqslant a_{\frac{n(n-1)}{2}}$ 是位于平面内 n 个不同的点之间的距离. 证明:存在常数 c,对于任何 n,我们能够找到 i 和 j,使得

$$\left|\frac{a_i}{a_j}-1\right|<\frac{c\ln n}{n^2}$$

U330 求一切函数 $f:\mathbf{R}\to\mathbf{R}$,具有性质:

(1) f 可微;

(2) 对于一切 $x\in\mathbf{R}$,有 $[f(x)]^2=\int_0^x f(t)\mathrm{d}t$.

U331 求一切正整数 $a>b\geqslant 2$,使 $a^b-a=b^a-b$.

U332 求 $\inf\limits_{(x,y)\in D}(x+1)(y+1)$,其中

$$D=\{(x,y)\mid x,y\in\mathbf{R}^+, x\neq y, x^y=y^x\}$$

U333 求

$$\prod_{n\geqslant 0}\left(1-\frac{2^{2^n}}{2^{2^{n+1}}+1}\right)$$

的值.

U334 证明:如果 $x\in\mathbf{R}$,且 $|x|\geqslant \mathrm{e}$,那么 $\mathrm{e}^{|x|}>\left(\dfrac{\mathrm{e}^2+x^2}{2\mathrm{e}}\right)^{\mathrm{e}}$,当 $|x|\leqslant \mathrm{e}$ 时,不等式改变方向.

U335 设 $p, a_1, \cdots, a_n, b_1, \cdots, b_n$ 是正实数. 证明:

$$a_1\left(\frac{a_1}{b_1}\right)^p+\cdots+a_n\left(\frac{a_1+\cdots+a_n}{b_1+\cdots+b_n}\right)^p<\left(\frac{p+1}{p}\right)^p\left(\frac{a_1^{p+1}}{b_1^p}+\cdots+\frac{a_n^{p+1}}{b_n^p}\right)$$

U336 求和式

$$E_n=\sum_{k=0}^{n}\begin{bmatrix}n\\2k+1\end{bmatrix}3^k$$

的最接近的形式.推出常数 c 的值,使 $0<\lim\limits_{n\to\infty}\frac{E_n}{c^n}<\infty$,并求出该极限.

U337 设 n 是正整数.求所有的实数多项式 f 和 g,对于一切实数 x,有

$$(x^2+x+1)^n f(x^2-x+1)=(x^2-x+1)^n g(x^2+x+1)$$

U338 确定使 $ax=b$ 在环$(\mathbf{Z}_{2\,015},+,\cdot)$中有解的数对$(a,b)$的个数.

U339 设 $f:\mathbf{R}\to\mathbf{R}$ 是这样的函数:

(1) f 在 $\mathbf{R}$ 上连续;

(2) 对于一切 $x\in\mathbf{R}$ 和 $n\in\mathbf{Z}^+$,有 $f(x)<f\left(x+\frac{1}{n}\right)$.

证明:f 在 $\mathbf{R}$ 上递增.

U340 定义

$$A_n=\frac{n}{n^2+1^2}+\frac{n}{n^2+2^2}+\cdots+\frac{n}{n^2+n^2}$$

求:$\lim\limits_{n\to\infty}n\left[n\left(\frac{\pi}{4}-A_n\right)-\frac{1}{4}\right]$.

U341 设 $f:[0,1]\to\mathbf{R}$ 是不减函数,且由

$$I_n=\int_0^1 f(x)\mathrm{e}^{nx}\,\mathrm{d}x$$

定义的数列$\{I_n\}_{n\geqslant 1}$有界.证明:对于一切 $x\in(0,1)$,$f(x)=0$.

U342 设 $\mathbf{A}$ 是 $m\times n$ 的实数矩阵,$w_1,\cdots,w_n$ 是与 $\mathbf{A}$ 的各列有关的非负实数.

对于每一个 $j=1,\cdots,n$,我们说 w_j 表示 A_j 列的权重.构建一个多项式的次数的算法,求一个与 $\mathbf{A}$ 的列线性无关的子集,使其权重的和取最大值.

U343 求

$$\lim_{n\to\infty}\sum_{k=1}^{n}\frac{1}{n+\pi(k)\log n}$$

的值,其中 $\pi(k)$ 表示不超过 k 的质数的个数.

U344 求以下的和:

$$\sum_{n=0}^{\infty}\frac{3^n(2^{3^n-1}+1)}{4^{3^n}+2^{3^n}+1}$$

U345 设 R 是一个环.如果方程 $axa=bxb$ 的唯一解是 $x=0$,那么我们说数对$(a,b)\in R\times R$ 满足性质(P).证明:如果(a,b)具有性质(P),且 $a-b$ 可逆,那么方程

$axa-bxb=a+b$ 在 R 中有唯一解.

U346　设 $f:[0,1]\to\mathbf{R}$ 是二次可微函数,且

$$[f'(x)]^2+f(x)f''(x)\geqslant 1$$

证明:

$$\int_0^1 f^2(x)\mathrm{d}x\geqslant f^2\left(\frac{1}{2}\right)+\frac{1}{12}$$

U347　求一切可微函数 $f:[0,\infty)\to\mathbf{R}$,使 $f(0)=0$,f' 不减,对于一切 $x\geqslant 0$,有

$$x^2f'(x)=f^2(f(x))$$

U348　求线积分

$$\oint_c \frac{(1+x^2-y^2)\mathrm{d}x+2xy\mathrm{d}y}{(1+x^2-y^2)^2+4x^2y^2}$$

这里 c 是顶点为 $(2,0)$,$(2,2)$,$(-2,2)$,$(-2,0)$ 的矩形,且是逆时针走向.

U349　设 $0<x,y,z<1$. 证明:

$$\frac{1}{1-x^4}+\frac{1}{1-y^4}+\frac{1}{1-z^4}+\frac{1}{1-x^2yz}+\frac{1}{1-y^2zx}+\frac{1}{1-z^2xy}\geqslant$$

$$\frac{1}{1-x^3y}+\frac{1}{1-xy^3}+\frac{1}{1-y^3z}+\frac{1}{1-yz^3}+\frac{1}{1-x^3z}+\frac{1}{1-xz^3}$$

U350　设 a,b 是实数,且 $a\geqslant 1$,$b>a^2-a+1$. 证明:方程 $x^5-ax^3+a^2x-b=0$ 有唯一的实数解 x_0,且 $2b-a^3<x_0^6<b^2+a-a^3$.

U351　设 $a\geqslant 0$. 求

$$\lim_{n\to\infty}\frac{1}{2^n n^a}\sum_{k=0}^{n}\binom{n}{k}k^a$$

的值.

U352　求

$$\lim_{N\to\infty}\sum_{n=1}^{N}\frac{n-1}{\binom{2n}{n}}$$

的值.

U353　设 $a\in\mathbf{R}$,$f:(-1,1)\to\mathbf{R}$ 是在 0 处可微的函数. 求

$$\lim_{n\to\infty}\left[an-\sum_{k=1}^{n}f\left(\frac{k}{n^2}\right)\right]$$

的值.

U354　设 $f,g:[-1,1]\to\mathbf{R}$ 是递增函数.

证明:如果对于一切 $x\in[-1,1]$,有 $f(-x)=-f(x)$,那么

$$\int_{-1}^{1}f(x)g(x)\mathrm{d}x\geqslant 0$$

U355 设 a 是实数，且 $a \neq 0, a \neq \pm 1, n$ 是大于 1 的正整数. 求所有实系数多项式 $P(X)$，使

$$(a^2X^2+1)P(aX)=(a^{2n}X^2+1)P(X)$$

U356 设 $(x_n)_{n\geqslant 1}$ 是单调数列，且 $a \in (-1,0)$. 证明：数列 $(y_n)_{n\geqslant 1}$，

$$y_n = x_1a^{n-1}+x_2a^{n-2}+\cdots+x_n$$

或者收敛，或者趋向于 $\pm\infty$.

U357 求

$$\lim_{n\to\infty}\left[\frac{\left(1+\frac{1}{n^2}\right)\cdot\left(1+\frac{2}{n^2}\right)\cdot\cdots\cdot\left(1+\frac{n}{n^2}\right)}{\sqrt{\mathrm{e}}}\right]^n$$

的值.

U358 设 $(x_n)_{n\geqslant 0}$ 是实数数列，对于一切 $n\geqslant 1$，存在正实数 a，使

$$x_{n+1}\geqslant ax_n-(a-1)x_{n-1}$$

证明：$(x_n)_{n\geqslant 0}$ 或者收敛或者趋向于 $\pm\infty$.

U359 设 $a_1,\cdots,a_n$ 和 $b_1,\cdots,b_m$ 是非负实数数列. 再设 $c_1,\cdots,c_n$ 和 $d_1,\cdots,d_m$ 是实数数列. 证明：

$$\sum_{i=1}^{n}\sum_{j=1}^{n}c_ic_j\min(a_i,a_j)+\sum_{i=1}^{m}\sum_{j=1}^{m}d_id_j\min(b_i,b_j)\geqslant$$
$$2\sum_{i=1}^{n}\sum_{j=1}^{m}c_id_j\min(a_i,b_j)$$

U360 设 $f:[0,1]\to[0,\infty)$ 是一个 C^1 递增函数. 证明：

$$\int_{-1}^{1}[f'(x)]^{\frac{1}{2\,015}}\mathrm{d}x\leqslant 2\,015\int_{-1}^{1}\left[\frac{f(x)}{1-x}\right]^{\frac{1}{2\,015}}\mathrm{d}x$$

1.4 奥林匹克问题

O289 设 a,b,x,y 是正实数，且 $x^2-x+1=a^2, y^2+y+1=b^2, (2x-1)(2y+1)=2ab+3$. 证明：$x+y=ab$.

O290 设 Ω_1 和 Ω_2 是 $\triangle ABC$ 所在平面内，且在 $\triangle ABC$ 的外部的两个不同的圆. 设 α_1,α_2 是过 A 且与 Ω_1 和 Ω_2 都外切的两个圆. 类似地，对 B 定义 β_1,β_2，对 C 定义 γ_1,γ_2. 设 A_1 是 α_1 和 α_2 的第二个交点. 类似地，定义 B_1 和 C_1. 证明：AA_1,BB_1,CC_1 共点.

O291 设 a,b,c 是正实数. 证明：

$$\frac{a^2}{\sqrt{4a^2+ab+4b^2}}+\frac{b^2}{\sqrt{4b^2+bc+4c^2}}+\frac{c^2}{\sqrt{4c^2+ca+4a^2}}\geqslant\frac{a+b+c}{3}$$

O292 对于每个正整数 n，设

$$T_n=\sum_{k=1}^{n}\frac{1}{k\cdot 2^k}$$

求:所有的质数 p,使

$$\sum_{k=1}^{p-2}\frac{T_k}{k+1}\equiv 0(\bmod p)$$

O293　设 x,y,z 是正实数,$t^2=\frac{xyz}{\max(x,y,z)}$.证明:

$$4(x^3+y^3+z^3+xyz)^2\geqslant(x^2+y^2+z^2+t^2)^3$$

O294　设 H 是 $\triangle ABC$ 的垂心,D,E,F 分别是从 A,B,C 出发的高的垂足.X,Y,Z 分别是 D,E,F 关于 EF,FD,DE 的对称点.证明:$\triangle HAX$,$\triangle HBY$,$\triangle HCZ$ 的外接圆有一个除 H 外的公共点.

O295　设 a,b,c,x,y,z 是正实数,$x+y+z=1$,且

$$2ab+2bc+2ca>a^2+b^2+c^2$$

证明:

$$a(x+3yz)+b(y+3zx)+c(z+3xy)\leqslant\frac{2}{3}(a+b+c)$$

O296　设 m 是正整数.证明:只有对有限多个没有平方因子的整数 n,$\varphi(n)$ 整除 mn,其中 φ 是欧拉函数.

O297　用 n 种颜色对一个 11×11 的正方形的方格涂色.已知每一种颜色的方格数大于 6 且小于 14.证明:可以找到一行和一列,这一行和这一列的方格至少涂有 4 种不同的颜色.

O298　设 n 是无平方因子的正整数.求使 $f(1)\cdot f(2)\cdot\cdots\cdot f(n)$ 整除 n 的函数 $f:\{1,2,\cdots,n\}\to\{1,2,\cdots,n\}$ 的个数.

O299　设 a,b,c 是正实数,且 $a^2+b^2+c^2+abc=4$,证明:

$$\sqrt{1-abc}\,(3-a-b-c)\geqslant|(a-1)(b-1)(c-1)|$$

O300　设 $\triangle ABC$ 的外接圆是 Γ,内切圆是 ω.设 D,E,F 分别是圆 ω 与 AB,BC,CA 的切点,Q 是 AD 与圆 Γ 的第二个交点,设 T 是分别过圆 Γ 上 B 和 C 的切线的交点.再设 QT 与圆 Γ 第二次相交于 R.证明:AR,EF,BC 共点.

O301　设 a,b,c,d 是非负实数,且 $a^2+b^2+c^2+d^2=4$.证明:

$$\frac{a}{b+3}+\frac{b}{c+3}+\frac{c}{d+3}+\frac{d}{a+3}\leqslant 1$$

O302　在等腰 $\triangle ABC$ 中,$AB=AC$,$M\in BC$,$N\in AC$,$\angle BAM=\angle MNC$.假定直线 MN 与 AB 相交于 P.证明:$\angle BAM$ 和 $\angle BPM$ 的平分线的交点在直线 BC 上.

O303　设 a,b,c 是大于 2 的实数,且

$$\frac{1}{a^2-4}+\frac{1}{b^2-4}+\frac{1}{c^2-4}=\frac{1}{7}$$

证明：

$$\frac{1}{a+2}+\frac{1}{b+2}+\frac{1}{c+2}\leqslant\frac{3}{7}$$

O304 设C_1和C_2是两个不相交的圆，圆心分别为O_1和O_2. 这两个圆的一条外公切线切C_i于$Q_i(i=1,2)$. 记M为Q_1Q_2的中点. 设P_iM交C_i于R_i，R_1R_2交C_i于$S_i(i=1,2)$. P_1S_1交P_2S_2于A. 切C_1于R_1的切线与切C_2于R_2的切线相交于B. 证明：$AB\perp O_1O_2$.

O305 证明：对于任何正整数m和a，存在正整数n，使a^n+n能被m整除.

O306 设$\triangle ABC$的内切圆是γ，外接圆是Γ. 设Ω是与射线AB，AC相切，与Γ外切的圆，A'是Ω与Γ的切点. 过A'的γ的切线又交Γ于B'，C'. 最后，设X是弦$B'C'$与γ的切点. 证明：$\triangle BXC$的外接圆与γ相切.

O307 设a,b,c,d是正实数，且$a+b+c+d=4$. 证明：

$$\frac{1}{a+3}+\frac{1}{b+3}+\frac{1}{c+3}+\frac{1}{d+3}\leqslant\frac{1}{abcd}$$

O308 设X,Y是$\triangle ABC$所在平面内的点，且

$$AX:BX:CX=AY:BY:CY$$

证明：$\triangle ABC$的外心在直线XY上.

O309 对于一切非负实数$a,b,c,ab+bc+ca>0$，确定最小实数μ，使

$$\mu(\sqrt{ab}+\sqrt{bc}+\sqrt{ca})+\sqrt{a^2+b^2+c^2}\geqslant a+b+c$$

并求出等号成立的条件.

O310 设点P在$\triangle ABC$内. X,Y,Z分别是AP，BP，CP与边BC，CA，AB的交点. 证明：

$$\frac{XB}{XY}\cdot\frac{YC}{YZ}\cdot\frac{ZA}{ZX}\leqslant\frac{R}{2r}$$

O311 设$\triangle ABC$外接圆圆Γ的圆心是O. 设过顶点B，C的圆Γ的切线彼此相交于点X. 考虑以X为圆心，以XB为半径的圆χ，设M是$\angle A$的内角平分线与圆χ的交点，且M位于$\triangle ABC$的内部. 记P为OM与边BC的交点，E，F分别是M在CA和AB上的射影. 证明：$PE\perp FP$.

O312 求一切递增双射$f:(0,\infty)\to(0,\infty)$，满足

$$f(f(x))-3f(x)+2x=0$$

且对此存在$x_0>0$，使$f(x_0)=2x_0$.

O313 求一切正整数n，存在正整数$a_0,a_1,a_2,\cdots,a_n$，使

$$a_0+a_1+\cdots+a_n=5(n-1)$$

以及

$$\frac{1}{a_0}+\frac{1}{a_1}+\cdots+\frac{1}{a_n}=2$$

O314 证明:每一个整系数多项式 $p(x)$ 都能表示为若干个多项式的立方和,对于任意整数 x,这些多项式的值仍是整数.

O315 设 a,b,c 是正实数.证明:

$$(a^3+3b^2+5)(b^3+3c^2+5)(c^3+3a^2+5)\geqslant 27(a+b+c)^3$$

O316 证明:对于任何整数 $k\geqslant 2$,存在2的一个幂,使这个幂的末 k 位数中至少有一半是9.例如 $2^{12}=\cdots 96$,$2^{53}=\cdots 992$.

O317 十二位科学家在一次数学会议上相遇.已知每两位科学家在其他人中有一个共同的朋友.证明:存在一位科学家与参会者中至少五个人认识.

O318 求具有以下性质的所有多项式 $f\in\mathbf{Z}[X]$:对于任何不同的质数 p 和 q,使 $f(p)$ 与 $f(q)$ 互质.

O319 设 $f(x)$ 和 $g(x)$ 是对一切 $x\in\mathbf{R}$ 有定义的任意函数.证明:存在函数 $h(x)$,对于一切 $x\in\mathbf{R}$,$[f(x)+h(x)]^{2\,014}+[g(x)+h(x)]^{2\,014}$ 是偶函数.

O320 设 n 是正整数,对 $1\leqslant i\leqslant n$,有 $0<y_i\leqslant x_i<1$.证明:

$$\frac{1-x_1\cdot\cdots\cdot x_n}{1-y_1\cdot\cdots\cdot y_n}\leqslant\frac{1-x_1}{1-y_1}+\cdots+\frac{1-x_n}{1-y_n}$$

O321 凸六边形 $ABCDEF$ 的对角线 AD,BE,CF 中的每一条都平分其面积.证明:

$$AB^2+CD^2+EF^2=BC^2+DE^2+FA^2$$

O322 设 Γ 是 $\triangle ABC$ 的外接圆,M 是不包含点 A 的弧 $\overparen{BC}$ 的中点.设分别经过 B,C 的直线 l_b,l_c 平行于 AM,交 Γ 于 $P\neq B$ 和 $Q\neq C$.直线 PQ 分别交 AB 和 AC 于 X,Y,$\triangle AXY$ 的外接圆交 AM 于 N.证明:BC,XY 和 MN 共点.

O323 证明:数列 $2^{2^1}+1,2^{2^2}+1,\cdots,2^{2^n}+1$ 与任意一个无穷递增的等差数列或者有无穷项是公共项,或者至少有一项是公共项.

O324 设 a,b,c,d 是非负实数,且 $a^3+b^3+c^3+d^3+abcd=5$.证明:

$$abc+bcd+cda+dab-abcd\leqslant 3$$

O325 在坐标平面内点 $P_1(x_1,y_1)$ 和 $P_2(x_2,y_2)$ 之间的出租汽车的距离是

$$d(P_1P_2)=|x_1-x_2|+|y_1-y_2|$$

圆心为 O,半径为 R 的出租汽车圆盘是满足

$$d(P,O)\leqslant R$$

的点 P 的集合.

给出 n 个点,其中两两之间至多相距 R 个出租汽车的距离,求最小常数 c,使任何这样的点集都能被半径为 cR 的出租汽车圆盘所覆盖.

O326 设 $\triangle ABC$ 不是等腰三角形.设点 D 在射线 $\overrightarrow{AB}$ 上,但不在线段 AB 上.设点 E

在射线$\overrightarrow{AC}$上,但不在线段 AC 上,使 $AB \cdot BD = AC \cdot CE$. $\triangle ABE$ 和 $\triangle ACD$ 的外接圆相交于点 A 和 F. 设 O_1 和 O_2 是 $\triangle ABC$ 和 $\triangle ADE$ 的外心. 证明:AF,O_1O_2 和 BC 三线共点.

O327 设 a,b,c 是正实数,且 $a^2+b^2+c^2+abc=4$. 证明:

$$a+b+c \leqslant \sqrt{2-a}+\sqrt{2-b}+\sqrt{2-c}$$

O328 凸六边形 $ABCDEF$ 的对角线 AD,BE,CF 相交于点 M. $\triangle ABM$,$\triangle BCM$,$\triangle CDM$,$\triangle DEM$,$\triangle EFM$,$\triangle FAM$ 都是锐角三角形. 证明:当且仅当四边形 $ABDE$,$BCEF$,$CDFA$ 的面积相等时,这六个三角形的外心共圆.

O329 对于任何正整数 r,用 P_r 表示在 r 个顶点上的路径. 对于任何正整数 g,证明:存在一个长度少于 g 的没有环路的图 G,在 G 的任何两个顶点的着色中,都可以找到相同颜色的 r 个顶点,使其形成 P_r 的一个复本.

O330 四条线段将四边形分割成九个四边形. 这四条线段的交点都在原四边形的对角线上(图 1.1 和图 1.2).

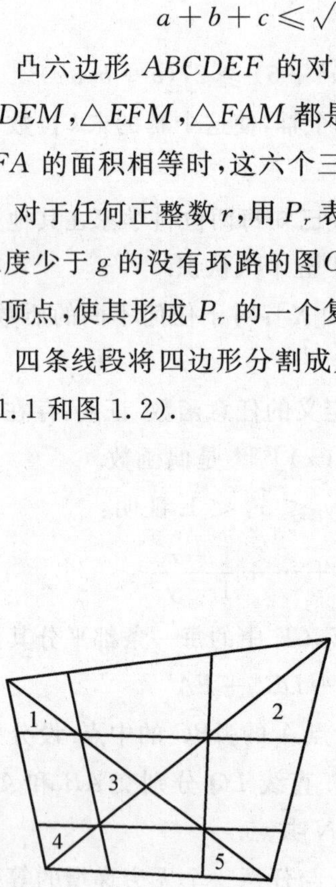

图 1.1

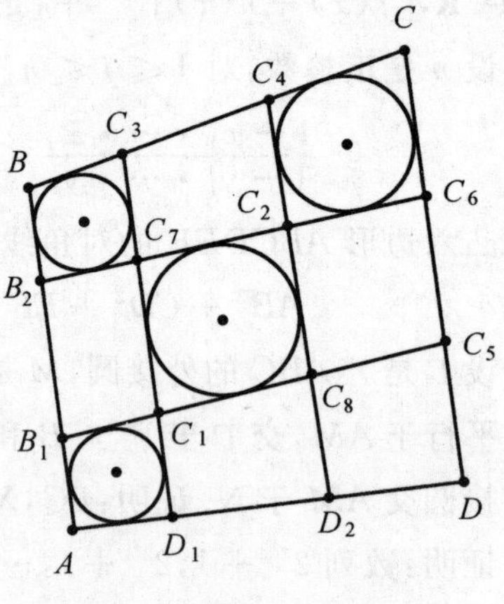

图 1.2

已知四边形 Q_1,Q_2,Q_3,Q_4 都有内切圆. 证明:四边形 Q_5 也有内切圆.

O331 设 m_a,m_b,m_c 是 $\triangle ABC$ 的中线长,p_0 是垂足三角形的半周长. 证明:

$$\frac{1}{m_a}+\frac{1}{m_b}+\frac{1}{m_c} \leqslant \frac{3\sqrt{3}}{2p_0}$$

O332 设 ABC 是三角形. 证明:

$$\frac{\cos^4 A}{\sin^4 B+\sin^4 C}+\frac{\cos^4 B}{\sin^4 C+\sin^4 A}+\frac{\cos^4 C}{\sin^4 A+\sin^4 B} \geqslant \frac{1}{6}$$

O333 $\triangle ABC$ 是不等边的锐角三角形,O,I 和 H 分别是其外心、内心和垂心. 证明:如果 $\triangle OIH$ 的外接圆经过 $\triangle ABC$ 的顶点之一,那么它也经过另外一个顶点.

O334 设 a,b,c 是正实数,且 $a,b,c \geqslant 1$. 证明:

$$\frac{1}{(a^3+1)^2}+\frac{1}{(b^3+1)^2}+\frac{1}{(c^3+1)^2}\geqslant\frac{3}{2(a^2b^2c^2+1)}$$

O335 确定一切正整数 n,使

$$f_n(x,y,z)=x^{2n}+y^{2n}+z^{2n}-xy-yz-zx$$

整除关于 x,y,z 的整系数多项式 $g_n(x,y,z)=(x-y)^{5n}+(y-z)^{5n}+(z-x)^{5n}$.

O336 设 a,b,c 是不同的正实数,u,v,w 是正实数,且 $a+b+c=u+v+w$,当 $(r,s,t)=(u,v,w)$,$(r,s,t)=(v,w,u)$,$(r,s,t)=(w,u,v)$ 时,有

$$(a^2-bc)r+(b^2-ca)s+(c^2-ab)t\geqslant 0$$

证明:对一切非负数 x,y,z,有

$$x^ay^bz^c+x^by^cz^a+x^cy^az^b\geqslant x^uy^vz^w+x^wy^uz^v+x^vy^wz^u$$

O337 是否存在不可约的整系数多项式 $P(x)$,对于一切 $n\in\mathbf{N}$,使 $P(n)$ 是大于1的完全幂?

O338 设 P 是 $\triangle ABC$ 内的一点. A_1,B_1,C_1 分别表示 P 在 $\triangle ABC$ 边上的射影,A_2, B_2,C_2 表示 PA_1,PB_1,PC_1 的中点. 证明:当且仅当 AA_2,BB_2,CC_2 共点时,AA_1,BB_1, CC_1 共点.

O339 设 a,b,c 是正实数,且满足

$$\frac{1}{a^3+b^3+1}+\frac{1}{b^3+c^3+1}+\frac{1}{c^3+a^3+1}\geqslant 1$$

证明:

$$(a+b)(b+c)(c+a)\leqslant 6+\frac{2}{3}(a^3+b^3+c^3)$$

O340 设 BB' 和 CC' 分别是 $\triangle ABC$ 从顶点 B 和 C 出发的高. 射线 $C'B'$ 交 $\triangle ABC$ 的外接圆于 B''. 设 $\angle ABB''$ 的大小是 α_A. 类似地,定义 α_B 和 α_C. 证明:

$$\sin\alpha_A\sin\alpha_B\sin\alpha_C\leqslant\frac{3\sqrt{6}}{32}.$$

O341 设 a 是正整数. 求一切非零的整值多项式 $P(X),Q(X)$,使

$$P(X)^2+aP(X)Q(X)+Q(X)^2=P(X)$$

O342 设 $n\geqslant 2\,015$ 是正整数,$A\subset\{1,2,\cdots,n\}$,且

$$|A|\geqslant\left\lfloor\frac{n+1}{2}\right\rfloor$$

证明:A 包含等差数列的三项.

O343 设 $a_1,a_2,\cdots,a_n$ 是正实数,且 $\sqrt{a_1}+\sqrt{a_2}+\cdots+\sqrt{a_n}=a_1+a_2+\cdots+a_n$. 证明:

$$\sqrt{a_1^2+1}+\sqrt{a_2^2+1}+\cdots+\sqrt{a_n^2+1}\leqslant n\sqrt{2}$$

O344 考虑数列 $a_n=[(\sqrt[3]{65}-4)^{-n}]$,其中 $n\in\mathbf{N}^*$. 证明:$a_n\equiv 2$ 或 $3\pmod{15}$.

O345 设 A_1,B_1,C_1 是 $\triangle ABC$ 的边 BC,CA,AB 上的点. 设 r_A,r_B,r_C,r_1 分别是 $\triangle AB_1C_1,\triangle BC_1A_1,\triangle CA_1B_1$ 和 $\triangle A_1B_1C_1$ 的内切圆半径. 证明:

$$R_1r_1\geqslant 2\min(r_Ar_B,r_Br_C,r_Cr_A)$$

这里 R_1 是 $\triangle A_1B_1C_1$ 的外接圆半径.

O346 设数列 $(a_n)_{n\geqslant 0}$ 由 $a_0=0,a_1=1,a_2=2,a_3=6,a_{n+4}=2a_{n+3}+a_{n+2}-2a_{n+1}-a_n,n\geqslant 0$ 定义.

证明:对无穷多个正整数 n,n^2 整除 a_n.

O347 设 $a,b,c,d\geqslant 0$ 是实数,且 $a+b+c+d=1$. 证明:

$$\sqrt{a+\frac{2\,(b-c)^2}{9}+\frac{2\,(c-d)^2}{9}+\frac{2\,(d-b)^2}{9}}+\sqrt{b}+\sqrt{c}+\sqrt{d}\leqslant 2$$

O348 设 $ABCDE$ 是凸五边形,面积是 S,设 R_1,R_2,R_3,R_4,R_5 分别是 $\triangle ABC,\triangle BCD,\triangle CDE,\triangle DEA,\triangle EAB$ 的外接圆半径. 证明:

$$R_1^4+R_2^4+R_3^4+R_4^4+R_5^4\geqslant\frac{4}{5\sin^2 108^\circ}S^2$$

O349 求一切正整数 n,使 $\sum_{k=1}^{n}\lfloor\frac{n}{k}\rfloor$ 是偶数.

O350 求满足

$$x^3+3xy+y^3=2^z+1$$

的一切整数三数组 (x,y,z).

O351 在 $\triangle ABC$ 中,$\angle ABC=60^\circ,\angle BCA=70^\circ$,点 D 在边 BC 上. 证明:当且仅当 $AB+BD=AD+DC$ 时,$\angle BAD=20^\circ$.

O352 求方程组

$$\begin{cases}\dfrac{1}{x}+\dfrac{2}{y}+\dfrac{3}{z}=1\\ x+2y+3z=\dfrac{50yz}{8+yz}\end{cases}$$

的正整数解.

O353 设 a,b,c,d 是非负实数,且 $a\geqslant b\geqslant 1\geqslant c\geqslant d,a+b+c+d=4$. 证明:

$$4(a^2+b^2+c^2+d^2)\geqslant 12+a^3+b^3+c^3+d^3$$

O354 求一切质数 p,使 $\dfrac{p^2}{1+\frac{1}{2}+\cdots+\frac{1}{p-1}}$ 是整数.

O355 设 $\triangle ABC$ 的内心为 I. 证明:

$$\frac{(IB+IC)^2}{a(b+c)}+\frac{(IC+IA)^2}{b(c+a)}+\frac{(IA+IB)^2}{c(a+b)}\leqslant 2$$

O356 我们从集合 $\{1,2,3,\cdots,25\}$ 中取出一个偶数. 已知余下的集合恰有 124 个子集，这些子集中都有三个元素成等差数列. 求这个数.

O357　证明：在任何三角形中，有

$$\frac{ab+4m_am_b}{c}+\frac{bc+4m_bm_c}{a}+\frac{ca+4m_cm_a}{b}\geqslant\frac{16K}{R}$$

O358　设 a,b,c,d 是非负实数，且 $a\geqslant1\geqslant b\geqslant c\geqslant d,a+b+c+d=4$. 证明：

$$abcd+\frac{15}{2(ab+bc+cd+da+ac+bd)}\geqslant\frac{9}{a^2+b^2+c^2+d^2}$$

O359　求方程

$$x^6+x^3y^3-y^6+3xy(x^2-y^2)^2=1$$

的正整数解.

O360　求具有以下性质的最小正整数 n：对于任何多项式 $P(x)\in\mathbf{C}[x]$，存在多项式 $f_1(x),f_2(x),\cdots,f_n(x)\in\mathbf{C}[x],g_1(x),g_2(x),\cdots,g_n(x)\in\mathbf{C}[x]$，使

$$P(x)=\sum_{i=1}^{n}[f_i^2(x)+g_i^3(x)]$$

2 解答

2.1 初级问题的解答

J289 设 a 是实数，且 $0 \leqslant a < 1$. 证明：

$$\left\lfloor a\left(1+\left\lfloor \frac{1}{1-a}\right\rfloor\right)\right\rfloor+1=\left\lfloor \frac{1}{1-a}\right\rfloor$$

证明 因为 $0 \leqslant a < 1$，所以我们有 $0 < 1-a \leqslant 1$.

设 $k \in \mathbf{N}$ 是使 $\frac{1}{1+k} < 1-a \leqslant \frac{1}{k}$ 成立的唯一的正整数，所以 $k \leqslant \frac{1}{1-a} < k+1$，于是 $\left\lfloor \frac{1}{1-a}\right\rfloor = k$，且 $\frac{k-1}{k} \leqslant a < \frac{k}{1+k}$，所以 $\lfloor a(k+1)\rfloor = k-1$. 因此，我们有

$$\left\lfloor a\left(1+\left\lfloor \frac{1}{1-a}\right\rfloor\right)\right\rfloor+1=\lfloor a(k+1)\rfloor+1=k-1+1=k$$

J290 设 a,b,c 是非负实数，且 $a+b+c=1$. 证明：

$$\sqrt[3]{13a^3+14b^3}+\sqrt[3]{13b^3+14c^3}+\sqrt[3]{13c^3+14a^3} \geqslant 3$$

证明

$$(13a^3+14b^3)(13+14)(13+14) \geqslant (13a+14b)^3 \Rightarrow$$

$$\sqrt[3]{13a^3+14b^3} \geqslant \frac{13a+14b}{9} \tag{1}$$

类似地，我们有

$$\sqrt[3]{13b^3+14c^3} \geqslant \frac{13b+14c}{9}, \sqrt[3]{13c^3+14a^3} \geqslant \frac{13c+14a}{9} \tag{2}$$

由(1) 和(2)，得到

$$\sqrt[3]{13a^3+14b^3}+\sqrt[3]{13b^3+14c^3}+\sqrt[3]{13c^3+14a^3} \geqslant \frac{27(a+b+c)}{9}=3$$

J291 在 $\triangle ABC$ 中，$\angle BCA=2\angle ABC$，P 是 $\triangle ABC$ 内一点，且 $PA=AC$，$PB=PC$. 求 $\triangle PAB$ 与 $\triangle PAC$ 的面积比.

解 如图 2.1，设 Σ 是圆心为 A，半径为 AC 的圆. 假定 $\angle ACB$ 的平分线交 AB 于 D，交 Σ 于 E. 那么 PD 是 BC 的垂直平分线.

因为 $\angle AEC=\angle ACE=\angle BCE$，所以 $EA \mathbin{/\!/} BC$. 因此 $\angle BAE=\angle ABC$，所以 PD 也

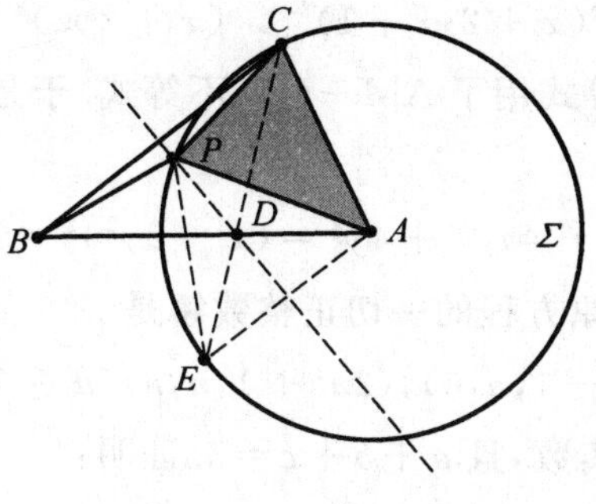

图 2.1

是 AE 的垂直平分线. 所以 $\triangle APE$ 是等边三角形,因此 $\angle PCE=\frac{1}{2}\angle PAE=30^\circ$,$\angle APC=30^\circ+\angle B$,以及 $\angle APB=60^\circ+\angle EPB=60^\circ+\angle APC=90^\circ+\angle B$.最后,设[·]表示面积,那么

$$\frac{[PAB]}{[PAC]}=\frac{\sin\angle APB}{\sin\angle APC}=\frac{\cos B}{\sin(30^\circ+B)}=\frac{2}{1+\sqrt{3}\tan B}$$

J292 求最小实数 k,对于每一个正实数 x,y,z,以下不等式成立:

$$\prod_{\text{cyc}}(2xy+yz+zx)\leqslant k(x+y+z)^6$$

解 我们断言 $k=\frac{64}{729}$. 设 $x=y=z=1$,则

$$\frac{\prod\limits_{\text{cyc}}(2xy+yz+zx)}{(x+y+z)^6}=\frac{64}{729}\leqslant k$$

由 Cauchy - Schwarz 不等式,有 $xy+yz+zx\leqslant x^2+y^2+z^2$. 所以

$$3(xy+yz+zx)\leqslant 2xy+2yz+2zx+x^2+y^2+z^2=(x+y+z)^2$$

由 AM - GM 不等式,有

$$\prod_{\text{cyc}}(2xy+yz+zx)\leqslant\left[\frac{\sum\limits_{\text{cyc}}(2xy+yz+zx)}{3}\right]^3=\left[\frac{4\sum\limits_{\text{cyc}}xy}{3}\right]^3\leqslant$$

$$\left[\frac{4(x+y+z)^2}{9}\right]^3=\frac{64}{729}(x+y+z)^6$$

这就证明了 $k\leqslant\frac{64}{729}$,由此推出结论.

J293 求一切正整数 x,y,z,使

$$(x+y^2+z^2)^2-8xyz=1$$

解 由 AM - GM 不等式,有 $x+y^2+z^2\geqslant x+2yz$. 如果等号不成立,即 $y\neq z$,那么因为两边都是整数,所以我们有

$$(x+y^2+z^2)^2 \geqslant (x+2yz+1)^2 > (x+2yz)^2+1 \geqslant 8xyz+1$$

这里我们对最后一个不等式用了 AM－GM 不等式. 于是在这种情况下无解. 因此必有 $y=z$,所以方程化简为

$$x^2-4xy^2+4y^4=(x-2y^2)^2=1$$

于是 $x=2y^2\pm 1$. 因此,原方程的一切正整数解是

$$(2n^2-1,n,n),(2n^2+1,n,n)(n\in \mathbf{Z}^+)$$

J294 设 a,b,c 是非负实数,且 $a+b+c=3$. 证明:

$$1\leqslant (a^2-a+1)(b^2-b+1)(c^2-c+1)\leqslant 7$$

证明 记 $p=abc,s=ab+bc+ca$,这里显然 $0\leqslant p\leqslant 1$,当且仅当 a,b,c 中至少有一个是零时,$p=0$. 根据 AM－GM 不等式,当且仅当 $a=b=c=1$ 时,$p=1$. 而 $0\leqslant s\leqslant 3$,当且仅当 a,b,c 中有两个是零时,$s=0$. 因为

$$s=\frac{2(a+b+c)^2-(a-b)^2-(b-c)^2-(c-a)^2}{6}=3-\frac{(a-b)^2+(b-c)^2+(c-a)^2}{6}$$

所以当且仅当 $a=b=c=1$ 时,$s=3$.

注意到

$$(a^2-a+1)(b^2-b+1)(c^2-c+1)=p^2+s^2-ps-p-4s+7$$

于是下界可写成

$$(2+p-s)^2+2(1-p)\geqslant p(3-s)$$

现在 $9p=3abc(a+b+c)\leqslant (ab+bc+ca)^2=s^2$,或 $9(p-1)\geqslant (3+s)(3-s)$. 于是只要证明

$$(2+p-s)^2+\frac{6+2s-9p}{9}(3-s)\geqslant 0$$

但这是显然的,因为 $6+2s-9p\geqslant 6+2s-s^2=3+(1+s)(3-s)>0$.

另一方面,上界可写成

$$p(1-p)+s(3-s)+s+ps\geqslant 0$$

这显然成立,因为 s,ps 和 $p(1-p)$ 都非负. 注意到等式要求 $s=0$,且因为 a,b,c 是非负实数,所以这就要求 a,b,c 中至少有两个是零,结果导致 $p=0$.

由此推出这一结论:当且仅当 $a=b=c=1$ 时,等式取到下界;当且仅当 (a,b,c) 是 $(3,0,0)$ 的一个排列时,取到上界.

J295 设 a,b,c 是正整数,且 $(a-b)^2+(b-c)^2+(c-a)^2=6abc$. 证明:

$$a^3+b^3+c^3+1 \text{ 不能被 } a+b+c+1 \text{ 整除}$$

解 显然

$$(a-b)^2+(b-c)^2+(c-a)^2=2(a^2+b^2+c^2-ab-bc-ca)$$

这表明

$$a^2+b^2+c^2-ab-bc-ca=3abc$$

现在利用恒等式

$$a^3+b^3+c^3-3abc=(a+b+c)(a^2+b^2+c^2-ab-bc-ca)$$

得到

$$a^3+b^3+c^3-3abc=3abc(a+b+c)$$

或

$$a^3+b^3+c^3=3abc(a+b+c+1)$$

这意味着 $a+b+c+1$ 整除 $a^3+b^3+c^3$. 如果 $a+b+c+1$ 整除 $a^3+b^3+c^3+1$, 那么 $a+b+c+1$ 整除 $(a^3+b^3+c^3+1)-(a^3+b^3+c^3)=1$, 这不成立, 因为 $a+b+c+1>1$. 于是, $a^3+b^3+c^3+1$ 不能被 $a+b+c+1$ 整除.

J296 黑板上写着若干个正整数. 我们每一步选择两个数 u,v, 这里 $u\geqslant v$, 然后用 $u+v$ 和 $u-v$ 代替 u,v. 证明: 在有限步以后, 不能得到原来的这些数.

证明 设 S_0 是黑板上的若干个数的平方和, S_i 是第 i 步后的平方和. 于是由 $(u+v)^2+(u-v)^2=2(u^2+v^2)$, 看出 $S_i\leqslant S_{i+1}$, 当且仅当 $u=v=0$ 时, 等号成立. 因为在第一步时等式不可能成立, 所以我们有 $S_0<S_1\leqslant S_2\leqslant\cdots$, 于是不能得到原来的这些数.

J297 设 a,b,c 是 $x(x\geqslant 4)$ 进制的数字(其中至多有一个是零). 证明:

$$\frac{\overline{ab}}{\overline{ba}}+\frac{\overline{bc}}{\overline{cb}}+\frac{\overline{ca}}{\overline{ac}}\geqslant 3$$

这里所有的数都是 x 进制.

第一种证法 注意到 $\frac{\overline{ab}}{\overline{ba}}+\frac{\overline{bc}}{\overline{cb}}+\frac{\overline{ca}}{\overline{ac}}\geqslant 3$ 可写成

$$\frac{ax+b}{bx+a}+\frac{bx+c}{cx+b}+\frac{cx+a}{ax+c}\geqslant 3$$

由 Cauchy－Schwarz 不等式, 有

$$\sum_{\text{cyc}}\frac{ax+b}{bx+a}=\sum_{\text{cyc}}\frac{(ax+b)^2}{(ax+b)(bx+a)}\geqslant\frac{\left[\sum_{\text{cyc}}(ax+b)\right]^2}{\sum_{\text{cyc}}(ax+b)(bx+a)}=$$

$$\frac{(a+b+c)^2(x+1)^2}{\sum_{\text{cyc}}[abx^2+(a^2+b^2)x+ab]}=$$

$$\frac{(a+b+c)^2(x+1)^2}{(ab+bc+ca)x^2+2(a^2+b^2+c^2)x+ab+bc+ca}$$

所以只要证明不等式

$$(a+b+c)^2(x+1)^2\geqslant 3[(ab+bc+ca)x^2+2(a^2+b^2+c^2)x+ab+bc+ca]=$$

$$(a^2+b^2+c^2-ab-bc-ca)(x^2-4x+1)\geqslant 0$$

最后一个不等式成立是因为 $a^2+b^2+c^2\geqslant ab+bc+ca$ 和 $x^2-4x+1=x(x-4)+$

$1\geqslant 1$.

第二种证法 注意到$\frac{\overline{ab}}{\overline{ba}}+\frac{\overline{bc}}{\overline{cb}}+\frac{\overline{ca}}{\overline{ac}}\geqslant 3$可写成

$$\frac{ax+b}{bx+a}+\frac{bx+c}{cx+b}+\frac{cx+a}{ax+c}\geqslant 3$$

上式左边的每一项都减去1,然后分解因式,得到等价的不等式

$$\frac{(a-b)(x-1)}{bx+a}+\frac{(b-c)(x-1)}{cx+b}+\frac{(c-a)(x-1)}{ax+c}\geqslant 0$$

不失一般性,假定$a\leqslant b\leqslant c$或$a\geqslant b\geqslant c$.那么除以$x-1$,并写成$c-a=(c-b)+(b-a)$后重组,得到

$$\frac{(a-b)(ax+c-bx-a)}{(bx+a)(ax+c)}+\frac{(b-c)(ax+c-cx-b)}{(cx+b)(ax+c)}\geqslant 0$$

对各种情况进行检验,我们看到上式左边的两项都非负.特别是第一项,如果$a>b$,那么$ax+c-bx-a\geqslant x+c-a>0$;如果$a<b$,那么该不等式逆向成立.对于第二项,如果$b>c$,那么$a>c$,$ax+c-cx-b\geqslant x+c-b>0$;如果$b<c$,该不等式也逆向成立.

注意这一论断只要求$x\geqslant 2$.

J298 考虑直角$\angle BAC$和过点A的圆$\omega_1,\omega_2,\omega_3,\omega_4$.圆$\omega_1,\omega_2$的圆心在射线$AB$上,圆$\omega_3,\omega_4$的圆心在射线$AC$上.证明:这四个圆除点$A$外的四个交点共圆.

证明 如图2.2,设σ是以A为圆心的圆Σ的反演.于是$\sigma(\omega_1)$和$\sigma(\omega_2)$是AB的垂线,$\sigma(\omega_3)$和$\sigma(\omega_4)$是AC的垂线.于是这四条直线的交点形成一个矩形,位于圆Ω'上.因此圆$\omega_1,\omega_2,\omega_3,\omega_4$的另四个交点在圆$\Omega=\sigma(\Omega')$上.

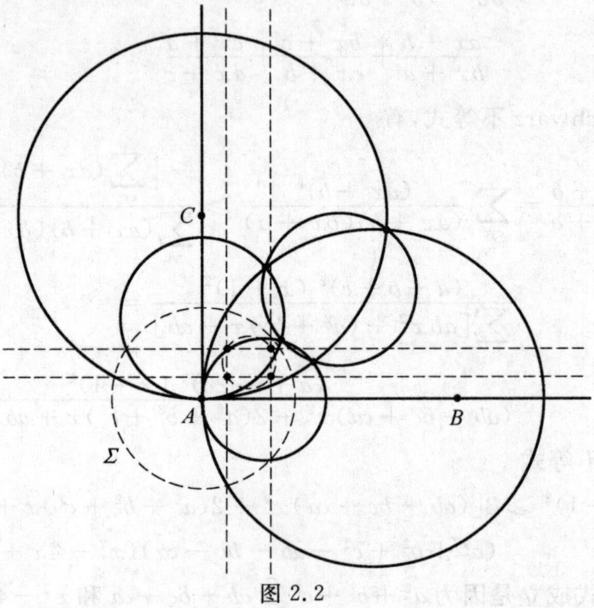

图2.2

J299 证明:无论我们如何从集合$\{1,2,\cdots,2n\}$中选择n个数,其中必有一数无大于1的平方因子.

证明 只要证明,对于每一个$n\in\mathbf{N}$,在区间$[1,2n]$上不是无大于1的平方因子的自然数的个数小于n. 当$n=1$时,命题显然成立,所以我们假定$n>1$.

设$\bar{Q}_{2n}$表示区间$[1,2n]$上不是无大于1的平方因子的自然数的集合. 如果$p\in[1,2n]$是质数,用$M(p^2)$表示属于区间$[1,2n]$的p^2的倍数的集合. 于是,如果q是区间$[1,\sqrt{2n}]$上的最大质数,那么

$$\bar{Q}_{2n}=M(2^2)\cup M(3^2)\cup M(5^2)\cup\cdots\cup M(q^2)\qquad(1)$$

因为任何自然数N在区间$[1,2n]$中有$\lfloor\frac{2n}{N}\rfloor$个倍数,由(1)我们得到

$$\bar{Q}_{2n}\leqslant\lfloor\frac{2n}{2^2}\rfloor+\lfloor\frac{2n}{3^2}\rfloor+\lfloor\frac{2n}{5^2}\rfloor+\cdots+\lfloor\frac{2n}{q^2}\rfloor\leqslant\frac{2n}{2^2}+\frac{2n}{3^2}+\frac{2n}{5^2}+\cdots+\frac{2n}{q^2}=$$
$$2n\left(\frac{1}{2^2}+\frac{1}{3^2}+\frac{1}{5^2}+\cdots+\frac{1}{q^2}\right)<2n\sum_p\frac{1}{p^2}\qquad(2)$$

其中$\sum_p\frac{1}{p^2}$是质数的平方的倒数级数. 这一级数收敛,并且$\sum_{n=1}^{\infty}\frac{1}{n^2}=\frac{\pi^2}{6}$这一熟知的事实表明

$$\frac{\pi^2}{6}=\sum_{n=1}^{\infty}\frac{1}{n^2}>1+\sum_p\frac{1}{p^2}+\sum_{n=2}^{\infty}\frac{1}{(2n)^2}=$$
$$1+\sum_p\frac{1}{p^2}+\frac{1}{4}\left(\frac{\pi^2}{6}-1\right)=$$
$$\frac{3}{4}+\frac{\pi^2}{24}+\sum_p\frac{1}{p^2}\qquad(3)$$

由(2)和(3)推得

$$|\bar{Q}_{2n}|<2n\left(\frac{\pi^2}{8}-\frac{3}{4}\right)=n\left(\frac{\pi^2-6}{4}\right)<n$$

这就是我们所要求的结果.

J300 设a,b,c是正实数.证明:

$$\frac{b+c}{\sqrt{2a^2+16ab+7b^2}+c}+\frac{c+a}{\sqrt{2b^2+16bc+7c^2}+a}+$$
$$\frac{a+b}{\sqrt{2c^2+16ca+7a^2}+b}\geqslant1$$

证明 注意到对于正实数x,y,有

$$\sqrt{2x^2+16xy+7y^2}\leqslant2x+3y$$

这是因为上式两边平方后有$2(x-y)^2\geqslant0$. 于是有

$$\sum_{\text{cyc}}\frac{b+c}{\sqrt{2a^2+16ab+7b^2}+c}\geqslant\sum_{\text{cyc}}\frac{b+c}{2a+3b+c}$$

由 Cauchy－Schwarz 不等式,有

$$\sum_{\text{cyc}}\frac{b+c}{2a+3b+c}=\sum_{\text{cyc}}\frac{(b+c)^2}{2ab+2ac+4bc+3b^2+c^2}\geqslant$$

$$\frac{[2(a+b+c)]^2}{4\sum\limits_{\text{cyc}}a^2+8\sum\limits_{\text{cyc}}ab}=1$$

J301 设 a,b 是非零实数,且 $ab\geqslant\frac{1}{a}+\frac{1}{b}+3$. 证明:

$$ab\geqslant\left(\frac{1}{\sqrt[3]{a}}+\frac{1}{\sqrt[3]{b}}\right)^3$$

证明 设 $x:=\sqrt[3]{ab}$, $y:=-\frac{1}{\sqrt[3]{a}}$, $z:=-\frac{1}{\sqrt[3]{b}}$. 于是 $xyz=1$,且 $ab\geqslant\frac{1}{a}+\frac{1}{b}+3$ 变为等价的 $x^3+y^3+z^3\geqslant3$. 但是

$$(x+y+z)(x^2+y^2+z^2-xy-yz-zx)=$$

$$x^3+y^3+z^3-3xyz=x^3+y^3+z^3-3\geqslant0$$

且

$$x^2+y^2+z^2\geqslant xy+yz+zx$$

于是 $x+y+z\geqslant0$,这意味着

$$x\geqslant-(y+z)\Leftrightarrow x^3\geqslant(-y-z)^3\Leftrightarrow ab\geqslant\left(\frac{1}{\sqrt[3]{a}}+\frac{1}{\sqrt[3]{b}}\right)^3$$

J302 已知实数 x,y,z 满足 $x+y+z=0$,以及

$$\frac{x^4}{2x^2+yz}+\frac{y^4}{2y^2+zx}+\frac{z^4}{2z^2+xy}=1$$

确定并证明 $x^4+y^4+z^4$ 的一切可能的值.

解 注意到

$$2x^2+yz=x^2+yz-x(y+z)=(x-y)(x-z)$$

以及

$$x^4=\frac{1}{2}x^2(2x^2+yz)-\frac{1}{2}x^2yz$$

所以

$$\frac{1}{2}(x^2+y^2+z^2)-\frac{xyz}{2}\left[\frac{x}{(x-y)(x-z)}+\frac{y}{(y-x)(y-z)}+\frac{z}{(z-x)(z-y)}\right]=1$$

显然

$$\frac{x}{(x-y)(x-z)}+\frac{y}{(y-x)(y-z)}+\frac{z}{(z-x)(z-y)}=0$$

所以 $x^2+y^2+z^2=2$，且

$$[(x+y+z)^2-(x^2+y^2+z^2)]^2=4(xy+yz+zx)^2=$$
$$4[x^2y^2+y^2z^2+z^2x^2+2xyz(x+y+z)]$$

上式等于

$$4(x^2y^2+y^2z^2+z^2x^2)=2[(x^2+y^2+z^2)^2-(x^4+y^4+z^4)]$$

于是

$$4=2[4-(x^4+y^4+z^4)]$$

这就推出了对于所有这样的 x,y,z，有 $x^4+y^4+z^4=2$.

J303 设 $\triangle ABC$ 是等边三角形. 考虑圆心在 C，且过 A,B 两点的圆的直径 XY，使直线 AB 和 XY，AX 和 BY 都相交于圆外. 设 Z 是 AX 和 BY 的交点. 证明：

$$AX\cdot XZ+BY\cdot YZ+2CZ^2=XZ\cdot YZ+6AB^2$$

证明 因 $\triangle ABZ\backsim\triangle YXZ$，所以有 $YZ=2AZ$，$XZ=2BZ$，$XY=2AB$，由于

$$\angle CAX+\angle ZAB+\angle BAC=180^\circ=\angle YXZ+\angle XYZ+\angle YZX$$

所以我们有 $\angle YZX=\angle BAC=60^\circ$. 又由中线长公式，有

$$2CZ^2=XZ^2+YZ^2-\frac{XY^2}{2} \tag{1}$$

由余弦定理，有

$$XY^2=XZ^2+YZ^2-2XZ\cdot YZ\cos 60^\circ\Leftrightarrow$$
$$XZ\cdot YZ=XZ^2+YZ^2-XY^2 \tag{2}$$

由(1) 和(2) 知，所求的等式等价于

$$AX\cdot XZ+BY\cdot YZ=XY^2$$

而

$$AX\cdot XZ=XZ(XZ-AZ)=XZ^2-AZ\cdot XZ=4BZ^2-AZ\cdot XZ$$
$$BY\cdot YZ=YZ(YZ-BZ)=YZ^2-YZ\cdot BZ=4AZ^2-YZ\cdot BZ$$

由(2)，有

$$XY^2=4BZ^2+4AZ^2-4BZ\cdot AZ$$

所以，只要证明

$$4BZ\cdot AZ=AZ\cdot XZ+BZ\cdot YZ$$

但这是显然的，因为 $XZ=2BZ$，$YZ=2AZ$.

J304 设 a,b,c 是实数，且 $a+b+c=1$. 设 M_1 是 $a+\sqrt{b}+\sqrt[3]{c}$ 的最大值，M_2 是 $a+\sqrt{b+\sqrt[3]{c}}$ 的最大值. 证明：$M_1=M_2$，并求出这个最大值.

解 本题并不像上面叙述的那样十分正确.

首先，考虑 $a+\sqrt{b}+\sqrt[3]{c}$. 对于所定义的这个函数，我们必须假定 $b\geqslant 0$. 如果 a 或 c 是

负的，那么最大值不存在，因为我们可以取$(a,b,c)=(X^3+1,0,-X^3)$，这就给出$a+\sqrt{b}+\sqrt[3]{c}=X^3-X+1$. 当$X$足够大时，它趋近于无穷大. 如果我们进一步假定$a,c\geqslant 0$，那么最大值的确存在，并且容易计算. 改写$a=1-b-c$，我们看出对于$b,c\geqslant 0$，$M_1$是$1+(\sqrt{b}-b)+(\sqrt[3]{c}-c)$的最大值. 根据AM－GM不等式，我们有$b+\frac{1}{4}\geqslant\sqrt{b}$，或等价于$\sqrt{b}-b\leqslant\frac{1}{4}$；当$b=\frac{1}{4}$时，$c+\frac{2}{3\sqrt{3}}\geqslant\sqrt[3]{c}$，或等价于$\sqrt[3]{c}-c\leqslant\frac{2}{3\sqrt{3}}$；当$c=\frac{2}{3\sqrt{3}}$时等号成立(注意根据假定，这就给出$a=\frac{3}{4}-\frac{1}{3\sqrt{3}}\geqslant 0$). 于是$M_1=1+\frac{1}{4}+\frac{2}{3\sqrt{3}}=\frac{5}{4}+\frac{2}{3\sqrt{3}}$.

对于另一个函数，我们可以类似地写成

$$a+\sqrt{b+\sqrt[3]{c}}=1+[\sqrt{b+\sqrt[3]{c}}-(b+\sqrt[3]{c})]+(\sqrt[3]{c}-c)$$

如果设$x=b+\sqrt[3]{c}$，那么我们看到这几乎与前面的计算相同. 该函数只定义于$x\geqslant 0$，如果我们允许c是负的，那么就得到任意大的值. 如果限制$c\geqslant 0$，那么对于$c,x\geqslant 0$，M_2是$1+(\sqrt{x}-x)+(\sqrt[3]{c}-c)$的最大值. 于是$M_1=M_2$. 注意这个最大值是当$x=\frac{1}{4}$时取得的，并给出$b=\frac{1}{4}-\frac{1}{\sqrt{3}}<0$.

确定这一命题的一种方法将是假定$c\geqslant 0$，并作出一个隐含的假定，即这两个函数都局限于(a,b,c)所定义的值(或者说是实数值)，尽管这两个函数的这些值并不相同.

J305 考虑$\angle ABC=30°$的$\triangle ABC$. 假定从顶点B出发的角平分线的长是从顶点A出发的角平分线的长的2倍. 求$\angle BAC$的大小.

解 设l_a和l_b是分别从顶点A和顶点B出发的角平分线的长. 下列公式是相对熟悉的(或者可以很容易从Stewart定理和角平分线定理求得)

$$l_a=\frac{2bc}{b+c}\cos\frac{A}{2}, l_b=\frac{2ca}{c+a}\cos\frac{B}{2}$$

于是得到$l_b=2l_a$等价于

$$(b+c)\sin\frac{A}{2}=2(c+a)\sin\frac{B}{2}$$

利用正弦定理，并设$\angle B=30°$，$\angle C=150°-\angle A$后，可进一步归结为

$$\cos 75°\cos A=\sin A\left[\cos\left(60°-\frac{A}{2}\right)-\cos 15°\right]$$

如果$\angle A>90°$，那么$\cos A<0$，于是$\cos\left(60°-\frac{A}{2}\right)<\cos 15°$，得到$60°-\frac{\angle A}{2}>15°$，$\angle A<90°$，产生矛盾，或者$60°-\frac{\angle A}{2}<-15°$，于是$\angle A>150°$，这也是不可能的. 另一方

面,如果 $\angle A < 90°$,那么 $\cos A > 0, 60° - \frac{\angle A}{2} < 15°, \angle A > 90°$,又产生矛盾.于是推得 $\angle A = 90°$,在这种情况下,显然两边都等于 0,等式成立.此时有 $l_b = 2l_a$.

J306 设 S 是正实数的非空集合,且对于 S 中的任何 $a,b,c,ab+bc+ca$ 是有理数.证明:对于 S 中的任何 $a,b,\frac{a}{b}$ 是有理数.

证明 取 a,b,c 都等于 $a \in S$,得到 $3a^2 \in \mathbf{Q}$,于是 $a^2 \in \mathbf{Q}$.只需取 $c=a$,得到 $a^2 + 2ab \in \mathbf{Q}$.因为 $a^2 \in \mathbf{Q}$,所以 $ab \in \mathbf{Q}$,于是 $\frac{a}{b} = \frac{a^2}{ab} \in \mathbf{Q}$.

J307 证明:对于每一个正整数 n,存在完全平方数,它的各位数字的和等于 4^n.

证明 设 $a_j = 10^j$,考虑

$$m = \left(\sum_{j=1}^{k} 10^{a_j}\right)^2 = \sum_{j=1}^{k} 10^{2a_j} + 2\sum_{1 \leqslant i \leqslant j \leqslant k} 10^{a_i + a_j}$$

m 是完全平方数,它在十进制表示式中的数字只有 0,1,2,因为 $a_i + a_j = a_r + a_s, 1 \leqslant i \leqslant j \leqslant k, 1 \leqslant r \leqslant s \leqslant k$,这表明 $i=r, j=s$. m 的各位数字的和等于

$$k + \frac{2k(k-1)}{2} = k^2$$

这一结果已超出了所涉及的内容,因为我们已经对一个给定的自然数 k 构造出完全平方数 m,它的各位数字的和等于 k^2.特别地,如果 $k = 2^n$,那么 $k^2 = 4^n$.

J308 是否存在质数三数组 (p,q,r),使 $S = (p^2 - 7)(q^2 - 7)(r^2 - 7)$ 是完全平方数?

证明 我们断言不存在质数三数组 (p,q,r),使 $S = (p^2-7)(q^2-7)(r^2-7)$ 是完全平方数.

为了推出矛盾,假定存在这样的质数三数组 (p,q,r).首先,注意到当 $p=2$ 时,p^2-7 是负的,但是对于一切奇质数 p,p^2-7 都是正的.因为 S 必为正,所以 (p,q,r) 中必定是或者没有 2,或者有两个等于 2.现在,注意到如果 $p=2$,那么 p^2-7 是奇数.但如果 p 是奇质数,那么 $p^2 \equiv 1 \pmod 8$,所以 $p^2 - 7 \equiv 2 \pmod 8$(为了看出这一点,设 $p = 2n-1$,得到 $p^2 = 4n^2 - 4n + 1 = 4n(n-1) + 1$.因为 $n(n-1)$ 显然是偶数,所以 $4n(n-1)+1 \equiv 1 \pmod 8$).因为整除 S 的 2 的次数必是偶数,所以看出 (p,q,r) 中必定是或者有 1 个,或者有 3 个等于 2.这两个结论不相容,于是得到矛盾.因此,我们可以得出结论,不存在质数三数组 (p,q,r),使 $S = (p^2-7)(q^2-7)(r^2-7)$ 是完全平方数.

J309 设 n 是大于 3 的正整数,S 是平面内 n 个点的集合,这些点不是一个凸多边形的顶点,也没有三点共线.证明:在这些点中存在一个以其中三点为顶点的三角形,在 S 中恰有另一个点在其内部.

第一种证法 我们对 n 用归纳法证明.基本情况显然是 $n=4$,如果平面内的四点不

是一个凸多边形的顶点，也没有三点共线，那么其中三点组成一个三角形，第四点在其内部，或者说所提出的结论显然成立. 假定结论对 $n=4,5,\cdots,n-1$ 成立，考虑平面内不是一个凸多边形的顶点，也没有三点共线的 n 个点. 存在一个凸多边形，其顶点是这 n 个点中的点，使这 n 个点的其余的点都在其内部. 此时有三种情况：

• 如果该凸多边形是 $\triangle ABC$，那么考虑其余 $n-3$ 个点中的任意一点 P，显然点 P 在三角形内. 考虑 $\triangle PAB$，$\triangle PBC$，$\triangle PCA$. 因为 $n\geqslant 5$，所以这三个三角形中至少有一个三角形在其内部至少有一点，不失一般性，设这个三角形是 $\triangle PAB$. 对由 $\triangle PAB$ 的顶点及其内部的点所组成的集合应用归纳假定，则该集合至少包含 4 个点，至多包含 $n-1$ 个点，在这种情况下所提出的结论成立.

• 如果该凸多边形不是三角形，其三个连续的顶点为 A,B,C，那么这 n 个点中没有一点在 $\triangle ABC$ 的内部，考虑除去点 B 后的 $n-1$ 个点的集合，并对该集合应用归纳假定，在这种情况下所提出的结论也成立.

• 如果该凸多边形不是三角形，其三个连续的顶点为 A,B,C，那么这 n 个点中至少有一点在 $\triangle ABC$ 的内部，考虑 $\triangle ABC$ 以及其内部的所有的点所组成的集合，该集合显然至少包含 4 个点，至多包含 $n-1$ 个点，对该集合应用归纳假定，在这种情况下所提出的结论亦成立.

由此推得结论.

第二种证法 我们利用以下定理.

Carathéodory 定理 如果 $x\in \mathbf{R}^d$ 位于集合 S 的凸包的内部，那么 S 存在包含 $d+1$ 个点或少于 $d+1$ 个点的子集 S'，使 x 位于集合 S' 的凸包的内部.

设 $x\in S$ 是在 S 的凸包的内部的 x. 因此，由 Carathéodory 定理($d=2$)，S 存在至多包含 3 个点的子集 S'，使 x 位于集合 S' 的凸包的内部. 因为这些点都不共线，所以 $|S'|\neq 2$，又因为 x 位于集合 S 的凸包的内部，所以 $|S'|\neq 1$. 于是 $|S'|=3$，且存在一个三角形 T，其顶点属于包含 x 的集合 S. 如果 x 是 T 中 S 的唯一的点，则证明完毕. 如果在 T 中 S 存在另一点 $y\neq x$，将联结 x 与 S' 中的三点，那么 y 位于这三个三角形中的一个的内部. 用这种方法继续这一过程，并利用 S 有有限多个点这一事实，则存在一个三角形，其顶点属于 S，且 S 中恰好有一点在其内部.

J310 Alice 将棋子放在 8×8 的棋盘的一些方格中，使得：

(1) 在任何 2×1 或 1×2 的矩形中至少存在一枚棋子；

(2) 在任何 7×1 或 1×7 的矩形中至少存在两枚相邻的棋子.

求 Alice 必须满足这两个条件所放的棋子的最少个数.

解 首先，图 2.3 所示的两种 37 枚棋子的放法都满足这两个条件.

(1)(2) 现在每一行至少需要 4 枚棋子. 此外，如果一行只有 4 枚棋子，那么这一行的两端的两个方格必定都是空的. 因此为了避免第一列和最后一列的 1×2 的矩形是空的，所以有 4 枚棋子的这样的两行不能相邻. 于是有 4 枚棋子的行不能存在 5 行或超过 5 行. 如果有 4 枚棋子的行存在 3 行或者少于 3 行(图 2.3(a)),那么 Alice 必须至少放 $3\times4+5\times5=37$(枚) 棋子. 现在假定有 4 枚棋子的 4 行都不相邻,那么第一列和最后一列中相邻的两枚棋子必定出现在同一行中(图 2.3(b) 中的第四行和第五行). 第一列和最后一列中的 4 枚棋子之间,这两个相邻的行要求在中间各列中至少还有 7 枚棋子:6 个 1×2 的矩形要 6 枚棋子,为了确保条件(2) 还需要 1 枚棋子. 所以 Alice 也必须至少放 $4\times4+2\times5+4+7=37$(枚) 棋子.

	1	1		1		1	
1		1	1		1		1
	1		1	1		1	
1		1		1	1		1
1	1		1		1	1	
	1	1		1		1	1
1		1	1		1		1
	1		1	1		1	

(a)

	1		1	1		1	
1		1	1		1		1
	1		1	1		1	
1		1		1	1		1
1	1		1		1	1	1
	1	1		1		1	
1		1	1		1		1
	1		1	1		1	

(b)

图 2.3

J311 设 a,b,c 是大于 1 或等于 1 的实数. 证明:

$$\frac{a(b^2+3)}{3c^2+1}+\frac{b(c^2+3)}{3a^2+1}+\frac{c(a^2+3)}{3b^2+1}\geqslant 3$$

证明 由 AM − GM 不等式,有

$$\sum_{\text{cyc}}\frac{a(b^2+3)}{3c^2+1}\geqslant 3\sqrt[3]{\prod_{\text{cyc}}\frac{a(b^2+3)}{3c^2+1}}=3\sqrt[3]{\prod_{\text{cyc}}\frac{a(a^2+3)}{3a^2+1}}\geqslant 3$$

这是因为

$$\frac{a(a^2+3)}{3a^2+1}\geqslant 1\Leftrightarrow(a-1)^3\geqslant 0$$

J312 设 $\triangle ABC$ 的外接圆为 Γ,P 是三角形内的一点. 设 M 是边 BC 的中点,直线 AP,BP,CP 分别交 BC,CA,AB 于点 X,Y,Z. 再设直线 YZ 交 Γ 于点 U 和 V. 证明:M,X,U,V 共圆.

证明 记 $\rho=\dfrac{AZ}{ZB}$,$\kappa=\dfrac{CY}{YA}$. 显然,由 Ceva 定理,当且仅当 $M=X$ 时,$\rho\kappa=1$. 此时,由 Thales 定理,$YZ\parallel BC$,外接圆中的平行弦 BC 和 UV 有公共的垂直平分线,即对称轴. 圆心在这条经过 U,V 的对称轴上的圆 A,切 BC 于 $M=X$ 的切线显然存在,它就是 $\rho\kappa\neq1$ 这个一般情况的极限位置,这点我们在下面研究.

不失一般性,设 $\rho\kappa>1$(因为可以将 B,C 的作用互换而不改变问题),即直线 YZ 交直线 BC 于 T,使 B 在线段 TC 的内部,由 Menelaus 定理,$TC=\rho\kappa TB$. 因为 $TC=TB+BC=1$,于是推得

$$TB=\frac{BC}{\rho\kappa-1},TC=\frac{\rho\kappa BC}{\rho\kappa-1},TM=\frac{BC}{2}+TB=\frac{BC(\rho\kappa+1)}{2(\rho\kappa-1)}$$

又由 Ceva 定理,有 $CX=\rho\kappa BX$,或 $BX=\dfrac{BC}{\rho\kappa+1}$,推得

$$TX=BX+TB=\frac{2\rho\kappa BC}{\rho^2\kappa^2-1},TM\cdot TX=\frac{\rho\kappa BC^2}{(\rho\kappa-1)^2}=TB\cdot TC$$

因为 UV 是 $\triangle ABC$ 的外接圆和 $\triangle XUV$ 的外接圆的公共弦,所以 UV 也是它们的根轴,或 T 关于 $\triangle ABC$ 外接圆的幂(显然其等于 $TB\cdot TC$),也等于 T 关于 $\triangle XUV$ 的外接圆的幂,于是 $\triangle XUV$ 的外接圆也经过点 M. 由此推出结论.

J313 求方程组

$$x(y+z-x^3)=y(z+x-y^3)=z(x+y-z^3)=1$$

的实数解.

解 我们可将原方程组改写为

$$\begin{cases}y+z-x^3=\dfrac{1}{x}\\ z+x-y^3=\dfrac{1}{y}\\ x+y-z^3=\dfrac{1}{z}\end{cases}\Leftrightarrow\begin{cases}y+z=\dfrac{1}{x}+x^3\\ z+x=\dfrac{1}{y}+y^3\\ x+y=\dfrac{1}{z}+z^3\end{cases}$$

从第一个方程可以看出 $y+z$ 与 x 同号. 因此存在一个与 x 同号的另一个变量. 将这个变量代入另两个方程,推得对于每一个变量,存在另一个变量与其同号. 于是所有三个变量同负或同正.

假定所有三个变量都为正时,解该方程组. 利用 AM－GM 不等式,得到

$$\begin{cases}y+z=\dfrac{1}{x}+x^3\geqslant 2\sqrt{x^3\cdot\dfrac{1}{x}}=2x\\ z+x=\dfrac{1}{y}+y^3\geqslant 2\sqrt{y^3\cdot\dfrac{1}{y}}=2y\\ x+y=\dfrac{1}{z}+z^3\geqslant 2\sqrt{z^3\cdot\dfrac{1}{z}}=2z\end{cases}$$

将这三个不等式相加,得到

$$2x+2y+2z=\frac{1}{x}+x^3+\frac{1}{y}+y^3+\frac{1}{z}+z^3\geqslant 2x+2y+2z$$

于是所有的不等式都必须相等,由此得到

$$\frac{1}{x}+x^3=2x \tag{1}$$

对于 y 和 z 也有类似的方程.

方程(1) 等价于

$$x^4-2x^2+1=0 \Leftrightarrow (x^2-1)^2=0 \Leftrightarrow x=1$$

于是原方程组的解是 $x=y=z=1$.

当三个变量都为负的情况得到 $x=y=z=-1$.

J314 Alice 在做梦. 在梦境中她认为形如 $3k+1$ 的质数是怪异的. 于是她认为找到一个大于 1, 且不能被怪异的质数整除的连续整数的数列是很有趣的. 她很快找到具有这样性质的五个连续整数:

$$8=2^3, 9=3^2, 10=2\cdot 5, 11=11, 12=2^2\cdot 3$$

她能够找到最长的数列的长是多少?

解 首先, 我们注意到可以得到至多有 6 个整数的数列, 因为在任何 7 个连续整数的数列中, 显然有一个能被 $7=3\cdot 2+1$ 整除. 因此, 我们就证明这个数是 6. 这只要看下面的数即可

$$953=1\cdot 953, 954=2\cdot 3^2\cdot 53, 955=5\cdot 191$$

$$956=2^2\cdot 239, 957=3\cdot 11\cdot 29, 958=2\cdot 479$$

J315 设 a,b,c 是非负实数, 且 $a+b+c=1$. 证明:

$$\sqrt{4a+1}+\sqrt{4b+1}+\sqrt{4c+1}\geqslant\sqrt{5}+2$$

证明 设 $x=\sqrt{4a+1}-1, y=\sqrt{4b+1}-1, z=\sqrt{4c+1}-1, s=x+y+z$. 于是注意到

$$s^2\geqslant x^2+y^2+z^2=4(a+b+c)+3-2(x+1+y+1+z+1)+3=4-2s$$

或

$$0\leqslant(s+1+\sqrt{5})(s+1-\sqrt{5})$$

当 $s\geqslant\sqrt{5}-1$ 时, 当且仅当 $xy+yz+zx=0$, 即 x,y,z 中有两个为零时, 等号成立. 于是推得

$$\sqrt{4a+1}+\sqrt{4b+1}+\sqrt{4c+1}=s+3\geqslant\sqrt{5}+2$$

当且仅当 (a,b,c) 是 $(1,0,0)$ 的一个排列时, 等号成立.

J316 求方程

$$x^3+y^3+z^3+u^3+v^3+w^3=53\ 353$$

的质数解.

解 首先, 我们观察到如果 x,y,z,u,v,w 都是奇质数, 那么它们的立方和将是偶数, 这是一个矛盾. 因此, 它们中至少有一个是偶数, 我们可以取 w 等于 2. 于是原方程变

为

$$x^3+y^3+z^3+u^3+v^3=53\ 345 \tag{1}$$

检验模 9 的情况，容易验证以下引理.

引理 1 每一个整数的立方同余 $1,0,-1 \pmod 9$.

因为 $53\ 345\equiv 2\pmod 9$，所以可推得 (x,y,z,u,v) 中至少有一个是 3，不失一般性，设 $v=3$，则其立方模 9 余 0. 于是原方程变为

$$x^3+y^3+z^3+u^3=53\ 318 \tag{2}$$

检验模 7 的情况，可以验证以下引理.

引理 2 每一个整数的立方同余 $1,0,-1 \pmod 7$.

因为 $53\ 318\equiv -1\pmod 9$，所以可推得 (x,y,z,u) 中至少有一个是 7，不失一般性，设 $u=7$，则其立方模 7 余 0. 于是原方程变为

$$x^3+y^3+z^3=52\ 975$$

检验模 13 的情况，可以验证以下引理.

引理 3 每一个整数的立方同余 $0,1,5,8,-1 \pmod{13}$.

因为 $52\ 975\equiv 0\pmod{13}$，所以可推得 (x,y,z) 中至少有一个是 13，不失一般性，设 $z=13$，则原方程变为

$$x^3+y^3=50\ 778$$

现在假定 $x\geqslant y$. 于是有

$$2x^3\geqslant 50\ 778\Leftrightarrow x\geqslant\left\lceil\left(\frac{50\ 778}{2}\right)^{\frac{1}{3}}\right\rceil=30$$

且 $x\leqslant 38$，因为如果 $x\geqslant 38\Leftrightarrow x^3\geqslant 54\ 872$，这不可能.

因为 x 是质数，所以推得 $x=31$ 或 $x=37$. 如果 $x=31$，那么将得到 $y^3=20\ 987$，这不可能，因为 20 987 不是完全立方数. 如果 $x=37$，那么将得到 $y^3=125$，于是 $y=5$. 因此所给方程有质数解 $(x,y,z,u,v,w)=(37,5,13,7,3,2)$ 以及它的排列.

J317 在 $\triangle ABC$ 中，$\angle A$ 的平分线交 BC 于 D，交 $\triangle ABC$ 的外接圆于 E. $\angle A$ 的外角平分线交 BC 于 F，交 $\triangle ABC$ 的外接圆于 G. 证明：$DG\perp EF$.

证明 考虑 $\triangle FGE$，设 $BC\cap GE=Z$. 因为 $\angle A$ 的内、外角平分线互相垂直，所以 GE 是 $\triangle ABC$ 外接圆的直径. 于是 $EA\perp FG$，且 AE 是 $\triangle FGE$ 过 E 的高. 因为 $\angle BAE=\angle EAC$，所以 E 是 $\overset{\frown}{BC}$ 的中点. 类似地，G 是 $\overset{\frown}{BAC}$ 的中点. 由 $GE\perp BC\Rightarrow\angle CZE=90^\circ$. 于是 $FZ\perp GE$，所以 FZ 是 $\triangle FGE$ 的高. 类似地，我们知道，$\angle EAC+\angle CAF=90^\circ$. 可以看出 $AE\cap FZ=D$，于是 D 是 $\triangle FGE$ 的垂心. 所以 $DG\perp EF$，这就得到了所证结果.

J318 确定函数 $f:\mathbf{R}\to\mathbf{R}$ 对一切实数 x 和 y，满足 $f(x-y)-xf(y)\leqslant 1-x$.

解 显然 $f(x)\equiv 1$ 是一个解. 我们证明它是唯一的一个解.

首先，对一切 x 有 $f(0-(-x))-0f(-x)\leqslant 1-0=1$，所以 $f(x)\leqslant 1$. 其次

$$f(2x-x)-2xf(x)\leqslant 1-2x$$

即

$$(1-2x)[f(x)-1]\leqslant 0$$

所以对于一切 $x>\frac{1}{2}$,有 $f(x)\geqslant 1$. 于是对于一切 $x>\frac{1}{2}$,有 $f(x)=1$.

最后,如果 $x\leqslant\frac{1}{2}$,那么 $2-x>1$,所以 $f(2-x)=1$.

因为 $f(2-x)-2f(x)\leqslant 1-2$,所以 $f(x)\geqslant 1$. 于是对于一切 $x\leqslant\frac{1}{2}$,也有 $f(x)=1$.

J319 设 $0=a_1<a_2<\cdots<a_n<a_{n+1}=1$,且 $a_1+a_2+\cdots+a_n=1$. 证明:

$$\frac{a_1}{a_2-a_0}+\frac{a_2}{a_3-a_1}+\cdots+\frac{a_n}{a_{n+1}-a_{n-1}}\geqslant\frac{1}{a_n}$$

证明 上式左边的表达式可改写为

$$\frac{a_1^2}{a_1a_2-a_0a_1}+\frac{a_2^2}{a_2a_3-a_1a_2}+\cdots+\frac{a_n^2}{a_na_{n+1}-a_{n-1}a_n}$$

现在对该式应用 Cauchy－Schwarz 不等式,得到

$$\frac{a_1^2}{a_1a_2-a_0a_1}+\frac{a_2^2}{a_2a_3-a_1a_2}+\cdots+\frac{a_n^2}{a_na_{n+1}-a_{n-1}a_n}\geqslant$$

$$\frac{(a_1+a_2+\cdots+a_n)^2}{a_1a_2-a_0a_1+a_2a_3-a_1a_2+\cdots+a_na_{n+1}-a_{n-1}a_n}=$$

$$\frac{1}{a_na_{n+1}-a_0a_1}=\frac{1}{a_n}$$

J320 求一切正整数 n,使 $2\ 014^n+11^n$ 是完全平方数.

解 对 $n\geqslant 1$,设 $p(n)=2\ 014^n+11^n$. 于是 $p(1)=2\ 025=45^2$. 此外,对于一切 n,$p(n)$ 是奇数. 我们将证明 n 没有其他的值,使 $2\ 014^n+11^n$ 是完全平方数. 当 n 是偶数时,注意到 $p(n)$ 的末位数是 7. 于是 $p(n)$ 不是完全平方数.

当 n 是奇数,且 $n>1$ 时,注意到 $p(n)$ 除以 8 的余数是 3,但是任何奇数的平方除以 8 的余数是 1,所以当 n 是大于 1 的奇数时,$p(n)$ 不可能是完全平方数.

J321 设 x,y,z 是正实数,且 $xyz(x+y+z)=3$. 证明:

$$\frac{1}{x^2}+\frac{1}{y^2}+\frac{1}{z^2}+\frac{54}{(x+y+z)^2}\geqslant 9$$

证明 将本题化为齐次式,只要证明对于一切正数 x,y,z,有

$$\frac{1}{x^2}+\frac{1}{y^2}+\frac{1}{z^2}+\frac{54}{(x+y+z)^2}\geqslant 9\sqrt{\frac{3}{xyz(x+y+z)}}$$

因为由 AM－GM 不等式给出

$$\frac{3}{2(xy+yz+zx)}+\frac{xy+yz+zx}{2xyz(x+y+z)}\geqslant\sqrt{\frac{3}{xyz(x+y+z)}}$$

所以只要证明不等式

$$\frac{1}{x^2}+\frac{1}{y^2}+\frac{1}{z^2}+\frac{54}{(x+y+z)^2}\geqslant\frac{27}{2(xy+yz+zx)}+\frac{9(xy+yz+zx)}{2xyz(x+y+z)}$$

设 $s=x+y+z,q=xy+yz+zx,p=xyz$，则不等式就变为

$$\frac{q^2-2sp}{p^2}+\frac{54}{s^2}\geqslant\frac{27}{2q}+\frac{9q}{2sp}$$

或去分母后，得到

$$2s^2q^3+108qp^2\geqslant 4s^3qp+9sq^2p+27s^2p^2$$

依次将三个较为容易的不等式相加就得到上式

$$\frac{1}{3}s^2q^3+54qp^2\geqslant 27s^2p^2 \tag{1}$$

$$\frac{1}{2}s^2q^3+\frac{81}{2}qp^2\geqslant 9sq^2p \tag{2}$$

$$\frac{7}{6}s^2q^3+\frac{27}{2}qp^2\geqslant 4s^3qp \tag{3}$$

由式(1)，我们注意到

$$6xy(x^2+y^2)+(x+y)(2x^2-25xy+2y^2)z+(2x^2+53xy+2y^2)z^2\geqslant 0$$

或者检验其判别式(关于 z 的二次式)是负的，或者改写为

$$6xy\left[\left(x-\frac{7z}{4}\right)^2+\left(y-\frac{7z}{4}\right)^2\right]+2(x+y)(x-y)^2z+2(x-y)^2z^2+\frac{81}{4}xyz^2\geqslant 0$$

然后经过一些繁复的计算，得到

$$\frac{1}{6}\sum_{\text{cyc}}(x-y)^2z^2[6xy(x^2+y^2)+(x+y)(2x^2-25xy+y^2)z+(2x^2+53xy+2y^2)z^2]=\frac{1}{3}s^2q^3+54qp^2-27s^2p^2\geqslant 0$$

不等式(2)是显然的，因为上式整理后可以得到 $\frac{q}{2}(sq-9p)^2\geqslant 0$. 对于不等式(3)经过一些繁复的计算，得到

$$\sum_{\text{cyc}}(x-y)^2z^2[(xy-2z^2)^2+(x-y)^2z^2+8(x+y)z^3+z^4]=7s^2q^2+81p^3-24s^3p\geqslant 0$$

不等式(3)可由上式乘以 $\frac{q}{6}$ 得到.

J322 设 $\triangle ABC$ 的重心为 G. 过该三角形所在平面内的点 P 与中线 AA',BB',CC' 的平行线分别交直线 BC,CA,AB 于 A_1,B_1,C_1. 证明

$$A'A_1+B'B_1+C'C_1\geqslant\frac{3}{2}PG$$

证明 设$(x:y:z)$是P关于$\triangle ABC$的重心坐标,所以三个(带符号的)面积$[PBC]$,$[PCA]$和$[PAB]$的比是$x:y:z$.则我们有

$$\frac{PA_1}{AA'}=\frac{[PAB]}{[ABC]}=x\Rightarrow \overrightarrow{A'A_1}=\overrightarrow{PA_1}-\overrightarrow{PG}-\overrightarrow{GA'}=3x\cdot\overrightarrow{GA'}-\overrightarrow{PG}-\overrightarrow{GA'}=$$

$$(3x-1)\left[-\frac{1}{3}\cdot\vec{A}+\left(\frac{1}{2}-\frac{1}{3}\right)\cdot\vec{B}+\left(\frac{1}{2}-\frac{1}{3}\right)\cdot\vec{C}\right]-\overrightarrow{PG}=$$

$$\frac{3x-1}{6}(-2\cdot\vec{A}+\vec{B}+\vec{C})-\overrightarrow{PG}$$

类似地,得到

$$\overrightarrow{B'B_1}=\frac{3y-1}{6}(\vec{A}-2\cdot\vec{B}+\vec{C})-\overrightarrow{PG}$$

$$\overrightarrow{C'C_1}=\frac{3z-1}{6}(\vec{A}+\vec{B}-2\cdot\vec{C})-\overrightarrow{PG}$$

于是

$$\overrightarrow{A'A_1}+\overrightarrow{B'B_1}+\overrightarrow{C'C_1}=\frac{1-3x}{2}\cdot\vec{A}+\frac{1-3y}{2}\cdot\vec{B}+\frac{1-3z}{2}\cdot\vec{C}-3\cdot\overrightarrow{PG}=$$

$$\frac{3}{2}\left[\left(\frac{1}{3}-x\right)\cdot\vec{A}+\left(\frac{1}{3}-y\right)\cdot\vec{B}+\left(\frac{1}{3}-z\right)\cdot\vec{C}\right]-3\cdot\overrightarrow{PG}=$$

$$\frac{3}{2}\cdot\overrightarrow{PG}-3\overrightarrow{PG}=-\frac{3}{2}\cdot\overrightarrow{PG}$$

考虑到这一点,我们有

$$\frac{3}{2}PG=\left|-\frac{3}{2}\cdot\overrightarrow{PG}\right|=|\overrightarrow{A'A_1}+\overrightarrow{B'B_1}+\overrightarrow{C'C_1}|\leqslant$$

$$|\overrightarrow{A'A_1}|+|\overrightarrow{B'B_1}|+|\overrightarrow{C'C_1}|=A'A_1+B'B_1+C'C_1$$

J323 在$\triangle ABC$中,$\sin A+\sin B+\sin C=\frac{\sqrt{5}-1}{2}$.证明:

$$\max(A,B,C)>162^\circ$$

证明 用反证法来证明.不失一般性,设$\max(A,B,C)=A\leqslant 162^\circ$.于是

$$\sin A\geqslant \sin 162^\circ=\sin 18^\circ=\frac{\sqrt{5}-1}{4},18^\circ\leqslant B+C<180^\circ$$

$$\sin(B+C)\geqslant\frac{\sqrt{5}-1}{4}$$

因为当$0<B,C<180^\circ$时,有$\sin B+\sin C>\sin(B+C)$,所以

$$\frac{\sqrt{5}-1}{2}=\sin A+\sin B+\sin C>\sin A+\sin(B+C)>$$

$$\frac{\sqrt{5}-1}{4}+\frac{\sqrt{5}-1}{4}=\frac{\sqrt{5}-1}{2}$$

由这一矛盾推出 $\max(A,B,C)>162°$.

J324 设 X,Y,Z 分别是 $\triangle ABC$ 的顶点 A,B,C 关于对边 BC,CA,AB 的对称点.设 X_b,X_c 分别是 X 在 AC,AB 上的射影,Y_c,Y_a 分别是 Y 在 BA,BC 上的射影,Z_a,Z_b 分别是 Z 在 CB,CA 上的射影.证明:X_b,X_c,Y_c,Y_a,Z_a,Z_b 共圆.

第一种证法 我们首先证明以下断言.

断言1 如图 2.4,直线 X_bX_c,Y_aY_c,Z_aZ_b 逆平行于 BC,CA,AB.

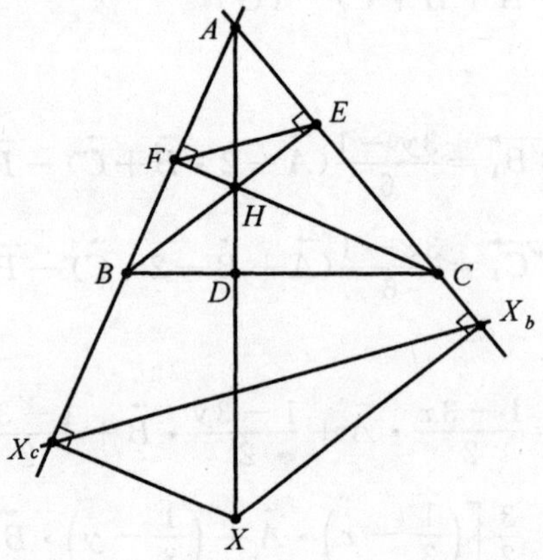

图 2.4

证明 由相似三角形 $\triangle AHE\backsim\triangle AXX_b$ 和 $\triangle AHF\backsim\triangle AXX_c$ 得到

$$AE:AX_b=AH:AX,AF:AX_c=AH:AX\Rightarrow$$

$$AE:AX_b=AF:AX_c$$

于是 $\triangle AFE$ 和 $\triangle AX_cX_b$ 位似,所以 $X_bX_c\parallel EF$,即 X_bX_c 逆平行于 BC.同理,Y_aY_c 逆平行于 AC,Z_aZ_b 逆平行于 AB,断言得证.

断言2 直线 X_bY_a,Y_cZ_b,X_cZ_a 分别平行于 AB,BC,CA.

证明 设 $\alpha=\angle BAC,\beta=\angle ABC,\gamma=\angle ACB$,$D,E,F$ 分别是 A,B,C 在 BC,CA,AB 上的射影,如图 2.5 所示.

由圆内接四边形 BY_aYY_c 和 AX_cXX_b,得到

$$Y_aY_c=BY\cdot\sin\beta=2AB\cdot\sin\alpha\sin\beta=AX\cdot\sin\alpha=X_bX_c$$

$$\angle X_cY_cY_a=\angle BYY_a=\gamma=\angle AXX_b=\angle Y_cX_cX_b \tag{1}$$

由此推得 $\triangle X_cY_cX_b$ 和 $\triangle X_cY_cY_a$ 全等(SAS).于是

$$\angle X_cX_bY_c=\angle X_cY_aY_c$$

这表明 X_c,Y_a,X_b,Y_c,共圆,所以

$$\angle Y_aY_cX_b=\angle X_bX_cY_a \tag{2}$$

将(1)(2) 两式相加,得到

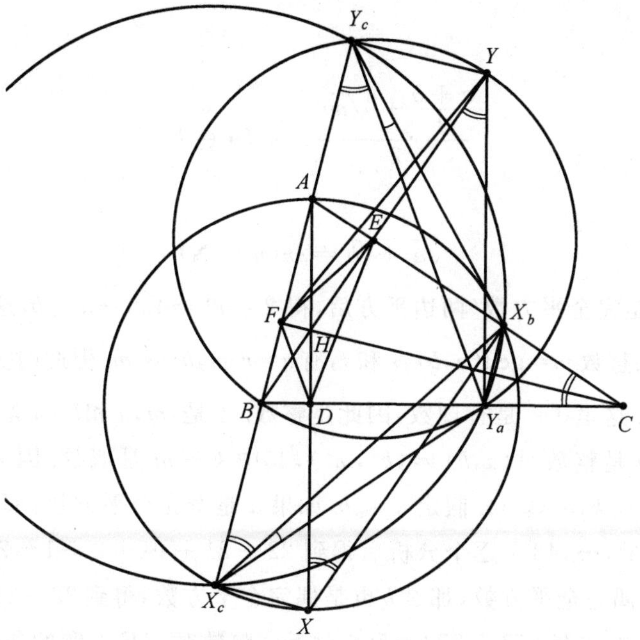

图 2.5

$$\angle X_cY_cX_b=\angle X_cY_cY_a+\angle Y_aY_cX_b=\angle Y_cX_cX_b+\angle X_bX_cY_a=\angle Y_cX_cY_a$$

于是 $X_cY_aX_bY_c$ 是等腰梯形. 所以 $X_cY_c \parallel Y_aX_b$，即 $AB \parallel X_bY_a$. 类似地，可以证明 $BC \parallel Y_cZ_b$ 和 $AC \parallel X_cZ_a$，断言得证.

现在回到原题，只要注意到上面的断言，其告诉我们 $X_cX_bY_aY_cZ_bZ_a$ 是 Tucker 六边形，所以 X_b,X_c,Y_c,Y_a,Z_a,Z_b 共圆，这就是我们要证明的.

第二种证法　因为 $AD=c\sin B$，所以我们有 $AX=2c\sin B$，于是 $AX_c=2c\sin^2 B$. 类似地，我们计算 $BY_c=2c\sin^2 A$，于是 $AY_c=c(1-2\sin^2 A)$. 所以

$$AX_c\cdot AY_c=2c^2\sin^2 B\ (1-2\sin^2 A)$$

类似地，我们计算 $AX_b\cdot AZ_b=2b^2\sin^2 C\ (1-2\sin^2 A)$.

由正弦定理，有

$$AX_c\cdot AY_c=AX_b\cdot AZ_b$$

这就推出 $X_bX_cZ_bY_c$ 是圆内接四边形. 类似地，$Y_cY_aX_cZ_a$ 和 $Z_aZ_bY_aX_b$ 也是圆内接四边形. 假定相应的外接圆是三个不同的圆，那么 $\triangle ABC$ 的边将是这三个外接圆每一对圆的根轴. 但是这三条直线既不共点也不平行，这与根轴定理矛盾. 所以实际上这三个外接圆是同一个圆，即 X_b,X_c,Y_c,Y_a,Z_a,Z_b 共圆.

J325　对于正实数 a 和 b，定义它们的完全平均数为它们的算术平均数与几何平均数的和的一半. 在集合 $\{1,2,\cdots,2\ 015\}$ 中，求有多少对无序整数对 (a,b) 的完全平均数是

完全平方数.

解 我们有

$$\frac{\frac{a+b}{2}+\sqrt{ab}}{2}=n^2(n\in\mathbf{N})$$

即

$$\sqrt{a}+\sqrt{b}=2n(n\in\mathbf{N})$$

这表明 a 和 b 都是完全平方数(两边平方后,得 $2\sqrt{ab}=4n^2-a-b$,这表示 ab 是完全平方数. 于是对于某整数 $m=\gcd(a,b)$, r 和 s,有 $a=r^2m$, $b=s^2m$. 但此时方程变为 $2n=\sqrt{a}+\sqrt{b}=(r+s)\sqrt{m}$. 这里 $\sqrt{m}$ 是有理数,因此是整数. 于是, m, a 和 b 都是完全平方数). 因此所有可能的 (a,b) 是整数对 $(a,b)=(k^2,m^2)$,其中 $k+m$ 是偶数. 因为 $a,b\in\{1,2,\cdots,2\ 015\}$,则必有 $1\leqslant k,m\leqslant 44$. 假定 $a\leqslant b$. 如果 a 是奇完全平方数,那么 b 也是奇完全平方数. 对 $a\in\{1,3^2,\cdots,43^2\}$ 逐个分析后得到 $22+21+\cdots+2+1=253$ 对无序整数对. 类似地,如果 a 是偶完全平方数,那么 b 也是偶完全平方数,得到 $22+21+\cdots+2+1=253$ 对无序整数对. 所以共有 $253+253=506$ 对无序整数对满足本题的条件.

J326 设 a,b,c 是非负实数. 证明:

$$\sqrt{2a^2+3b^2+4c^2}+\sqrt{3a^2+4b^2+2c^2}+\sqrt{4a^2+2b^2+3c^2}\geqslant(\sqrt{a}+\sqrt{b}+\sqrt{c})^2$$

证明 注意到由 Cauchy－Schwarz 不等式,得

$$\sqrt{2a^2+3b^2+4c^2}\geqslant 3\sqrt{\frac{2a^2}{9}+\frac{3b^2}{9}+\frac{4c^2}{9}}\geqslant\frac{1}{3}(2a+3b+4c)$$

类似地,有

$$\sqrt{3a^2+4b^2+2c^2}\geqslant\frac{1}{3}(3a+4b+2c)$$

$$\sqrt{4a^2+2b^2+3c^2}\geqslant\frac{1}{3}(4a+2b+3c)$$

于是

$$\sqrt{2a^2+3b^2+4c^2}+\sqrt{3a^2+4b^2+2c^2}+\sqrt{4a^2+2b^2+3c^2}\geqslant$$
$$3(a+b+c)=9\,\frac{(\sqrt{a})^2+(\sqrt{b})^2+(\sqrt{c})^2}{3}\geqslant$$
$$9\left(\frac{\sqrt{a}+\sqrt{b}+\sqrt{c}}{3}\right)^2=(\sqrt{a}+\sqrt{b}+\sqrt{c})^2$$

最后一个不等式是由二次平均－算术平均不等式得到的.

J327 一位珠宝商将九颗不同的宝石串成一串环状的项链. 其中有三颗蓝宝石,三

颗红宝石，三颗绿宝石. 如果两颗同类的宝石不相邻，并且认为旋转或翻转后所得到的两条项链是同一条项链. 问珠宝商能串成多少条不同的项链？

解　我们先安排三颗蓝宝石 S_1，S_2，S_3，如图 2.6 所示. 有 3 个空挡可以放置红宝石和绿宝石.

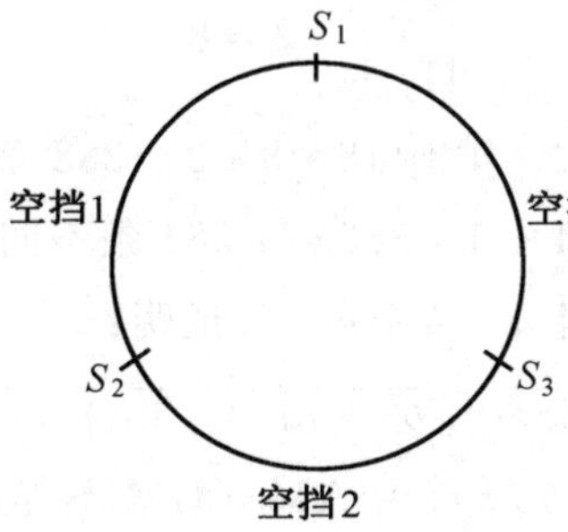

图 2.6

在这 3 个空挡中放置其余各颗宝石的分布情况可分成：

第一类：(4＋1＋1) 或(1＋4＋1) 或(1＋1＋4).

第二类：(3＋2＋1) 及其排列.

第三类：(2＋2＋2).

现在分别计算每一类的项链数.

第一类：(4＋1＋1). 我们需要两颗红宝石和两颗绿宝石填补空挡 1. 有

$$\binom{3}{2}\binom{3}{2}=9$$

种方法选择这四颗宝石.

这四颗宝石有 $2\cdot2\cdot2=8$ 种方法排列. 其余两个空挡有两种方法可以填补. 因此，(4＋1＋1) 类有 $9\cdot8\cdot2=144$ 条项链.

第二类：(3＋2＋1). 我们需要两颗红宝石和一颗绿宝石或一颗红宝石和两颗绿宝石填补空挡 1，有

$$2\binom{3}{2}\binom{3}{1}=18$$

种方法.

有两种方法排列. 空挡 3 有两种方法填补. 余下一颗红宝石和一颗绿宝石填补空挡 2 有两种方法.

因此，(3＋2＋1) 类有 $18\cdot2\cdot2\cdot2=144$ 条项链.

第三类：(2＋2＋2). 有

$$2\binom{3}{1}\binom{3}{1}=18$$

种方法填补空挡 1.

一旦第一个空挡考虑好后，就有

$$\binom{2}{1}\binom{2}{1}2=8$$

种方法填补空挡 2. 所以 $(2+2+2)$ 类有 $18\cdot 8\cdot 2=288$ 条项链.

所以总共有 $3\cdot 144+6\cdot 144+1\cdot 288=1\ 584$ 条不同的项链.

J328 设 a,b,c 是正实数，且 $a+b+c=2$. 证明：

$$\sqrt{a^2+bc}+\sqrt{b^2+ca}+\sqrt{c^2+ab}\leqslant 3$$

证明 不失一般性，设 $a\geqslant b\geqslant c$. 由 AM－GM 不等式，有

$$\sqrt{a^2+bc}=\sqrt{\frac{a^2+bc}{a+c}(a+c)}\leqslant\frac{1}{2}\left[\frac{a^2+bc}{a+c}+(a+c)\right]\leqslant$$

$$\frac{1}{2}\left[\frac{a^2+ac}{a+c}+(a+c)\right]=\frac{1}{2}(2a+c)$$

$$\sqrt{b^2+ca}\leqslant\sqrt{\frac{b^2+ca}{b+c}(b+c)}\leqslant\frac{1}{2}\left[\frac{b^2+ca}{b+c}+(b+c)\right]$$

$$\sqrt{c^2+ab}\leqslant\sqrt{\frac{c^2+ab}{b+c}(b+c)}\leqslant\frac{1}{2}\left[\frac{c^2+ab}{b+c}+(b+c)\right]$$

将以上三个不等式相加，再利用 $c\leqslant b$，有

$$\sqrt{a^2+bc}+\sqrt{b^2+ca}+\sqrt{c^2+ab}\leqslant\frac{1}{2}\left[2a+2b+3c+\frac{(b^2+c^2)+a(b+c)}{b+c}\right]\leqslant$$

$$\frac{1}{2}\left(3a+2b+3c+\frac{b^2+bc}{b+c}\right)=$$

$$\frac{3}{2}(a+b+c)=3$$

当且仅当 $\{a,b,c\}=\{1,1,0\}$ 时，等号成立.

J329 设 $a_1,a_2,\cdots,a_{2\,015}$ 是正整数，且 $a_1+a_2+\cdots+a_{2\,015}=a_1\cdot a_2\cdot\cdots\cdot a_{2\,015}$. 证明：在 $a_1,a_2,\cdots,a_{2\,015}$ 中至多有 9 个数大于 1.

证明 我们将证明至多有 6 个 a_i 大于 1. 假定 $a_1\geqslant a_2\geqslant\cdots\geqslant a_d\geqslant 2,a_{d+1},\cdots,a_{2\,015}=1$，并设 $N=a_1\cdot a_2\cdot\cdots\cdot a_{2\,015}=a_1+a_2+\cdots+a_{2\,015}$. 首先，注意到

$$2\ 015a_1\geqslant a_1+a_2+\cdots+a_{2\,015}=a_1\cdot a_2\cdot\cdots\cdot a_{2\,015}\geqslant a_1 2^{d-1}$$

这表明 $d\leqslant 1+\lfloor\log_2 2\ 015\rfloor=11$.

注意到，如果 $a,b\geqslant 2$，那么 $ab\geqslant 2(a+b-2)$. 对 $a_1,\cdots,a_d$，重复这一过程，得到

$$N=a_1\cdot a_2\cdot\cdots\cdot a_d\geqslant 2^{d-1}[a_1+\cdots+a_d-2(d-1)]=$$

$$2^{d-1}[N+d-2\ 015-2(d-1)]=2^{d-1}(N-d-2\ 013)$$

如果 $7\leqslant d\leqslant 11$,那么我们计算出 $N\leqslant 2\ 037$. 在 $2\ 015\leqslant N\leqslant 2\ 037$ 这一范围中超过 7 个质因数的唯一的一个数是 $2\ 016=2^5\cdot 3^2\cdot 7$. 但是,它只能写成 2 015 个整数的和是 1 个 2 和 2 014 个 1,这可不行. 于是 $d\leqslant 6$. 此时只有一解:$a_1=17,a_2=5,a_3=3,a_4=a_5=a_6=2,a_7=\cdots=a_{2\ 015}=1$,即

$$17+5+3+2+2+2+2\ 015-6=17\cdot 5\cdot 3\cdot 2^3=2\ 040$$

J330 设 $ABCD$ 是重心为 G,内接于圆 O 的四边形,对角线相交于点 P. 证明:如果 O,G,P 共线,那么 $ABCD$ 是等腰梯形.

证明 设 M 和 N 分别是 AC 和 BD 的中点. 观察到 G 是 MN 的中点,四边形 $OMPN$ 是圆内接四边形. 如果 $AC\perp BD$,那么 $OMPN$ 是矩形. 因为此时 $OMPN$ 的对角线互相平分,所以 G 在 OP 上. 假定 $ABCD$ 不是矩形,那么考虑 $OMPN$ 的外接圆的圆心 Ω. 观察到 $\Omega\neq G$,以及 Ω 在 OP 上. 那么 $\Omega M=\Omega N$,$\Omega G\perp MN$,所以 $MO=ON$. 这就推出 $\triangle AMO\cong\triangle BNO$,所以 $AC=BD$. 于是,$\angle CDA=\angle BAD$,故 $ABCD$ 是等腰梯形.

J331 确定所有的正整数,使

$$n!\ \left(1+\frac{1}{2}+\cdots+\frac{1}{n}+\frac{1}{n!}\right)$$

能被 n 整除.

解 当 $n=1$ 以及当 n 是质数时,上式能被 n 整除. 当 $n\geqslant 2$ 时,由威尔逊定理,有

$$n!\ \left(1+\frac{1}{2}+\cdots+\frac{1}{n}+\frac{1}{n!}\right)=n!\ \left(1+\frac{1}{2}+\cdots+\frac{1}{n-1}\right)+(n-1)!\ +1\equiv$$
$$(n-1)!\ +1(\bmod n)\equiv 0(\bmod n)\Leftrightarrow n\text{ 是质数}$$

J332 设 $n\geqslant 3,0=a_0<a_1<\cdots<a_{n+1}$,且 $a_1a_2+a_2a_3+\cdots+a_{n-1}a_n=a_na_{n+1}$. 证明:

$$\frac{1}{a_3^2-a_0^2}+\frac{1}{a_4^2-a_1^2}+\cdots+\frac{1}{a_{n+1}^2-a_{n-2}^2}\geqslant\frac{1}{a_{n-1}^2}$$

证明 上式左边的表达式可改写成

$$\frac{a_1^2a_2^2}{a_1^2a_2^2a_3^2-a_0^2a_1^2a_2^2}+\frac{a_2^2a_3^2}{a_2^2a_3^2a_4^2-a_1^2a_2^2a_3^2}+\cdots+\frac{a_{n-1}^2a_n^2}{a_{n-1}^2a_n^2a_{n+1}^2-a_{n-2}^2a_{n-1}^2a_n^2}$$

利用 Cauchy-Schwarz 不等式,就得到

$$\frac{a_1^2a_2^2}{a_1^2a_2^2a_3^2-a_0^2a_1^2a_2^2}+\frac{a_2^2a_3^2}{a_2^2a_3^2a_4^2-a_1^2a_2^2a_3^2}+\cdots+\frac{a_{n-1}^2a_n^2}{a_{n-1}^2a_n^2a_{n+1}^2-a_{n-2}^2a_{n-1}^2a_n^2}\geqslant$$
$$\frac{(a_1a_2+a_2a_3+\cdots+a_{n-1}a_n)^2}{a_1^2a_2^2a_3^2-a_0^2a_1^2a_2^2+a_2^2a_3^2a_4^2-a_1^2a_2^2a_3^2+\cdots+a_{n-1}^2a_n^2a_{n+1}^2-a_{n-2}^2a_{n-1}^2a_n^2}=$$
$$\frac{a_n^2a_{n+1}^2}{a_{n-1}^2a_n^2a_{n+1}^2-a_0^2a_1^2a_2^2}=\frac{1}{a_{n-1}^2}$$

J333 考虑等角六边形 $ABCDEF$. 证明:$AC^2+CE^2+EA^2=BD^2+DF^2+FB^2$.

证明 用 a,b,c,d,e,f 以顺时针的顺序表示等角六边形的边. 更明确地说

$$AB=a,BC=b,CD=c,DE=d,EF=e,FA=f$$

那么以下引理成立

$$a-d=e-b=c-f$$

可双向延长 AB,CD,EF 相交成一个等边三角形来证明该引理.

由余弦定理得

$$AC^2=a^2+b^2-2ab\cos\alpha$$
$$CE^2=c^2+d^2-2cd\cos\alpha$$
$$EA^2=e^2+f^2-2ef\cos\alpha$$
$$BD^2=b^2+c^2-2bc\cos\alpha$$
$$DF^2=d^2+e^2-2de\cos\alpha$$
$$FB^2=f^2+a^2-2fa\cos\alpha$$

这里 α 是公共的内角. 由上述关系,得到

$$AC^2+CE^2+EA^2=BD^2+DF^2+FB^2\Leftrightarrow ab+cd+ef=bc+de+fa$$

由引理,得

$$2(ab-de)=e^2+d^2-a^2-b^2$$
$$2(cd-fa)=a^2+f^2-c^2-d^2$$
$$2(ef-bc)=b^2+c^2-e^2-f^2$$

相加后,得到结论.

J334 在 $\triangle ABC$ 中,$\angle A\geqslant 60°$,D,E 分别在线段 AB,AC 上. 证明:

$$\frac{BC}{\min(BD,DE,EC)}\geqslant\sqrt{5-4\cos A}$$

证明 设 $\triangle ABC$ 的三边长为 a,b,c. 假定 $BD=\min(BD,DE,EC)$. 首先,我们可以将线段 BD 向 A 移动保持距离 BD 固定. 譬如说,得到 $B'D'=BD$,这里 B' 和 D' 是新的点. 过点 D' 作直线 $D'E'\parallel DE$,过点 B' 作直线 $B'C'\parallel BC$. 因为 $AB'<AB$,所以我们有 $D'E'<DE,B'C'<BC$. 利用这一优化过程可以得到 $BD=DE=\min(BD,DE,EC)$ 或 $BD=EC=\min(BD,DE,EC)$ 的情况,因为 $\min(BD,DE,EC)$ 保持固定,而 BC 在减小.

假定 $DE=\min(BD,DE,EC)$. 那么我们可以作一条直线 $B'C'$ 向 A 靠拢,且平行于 BC,使 $B'D<BD,C'E<CE$. 不失一般性,利用这一优化过程可以得到 $BD=DE=\min(BD,DE,EC)$ 的情况.

考虑 $BD=EC=\min(BD,DE,EC)$ 的情况.

记 $u=AD,v=AE,x=BD=CE,y=DE$,这里 $y\geqslant x$. 那么

$$a^2=(u+x)^2+(v+x)^2-2(u+x)(v+x)\cos A,y^2=u^2+v^2-2uv\cos A$$

推出

$$a^2=y^2+2x^2(1-\cos A)+2(u+v)x(1-\cos A)\geqslant x^2(5-4\cos A)$$

这是因为 $y\geqslant x,(u+v)\geqslant x$.

考虑 $BD=DE=\min(BD,DE,EC)$ 的情况. 我们可以试图移动点 C,此时使 EC 和 BC 变得最小. 如果 $\angle C<90°$,那么这是可能的. 但是当 $\angle C\geqslant 90°$ 时,这就不行了,因为 BC 不会变小. 由此,我们可以得到两种可能:

- $BD=DE=EC$,这在前面已分析过.
- $BD=DE<EC,\angle C\geqslant 90°$.

设 $x=BD,y=EC$. 那么 D 到 BC 的距离是 $x\sin B$,E 到 BC 的距离是 $y\sin(A+B)$. 因为 $y\sin(A+B)\geqslant x\sin B$,得到 $\angle DEA$ 是钝角. 于是 $DE\leqslant DA,x\leqslant\frac{AB}{2}$,且 $x\leqslant y\leqslant AC$. 因此 $\min(BD,DE,EC)\leqslant\min\left(\frac{c}{2},b\right)$. 而

$$a^2=b^2+c^2-2bc\cos A=4\left(\frac{c}{2}\right)^2+b^2-4b\left(\frac{c}{2}\right)\cos A\geqslant$$
$$3\left(\frac{c}{2}\right)^2+2b\left(\frac{c}{2}\right)(1-2\cos A)\geqslant$$
$$(5-4\cos A)[\min(BD,DE,EC)]^2$$

这就是所要证明的.

J335 证明:对于任何 $a,b>-1$,有

$$\max\{(a+3)(b^2+3),(a^2+3)(b+3)\}\geqslant 2(a+b+2)^{\frac{3}{2}}$$

证明 因为 $a+1,b+1>0$,由 Hölder 不等式,有

$$(1+1)[(a+1)^3+2^3][2^3+(b+1)^3]\geqslant[2(a+1)+2(b+1)]^3$$
$$2[(a+1)^3+8][(b+1)^3+8]\geqslant 8(a+b+2)^3$$
$$[(a+1)^3+8][(b+1)^3+8]\geqslant 4(a+b+2)^3$$

但是注意到

$$(a+1)^3+8=a^3+3a^2+3a+9=(a+3)(a^2+3)$$

所以我们得到

$$(a+3)(a^2+3)(b+3)(b^2+3)\geqslant 4(a+b+2)^3$$

现在设

$$X=\max\{(a+3)(b^2+3),(a^2+3)(b+3)\}$$

那么 $X\geqslant(a+3)(b^2+3)$,且 $X\geqslant(a^2+3)(b+3)$,所以

$$X^2\geqslant(a+3)(b^2+3)(a^2+3)(b+3)\geqslant 4(a+b+2)^3$$

于是 $X\geqslant 2(a+b+2)^{\frac{3}{2}}$.

J336 设 AD 是 $\text{Rt}\triangle ABC$ 的高,T 是线段 BD 上的任意一点. 过 T 向 $\triangle ADC$ 的外接圆作切线,这两条切线分别交 AB 于 X,Y. 证明:$AX=BY$.

证明 如图 2.7,$CZ \parallel AB$.设 $k=\dfrac{AX}{CZ}$,s 是 $\triangle TXY$ 的半周长.

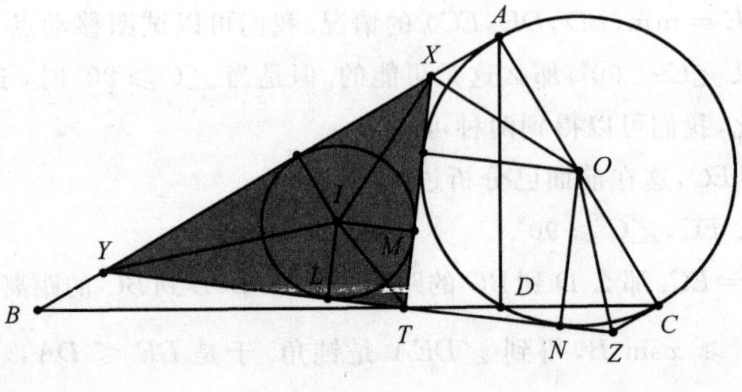

图 2.7

因为 $\triangle ADC$ 的外接圆是 $\triangle TXY$ 中 $\angle XYT$ 所对的旁切圆,所以

$$LT=s-XY=AY-XY=AX=kCZ=kNZ$$

如果设 $\alpha=\dfrac{1}{2}\angle YXT=\angle AOX$,$\beta=\dfrac{1}{2}\angle XYT=\angle COZ$,那么有

$$YL=XM\ \frac{\tan\alpha}{\tan\beta}=(s-YT)k=k(YN-YT)=kTN$$

由此

$$\frac{BY}{CZ}=\frac{YT}{TZ}=\frac{YL+LT}{TN+NZ}=k$$

于是 $BY=AX$.

J337 证明:对于每一个整数 $n\geqslant 0$,$16^n+8^n+4^{n+1}+2^{n+1}+4$ 是两个大于 4^n 的整数的积.

证明 我们有

$$16^n+8^n+4^{n+1}+2^{n+1}+4=(4^n+2)^2+2^n(4^n+2)=$$
$$(4^n+2)(4^n+2^n+2)$$

证毕.

J338 考虑坐标为(u,v)的格点 $P_1,P_2,\cdots,P_{n^2}$,其中 $1\leqslant u,v\leqslant n$.对于点 $P_i(u_i,v_i)$ 和 $P_j(u_j,v_j)$,定义 $d(P_iP_j)=|u_i-u_j|+|v_i-v_j|$.

求:$\sum\limits_{1\leqslant i<j\leqslant n^2} d(P_iP_j)$ 的值.

解 对于每一个数对(a,b),$1\leqslant a<b\leqslant n$,存在 n^2 个对点(P_i,P_j),$\{u_i,u_j\}=\{a,b\}$(v_i,v_j 的值的可能的组合,不必不同).因为 $u_i=u_j$ 的项总是零,所以这给出

$$\sum_{1\leqslant i<j\leqslant n^2}|u_i-u_j|=n^2\sum_{1\leqslant a<b\leqslant n}(b-a)=n^2\sum_{b=1}^{n}\frac{b(b-1)}{2}=$$

$$n^2 \cdot \frac{n(n+1)(n-1)}{6}$$

由对称性知，第二个坐标的差的和相同，于是

$$\sum_{1 \leqslant i<j \leqslant n^2} d(P_i P_j)=\frac{n^3(n+1)(n-1)}{3}$$

J339 求方程

$$\frac{x-1}{y+1}+\frac{y-1}{z+1}+\frac{z-1}{x+1}=1$$

的正整数解.

解 进行代换，令 $a=x+1, b=y+1, c=z+1$，所以 $a, b, c \geqslant 2$. 于是有

$$\frac{a-2}{b}+\frac{b-2}{c}+\frac{c-2}{a}=1 \qquad (*)$$

或

$$\frac{a}{b}+\frac{b}{c}+\frac{c}{a}=1+2\left(\frac{1}{a}+\frac{1}{b}+\frac{1}{c}\right)$$

由 AM－GM 不等式，有

$$\frac{a}{b}+\frac{b}{c}+\frac{c}{a} \geqslant 3$$

当且仅当 $\frac{a}{b}=\frac{b}{c}=\frac{c}{a}$，或 $a=b=c$ 时，等号成立.

如果 $a=b=c$，那么得到 $\frac{3(a-2)}{a}=1$，所以 $a=b=c=3$，或 $x=y=z=2$ 是式(*)的解. 否则，不等式是严格的，所以

$$1+2\left(\frac{1}{a}+\frac{1}{b}+\frac{1}{c}\right)=\frac{a}{b}+\frac{b}{c}+\frac{c}{a}>3 \Rightarrow \frac{1}{a}+\frac{1}{b}+\frac{1}{c}>1$$

现在我们确定满足这一不等式的一切可能的三数组 (a, b, c)，$a, b, c \geqslant 2$，然后对式(*)进行检验. 因为不等式关于 a, b, c 对称，所以不失一般性，设 $a \leqslant b \leqslant c$. 如果 $a \geqslant 3$，那么

$$\frac{1}{a}+\frac{1}{b}+\frac{1}{c} \leqslant \frac{1}{3}+\frac{1}{3}+\frac{1}{3}=1$$

产生矛盾，所以 $a=2$. 此时必有 $\frac{1}{b}+\frac{1}{c}>\frac{1}{2}$.

如果 $4 \leqslant b \leqslant c$，那么

$$\frac{1}{b}+\frac{1}{c} \leqslant \frac{1}{4}+\frac{1}{4}=\frac{1}{2}$$

产生矛盾，所以 $b \leqslant 3$. 如果 $b=2$，那么 $\frac{1}{c}>0$，所以 c 可以取至少是 2 的任何正整数. 于是，对于某个整数 $t \geqslant 2$，我们有 $(a, b, c)=(2,2, t)$ 及其排列.

如果$(a,b,c)=(2,2,t)$,那么式$(*)$变为

$$\frac{t-2}{2}=1$$

所以 $t=4$,且$(a,b,c)=(2,2,4)\Leftrightarrow(x,y,z)=(1,1,3)$ 满足该方程.

类似地,$(x,y,z)=(1,3,1)$ 和$(x,y,z)=(3,1,1)$ 也满足该方程.

如果 $b=3$,那么

$$\frac{1}{c}>\frac{1}{2}-\frac{1}{3}=\frac{1}{6}$$

所以 $c\leqslant 5$,三数组$(a,b,c)=(2,3,3),(2,3,4),(2,3,5)$ 及其排列都满足我们的不等式. 但是,原来这些三数组中任何一个都不满足方程$(*)$,所以没有其他的解了.

因此,解是$(x,y,z)=(2,2,2),(1,1,3),(1,3,1),(3,1,1)$.

J340 设$\triangle ABC$ 的内切圆是ω,外接圆是Γ,I 是 $\triangle ABC$ 的内心,D 是ω 与 BC 的切点,M 是 ID 的中点,N 是 A 关于Γ 相对的点. 设点 A' 是与Γ 外切,并与射线 AB,AC 相切的圆的切点. 证明:直线 $A'D$ 与 MN 相交在Γ 上.

证明 假定 NM 交Γ 于 L. 首先要证明一个关键的引理.

引理 $\triangle ADL$ 的外接圆Σ 切 BC 于 D.

证明 设 O 是Γ 的圆心. 假定经过 O,且平行于 NM 的直线交 ID 于 J,则该引理将由 J 是Σ 的圆心这一断言推出. 注意到,$\angle ALN$ 是直角,O 是 AN 的中点,所以直线 OJ 是 AL 的垂直平分线. 于是 $JA=JL$. 设 E 是 BC 上的高的垂足,$h=AE$. 由简单的计算知条件 $JA=JD$ 可转化为 $AD^2=2hJD$,所以只要证明这一点即可.

由图 2.8 易知

$$JD=MD+JM,JM=\frac{AL\cdot NM}{2NK}$$

$$AL=AN\sin(\angle ANF-\angle MNK)=AF\cdot\frac{NK}{NM}-NF\cdot\frac{MK}{NM}$$

于是

$$JM=\frac{1}{2}\left[AF-\frac{(NK+DE)MK}{NK}\right]=\frac{1}{2}\left(h-\frac{r}{2}-\frac{DE\cdot MK}{NK}\right)$$

$$JD=\frac{1}{2}\left(h+\frac{r}{2}-\frac{DE\cdot MK}{NK}\right)$$

所以只要证明

$$DE^2=h\left(\frac{r}{2}-\frac{DE}{NK}\cdot MK\right)$$

现在,设 a,b,c,s 是 $\triangle ABC$ 的边长和半周长,计算

$$DE=s-c-b\cos C=\frac{a+b-c}{2}-\frac{a^2+b^2-c^2}{2a}=\frac{(c-b)(s-a)}{a}$$

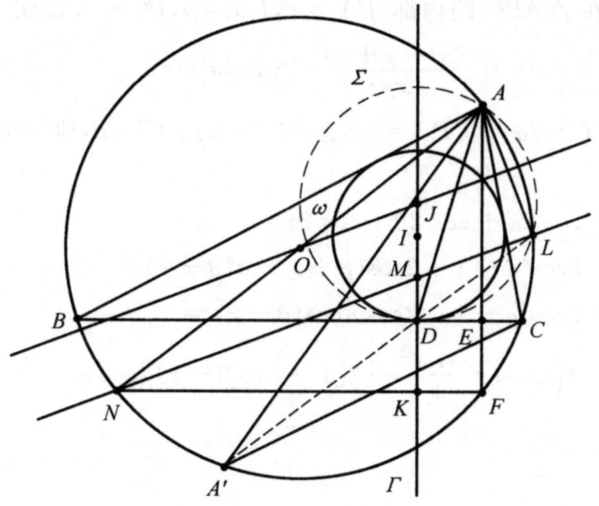

图 2.8

$$\frac{1}{2}hr=\frac{\Delta^2}{as}=\frac{(s-a)(s-b)(s-c)}{a}$$

$$NK=NF-DE=2R\sin(C-B)-DE=$$
$$\frac{c^2+a^2-b^2}{2a}-\frac{a^2+b^2-c^2}{2a}-\frac{(c-b)(s-a)}{a}=\frac{(c-b)s}{a}$$

$$hMK=h(MD+EF)=\frac{1}{2}hr+2hR\cos B\cos C=$$
$$\frac{(s-a)(s-b)(s-c)}{a}+\frac{(c^2+a^2-b^2)(a^2+b^2-c^2)}{4a^2}$$

将这些表达式代入后,最后得到

$$\frac{1}{2}hr-\frac{DE}{NK}\cdot hMK=(s-a)\left[\frac{(s-b)(s-c)}{s}-\frac{(c^2+a^2-b^2)(a^2+b^2-c^2)}{4a^2s}\right]=$$
$$\frac{(s-a)[a^2(a^2-b^2-c^2+2bc)-(a^4-b^4-c^4+2b^2c^2)]}{4a^2s}=$$
$$\frac{(c-b)^2(s-a)^2}{4a^2}=DE^2$$

引理成立.

利用关于以 A 为中心,以 $AB\cdot AC$ 为幂的反演容易证明 AA' 是 AD 关于 AI 的反射.这也是众所周知的,详见问题 O306 的解.该引理表明

$$\angle CDL=\angle LAD=\angle LAC+\angle CAD=\angle LA'C+\angle BAA'=$$
$$\angle LA'C+\angle BCA'$$

这就必有 A',D,L 共线.

J341 设点 P 在 $\triangle ABC$ 的内部. $PA=x$, $PB=y$, $PC=z$. 证明:

$$\frac{(x+y+z)^9}{xyz}\geqslant 729a^2b^2c^2$$

证明 设 $\angle BPC=2\alpha$, $\angle CPA=2\beta$, $\angle APB=2\gamma$, $AC=b$, $BC=a$, $AB=c$. 不失一般性,设 $\alpha\leqslant 90^\circ$. 于是

$$\begin{aligned}&\cos 2\alpha+\cos 2\beta+\cos 2\gamma=\\&2\cos^2\alpha-1+2\cos(\beta+\gamma)\cos(\beta-\gamma)=\\&2\cos^2\alpha-1-2\cos\alpha\cos(\beta-\gamma)=\\&2\left(\cos\alpha-\frac{1}{2}\right)^2+2[1-\cos(\beta-\gamma)]\cos\alpha-\frac{3}{2}\geqslant\\&-\frac{3}{2}\end{aligned}$$

现在,由余弦定理,有

$$a^2=y^2+z^2-2yz\cos 2\alpha=(y+z)^2-2yz(1+\cos 2\alpha)$$

于是

$$\begin{aligned}xa^2+yb^2+zc^2=&x(y+z)^2+y(z+x)^2+z(x+y)^2-\\&2xyz(3+\cos 2\alpha+\cos 2\beta+\cos 2\gamma)\leqslant\\&x(y+z)^2+y(z+x)^2+z(x+y)^2-3xyz=\\&(x+y+z)(xy+yz+zx)\leqslant\\&\frac{1}{3}(x+y+z)^3\end{aligned}$$

最后,由 AM－GM 不等式,有

$$3^6xa^2yb^2zc^2\leqslant 3^3(xa^2+yb^2+zc^2)^3\leqslant(x+y+z)^9$$

证毕.

J342 求方程组

$$\frac{x^3}{4}+y^2+\frac{1}{z}=\frac{y^3}{4}+z^2+\frac{1}{x}=\frac{z^3}{4}+x^2+\frac{1}{y}=2$$

的正实数解.

解 将这三个方程相加,得到

$$\left(\frac{x^3}{4}+x^2+\frac{1}{x}-2\right)+\left(\frac{y^3}{4}+y^2+\frac{1}{y}-2\right)+\left(\frac{z^3}{4}+z^2+\frac{1}{z}-2\right)=0$$

设 $f(t)=\frac{t^3}{4}+t^2+\frac{1}{t}-2$. 对一切 $t\in\mathbf{R}^+$,有

$$f(t)=\frac{t^4+4t^3-8t+4}{4t}=\frac{(t^2+2t-2)^2}{4t}\geqslant 0$$

当且仅当 $t^2+2t-2=0$,即 $t=\sqrt{3}-1$ 时,$f(t)=0$. 由此推出当且仅当 $x=y=z=\sqrt{3}-$

1 时，$f(x)+f(y)+f(z)=0$.

J343 证明：共有 2 014 个 0 的数 102400…002401 是合数.

第一种证法 由于 $4a^4+b^4=(2a^2-2ab+b^2)(2a^2+2ab+b^2)$，所以原数等于

$$1\ 024\cdot 10^{2\ 016}+2\ 401=4\cdot(4\cdot 10^{504})^4+7^4=$$
$$(32\cdot 10^{1\ 008}-56\cdot 10^{504}+49)(32\cdot 10^{1\ 008}+56\cdot 10^{504}+49)$$

第二种证法 因为 $10^4\equiv -1(\bmod 137)$，所以原数等于

$$1\ 024(10^4)^{504}+2\ 401\equiv 1\ 024(-1)^{504}+2\ 401\equiv 3\ 425\equiv 0(\bmod 137)$$

J344 已知：对一切 $a,b,c\in\mathbf{R}$，有

$$\frac{a^2+b^2+c^2}{3}-\left(\frac{a+b+c}{3}\right)^2\geqslant k\max\{(a-b)^2,(b-c)^2,(c-a)^2\}$$

求：k 的最大可能的值.

解 注意任意改变 a,b,c 中的两数，本题不变，所以不失一般性，设 $a\geqslant b\geqslant c$，并记 $u=a-c,v=a-b$，且 $u\geqslant v\geqslant 0$，以及

$$\frac{a^2+b^2+c^2}{3}-\left(\frac{a+b+c}{3}\right)^2=\frac{(a-b)^2+(b-c)^2+(c-a)^2}{9}=$$
$$\frac{v^2+(u-v)^2+u^2}{9}=\frac{3u^2+(u-2v)^2}{18}\geqslant\frac{u^2}{6}=$$
$$\frac{1}{6}\max\{(a-b)^2,(b-c)^2,(c-a)^2\}$$

所以最大值是 $k=\frac{1}{6}$，当且仅当 $u=2v$，即当且仅当 a,b,c 成等差数列时，等号成立.

J345 设 a 和 b 是正实数，且

$$a^6-3b^5+5b^3-3a=b^6+3a^5-5a^3+3b$$

求：$a-b$.

解 我们有

$$a^6-3a^5+5a^3-3a=b^6+3b^5-5b^3+3b$$
$$(a^2-a-1)^3+1=(b^2+b-1)^3+1$$
$$(a^2-a-1)^3=(b^2+b-1)^3$$

但是对于实数 x,y，当且仅当 $x=y$ 时，$x^3=y^3$.

所以得到 $a^2-a-1=b^2+b-1$，于是推得 $(a-b-1)(a+b)=0$，最后因为 $a+b>0$，所以得到 $a-b=1$.

J346 现有依次成等差数列的 $12n$ 个数. 从中任取四个数. 在取出的四个数中有三个数成等差数列的概率是多少？

解 不失一般性，假定给出的数列是

$$S=\{1,2,\cdots,12n\}$$

当 $d>1$ 时，设

$$A_d=\{(a,a+d,a+2d,a+3d)\in S^4\}$$

$$B_d=\{(a,a+d,a+2d,b)\in S^4\mid b-a\neq 0,d,2d,\frac{d}{2},\frac{3d}{2}\}$$

于是，$|A_d|=12n-3d$，当 d 是奇数时，$|B_d|=(12n-2d)(12n-3)$；当 d 是偶数时，$|B_d|=(12n-2d)(12n-5)$. 当 $1\leqslant d\leqslant 6n$ 时，包含长度是 3 的等差数列的四个数的每一个集合与集合 B_d 中的一个四数组的元素相同，通常是唯一的一个四数组. 一些例外是与两个匹配($(a,a+d,a+2d,a+3d)$ 以及 $(a+d,a+2d,a+3d,a)$)的四项的等差数列. 根据容斥原理，所产生的总数是

$$\sum_{d=1}^{6n}|B_d|-\sum_{d=1}^{4n}|A_d|$$

它等于

$$(12n-3)\sum_{i=1}^{3n}(12n-4i+2)+(12n-5)\sum_{i=1}^{3n}(12n-4i)-\sum_{i=1}^{4n}(12n-3i)=$$
$$(12n-3)\cdot 3n\cdot 6n+(12n-5)\cdot 3n\cdot(6n-2)-2n(12n-3)=$$
$$12n(36n^2-20n+3)$$

于是，所求的概率是

$$\frac{12n(36n^2-20n+3)}{\binom{12n}{4}}=\frac{4(36n^2-20n+3)}{(12n-1)(6n-1)(4n-1)}$$

J347 设 x,y,z 是正实数. 证明：

$$\frac{x}{2x+y+z}+\frac{y}{x+2y+z}+\frac{z}{x+y+2z}\geqslant\frac{6xyz}{(x+y)(y+z)(z+x)}$$

证明 观察到原不等式等价于

$$\sum_{\text{cyc}}\frac{1}{yz(2x+y+z)}\geqslant\frac{6xyz}{(x+y)(y+z)(z+x)}$$

但是由 Cauchy－Schwarz 不等式，有

$$\sum_{\text{cyc}}\frac{1}{yz(2x+y+z)}\geqslant\frac{9}{\sum_{\text{cyc}}yz(2x+y+z)}=\frac{9}{(x+y)(y+z)(z+x)+4xyz}$$

于是，只要证明

$$\frac{9}{(x+y)(y+z)(z+x)+4xyz}\geqslant\frac{6xyz}{(x+y)(y+z)(z+x)}\Leftrightarrow$$
$$(x+y)(y+z)(z+x)\geqslant 8xyz$$

而这可由 AM－GM 不等式推出. 当且仅当 $x=y=z$ 时，等号成立.

J348 设 $ABCDEFG$ 是正七边形. 证明：

$$\frac{AD^3}{AC^3}=\frac{AC+2AD}{AB+AD}$$

证明 设 $AB=a,AC=b,AD=c$，如图 2.9 所示.

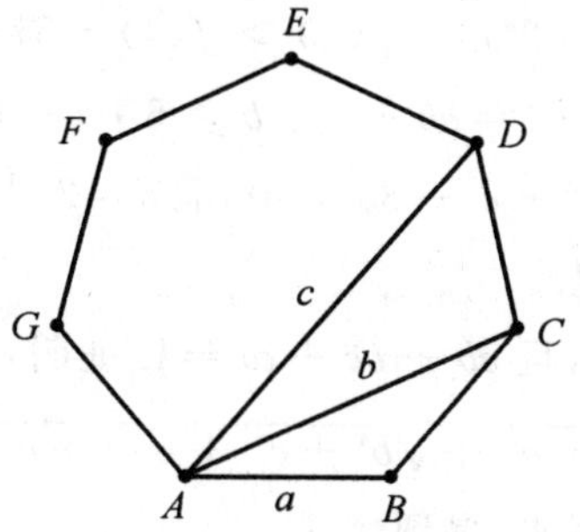

图 2.9

对四边形 $ABCD,ABCE,ABDF$ 应用托勒密定理，得到

$$a^2+ac=b^2 \tag{1}$$

$$ab+ac=bc \tag{2}$$

$$b^2+ab=c^2 \tag{3}$$

现在利用(1)(2)(3)，得到

$$\frac{AC+2AD}{AB+AD}=\frac{b+2c}{a+c}=\frac{a(b+2c)}{a^2+ac}\overset{(1)}{=\!=}\frac{a(b+2c)}{b^2}=$$

$$\frac{ab(b+2c)}{b^3}\overset{(2)}{=\!=}\frac{(bc-ac)(b+2c)}{b^3}=$$

$$\frac{c(b^2+2bc-ab-2ac)}{b^3}=\frac{c[b^2-ab+2(bc-ac)]}{b^3}\overset{(2)}{=\!=}$$

$$\frac{c(b^2-ab+2ab)}{b^3}=\frac{c(b^2+ab)}{b^3}\overset{(3)}{=\!=}$$

$$\frac{c^3}{b^3}=\frac{AD^3}{AC^3}$$

这就是所要证明的.

J349 证明：对于每一个正整数 n，$6^{n+1}+8^{n+1}+27^n-1$ 至少有 11 个真约数.

证明 设 $f(n)=6^{n+1}+8^{n+1}+27^n-1$. 于是

$$f(n)\equiv 0(\bmod 2),f(n)\equiv(-1)^{n+1}+1^{n+1}+(-1)^n-1\equiv 0(\bmod 7)$$

假定 n 是奇数，那么 $f(n)\equiv(-1)^{n+1}-1\equiv 0(\bmod 9)$. 于是 $f(n)$ 能被 $2\cdot 7\cdot 9=126$ 整除，126 有 $2\cdot 2\cdot 3$ 个约数. 所以，如果 n 是奇数，那么 $f(n)$ 至少有 11 个真约数.

假定 n 是偶数，那么 $f(n)\equiv 3^n-1=9^{\frac{n}{2}}-1\equiv 0(\bmod 8)$. 注意到 $f(2)=1\ 456=2^4\cdot 7\cdot 13$，它有 19 个真约数. 如果 n 是偶数，且 $n\geqslant 4$，那么 $f(n)$ 能被 $7\cdot 8=56$ 整除. $f(n)$ 或者有一个不同于 2 或 7 的质因数，或者只有两个质因数 2 和 7. 在第一种情况下，$f(n)$ 能

被 $56p$ 整除，这里 p 是不同于 2 和 7 的质数. $56p$ 至少有 11 个真约数，所以 $f(n)$ 至少有 11 个真约数. 在第二种情况下，$f(n)$ 是形如 2^a7^b 的数，这里 $a\geqslant 3, b\geqslant 1$. 于是 $a+b\geqslant 6$，这是因为

$$7^{a+b}>2^a7^b=f(n)\geqslant f(4)=571\ 984$$

而 2^a7^b 有 $(a+1)(b+1)-1=ab+a+b\geqslant 6\cdot 1+6=12$ 个真约数.

作者注 在表达式 $a^3+b^3+c^3-3abc$ 中，取 $a=2^{n+1}, b=3^n, c=-1$，就能看出将它分解因式后，有助于第二种情况.

J350 设 a,b,c 是正实数，且 $ab+bc+ca=1$. 证明：

$$\sqrt{a^4+b^2}+\sqrt{b^4+c^2}+\sqrt{c^4+a^2}\geqslant 2$$

证明 由闵可夫斯基不等式，得到

$$\sqrt{a^4+b^2}+\sqrt{b^4+c^2}+\sqrt{c^4+a^2}\geqslant\sqrt{(a^2+b^2+c^2)^2+(a+b+c)^2}$$

但是由 $(a-b)^2+(b-c)^2+(c-a)^2\geqslant 0$，得到

$$a^2+b^2+c^2\geqslant ab+bc+ca$$

以及

$$(a+b+c)^2\geqslant 3(ab+bc+ca)$$

所以

$$\sqrt{a^4+b^2}+\sqrt{b^4+c^2}+\sqrt{c^4+a^2}\geqslant\sqrt{(a^2+b^2+c^2)^2+(a+b+c)^2}\geqslant\sqrt{1+3}=2$$

当且仅当 $a-b=0, b-c=0, c-a=0$，即 $a=b=c=\frac{1}{\sqrt{3}}$ 时，等号成立.

J351 如果 a 和 b 是一个整数的两个相邻的数字，那么 $|a-b|\geqslant 2$. 求所有这样的六位数的和.

解 当 $1\leqslant k\leqslant 6, 0\leqslant j\leqslant 9$ 时，设 $A_k(j)$ 是所有 k 位数串 $a_1a_2\cdots a_k$ 的集合，且当 $2\leqslant i\leqslant k, 0\leqslant a_i\leqslant 9, |a_{i-1}-a_i|\geqslant 2$ 时，$a_1=j$. 观察到对称性 $|A_k(j)|=|A_k(9-j)|$. 设 $A_k=\bigcup\limits_{j=0}^{9}A_k(j)$，那么当 $0\leqslant j\leqslant 4$ 时，$|A_1(j)|=1$，所以 $|A_1|=10$.

又 $|A_2(0)|=\sum\limits_{i\neq 0,1}|A_1(i)|=8$，当 $1\leqslant j\leqslant 4$ 时，$|A_2(j)|=\sum\limits_{i\neq j, j\neq\pm 1}|A_1(i)|=7$，所以 $|A_2|=72$.

$|A_3(0)|=57$，$|A_3(1)|=50$，当 $j=2,3,4$ 时，$|A_3(j)|=51$，所以 $|A_3|=520$.

$|A_4(0)|=413$，$|A_4(1)|=362$，$|A_4(2)|=368$，当 $j=3,4$ 时，$|A_4(j)|=367$，所以 $|A_4|=3\ 754$.

$|A_5(0)|=2\ 979$，$|A_5(1)|=2\ 611$，$|A_5(2)|=2\ 657$，$|A_5(3)|=2\ 652$，$|A_5(4)|=2\ 653$，所以 $|A_5|=27\ 104$.

$|A_6(0)|=21\ 514$，$|A_6(1)|=18\ 875$，$|A_6(2)|=19\ 184$，$|A_6(3)|=19\ 142$，$|A_6(4)|=19\ 146$，所以 $|A_6(6)|=195\ 686$.

当 $0\leqslant k\leqslant 5$ 时，设 B_k 是所有六位数串 $a_1a_2a_3a_4a_5a_6$ 的集合，且如果 $2\leqslant i\leqslant 6-k$，$a_{7-k}a_{8-k}\cdots a_6\in A_k$，那么 $a_1=0$，$|a_{i-1}-a_i|\in\{0,1\}$. 设 $s_6=\sum\limits_{x\in A_6}x$，当 $0\leqslant k\leqslant 5$ 时，$s_k=\sum\limits_{x\in B_k}x$. 注意到，如果 $x=a_1\cdots a_k\in A_k$，那么也有 $x'=a'_1\cdots a'_k\in A_k$，这里 $a'_i=9-a_i$，$1\leqslant i\leqslant k$. 将这样的一对一对相加，我们得到 $s_6=\frac{999\ 999}{2}|A_6|=97\ 842\ 902\ 157$. 类似地，因为 $B_5=\{0x\mid x\in A_5\}$，所以我们得到 $s_5=\frac{99\ 999}{2}|A_5|=1\ 355\ 186\ 448$. 接下来，有

$$B_4=\{00x\mid x\in A_4\}\cup\{01x\mid x\in A_4\}$$

所以

$$s_4=(10\ 000+\frac{9\ 999}{2}\times 2)|A_4|=75\ 076\ 246$$

同理

$$B_3=\{000x\mid x\in A_3\}\cup\{001x\mid x\in A_3\}\cup\{010x\mid x\in A_3\}\cup\{011x\mid x\in A_3\}\cup\{012x\mid x\in A_3\}$$

所以

$$s_3=(30\ 000+4\ 000+\frac{999}{2}\times 5)|A_3|=18\ 978\ 700$$

继续以这种方式用树形图，得到

$$s_2=(80\ 000+12\ 000+1\ 400+\frac{99}{2}\times 13)|A_2|=6\ 771\ 132$$

$$s_1=(220\ 000+34\ 000+4\ 200+460+\frac{9}{2}\times 35)|A_1|=2\ 588\ 175$$

$$s_0=610\ 000+96\ 000+12\ 100+1\ 380+14=719\ 627$$

最后，由容斥原理，我们所寻求的答案是

$$s_6-s_5+s_4-s_3+s_2-s_1+s_0=96\ 548\ 715\ 839$$

J352　设 D 是 $\triangle ABC$ 的边 AC 上一点，且 $\frac{1}{3}\angle BCA=\frac{1}{4}\angle ABD=\angle DBC$，$AC=BD$. 求 $\triangle ABC$ 的各个内角.

解　设 $\alpha=\angle DBC$，或 $\angle BCA=3\alpha$，$\angle ABD=4\alpha$，于是 $\angle ABC=5\alpha$，$\angle CAB=180^\circ-8\alpha$. 对 $\triangle ABC$ 和 $\triangle BCD$ 应用正弦定理，有

$$\frac{BC}{AC}=\frac{\sin 8\alpha}{\sin 5\alpha},\frac{BC}{BD}=\frac{\sin 4\alpha}{\sin 3\alpha}$$

因为 $AC=BD$，所以推得

$$\sin 5\alpha=\frac{\sin 3\alpha\sin 8\alpha}{\sin 4\alpha}=2\sin 3\alpha\cos 4\alpha=\sin 7\alpha-\sin\alpha$$

于是

$$\sin\alpha=\sin 7\alpha-\sin 5\alpha=2\cos 6\alpha\sin\alpha$$

因为 $\sin\alpha\neq 0$(否则 $\triangle ABC$ 将退化),所以必有

$$\cos 6\alpha=\frac{1}{2},6\alpha=60^\circ,\alpha=10^\circ$$

这里我们用到了 $\angle CAB=180^\circ-8\alpha$,则必有 $\alpha<30^\circ,6\alpha<180^\circ$. 于是

$$\angle A=100^\circ,\angle B=50^\circ,\angle C=30^\circ$$

J353 设 a,b,c 是非负实数,且设

$$A=\frac{1}{4a+1}+\frac{1}{4b+1}+\frac{1}{4c+1}$$

$$B=\frac{1}{3a+b+1}+\frac{1}{3b+c+1}+\frac{1}{3c+a+1}$$

$$C=\frac{1}{2a+b+c+1}+\frac{1}{2b+c+a+1}+\frac{1}{2c+a+b+1}$$

证明:$A\geqslant B\geqslant C$.

证明 因为

$$\frac{1}{4a+1}=\int_0^1 t^{4a}$$

$$\frac{1}{3a+b+1}=\int_0^1 t^{3a+b}$$

$$\frac{1}{2a+b+c+1}=\int_0^1 t^{2a+b+c}$$

所以接下来要证明的是

$$t^{4a}+t^{4b}+t^{4c}\geqslant t^{3a+b}+t^{3b+c}+t^{3c+a}\geqslant t^{2a+b+c}+t^{2b+c+a}+t^{2c+a+b}$$

设 $t^a=x,t^b=y,t^c=z$,则上式就变为

$$x^4+y^4+z^4\geqslant x^3y+y^3z+z^3x\geqslant x^2yz+y^2zx+z^2xy$$

由 AM－GM 不等式,这是显然的.

J354 求 $\sum\limits_{n\geqslant 1}\frac{3n+1}{2n+1}\binom{2n}{n}^{-1}$ 的值.

解 我们断言这个和是 1.

首先注意到

$$\frac{3n+1}{2n+1}\binom{2n}{n}^{-1}=\left(2-\frac{n+1}{2n+1}\right)\binom{2n}{n}^{-1}=2\binom{2n}{n}^{-1}-\frac{n+1}{2n+1}\binom{2n}{n}^{-1}=$$

$$\frac{2}{\binom{2n}{n}}-\frac{(n+1)!\ n!}{(2n+1)!}=\frac{2}{\binom{2n}{n}}-\frac{1}{\binom{2n+1}{n}}=\frac{2}{\binom{2n}{n}}-\frac{2}{\binom{2n+2}{n+1}}$$

于是,我们将部分和写成抵消后压缩的形式,即

$$\sum_{n=1}^{N}\frac{3n+1}{2n+1}\binom{2n}{n}^{-1}=2\sum_{n=1}^{N}\left(\frac{1}{\binom{2n}{n}}-\frac{1}{\binom{2n+2}{n+1}}\right)=2\left(\frac{1}{2}-\frac{1}{\binom{2N+2}{N+1}}\right)=1-\frac{2}{\binom{2N+2}{N+1}}$$

因为当 $N\to\infty$ 时,$\binom{2N+2}{N+1}\to\infty$,所以上式趋近于1.

J355　设 a,b,c 是正实数,$a+b+c=3$. 证明:

$$4(a^2+b^2+c^2)-(a^3+b^3+c^3)\geqslant 9$$

证明　由 AM－GM 不等式,有 $a^2b+ab^2+ac^2+a^2c+b^2c+bc^2\geqslant 6abc$,所以

$$(a+b+c)^3-6abc+(a^2b+ab^2+ac^2+a^2c+b^2c+bc^2)\geqslant(a+b+c)^3$$

将上式左边的 $(a+b+c)^3$ 展开,得到

$$(a^3+b^3+c^3)+4(a^2b+ab^2+ac^2+a^2c+b^2c+bc^2)\geqslant(a+b+c)^3$$

或

$$4(a^3+b^3+c^3+a^2b+ab^2+ac^2+a^2c+b^2c+bc^2)-3(a^3+b^3+c^3)\geqslant(a+b+c)^3$$

将第一项分解因式,有

$$4(a+b+c)(a^2+b^2+c^2)-3(a^3+b^3+c^3)\geqslant(a+b+c)^3$$

因为 $a+b+c=3$,所以上式等价于

$$12(a^2+b^2+c^2)-3(a^3+b^3+c^3)\geqslant 27$$

于是

$$4(a^2+b^2+c^2)-(a^3+b^3+c^3)\geqslant 9$$

这就是所要证明的. 当且仅当 $a=b=c=1$ 时,等号成立.

J356　求所有正整数 n,使

$$2(6+9i)^n-3(1+8i)^n=3(7+4i)^n$$

解　将原方程改写后,取绝对值,得到

$$|2(6+9i)^n|=|3(1+8i)^n+3(7+4i)^n|$$

但是由三角形不等式,得 $|3(1+8i)^n+3(7+4i)^n|\leqslant|3(1+8i)^n|+|3(7+4i)^n|$. 于是有

$$|2(6+9i)^n|\leqslant|3(1+8i)^n|+|3(7+4i)^n|$$

计算绝对值后,得

$$2(\sqrt{6^2+9^2})^n\leqslant 3(\sqrt{1^2+8^2})^n+3(\sqrt{7^2+4^2})^n$$

该式可进一步化简为

$$9^{n-1} \leqslant 5^n$$

但是只有当 $n=1,2,3$ 时满足这一不等式. 事实上,因为 $9^{4-1}=729>625=5^4$ 以及对一切 $m \geqslant 0$,有 $9^m \geqslant 5^m$,所以对于一切 $m \geqslant 0$,我们有 $9^{m+3}>5^{m+4}$. 因此,对于每一个 $n \geqslant 4$,有 $9^{n-1}>5^n$.

余下要验证的是当 $n=1,2,3$ 时,$2(6+9\mathrm{i})^n=3(1+8\mathrm{i})^n+3(7+4\mathrm{i})^n$ 是否成立. 当 $n=1,3$ 时,原方程的两边分别为

$$12+18\mathrm{i} \neq 24+36\mathrm{i}$$

$$-2\,484+486\mathrm{i} \neq -552+108\mathrm{i}$$

当 $n=2$ 时,两边都等于 $-90+216i$,所以这是唯一的解.

J357 若对于任何 $z \in \mathbf{C}$,有 $\left|z+\frac{1}{z}\right|=\sqrt{5}$. 证明:

$$\left(\frac{\sqrt{5}-1}{2}\right)^2 \leqslant |z| \leqslant \left(\frac{\sqrt{5}+1}{2}\right)^2$$

证明 已知条件等价于 $|z^2+1|=\sqrt{5}\,|z|$. 由三角形不等式,有

$$|z^2+1|+|-1| \geqslant |z^2|$$

所以

$$\sqrt{5}\,|z|=|z^2+1| \geqslant |z^2|-1$$

解这个不等式,给出

$$|z| \leqslant \frac{3+\sqrt{5}}{2}=\left(\frac{\sqrt{5}+1}{2}\right)^2$$

再由三角形不等式,有

$$|z^2+1|+|-z^2| \geqslant |1|$$

所以

$$\sqrt{5}\,|z|=|z^2+1| \geqslant 1-|z^2|$$

解这个不等式,给出

$$|z| \geqslant \frac{3-\sqrt{5}}{2}=\left(\frac{\sqrt{5}-1}{2}\right)^2$$

将这两个不等式相结合,就得出所要证的结果.

J358 证明:对于 $x \in \mathbf{R}$,方程

$$2^{2^{x-1}}=\frac{1}{2^{2^x}-1} \text{ 和 } 2^{2^{x+1}}=\frac{1}{2^{2^{x-1}}-1}$$

等价.

证明 首先,设 $n=2^{2^{x-1}}\ (n>1)$. 将原方程改写为

$$n^3-n-1=0$$

和

$$n^5 - n^4 - 1 = 0 \Leftrightarrow (n^2 - n + 1)(n^3 - n - 1)$$

因为 $n^2 - n + 1 = 0$ 没有实数解，所以 $n^3 - n - 1 = 0$ 等价于第一个方程. 于是方程

$$2^{2^{x-1}} = \frac{1}{2^{2^x} - 1} \text{ 和 } 2^{2^{x+1}} = \frac{1}{2^{2^{x-1}} - 1}$$

等价.

J359 $\triangle ABC$ 的中位线平行于 BC，且交 $\triangle ABC$ 的外接圆于 B'，C'. 用 $\triangle ABC$ 的边长表示 $B'C'$ 的长.

解 设 M 和 N 分别是 AB 和 AC 的中点. 设 $x = B'M$，$y = NC'$. 于是由点的幂，得

$$x\left(\frac{a}{2} + y\right) = \frac{c^2}{4} \tag{1}$$

和

$$y\left(\frac{a}{2} + x\right) = \frac{b^2}{4} \tag{2}$$

将等式(1)(2) 相减，得到

$$x - y = \frac{c^2 - b^2}{2a}$$

将等式(1)(2) 相加，得到

$$\frac{a}{2}(x + y) + 2xy = \frac{c^2 + b^2}{4}$$

因为

$$4xy = (x + y)^2 - (x - y)^2$$

于是有

$$\frac{c^2 + b^2}{2} = a(x + y) + (x + y)^2 - (x - y)^2 = \left(\frac{a}{2} + x + y\right)^2 - \frac{a^2}{4} - \left(\frac{c^2 - b^2}{2a}\right)^2$$

于是

$$B'C' = \frac{a}{2} + x + y = \sqrt{\frac{2a^2(c^2 + b^2) + a^4 + (c^2 - b^2)^2}{4a^2}}$$

J360 在 $\triangle ABC$ 中，设 AA' 和 BB' 分别是 $\angle A$ 和 $\angle B$ 的平分线. 证明：

$$\frac{A'B'}{ab\sin\dfrac{C}{2}} \leqslant \frac{1}{(b + c)\sin(A + \dfrac{B}{2})} + \frac{1}{(c + a)\sin(\dfrac{A}{2} + B)}$$

证明 设 I 是 $\triangle ABC$ 的内心，对四边形 $IB'CA'$ 应用托勒密不等式，得到

$$A'B' \cdot IC \leqslant IB' \cdot A'C + IA' \cdot B'C$$

即

$$A'B' \leqslant \frac{IB'}{IC} \cdot A'C + \frac{IA'}{IC} \cdot B'C \tag{1}$$

在 $\triangle IB'C$ 和 $\triangle IA'C$ 中,由正弦定理得

$$\frac{IB'}{IC}=\frac{\sin\dfrac{C}{2}}{\sin\left(A+\dfrac{B}{2}\right)},\frac{IA'}{IC}=\frac{\sin\dfrac{C}{2}}{\sin\left(\dfrac{A}{2}+B\right)} \tag{2}$$

又由角平分线定理,得

$$A'C=\frac{ab}{b+c},B'C=\frac{ab}{c+a} \tag{3}$$

将(2)和(3)代入(1),有

$$A'B'\leqslant\frac{\sin\dfrac{C}{2}}{\sin\left(A+\dfrac{B}{2}\right)}\cdot\frac{ab}{b+c}+\frac{\sin\dfrac{C}{2}}{\sin\left(\dfrac{A}{2}+B\right)}\cdot\frac{ab}{c+a}$$

即

$$\frac{A'B'}{ab\sin\dfrac{C}{2}}\leqslant\frac{1}{(b+c)\sin\left(A+\dfrac{B}{2}\right)}+\frac{1}{(c+a)\sin\left(\dfrac{A}{2}+B\right)}$$

当且仅当四边形 $IB'CA'$ 是圆内接四边形,即 $\angle C=60°$ 时,等号成立.

2.2 高级问题的解答

S289 设 x,y,z 是正实数,且 $x\leqslant 4,y\leqslant 9,x+y+z=49$.证明:

$$\frac{1}{\sqrt{x}}+\frac{1}{\sqrt{y}}+\frac{1}{\sqrt{z}}\geqslant 1$$

证明 对凸函数 $f(t)=\dfrac{1}{\sqrt{t}}(t>0)$ 应用 Jensen 不等式,得到

$$\begin{aligned}\frac{1}{\sqrt{x}}+\frac{1}{\sqrt{y}}+\frac{1}{\sqrt{z}}&=\frac{1}{2}f\left(\frac{x}{4}\right)+\frac{1}{3}f\left(\frac{y}{9}\right)+\frac{1}{6}f\left(\frac{z}{36}\right)\geqslant\\&f\left(\frac{1}{2}\cdot\frac{x}{4}+\frac{1}{3}\cdot\frac{y}{9}+\frac{1}{6}\cdot\frac{z}{36}\right)=\\&\frac{\sqrt{216}}{\sqrt{27x+8y+z}}=\frac{\sqrt{216}}{\sqrt{26x+7y+49}}\geqslant\\&\frac{\sqrt{216}}{\sqrt{26\cdot 4+7\cdot 9+49}}=1\end{aligned}$$

S290 证明:不存在整数 n,使

$$\frac{1}{2^2}+\frac{1}{3^2}+\cdots+\frac{1}{n^2}=\left(\frac{4}{5}\right)^2$$

证明 设 p 是使 $p\leqslant n<2p$ 的最大质数,于是原等式可写成

$$5^2k=(4\cdot n!\ )^2$$

其中 $k=\sum_{i=2}^{n}\frac{(n!\ )^2}{i^2}$. 观察到 $k\equiv\frac{(n!\ )^2}{p^2}\not\equiv 0(\bmod p)$. 因为 $p\mid 5^2k$, p 不能整除 k,于是推得 $p\mid 5^2$,即 $p=5$.

所以 $n\in\{5,6\}$(因为 $n\in\{7,8,9\}$ 将给出 $p=7$). 容易检验,这些值中没有一个满足原等式.

S291 设 a,b,c 是非负实数,且 $ab+bc+ca=3$. 证明:

$$(2a^2-3ab+2b^2)(2b^2-3bc+2c^2)(2c^2-3ca+2a^2)\geqslant\frac{5}{3}(a^2+b^2+c^2)-4$$

证明 注意到

$$\begin{aligned}&27(2a^2-3ab+2b^2)(2b^2-3bc+2c^2)(2c^2-3ca+2a^2)+27\cdot 4-45(a^2+b^2+c^2)=\\&27(2a^2-3ab+2b^2)(2b^2-3bc+2c^2)(2c^2-3ca+2a^2)+4(ab+bc+ca)^3-\\&5(a^2+b^2+c^2)(ab+bc+ca)^2=\\&211(a^4b^2+b^4c^2+c^4a^2+a^2b^4+b^2c^4+c^2a^4)-320(a^3b^3+b^3c^3+c^3a^3)-\\&334abc(a^3+b^3+c^3)+164abc(a^2b+b^2c+c^2a+ab^2+bc^2+ca^2)-288a^2b^2c^2\end{aligned}$$

所以只要证明最后一个表达式非负即可. 注意到该式可重新排列为

$$\begin{aligned}&\sum_{\text{cyc}}[3c^4+160a^2b^2+48c^2(a+b)^2-164abc(a+b)](a-b)^2=\\&\sum_{\text{cyc}}[3c^4+5c^2(a+b)^2+39(bc+ca-2ab)^2+\\&4(bc+ca-ab)^2](a-b)^2\end{aligned}$$

显然该式是非负的,当且仅当 $a=b-c$ 时,该式是零. 由此推出结论.

注 类似的计算可证明更强的不等式

$$\begin{aligned}&(2a^2-3ab+2b^2)(2b^2-3bc+2c^2)(2c^2-3ca+2a^2)\geqslant\\&\frac{32}{9}(a^2+b^2+c^2)-\frac{29}{3}\end{aligned}$$

上式可归结为

$$\sum_{\text{cyc}}[2(17c^2-14ab)^2+83(31ab-17ac-17ab)^2](a-b)^2\geqslant 0$$

这是最强的不等式,其左边不变,右边是 $C_1(a^2+b^2+c^2)-(3C_1-1)$ 的形式.

S292 给定 $\triangle ABC$,证明:在边 BC 上存在一点 X,使 $\triangle AXB$ 和 $\triangle AXC$ 的内切圆半径相等,并给出用尺规作出点 X 的方法.

证明 按惯例,用 a,b,c,s 和 r 表示 $\triangle ABC$ 的边 BC,CA,AB 的长, $\triangle ABC$ 的半周长和内切圆半径. 设 I,J,K 分别是 $\triangle ABC$, $\triangle ABX$, $\triangle AXC$ 的内心, D,E,F 分别是 A,J,K 到 BC 的垂足. 设 $h=AD$, $r_1=JE$, $r_2=KF$. 当 X 从 B 向 C 移动时, r_1 从 0 增加到 r, r_2 从

r 减小到 0. 于是,存在一点 X,使 $r_1=r_2=t$.

由于 $\frac{t}{r}=\frac{BE}{s-b}$,所以 $BE=\frac{t(s-b)}{r}$. 同理,$CF=\frac{t(s-c)}{r}$.

设[·]表示面积,那么

$$\frac{1}{2}ah=[ABC]=[AXB]+[AXC]=t(c+EX)+t(b+XF)=$$

$$t(c+b+a-BE-FC)=\frac{t}{r}(2rs-ta)=$$

$$\frac{t}{r}(ah-ta)$$

于是,$t^2-ht+\frac{1}{2}hr=0$,由此得到 $t=\frac{1}{2}[h-\sqrt{h(h-2r)}]$.

建议采用一个简单的作图方法:在 AD 上作一条长为 $2r$ 的线段. 再作长为 $AY=\sqrt{h(h-2r)}$ 的线段. 在 AD 上截取 AY,得到 $h-\sqrt{h(h-2r)}$. 这样就得到 t,如图 2.10 所示.

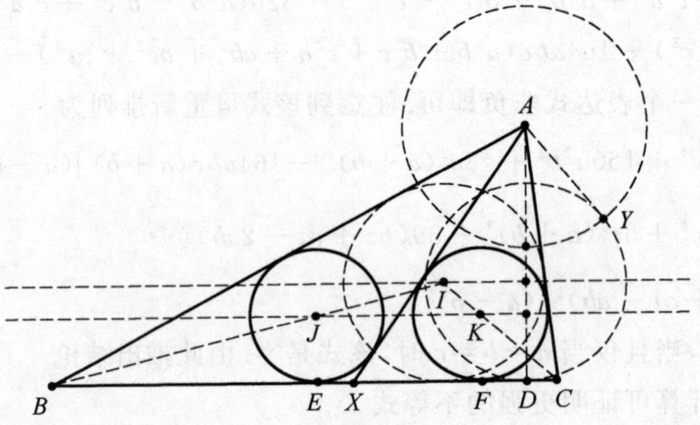

图 2.10

S293 设 a,b,c 是不同的实数,n 是正整数. 求一切非零复数 z,使

$$az^n+b\bar{z}+\frac{c}{z}=bz^n+c\bar{z}+\frac{a}{z}=cz^n+a\bar{z}+\frac{b}{z}$$

解 因为 $z\neq 0$,所以可将原方程中的各项乘以 z,得到

$$az^{n+1}+b\mid z\mid^2+c=bz^{n+1}+c\mid z\mid^2+a=cz^{n+1}+a\mid z\mid^2+b$$

于是

$$(a-b)z^{n+1}+(b-c)\mid z\mid^2+(c-a)=(b-c)z^{n+1}+(c-a)\mid z\mid^2+(a-b)=0$$

消去 z^{n+1} 项,得到

$$\mid z\mid^2=\frac{(a-b)^2-(b-c)(c-a)}{(b-c)^2-(a-b)(c-a)}=\frac{a^2+b^2+c^2-ab-bc-ca}{a^2+b^2+c^2-ab-bc-ca}=1$$

因为 a,b,c 是不同的实数，由 Cauchy－Schwarz 不等式，得 $a^2+b^2+c^2>ab+bc+ca$. 将这个结果代入原方程，重新安排各项，得到

$$a(z^{n+1}-1)=b(z^{n+1}-1)=c(z^{n+1}-1)$$

或者说 z 必是 1 的 $n+1$ 次根中的一个. 对于这 $n+1$ 个根中的任何一个，都有 $\bar{z}=\frac{1}{z}=z^n$，所以所有这 $n+1$ 次单位根都显然是原方程的解.

S294 设 $s(n)$ 是 n^2+1 的各位数字的和. 定义数列 $(a_n)_{n\geqslant 0}$ 为 $a_{n+1}=s(a_n)$，其中 a_0 是任意正整数. 证明：存在 n_0，对于所有的 $n\geqslant n_0$，有 $a_{n+3}=a_n$.

证明 我们必须证明所给的数列是周期为 3 的数列. 因为 $s(5)=8, s(8)=11$, $s(11)=5$，所以只要证明对于每一个正整数 a_0，存在某个 $n\in\mathbf{N}$，使 $a_n\in\{5,8,11\}$. 设 m 是 a_0 的数字的个数. 我们用归纳法证明该命题. 当 $m\leqslant 2$ 时，可以直接检验. 如果 $a_0\in\{5,8,11\}$，则没什么可证明的. 如果 a_0 是一个两位数，那么 $a_0^2<10\,000$，所以 $a_1\leqslant 37$，于是归结为分析 $a_0\leqslant 37$ 的情况.

(1) 如果 $a_0\in\{2,7,20\}$，那么 $a_1=5$. 如果 $a_0\in\{1,10,26,28\}$，那么 $a_1\in\{2,20\}$，所以 $a_2=5$. 最后，如果 $a_0\in\{3,6,9,12,15,18,21,27,30,33\}$，那么 $a_3=5$.

(2) 如果 $a_0\in\{4,13,23,32\}$，那么 $a_1=8$.

(3) 如果 $a_0\in\{17,19,35,37\}$，那么 $a_1=11$. 如果 $a_0\in\{14,22,24,31,36\}$，那么 $a_1\in\{17,19\}$，所以 $a_2=11$. 最后，如果 $a_0\in\{16,25,29,34\}$，那么 $a_3=11$.

于是，我们已经证明了如果 a_0 是一个一位数或两位数，那么对于某个 $n\in\mathbf{N}$，有 $a_n\in\{5,8,11\}$，即周期为 3 的数列. 设 $m\geqslant 2$，并假定命题对一切 $k\leqslant m$ 成立. 设 a_0 是一个 $m+1$ 位数，那么 $10^m\leqslant a_0<10^{m+1}$，这表示 $10^{2m}\leqslant a_0^2<10^{2(m+1)}$. 于是

$$a_1=s(a_0)\leqslant 9\cdot 2(m+1)+1<10^m$$

根据归纳假定，数列 $(a_n)_{n\geqslant 1}$ 是周期为 3 的数列，这表示数列 $(a_n)_{n\geqslant 0}$ 是周期为 3 的数列，这就是我们所要证明的.

S295 设 a,b,c 是正实数，且 $a+b+c=3$. 证明：

$$\sum_{\text{cyc}}\frac{(a+\sqrt{b})^2}{\sqrt{a^2-ab+b^2}}\leqslant 12$$

证明 我们知道，因为 $(a-b)^2\geqslant 0$，所以 $4(a^2+b^2-ab)\geqslant(a+b)^2$. 因此，只要证明

$$\sum_{\text{cyc}}2\frac{(a+\sqrt{b})^2}{a+b}\leqslant 12$$

或

$$\sum_{\text{cyc}}\frac{a^2+2a\sqrt{b}+b}{a+b}\leqslant 6$$

此外

$$\frac{a^2}{a+b}=a-\frac{ab}{a+b},\frac{b}{a+b}=1-\frac{a}{a+b}$$

这样就归结为

$$(a+b+c)+3+2\sum_{\text{cyc}}\frac{a\sqrt{b}}{a+b}=6+2\sum_{\text{cyc}}\frac{a\sqrt{b}}{a+b}\leqslant 6+\sum_{\text{cyc}}\frac{ab+a}{a+b}$$

而这实际上就是

$$2\sum_{\text{cyc}}\frac{a\sqrt{b}}{a+b}\leqslant\sum_{\text{cyc}}\frac{ab+a}{a+b}$$

观察到 $ab+a\geqslant 2a\sqrt{b}$，由此就推出了结论.

S296 有 n 位女士(其中有些人穿红衣服)和 m 位男士参加维也纳的一场舞会.一些女士和一些男士认识.舞池中跳舞的是互相认识的一对对女士和男士.那天夜里的某一时刻，可以看到在场的所有男士都在舞池中跳舞.在另一时刻，可以看到所有穿红衣服的女士都在舞池中跳舞.证明：在某一时刻，可能所有男士和所有穿红衣服的女士都在舞池中跳舞.

证明 可以想象是这样组织参加舞会的人的.确定所有穿红衣服的女士都在跳舞的一个特定时刻，以及所有男士都在跳舞的一个特定时刻.当所有穿红衣服的女士都在跳舞时，每一位穿红衣服的女士(用右手)都握着与她跳舞的男士的左手.当所有男士都在跳舞时，每一位男士(用右手)都握着与他跳舞的女士的左手.这是仅有的握手情况.

注意到，每个人至多与两个人握着手(如果是两个人，那么有一个人用了两只手).于是这些人就形成环(可能由都握着舞伴的手的两个人组成)和链(可能由不握着他人的手的一个人组成).每一个环和每一个链都是男士和女士交替排序，因此长度是偶数的环和链可以分割成一对对跳过(因而可能跳)舞的人.考虑一条长度为奇数的链.设想看着面向其成员的链，这条链中最左边的人没有用右手握着任何人的手.因此这个人必定是不穿红衣服的女士.除去这个人以外的链上其余的人可以配对跳舞.

因为被除去的这个人是不穿红衣服的女士，所以剩下的一对对舞伴包括了所有的男士和所有穿红衣服的女士.

S297 设 A_1,A_2,B_1,B_2,C_1,C_2 分别是 $\triangle ABC$ 的边 BC,CA,AB 上的三等分点. Cevians 线 AA_1,BB_1,CC_1 彼此相交成一个没有任何交点在其内部的凸六边形的顶点.证明：如果这个六边形内接于一圆，那么 $\triangle ABC$ 是等边三角形.

证明 我们将证明这一问题是毫无意义的，也就是说，这个六边形不会内接于一圆.假定绕 $\triangle ABC$ 的边界选取这些点，它们依次是 $A,C_1,C_2,B,A_1,A_2,C,B_1,B_2$.那么在齐次重心坐标中，我们有 $C_1=(2:1:0)$，$C_2=(1:2:0)$，其他的点可循环写出.因此该六边形的顶点将是 $A'=CC_1\cap BB_2=(2:1:1)$，$A''=CC_2\cap BB_1=(1:2:2)$，其余的循环旋转.设 G 是 $\triangle ABC$ 的重心(坐标是(1∶1∶1)).那么以 G 为中心,位似比为 $\frac{1}{4}$ 的位似将把 $\triangle ABC$ 变为 $\triangle A'B'C'$.因此 $\triangle A'B'C'$ 的外接圆是 $\triangle ABC$ 的外接圆的 $\frac{1}{4}$.以 G 为中心,位似比为 $-\frac{1}{5}$ 的位似将把 $\triangle ABC$ 变为 $\triangle A''B''C''$.因此 $\triangle A''B''C''$ 的外接圆是 $\triangle ABC$ 的外接圆的 $\frac{1}{5}$.于是该六边形的顶点可分成有不同的外接圆的两个集合,因此这个六边形不能内接于一圆.

S298 证明以下恒等式:

$$\sum_{k=0}^{a}(-1)^{a-k}\binom{a}{k}\binom{b+k}{c}=\binom{b}{c-a}$$

第一种证法 已知 $a\geqslant 0$,设

$$F(b,c)=\sum_{k=0}^{a}(-1)^{a-k}\binom{a}{k}\binom{b+k}{c}$$

当 $c\geqslant 0,b=c-a$ 时,由当 $k>n$ 时,$\binom{n}{k}=0$ 这一事实可推出恒等式

$$F(c-a,c)=\sum_{k=0}^{a}(-1)^{a-k}\binom{a}{k}\binom{c-a+k}{c}=$$

$$(-1)^{a-a}\binom{a}{a}\binom{c-a+a}{c}=1=$$

$$\binom{c-a}{c-a}$$

现在对 $b\geqslant c-a$ 用归纳法证明整个恒等式,即

$$F(b+1,c)=\sum_{k=0}^{a}(-1)^{a-k}\binom{a}{k}\binom{b+1+k}{c}=$$

$$\sum_{k=0}^{a}(-1)^{a-k}\binom{a}{k}\left[\binom{b+k}{c-1}+\binom{b+k}{c}\right]=$$

$$F(b,c-1)+F(b,c)=$$

$$\binom{b}{c-1-a}+\binom{b}{c-a}=\binom{b+1}{c-a}$$

第二种证法 用母函数的方法来解本题.关于给定变量 c 的恒等式的左边的常规母函数是

$$F(X)=\sum_{c=0}^{b+a}X^c\sum_{k=0}^{a}(-1)^{a-k}\binom{a}{k}\binom{b+k}{c}$$

这里我们截取了和式是因为当 $c>a+b$ 时,左边显然为零.于是计算出

$$F(X)=\sum_{k=0}^{a}(-1)^{a-k}\begin{bmatrix}a\\k\end{bmatrix}\sum_{c=0}^{b+a}\begin{bmatrix}b+k\\c\end{bmatrix}X^{c}=\sum_{k=0}^{a}(-1)^{a-k}\begin{bmatrix}a\\k\end{bmatrix}(1+X)^{b+k}=$$

$$(1+X)^{b}\sum_{k=0}^{a}(-1)^{a-k}\begin{bmatrix}a\\k\end{bmatrix}(1+X)^{k}=(1+X)^{b}(1+X-1)^{a}=$$

$$X^{a}(1+X)^{b}$$

因为在最后的表达式中 X^{c} 的系数显然是 $\begin{bmatrix}b\\c-a\end{bmatrix}$,证毕.

S299 在梯形 $ABCD$ 中,$AB /\!/ CD$. P 是梯形所在平面内任意一点.如果 $E=PD\cap AC$,$F\in PC\cap BD$,$M\in PD\cap AF$,$N\in PC\cap BE$,证明:$MN /\!/ AB$.

证明 我们证明一般的结果,即如果 $ABCD$ 是四边形,那么 AB,CD 和 MN 共点.

如图 2.11,设 $Q=AF\cap BE$,$R=AB\cap MN$.设 $f:X\mapsto X'$ 是使 $P'M'Q'N'$ 变为正方形的射影变换.于是 $A'C' /\!/ M'P'$,$B'D' /\!/ N'P'$.由梅涅劳斯定理,有

$$-\frac{M'R'}{R'N'}=\frac{B'Q'}{N'B'}\cdot\frac{A'M'}{Q'A'}=\frac{D'M'}{P'D'}\cdot\frac{C'R'}{N'C'}$$

这表明也有 $R=CD\cap MN$.

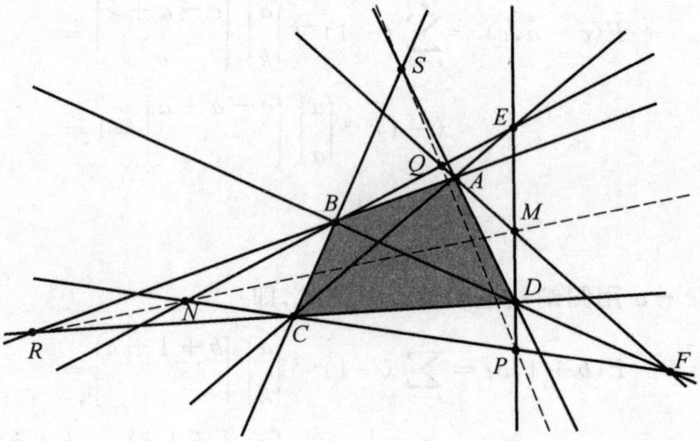

图 2.11

S300 设 x,y,z 是正实数,$a,b>0$,且 $a+b=1$.证明:

$$(x+y)^{3}(y+z)^{3}\geqslant 64abxy^{2}z(ax+y+bz)$$

证明 设 $\angle A,\angle B\in\left(0,\frac{\pi}{2}\right)$,且 $\tan^{2}A=\frac{x}{y}$,$\tan^{2}B=\frac{z}{y}$.则所求证的不等式变为

$$\sec^{6}A\sec^{6}B\geqslant 64ab\tan^{2}A\tan^{2}B(a\sec^{2}A+b\sec^{2}B)^{2}$$

它等价于

$$1\geqslant 8\sqrt{ab}\sin A\sin B(a\cos^{2}B+b\cos^{2}A)$$

由 AM－GM 不等式，有

$$8\sqrt{ab}\sin A\sin B(a\cos^2 B+b\cos^2 A)\leqslant$$
$$(2\sqrt{ab}\sin A\sin B+a\cos^2 B+b\cos^2 A)^2=$$
$$[1-(\sqrt{a}\sin B-\sqrt{b}\sin A)^2]^2\leqslant 1$$

证毕.

S301 设 a,b,c 是正实数.证明：

$$(a+b+c)(ab+bc+ca)(a^3+b^3+c^3)\leqslant(a^2+b^2+c^2)^3$$

证明 因为原不等式是齐次的，所以不失一般性，可以假定 $p=a+b+c=1$. 设 $q=ab+bc+ca>0$，$r=abc>0$. 则我们有

$$a^2+b^2+c^2=1-2q,a^3+b^3+c^3=1-3q+3r$$

以及

$$1=(a+b+c)^2\geqslant 3(ab+bc+ca)=3q$$

所以原不等式可改写为

$$q(1-3q+3r)\leqslant(1-2q)^3$$

利用 $q^2=(ab+bc+ca)^2\geqslant 3abc(a+b+c)=3r$，我们有

$$q(1-3q+3r)=q-3q^2+3qr\leqslant q-3q^2+q^3$$

所以只要证明

$$(1-2q)^3\geqslant q-3q^2+q^3$$

则我们有

$$(1-2q)^3-(q-3q^2+q^3)=(1-q)(3q-1)^2\geqslant 0$$

不等式已证.当且仅当 $a=b=c$ 时，等号成立.

S302 如果 $\triangle ABC$ 的边长为 a,b,c，$\triangle A'B'C'$ 的边长为 $\sqrt{a},\sqrt{b},\sqrt{c}$. 证明：

$$\sin\frac{A}{2}\sin\frac{B}{2}\sin\frac{C}{2}=\cos A'\cos B'\cos C'$$

证明 由余弦定理，有

$$\cos A=\frac{b^2+c^2-a^2}{2bc}$$

由此得

$$1-\cos A=\frac{a^2-(b-c)^2}{2bc}$$

以及

$$\sin\frac{A}{2}=\sqrt{\frac{1-\cos A}{2}}=\frac{\sqrt{a^2-(b-c)^2}}{2\sqrt{bc}}$$

类似地，有

$$\sin\frac{B}{2}=\frac{\sqrt{b^2-(a-c)^2}}{2\sqrt{ac}}$$

$$\sin\frac{C}{2}=\frac{\sqrt{c^2-(a-b)^2}}{2\sqrt{ab}}$$

于是

$$\sin\frac{A}{2}\sin\frac{B}{2}\sin\frac{C}{2}=\frac{\sqrt{a^2-(b-c)^2}\cdot\sqrt{b^2-(a-c)^2}\cdot\sqrt{c^2-(a-b)^2}}{2\sqrt{bc}\cdot 2\sqrt{ac}\cdot 2\sqrt{ab}}=$$

$$\frac{\sqrt{(b+c-a)^2}}{2\sqrt{bc}}\cdot\frac{\sqrt{(c+a-b)^2}}{2\sqrt{ac}}\cdot\frac{\sqrt{(a+b-c)^2}}{2\sqrt{ab}}=$$

$$\frac{b+c-a}{2\sqrt{bc}}\cdot\frac{c+a-b}{2\sqrt{ac}}\cdot\frac{a+b-c}{2\sqrt{ab}}=$$

$$\cos A'\cos B'\cos C'$$

注 注意到，只是对 $\triangle ABC$ 进行计算的第一部分证明了熟知的事实

$$\sin\frac{A}{2}\sin\frac{B}{2}\sin\frac{C}{2}=\frac{K^2}{abcs}=\frac{4r}{R}$$

其中 r,R,s,K 分别是 $\triangle ABC$ 的内切圆半径，外接圆半径，半周长和面积.

S303 设 $a_1=1$，当 $n\geqslant 1$ 时，$a_{n+1}=\frac{1}{2}\left(a_n+\frac{n}{a_n}\right)$. 求：$\lfloor a_{2\,014}\rfloor$.

解 注意到我们可以将递推关系改写为

$$a_{n+1}^2-n=\frac{1}{4}\left(a_n^2-2n+\frac{n^2}{a_n^2}\right)=\frac{1}{4}\left(a_n-\frac{n}{a_n}\right)^2$$

由此直接推出 $a_{n+1}\geqslant\sqrt{n}$，于是 $a_n\geqslant\sqrt{n-1}$. 我们将对 n 用归纳法证明 $a_n\leqslant\sqrt{n}$. 因为 $a_1=1,a_2=1$，所以当 $n\leqslant 2$ 时，直接看出该结论成立. 对于归纳步骤，因为 $\sqrt{n-1}\leqslant a_n\leqslant\sqrt{n}$，所以我们有

$$a_{n+1}^2-n\leqslant\frac{1}{4}\left(\sqrt{n-1}-\frac{n}{\sqrt{n-1}}\right)^2=\frac{1}{4(n-1)}<1$$

于是 $44<\sqrt{2\,013}\leqslant a_{2\,014}\leqslant\sqrt{2\,014}<45$，故 $\lfloor a_{2\,014}\rfloor=44$.

S304 设点 M 在 $\triangle ABC$ 的内部. 直线 AM 与 $\triangle MBC$ 的外接圆的第二个交点为 D. 类似地，直线 MB 与 $\triangle MCA$ 的外接圆的第二个交点为 E. 直线 MC 与 $\triangle MAB$ 的外接圆的第二个交点为 F. 证明：

$$\frac{AD}{MD}+\frac{BE}{ME}+\frac{CF}{MF}\geqslant\frac{9}{2}$$

证明 如图 2.12，由托勒密定理，有 $MD\cdot BC=CM\cdot BD+BM\cdot CD$. 由正弦定理，有

$$\frac{BD}{BC}=\frac{\sin\angle AMB}{\sin\angle BMC},\frac{CD}{BC}=\frac{\sin\angle CMA}{\sin\angle BMC}$$

于是$\frac{AM}{MD}=\frac{x}{y+z}$,其中 $x=AM\sin\angle BMC$,$y=BM\sin\angle CMA$,$z=CM\sin\angle AMB$.

所以

$$\frac{AD}{MD}=\frac{AM}{MD}+1=\frac{x+y+z}{y+z}$$

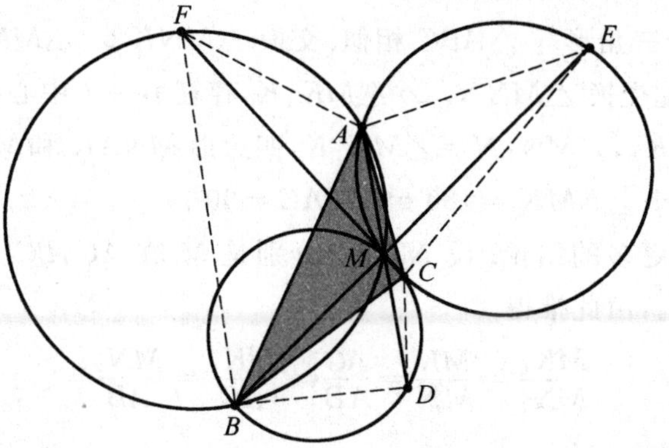

图 2.12

因此由对称性,有

$$\frac{AD}{MD}+\frac{BE}{ME}+\frac{CF}{MF}=(x+y+z)\left(\frac{1}{y+z}+\frac{1}{z+x}+\frac{1}{x+y}\right)\geqslant$$

$$(x+y+z)\cdot\frac{9}{(y+z)+(z+x)+(x+y)}=\frac{9}{2}$$

这个不等式是由 AM－HM 不等式推导出来的.

S305 求方程:

$$x^2+y^2+z^2=2(xy+yz+xz)+1$$

的整数解.

解 将原方程改写为

$$(x-y-z)^2=4yz+1$$

由此推出 $x-y-z$ 是奇数,设 $x-y-z=2m+1$,由此算出 $yz=m(m+1)$. 如果 $m=0$,或 -1,那么 y 和 z 中必有一个为零,另一个可任意取值,于是得到

$$(x,y,z)=(y\pm1,y,0),(z\pm1,0,z)$$

否则 z 是 $m(m+1)$ 的任一约数(可能是负的),算出 $y=\frac{m(m+1)}{z}$,$x=2m+z+1+\frac{m(m+1)}{z}$. 于是,所有其余的解有以下形式

$$(x,y,z)=\left(2m+z+1+\frac{m(m+1)}{z},\frac{m(m+1)}{z},z\right)$$

这里 $m\neq 0,-1$ 是任意整数，z 是 $m(m+1)$ 的约数.

S306 已知 M,N,K 分别是 $\triangle ABC$ 的边 BC,CA,AB 上不同于顶点的点. 如果 $\angle BAC=\angle KMN$，$\angle ABC=\angle KNM$，那么 $\triangle MNK$ 称为美丽的三角形. 如果在 $\triangle ABC$ 中存在有一个公共顶点的两个美丽的三角形，证明：$\triangle ABC$ 是直角三角形.

证明 假定存在两个美丽的三角形($\triangle MNK$ 和 $\triangle MN_1K_1$)，它们的一个公共顶点在 BC 上. 显然这两个三角形与 $\triangle ABC$ 相似. 交换 $\triangle MNK\backsim\triangle MN_1K_1$，存在一个旋转相似(中心在 M)，因此交换 $\triangle MNN_1\backsim\triangle MK_1K$，存在另一个中心在 M 的旋转相似. 于是 $\angle MNN_1=\angle MKK_1$，$\angle MN_1N=\angle MK_1K$，四边形 $MNAK$ 和 MN_1AK_1 都是圆内接四边形，所以 $\angle BAC+\angle NMK=180^\circ\Leftrightarrow\angle BAC=90^\circ$.

我们还可以证明更多的结论. 设 N_0,K_0 分别是 M 在 AC,BC 上的射影. 则我们有 $\triangle MNN_0\backsim\triangle MKK_0$，由此推得

$$\frac{MK_0}{MN_0}=\frac{MK}{MN}=\frac{AC}{AB}\Leftrightarrow\frac{MK_0}{AC}=\frac{MN_0}{AB}$$

但是 $\frac{MK_0}{AC}=\frac{MB}{BC}$，$\frac{MN_0}{AB}=\frac{MC}{BC}$，这意味着 M 必是 BC 的中点.

反之，如果 $\angle BAC$ 是直角，M 是 BC 的中点，那么直角顶点在 M 的三角形都是美丽的三角形.

S307 在 $\triangle ABC$ 中，$\angle ABC-\angle ACB=60^\circ$. 假定过点 A 的高的长是 $\frac{1}{4}BC$. 求 $\angle ABC$.

解 设 a 和 h 分别是边 BC 的长和过点 A 的高的长. 那么 $\triangle ABC$ 的面积可表示为 $\frac{1}{2}ah=\frac{1}{8}a^2$，也可表示为

$$\frac{1}{2}a^2\cdot\frac{\sin\angle ABC\sin\angle ACB}{\sin(\angle ABC+\angle ACB)}=\frac{1}{2}a^2\cdot\frac{\sin\angle ABC\sin(\angle ABC-60^\circ)}{\sin(2\angle ABC-60^\circ)}$$

因此

$$\frac{\sin\angle ABC\sin(\angle ABC-60^\circ)}{\sin(2\angle ABC-60^\circ)}=\frac{1}{4}$$

其中

$$\begin{aligned}\sin(2\angle ABC-60^\circ)&=4\sin\angle ABC\sin(\angle ABC-60^\circ)=\\&-2[\cos(2\angle ABC-60^\circ)-\cos 60^\circ]=\\&-2\cos(2\angle ABC-60^\circ)+1\end{aligned}$$

即

$$\sin(2\angle ABC-60^\circ)+2\cos(2\angle ABC-60^\circ)=1\tag{1}$$

设 $t=\tan(\angle ABC-30^\circ)$，则

$$\sin(2\angle ABC-60^\circ)=\frac{2t}{1+t^2},\cos(2\angle ABC-60^\circ)=\frac{1-t^2}{1+t^2} \tag{2}$$

将(2)代入(1)，得

$$3t^2-2t-1=0$$

唯一合适的解是 $t=1$. 推得 $\angle ABC-30^\circ=45^\circ$，于是 $\angle ABC=75^\circ$.

S308 设 n 是正整数，G_n 是 $n\times n$ 的网格，其中每一个单位正方形中都写 1. 将一列中所有的数都乘以 -1 或一行中所有的数都乘以 -1 算作一次操作. 确定对 G_n 实施有限次操作以后能得到的不同的网格的个数.

解 假定我们采用操作序列，对于 $1\leqslant i,j\leqslant n$，$r_i$ 用于第 i 行，c_j 用于第 j 列. 不考虑操作的顺序，则 (i,j) 项将是 $(-1)^{r_i+c_j}$. 如果我们增加或减少任何 r_i 和 c_j 的偶数次，则这些符号不变，所以不失一般性，可以假设每一个 r_i 和 c_j 是 0 或 1. 由此使我们想到存在 2^{2n} 种可能，但是这里还有一个对称的问题. 如果我们在对每一行和每一列实施操作时，不对每个方格实施两次操作，并回到所有这些网格. 于是同时转换每一个 r_i 和每一个 c_j 将给出同样的网格，所以至多存在 2^{2n-1} 种可能.

为了弄清我们实际上能够得到这么多的可能，考虑第一行和第一列. 其中包括 $2n-1$ 个方格，我们将证明，我们是能够对这些方格得到任何一套符号的. 于是我们必须至少能取到 2^{2n-1} 种不同的网格. 因为我们已经有了这个数作为上界，所以这个数必是精确数. 为了得到这套符号，我们取 $r_1=0$. 于是我们选择 c_j，使 $(-1)^{c_j}$ 是第一行中所希望的符号. 这就已经得到在第一列中的第一个数所希望的符号，我们可以选取余下的 $r_i(i\geqslant 2)$，得到在第一列中的其余的数所希望的符号 $(-1)^{r_i+c_1}$.

虽然在上面的证明中没有用到，但是我们容易检验，如果四个方格形成矩形的四个顶点(平行于轴的边)，那么在变动任何次数后，这四个相应的符号的积永远是 1. 从这一点显然可以推出第一行和第一列的符号决定了网格的其余方格的符号. 我们也可以用这一方法来解决问题.

S309 设 $ABCD$ 是圆外切四边形，且严格位于圆 ω 内. 设 ω_A 是在 $ABCD$ 外与 AB，AD 相切，并与圆 ω 相切于 A' 的圆. 类似地，定义 B'，C'，D'. 证明：AA'，BB'，CC'，DD' 共点.

证明 设 k 是四边形 $ABCD$ 的内切圆，点 P 是圆 ω 和 k 的内相似中心. 我们将证明直线 AA'，BB'，CC'，DD' 都经过点 P.

对于直线 AA'，我们有：A' 是圆 ω 和 ω_A 的外相似中心；A 是圆 k 和 ω_A 的内相似中心.

因为点 P 是圆 ω 和 k 的内相似中心，由 Monge－D'Alembert 圆定理，我们可以看出 A'，A 和 P 共线. 直线 AA' 经过点 P. 类似地，直线 BB'，CC'，DD' 也经过点 P. 于是 AA'，BB'，CC' 和 DD' 共点于圆 k 和 ω 的内相似中心 P，证毕.

S310 设 a,b,c 是非零复数，且 $|a|=|b|=|c|=k$. 证明：

$$\sqrt{|-a+b+c|}+\sqrt{|a-b+c|}+\sqrt{|a+b-c|}\leqslant 3\sqrt{2k}$$

证明 因为我们可以两边除以 $\sqrt{k}$，所以不失一般性，可设 $k=1$. 又因为可以将 a,b,c 旋转同一个角而对问题没有影响，所以不失一般性，可以假定 $c=1$，且适当选择 $0\leqslant\alpha\leqslant\beta<2\pi$，使 $a=\cos\alpha+\mathrm{i}\sin\alpha$，$b=\cos\beta+\mathrm{i}\sin\beta$. 于是

$$\begin{aligned}|-a+b+c|^2=&(1+\cos\beta-\cos\alpha)^2+(\sin\beta-\sin\alpha)^2=\\&3-2\cos\alpha+2\cos\beta-2\cos(\alpha-\beta)=\\&3-4\sin\mu\sin\delta-2\cos^2\delta+2\sin^2\delta=\\&1-4\sin\mu\sin\delta+4\sin^2\delta\end{aligned}$$

这里我们定义 $\mu=\frac{\alpha+\beta}{2}$，$\delta=\frac{\alpha-\beta}{2}$. 类似地，有

$$\begin{aligned}|a-b+c|^2=&3+2\cos\alpha-2\cos\beta-2\cos(\alpha-\beta)=\\&1+4\sin\mu\sin\delta+4\sin^2\delta\\|a+b-c|^2=&3-2\cos\alpha-2\cos\beta+2\cos(\alpha-\beta)=\\&1-4\cos\mu\cos\delta+4\cos^2\delta\end{aligned}$$

由幂平均不等式，有

$$\begin{aligned}&\sqrt{|-a+b+c|}+\sqrt{|a-b+c|}+\sqrt{|a+b-c|}=\\&\sqrt[4]{1-4\sin\mu\sin\delta+4\sin^2\delta}+\\&\sqrt[4]{1+4\sin\mu\sin\delta+4\sin^2\delta}+\\&\sqrt[4]{1-4\cos\mu\cos\delta+4\cos^2\delta}\leqslant\\&3\sqrt[4]{\frac{7-4\cos\mu\cos\delta+4\sin^2\delta}{3}}\end{aligned}$$

注意到当 $\cos\mu=\pm1$ 时，关于 μ 的表达式 $7-4\cos\mu\cos\delta+4\sin^2\delta$ 的最大值与 $\cos\delta$ 异号. 提取这个符号到 $\cos\delta$ 中，可推得只要求出

$$7+4\cos\delta+4\sin^2\delta=12-(1-2\cos\delta)^2$$

的最大值. 显然这个最大值是 12，当 $\delta=\pm\frac{\pi}{3}$ 时就能取到，于是 $\mu=\pi$. 这就以某种顺序给出 α 和 β 是 $\frac{2\pi}{3}$ 和 $\frac{4\pi}{3}$. 容易验证这就是上面的不等式取等号的情况. 于是恢复一般性，有

$$\sqrt{|-a+b+c|}+\sqrt{|a-b+c|}+\sqrt{|a+b-c|}\leqslant 3\sqrt[4]{4}\cdot\sqrt{k}=3\sqrt{2k}$$

当且仅当 a,b,c 是以复平面的原点为中心的等边三角形的顶点时，等号成立.

S311 设 n 是正整数. 证明：

$$\prod_{j=0}^{\lfloor\frac{n}{2}\rfloor}(x+2j+1)^{\binom{n}{2j+1}}-\prod_{j=0}^{\lfloor\frac{n}{2}\rfloor}(x+2j)^{\binom{n}{2j}}$$

是一个 $2^{n-1}-n$ 次多项式，其最高次项的系数是$(n-1)!$.

证明 用 $P(x)$ 表示给定的表达式，注意 $P(x)$ 显然是 x 的多项式. 为了确定其次数以及首项的系数，我们将分析当 x 相当大时，$P(x)$ 的情况. 回忆一下

$$\sum_{k=0}^{n}(-1)^{n-k}\binom{n}{k}k^m=\begin{cases}0, m<n\\ n!, m=n\end{cases}$$

或者看出和式是函数 k^m 的 n 重有限的差，或者将和式解释为

$$\left(x\frac{\mathrm{d}}{\mathrm{d}x}\right)^m(x-1)^n\bigg|_{x=1}$$

设

$$Q(x)=\prod_{k=0}^{n}(x+k)^{(-1)^{k-1}\binom{n}{k}}=\prod_{k=0}^{n}\left(1+\frac{k}{x}\right)^{(-1)^{k-1}\binom{n}{k}}$$

这里第二个等式是在上面的等式中取 $m=0$ 的情况得到的. 根据定义

$$P(x)=\left[\prod_{j=0}^{\lfloor\frac{n}{2}\rfloor}(x+2j)^{\binom{n}{2j}}\right]\cdot[Q(x)-1]$$

注意到第一个因式是 x 的 2^n-1 次多项式，首项系数是1(这也用到上面的等式中取 $m=0$ 的情况). 于是我们只需要分析$Q(x)-1$. 当$Q(x)$趋近于1时，这近似于$\log Q(x)$，利用 log 的 Taylor 级数，计算出

$$\log Q(x)=\sum_{k=0}^{n}(-1)^{k-1}\binom{n}{k}\log\left(1+\frac{k}{x}\right)=$$

$$\sum_{k=0}^{n}\sum_{m=1}^{\infty}(-1)^{k+m}\binom{n}{k}k^m m x^m=$$

$$\sum_{m=1}^{\infty}\frac{(-1)^{m-n}}{mx^m}\sum_{k=0}^{n}(-1)^{n-k}\binom{n}{k}k^m=$$

$$\frac{(n-1)!}{x^n}+\cdots$$

同理有 $Q(x)-1=\dfrac{(n-1)!}{x^n}+\cdots$. 将这两个式子相结合，得到

$$P(x)=(n-1)!\ x^{2^{n-1}-n}+\cdots$$

因此 $P(x)$ 是 $2^{n-1}-n$ 次多项式，且最高次项的系数是$(n-1)!$.

S312 设 a,b,c,d 是正实数，且 $a^3+b^3+c^3+d^3=1$. 证明：

$$\frac{1}{1-bcd}+\frac{1}{1-cda}+\frac{1}{1-dab}+\frac{1}{1-abc}\leqslant\frac{16}{3}$$

证明 将6减去所要证明的不等式(将6平均分配给左边的四项)，就等价于

$$\frac{1-3bcd}{2(1-bcd)}+\frac{1-3cda}{2(1-cda)}+\frac{1-3dab}{2(1-dab)}+\frac{1-3abc}{2(1-abc)}\geqslant\frac{2}{3}$$

利用 Cauchy－Schwarz 不等式(以 T_2 的形式),得出

$$\sum_{\text{cyc}}\frac{1-3bcd}{2(1-bcd)}=\sum_{\text{cyc}}\frac{(1-3bcd)^2}{2(1-bcd)(1-3bcd)}\geqslant \frac{\left(4-3\sum_{\text{cyc}}bcd\right)^2}{8-8\sum_{\text{cyc}}bcd+6\sum_{\text{cyc}}b^2c^2d^2}$$

去分母后,可以看出只要证明

$$3\left(4-3\sum_{\text{cyc}}bcd\right)^2\geqslant 16-16\sum_{\text{cyc}}bcd+12\sum_{\text{cyc}}b^2c^2d^2$$

或等价于

$$32+27\left(\sum_{\text{cyc}}bcd\right)^2\geqslant 56\sum_{\text{cyc}}bcd+12\sum_{\text{cyc}}b^2c^2d^2$$

因为 $27\left(1-\sum_{\text{cyc}}bcd\right)^2\geqslant 0$,所以只要证明

$$5\geqslant 2\sum_{\text{cyc}}bcd+12\sum_{\text{cyc}}b^2c^2d^2$$

而此不等式可由 Hölder 不等式推出的不等式

$$\sum_{\text{cyc}}bcd\leqslant 1$$

和

$$\sum_{\text{cyc}}b^2c^2d^2\leqslant 4\left(\frac{a^2+b^2+c^2+d^2}{4}\right)^3\leqslant 4\left(\frac{a^3+b^3+c^3+d^3}{4}\right)^2=\frac{1}{4}$$

推出.

S313 设 a,b,c 是非负实数,且 $\sqrt{a}+\sqrt{b}+\sqrt{c}=3$. 证明:

$$\sqrt{(a+b+1)(c+2)}+\sqrt{(b+c+1)(a+2)}+\sqrt{(c+a+1)(b+2)}\geqslant 9$$

证明 利用 Cauchy－Schwarz 不等式,有

$$\sum_{\text{cyc}}\sqrt{(a+b+1)(c+2)}=\sum_{\text{cyc}}\sqrt{(a+b+1)(1+1+c)}\geqslant \sum_{\text{cyc}}(\sqrt{a}\cdot 1+\sqrt{b}\cdot 1+\sqrt{c}\cdot 1)=9$$

于是不等式得证. 当且仅当 $a=b=c=1$ 时,等号成立.

S314 设 p,q,x,y,z 是实数,且满足

$$x^2y+y^2z+z^2x=p,\ xy^2+yz^2+zx^2=q$$

求:$(x^3-y^3)(y^3-z^3)(z^3-x^3)$ 的值.

解 设 ω 是非实数三次单位根. 则我们可以写

$$(x^3-y^3)(y^3-z^3)(z^3-x^3)=UVW$$

这里

$$U=(x-y)(y-z)(z-x)=q-p \tag{1}$$

$$V=(x-y\omega)(y-z\omega)(z-x\omega)=q\omega^2-p\omega \tag{2}$$

$$W=(x-y\omega^2)(y-z\omega^2)(z-x\omega^2)=q\omega-p\omega^2 \tag{3}$$

于是

$$UVW=(q-p)(q\omega^2-p\omega)(q\omega-p\omega^2)=q^3-p^3$$

因此

$$(x^3-y^3)(y^3-z^3)(z^3-x^3)=q^3-p^3$$

S315 考虑内切圆的半径为 r 的 $\triangle ABC$. 设 M 和 M' 是该三角形内的两点，且 $\angle MAB=\angle M'AC$，$\angle MBA=\angle M'BC$. 用 $d_a,d_b,d_c,d'_a,d'_b,d'_c$ 分别表示 M,M' 到 BC，CA，AB 的距离. 证明：

$$d_ad_bd_cd'_ad'_bd'_c\leqslant r^6$$

证明 M 和 M' 是三角形内的两个等角点，$d_ad'_a=d_bd'_b=d_cd'_c$. 设

$$k=d_ad'_a=d_bd'_b=d_cd'_c$$

$$S_a=[BMC],S_b=[AMC],S_c=[AMB]$$

$$S'_a=[BM'C],S'_b=[AM'C],S'_c=[AM'B]$$

所以得到

$$k=\frac{4S_aS'_a}{a^2}=\frac{4S_bS'_b}{b^2}=\frac{4S_cS'_c}{c^2}=\left(\frac{2\sqrt{S_aS'_a}+2\sqrt{S_bS'_b}+2\sqrt{S_cS'_c}}{a+b+c}\right)^2$$

由 Cauchy－Schwarz 不等式，有

$$k\leqslant\frac{(2S_a+2S_b+2S_c)(2S'_a+2S'_b+2S'_c)}{(a+b+c)^2}=r^2$$

于是，$d_ad_bd_cd'_ad'_bd'_c=k^3\leqslant r^6$. 当且仅当 $M\equiv M'\equiv I$ 时，等号成立，这里 I 是 $\triangle ABC$ 的内心.

S316 圆 $C_1(O_1,R_1)$ 和 $C_2(O_2,R_2)$ 相交于点 U 和 V. 点 A_1,A_2,A_3 位于 C_1 上，点 B_1,B_2,B_3 位于 C_2 上，且 A_1B_1,A_2B_2,A_3B_3 经过点 U. 记 M_1,M_2,M_3 是 A_1B_1,A_2B_2,A_3B_3 的中点. 证明：$M_1M_2M_3V$ 是圆内接四边形.

证明 如图 2.13，设 O,X,Y,Z 分别是 O_1O_2,A_1U,UB_1,UM_1 的中点. 则

$$\frac{X+Y}{2}=\frac{1}{2}\left(\frac{A_1+U}{2}+\frac{U+B_1}{2}\right)=\frac{1}{2}\left(\frac{A_1+B_1}{2}+U\right)=\frac{M_1+U}{2}=Z$$

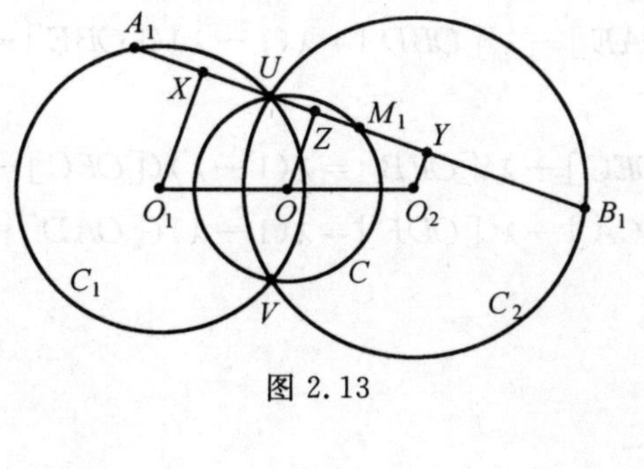

图 2.13

因此 $OZ // O_1X$，推得 $OZ \perp UM_1$. 于是，M_1 在圆心为 O，半径为 $OU=OV$ 的圆 C 上. 同理，M_2，M_3 也在圆 C 上.

S317 $\triangle ABC$ 内接于半径为 1 的圆. 证明：

$$\frac{\tan A}{\tan^3 B}+\frac{\tan B}{\tan^3 C}+\frac{\tan C}{\tan^3 A}\geqslant 4\left(\frac{1}{a^2}+\frac{1}{b^2}+\frac{1}{c^2}\right)-3$$

证明 注意到 $a=2\sin A$，$b=2\sin B$，$c=2\sin C$. 重新排列不等式的各项，得到

$$\sum_{\text{cyc}}\tan A\cdot\frac{1}{\tan^3 B}\geqslant\sum_{\text{cyc}}\tan A\cdot\frac{1}{\tan^3 A}=\sum_{\text{cyc}}\frac{1}{\tan^2 A}=$$
$$\sum_{\text{cyc}}\left(\frac{1}{\sin^2 A}-1\right)=\sum_{\text{cyc}}\frac{1}{\sin^2 A}-3=$$
$$4\left(\frac{1}{a^2}+\frac{1}{b^2}+\frac{1}{c^2}\right)-3$$

S318 点 A_1，B_1，C_1，D_1，E_1，F_1 在凸六边形 $ABCDEF$ 的边 AB，BC，CD，DE，EF，FA 上，且 $\frac{AA_1}{AB}=\frac{AF_1}{AF}=\frac{CC_1}{CD}=\frac{CB_1}{CB}=\frac{ED_1}{ED}=\frac{EE_1}{EF}=\lambda$.

证明：当且仅当 $\frac{[ACE]}{[BDF]}=\left(\frac{\lambda}{1-\lambda}\right)^2$ 时，A_1D_1，B_1E_1，C_1F_1 共线.

证明 我们有

$$(1-\lambda)^2[ACE]-\lambda^2[BDF]=$$
$$(1-\lambda)^2([OAE]+[OEC]+[OCA]-$$
$$\lambda^2([OBD]+[ODF]+[OFB]) \tag{1}$$

假定 A_1D_1，B_1E_1，C_1F_1 共线于点 O，那么得到

$$0=[OA_1D_1]=(1-\lambda)[OA_1E]-\lambda[OA_1D]=$$
$$(1-\lambda)\{(1-\lambda)[OAE]-\lambda[OBE]-$$
$$\lambda(\lambda[OBD]-(1-\lambda)[OAD]\}=$$
$$(1-\lambda)^2[OAE]-\lambda^2[OBD]+$$
$$\lambda(1-\lambda)([OAD]-[OBE])$$

所以

$$(1-\lambda)^2[OAE]-\lambda^2[OBD]=\lambda(1-\lambda)([OBE]-[OAD])$$

类似地，有

$$(1-\lambda)^2[OEC]-\lambda^2[OFB]=\lambda(1-\lambda)([OFC]-[OBE])$$
$$(1-\lambda)^2[OCA]-\lambda^2[ODF]=\lambda(1-\lambda)([OAD]-[OFC])$$

于是，由(1) 得

$$\frac{[ACE]}{[BDF]}=\left(\frac{\lambda}{1-\lambda}\right)^2$$

反之,假定$\frac{[ACE]}{[BDF]}=\left(\frac{\lambda}{1-\lambda}\right)^2$. 设$O$是$A_1D_1$和$B_1E_1$的交点,则$[OA_1D_1]=[OB_1E_1]=0$. 于是由

$$0=(1-\lambda)^2[ACE]-\lambda^2[BDF]=[OA_1D_1]+[OB_1E_1]+[OC_1F_1]$$

也得到$[OC_1F_1]=0$. 因此O在C_1F_1上,且A_1D_1,B_1E_1,C_1F_1共线.

S319　设a,b,c是正实数,$a+b+c=1$. 证明:

$$(at^2+bt+c)(bt^2+ct+a)(ct^2+at+b)\geqslant t^3$$

第一种证法　由 Hölder 不等式知

$$(at^2+bt+c)(bt^2+ct+a)(ct^2+at+b)=$$
$$(at^2+bt+c)(a+bt^2+ct)(at+b+ct^2)\geqslant$$
$$(at+bt+ct)^3=t^3$$

第二种证法　经过一些代数运算后,原不等式可写成

$$abc(t^6+1)+(a^2b+b^2c+c^2a)(t^5+2t^2)+$$
$$(ab^2+bc^2+ca^2)(2t^4+t)+$$
$$(a^3+b^3+c^3+4abc)t^3\geqslant t^3$$

由 AM－GM 不等式,我们有$t^6+1\geqslant 2t^3$, $t^5+2t^2\geqslant 3t^3$, $2t^4+t\geqslant 3t^3$,当且仅当$t=1$时,等号成立. 因此余下的只要证明

$$2abc+3(a^2b+b^2c+c^2a)+3(ab^2+bc^2+ca^2)+(a^3+b^3+c^3+4abc)\geqslant 1$$

这显然成立,且等号永远能取到,因为左边只能等于$(a+b+c)^3=1^3$. 当且仅当$t=1$时,等号成立,由此推出结论.

S320　设$\triangle ABC$的外心为O,内心为I. 设D,E,F分别是内切圆与边BC,CA,AB的切点. 证明:当且仅当$\angle BAC=60^\circ$时,直线OI垂直于$\angle EDF$的平分线.

证明　如图 2.14,重新设置比例,可以假定$\triangle ABC$内切圆的半径为1. 将$I=(0,0)$放置于坐标系的原点,$D=(-1,0)$. 设$M=(\cos\theta,\sin\theta)$是弧$\widehat{EF}$的中点,设$\varphi=\angle EDF$. 于是(经过关于$x$轴的可能的反射后),我们有

$$E=(\cos(\theta-\varphi),\sin(\theta-\varphi)),F=(\cos(\theta+\varphi),\sin(\theta+\varphi))$$

注意到I在$\triangle DEF$内,所以必有$90^\circ>\varphi>|\theta|$.

因为$\angle AIE=\angle AIF=\varphi$,所以$A$在射线$IM$上,且$IA=\sec\varphi$,于是

$$A=\left(\frac{\cos\theta}{\cos\varphi},\frac{\sin\theta}{\cos\varphi}\right)$$

注意到四边形$AEIF$是圆内接四边形,$\angle BAC=180^\circ-2\varphi$. 所以当且仅当$\varphi=60^\circ$时,$\angle BAC=60^\circ$. 因为$BC$切内切圆于点$D$,这由方程$x=-1$给出. 于是,$B$是这条垂线与由

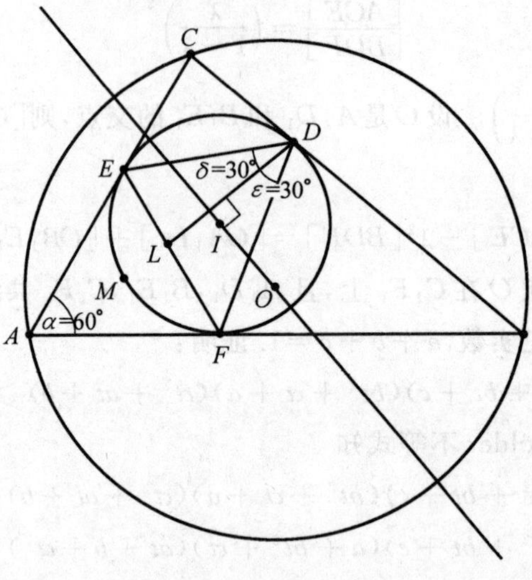

图 2.14

I 出发经过弧$\widehat{DF}$ 的中点的射线的交点(或等价于过向量和$\overrightarrow{D}+\overrightarrow{F}$ 的射线). 所以

$$B=\left(-1,\frac{\sin(\theta+\varphi)}{1-\cos(\theta+\varphi)}\right)$$

类似地,有

$$C=\left(-1,\frac{\sin(\theta-\varphi)}{1-\cos(\theta-\varphi)}\right)$$

设

$$O=\left(\frac{1-2\cos\theta\cos\varphi}{2\cos\varphi(\cos\theta-\cos\varphi)},-\frac{\sin\theta}{\cos\theta-\cos\varphi}\right)$$

$$R=\frac{1}{2\cos\varphi(\cos\theta-\cos\varphi)}$$

于是容易计算

$$A-O=R(\cos 2\theta,\sin 2\theta)$$

$$B-O=R(\cos 2\varphi,\sin 2\varphi)$$

$$C-O=R(\cos 2\varphi,-\sin 2\varphi)$$

这样 $AO=BO=CO=R$,于是 O 是 $\triangle ABC$ 的外心,R 是 $\triangle ABC$ 外接圆的半径. 当且仅当

$$0=(1-2\cos\theta\cos\varphi,-2\sin\theta\cos\varphi)(1+\cos\theta,\sin\theta)$$

或展开后化简为

$$0=1+\cos\theta-2\cos\theta\cos\varphi-2\cos\varphi(\cos^2\theta+\sin^2\theta)=$$

$$(1+\cos\theta)(1-2\cos\varphi)$$

时,我们看到 $OI\perp DM$($\angle EDF$ 的平分线).

于是当且仅当 $\varphi=60^\circ$ 时,$OI\perp DM$.

S321 设 x 是实数，当 m,n 是某互质的正整数时，$x^m(x+1)$ 和 $x^n(x+1)$ 都是有理数. 证明：x 是有理数.

证明 假定 $m>n$，设 $m-n=q>0$. 可以假定 $x\neq 0,-1$. 则

$$\frac{x^m(x+1)}{x^n(x+1)}\in \mathbf{Q}\Rightarrow x^q\in \mathbf{Q}$$

$$\frac{[x^n(x+1)]^m}{[x^m(x+1)]^n}\in \mathbf{Q}\Rightarrow \frac{x^{mn}\ (x+1)^m}{x^{mn}\ (x+1)^n}\in \mathbf{Q}\Rightarrow (1+x)^q\in \mathbf{Q}$$

我们将证明如果 $x^q,(1+x)^q$ 都是有理数，x 是实数，那么 x 是有理数.

考虑两个多项式：$R(z)=z^q-x^q$ 和 $S(z)=(1+z)^q-(1+x)^q$. 注意到 R 和 S 都是有理系数，且 $R(x)=S(x)=0$. 因此 x 是 R 和 S 的公共根. 假定 $x\notin \mathbf{Q}$. 用 $m(z)$ 表示 x 的最小的多项式，即以 x 为根，次数最小的有理系数的多项式. 因为 $R(x)=S(x)=0$，所以这样的多项式是存在的. 因为 x 是无理数，所以推出次数 $m\geqslant 2$.

另一方面，$R(z)$ 和 $S(z)$ 都是 $m(z)$ 的倍数. 这意味着 R 和 S 有除 x 以外的另一个公共根. 设这个根为 y. 我们有 $y\neq x$. 要注意 y 可能是复数.

我们有 $R(y)=S(y)=0\Rightarrow y^q=x^q$ 和 $(1+y)^q=(1+x)^q$. 于是，$|y|^q=|x|^q$，并且

$$|1+y|^q=|1+x|^q\Rightarrow\begin{cases}|x|=|y|\\ |1+y|=|1+x|\end{cases}$$

记住 $x\in \mathbf{R}$. 设 $y=a+\mathrm{i}b$. 于是

$$|a+\mathrm{i}b|=|x|\Rightarrow \sqrt{a^2+b^2}=|x|\Rightarrow a^2+b^2=x^2$$

并且

$$\begin{aligned}&|1+a+\mathrm{i}b|=|1+x|\Rightarrow\\&\sqrt{(1+a)^2+b^2}=|1+x|\Rightarrow\\&(1+a)^2+b^2=(1+x)^2\Rightarrow\\&1+2a+a^2+b^2=1+2x+x^2\Rightarrow\\&a=x\end{aligned}$$

因为 $a^2+b^2=x^2$，这意味着 $b=0$.

但此时 $y=a+\mathrm{i}b=x+\mathrm{i}\cdot 0=x$，这是一个矛盾. 由此推出结论.

S322 设 $ABCD$ 是圆内接四边形. 点 E 和 F 分别在边 AB 和 BC 上，且 $\angle BEF=2\angle BDE$. 证明：

$$\frac{EF}{AE}=\frac{FC}{AE}+\frac{CD}{AD}$$

证明 如图 2.15，设 Z 是 BC 与 $\triangle DEB$ 的外接圆的第二个交点. 于是 $\angle BZE=\angle BDE=\delta$.

如果考虑 $\triangle EFZ$，那么有

$$\angle FEZ+\angle EZF+\angle ZFE=\pi \Rightarrow \angle FEZ=\pi-\delta-(\pi-2\delta)=\delta$$

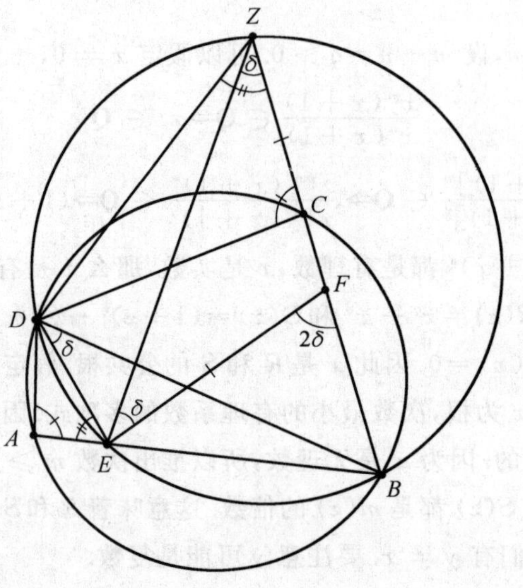

图 2.15

于是，$\triangle EFZ$ 是等腰三角形，且 $EF=FZ$.

因为 $ABCD$ 是圆内接四边形，所以

$$\angle BAD+\angle BCD=\pi \Rightarrow \angle DCZ=\angle BAD$$

又因为 $BEDZ$ 是圆内接四边形，所以

$$\angle BED+\angle BZD=\pi \Rightarrow \angle AED=\angle BZD$$

于是 $\triangle DCZ$ 和 $\triangle DAE$ 相似，即

$$\frac{CZ}{CD}=\frac{AE}{AD}$$

而 $CZ=FZ-FC$，又因为 $EF=FZ$，所以我们有 $CZ=EF-FC$. 于是

$$\frac{EF-FC}{CD}=\frac{AE}{AD} \Rightarrow \frac{EF}{AE}=\frac{FC}{AE}+\frac{CD}{AD}$$

由此证明了原式.

S323 求方程

$$x+y+(x-y)^2=xy$$

的正整数解.

解 设 $u=x-1, v=y-1$. 于是经过一些运算后，我们发现所给的丢番图方程等价于求不定方程

$$u^2-3uv+v^2=-1$$

的非负整数解 u, v. 容易看出如果 v 或 u 是零，那么就没有解. 如果 $u=v$，那么容易看出只

有唯一的解$(u,v)=(1,1)$. 否则,由对称性,可设$1\leqslant u<v$. 将这个不定方程看作是关于v的二次方程. 对于确定的u而言,v有两个解,这两个解的和是$3u$. 换句话说,我们看到,如果(u,v)是一组解,那么$(3u-v,u)$是另一组解. 又该方程可以写成

$$(3u-v)v=u^2+1$$

我们看到

$$0<3u-v<\frac{u^2+1}{v}\leqslant\frac{u^2+1}{u+1}\leqslant u$$

于是$1\leqslant 3u-v\leqslant u$. 因此对于任何解$u<v$,我们可以找到更小的解. 由此可见,经过有限步后,任何解都可以归结为$(1,1)$. 反过来,我们看到,如果定义数列$\langle u_n\rangle_{n\geqslant 0}$为$u_0=u_1=1$和$u_{n+1}=3u_n-u_{n-1}$,那么所有的解$(v\geqslant u)$都有$(u,v)=(u_n,u_{n+1})$的形式. 这一递推关系是著名的斐波那契递推关系的一种变形,也可以用斐波那契数表示u_n,即$u_n=F_{2n-1}$. 恢复到一般情况,回到x和y,我们看到对于所有的解是$(x,y)=(F_{2n-1}+1,F_{2n+1}+1)$或$(F_{2n+1}+1,F_{2n-1}+1)$,这里$n\geqslant 0$.

S324 求所有函数$f:S\to S$,对一切$x,y\in S$,当(1)$S=\mathbf{Z}$;(2)$S=\mathbf{R}$时,满足

$$f(x)f(y)+f(x)+f(y)=f(xy)+f(x+y)$$

解 (1) 首先考虑$f:\mathbf{Z}\to\mathbf{R}$的情况,即只允许对$f$取整数,但是允许得到实数值. 取$x=y=0$,得到$f(0)=0$. 然后取$(x,y)=(1,-1)$,我们有

$$f(1)+f(-1)+f(1)f(-1)=f(0)+f(-1)\Rightarrow f(1)[f(-1)+1]=0$$

于是有两种情况:

①$f(1)=0$,那么对$\forall x\in\mathbf{Z}$,有

$$f(x-1)+f(1)+f(1)f(x-1)=f(x)+f(x-1)\Rightarrow f(x)=0$$

②$f(-1)=-1$,那么

$$f(2)+f(-1)+f(-1)f(2)=f(1)+f(-2)\Rightarrow f(1)+f(-2)=f(-1)$$

$$f(-2)+f(1)+f(1)f(-2)=f(-1)+f(-2)\Rightarrow f(-1)=f(1)+f(1)f(-2)$$

将以上两个结果相结合,得到

$$f(-2)[f(1)-1]=0$$

a. $f(1)=1$,那么对$\forall x\in\mathbf{Z}$,有

$$f(x)+f(1)+f(x)f(1)=f(x)+f(x+1)\Rightarrow f(x)+1=f(x+1)$$

利用归纳法,对$\forall x\in\mathbf{Z}$,有

$$f(x)=x$$

b. $f(-2)=0$,那么

$$f(1)+f(-2)=f(-1)=-1\Rightarrow f(1)=-1$$

$$f(x)+f(1)+f(x)f(1)=f(x)+f(x+1)\Rightarrow f(x)+f(x+1)+1=0$$

用$x+1$代替上面关系式中的x,得到

$$f(x+1)+f(x+2)+1=0$$

所以

$$f(x)=f(x+2) \tag{1}$$

于是利用归纳法,对于一切 $n\in\mathbf{Z}$,有 $f(2n)=0$ 和 $f(2n-1)=-1$,或

$$f(x)=\begin{cases}0, x \text{ 是奇数}\\ -1, x \text{ 是偶数}\end{cases}$$

这些解全都是整数,因此它们是问题(1) 的一切解,而且只有这些解.

(2) 对于 $S=\mathbf{R}$,我们看到限制于整数的 f 必是这些例子之一. 现在我们转向允许 x 是实数的情况.

①$f(1)=0$,那么对 $\forall x\in\mathbf{R}$,有

$$f(x-1)+f(1)+f(1)f(x-1)=f(x)+f(x-1)\Rightarrow f(x)=0$$

②$f(-1)=-1$,所以 $f(-2)[f(1)-1]=0$.

a. $f(1)=1$,那么

$$f(x)+f(-1)+f(x)f(-1)=f(x-1)+f(-x)\Rightarrow f(x-1)=-f(-x)-1$$

在

$$f(x+1)=f(x)+1 \tag{2}$$

中(像在问题(1) 中一样) 用 $x+1$ 代替 x,得到

$$f(x)=f(x-1)+1=-f(-x)$$

于是可以推得对 $\forall x\in\mathbf{R}$,有

$$-f(x)=f(-x)$$

用 $x+1$ 代替式(2) 中的 x,得

$$f(x+2)=f(x+1)+1=f(x)+2$$

所以

$$f(x+1)=f(x)+1\Rightarrow f(2)=f(1)+1=2$$

于是,对 $\forall x\in\mathbf{R}$,有

$$f(2)+f(x)+f(2)f(x)=f(2x)+f(x+2)\Rightarrow 2f(x)=f(2x)$$

现在有

$$f(x+y)+f(x-y)+f(x+y)f(x-y)=f(x^2-y^2)+f(2x)$$

$$f(x+y)+f(y-x)+f(x+y)f(y-x)=f(y^2-x^2)+f(2y)$$

将上面两个关系式相加,利用对 $\forall a\in\mathbf{R}$,有 $f(-a)=-f(a)$,得到

$$f(x+y)=f(x)+f(y)\Rightarrow f(x)f(y)=f(xy)$$

于是函数 f 既有可加性,也有可积性. 因为对整数 x,有 $f(x)=x$,由可积性,推得对一切有理数 x,有 $f(x)=x$. 当 $x\geqslant 0$ 时,有 $f(x)=[f(\sqrt{x})]^2\geqslant 0$,于是(由可加性)$f$ 递增. 因

此对一切实数 x，有 $f(x)=x$.

b.

$$f(x)=\begin{cases}0, x\text{ 是偶数}, \forall x\in\mathbf{Z}\\-1, x\text{ 是奇数}, \forall x\in\mathbf{Z}\end{cases}$$

所以，根据问题(1)，我们有式(1)，则

$$f(x+2)=f(x)$$

这里，对一切实数 x 成立. 所以，由 $x=\frac{1}{2}$ 得到

$$f\left(\frac{1}{2}\right)=f\left(\frac{5}{2}\right) \tag{3}$$

然而

$$f\left(\frac{1}{2}\right)+f(2)+f\left(\frac{1}{2}\right)f(2)=f(1)+f\left(\frac{5}{2}\right)$$

这表明

$$f\left(\frac{1}{2}\right)=-1+f\left(\frac{5}{2}\right)$$

这与式(3)矛盾. 于是在实数范围内，$f(-1)=-1$ 和 $f(-2)=0$ 不能同时成立.

综上可将所求的函数总结如下：

(1) 当 $S=\mathbf{Z}$ 时，有

$$f(x)=0$$
$$f(x)=x$$
$$f(x)=\begin{cases}0, x\text{ 是奇数}\\-1, x\text{ 是偶数}\end{cases}$$

(2) 当 $S=\mathbf{R}$ 时，有

$$f(x)=0$$
$$f(x)=x$$

S325 设 S 是由 $\triangle ABC$ 三边的中点所形成的三角形的内心. Cevians 线 AS,BS,CS 分别交 BC,CA,AB 于 M,N,P. 证明：如果过点 M,N,P 分别与 $\triangle ABC$ 的边垂直的直线共点，那么 $\triangle ABC$ 是等腰三角形.

证明 如图 2.16，由 $\triangle ABC$ 三边的中点所形成的 $\triangle DEF$ 的内心称为 Spieker 心，其重心坐标是 $S=X_{10}(b+c:c+a:a+b)$.

所以直线 AS 的方程是 $AS\equiv(a+b)y-(c+a)z=0$，于是点 $M=AS\cap\underbrace{BC}_{x=0}$ 有坐标 $M(0:c+a:a+b)$.

直线 BS 的方程是 $BS\equiv(a+b)x-(b+c)z=0$，于是点 $N=BS\cap\underbrace{CA}_{y=0}$，所以其坐标

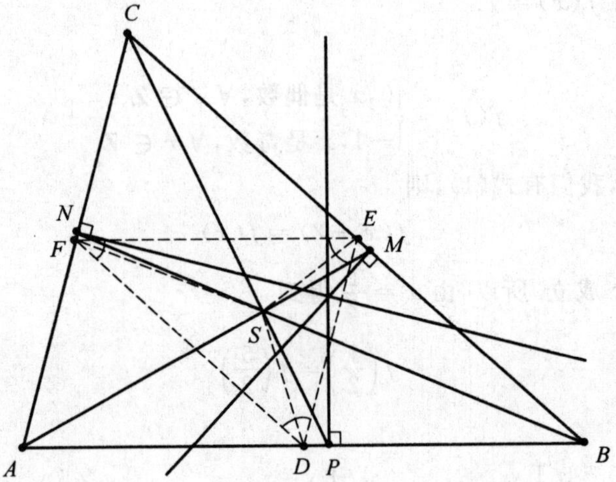

图 2.16

为 $N(b+c:0:a+b)$.

直线 CS 的方程是 $CS\equiv(c+a)x-(b+c)y=0$,于是点 $P=CS\cap\underbrace{AB}_{z=0}$,所以其坐标为 $P(b+c:c+a:0)$.

垂直于边 BC 的直线的无穷远点是

$$BC_{\infty\perp}(-a^2:S_C:S_B)$$

其中 $S_A=\dfrac{b^2+c^2-a^2}{2},S_B=\dfrac{c^2+a^2-b^2}{2},S_C=\dfrac{a^2+b^2-c^2}{2}$.

于是过 M 与边 BC 垂直的直线的方程是

$$MBC_{\infty\perp}\equiv[(c+a)S_B-(a+b)S_C]x-a^2(a+b)y+a^2(c+a)z=0$$

垂直于边 CA 的直线的无穷远点是

$$CA_{\infty\perp}(S_C:-b^2:S_A)$$

所以过 N 与边 CA 垂直的直线的方程是

$$NCA_{\infty\perp}\equiv b^2(a+b)x-[(b+c)S_A-(a+b)S_C]y-b^2(b+c)z=0$$

垂直于边 AB 的直线的无穷远点是

$$AB_{\infty\perp}(S_B:S_A:-c^2)$$

所以过 P 与边 AB 垂直的直线的方程是

$$PAB_{\infty\perp}\equiv-c^2(c+a)x+c^2(b+c)y+[(b+c)S_A-(c+a)S_B]z=0$$

当且仅当

$$\begin{vmatrix}p_1 & q_1 & r_1\\ p_2 & q_2 & r_2\\ p_3 & p_3 & r_1\end{vmatrix}=0$$

时，三条直线 $p_i x + q_i y + r_i z = 0\ (i=1,2,3)$ 共点.

在过 M,N,P 与 $\triangle ABC$ 的边垂直的直线的情况下，当且仅当

$$\begin{vmatrix} (c+a)S_B-(a+b)S_C & -a^2(a+b) & a^2(c+a) \\ b^2(a+b) & (a+b)S_C-(b+c)S_A & -b^2(b+c) \\ -c^2(c+a) & c^2(b+c) & (b+c)S_A-(c+a)S_B \end{vmatrix}=0$$

时，这三条直线共点.

稍微花一些工夫，可算出上面的行列式是

$$\frac{1}{8}(a-b)(b-c)(c-a)(a+b-c)(b+c-a)(c+a-b)(a+b+c)^3$$

由三角形不等式知，上式中最后四个因式为正，我们看出当且仅当 a,b,c 中有两个相等，即 $\triangle ABC$ 为等腰三角形时，行列式为零.

S326 设 a,b,c 是正实数，$a^3+b^3+c^3+3abc=\frac{1}{3}$. 证明：

$$abc+9\left(\frac{a^5}{4b^2+bc+4c^2}+\frac{b^5}{4c^2+ca+4a^2}+\frac{c^5}{4a^2+ab+4b^2}\right)\geqslant \frac{1}{4(a+b+c)(ab+bc+ca)}$$

证明 对以下各数应用 Cauchy－Schwarz 不等式

$$x_1=\sqrt{abc}$$

$$y_1=\sqrt{9abc}$$

$$x_2=\sqrt{\frac{9a^5}{4b^2+bc+4c^2}}$$

$$y_2=\sqrt{a(4b^2+bc+4c^2)}$$

$$x_3=\sqrt{\frac{9b^5}{4c^2+ca+4a^2}}$$

$$y_3=\sqrt{b(4c^2+ca+4a^2)}$$

$$x_4=\sqrt{\frac{9c^5}{4a^2+ab+4b^2}}$$

$$y_4=\sqrt{c(4a^2+ab+4b^2)}$$

得到

$$abc+9\left(\frac{a^5}{4b^2+bc+4c^2}+\frac{b^5}{4c^2+ca+4a^2}+\frac{c^5}{4a^2+ab+4b^2}\right)\geqslant$$

$$\frac{(3abc+3a^3+3b^3+3c^3)^2}{9abc+4(ab^2+bc^2+ca^2)+3abc+4(ac^2+ba^2+cb^2)}=$$

$$\frac{1}{4[(ab^2+abc+ba^2)+(bc^2+abc+cb^2)+(ca^2+abc+ac^2)]}=$$

$$\frac{1}{4(a+b+c)(ab+bc+ca)}$$

当且仅当 $a=b=c=\sqrt[3]{\frac{1}{12}}$ 时，等号成立.

S327 设 H 是锐角 $\triangle ABC$ 的垂心，D 和 E 分别是从 B 和 C 出发的高的垂足. 直线 DE 交 $\triangle ABC$ 的外接圆于点 F 和 G(F 在劣弧 $\overset{\frown}{AB}$ 上，G 在劣弧 $\overset{\frown}{AC}$ 上). 用 S 表示 H 在 DE 上的射影. 证明：$EF+DS=DG+ES$.

第一种证法 假定 $\angle B\geqslant\angle C$，设 $HS=x$，$DE=y$，$\angle DHS=90°-\angle HDS=90°-\angle HAD=\angle B$，同理 $\angle EHS=\angle C$. 则

$$x=2R\cos A\cos B\cos C$$

这里 R 是 $\triangle ABC$ 外接圆的半径，$y=a\cos A$. 于是

$$DS-ES=x(\tan B-\tan C)=2R\cos A\sin(B-C) \tag{1}$$

由相交弦定理(一点的幂)，推出

$$DG\cdot(y+EF)=DG\cdot DF=AD\cdot DC$$

$$(y+DG)\cdot EF=EG\cdot EF=AE\cdot EB$$

将两式相减，得到

$$DG-EF=\frac{AD\cdot DC-AE\cdot EB}{y}=\frac{a\cos A(c\cos C-b\cos B)}{a\cos A}=$$

$$2R\cos A\sin(B-C) \tag{2}$$

于是 $DS-ES=DG-EF$，由此推出结论.

第二种证法 设 M 是 FG 的中点，N 是 DE 的中点. 用 O 和 Ω 表示 $\triangle ABC$ 的外接圆和九点圆的圆心. 观察到 M,N,S 分别是 O,Ω,H 在 FG 上的射影. 因为 $O\Omega=H\Omega$，所以我们有 $MN=NS$，$DS=EM$，$ES=DM$. 由 $FM=MG$ 这一事实，我们有 $EF+EM=DG+DM$，它等价于 $EF+DS=DG+ES$，这就是所要证明的.

S328 设 k 是正奇数，在一个圆上写 k 个正整数，它们的和是 $2k$. 证明：对于任何 $1\leqslant m\leqslant k$，在这 k 个数中能找到一个或多个连续分布的数，它们的和是 $2m$.

第一种证法 设写在圆上的数是 $a_1,a_2,\cdots,a_k$. 考虑圆上的连续 $2m$ 个数的 k 个和

$$s_i=a_i+a_{i+1}+\cdots+a_{i+2m-1}$$

这里 $i\in\{1,\cdots,k\}$，下标取模 k. 则我们有

$$s_1+s_2+\cdots+s_k=2m(a_1+a_2+\cdots+a_k)=4km$$

如果所有的 s_i 都等于 $4m$，那么对于一切 $i\in\{1,2,\cdots,k\}$，有 $a_i=a_{2m+i}$. 观察到 k 是奇数，所以有 $d=\gcd(k,2m)\mid m$. 我们发现在这种情况下，在圆上的 k 个数由 d 个数的 $\frac{k}{d}$ 个同样

的段组成．每一段中的数的和是 $2d$，所以如果我们考虑连续 $\frac{m}{d}$ 段，它们的和是 $2m$，那么这就是我们要求的．

如果不是所有的 s_i 都相等，那么存在 s_j，使 $s_j \leqslant 4m-1$．考虑 $2m$ 个和

$$a_j, a_j + a_{j+1}, \cdots, a_j + a_{j+1} + \cdots + a_{i+2m-1}$$

如果这些和中的任意一个都等于 $2m$，那么已经证毕．否则，这些和中的每一个都小于 $4m$，根据鸽笼原理，这些和中必有两个模 $2m$ 同余．取它们的差，就得到圆上若连续干个数的和等于 $2m$．

第二种证法　与第一种证法相同，设写在圆上的数是 $a_1, a_2, \cdots, a_k$．看 k 个不同的数模 $2k$ 的部分和 $S_j = a_1 + a_2 + \cdots + a_j (j=1,\cdots,k)$．

对所有的 x，取模 $2k$，并用 x 到 $x+2m(\bmod 2k)$ 的弧将这些数连接起来．这样就把这些数分割成 $2\gcd(k,m)$ 个长度为 $\frac{k}{\gcd(k,m)}$ 的环．于是所有这些环的长度都是奇数．

因为数 S_j 取模 $2k$ 的可能的值的一半，所以必存在一个环，其至少有一半的元素在 S_j 中．因为这个环的长度是奇数，所以在这个环中必有两个连续的元素都在 S_j 中．换句话说，我们找到了一对下标 $i \neq j$，有 $S_j \equiv S_i + 2m(\bmod 2k)$．于是(将下标理解为循环地模 k) $a_{i+1} + a_{i+2} + \cdots + a_j = 2m$．

S329　在给定的四边形 $ABCD$ 中，$AB+AD=BC+DC$，设(I_1)是$\triangle ABC$ 的内切圆，切 AC 于 E，(I_2)是$\triangle ADC$ 的内切圆，切 AC 于 F．对角线 AC 和 DB 相交于点 P．假定 BI_1 与 DE 交于 S，DI_2 与 BF 交于 T．证明：S,P,T 共线．

证明　首先我们介绍以下三个引理．

引理 1　设 $ABCD$ 是四边形．证明：当且仅当 $ABCD$ 是 B 所对的或 D 所对的旁切四边形时，有

$$AB + AD = BC + CD$$

证明　假定 $ABCD$ 是 B 所对的或 D 所对的旁切四边形．只证明 $ABCD$ 是 B 所对的旁切四边形的情况就够了．

设 $ABCD$ 中 B 所对的旁切圆分别与边 BA, CD, AD, BC 切于 X, Y, Z, T．则我们有 $BX=BT$，所以 $BA+AD+DZ=BC+CD+DY$，$DZ=DY$，于是

$$BA + AD = BC + CD \tag{1}$$

设 Ω 是与直线 BA, DC, AD 相切的圆．只需证明 CB 与 Ω 相切．设过 C 向 Ω 作切线交 BA 于 B_0．那么四边形 AB_0CD 是 B_0 所对的旁切四边形．由此推出

$$AB_0 + AD = CD + CB_0 \tag{2}$$

由(1)(2)得 $B=B_0$，于是引理 1 得证．

引理 2　直线 I_1I_2, AC, BD 共点．

证明 由引理1,可以假定 $ABCD$ 是 B 所对的旁切四边形,旁切圆是 Ω. 设 $I_1I_2\cap AC=P_0$ 是(I_1) 和(I_2) 的内相似中心. 而 B 是(I_1) 和 Ω 的外相似中心,D 是(I_2) 和 Ω 的内相似中心. 所以由 Monge－D'Alembert 圆定理,我们有 B,D,P_0 共线,所以 $P_0=P$.

引理3 设 Γ_b 是 $\triangle ABC$ 中 B 所对的旁切圆,Γ_d 是 $\triangle ADC$ 中 D 所对的旁切圆. 那么 AC 切 Γ_b 于 F,切 Γ_d 于 E.

证明 设 F' 是 Γ_b 与 AC 的切点,则

$$AF'=\frac{CA+CB-AB}{2}=\frac{AD+AC-DC}{2}=AF$$

于是 $F=F'$.

注意,引理3表明 F 是(I_2) 和 Γ_b 的外相似中心,E 是(I_1) 和 Γ_d 的外相似中心.

我们利用上面提到的几个引理证明该问题:设 T_0 是(I_2) 和 Ω 的外相似中心. 由 Monge－D'Alembert 圆定理,我们有:

(1) 对于$\{(I_1),(I_2),\Gamma_b\}$,得到 T_0,F,B 共线,所以 $T_0\in BF$.

(2) 对于$\{(I_2),\Omega,\Gamma_b\}$,得到 T_0,I,I_2 共线,所以 $T_0\in DI_2$.

由(1)和(2),我们有 $T=T_0$,所以 T 是(I_2) 和 Ω 的外相似中心.

类似地,我们有 S 是(I_1) 和 Ω 的内相似中心.

最后,对$(I_1),(I_2),\Omega$ 利用 Monge－D'Alembert 圆定理,得到 T,S,P 共线.

S330 设 $x_1,x_2,\cdots,x_n$ 是实数,$n\geqslant 2$,且 $x_1^2+x_2^2+\cdots+x_n^2=1$. 证明:

$$\sum_{i=1}^{n}\sqrt{1-x_i^2}+k_n\cdot\sum_{1\leqslant j<k\leqslant n}x_jx_k\geqslant n-1$$

这里 $k_n=2-2\sqrt{1+\frac{1}{n-1}}$.

证明 有两种情况:

(1) 如果 $\sum\limits_{1\leqslant j<k\leqslant n}x_jx_k\leqslant 0$,那么

$$\sum_{i=1}^{n}\sqrt{1-x_i^2}+k_n\cdot\sum_{1\leqslant j<k\leqslant n}x_jx_k\geqslant\sum_{i=1}^{n}(1-x_i^2)=n-1$$

(2) 如果 $\sum\limits_{1\leqslant j<k\leqslant n}x_jx_k\geqslant 0$,那么记 $q=\sum\limits_{1\leqslant j<k\leqslant n}x_jx_k\geqslant 0$,则该不等式可改写为

$$\sum_{i=1}^{n}\sqrt{1-x_i^2}\geqslant n-1-k_nq$$

两边平方后,得到

$$\sum_{i=1}^{n}(1-x_i^2)+2\sum_{1\leqslant j<k\leqslant n}\sqrt{1-x_j^2}\cdot\sqrt{1-x_k^2}\geqslant(n-1)^2-2(n-1)k_nq+k_n^2q^2\Leftrightarrow$$

$$2\sum_{1\leqslant j<k\leqslant n}\sqrt{1-x_j^2}\cdot\sqrt{1-x_k^2}\geqslant(n-1)(n-2)-2(n-1)k_nq+k_n^2q^2\tag{1}$$

利用 Cauchy－Schwarz 不等式,当 $1\leqslant j<k\leqslant n$ 时,有

$$\sqrt{1-x_j^2}\cdot\sqrt{1-x_k^2}=\sqrt{x_1^2+\cdots+x_{j-1}^2+x_{j+1}^2+\cdots+x_n^2}\cdot$$
$$\sqrt{x_1^2+\cdots+x_{k-1}^2+x_{k+1}^2+\cdots+x_n^2}\geqslant$$
$$x_1^2+\cdots+x_{j-1}^2+x_{j+1}^2+\cdots+x_{k-1}^2+$$
$$x_{k+1}^2+\cdots+x_n^2+x_jx_k$$

对满足 $1\leqslant j<k\leqslant n$ 的所有的 j,k 相加,得到

$$\sum_{1\leqslant j<k\leqslant n}\sqrt{1-x_j^2}\cdot\sqrt{1-x_k^2}\geqslant\sum_{1\leqslant j<k\leqslant n}(1-x_j^2-x_k^2+x_jx_k)\geqslant$$
$$\binom{n}{2}-(n-1)(x_1^2+x_2^2+\cdots+x_n^2)+q=$$
$$\frac{(n-1)(n-2)}{2}+q$$

于是要证明不等式(1),只需证明

$$(n-1)(n-2)+2q\geqslant(n-1)(n-2)-2(n-1)k_nq+k_n^2q^2\Leftrightarrow$$
$$q[2+2(n-1)k_n-k_n^2q]\geqslant 0 \tag{2}$$

而 k_n 是二次方程

$$x^2-4x-\frac{4}{n-1}=0\Leftrightarrow(n-1)x^2-4(n-1)x-4=0$$

的根,所以

$$\frac{2+2(n-1)k_n}{k_n^2}=\frac{n-1}{2}$$

于是式(2) 等价于不等式

$$q\left(\frac{n-1}{2}-q\right)\geqslant 0$$

这是因为 $q\geqslant 0$ 和 $q\leqslant\frac{n-1}{2}$ 是成立的.最后一个不等式是由

$$\sum_{1\leqslant j<k\leqslant n}(x_j-x_k)^2\geqslant 0\Leftrightarrow(n-1)(x_1^2+x_2^2+\cdots+x_n^2)\geqslant 2\sum_{1\leqslant j<k\leqslant n}x_jx_k$$

推得的.当 $q=0$,或 $q=\frac{n-1}{2}$ 时,等号成立,前者意味着 $x_1,x_2,\cdots,x_n$ 中有一个是 ± 1,其余都是 0,后者意味着 $x_1=x_2=\cdots=x_n=\pm\sqrt{\frac{1}{n}}$.

S331 求

$$E(x_1,x_2,\cdots,x_n)=x_1^2+x_2^2+\cdots+x_n^2+x_1x_2+\cdots+$$
$$x_1x_n+\cdots+x_{n-1}x_n+x_1+\cdots+x_n$$

的最小值,其中 $x_1,x_2,\cdots,x_n\in\mathbf{R}$.

解 定义 $x_{n+1}=-1-x_1-\cdots-x_n$,所以 $\sum\limits_{k=1}^{n+1}x_k=-1$.于是容易检验

$$E(x_1,x_2,\cdots,x_n)=\frac{1}{2}\sum_{k=1}^{n+1}x_k^2-\frac{1}{2}$$

由 Cauchy－Schwarz 不等式，有

$$E(x_1,x_2,\cdots,x_n)\geqslant\frac{1}{2(n+1)}\left(\sum_{k=1}^{n+1}x_k\right)^2-\frac{1}{2}=\frac{1}{2(n+1)}-\frac{1}{2}=-\frac{n}{2(n+1)}$$

当且仅当 $x_1=x_2=\cdots=x_{n+1}=-\frac{1}{n+1}$ 时，等号成立.

S332 在任意边长为 a,b,c，中线长为 m_a,m_b,m_c 的三角形中，证明：

$$4(m_a+m_b+m_c)\leqslant\sqrt{8a^2+(b+c)^2}+\sqrt{8b^2+(c+a)^2}+\sqrt{8c^2+(a+b)^2}$$

证明 我们有

$$(a-b)^2(a+b+c)(a+b-c)\geqslant 0\Leftrightarrow$$
$$(a-b)^2[(a+b)^2-c^2]\geqslant 0\Leftrightarrow$$
$$(a^2-b^2)^2\geqslant(ac-bc)^2\Leftrightarrow$$
$$4c^2ab\geqslant 2(ac)^2+2(bc)^2-2(a^2-b^2)^2\Leftrightarrow$$
$$4c^4+4c^2ab+(ab)^2\geqslant 2(ac)^2+2(bc)^2+4c^4+(ab)^2-2(a^2-b^2)^2\Leftrightarrow$$
$$(2c^2+ab)^2\geqslant(2b^2+2c^2-a^2)(2c^2+2a^2-b^2)\Leftrightarrow$$
$$2(2c^2+ab)\geqslant 2\sqrt{(2b^2+2c^2-a^2)(2c^2+2a^2-b^2)}\Leftrightarrow$$
$$8c^2+a^2+b^2+2ab\geqslant 2\sqrt{(2b^2+2c^2-a^2)(2c^2+2a^2-b^2)}+4c^2+a^2+b^2\Leftrightarrow$$
$$\sqrt{8c^2+(a+b)^2}\geqslant\sqrt{2c^2+2b^2-a^2}+\sqrt{2c^2+2a^2-b^2}$$

同理，得到

$$\sqrt{8b^2+(c+a)^2}\geqslant\sqrt{2c^2+2b^2-a^2}+\sqrt{2a^2+2b^2-c^2}$$
$$\sqrt{8a^2+(b+c)^2}\geqslant\sqrt{2a^2+2b^2-c^2}+\sqrt{2c^2+2a^2-b^2}$$

将这三个不等式相加，并利用

$$\sqrt{2c^2+2b^2-a^2}=2m_a$$
$$\sqrt{2c^2+2a^2-b^2}=2m_b$$
$$\sqrt{2a^2+2b^2-c^2}=2m_c$$

就得到所要求的不等式. 当且仅当该三角形是等边三角形时，等号成立.

S333 设 $x>1$，定义 $(a_n)_{n\geqslant 1}$ 是对于每一个正整数 n，有 $a_n=\lfloor x^n\rfloor$ 的数列. 证明：如果 $(a_n)_{n\geqslant 1}$ 是等比数列，那么 x 是整数.

证明 用 k 表示等比数列的公比，则有 $\lfloor x^n\rfloor=k^{n-1}\lfloor x\rfloor$. 两边除以 x^n，得到

$$\frac{\lfloor x^n\rfloor}{x^n}=\left(\frac{k}{x}\right)^{n-1}\frac{\lfloor x\rfloor}{x}$$

现在有三种不同的情况，$0<\frac{k}{x}<1$，$\frac{k}{x}=1$ 或 $\frac{k}{x}>1$.

注意到$\frac{x^n-1}{x^n}<\frac{\lfloor x^n\rfloor}{x^n}<1$，于是$\lim\limits_{n\to\infty}\frac{\lfloor x^n\rfloor}{x^n}=1$. 所以，当$n$趋向于无穷大时，取极限就得到矛盾，除非$\frac{k}{x}=1$，且$\frac{\lfloor x^n\rfloor}{x^n}=1$，于是$x=\lfloor x\rfloor$必是整数.

S334 设$a_0\geqslant 0$，当$n\geqslant 0$时，有$a_{n+1}=a_0\cdot\cdots\cdot a_n+4$. 证明：对于一切$n\geqslant 1$，有

$$a_n-\sqrt[4]{(a_{n+1}+1)(a_n^2+1)-4}=1$$

证明 我们有

$$a_{n+1}=a_0\cdot\cdots\cdot a_{n-1}\cdot a_n+4\Rightarrow$$
$$a_{n+1}=(a_n-4)a_n+4\Rightarrow$$
$$a_{n+1}+1=a_n^2-4a_n+5\Rightarrow$$
$$(a_{n+1}+1)(a_n^2+1)-4=(a_n^2-4a_n+5)(a_n^2+1)-4\Rightarrow$$
$$(a_{n+1}+1)(a_n^2+1)-4=a_n^4-4a_n^3+6a_n^2-4a_n+1\Rightarrow$$
$$(a_{n+1}+1)(a_n^2+1)-4=(a_n-1)^4\Rightarrow$$
$$\sqrt[4]{(a_{n+1}+1)(a_n^2+1)-4}=a_n-1\Rightarrow$$
$$a_n-\sqrt[4]{(a_{n+1}+1)(a_n^2+1)-4}=1$$

S335 设ABC是三角形，D是射线BA上的点，但不在边AB上，E是边AC上不同于A，C的点. 设X是D关于B的反射，Y是E关于C的反射. 假定$4BC^2+DE^2=XY^2$. 证明：当且仅当$\angle BAC=90^\circ$时，$BE\perp CD$.

证明 用向量记号，我们有$\vec{X}=2\vec{B}-\vec{D}$和$\vec{Y}=2\vec{C}-\vec{E}$，所以算出

$$0=4BC^2+DE^2-XY^2=4\|\vec{B}-\vec{C}\|^2+\|\vec{D}-\vec{E}\|^2-\|2\vec{B}+\vec{E}-2\vec{C}-\vec{D}\|^2=4(\vec{B}-\vec{C})\cdot(\vec{D}-\vec{E})$$

于是$BC\perp DE$. 因此无论$BE\perp CD$还是$\angle BAC=90^\circ$都表明E是$\triangle BCD$的垂心，于是两者中的另一个成立.

S336 设点M在$\triangle ABC$的内部，K是M关于AC的对称点. 直线MB交AC于点N，直线BK交AC于点P. 证明：如果$\angle AMP=\angle CMN$，那么$\angle ABP=\angle CBN$.

证明 考虑BMK的外接圆圆Γ，显然其关于AC对称. 由作图知，直线MP是直线BK的对称直线，直线NK是直线BM的对称直线，所以它们又相交于圆Γ上的点B'. B'是B关于AC的对称点. 设Q是AC与Γ的一个交点，则显然有$QB=BQ'$，且

$$\angle PMQ=\angle QMB'=\angle BKQ=180^\circ-\angle BMQ=\angle QMN$$

所以$\angle AMQ=\angle CMQ$. 现在对$\triangle AMQ$和$\triangle CMQ$应用正弦定理，并注意到$\angle AQM+\angle CQM=180^\circ$，所以$\sin\angle AQM=\sin\angle CQM$，于是推得$\frac{AM}{AQ}=\frac{CM}{CQ}$. 由此得$\Gamma$是$A$和$C$的阿波罗尼斯圆，即$\Gamma$上的每一点$X$都有同样的比$\frac{AX}{CX}$. 而$\Gamma$也经过$B$，所以我们可以写成

$\dfrac{AX}{CX}=\dfrac{AB}{CB}$. 因此 Γ 也经过 AC 与 $\angle B$ 的内角平分线的交点，我们可以假定 Q 是这个交点. 由此推出 $\angle CBQ=\angle ABQ$，所以只要证明 $\angle MBQ=\angle QBK$ 即可，而这显然是正确的，由关于 AC 的对称性得 $MQ=QK$，以及 $BMQK$ 是圆内接四边形. 从而推出结论.

S337 设 a,b,c 是正实数，且 $ab+bc+ca=3$. 证明：

$$(a^3+1)(b^3+1)(c^3+1)\geqslant 8$$

证明 由 Hölder 不等式，得

$$(a^3+1+a^3+1)(b^3+b^3+1+1)(1+c^3+c^3+1)\geqslant(ab+bc+ca+1)^3=64$$

由此结论获证.

S338 在 $\triangle ABC$ 中，设 $\angle A$ 是最大角. 设 D,E,F 分别在边 BC,CA,AB 上，且 AD 是过点 A 的高，DE 是 $\angle ADC$ 的内角平分线，DF 是 $\angle ADB$ 的内角平分线. 如果 $AE=AF$，证明：$\triangle ABC$ 是等腰三角形或直角在三角形.

证明 因为 DE 和 DF 分别是 $\angle ADC$ 和 $\angle ADB$ 的平分线，所以

$$AE=\frac{AC\cdot AD}{AD+DC},AF=\frac{AB\cdot AD}{AD+BD}$$

由条件 $AE=AF$ 得到

$$AB(AD+DC)=AC(AD+BD)$$

上式两边平方，利用勾股定理，得到

$$AB^2(AC^2+2AD\cdot DC)=AC^2(AB^2+2AD\cdot BD)$$

于是

$$(AD^2+BD^2)DC=(AD^2+DC^2)BD$$

它等价于

$$(BD-DC)(BD\cdot DC-AD^2)=0$$

如果 $BD-DC=0$，那么 $AB=AC$；如果 $BD\cdot DC-AD^2=0$，那么 $\angle A=90^\circ$.

S339 设 p 是模 7 余 2 的质数. 求方程组

$$7(x+y+z)(xy+yz+zx)=p(2p^2-1)$$
$$70xyz+21(x-y)(y-z)(z-x)=2p(p^2-4)$$

的非负整数解.

解 首先注意到

$$\begin{aligned}(2x-y)(2y-z)(2z-x)=&2xy^2+2zx^2+2yz^2-4y^2z-4x^2y-4z^2x+7xyz=\\&10xyz+3(xy^2+zx^2+yz^2-y^2z-x^2y-z^2x)-\\&(xy^2+yz^2+zx^2+x^2y+y^2z+z^2x+3xyz)=\\&10xyz+3(x-y)(y-z)(z-x)-\\&(x+y+z)(xy+yz+zx)=\end{aligned}$$

$$\frac{2p(p^2-4)-p(2p^2-1)}{7}=-p$$

因为 p 是质数，所以推得 $2x-y,2y-z,2z-x$ 中有一个是 p 或 $-p$，另两个是 1 或 -1. 注意到第一个方程中将任意两个变量交换后不变，第二个方程中将变量循环排列后不变，所以不失一般性，可以选取 $|2x-y|=p$ 和 $|2y-z|=|2z-x|=1$. 注意到

$$(2x-y)+(2y-z)+(2z-x)=x+y+z$$

如果 $2x-y=-p$，那么

$$2y-z=2z-x=\pm 1$$

$$x+y+z=\pm 2-p\leqslant 0$$

因为 x,y,z 非负，所以将有 $x=y=z=0$，这不可能. 于是

$$2x-y=p$$

$$2y-z=-(2z-x)=\pm 1$$

那么有两种可能的情况.

情况 1 $2y-z=1$，于是 $2z-x=-1$，或 $z=\frac{x-1}{2}$，$y=\frac{x+1}{4}$. 这就推出对 y,z 是整数，有 $x\equiv 3\pmod 4$，或者存在某个整数 k，使 $x=4k+3$，$y=k+1$，$z=2k+1$. 但此时 $p=x+y+z=7k+5\equiv 5\pmod 7$，这与命题矛盾. 所以这种情况的解不存在.

情况 2 $2y-z=-1$，于是 $2z-x=1$，或 $z=\frac{x+1}{2}$，$y=\frac{x-1}{4}$. 这就推出对 y,z 是整数，有 $x\equiv 1\pmod 4$，或者存在某个整数 k，使 $x=4k+1$，$y=k$，$z=2k+1$，由此得到 $p=x+y+z=7k+2\equiv 2\pmod 7$，而这就是所要求的. 直接代入表明对于任何非负整数 k，这种形式的 x,y,z 的确是一组解，包括 $k=0$，此时 $p=2$.

恢复到一般性，我们推出

$$(x,y,z)=(4k+1,k,2k+1),(k,2k+1,4k+1),(2k+1,4k+1,k)$$

都是解，这里 k 是非负整数，且 $p=7k+2$，并且对于这样的质数 p，不可能存在其他的解.

S340 已知三角形的边长为 a,b,c，半周长为 s，内切圆的半径为 r，外接圆的半径为 R. 证明：

$$\sum_{\text{cyc}}\frac{a}{\sqrt{(s-b)(s-c)}}+\frac{5}{4}\sum_{\text{cyc}}\frac{(a-b)^2}{(s-a)(s-b)}\geqslant\frac{3R}{r}$$

证明 利用公式

$$R=\frac{abc}{4\sqrt{s(s-a)(s-b)(s-c)}},r=\sqrt{\frac{(s-a)(s-b)(s-c)}{s}}$$

有

$$\frac{3R}{r}=\frac{3abc}{4(s-a)(s-b)(s-c)}$$

我们对所求不等式进行通分,然后去分母,有

$$\sum_{\text{cyc}}\frac{a}{\sqrt{(s-b)(s-c)}}+\frac{5}{4}\sum_{\text{cyc}}\frac{(a-b)^2}{(s-a)(s-b)}=$$

$$\sum_{\text{cyc}}\frac{4a(s-a)\sqrt{(s-b)(s-c)}}{4(s-a)(s-b)(s-c)}+\sum_{\text{cyc}}\frac{5(a-b)^2(s-c)}{4(s-a)(s-b)(s-c)}$$

于是我们需要证明

$$\sum_{\text{cyc}}4a(s-a)\sqrt{(s-b)(s-c)}+\sum_{\text{cyc}}5(a-b)^2(s-c)\geqslant 3abc$$

对正实数 x,y,z 利用 Ravi 代换,$a=x+y,b=y+z,c=z+x$,得到与要证明的不等式等价的不等式

$$\sum_{\text{cyc}}4z(x+y)\sqrt{xy}+\sum_{\text{cyc}}5y(z-x)^2\geqslant 3(x+y)(y+z)(z+x)$$

由 AM－GM 不等式,得到

$$\sum_{\text{cyc}}4z(x+y)\sqrt{xy}\geqslant\sum_{\text{cyc}}4z\cdot 2\sqrt{xy}\cdot\sqrt{xy}=\sum_{\text{cyc}}8xyz=24xyz$$

$$\sum_{\text{cyc}}5y(z-x)^2=5\Big[\sum_{\text{cyc}}xy(x+y)\Big]-30xyz$$

于是我们需要证明

$$5\Big[\sum_{\text{cyc}}xy(x+y)\Big]-6xyz\geqslant 3\Big[\sum_{\text{cyc}}xy(x+y)\Big]+6xyz\Leftrightarrow$$

$$\sum_{\text{cyc}}xy(x+y)\geqslant 6xyz$$

而这利用 AM－GM 不等式容易证明.当且仅当 $a=b=c$ 时,等号成立.

S341 设 a,b,c,d 是非负实数,且 $a+b+c+d=6$.求 $4a+2ab+2abc+abcd$ 的最大值.

解 设 $f(a,b,c,d)=4a+2ab+2abc+abcd$.因为

$$f(a,b,c,d)-f(b,a,c,d)=4(a-b)$$

$$f(a,b,c,d)-f(a,c,b,d)=2a(b-c)$$

$$f(a,b,c,d)-f(a,b,d,c)=2ab(c-d)$$

所以可以看出,当 $a\geqslant b\geqslant c\geqslant d\geqslant 0$ 时,有最大值.这也表明 $c\leqslant 2$.因为

$$f(a,b,c+d,0)-f(a,b,c,d)=ab(2-c)d\geqslant 0$$

所以可以看出,当 $d=0$ 时,有最大值.将 $d=0$ 和 $c=6-a-b$ 代入后,得到

$$f(a,b,6-a-b,0)=4a+14ab-2a^2b-2ab^2=$$

$$\frac{57}{2}a-7a^2+\frac{1}{2}a^3-\frac{a}{2}(a+2b-7)^2=$$

$$36-\frac{(a-3)^2(a-8)}{2}-\frac{a}{2}(a+2b-7)^2\leqslant$$

$$36$$

当 $a=3$，且 $b=\frac{7-3}{2}=2$ 时，等号成立. 于是最大值是 $f(3,2,1,0)=36$.

S342 设 $a\geqslant b\geqslant c$ 是正实数. 证明：对于一切 $t\in\left[0,\frac{\pi}{4}\right]$，有

$$\frac{a-b}{a\sin t+b\cos t}+\frac{b-c}{b\sin t+c\cos t}+\frac{c-a}{c\sin t+a\cos t}\geqslant 0$$

证明 每一项乘以各分母的积(显然为正)，重新排列后，所求的不等式等价于

$$(a^2b+b^2c+c^2a-3abc)\sin t(\cos t-\sin t)+$$
$$(ab^2+bc^2+ca^2-3abc)\cos t(\cos t-\sin t)+$$
$$(a-b)(b-c)(c-a)\sin t\cos t\geqslant 0$$

因为 $t\in\left[0,\frac{\pi}{4}\right]$，所以我们有 $\cos t-\sin t\geqslant 0$，当 $t=\frac{\pi}{4}$ 时，等号成立，然而 $\sin t\geqslant 0$，当且仅当 $t=0$，且 $\cos t>0$ 时，等号成立.

又由 AM－GM 不等式，我们有

$$a^2b+b^2c+c^2a-3abc\geqslant 0$$
$$ab^2+bc^2+ca^2-3abc\geqslant 0$$

当且仅当 $a=b=c$ 时，等号成立. 显然 $a-b,b-c,c-a$ 非负，当且仅当 a,b,c 中至少有两个相等时，它们的积为零. 由此推出结论. 当且仅当 $a=b=c$ 时，对于一切 $t\in\left[0,\frac{\pi}{4}\right]$，等号成立，或者当且仅当 $t=\frac{\pi}{4}$(否则第二项不会是零)，同时 a,b,c 中至少有两个相等(否则第三项不可能同时为零)，且 a,b,c 不全相等时，等号成立.

S343 设 a,b,c,d 是正实数. 证明：

$$\frac{a+b+c+d}{\sqrt[4]{abcd}}+\frac{16abcd}{(a+b)(b+c)(c+d)(d+a)}\geqslant 5$$

证明 由 AM－GM 不等式，有

$$\frac{a+b}{2\sqrt[4]{abcd}}+\frac{b+c}{2\sqrt[4]{abcd}}+\frac{c+d}{2\sqrt[4]{abcd}}+\frac{d+a}{2\sqrt[4]{abcd}}+\frac{16}{(a+b)(b+c)(c+d)(d+a)}\geqslant 5$$

S344 求一切非零多项式 $P\in\mathbf{Z}[X]$，对于一切整数 a,b,c，有

$$a^2+b^2-c^2\mid P(a)+P(b)-P(c)$$

解 取 $b=c$，我们发现，对于一切 $a\in\mathbf{Z}$，有 $a^2\mid P(a)$. 如果 $P(x)$ 中的常数项或一次项的系数非负，则我们可以选取 $a=p$，这里 p 是不能整除该常数项或一次项系数的质数，这就推得矛盾，所以对于某个整系数多项式 $Q(x)$，有 $P(x)=x^2Q(x)$.

设 u,v 是两个不同的正整数($u>v$)，设 $a=u^2-v^2,b=2uv,c=u^2+v^2$(所以 $a^2+b^2=c^2$). 由问题的已知条件，我们需要 $P(c)=P(a)+P(b)$. 如果 $Q(x)$ 的次数至少是 1，那么对于一切充分大的 x，并取 a,b,c 的系数充分大，$Q(x)$ 的绝对值递增，则我们将有

$Q(c)>Q(a),Q(b)$，因为

$$P(c)=c^2Q(c)=a^2Q(c)+b^2Q(c)>a^2Q(a)+b^2Q(b)=P(a)+P(b)$$

得到矛盾. 于是 $Q(x)$ 必是常数，即 $Q(x)$ 是整数. 于是推出对于某个非零整数 k，必有 $P(x)=kx^2$，显然有 $P(a)+P(b)-P(c)=k(a^2+b^2-c^2)$ 是 $a^2+b^2-c^2$ 的倍数，所以当且仅当 $P(x)$ 是这一形式的多项式时，$P(x)$ 是一个解.

S345 求方程组

$$\begin{cases}(x-3)(yz+3)=6x+5y+6z\\(y-3)(zx+3)=2x+6y\\(z-3)(xy+3)=4x+y+6z\end{cases}$$

的正整数解.

第一种解法 将这三个方程相加，得到

$$3xyz-3(xy+yz+zx)=9(x+y+z)+27$$

所以

$$4xyz=(x+3)(y+3)(z+3)$$

它等价于

$$\left(1+\frac{3}{x}\right)\left(1+\frac{3}{y}\right)\left(1+\frac{3}{z}\right)=4$$

由给出的方程可得 $x,y,z\geqslant 4$，且 x,y,z 不全相等. 如果 $\min(x,y,z)>4$，那么

$$\left(1+\frac{3}{x}\right)\left(1+\frac{3}{y}\right)\left(1+\frac{3}{z}\right)<\left(1+\frac{3}{5}\right)\left(1+\frac{3}{5}\right)\left(1+\frac{3}{6}\right)=\frac{96}{25}<4$$

得到矛盾. 于是 $\min(x,y,z)=4$，设 $\{a,b\}=\{x,y,z\}-\{4\}$. 那么

$$\left(\frac{4}{7}\right)\left(1+\frac{3}{a}\right)\left(1+\frac{3}{b}\right)=4$$

这就归结为 $(3a-7)(3b-7)=7\cdot 16$.

由此得 7 整除 a 或 b，因为 a 和 b 都大于 3，所以仅有的可能是 $\{a,b\}=\{5,7\}$. 所以 $\{x,y,z\}=\{4,5,7\}$. 现回到原方程，可以看出只有唯一解

$$\{x,y,z\}=\{7,4,5\}$$

第二种解法 唯一的解是 $\{7,4,5\}$. 因为每一个方程的右边为正，所以 $x,y,z\geqslant 4$. 现在由第二个方程，得到

$$4\leqslant x\Rightarrow 2x+24\leqslant 8x\Rightarrow 2x+24\leqslant 2zx\Rightarrow y=\frac{2x+3zx+9}{zx-3}\leqslant 5$$

于是 $y=4$ 或 $y=5$. 当 $y=5$ 时，上面一个不等式取等号，于是 $x=z=4$，但是 $(4,5,4)$ 不是方程组的解. 当第二个方程中的 $y=4$ 时，得到 $zx+3=2x+24$，或等价于 $x(z-2)=21$，最后对这个方程检验解，我们看到只有 $x=7$ 和 $z=5$ 满足另两个方程.

S346 设 a,b,c 是正实数. 证明：

$$\frac{1}{(a+b)^2}+\frac{1}{(b+c)^2}+\frac{1}{(c+a)^2}+\frac{15}{(a+b+c)^2}\geqslant\frac{6}{ab+bc+ca}$$

证明 不失一般性，假定 $a\geqslant b\geqslant c$. 设

$$f(a,b,c)=\frac{1}{(a+b)^2}+\frac{1}{(b+c)^2}+\frac{1}{(c+a)^2}+\frac{15}{(a+b+c)^2}-\frac{6}{ab+bc+ca}$$

于是

$$f(a,b,c)-f(a,b+c,0)=\frac{1}{(a+b)^2}-\frac{1}{(a+b+c)^2}+\frac{1}{(c+a)^2}-\frac{1}{a^2}-\frac{6}{ab+bc+ca}+\frac{6}{a(b+c)}\geqslant\frac{6bc}{a(b+c)(ab+bc+ca)}-\frac{c(2a+c)}{a^2(c+a)^2}$$

注意到 $a\geqslant b\geqslant c$，我们有

$$6ab\geqslant(2a+c)(b+c),(a+c)^2\geqslant ab+bc+ca$$

即证明 $f(a,b,c)\geqslant f(a,b+c,0)$. 所以，余下的只要证明 $f(a,b+c,0)\geqslant 0$ 即可. 设 $b+c=d$，于是由 AM－GM 不等式，有

$$ad\left[\frac{1}{a^2}+\frac{1}{d^2}+\frac{16}{(a+d)^2}\right]=-2+\frac{(a+d)^2}{ad}+\frac{16ad}{(a+d)^2}\geqslant -2+2\sqrt{16}=6$$

由此推出结论. 当且仅当 $a=b,c=0$ 以及它们的排列时，等号成立.

S347 证明：在凸四边形 $ABCD$ 中，当且仅当 $\triangle ABD$ 和 $\triangle ACD$ 的内切圆不同于 AD 的公切线平行于 BC 时，凸四边形 $ABCD$ 是圆内接四边形.

证明 如图 2.17，设 $\triangle ABD$ 和 $\triangle ACD$ 的内心分别是 O_1 和 O_2，不同于 AD 的公切线为 l.

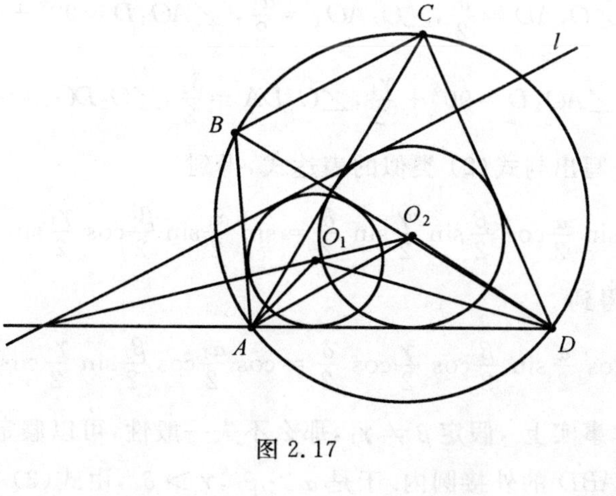

图 2.17

注意到 AD 和 l 关于 O_1O_2 互相对称，于是当且仅当

$$\angle CBD-\angle ADB=2(\angle O_2O_1D-\angle O_1DA)$$

即

$$\angle CBD=2\angle O_2O_1D \tag{1}$$

时，l 与 BC 平行. 如果四边形 $ABCD$ 能够内接于一圆，那么

$$\angle ABD=\angle ACD$$

$$\angle AO_1D=90^\circ+\frac{1}{2}\angle ABD=90^\circ+\frac{1}{2}\angle ACD=\angle AO_2D\Rightarrow \text{点 } A,O_1,O_2,D \text{ 共圆}$$

于是

$$\angle CBD=\angle CAD=2\angle O_2AD=2\angle O_2O_1D$$

即 $l\parallel BC$.

现在我们来证明逆命题. 设

$$\angle CAD=\alpha,\angle CAB=\alpha_1,\angle ABD=\beta,\angle DBC=\beta_1$$
$$\angle ACB=\gamma,\angle ACD=\gamma_1,\angle CDB=\delta,\angle BDA=\delta_1$$

则根据正弦定理，有

$$1=\frac{AB}{BC}\cdot\frac{BC}{CD}\cdot\frac{CD}{DA}\cdot\frac{DA}{AB}=\frac{\sin\gamma}{\sin\alpha_1}\cdot\frac{\sin\delta}{\sin\beta_1}\cdot\frac{\sin\alpha}{\sin\gamma_1}\cdot\frac{\sin\beta}{\sin\delta_1}$$

于是

$$\sin\alpha\sin\beta\sin\gamma\sin\delta=\sin\alpha_1\sin\beta_1\sin\gamma_1\sin\delta_1 \tag{2}$$

因此，根据式(1)，得

$$\angle O_2O_1D=\frac{\beta_1}{2},\angle AO_2O_1=\frac{\gamma}{2}$$

另一方面，有

$$\angle O_2AD=\frac{\alpha}{2},\angle O_2AO_1=\frac{\alpha_1}{2},\ \angle AO_1D=90^\circ+\frac{\beta}{2}$$

$$\angle AO_2D=90^\circ+\frac{\gamma_1}{2},\angle O_1DA=\frac{\delta_1}{2},\angle O_2DO_1=\frac{\delta}{2}$$

对四边形 AO_1O_2D 写出与式(2) 类似的表达式，得到

$$\sin\frac{\alpha}{2}\cos\frac{\beta}{2}\sin\frac{\gamma}{2}\sin\frac{\delta}{2}=\sin\frac{\alpha_1}{2}\sin\frac{\beta_1}{2}\cos\frac{\gamma_1}{2}\sin\frac{\delta_1}{2} \tag{3}$$

由(2)÷(3)，得到

$$\cos\frac{\alpha}{2}\sin\frac{\beta}{2}\cos\frac{\gamma}{2}\cos\frac{\delta}{2}=\cos\frac{\alpha_1}{2}\cos\frac{\beta_1}{2}\sin\frac{\gamma_1}{2}\cos\frac{\delta_1}{2} \tag{4}$$

我们来证明 $\beta=\gamma_1$. 事实上，假定 $\beta\neq\gamma_1$，那么不失一般性，可以假定 $\beta<\gamma_1$. 在这种情况下，点 C 将落在 $\triangle ABD$ 的外接圆内. 于是 $\alpha>\beta_1$，$\gamma>\delta_1$，由式(3) 得到

$$\cos\frac{\beta}{2}\sin\frac{\delta}{2}<\sin\frac{\alpha_1}{2}\cos\frac{\gamma_1}{2}$$

由式(4)得到

$$\cos\frac{\alpha_1}{2}\sin\frac{\gamma_1}{2}<\cos\frac{\delta}{2}\sin\frac{\beta}{2}$$

将最后两个表达式相加,得到 $\sin\frac{\delta-\beta}{2}<\sin\frac{\alpha_1-\gamma_1}{2}$,这是不可能的,因为 $\delta-\beta=\alpha_1-\gamma_1$. 于是 $\beta=\gamma_1$,由此推出结论.

S348 求所有函数 $f:\mathbf{R}\times\mathbf{R}\to\mathbf{R}$,对于一切 $a,b,c\in\mathbf{R}$,有

$$f(a^2,f(b,c)+1)=a^2(bc+1)$$

解 对于任何实数 x,取 $a=b=1,c=x-1$,得到

$$f(a^2,f(b,c)+1)=x$$

于是 f 是满射. 现在假定对某个 $(b,c)\neq(u,v)$,有 $f(b,c)=f(u,v)$. 那么对于任何 $a\neq0$,有

$$a^2(bc-uv)=f(a^2,f(b,c)+1)-f(a^2,f(u,v)+1)=0$$

所以,如果 $f(b,c)=f(u,v)$,那么有 $bc=uv$. 反之,假定 $bc=uv$. 那么对于任何 $a\neq0$,有

$$f(a^2,f(b,c)+1)=a^2(bc+1)=a^2(uv+1)=f(a^2,f(u,v)+1)$$

于是由上面的结果,我们有

$$a^2(f(b,c)+1)=a^2(f(u,v)+1),a^2[f(b,c)-f(u,v)]=0$$

因此推得当且仅当 $bc=uv$ 时,$f(b,c)=f(u,v)$. 于是只要求出对于一切实数 x,有 $f(1,x)=f(x,1)$. 因为对于任何 $(y,z)\in\mathbf{R}$,$f(y,z)=f(1,yz)=f(yz,1)$. 又因为 f 是满射,显然存在 b,c,使 $f(b,c)=0$,即对于任意实数 a,选取任何这样的数对,有 $f(a^2,1)=a^2$,于是对于任何非零实数 x(对于 $x=0$,始终取 $a=0$),$f(1,x)=f(x,1)=x$. 现在,取 $a=b=1$,得到

$$f(1,f(1,c)+1)=c+1$$

注意到当 $c=-1$ 时,上式为零. 由上面的结果有 $f(1,0)=f(0,1)=0$,所以当且仅当 $bc=0$ 时,$f(b,c)=0$. 这样就有 $f(1,-1)+1=0$,或 $f(1,-1)=-1$. 最后,选取 b,c,使 $f(b,c)=-2$,这总是可能的,因为 f 是满射,或者说对于任意实数 a,有

$$f(a^2,-1)=a^2(bc+1)$$

实际上,取 $a=1$,我们有 $-1=f(1,-1)=bc+1$,或 $bc=-2$,即对于任意实数 a,有 $f(a^2,-1)=-a^2$,对于一切非负实数 x,有 $f(-1,x)=-x$. 于是对于一切负数 x,有 $f(x)=x$. 故对于一切 $(b,c)\in\mathbf{R}\times\mathbf{R}$,$f(b,c)=f(1,bc)=bc$ 是唯一可以满足题设等式的函数,直接代入容易知到这的确是一个解. 由此推出结论.

S349 八个单位立方体的每一个面都用 k 种颜色中的一种涂色,其中 $k\in\{2,3,4,6,$

8,12,24},使得每一种颜色有$\frac{48}{k}$个面. 证明:可以用这些单位立方体拼装成一个$2\times2\times2$的立方体,使得它的表面上每种颜色的方块的数量相等.

证明 注意到给出的k的值都是24的约数. 对于这k种所需的颜色中的任何一种,确定该颜色的$\frac{24}{k}$种形式,涂这种颜色的$\frac{48}{k}$个面中每种形式恰好都涂两个面. 显然,求出用这24种颜色的一个解(不同的形式之间是有区分的),那么就对k种颜色生成一个解(不同的形式之间是没有区分的). 于是我们将假定$k=24$以下.

一旦拼装成了这个$2\times2\times2$的立方体,那么对于每一个原来的单位立方体,都有三个面可见,还有三个面不可见,所以当且仅当一个面的对面不可见时,这个面才可见. 反之,如果选择没有两个相对的面的任何三个面,那么它们具有共同的顶点,并且作为这个$2\times2\times2$的立方体的一个顶角,这三个面都可见. 因此对任何单位立方体,我们能够选择三个面都可见,只要没有两个面是相对的. 另外三个面将不可见.

现在选择这24种颜色中的任何一种. 如果用这种颜色涂的两个面是单位立方体的相对的面,那么不管把这个立方体放在什么位置,显然恰好有一个面可见,一个面不可见. 我们将说这种颜色是一套. 否则,按照以下过程进行:把涂这种颜色的两个面分别记作A_1,B_1,用A_2表示B_1的对面,并寻找与A_2有同一颜色的面(显然不与B_1相对),这个面称为B_2. 如果B_2与A_1相对,那么就结束了,否则用A_3表示B_2的对面,等等. 因为该立方体的面是有限的,所以这一过程不可能无限地进行下去,于是在某一点因为每选一个A_i结果有两个相对的面有同一个名称,所以必有B_i对A_1. 于是对于这i种颜色中的每一种,一面标有A,一面标有B,所以每一个标有A的面是标有B的面的对面. 因此可以选择一种方法来拼装这个$2\times2\times2$的立方体,使得所有的A面都可见,所有的B面都不可见. 在这个过程中没有涉及的面都不必满足一定要可见或不可见这一条件. 于是我们说这i种颜色是一套. 我们继续这一不能无限进行下去的过程,则必定以所有各套颜色结束,这意味着,这24种颜色中的每一种,已经确定了一种方法把这些单位立方体拼装成这种颜色的面中恰好有一个面可见,恰好有一个面不可见. 因此推出结论.

S350 设$a_1,a_2,\cdots,a_{15}$是正整数,且

$$(a_1+1)\cdot(a_2+1)\cdot\cdots\cdot(a_{15}+1)=2\ 015a_1\cdot a_2\cdot\cdots\cdot a_{15}$$

证明:在$a_1,a_2,\cdots,a_{15}$中至少存在6个数,至多存在10个数都等于1.

证明 已知条件可改写成

$$P=\left(1+\frac{1}{a_1}\right)\cdot\left(1+\frac{1}{a_2}\right)\cdot\cdots\cdot\left(1+\frac{1}{a_{15}}\right)=2\ 015$$

不失一般性,假定$a_1\leqslant a_2\leqslant\cdots\leqslant a_{15}$. 为了推得矛盾,假定至多有5个是1.

于是有$a_1=a_2=\cdots=a_5=1<a_6\leqslant\cdots\leqslant a_{15}$,所以

$$P \leqslant 2^5 \cdot \left(\frac{3}{2}\right)^{10} = \left(\frac{9}{2}\right)^5 = 4.5^5 < 2\ 015$$

产生矛盾.于是在 $a_1, a_2, \cdots, a_{15}$ 中至少存在 6 个数等于 1.

现在,再假定至少有 11 个是 1.那么 $a_1 = a_2 = \cdots = a_{11} = 1$,于是

$$P > 2^{11} \cdot 1^4 = 2\ 048 > 2\ 015$$

产生矛盾.于是在 $a_1, a_2, \cdots, a_{15}$ 中至多有 10 个数等于 1.

例如,取 10 个 1 是 $a_1 = a_2 = \cdots = a_{10} = 1$,以及

$$(a_{11}, a_{12}, a_{13}, a_{14}, a_{15}) = (2, 8, 12, 24, 30)$$

取 9 个 1 是 $a_1 = a_2 = \cdots = a_9 = 1$,以及

$$(a_{10}, a_{11}, a_{12}, a_{13}, a_{14}, a_{15}) = (2, 2, 3, 4, 30, 64)$$

取 8 个 1 是 $a_1 = a_2 = \cdots = a_8 = 1$,以及

$$(a_9, a_{10}, a_{11}, a_{12}, a_{13}, a_{14}, a_{15}) = (2, 2, 2, 2, 2, 30, 324)$$

无论是 6 个 1 还是 7 个 1 都不可能,虽然证明这一点要采取一点附加条件进行验证.

S351 设 a, b, c 是正实数,且 $abc = 1$.证明:

$$a + b + c \geqslant \frac{1}{a(b+1)} + \frac{1}{b(c+1)} + \frac{1}{c(a+1)} + \frac{3}{2}$$

证明 因为 $abc = 1$,所以有

$$a - \frac{1}{b(c+1)} = \frac{abc + ab - 1}{b(c+1)} = \frac{abc + ab - abc}{b(c+1)} = \frac{a}{c+1}$$

同理有

$$b - \frac{1}{c(a+1)} = \frac{b}{a+1}$$

$$c - \frac{1}{a(b+1)} = \frac{c}{b+1}$$

又因为 $abc = 1$,所以可对某实数 $x, y, z > 0$,设

$$a = \frac{x}{y}, b = \frac{y}{z}, c = \frac{z}{x}$$

于是

$$\frac{a}{c+1} + \frac{b}{a+1} + \frac{c}{b+1} = \frac{x^2}{y(z+x)} + \frac{y^2}{z(x+y)} + \frac{z^2}{x(y+z)}$$

由 Titu 引理,有

$$\begin{aligned}
&\frac{x^2}{y(z+x)} + \frac{y^2}{z(x+y)} + \frac{z^2}{x(y+z)} \geqslant \\
&\frac{(x+y+z)^2}{2(xy+yz+zx)} \geqslant \\
&\frac{3(xy+yz+zx)}{2(xy+yz+zx)} = \frac{3}{2}
\end{aligned}$$

因为对于实数 x,y,z,有$(x+y+z)^2\geqslant 3(xy+yz+zx)$. 所以

$$a+b+c-\frac{1}{b(c+1)}-\frac{1}{c(a+1)}-\frac{1}{a(b+1)}\geqslant\frac{3}{2}$$

S352 在 $\triangle ABC$ 中,设 ω 是 Brocard 角,φ 满足恒等式

$$\tan\varphi=\tan A+\tan B+\tan C$$

证明:

$$\frac{\cos 2A+\cos 2B+\cos 2C}{\sin 2A+\sin 2B+\sin 2C}=-\frac{1}{4}(\cot\omega+3\cot\varphi)$$

证明 我们知道,对于任何 $\triangle ABC$,有

$$\cos 2A+\cos 2B+\cos 2C=-1+4\cos A\cos B\cos C$$

$$\sin 2A+\sin 2B+\sin 2C=4\sin A\sin B\sin C$$

于是

$$原式左边=-\frac{1}{4}\csc A\csc B\csc C-\cot A\cot B\cot C$$

我们还知道

$$\cot\omega=\cot A+\cot B+\cot C$$

此外

$$\cot\varphi=\cot A\cot B\cot C$$

因为 $\tan A+\tan B+\tan C=\tan A\tan B\tan C=\tan\varphi$. 于是

$$原式右边=-\frac{1}{4}(\cot A+\cot B+\cot C+3\cot A\cot B\cot C)$$

比较原式的左边和右边,可以看出只要证明

$$\csc A\csc B\csc C=\cot A+\cot B+\cot C-\cot A\cot B\cot C$$

而 $\cot A+\cot B=\frac{\cot A\cot B-1}{\cot(A+B)}$,从而

$$\begin{aligned}&\cot A+\cot B+\cot C(1-\cot A\cot B)=\\&(\cot A+\cot B)(1+\cot^2 C)=\\&\frac{\sin(A+B)}{\sin A\sin B}\cdot\frac{1}{\sin^2 C}=\\&\csc A\csc B\csc C\end{aligned}$$

这样就证明了上述等式.

S353 设 a,b,c,x,y 是正实数,且 $xy\geqslant 1$. 证明:

$$\frac{ab}{xa+yb+2c}+\frac{bc}{xb+yc+2a}+\frac{ca}{xc+ya+2b}\leqslant\frac{a+b+c}{x+y+2}$$

证明 利用 Cauchy－Schwarz 不等式,有

$$\left[\frac{(x+1)^2}{c+ax}+\frac{(y+1)^2}{by+c}\right](ax+by+2c)\geqslant(x+y+2)^2$$

于是

$$\frac{ab}{xa+yb+2c}\leqslant\frac{1}{(x+y+2)^2}\left[\frac{(x+1)^2ab}{c+ax}+\frac{(y+1)^2ab}{by+c}\right]$$

将上式的各循环不等式相加，有

$$\sum_{\text{cyc}}\frac{ab}{xa+yb+2c}\leqslant\frac{1}{(x+y+2)^2}\left\{\sum_{\text{cyc}}\left[\frac{(x+1)^2ab}{c+ax}+\frac{(y+1)^2ab}{by+c}\right]\right\}=$$

$$\frac{1}{(x+y+2)^2}\left\{\sum_{\text{cyc}}\left[\frac{(x+1)^2ab}{c+ax}+\frac{(y+1)^2bc}{yc+a}\right]\right\}=$$

$$\frac{1}{(x+y+2)^2}\left\{\sum_{\text{cyc}}b\left[\frac{(x+1)^2a}{c+ax}+\frac{(y+1)^2c}{yc+a}\right]\right\}$$

另一方面，我们有以下恒等式

$$x+y+2=\frac{(x+1)^2z}{t+xz}+\frac{(y+1)^2t}{yt+z}+\frac{(t-z)^2(xy-1)}{(t+xz)(yt+z)}$$

所以有

$$\sum_{\text{cyc}}\frac{ab}{xa+yb+2c}\leqslant\frac{1}{(x+y+2)^2}\sum_{\text{cyc}}b(x+y+2)=\frac{a+b+c}{x+y+2}$$

S354　求所有的函数 $f:\mathbf{R}\to\mathbf{R}$，对于一切实数 x,y，有

$$[f(x+y)]^2=[f(x)]^2+2f(xy)+[f(y)]^2 \tag{1}$$

解　将$(x,-x)$代入方程(1)，得到方程

$$f^2(0)=f^2(x)+f^2(-x)+2f(-x^2) \tag{2}$$

然后将$(x+y,-x)$代入，得到

$$f^2(y)=f^2(x+y)+2f(-x^2-xy)+f^2(-x) \tag{3}$$

比较方程(1)(2)(3)，得到

$$f(-x^2)=f(xy)+f(-x^2-xy)+\frac{1}{2}f^2(0)$$

现在定义函数 $g(x)=f(x)+\frac{1}{2}f^2(0)$，则

$$g(-x^2)=g(xy)+g(-x^2-xy)$$

现在考虑方程组 $xy=a,x^2+xy=-b$. 解 x 和 y，得到

$$x=\pm\sqrt{-(a+b)},y=\pm\frac{a}{\sqrt{-(a+b)}}$$

因此，对所有使 $a+b\leqslant 0$ 的 a,b，方程组有解. 于是对于使 $a+b\leqslant 0$ 的一切实数值，我们有 $g(a+b)=g(a)+g(b)$. 如果 $a+b>0$，那么存在实数 c，使 $c+a+b,c+a\leqslant 0$. 于是我们有

$$g(c)+g(a+b)=g(a+b+c)=g(b)+g(a+c)=g(b)+g(a)+g(c)$$

于是对于一切实数 a 和 b，g 是可加的.如果我们证明了 g 在某个区间上有界，那么可推出 g 是线性的.考虑关系式

$$f(-x^2)=\frac{f^2(0)-f^2(x)-f^2(-x)}{2}\leqslant\frac{1}{2}f^2(0)$$

于是 $g(-x^2)\leqslant f^2(0)$，这表明 g 在实数轴的左边有上界.于是对于某个实数 c，有 $g(x)=cx$，所以对于某个实数 c,d，有 $f(x)=cx+d$.用方程(1)进行检验，得到解 $f(x)=0,-2,x,x-2$.

S355 设 a,b,c 是非负实数，且 $ab+bc+ca=1$，$\max(a,b,c)\leqslant\sqrt{2}\mid a+b+c-2\mid$.证明：

$$(a+b+c-2)^4\geqslant 16(a+b+c-1)(abc+a+b+c-2)$$

证明 不失一般性，设 $0\leqslant c\leqslant b\leqslant a\leqslant\sqrt{2}\mid a+b+c-2\mid$.条件 $ab+bc+ca=1$ 意味着

$$a+b+c\geqslant\sqrt{3(ab+bc+ca)}>1$$

以及

$$abc+a+b+c-2=(a-1)(b-1)(c-1)$$

如果 $a\leqslant 1$，那么

$$(a+b+c-1)(a-1)(b-1)(c-1)\leqslant 0$$

于是只需考虑 $a>1$ 的情况.那么 $b<1$，由 AM－GM 不等式，有

$$\begin{aligned}&16(a+b+c-1)(a-1)(1-b)(1-c)\leqslant\\&16\left(a-1+\frac{b+c}{2}\right)^2\left(1-\frac{b+c}{2}\right)^2=\\&(2a-2+b+c)^2(2-b-c)^2=\\&[a^2-(a+b+c-2)^2]^2\leqslant\\&[2(a+b+c-2)^2-(a+b+c-2)^2]^2=\\&(a+b+c-2)^4\end{aligned}$$

S356 设 a,b,c,d,e 是正实数，且

$$\sin a+\sin b+\sin c+\sin d+\sin e\geqslant 3$$

证明：$\cos a+\cos b+\cos c+\cos d+\cos e\leqslant 4$.

证明 利用 Cauchy－Schwarz 不等式，我们有

$$\begin{aligned}\sum_{\text{cyc}}\cos a\leqslant&\sqrt{\sum_{\text{cyc}}1^2\cdot\sum_{\text{cyc}}\cos^2 a}=\sqrt{5\sum_{\text{cyc}}(1-\sin^2 a)}=\\&\sqrt{25-5\sum_{\text{cyc}}\sin^2 a}=\sqrt{25-\sum_{\text{cyc}}1^2\cdot\sum_{\text{cyc}}\sin^2 a}\leqslant\end{aligned}$$

$$\sqrt{25-\left(\sum_{\text{cyc}}\sin a\right)^2}\leqslant\sqrt{25-9}=4$$

当且仅当 $\sin a=\sin b=\sin c=\sin d=\sin e=\dfrac{3}{5}$ 时，等号成立.

S357　在任意 $\triangle ABC$ 中，证明：

$$\sum_{\text{cyc}}\sqrt{\frac{a(h_a-2r)}{(3a+b+c)(h_a+2r)}}\leqslant\frac{3}{4}$$

证明　因为 $h_a=\dfrac{2sr}{a}$，所以

$$\frac{h_a-2r}{h_a+2r}=\frac{\dfrac{2sr}{a}-2r}{\dfrac{2sr}{a}+2r}=\frac{s-a}{s+a}$$

由 AM－GM 不等式，有

$$\frac{a(h_a-2r)}{(3a+b+c)(h_a+2r)}=\frac{a(s-a)}{(2a+2s)(s+a)}=\frac{a(s-a)}{2(s+a)^2}=\frac{2a(s-a)}{4(s+a)^2}\leqslant$$

$$\frac{\left(\dfrac{2a+s-a}{2}\right)^2}{4(s+a)^2}=\frac{1}{16}$$

于是

$$\sum_{\text{cyc}}\sqrt{\frac{a(h_a-2r)}{(3a+b+c)(h_a+2r)}}\leqslant\sum_{\text{cyc}}\sqrt{\frac{1}{16}}=\frac{3}{4}$$

S358　证明：对于每一个正整数 n，存在十八个正整数，使它们的和以及五次幂的和等于 n.

证明　注意到 $(2m-1)^5-(2m-1)=8m(m-1)(2m-1)(2m^2-2m+1)$. 如果 $m\equiv 1(\bmod 3)$，那么 $m-1\equiv 0(\bmod 3)$；如果 $m\equiv -1(\bmod 3)$，那么 $2m-1\equiv 0(\bmod 3)$；如果 $m\equiv 1(\bmod 5)$，那么 $m-1\equiv 0(\bmod 5)$；如果 $m\equiv 2,-1(\bmod 5)$，那么 $2m^2-2m+1\equiv 0(\bmod 5)$；如果 $m\equiv -2(\bmod 5)$，那么 $2m-1\equiv 0(\bmod 5)$. 因为 $120=8\cdot 3\cdot 5$，所以我们推得 $(2m-1)^5\equiv(2m-1)(\bmod 120)$. 所以可写成 $(2m-1)^5=120q+2m-1$.

首先，假定 $n=2m-1$ 是奇数，设 q 与上一节的相同. 设 $a_1=2m-1$，$a_2=0$，$a_3=-(q-2)$，$a_4=\cdots=a_7=q-1$，$a_8=\cdots=a_{13}=-q$，$a_{14}=\cdots=a_{17}=q+1$，$a_{18}=-(q+2)$. 于是

$$a_3+\cdots+a_{18}=0$$

$$a_3^5+\cdots+a_{18}^5=-(q-2)^5+4(q-1)^5-6q^5+4(q+1)^5-(q+2)^5=-120q$$

因此

$$a_1+\cdots+a_{18}=2m-1=a_1^5+\cdots+a_{18}^5$$

其次,假定 $n=2m$ 是偶数.用 $a_2=1$ 代替 $a_2=0$,改变对 $2m-1$ 的解将使得和与五次幂的和都增加 1.于是就给出十八个正整数的和以及五次幂的和都等于 n 的一个集合.

S359 在任意 $\triangle ABC$ 中,证明:

$$m_a\left(\frac{1}{2r_a}-\frac{R}{bc}\right)+m_b\left(\frac{1}{2r_b}-\frac{R}{ca}\right)+m_c\left(\frac{1}{2r_c}-\frac{R}{ab}\right)\geqslant 0$$

证明 设 Δ 是三角形的面积,s 是半周长,由

$$r_a=\frac{\Delta}{s-a},r_b=\frac{\Delta}{s-b},r_c=\frac{\Delta}{s-c},R=\frac{abc}{4\Delta}$$

得到

$$\frac{1}{2r_a}-\frac{R}{bc}=\frac{2(s-a)-a}{4\Delta}$$

$$\frac{1}{2r_b}-\frac{R}{ac}=\frac{2(s-b)-b}{4\Delta}$$

$$\frac{1}{2r_c}-\frac{R}{ab}=\frac{2(s-c)-c}{4\Delta}$$

于是

$$m_a\left(\frac{1}{2r_a}-\frac{R}{bc}\right)+m_b\left(\frac{1}{2r_b}-\frac{R}{ac}\right)+m_c\left(\frac{1}{2r_c}-\frac{R}{ab}\right)\geqslant 0$$

等价于

$$(a+b+c)(m_a+m_b+m_c)\geqslant 3(am_a+bm_b+cm_c) \tag{1}$$

不失一般性,设 $a\geqslant b\geqslant c$,则 $m_a\leqslant m_b\leqslant m_c$,由 Chebyshev 和的不等式得到式(1).

S360 设 $\triangle ABC$ 的垂心是 H,外心是 O.过 B 和 C 且平行于 AO 的两条直线分别交 $\angle BAC$ 的外角平分线于 D,E.证明:BE,CD,AH 共点.

证明 设 H' 是 AH 与 $\triangle ABC$ 的外接圆的第二个交点.因为 AE 是 $\angle BAC$ 的外角平分线,所以 $\angle DAB=\angle EAC$.因为 $DB\parallel AO$,AH 和 AO 与边成等角,利用 $H'ABC$ 是圆内接四边形这一事实,所以有

$$\angle DBA=\angle OAB=\angle H'AC=\angle H'BC$$

类似地,有 $\angle ACD=\angle H'CB$.于是

$$\angle DAB=\angle EAC,\angle DBA=\angle H'BC,\angle ACE=\angle BCH'$$

根据 Jacobi 定理,AH,CD 与 BE 共点.

2.3 大学本科问题的解答

U289 设 $a\geqslant 1$,且对于充分大的整数 n,有 $(\lfloor a^n\rfloor)^{\frac{1}{n}}\in\mathbf{Z}$.证明:$a\in\mathbf{Z}$.

证明 为了推出矛盾,假定对某个正整数 m 和某个实数 $h\in(0,1)$,有 $a=m+h$.于

是对于一切 $n \geqslant \frac{1}{h}$，有

$$m^n + 1 \leqslant m^n + nh < a^n < (m+1)^n$$

于是 $m^n < \lfloor a^n \rfloor < (m+1)^n$. 因此，对于充分大的 n，有 $m < (\lfloor a^n \rfloor)^{\frac{1}{n}} < m+1$，这就是所求的矛盾.

U290 证明：存在无穷多个连续质数三数组 (p_{n-1}, p_n, p_{n+1})，使

$$\frac{1}{2}(p_{n+1} + p_{n-1}) \leqslant p_n$$

证明 为了推出矛盾，假定存在整数 n_0，对于一切 $n \geqslant n_0$，有

$$p_{n-1} + p_{n+1} > 2p_n$$

即 $d_n > d_{n-1} \geqslant 1$，这里 $d_n = p_{n+1} - p_n$. 于是，对于 $k \geqslant 1$，有

$$d_{n_0+k-1} \geqslant d_{n_0+k-2} + 1 \geqslant \cdots \geqslant d_{n_0} + k - 1 \geqslant k$$

以及

$$p_{n_0+k} = d_{n_0+k-1} + d_{n_0+k-2} + \cdots + d_{n_0} + p_{n_0} > k + (k-1) + \cdots + 1 = \frac{k(k+1)}{2} > \frac{k^2}{2}$$

另一方面，由于质数定理 $\pi(n) \sim \frac{n}{\ln n}$，因为对于 $x \geqslant \mathrm{e}$，$\frac{x}{\ln x}$ 是严格递增的，所以推出

$$1 \leftarrow \frac{\pi(p_{n_0+k}) \ln p_{n_0+k}}{p_{n_0+k}} = \frac{(n_0+k)\ln p_{n_0+k}}{p_{n_0+k}} < \frac{(n_0+k)\ln \frac{k^2}{2}}{\frac{k^2}{2}} \to 0$$

这就推出矛盾.

U291 设 $f:\mathbf{R} \to \mathbf{R}$ 是有界函数，设 S 是所有不减映射 $\varphi:\mathbf{R} \to \mathbf{R}$ 的集合. 证明：在 S 中存在唯一的函数 g 满足条件：

(1) 对一切 $x \in \mathbf{R}$，有 $f(x) \leqslant g(x)$.

(2) 如果 $h \in S$，对于一切 $x \in \mathbf{R}$，有 $f(x) \leqslant h(x)$，那么对于一切 $x \in \mathbf{R}$，有 $g(x) \leqslant h(x)$.

证明 (1) 因为 f 有界，那么对任何 $x \in \mathbf{R}$，集合

$$G(x) := \{ f(t) \mid t \in \mathbf{R}, t \leqslant x \}$$

有界. 因此对于任何 $x \in \mathbf{R}$，我们能定义 $g(x) := \sup G(x)$，显然这样定义的函数 $g(x)$ 满足条件(1).

(2) 现在设 $h \in S$，对于一切 $x \in \mathbf{R}$，有 $f(x) \leqslant h(x)$. 因为对任何 $t \leqslant x$，有 $f(t) \leqslant h(t)$，所以

$$g(x) = \sup_{t \leqslant x} f(t) \leqslant \sup_{t \leqslant x} h(t) = h(x)$$

(因为 h 在 $t\in(-\infty,x]$ 中递增).

U292 设 r 是正实数,求

$$\int_0^{\frac{\pi}{2}}\frac{1}{1+\cot^r x}\mathrm{d}x$$

的值.

解 我们记

$$I(r):=\int_0^{\frac{\pi}{2}}\frac{1}{1+\cot^r x}\mathrm{d}x=\int_0^{\frac{\pi}{2}}\frac{\sin^r x}{\sin^r x+\cos^r x}\mathrm{d}x$$

如果用代换 $x=\frac{\pi}{2}-y$,那么有

$$I(r)=\int_{\frac{\pi}{2}}^0\frac{\sin^r\left(\frac{\pi}{2}-y\right)}{\sin^r\left(\frac{\pi}{2}-y\right)+\cos^r\left(\frac{\pi}{2}-y\right)}(-\mathrm{d}y)=\int_0^{\frac{\pi}{2}}\frac{\cos^r y}{\cos^r y+\sin^r y}\mathrm{d}y$$

于是

$$2I(r)=\int_0^{\frac{\pi}{2}}\frac{\sin^r x}{\sin^r x+\cos^r x}\mathrm{d}x+\int_0^{\frac{\pi}{2}}\frac{\cos^r y}{\cos^r y+\sin^r y}\mathrm{d}y=$$

$$\int_0^{\frac{\pi}{2}}\frac{\sin^r y+\cos^r y}{\cos^r y+\sin^r y}\mathrm{d}y=\int_0^{\frac{\pi}{2}}\mathrm{d}y=\frac{\pi}{2}$$

因此

$$I(r)=\frac{\pi}{4}$$

注意到如果 $r<0$,那么上述命题仍然成立.

U293 设 $f:(0,\infty)\to\mathbf{R}$ 是有界连续函数,$\alpha\in[0,1)$.假定存在实数 $a_0,\cdots,a_k(k\geqslant 2)$,使

$$\sum_{p=0}^{k}a_p=0\text{ 以及}\lim_{x\to\infty}x^\alpha\left|\sum_{p=0}^{k}a_pf(x+p)\right|=\beta$$

证明:$\beta=0$.

证明 记 $M=\sup|f(x)|$,$g(x)=\sum\limits_{p=0}^{k}a_pf(x+p)$.那么 $g:(0,\infty)\to\mathbf{R}$ 是有界的连续函数.假定不是这样,则 $\beta>0$,且确定一个 b,使 $\beta>b>0$,则存在一个 $N>0$,对于一切 $x>N$,有

$$x^\alpha\mid g(x)\mid>b \tag{1}$$

我们由(1) 推出:对于一切 $x>N$,函数 g 同号,因为 g 连续,所以有中值性质.不失一般性,假定函数 g 在区间(N,∞) 上为正.则由(1) 我们有

$$\mid g(x)\mid>\frac{b}{x^\alpha} \tag{2}$$

设 $n_1=\lfloor N\rfloor+1$,取 $x=n_1,n_1+1,n_1+2,\cdots$,相加得到

$$\sum_{x\geqslant n_1}|g(\mathrm{x})|>b\sum_{x\geqslant n_1}\frac{1}{x^{\alpha}}$$

因为当 $\alpha\in(0,1)$ 时,级数 $\sum\limits_{x\geqslant n_1}\frac{1}{x^{\alpha}}$ 发散,于是推出

$$\sum_{x\geqslant n_1}|g(\mathrm{x})|=\infty$$

现在设 $T=\max\{|a_0|,|a_1|,|a_2|,\cdots,|a_k|\}$. 考虑到 g 在 (N,∞) 上为正,对 f 重复使用结论,得到

$$\begin{aligned}
S_n=&\sum_{x=n_1}^{n}|g(\mathrm{x})|=\sum_{x=n_1}^{n}\sum_{p=0}^{k}a_pf(x+p)=\\
&a_kf(n+k)+(a_k+a_{k-1})f(n+k-1)+\cdots+\\
&(a_k+a_{k-1}+\cdots+a_1)f(n+1)+\\
&(a_{k-1}+a_{k-2}+\cdots+a_0)f(n_1+k-1)+\\
&(a_{k-2}+a_{k-3}+\cdots+a_0)f(n_1+k-2)+\cdots+\\
&(a_1+a_0)f(n_1+1)+a_0f(n_1)\leqslant\\
&|a_k|M+|a_k+a_{k-1}|M+\cdots+|a_k+a_{k-1}+\cdots+a_1|M+\\
&|a_{k-1}+a_{k-2}+\cdots+a_0|M+|a_{k-2}+a_{k-3}+\cdots+a_0|M+\cdots+\\
&|a_1+a_0|M+|a_0|M\leqslant\\
&MT+2MT+\cdots+kMT+kMT+\cdots+2MT+MT=\\
&k(k+1)MT
\end{aligned}$$

因此,该级数收敛.

我们已经得到了矛盾,于是必有 $\beta=0$.

U294 设 $p_1,p_2,\cdots,p_n$ 是两两不等的质数. 证明:

$$\mathbf{Q}(\sqrt{p_1},\sqrt{p_2},\cdots,\sqrt{p_n})=\mathbf{Q}(\sqrt{p_1}+\sqrt{p_2}+\cdots+\sqrt{p_n})$$

证明 设 $\alpha=\sqrt{p_1}+\sqrt{p_2}+\cdots+\sqrt{p_n}$. 显然 $\mathbf{Q}(\alpha)$ 是 $K=\mathbf{Q}(\sqrt{p_1},\sqrt{p_2},\cdots,\sqrt{p_n})$ 的一个子域. 观察到 K 是 $\mathbf{Q}$ 上的伽罗瓦域,因为它是多项式 $(x^2-p_1)\cdot\cdots\cdot(x^2-p_n)$ 的分裂域,设 $G=\mathrm{Gal}(K)$ 是伽罗瓦群. 每一个自同构 $\sigma\in G$ 是完全由它在 $\sqrt{p_1},\sqrt{p_2},\cdots,\sqrt{p_n}$ 上的作用所确定的,则必定分别映射到 $\pm\sqrt{p_1},\cdots,\pm\sqrt{p_n}$ 上. 于是,取 σ 到相应的 n 个符号串的映射确定了一个内射群同态 $G\to(\{\pm1\})^n$(这个映射是映上的,因此是一个同构群,但是这需要稍作证明,本题就不需要了. 这个括号只是这个使用 p_i 的任何特殊性质的解的一部分. 这一命题的其余部分对于任何正整数 p_i 都是成立的). 又容易看出,固定 α 的仅有的自同构是恒等的(事实上,如果 $\sigma\in G$ 至少变动一个符号,那么 $\sigma(\alpha)<\alpha$). 这样 α 有 $|G|$ 个不同的共轭,于是其最低次的多项式的次数是 $|G|$. 于是 $[\mathbf{Q}[\alpha]:\mathbf{Q}]=|G|$. 由

伽罗瓦理论的基本定理,有$[K:\mathbf{Q}]=|G|$,于是推出$\mathbf{Q}[\alpha]=K$.

U295 设a是实数,且$(\lfloor na\rfloor)_{n\geqslant1}$是等差数列.证明:$a$是整数.

证明 我们有$a=\lfloor a\rfloor+\{a\}$,以及$\lfloor na\rfloor=n\lfloor a\rfloor+\lfloor n\{a\}\rfloor$,所以不失一般性,可以设$0\leqslant a<1$,因为前面的项成等差数列.

下面要证明的是只有当$a=0$时,$f(n)=\lfloor(n+1)a\rfloor-\lfloor na\rfloor$是常数.事实上,当$a\neq0$时,存在正整数$m$,使$\frac{1}{m+1}\leqslant a<\frac{1}{m}$,这表明$\lfloor(n-1)a\rfloor=\lfloor ma\rfloor=0$,$\lfloor(m+1)a\rfloor=1$,所以$f(m-1)=0$,$f(m)=1$.

当$a\neq0$时,函数f不是常数,这样就结束了证明.

U296 设a,b是非零实数,$z_0\in\mathbf{C}\setminus\mathbf{R}$是方程$z^{n+1}+az+nb=0$的根,这里$n$是正整数.证明:

$$|z_0|\geqslant\sqrt[n+1]{|b|}$$

证明 设$z_0=|z_0|(\cos\alpha+\mathrm{i}\sin\alpha)=|z_0|\mathrm{e}^{\mathrm{i}\alpha}$,这里$\sin\alpha\neq0$.

将原方程改写为$z_0^n+a+\frac{nb}{z_0}=0$,取虚部,有

$$|z_0|^n\sin n\alpha-\frac{nb\sin\alpha}{|z_0|}=0$$

或

$$|z_0|^{n+1}\sin n\alpha=nb\sin\alpha$$

因为$\sin\alpha\neq0$,所以得到$\sin n\alpha\neq0$,以及

$$|z_0|^{n+1}=\frac{nb\sin\alpha}{\sin n\alpha}$$

可以用归纳法证明$|\sin n\alpha|\leqslant n|\sin\alpha|$.于是有

$$|z_0|^{n+1}=|b|\frac{n|\sin\alpha|}{|\sin n\alpha|}\geqslant|b|$$

这就给出$|z_0|\geqslant\sqrt[n+1]{|b|}$,证毕.

U297 设$a_0=0$,$a_1=2$,对于一切$n\geqslant0$,有$a_{n+1}=\sqrt{2-\frac{a_{n-1}}{a_n}}$.求:$\lim\limits_{n\to\infty}2^na_n$.

解 首先,我们将对n用归纳法证明

$$a_n=2\sin\frac{\pi}{2^n}$$

注意到

$$2\sin\frac{\pi}{2^0}=2\sin0=0=a_0$$

以及

$$2\sin\frac{\pi}{2^1}=2\sin\frac{\pi}{2}=2\cdot 1=2=a_1$$

于是

$$a_{n+1}=\sqrt{2-\frac{a_{n-1}}{a_n}}=\sqrt{2-\frac{2\sin\frac{\pi}{2^{n-1}}}{2\sin\frac{\pi}{2^n}}}=$$

$$\sqrt{2-2\cos\frac{\pi}{2^n}}=\sqrt{4\sin^2\frac{\pi}{2^{n+1}}}=$$

$$2\sin\frac{\pi}{2^{n+1}}$$

这就是所要证明的.最后

$$\lim_{n\to\infty}2^n a_n=\lim_{n\to\infty}2^{n+1}\sin\frac{\pi}{2^n}=\lim_{n\to\infty}\left(2\pi\cdot\frac{\sin\frac{\pi}{2^n}}{\frac{\pi}{2^n}}\right)=2\pi$$

U298 确定一切正整数数对(m,n),使多项式

$$f=(X+Y)^2(mXY+n)+1$$

在 $\mathbf{Z}[X,Y]$ 中不可约.

解 设 $S=X+Y$,则我们可将 f 写成

$$f(X,S)=S^2[mX(S-X)+n]+1=-mS^2X^2+mS^3X+(nS^2+1)$$

将上式看作是 X 的二次多项式,我们发现各系数没有最大公约数.因此当且仅当它可以分解成 X 的两个一次因式时,即当且仅当判别式

$$\Delta=m^2S^6+4mS^2(nS^2+1)=mS^2(mS^4+4nS^2+4)$$

是完全平方式时,它才能分解.易见当且仅当 $m=n^2$ 时,$\Delta=[nS(nS^2+2)]^2$.此时,我们求出根是

$$X=\frac{-n^2S^3\pm nS(nS^2+2)}{-2n^2S^2}=-\frac{1}{nS}\text{ 或 }\frac{nS^2+1}{nS}$$

这就给出了以下的分解

$$f=(nSX+1)(-nSX+nS^2+1)=(nX^2+nXY+1)(nY^2+nXY+1)$$

U299 设$\triangle ABC$ 的内切圆是ω,A_0,B_0,C_0 是ω 外的点.过 A_0 的圆 ω 的切线交 BC 于点 A_1,A_2.类似地,定义点 B_1,B_2 和 C_1,C_2.证明:当且仅当$\triangle ABC$ 与$\triangle A_0B_0C_0$ 成透视三角形时,点 A_1,A_2,B_1,B_2,C_1,C_2 在一条圆锥曲线上.

证明 由 Pascal 定理及其逆定理(通常是指 Braikenridge－MacLaurin 定理),当且仅当

$$X=B_2C_1\cap BC,Y=C_2A_1\cap CA,Z=A_2B_1\cap AB$$

三点共线时,点 A_1,A_2,B_1,B_2,C_1,C_2 在一条圆锥曲线上. 设 A_i 的重心坐标是 $(0:r_i:1-r_i)$,B_i 的重心坐标是 $(1-s_i:0:s_i)$,C_i 的重心坐标是 $(t_i:1-t_i:0)$. 根据 Braikenridge－MacLaurin 定理,点 X,Y,Z 的重心坐标分别是

$$X=(0:-(1-s_2)(1-t_1):s_2t_1)$$

$$Y=(r_1t_2:0:-(1-r_1)(1-t_2))$$

$$Z=(-(1-r_2)(1-s_1):r_2s_1:0)$$

再应用梅涅劳斯定理,当且仅当

$$r_1r_2s_1s_2t_1t_2=(1-r_1)(1-r_2)(1-s_1)(1-s_2)(1-t_1)(1-t_2)$$

时,这三点共线. 把内切圆 ω 作为单位圆放在复数坐标中. 设 D,E 和 F 分别是边 BC,CA 和 AB 与圆 ω 的切点. 于是经过简单的计算,得到

$$A=\frac{2EF}{E+F},B=\frac{2DF}{D+F},C=\frac{2DE}{D+E}$$

设 G,H 分别是过 A_0 向圆 ω 所作的切线的切点. 同理,由计算得到

$$A_0=\frac{2GH}{G+H},A_1=\frac{2DG}{D+G},A_2=\frac{2DH}{D+H}$$

容易验证

$$A_1=\frac{(D+F)(E-G)}{(E-F)(D+G)}\cdot B+\frac{(D+E)(G-F)}{(E-F)(D+G)}\cdot C$$

这些系数都是实数(因为 D,E,F,G,H 都在单位圆 ω 上,对其倒数取其复数共轭,这些系数在这样的操作下不变),和等于 1. 于是

$$r_1=\frac{(D+F)(E-G)}{(E-F)(D+G)},1-r_1=\frac{(D+E)(G-F)}{(E-F)(D+G)}$$

因此

$$\frac{r_1}{1-r_1}=\frac{(D+F)(E-G)}{(D+E)(G-F)}$$

类似地,有

$$\frac{r_2}{1-r_2}=\frac{(D+F)(E-H)}{(D+E)(H-F)}$$

容易验证

$$A_0=\frac{(E+F)(D-G)(D-H)}{(D-E)(D-F)(G+H)}\cdot A+\frac{(D+F)(E-G)(E-H)}{(E-D)(E-F)(G+H)}\cdot B+\frac{(D+E)(F-G)(F-H)}{(F-D)(F-E)(G+H)}\cdot C$$

这里系数又是实数,和为 1. 于是这些系数是 A_0 的重心坐标. 因此 A_0 的 B－坐标和 C－坐标的比是

$$\frac{(D+F)(F-D)(E-G)(E-H)}{(E-D)(D+E)(F-G)(F-H)}=\frac{(D-F)(D+E)}{(E-D)(D+F)}\cdot\frac{r_1}{1-r_1}\cdot\frac{r_2}{1-r_2}$$

注意到右边的第一个因式与 G 和 H 无关，也就是说，只与 $\triangle ABC$ 有关. 更进一步说，这些项的循环积是 1. 于是由 Ceva 定理，我们看出，当且仅当

$$r_1r_2s_1s_2t_1t_2=(1-r_1)(1-r_2)(1-s_1)(1-s_2)(1-t_1)(1-t_2)$$

时，直线 AA_0，BB_0，CC_0 共点（因此 $\triangle ABC$ 和 $\triangle A_0B_0C_0$ 成透视三角形）. 比较这两个结果就解决了本题.

U300 设 $f:[a,b]\to[a,b]$ 是在每个点上有单侧极限的函数. 如果对于一切 $x\in[a,b]$，有

$$\lim_{t\to x^-}f(t)\leqslant\lim_{t\to x^+}f(t)$$

证明：存在 $x_0\in[a,b]$，使 $\lim\limits_{t\to x_0}f(t)=x_0$.

证明 设

$$A=\{x\mid \lim_{t\to x^-}f(t)\geqslant x\}\cup\{a\}$$

注意到 $x_0=\sup A$ 在 A 中（于是可以用 $x_0=\max A$ 来表示）. 为了看到这一点，设 $\langle a_k\rangle$ 是 A 中递增到 x_0 的元素的数列. 因为 $\lim\limits_{t\to a_k^-}f(t)\geqslant a_k$，所以可以选择有 $f(b_k)>a_k-\dfrac{1}{k}$ 的点 $a_{k-1}<b_k<a_k$. 于是 $\langle b_k\rangle$ 也递增到 x_0，且

$$\lim_{t\to x_0^-}f(t)=\lim_{k\to\infty}f(b_k)\geqslant\lim_{k\to\infty}\left(a_k-\frac{1}{k}\right)=x_0$$

如果 $x_0=b$，那么显然这一点就是我们所要的. 否则，设 $\langle c_k\rangle$ 是 $[a,b]$ 中递增到 x_0 的元素的数列. 因为 c_k 不属于 A，所以有 $\lim\limits_{t\to c_k^-}f(t)<c_k$. 于是可以选择数 $c_{k+1}<d_k<c_k$，使 $f(d_k)<c_k$. 因此 $\langle d_k\rangle$ 也递减于 x_0，且

$$\lim_{t\to x_0^+}f(t)=\lim_{k\to\infty}f(d_k)\leqslant\lim_{k\to\infty}c_k=x_0$$

于是 $\lim\limits_{t\to x_0}f(t)\geqslant x_0\geqslant\lim\limits_{t\to x_0^+}f(t)$，由已知条件知，有相反的不等式，所以必定全部相等，即 $\lim\limits_{t\to x_0}f(t)=x_0$.

U301 设 $x,y,z,t>0$，$x\leqslant 2$，$x+y\leqslant 6$，$x+y+z\leqslant 12$，$x+y+z+t\leqslant 24$. 证明：

$$\frac{1}{x}+\frac{1}{y}+\frac{1}{z}+\frac{1}{t}\geqslant 1$$

第一种证法 对函数 $f(w)=\dfrac{1}{w}(w>0)$ 利用 Jensen 不等式，有

$$\frac{1}{x}+\frac{1}{y}+\frac{1}{z}+\frac{1}{t}=\frac{1}{2}f\left(\frac{x}{2}\right)+\frac{1}{4}f\left(\frac{y}{4}\right)+\frac{1}{6}f\left(\frac{z}{6}\right)+\frac{1}{12}f\left(\frac{t}{12}\right)\geqslant$$

$$f\left(\frac{x}{4}+\frac{y}{16}+\frac{z}{36}+\frac{t}{144}\right)=$$

$$\frac{144}{36x+9y+4z+t}=$$

$$\frac{144}{27x+5(x+y)+3(x+y+z)+(x+y+z+t)}\geqslant$$

$$\frac{144}{27\cdot 2+5\cdot 6+3\cdot 12+24}=1$$

第二种证法 我们有 $\frac{1}{x}\geqslant\frac{1}{2}$，$x+\frac{y}{2}+\frac{y}{2}\leqslant 6$，由 Cauchy－Schwarz 不等式，有

$$\frac{1}{x}+\frac{2}{y}+\frac{2}{y}\geqslant\frac{3}{2},\frac{1}{x}+\frac{4}{y}\geqslant\frac{3}{2}$$

类似地，有

$$\frac{1}{x}+\frac{4}{y}+\frac{9}{z}\geqslant 3$$

$$\frac{1}{x}+\frac{4}{y}+\frac{9}{z}+\frac{36}{t}\geqslant 6$$

于是

$$\frac{1}{x}\geqslant\frac{1}{2}$$

$$\frac{1}{x}+\frac{4}{y}\geqslant\frac{3}{2}$$

$$\frac{1}{x}+\frac{4}{y}+\frac{9}{z}\geqslant 3$$

$$\frac{1}{x}+\frac{4}{y}+\frac{9}{z}+\frac{36}{t}\geqslant 6$$

所以

$$36\left(\frac{1}{x}+\frac{1}{y}+\frac{1}{z}+\frac{1}{t}\right)=27\left(\frac{1}{x}\right)+5\left(\frac{1}{x}+\frac{4}{y}\right)+3\left(\frac{1}{x}+\frac{4}{y}+\frac{9}{z}\right)+$$

$$\left(\frac{1}{x}+\frac{4}{y}+\frac{9}{z}+\frac{36}{t}\right)\geqslant 36$$

故

$$\frac{1}{x}+\frac{1}{y}+\frac{1}{z}+\frac{1}{t}\geqslant 1$$

U302 设 a 是实数. 计算

$$a-\sqrt{a^2-\sqrt{a^4-\sqrt{a^8-\cdots}}}$$

解 本题的结论是有缺陷的，因为表达式对一切 $a\neq 0$ 是发散的. 事实上，如果 $a>0$，那么数列是

$$a,\ a-\sqrt{a^2}=0,a-\sqrt{a^2-\sqrt{a^4}}=a-\sqrt{a^2-a^2}=a,\cdots$$

即该数列在 a 和 0 之间摆动. 同理，如果 $a<0$，那么数列是

$$a,a-\sqrt{a^2}=2a,a-\sqrt{a^2-\sqrt{a^4}}=a-\sqrt{a^2-a^2}=a,\cdots$$

即该数列在 a 和 $2a$ 之间摆动.

U303 设 $p_1,p_2,\cdots,p_k$ 是不同的质数，$n=p_1\cdot p_2\cdot\cdots\cdot p_k$. 对于每一个函数 $f:\{1,2,\cdots,n\}\to\{1,2,\cdots,n\}$，记

$$P_f(n)=f(1)\cdot f(2)\cdot\cdots\cdot f(n)$$

(1) 对于多少个函数 f，n 与 $P_f(n)$ 互质？

(2) 对于多少个函数 f，最大公约数 $(n,P_f(n))$ 是质数？

解 (1) 设 $[n]=\{1,2,\cdots,n\}$，$A=\{a\in[n]\mid(a,n)=1\}$，F 是所有这样的函数的集合. 于是 $|A|=\varphi(n)=(p_1-1)\cdot\cdots\cdot(p_k-1)$，这里 $\varphi(n)$ 是欧拉函数. 现在当每一个 $f\in F$ 时，对于每一个 $i\in[n]$，有 $f(i)\in A$. 所以 $|F|=[\varphi(n)]^n$.

(2) 设 $A_1=\{a\in[n]\mid(a,n)=p_1\}$，$F_1=\{f\in F\mid(n,P_f(n))=p_1\}$. 那么 $|A_1|=\varphi\left(\frac{n}{p_1}\right)=(p_2-1)\cdot\cdots\cdot(p_k-1)$. 如果 $f\in F_1$，那么对于每一个 $i\in[n]$，有 $f(i)\in A\cup A_1$，但不是对一切 $i\in[n]$，有 $f(i)\in A$. 因此

$$|F_1|=|A\cup A_1|^n-|A|^n=(|A|+|A_1|)^n-|A|^n=[\varphi(n)]^n\left[\frac{p_1^n}{(p_1-1)^n}-1\right]$$

于是所求的答案是

$$[\varphi(n)]^n\left(\sum_{i=1}^{k}\frac{p_i^n}{(p_i-1)^n}-k\right)$$

U304 在有限图 G 中，如果 G 的顶点的集合的子集 S 满足以下条件，那么我们称 S 为一个连通强势集合：

(1) 由 S 导出的子图是连通的；

(2) G 的每一个顶点或者属于 S，或者与 S 的一个顶点相连.

给定正整数 k 和 $n\geqslant k+3$，求：有 n 个顶点的连通图 G 的棱的条数的最大值，且不存在大小为 k 或 k 以下的连通强势集合.

解 为节省篇幅，如果一张图有一个有 k 个顶点的连通强势集合，那么我们将该图说是有一个 $k-$CDS. 设 e 是 G 的棱的条数.

首先考虑 $k=1$ 的情况. 设 G 是有 n 个顶点，但没有 $1-$CDS 的连通图. 设 $\bar{G}$ 是 G 的补图，即 $\bar{G}$ 与 G 有同样的顶点，但 $\bar{G}$ 的棱恰好是 G 没有的. 于是没有 $1-$CDS 的图 G 意味着 $\bar{G}$ 的每一个顶点至少有一条棱出自于 G. 一张图的顶点的度数的和是棱的条数的 2 倍. 将此应用于 G，我们发现 G 的棱的条数 e 满足 $2e\geqslant n$，因为 e 是整数，所以 $e\geqslant\left\lceil\frac{n}{2}\right\rceil$. 于是 $e\leqslant\binom{n}{2}-\left\lceil\frac{n}{2}\right\rceil$. 反之，容易在有 $\left\lceil\frac{n}{2}\right\rceil$ 条棱且有 n 个顶点上构成一个图 $\bar{G}$，它的每一个顶点

的度数至少是1.当$n\geqslant 4$时,这样的图的补图将是一个有n个顶点,$\binom{n}{2}-\lceil\frac{n}{2}\rceil$条棱,没有$1-\mathrm{CDS}$的连通图.

为了下面的应用,考虑一个有关的问题.假定是一张有n个顶点的图,且存在某个不属于任何$2-\mathrm{CDS}$的顶点x.那么补图$\overline{G}$有这样的性质:与x不相连的任何顶点与x有共同的相邻的点.实际上,$\overline{G}$是连通图,因此至少有$\bar{e}\geqslant n-1$条棱.于是G至多有$e\leqslant\binom{n}{2}-(n-1)=\binom{n-1}{2}+1$条棱.

现在假定$k\geqslant 2$.容易构造一张有$n\geqslant k+3$个顶点,$e=\binom{n-k}{2}+k=\frac{n^2-(2k+1)n+k(k+3)}{2}$条棱,没有$k-\mathrm{CDS}$的图.为此定义"克隆"一个顶点$v$的操作,意思是加进一个新的顶点$v'$,该点与$v$以及与所有邻近的顶点都相连.譬如说,如果$w$与$v$相连,且$w$的每一个其他相邻的顶点也是$v$相邻的顶点,那么就说顶点$w$是$v$的一个"子克隆".于是我们有:

引理1 假定在图G中,顶点w是v的一个子克隆.如果G有一个$k-\mathrm{CDS}$,那么$G-\{w\}$也有一个$k-\mathrm{CDS}$.

证明 设S是G的一个$k-\mathrm{CDS}$,如果$w\in S$,那么用v代替w后将给出一个$k-\mathrm{CDS}$.因此我们可以假定$w\notin S$.但此时S也是$G-\{w\}$中的一个$k-\mathrm{CDS}$.

由该引理推得,如果我们从一张没有$k-\mathrm{CDS}$的图出发,并重复克隆顶点,那么我们将仍有一张没有$k-\mathrm{CDS}$的图.注意到要使得棱的条数最大,应该克隆一个度数最大的顶点.容易检验长度为$k+3$的环路没有$k-\mathrm{CDS}$.取一个顶点,重复对它克隆(即永远克隆一个度数最大的顶点),直到结果在没有$k-\mathrm{CDS}$的图中有n个顶点,且有

$$(k+3)+3+4+\cdots+(n-k-1)=k+\binom{n-k}{2}=\frac{n^2-(2k+1)n+k(k+3)}{2}$$

条棱.

注 我们可以在环路上选取两个相连的顶点,克隆一个或另一个以构造另一些例子.这些例子不是仅有的例子.Petersen图的补图有10个顶点,30条棱,没有$2-\mathrm{CDS}$,但没有两个顶点是互相克隆的.

为了证明这确实是棱的条数的最大值,我们将利用下面的引理(其目的是由观察得到当且仅当G有一棵延伸到$n-k$张叶子的子树时,有n个顶点的图G有一个$k-\mathrm{CDS}$,而且要对作出的子树进行合理的观察).

引理2 假定G是一张有n个顶点的连通图.设S是这些顶点中m个顶点的子图,该

子图有 c 个连通分量和 G 的 $n-r$ 个强势顶点. 那么 G 有一个 $[m+r+2(c-1)]-$CDS.

证明 我们将证明我们能够对 S 加一些顶点，而不增加量 $k=m+r+2(c-1)$ 生成一个 $k-$CDS. 首先假定 $r>0$. 那么因为 G 是连通图，所以存在一个与另一个强势顶点 w 连接的非强势的顶点 v. 将 w 加到 S 上，则 m 增加 1，这并没有增加分量的个数，且 r 至少减少 1. 而这并不能增加 k，将此迭代后，我们可以假定 $r=0$，即 S 是一个强势集. 其次假定 $c>1$. 因为 G 是连通图，所以存在两个相连的顶点 v 和 w，由 S 中不同的分量所支配. 将二者都加到 S 上，则 m 增加 2，c 至少减少 1. 而这并没有增加 k. 迭代后，我们可以假定 $c=1$，于是 S 是连通的. 因此我们找到了一个至多有 k 个顶点的 CDS.

现在用反证法，假定 G 是有 n 个顶点，至少有 $\dfrac{n^2-(2k+1)n+(k+1)(k+2)}{2}$ 条棱，没有 $k-$CDS 的连通图. 进一步假定 n 是所有这样的图中最小的. 因此当 $k\geqslant 2$ 时，我们可以利用没有 $k-$CDS 的较小的图的上界 $e\leqslant k+\binom{n-k}{2}$. 设 x 是 G 的最大度数 Δ 的一个顶点. 由鸽笼原理有 $\Delta\geqslant n-2k$.

情况 1 如果 $\Delta\geqslant n-k$，那么 $S=\{x\}$ 支配 $\Delta+1\geqslant n-k+1$ 个顶点. 于是引理 2 给出一个 $k-$CDS，得到矛盾.

情况 2 假定 $\Delta=n-k-1$. 由鸽笼原理，有

$$n(n-k-1)\geqslant 2e\geqslant n^2-(2k+1)n+(k+1)(k+2)$$

或

$$n\geqslant k+3+\frac{2}{k}$$

于是 $n\geqslant k+4$，$\Delta\geqslant 3$.

设 Y 是 x 的所有 $n-k-1$ 个相邻的点的集合，Z 是不与 x 相连的 k 个顶点. 如果 $y\in Y$ 在 Z 中有两个或更多的相邻的顶点，那么 $S=\{x,y\}$ 是连通的，并至少支配 G 的 $1+\Delta+2=n-k+2$ 个顶点. 于是引理 2 给出一个 $k-$CDS，得到矛盾. 如果任何 $y\in Y$ 在 G 中没有相邻的顶点，那么 y 是 x 的子克隆，于是 $G-\{y\}$ 是有 $n-1$ 个顶点，没有 $k-$CDS 的图，且至少有

$$\frac{n^2-(2k+1)n+(k+1)(k+2)}{2}-(n-k-1)=$$

$$\frac{(n-1)^2-(2k+1)(n-1)+(k+1)(k+2)}{2}$$

条棱，这与 n 是最小值矛盾. 于是 Y 的每一个顶点在 Z 中必定恰好有一个相邻的顶点.

设 Z_0 是 Z 中与 Y 中某个顶点相连的顶点，$Z_1=Z-Z_0$ 是 Z 的其余的点. 如果顶点 $z\in Z_0$（譬如说与 $y\in Y$ 相连）在 Z 中有 2 个顶点相邻，那么 $S=\{x,y,z\}$ 至少支配 $n-k+3$ 个顶点，引理 2 给出一个 $k-$CDS，得到矛盾. 如果任何 $z\in Z_1$ 在 Z 中有 3 个或

更多的顶点相邻，那么 $S=\{x,z\}$ 有两个分量，且至少支配 Z 中的 $n-k+4$ 个顶点，引理 2 又给出一个 $k-\mathrm{CDS}$，得到矛盾. 如果 $z\in Z_1$ 在 Z 中只有 1 个顶点相邻，那么它的度数是 1，因此它是那个相邻顶点的一个子克隆. 于是抹去它以后将与 n 是最小值矛盾. 因为 G 是连通的，所以推出 Z 是各路径的并(可能包括单个的顶点作为长为 1 的路径)，其中 Z_0 中每一个顶点都是一个端点，每一个端点都属于 Z_0.

我们将对度数最大的每个顶点，而不仅仅在一个顶点应用上面的结果，以进一步限制 G. 在开始之前，注意到 Z 中没有顶点的度数是 $\Delta=n-k-1$. 为了弄清楚这一点，假定 z 的度数是 $n-k-1$. 那么 z 必定或者与 Y 的所有 $n-k-1$ 个元素都相连，不与其余顶点相连，或者与 Y 中的 1 个元素以外的所有元素相邻，还与 Z 的另一个顶点相连. 但在第一种情况下，Z 中没有顶点能与 Y 连通，于是 G 不是连通的. 在第二种情况下，设 Y_0 是 Y 中与 z 相邻的顶点，y' 是 Y 中的另一个顶点. 那么 Z 必由从 z 到 Z_0 中与 y' 相连的另一个顶点的一条单一的路径组成. 将上述结果用于 z，因为 z 与 Y_0 中的顶点相连，所以一个与 z 不相邻的顶点必定是 x. 因此从 Y_0 到 y' 没有棱. 于是利用克隆顶点产生 Y_0 的方法，G 至多由一个 $(k+3)-$ 环路得到，但是这样给出的棱太少.

因为从 x 到 Y 有 $n-k-1$ 条棱，从 Y 到 Z 有 $n-k-1$ 条棱，在 Z 中至多有 $k-1$ 条棱，所以 Y 中至少有

$$\frac{n^2-(2k+1)n+(k+1)(k+2)}{2}-2(n-k-1)-(k-1)=$$

$$\frac{(n-k-1)(n-k-4)+4}{2}$$

条棱. 于是 Y 必定至少包含与 Y 中的另外 $n-k-3$ 个元素相连的 4 个顶点，因此度数 $\Delta=n-k-1$.

设 A 是所有度数为 $\Delta=n-k-1$ 的顶点的集合. 由前文可知 $|A|=a\geqslant 5$，且 A 的任何两个顶点都相连. 对于 $a\in A$，设 Y_a 和 Z_a 表示用 a 代替上面的顶点 x 所得到的集合 Y 和 Z.

因为任何顶点 $a,a'\in A$ 相连，所以 $a'\in Y_a$，于是 a' 恰好与 Z_a 的一个顶点相连. 因为 a' 与 Z_a 的另外 $k-1$ 个元素不相连，所以推出 Z_a 的这 $k-1$ 个元素也属于 $Z_{a'}$. 于是有 k 个元素的集合 Z_a 的每一对恰有 $k-1$ 个元素是共同的. 稍作一些正规的检验，只有两种方式可能发生：

(1) 存在一个集合 C，有 $|C|=|A|=a$，且有由 A 到 C 的一对以及另外 $k-1$ 个元素 D. 每一个集合 Z_a 包含与 C 和 D 的所有元素配对的元素. 这意味着，一个顶点 $a\in A$ 与除了 C 的配对元素都相连，但与 D 的元素都不相连.

(2) 存在一个集合 C，有 $|C|=|A|=a$，且由 A 到 C 的一对以及另外 $k-a+1$ 个元素 D. 每一个集合 Z_a 包含除了 C 的配对有元素和 D 的所有元素以外的所有元素. 这意味

着，一个顶点 $a \in A$ 与只与 C 中配对的元素连接，与 D 的元素都不相连.

在这两种情况下，设 G 的其余顶点是 B. 因为对于所有的 $a \in A$，有 $b \notin Z_a$，A 的每一个顶点都与 B 的每一个顶点相连. 于是对于所有的 a，有 $B \subset Y_a$，因此对于所有的 a，每一个 $b \in B$ 至多能与 Z_a 的一个顶点相连. 在情况(1)中，这意味着，b 或者与 D 的单个顶点相连，或者与 C 的每个顶点相连. 在情况(2)中，这意味着，b 不能与 C 的任何顶点相连，事实上，b 必须与 D 的单个顶点相连.

下面来看从 C 出发到本身或到 D 的棱. 假定在情况(1)中，有两个顶点 $c, c' \in C$ 相连，设 a, a' 是 A 中配对的顶点. 那么 $c \in Y_{a'}$，所以 c' 是 $Z_{a'}$ 中唯一与 c 相连的顶点. 因此不存在 c 到 D 的棱. 于是对于 A 中任何其他元素，从 c 出发到相应的 Z 的棱必通向 C 中配对的元素. 因此 C 的每一对顶点相连，不存在从 C 到 D 的棱. 如果 C 中没有两个顶点相连，那么 C 的每一个顶点恰好与 D 的一个顶点连接.

假定在情况(2)中，对配对的顶点 a，每一个 $c \in C$ 属于 Y_a，因此 c 至多与 $D \cup (C - \{c\})$ 的一个顶点相连. 于是在 C 中存在部分匹配，所匹配的顶点不与 D 的顶点相连，没有匹配的顶点恰与 D 的一个顶点相连.

最后回忆一下，每一个 Z_a 是一些路径的并，于是 D 是也是一些路径的并.

现在还存在一些情况，但每一种我们将会看到存在许多从 G 缺失的棱(根据假定最多缺失 $kn - \frac{(k+1)(k+2)}{2}$ 条棱).

情况 3 在情况(1)中，C 的所有顶点都相连. 设 $b_d \geqslant 1$ 是 B 中与 D 相连的顶点的个数(因为 G 是连通的，所以至少存在一个顶点). 注意到 $|B| = n - 2a - k + 1$. 我们遗漏了：从 A 到 $C \cup D$ 的 ak 条棱、C 与 D 之间的 $a(k-1)$ 条棱、D 中的 $\frac{(k-2)(k-3)}{2}$ 条棱，以及从 B 到 $C \cup D$ 的 $(n-2a-k-b_d+1)k + b_d(k+a-2)$ 条棱. 还有 B 与 C 相连的 $n-2a-k-b_d+1$ 个顶点中每一个顶点的度数必至多是 $n-k-2$(否则该顶点将属于 A). 这样一个顶点与 $A \cup C$ 的 $2a$ 个顶点相连，因此该顶点至多与 B 的另外 $n-2a-k$ 个顶点中的 $n-2a-k-2$ 个顶点相连. 这意味着，我们至少遗漏了 B 中的 $n-2a-k-b_d-1$ 条棱. 总共有

$$a(2k-1) + \frac{(k-2)(k-3)}{2} + (n-2a-k-b_d+1)k + b_d(k+a-2) =$$
$$kn - \frac{(k+1)(k+2)}{2} + (a-2)(b_d-1) + 2$$

条棱被遗漏了，这太多了.

情况 4 在情况(2)中，C 的所有顶点都不相连. 这种情况较情况 3 要糟(这是对 G，但对我们较好). 我们有 a 条棱从 C 到 D，而不是 C 中的 $\frac{a(a-1)}{2}$ 条棱. 于是遗漏了额外的

$\frac{a(a-3)}{2}$ 条棱. 这就给出

$$kn\frac{(k+1)(k+2)}{2}+(a-2)b_d+\frac{a(a-5)}{2}+4$$

条被遗漏的棱，又太多了.

情况5 在情况(2)中，$C\cup D$ 的 $k+1$ 个顶点不包含环路，因此总共最多有 k 条棱. 我们遗漏了：从 A 到 $C\cup D$ 的 ka 条棱、$C\cup D$ 中的 $\frac{k(k-1)}{2}$ 条棱，还有 B 到 $C\cup D$ 的 $|B|k$ 条棱. 注意到 $|B|=n-k-a-1$，这就给出了

$$ak+\frac{k(k-1)}{2}+k(n-k-a-1)=kn-\frac{(k+1)(k+2)}{2}+1$$

条被遗漏的棱，又太多了.

情况6 假定 $\Delta=n-k-s\ (2\leqslant s\leqslant k)$. 由鸽笼原理有

$$n(n-k-s)\geqslant 2e\geqslant n^2-(2k+1)n+(k+1)(k+2)$$

所以

$$n\geqslant k+s+2+\frac{s(s+1)}{k+1-s}$$

因此 $n\geqslant k+s+3,\Delta\geqslant 3$.

设 Y 是所有与 x 的 $n-k-s$ 个相邻的顶点的集合，Z 是其余 $k+s-1$ 个顶点的集合. 如果某个 $y\in Y$ 在 Z 中有 $s+1$ 个或更多个相邻的顶点，那么 $S=\{x,y\}$ 至少支配 $n-k+2$ 个顶点，由引理2给出一个 $k-\mathrm{CDS}$，产生矛盾. 设 $r\leqslant s$ 是任何顶点 $y\in Y$ 在 Z 中相邻顶点的个数. 于是 G 至多有

$$\frac{(n-k-s+1)(n-k-s)+r(n-k-s)}{2}=\frac{(n-k-s+r+1)(n-k-s)}{2}$$

条棱在 Z 外. 我们希望用归纳法(最小的 n)去界定 Z 中棱的条数. 我们将需要两个这样的界限去覆盖大多数情况.

界定1 假定 Z 是连通的，且 $k>4$. 如果 Z 有一个 $(k-3)-\mathrm{CDS}$，那么引理2(应用于 x 与这个CDS的并)将表明 G 有一个 $k-\mathrm{CDS}$. 因此根据归纳或最小原理，Z 至多有 $k-3+\binom{s+2}{2}$ 条棱. 问题是我们必须假定 Z 是连通的，那么就必须排除一个有不同上界的 $1-\mathrm{CDS}$. 结果是确定这两者的确需要更为详尽的记载.

假定 Z 有 c 个分量，其中第 i 个分量有 n_i 个顶点，最小的CDS有 m_i 个顶点. 如果 $m_i>2$，设 $k_i=m_i-1$. 那么第 i 个分量没有一个 $k_i-\mathrm{CDS}$，因此至多有 $k_i+\binom{n_i-k_i}{2}$ 条棱.

如果 $m_i=2$,且在这个不属于任何 $2-\mathrm{CDS}$ 的分量中存在某个顶点,那么设 $k_i=1$. 根据上面 $k=1$ 的情况后的注,这一分量至多有 $1+\binom{n_i-1}{2}$ 条棱. 把这些分量称为一般的,所有其余的分量称为特殊的. 如果 $m_i=2$,每一个顶点都属于一个 $2-\mathrm{CDS}$,则设 $k_i=0$. 如果 $m_i=1$,$n_i>1$,则设 $k_i=-1$. 如果 $m_i=n_i=1$,则设 $k_i=-2$. 在任何一种这样的特殊情况中,我们将只使用棱的条数至多是 $\binom{n_i}{2}$ 的平凡的上界.

现在跟随引理 2(对特殊分量调整) 的思想,我们可以对 G 构建一个 CDS. 从 x 出发. 对于每一个一般的分量,加上:该分量相邻的顶点 $y_i\in Y$;在该分量中与 y_i 相邻的顶点;该分量中的一个 $m_i-\mathrm{CDS}$. 对于 $k_i=0$ 或 $k_i=-1$ 的特殊的分量,取一个相邻的顶点 $y_i\in Y$,和包含与这个 y_i 相邻的顶点的一个 $m_i-\mathrm{CDS}$. 对于一个孤立的顶点($k_i=-2$) 就取一个在 Y 中相邻的顶点. 无论如何,我们取了 k_i+3 个顶点,所以这给出一个$(1+\sum_i(k_i+3))-\mathrm{CDS}$. 于是 $\sum_i(k_i+3)\geqslant k$. 现在只要稍稍经过一些代数计算就可以推导出这个上界,即 Z 至多有 $k-3+\binom{s+2}{2}$ 条棱的上界,但是有一种不用计算的另一种方法. 前文中的所有这些上界都是从一个长度是 k_i+3 (长度为 1－和 2－的环路理解为点或者棱) 的环路出发的,重复克隆一个顶点所得到的棱的条数. 因此我们从总长度是 $k+3$ 的环路的并出发,重复克隆. 因为我们要用不断克隆一个度数最大的顶点的方法得到棱的条数的最大值,所以不失一般性,克隆同一个顶点,你就恰好得到上面的界.

现在把 Z 中的棱的这个上界加到上面找到的 Z 外的棱的上界,我们发现 G 至多有

$$\frac{(n-k-s+r+1)(n-k-s)}{2}+k-3+\frac{(s+1)(s+2)}{2}=$$

$$\frac{n^2-(2k+1)n+(k+1)(k+2)}{2}-$$

$$\frac{2s-r-2}{2}(n-k-s-3)+\frac{3r-2s}{2}$$

条棱. 第二项总是非正的,因此看出必有 $3r\geqslant 2s$,实际上 $r\geqslant 2$.

界定 2 用 r 个相邻的顶点 $Z_0\subset Z$ 确定 $y\in Y$,设 $Z_1=Z-Z_0$ 是 Z 中余下的 $k+s-r-1$ 个顶点. 在 Z_0 中至多有 $\frac{r(r-1)}{2}$ 条棱. 如果任何 $z\in Z_0$ 在 Z_1 中至少有 $s-r+2$ 个相邻的顶点,那么 $S=\{x,y,z\}$ 至少支配 $n-k+3$ 个顶点,所以引理 2 又给出一个 $k-\mathrm{CDS}$,得到矛盾. 因此从 Z_0 到 Z_1 至多存在 $r(s-r+1)$ 条棱. 如果 Z_1 有一个$(k-4)-\mathrm{CDS}$,那么引理 2 (利用这个 CDS,加上 x 和 y) 将给出一个 $k-\mathrm{CDS}$,得到矛盾. 因此像在上面的

界定中一样详尽地记录所进行的推导证明，Z_1 至多有 $k-4+\binom{s-r+3}{2}$ 条棱. 将这些结果相加，求出 Z 至多有

$$k-4+\binom{s-r+3}{2}+\binom{r}{2}+r(s-r+1)=k-1+\frac{s^2+5s-4r}{2}$$

条棱，且 G 至多有

$$\frac{(n-k-s+r+1)(n-k-s)}{2}+k-1+\frac{s^2+5s-4r}{2}=$$

$$\frac{n^2-(2k+1)n+(k+1)(k+2)}{2}-$$

$$\frac{2s-r-2}{2}(n-k-s-3)+\frac{2-r}{2}$$

条棱. 第二项又是非正的，所以必有 $r\leqslant 2$. 将这两个界限相结合(回忆一下 $s\geqslant 2$)，我们看出，只剩下两种情况 $(r,s)=(2,2)$ 或 $(2,3)$. 在这两种情况中，我们可以很容易得到一个临时出现的矛盾，因为我们在界定 2 中的每一步必有等式.

对于 $(r,s)=(2,2)$，在 Z 中取一个有两个相邻的 Z_0 的 $y\in Y$. 在这种情况下，等号意味着 $Z_1=Z-Z_0$ 有 $k-1$ 个顶点和 $k-1$ 条棱. 我们又证明了 Z_1 是没有度数为 3 的顶点，因此 Z_1 是环路的一个并，实际上 Z_1 的每一个顶点在 Z_1 中有两个相邻的顶点. 设 $z\in Z_0$，z' 是 z 在 Z_1 中相邻的顶点，我们看出 $S=\{x,y,z,z'\}$ 是连通的，支配 $n-k+4$ 个顶点. 于是引理 2 给出一个 $k-\mathrm{CDS}$，得到矛盾.

对于 $(r,s)=(2,3)$，我们有 $2s>r+2$，所以等式要求 $n=r+s+3$，于是 $\Delta=3$. 在界定 2 中又有等式要求 Y 的每一个顶点的度数是 Δ，且在 Z 中有两个相邻的顶点. 于是 x 的三个相邻的顶点不能彼此相连. 确定这样一个 $y\in Y$. 界定 2 中的等式要求它在 Z 中有两个相邻的顶点彼此相连. 因为 y 的度数也是 3，能起到 x 的作用，所以我们得到 y 不能有连接的相邻的顶点，于是产生矛盾.

U305　设 $(a_n)_{n\geqslant 1}$ 是正实数数列，且对于一切 $n\geqslant 1$，有

$$a_1+a_2+\cdots+a_n<n^2$$

证明：$\lim\limits_{n\to\infty}\left(\frac{1}{a_1}+\frac{1}{a_2}+\cdots+\frac{1}{a_n}\right)=\infty$.

证明　如果有必要，则重新排列数列的各项，我们可以假定数列 $(a_n)_{n\geqslant 1}$ 是递增数列. 用反证法证明.

假定

$$\lim_{n\to\infty}\left(\frac{1}{a_1}+\frac{1}{a_2}+\cdots+\frac{1}{a_n}\right)<\infty$$

那么级数 $\sum\limits_n \frac{1}{a_n}$ 收敛，则对于任何 $\varepsilon>0$，存在 N，使 $\sum\limits_{n=N}^{\infty}\frac{1}{a_n}<\varepsilon$. 因为 a_n 递增，这表明

$\frac{1}{a_{N+K}}<\frac{\varepsilon}{K}$，于是$\limsup\limits_{n\to\infty}\frac{n}{a_n}\leqslant\lim\limits_{K\to\infty}\frac{(N+K)\varepsilon}{K}=\varepsilon$. 因为 $\varepsilon>0$ 是任意的，这表明$\lim\limits_{n\to\infty}\frac{n}{a_n}=0$.

因为最后一个极限存在，那么根据 Cezaro－Stolz 准则，下面的极限也存在，即

$$\lim_{n\to\infty}\frac{n^2}{a_1+a_2+\cdots+a_n}=\lim_{n\to\infty}\frac{2n-1}{a_n}=0$$

但是这与 $1\leqslant\frac{n^2}{a_1+a_2+\cdots+a_n}$ 这一事实矛盾.

U306 设 n 是自然数. 证明：恒等式

$$\pi=\sum_{k=1}^{n}\frac{2^{k+1}}{k\binom{2k}{k}}+\frac{4^{n+1}}{\binom{2n}{n}}\int_1^{\infty}\frac{1}{(1+x^2)^{n+1}}\mathrm{d}x$$

并推导下面的估计：

$$\frac{2}{2^n\sqrt{n}}<\pi-\sum_{k=1}^{n}\frac{2^{k+1}}{k\binom{2k}{k}}<\frac{4}{2^n\sqrt{n}}$$

证明 设

$$P_n=\sum_{k=1}^{n}\frac{2^{k+1}}{k\binom{2k}{k}},I_n=\int_1^{\infty}\frac{1}{(1+x^2)^{n+1}}\mathrm{d}x,R_n=\frac{4^{n+1}}{\binom{2n}{n}}I_n$$

利用代换 $x=\tan\theta$ 和分部积分，得到

$$I_n=\int_{\frac{\pi}{4}}^{\frac{\pi}{2}}\cos^{2n}\theta\,\mathrm{d}\theta=[\cos^{2n-1}\theta\sin\theta]_{\frac{\pi}{2}}^{\frac{\pi}{4}}+(2n-1)\int_{\frac{\pi}{4}}^{\frac{\pi}{2}}\cos^{2n-2}\theta\sin^2\theta\,\mathrm{d}\theta=$$

$$-\frac{1}{2^n}+(2n-1)(I_{n-1}-I_n)$$

因此对于一切 $n\geqslant1$，有 $1+2^{n+1}nI_n=2^n(2n-1)I_{n-1}$，其中 $I_0=\frac{\pi}{4}$. 因为 $I_1=-\frac{1}{4}+\frac{\pi}{8}$，所以容易看出 $P_1+R_1=\pi$. 由归纳假定，对于某个 $n\geqslant2$ 假定 $\pi=P_{n-1}+R_{n-1}$，那么

$$\pi=P_{n-1}+R_{n-1}=P_{n-1}+\frac{4^n}{\binom{2n-2}{n-1}}\left[\frac{1}{2^n(2n-1)}+\frac{2^{n+1}n}{2^n(2n-1)}I_n\right]=$$

$$P_n+R_n$$

归纳完成.

为了证明这一估计，我们将利用著名的 Wallis 不等式

$$\frac{1}{\sqrt{\pi(n+1)}}<\frac{1}{\sqrt{\pi\left(n+\frac{1}{2}\right)}}<\frac{1}{4^n}\binom{2n}{n}<\frac{1}{\sqrt{\pi\left(n+\frac{1}{4}\right)}}<\frac{1}{\sqrt{3n+1}}$$

首先

$$I_n=\frac{1}{2^n}\int_{\frac{\pi}{4}}^{\frac{\pi}{2}}(1+\cos 2\theta)^n\mathrm{d}\theta=\frac{1}{2^{n+1}}\int_0^{\frac{\pi}{2}}(1-\cos z)^n\mathrm{d}z$$

利用著名的 Kober 改进不等式,对于一切 $0<z<\frac{\pi}{2}$,有

$$1-\cos z>\left(\frac{2z}{\pi}\right)^2$$

得到

$$2^{n+1}I_n>\left(\frac{2}{\pi}\right)^{2n}\int_0^{\frac{\pi}{2}}z^{2n}\mathrm{d}z=\frac{\pi}{2(2n+1)}>\frac{3}{2(2n+1)}$$

于是

$$\pi-P_n=R_n>\frac{12\sqrt{3n+1}}{2^{n+2}(2n+1)}\geqslant\frac{2}{2^n\sqrt{n}}$$

其中最后一个不等式是由

$$[3\sqrt{(3n+1)n}]^2-(4n+2)^2=(11n+4)(n-1)\geqslant 0$$

得到的.

其次,容易直接检验当 $n=1,2,3$ 时 R_n 的上界. 考虑 $n\geqslant 4$. 注意到,当 $0<z<\frac{\pi}{3}$ 时,$1-\cos z<\frac{3}{2\pi}z$;当 $\frac{\pi}{3}<z<\frac{\pi}{2}$ 时,$1-\cos z<\frac{3z}{\pi}-\frac{1}{2}$. 于是

$$2^{n+1}I_n<\left(\frac{3}{2\pi}\right)^n\int_0^{\frac{\pi}{3}}z^n\mathrm{d}z+\left(\frac{3}{\pi}\right)^n\int_{\frac{\pi}{3}}^{\frac{\pi}{2}}\left(z-\frac{\pi}{6}\right)^n\mathrm{d}z=$$
$$\frac{\pi}{3(n+1)}\left(1+\frac{1}{2^{n+1}}\right)\leqslant\frac{11\pi}{32(n+1)}$$

因此

$$R_n<\frac{44\pi\sqrt{\pi(n+1)}}{32(n+1)2^{n+1}}<\frac{44}{2^{n+1}\sqrt{32(n+1)}}<\frac{4}{2^n\sqrt{n}}$$

其中第二个不等式是从 $\pi^3<32$ 推出的,最后一个不等式是从 $11<2\sqrt{32}$ 推出的.

U307 证明:对于任何多项式 $f\in\mathbf{R}[X]$ 能写成两个递增多项式的差.

证明 设 $h(x)=(2d+1)x^{2d}+f'(x)$,其中 d 是 f 的次数. 如果 $d>0$,那么 $\lim\limits_{x\to\pm\infty}h(x)=+\infty$,而如果 $d=0$,那么 f 是常数,所以 $h\equiv 1$. 无论是哪一种情况,多项式 h 都得到最小值 a.

设 $Q(x)=x^{2d+1}+(|a|+1)x$,$P(x)=Q(x)+f(x)$,则 P 和 Q 都是多项式,且 $P-Q=f$,以及

$$Q'(x)=(2d+1)x^{2d}+(|a|+1)\geqslant 1>0$$
$$P'(x)=Q'(x)+f'(x)=h(x)+(|a|+1)\geqslant 1>0$$

所以二者都递增.

U308 设a_1,b_1,c_1,a_2,b_2,c_2是正实数.考虑可微的正值函数$X(x,y)$和$Y(x,y)$,且满足函数方程组

$$\frac{x}{X}=1+a_1x+b_1y+c_1Y$$

$$\frac{y}{Y}=1+a_2x+b_2y+c_2X$$

证明:如果$0<x_1\leqslant x_2,0<y_2\leqslant y_1$,那么$X(x_1,y_1)\leqslant X(x_2,y_2),Y(x_1,y_1)\geqslant Y(x_2,y_2)$.

证明 我们将首先证明如果$0<x_1\leqslant x_2$,那么$X(x_1,y)\leqslant X(x_2,y)$和$Y(x_1,y)\geqslant Y(x_2,y)$.设$1+b_1y=d_1,1+b_2y=d_2$.将方程组改写为

$$a_1xX+c_1XY+d_1X=x$$

$$a_2xY+c_2XY+d_2Y=y$$

对x微分,重新排列后,得到

$$(a_1x+c_1Y+d_1)X'+(c_1X)Y'=1-a_1X$$

$$(c_2Y)X'+(a_2x+c_2X+d_2)Y'=-a_2Y$$

将未知数X'和Y'解出,得到

$$X'=\frac{\begin{vmatrix}1-a_1X & c_1Y\\ -a_2Y & a_2x+c_2X+d_2\end{vmatrix}}{\begin{vmatrix}a_1x+c_1Y+d_1 & c_1X\\ c_2Y & a_2x+c_2X+d_2\end{vmatrix}}=$$

$$\frac{(1-a_1X)(a_2x+c_2X+d_2)+c_1b_2XY}{a_1a_2x^2+a_1c_2xX+a_1xd_2+a_2c_1xY+c_1d_2Y+d_1a_2x+d_1c_2X+d_1d_2}$$

分母为正.分子中的$(1-a_1X)$等于$\frac{1}{x}(c_1XY+d_1X)$也为正.这表明$X'>0$.因为

$$Y=\frac{y}{d_2+a_2x+c_2X}$$

所以推出Y递减.

分别用X,Y改变x,y的作用,推出如果$0<x_1=x_2=x,0<y_2\leqslant y_1$,那么$X(x,y_1)\leqslant X(x,y_2),Y(x,y_1)\geqslant Y(x,y_2)$.

所以对于在命题中特定的x_1,x_2,y_1,y_2,我们有

$$X(x_1,y_1)\leqslant X(x_2,y_1)\leqslant X(x_2,y_2)$$

和

$$Y(x_1,y_1)\geqslant Y(x_2,y_1)\geqslant Y(x_2,y_2)$$

这就是所要证明的.

U309 设$a_1,\cdots,a_n$是正实数,且$a_1+\cdots+a_n=1,n\geqslant 2$.证明:对于任何正整数$m$,

有

$$\sum_{k=1}^{n} \frac{a_k^{m+1}}{1-a_k^m} \geqslant \frac{1}{n^m-1}$$

证明 当 $x \in (0,1)$ 时,函数 $f(x)=\frac{x^{m+1}}{1-x^m}$ 是凸函数,这是因为当 $x \in (0,1)$ 时,有

$$f''(x)=\frac{2m^2x^{-1+3m}}{(1-x^m)^3}+\frac{2m^2x^{-1+2m}}{(1-x^m)^2}+\frac{m(1+m)x^{-1+2m}}{(1-x^m)^2}+$$
$$\frac{m(1+m)x^{-1+m}}{1-x^m}=\frac{mx^{m-1}[1+m+(m-1)x^m]}{(1-x^m)^3}>0$$

因此,由 Jensen 不等式,有

$$\sum_{k=1}^{n} \frac{a_k^{m+1}}{1-a_k^m} \geqslant nf\left(\frac{\sum \frac{a_k}{n}}{\sum \frac{1}{n}}\right)=nf\left(\frac{1}{n}\right)=n\frac{\left(\frac{1}{n}\right)^{m+1}}{1-\left(\frac{1}{n}\right)^m}=\frac{1}{n^m-1}$$

U310 设 ε 是焦点为 F 和 G 的椭圆,P 在椭圆外.设 A 和 B 是过 P 的椭圆 ε 的切线的切点,A 离 F 较近.再设 X 是 AG 和 BF 的交点.证明:XP 平分 $\angle AXB$.

证明 如图 2.18,设 C 在射线 FA 上,D 在射线 GB 上,且 $AC=AG$,$BD=BF$.因为 PA 与椭圆 ε 相切,$\angle PAC=\angle PAG$,所以 $\triangle PAC \cong \triangle PAG$.于是 $PC=PG$.同理 $PD=PF$.

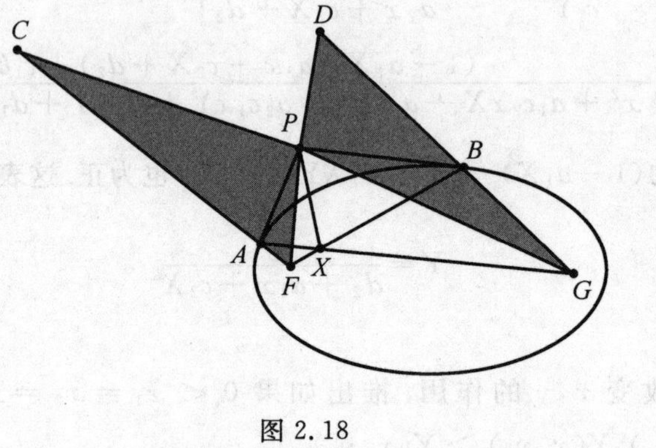

图 2.18

又因为

$$FC=FA+AC=FA+AG=GB+BF=GB+BD=GD$$

于是 $\triangle PCF \cong \triangle PGD$.因此

$$\angle CFP=\angle GDP=\angle BFP$$

这表明 P 是 $\triangle AFX$ 中点 F 所对的旁心.由此得 PX 平分 $\angle AXB$.

U311 设 $f:[0,1] \to [0,1]$ 是不减的凹函数,且 $f(0)=0$,$f(1)=1$.证明:

$$\int_0^1 [f(x)f^{-1}(x)]^2 \mathrm{d}x \geqslant \frac{1}{12}$$

证明 对于某个正实数 $k>1$，设 $f(x)=x^{\frac{1}{k}}$，显然 $f(x)$ 满足本题的条件．注意到 $f^{-1}(x)=x^k$，或

$$\int_0^1 [f(x)f^{-1}(x)]^2 \mathrm{d}x=\int_0^1 x^{\frac{2k^2+2}{k}}\mathrm{d}x=\frac{k}{2k^2+k+2}x^{\frac{2k^2+k+2}{k}}\Bigg|_0^1=$$

$$\frac{k}{2k^2+k+2}$$

因可使 k 要多大就多大，于是上式要多小就有多小．可见本题的结果未必正确．

U312 设 p 是质数，R 是特征值为 p 的(有单位元的)可交换环．集合 $S_k=\{x\in R\mid x^p=k\}$，这里 $k\in\{1,\cdots,p\}$．证明：S_k 有同样多的元素．

证明 观察由 $\varphi(x)=x+k$ 定义的映射 $\varphi:R\to R$ 是双射(因为它有逆映射 $x\mapsto x-k$)．因为

$$(x+k)^p=x^p+k^p=x^p+k$$

所以

$$\varphi(S_n)=\begin{cases}S_{n+k}, n\leqslant p-k\\ S_{n+k-p}, n>p-k\end{cases}$$

这就推出 $|S_n|=|S_{n+k}|$ 或 $|S_n|=|S_{n+k-p}|$．由于 $k,n\in\{1,\cdots,p\}$ 是任意的，所以推得 $|S_1|=|S_2|=\cdots=|S_p|$．

U313 设 $\boldsymbol{X}$ 和 $\boldsymbol{Y}$ 是非负的确定的 Hermitian 矩阵，且 $\boldsymbol{X}-\boldsymbol{Y}$ 也是非负的确定的矩阵．证明：$\mathrm{tr}(\boldsymbol{X}^2)\geqslant \mathrm{tr}(\boldsymbol{Y}^2)$．

证明 首先证明 $\mathrm{tr}(\boldsymbol{XY})\geqslant 0$．对于非负的确定的 Hermitian 矩阵 $\boldsymbol{X}$ 和 $\boldsymbol{Y}$，存在矩阵 $\boldsymbol{A}$ 和 $\boldsymbol{B}$，使 $\boldsymbol{X}=\boldsymbol{AA}^*$，$\boldsymbol{Y}=\boldsymbol{BB}^*$，这就给出

$$\mathrm{tr}(\boldsymbol{XY})=\mathrm{tr}(\boldsymbol{AA}^*\boldsymbol{BB}^*)=\mathrm{tr}(\boldsymbol{A}^*\boldsymbol{BB}^*\boldsymbol{A})=\mathrm{tr}[(\boldsymbol{A}^*\boldsymbol{B})(\boldsymbol{A}^*\boldsymbol{B})^*]\geqslant 0$$

因为 $\boldsymbol{X}-\boldsymbol{Y}$ 是非负的确定的矩阵，所以

$$\mathrm{tr}(\boldsymbol{X}^2)-\mathrm{tr}(\boldsymbol{Y}^2)=\mathrm{tr}[(\boldsymbol{X}-\boldsymbol{Y})\boldsymbol{X}]+\mathrm{tr}[\boldsymbol{Y}(\boldsymbol{X}-\boldsymbol{Y})]\geqslant 0$$

这是由上面证明过的结果所得到的．

U314 证明：对于任何正整数 k，有

$$\lim_{n\to\infty}\left(\frac{1+\sqrt[n]{2}+\cdots+\sqrt[n]{k}}{k}\right)^n>\frac{k}{\mathrm{e}}$$

这里 e 是欧拉常数．

第一种证法 设 $f(x)=\sqrt[n]{x}$．该函数显然递增(因为一阶导数 $f'(x)=\frac{1}{nx}\sqrt[n]{x}$)，且是凹函数(因为二阶导数 $f''(x)=-\frac{n-1}{n^2x^2}\sqrt[n]{x}$)．于是推出对于 $x\in[k-1,k]$，有

$$f(x)\leqslant\sqrt[n]{k}-\frac{n-1}{n^2x^2}\sqrt[n]{x}(k-x)$$

当且仅当 $x=k$ 时,等号成立.于是

$$\frac{nk\sqrt[n]{k}}{n+1}=\int_0^k f(x)\mathrm{d}x=\sum_{j=1}^{k}\int_{j-1}^{j}f(x)\mathrm{d}x<$$

$$\sum_{j=1}^{k}\sqrt[n]{j}-\sum_{j=1}^{k}\frac{n-1}{n^2j^2}\sqrt[n]{j}\int_{j-1}^{j}(j-x)\mathrm{d}x=$$

$$\sum_{j=1}^{k}\sqrt[n]{j}-\sum_{j=1}^{k}\frac{n-1}{2n^2j^2}\sqrt[n]{j}$$

或等价于

$$\left(\frac{1+\sqrt[n]{2}+\cdots+\sqrt[n]{k}}{k}\right)^n>\left(\frac{n\sqrt[n]{k}}{n+1}+\frac{n-1}{2n^2k}\sum_{j=1}^{k}\frac{\sqrt[n]{j}}{j^2}\right)^n>$$

$$k\left(\frac{n}{n+1}\right)^n\left[1+\frac{(n-1)(n+1)}{2n^2k\sqrt[n]{k}}\sum_{j=1}^{k}\frac{\sqrt[n]{j}}{j^2}\right]>$$

$$k\left(\frac{n}{n+1}\right)^n\left[1+\frac{(n-1)(n+1)}{2n^2k\sqrt[n]{k}}\sum_{j=1}^{k}\frac{1}{j^2}\right]$$

当 $n\to\infty$ 时,括号内第二项的极限显然是正的,因为和式外的因式有极限$\frac{1}{2k}$,且和是正的,并与 n 无关.于是推得

$$\lim_{n\to\infty}\left(\frac{1+\sqrt[n]{2}+\cdots+\sqrt[n]{k}}{k}\right)^n>k\lim_{n\to\infty}\left(\frac{n}{n+1}\right)^n=$$

$$k\lim_{n\to\infty}\frac{1}{\left(1+\frac{1}{n}\right)^n}=\frac{k}{\mathrm{e}}$$

这就是所要证明的.

第二种证法 对于任何正整数 m,我们有

$$\sqrt[n]{m}=\mathrm{e}^{\frac{\log m}{n}}=1+\frac{\log m}{n}+O(n^{-2})$$

于是对前 k 个值取平均值,得到

$$\frac{1+\sqrt[n]{2}+\cdots+\sqrt[n]{k}}{k}=1+\frac{\log(k!)}{kn}+O(n^{-2})=$$

$$\exp\left(\frac{\log(k!)}{kn}+O(n^{-2})\right)$$

于是

$$\left(\frac{1+\sqrt[n]{2}+\cdots+\sqrt[n]{k}}{k}\right)^n=\exp\left(\frac{\log(k!)}{k}+O(n^{-1})\right)=$$

$$\sqrt[k]{k!}\cdot(1+O(n^{-1}))$$

因此

$$\lim_{n\to\infty}\left(\frac{1+\sqrt[n]{2}+\cdots+\sqrt[n]{k}}{k}\right)^n=\sqrt[k]{k!}$$

上式大于$\frac{k}{\mathrm{e}}$这一事实是由形如$k!\geqslant\sqrt{2\pi k}k^k\mathrm{e}^{-k}>\left(\frac{k}{\mathrm{e}}\right)^k$的斯特林公式推得的.

U315 设$\boldsymbol{X}$和$\boldsymbol{Y}$是同一阶复数矩阵,且$\boldsymbol{XY}^2-\boldsymbol{Y}^2\boldsymbol{X}=\boldsymbol{Y}$. 证明:$\boldsymbol{Y}$是幂零矩阵.

证明 众所周知,当且仅当对于一切$n\geqslant 1$,有$\mathrm{tr}(\boldsymbol{Y}^n)=0$时,$\boldsymbol{Y}$是幂零矩阵. 为了弄清"如果"的方向,注意迹变换为零指的是$\boldsymbol{Y}$的特征值的幂的和为零,而牛顿恒等式就是这样处理初等对称函数的. 但这里是说$\boldsymbol{Y}$的特征多项式$\det(t\boldsymbol{I}-\boldsymbol{Y})$恰是$t$的幂. 由 Cayley－Hamilton 定理知,$\boldsymbol{Y}$是幂零矩阵.

而使用迹变换

$$\mathrm{tr}(\boldsymbol{Y}^n)=\mathrm{tr}(\boldsymbol{Y}^{n-1}\boldsymbol{XY}^2)-\mathrm{tr}(\boldsymbol{Y}^{n-1}\boldsymbol{Y}^2\boldsymbol{X})=\mathrm{tr}(\boldsymbol{Y}^{n+1}\boldsymbol{X})-\mathrm{tr}(\boldsymbol{Y}^{n+1}\boldsymbol{X})=0$$

的线性性质和循环不变量容易检验这一点.

U316 对于一切$n\geqslant 1$,数列$\{F_n\}$由$F_1=F_2=1,F_{n+2}=F_{n+1}+F_n$定义. 对于任何非负整数$m$,设$v_2(m)$是整除$m$的2的最高次幂. 证明:恰存在一个正实数$\mu$,有无穷多个正整数$n$满足方程

$$v_2(\lfloor\mu n\rfloor!)=v_2(F_1\cdot\cdots\cdot F_n)\tag{1}$$

并求出μ.

第一种解法 我们断言当且仅当$\mu=\frac{5}{6}$时,方程(1)有无穷多个解n. 我们首先介绍以下引理.

引理1 设p是质数,n是p进制表示的自然数,$n=\sum_{j=0}^{k}n_jp^j$,其中$0\leqslant n_j\leqslant p-1$, $0\leqslant j\leqslant k$. 对于任何自然数m,当$p^n\mid m$,且$p^{n+1}\nmid m$时,定义$v_p(m)=n$. 于是

$$v_p(n!)=\sum_{j\geqslant 1}\left[\frac{n}{p^j}\right]=\frac{n-n_0-n_1-n_2-\cdots-n_k}{p-1}$$

证明 在整数$1,2,\cdots,n$中恰存在$\left[\frac{n}{p}\right]$个数能被p整除,即这$\left[\frac{n}{p}\right]$个数是

$$p,2p,\cdots,\left[\frac{n}{p}\right]p\tag{2}$$

在1到n的整数中能被p^2整除的(式(2)的子集)是

$$p^2,2p^2,\cdots,\left[\frac{n}{p^2}\right]p^2$$

共有$\left[\frac{n}{p^2}\right]$个,依此类推. 在1到$n$的整数中能被$p^j$整除,但不能被$p^{j+1}$整除的数恰有

$\left[\frac{n}{p^j}\right]-\left[\frac{n}{p^{j+1}}\right]$个.于是 p 整除 $n!$ 恰有

$$\sum_{j\geqslant 1} j\left(\left[\frac{n}{p^j}\right]-\left[\frac{n}{p^{j+1}}\right]\right)=\sum_{j\geqslant 1}\left[\frac{n}{p^j}\right]$$

次.则我们有

$$\sum_{j\geqslant 1}\left[\frac{n}{p^j}\right]=\sum_{j\geqslant 1}\frac{n}{p^j}-\sum_{j\geqslant 1}\left\{\frac{n}{p^j}\right\}=\frac{n}{p-1}-\sum_{j\geqslant 1}\left\{\frac{n_0+n_1p+n_2p^2+\cdots+n_kp^k}{p^j}\right\}=$$

$$\frac{n}{p-1}-\sum_{j=1}^{k}\frac{n_0+n_1p+n_2p^2+\cdots+n_{j-1}p^{j-1}}{p^j}-$$

$$\sum_{j\geqslant k+1}\frac{n_0+n_1p+n_2p^2+\cdots+n_kp^k}{p^j}=$$

$$\frac{n}{p-1}-\sum_{j=1}^{k}\frac{1}{p^j}\sum_{i=1}^{j}n_{i-1}p^{i-1}-\frac{1}{p^k(p-1)}\sum_{i=0}^{k}n_ip^i=$$

$$\frac{n}{p-1}-\sum_{i=1}^{k}n_{i-1}\sum_{j=i}^{k}p^{i-j-1}-\frac{1}{p^k(p-1)}\sum_{i=0}^{k}n_ip^i=$$

$$\frac{n}{p-1}-\frac{1}{p-1}\sum_{i=1}^{k}n_{i-1}(1-p^{i-1-k})-\frac{1}{p^k(p-1)}\sum_{i=0}^{k}n_ip^i=$$

$$\frac{n-n_0-n_1-n_2-\cdots-n_k}{p-1}$$

由此推出引理 1.

引理 2

$$v_2(F_n)=\begin{cases}0, n\equiv 1,2 \bmod 3\\ 1, n\equiv 3 \bmod 6\\ 3, n\equiv 6 \bmod 12\\ v_2(n)+2, n\equiv 0 \bmod 12\end{cases}$$

证明 见 Lengyel 的论文 *The order of the Fibonacci and Lucas numbers* 中的引理 2.

现回到原题.设$\lfloor\mu n\rfloor=\sum_i e_i2^i$，$\left[\frac{n}{12}\right]=\sum_i f_i2^i$ 分别是$\lfloor\mu n\rfloor$和$\left[\frac{n}{12}\right]$的二进制表达式.于是,由引理 1 和引理 2,有

$$v_2(\lfloor\mu n\rfloor!)=\sum_{k\geqslant 1}\left[\frac{\lfloor\mu n\rfloor}{2^k}\right]=\sum_i e_i(2^i-1)=\lfloor\mu n\rfloor-\sum_i e_i$$

$$v_2(F_1\cdot\cdots\cdot F_n)=\sum_{k=1}^{n}v_2(F_k)=\sum_{0<6k+3\leqslant n}1+\sum_{0<12k+6\leqslant n}3+\sum_{0<12k\leqslant n}2+\sum_{0<12k\leqslant n}v_2(12k)=$$

$$\sum_{0<6k+3\leqslant n}1+\sum_{0<12k+6\leqslant n}3+\sum_{0<12k\leqslant n}4+\sum_{0<k\leqslant\frac{n}{12}}v_2(k)=$$

$$\left[\frac{n+3}{6}\right]+3\left[\frac{n+6}{12}\right]+4\left[\frac{n}{12}\right]+v_2\left(\left[\frac{n}{12}\right]!\right)=$$

$$\left[\frac{n}{6}+\frac{1}{2}\right]+3\left[\frac{n}{12}+\frac{1}{2}\right]+5\left[\frac{n}{12}\right]-\sum_i f_i$$

则我们有 $\sum_i e_i=O(\log n)$ 以及 $\sum_i f_i=O(\log n)$. 所以当 n 趋向于无穷大时，有

$$v_2(\lfloor \mu n\rfloor !)=\lfloor \mu n\rfloor-\sum_i e_i=\mu n+O(\log n)$$

以及

$$v_2(F_1\cdot\cdots\cdot F_n)=\left[\frac{n}{6}+\frac{1}{2}\right]+3\left[\frac{n}{12}+\frac{1}{2}\right]+5\left[\frac{n}{12}\right]-\sum_i f_i=\frac{5n}{6}+O(\log n)$$

所以方程(1) 有无穷多个解的一个的必要条件是 $\mu=\frac{5}{6}$.

考虑数 $n=81\cdot 2^k,k\geqslant 2$. 那么

$$\left[\frac{5n}{6}\right]=135\cdot 2^{k-1}=(2^7+2^2+2^1+2^0)2^{k-1}$$

$$v_2\left(\left[\frac{5n}{6}\right]!\right)=135\cdot 2^{k-1}-4$$

$$\left[\frac{n}{12}\right]=27\cdot 2^{k-2}=(2^4+2^3+2^1+2^0)2^{k-2}$$

$$v_2\left(\left[\frac{n}{12}\right]!\right)=27\cdot 2^{k-1}-4$$

$$v_2(F_1\cdot\cdots\cdot F_n)=\left[\frac{n}{6}+\frac{1}{2}\right]+3\left[\frac{n}{12}+\frac{1}{2}\right]+5\left[\frac{n}{12}\right]-\sum_i f_i=$$

$$27\cdot 2^{k-1}+3\cdot 27\cdot 2^{k-2}+5\cdot 27\cdot 2^{k-2}-4=$$

$$135\cdot 2^{k-1}-4=v_2\left(\left[\frac{5n}{6}\right]!\right)$$

由此推出证明.

第二种解法 我们将证明 $\mu=\frac{5}{6}$ 以及对于一切 $m\geqslant 5, n=3\cdot 2^m+17$ 满足方程.

由递推关系，我们看出对于一切不能被 3 整除的 n，F_n 是奇数. 注意到 $F_3=2, F_6=2^3$, $F_{12}=2^4\cdot 9$. 假定 q 是下面一个奇数. 那么 $(F_{3q},F_6)=F(_{3q,6})=F_3$, $(F_{6a},F_{12})=F(_{6q,12})=F_6$，所以 $v_2(F_{3q})=1, v_2(F_{6a})=3$. 因为 $F_{2n}=F_nL_n$，这里 $L_0=2, L_1=1$，对于 $n\geqslant 0, L_{n+2}=L_{n+1}+L_n$. 根据众所周知的事实

$$L_{3n}=\sum_{i=0}^{n}\binom{n}{i}2^iL_i$$

得到 $L_{6k}\equiv L_0 \pmod 4$，即对一切 $k\geqslant 0$，有 $v_2(L_{6k})=1$. 因此对 m 的归纳，容易看出对一切 $m\geqslant 0$，有 $v_2(F_{6\cdot 2^mq})=m+3$. 于是

$$v_2(F_1\cdot\cdots\cdot F_n)=\left\lceil\frac{1}{2}\left\lfloor\frac{n}{3}\right\rfloor\right\rceil+3\left\lfloor\frac{n}{6}\right\rfloor+v_2\left(\left\lfloor\frac{n}{6}\right\rfloor!\right)=$$
$$\left\lceil\frac{1}{2}\left\lfloor\frac{n}{3}\right\rfloor\right\rceil+3\left\lfloor\frac{n}{6}\right\rfloor+\sum_{i=1}^{\infty}\left\lfloor\frac{\lfloor n/6\rfloor}{2^i}\right\rfloor\sim$$
$$\frac{n}{6}+\frac{n}{2}+\frac{n}{6}=\frac{5n}{6},n\to\infty$$

另一方面,有

$$v_2(\lfloor\mu n\rfloor!)=\sum_{i=1}^{\infty}\left\lfloor\frac{\lfloor\mu n\rfloor}{2^i}\right\rfloor\sim\mu n,n\to\infty$$

因此,为了有无穷多个 n 满足原方程,μ 必须是 $\frac{5}{6}$.

最后,对于 $m\geqslant 5$ 的一切 $n=3\cdot 2^m+17$,以上两式变为

$$v_2(F_1\cdot\cdots\cdot F_n)=2^{m-1}+3+3(2^{m-1}+2)+2^{m-1}=2^{m+1}+2^{m-1}+9$$
$$v_2\left(\left\lfloor\frac{5n}{6}\right\rfloor!\right)=\sum_{i=1}^{\infty}\left\lfloor\frac{5\cdot 2^{m-1}+14}{2^i}\right\rfloor=\sum_{i=1}^{\infty}\left\lfloor\frac{2^{m+1}+2^{m-1}+14}{2^i}\right\rfloor=$$
$$\left\lfloor\frac{14}{2}\right\rfloor+\left\lfloor\frac{14}{4}\right\rfloor+\left\lfloor\frac{14}{8}\right\rfloor+\sum_{i=0}^{m}2^i+\sum_{i=0}^{m-2}2^i=$$
$$11+(2^{m+1}-1)+(2^{m-1}-1)=$$
$$2^{m+1}+2^{m-1}+9$$

U317 对于任何正整数 s,t,p,证明:存在数 $M(s,t,p)$,使每一个具有与大小至少是 $M(s,t,p)$ 匹配的图 G 或者包含一个完全图 K_s,这个 K_s 是完全二分图 $K_{t,t}$ 的一个诱导复本,或者包含一个与大小为 p 的匹配作为诱导子集.如果用"路径"代替"匹配",结果是否仍然正确?

证明 "路径"和"匹配"这两种情况结果都正确.我们将只对"匹配"进行证明;对"路径"的证明,请参考 A. Atminas, V. V. Lozin, I. Razgon. *Linear time algorithm for computing a small complete biclique in graphs without long induced paths*, SWAT, 2012:142-152.

证明的关键部分是以下类似的二分图,较容易证明.

引理 对于任何自然数 t 和 p,存在自然数 $N(t,p)$,使具有与大小至少是 $N(t,p)$ 匹配的每一个二分图,或者包含一个完全图二分 $K_{t,t}$,或者包含一个诱导匹配 M_p.

证明 对于 $p=1$ 和任意的 t,我们可以定义 $N(t,p)=1$.对于每一个确定的 t,我们将对 p 用归纳法证明.不失一般性,我们只对形如 $p=2^s$ 的值进行证明.假定对某个 $s\geqslant 0$,当 $p=2^s$ 时已经证明.现在证明设 $N(t,2p)=RB(t,RB(t,N(t,p)))$ 是充分的,这里 RB 是二分拉姆塞(Ramsey)数.考虑具有与大小至少是 $RB(t,RB(t,N(t,p)))$ 的一个匹配的图 G.不失一般性,我们可以假定 G 不包含这个匹配以外的任何顶点.我们还假定 G 不

包含一个诱导 $K_{t,t}$，否则已经证毕. 于是 G 必须包含顶点，如 A,B 的 $K_{RB(t,N(t,p)),RB(t,N(t,p))}$ 的二分补图. 设在 G 中原来就匹配的 C 和 D 分别由与 A 和 B 中匹配的顶点组成. 注意到 A,B,C,D 两两不相连. 图 $G[A\cup C]$ 和图 $G[B\cup D]$（由集合 $A\cup C$ 和 $B\cup D$ 导出的）都包含大小为 $RB(t,N(t,p))$ 的一个匹配. A 和 B 之间没有棱，然而 C 和 D 之间可能有棱. 根据假定，$G[C\cup D]$ 却没有 $K_{t,t}$，于是由拉姆塞定理，它必包含 $K_{N(t,p),N(t,p)}$ 的二分补图，其顶点集合 $C'\subset C,D'\subset D$. 设 $A'\subset A$ 和 $B'\subset B$ 分别是与在 G 中原来就匹配的顶点 C' 和 D' 匹配的集合. 在 $G[A'\cup B']$ 中不存在棱，在 $G[C'\cup D']$ 中也不存在棱，但是 $G[A'\cup C']$ 和 $G[B'\cup D']$ 都包含大小为 $N(t,p)$ 的一个匹配. 因为 G 没有 $K_{t,t}$，所以根据归纳假定，我们推得它们都包含一个导出匹配 M_p. 综合考虑，我们发现 G 包含一个导出的 M_{2p}. 这就证明了引理.

现在回到原来的问题. 定义 $M(s,t,p):=R(s,R(s,N(t,p)))$，其中 R 是经典拉姆塞数，$N(t,p)$ 是引理中的 N. 假定 G 是一个没有 $(K_s,K_{t,t})$ 的图，有一个大小为 $R(s,R(s,N(t,p)))$ 的匹配. 因为 G 没有 $K_{t,t}$，所以它必须包含一个独立的，大小为 $R(s,N(t,p))$ 的集合 A. 设 B 是与 A 匹配的顶点的集合. 因为 $G[B]$ 没有 $K_{t,t}$，所以它必须包含一个独立的，大小为 $N(t,p)$ 的集合 B'. 设 A' 是与 B' 匹配的顶点的集合；图 $H=G[A'\cup B']$ 是具有与大小为 $N(t,p)$ 的一个匹配的二分图. 根据上面的内容，因为 H 没有 $K_{t,t}$，由此推得 H 包含一个导出的匹配 M_p. 这就完成了证明.

U318 确定 $\sum\limits_{k=1}^{\infty}\dfrac{(-1)^{q(k)}}{k^2}$ 的一切可能的值，其中 $q(x)$ 是一个二次多项式，在整数位上只取整数值.

解 众所周知，对于某个 $a,b,c\in\mathbf{Z}$，且 $a\neq 0$，有

$$q(x)=a\binom{x}{2}+b\binom{x}{1}+c\binom{x}{0}=\frac{1}{2}ax(x-1)+bx+c$$

显然，给定的和只与 a,b,c 的奇偶性有关. 注意到对于 $k\in\mathbf{N}$，有

$$q(k+4)=q(k)+4ak+6a+4b\equiv q(k)\pmod 2$$

现在用 $q_{a,b,c}(x)$ 表示 $\frac{1}{2}ax(x-1)+bx+c$，其中 $a,b,c\equiv 0$ 或 $1\pmod 2$. 于是

$$S_{0,0,0}=\sum_{k=1}^{\infty}\frac{(-1)^{q_{0,0,0}(k)}}{k^2}=\frac{1}{1^2}+\frac{1}{2^2}+\frac{1}{3^2}+\frac{1}{4^2}+\cdots=\frac{\pi^2}{6}$$

$$S_{0,1,0}=\sum_{k=1}^{\infty}\frac{(-1)^{q_{0,1,0}(k)}}{k^2}=-\frac{1}{2^2}+\frac{1}{2^2}-\frac{1}{3^2}+\frac{1}{4^2}-\cdots=-\frac{\pi^2}{12}$$

$$S_{1,0,0}=\sum_{k=1}^{\infty}\frac{(-1)^{q_{1,0,0}(k)}}{k^2}=\frac{1}{1^2}-\frac{1}{2^2}-\frac{1}{3^2}+\frac{1}{4^2}+\frac{1}{5^2}-\frac{1}{6^2}-\frac{1}{7^2}+\frac{1}{8^2}+\cdots=$$

$$\left(\frac{1}{1^2}-\frac{1}{3^2}+\frac{1}{5^2}-\frac{1}{7^2}+\cdots\right)-\frac{1}{4}\left(\frac{1}{1^2}-\frac{1}{2^2}+\frac{1}{3^2}-\frac{1}{4^2}+\cdots\right)=$$

$$G-\frac{\pi^2}{48}$$

其中 G 是卡特兰常数,以及

$$S_{1,1,0}=\sum_{k=1}^{\infty}\frac{(-1)^{q_{1,1,0}(k)}}{k^2}=-\frac{1}{1^2}-\frac{1}{2^2}+\frac{1}{3^2}+\frac{1}{4^2}-\frac{1}{5^2}-\frac{1}{6^2}+\frac{1}{7^2}+\frac{1}{8^2}-\cdots=$$

$$-\left(\frac{1}{1^2}-\frac{1}{3^2}+\frac{1}{5^2}-\frac{1}{7^2}+\cdots\right)-\frac{1}{4}\left(\frac{1}{1^2}-\frac{1}{2^2}+\frac{1}{3^2}-\frac{1}{4^2}+\cdots\right)=$$

$$-G-\frac{\pi^2}{48}$$

最后

$$S_{0,0,1}=-S_{0,0,0},S_{0,1,1}=-S_{0,1,0},S_{1,0,1}=-S_{1,0,0},S_{1,1,1}=-S_{1,1,0}$$

U319 设一个三角形的角 A,B,C 的大小用弧度制表示,外接圆的半径和内切圆的半径分别是 R 和 r. 证明:

$$\frac{A}{B}+\frac{B}{C}+\frac{C}{A}\leqslant\frac{2R}{r}-1$$

证明 我们采用一些熟知的不等式. 第一个是

$$\frac{1}{ABC}\leqslant\frac{27}{2\pi^3}\cdot\frac{R}{r}$$

这可以在 Crux Mathematicorum, vol. 39-6, 2013 的问题 3757 中找到.

第二个是一个熟知的不等式

$$a^2c+b^2a+c^2b\leqslant\frac{4}{27}(a+b+c)^3-abc$$

其中 $a,b,c\geqslant 0$.

于是,我们有

$$\frac{A}{B}+\frac{B}{C}+\frac{C}{A}=\frac{A^2C+B^2A+C^2B}{ABC}\leqslant\frac{1}{ABC}\left[\frac{4}{27}(A+B+C)^3-ABC\right]=$$

$$\frac{1}{ABC}\cdot\frac{4\pi^3}{27}-1\leqslant\frac{27}{2\pi^3}\cdot\frac{R}{r}\cdot\frac{4\pi^3}{27}-1=\frac{2R}{r}-1$$

U320 求

$$\sum_{n\geqslant 0}\frac{2^n}{2^{2^n}+1}$$

的值.

解 对于一切非负整数 N,定义

$$S_N=\sum_{n=0}^{N}\frac{2^n}{2^{2^n}+1}$$

我们将证明对于一切正整数 N,有

$$S_N = 1 - \frac{2^{N+1}}{2^{2^{N+1}} - 1}$$

当 $N=0$ 和 $N=1$ 时，结果显然成立，这是因为

$$S_0 = \frac{1}{3} = 1 - \frac{2}{3} = 1 - \frac{2^1}{2^{2^1} - 1}$$

$$S_1 = S_0 + \frac{2}{5} = 1 - \frac{4}{15} = 1 - \frac{2^2}{2^{2^2} - 1}$$

如果这一结果对 $N-1$ 成立，那么对于 N，有

$$S_N = S_{N-1} + \frac{2^N}{2^{2^N} + 1} = 1 - 2^N \frac{(2^{2^N} + 1) - (2^{2^N} - 1)}{(2^{2^N} + 1)(2^{2^N} - 1)} = 1 - \frac{2^{N+1}}{2^{2 \cdot 2^N} - 1}$$

利用归纳法，这一结果对于一切非负整数 N 成立．于是推出

$$\sum_{n \geqslant 0} \frac{2^n}{2^{2^n} + 1} = \lim_{N \to \infty} S_{N-1} = 1 - \lim_{N \to \infty} \frac{2^N}{2^{2^N} - 1} = 1 - \lim_{x \to \infty} \frac{x}{2^x - 1} = 1$$

众所周知，指数函数增加得比线性函数快得多，所以这里我们定义了 $x = 2^N$．由此推出了结论．

U321 考虑定义为

$$P_{k+1}(x) = (x^a - 1)P'_k(x) - (k+1)P_k(x)\,(k = 1, 2, \cdots)$$

的多项式序列 $(P_s)_{s \geqslant 1}$，其中 $P_1(x) = x^{a-1}$，a 是大于 1 的整数．

(1) 求 P_k 的次数．

(2) 求 $P_k(0)$ 的值．

解 (1) 我们将对 k 用归纳法证明 $P_k(x)$ 是 $k(a-1)$ 次多项式，其首项系数是 $(k-1)!\ a^{k-1}$．基本情况是 $P_1(x) = x^{a-1} = 0!\ a^0 x^{1(a-1)}$．归纳步骤可立刻得到，因为我们可计算

$$P_{k+1}(x) = (x^a - 1)[(k-1)!\ a^{k-1} k(a-1) x^{k(a-1)-1} + \cdots] - (k+1)[(k-1)!\ a^{k-1} x^{k(a-1)} + \cdots] = k!\ a^k x^{(k+1)(a-1)} + \cdots$$

(2) 我们将对一切 a 概述计算 $P_k(0)$ 的值的母函数，但是我们只能推导在 $a=2$ 的情况下的显性公式．关键步骤在于构建以下的变量代换

$$1 + y = \exp\left(-\int_0^x \frac{\mathrm{d}t}{1 - t^a}\right)$$

这一积分可以对任何 a 作显性表示，所以有

$$1 + y = \prod_{\omega} (1 - \omega x)^{\frac{1}{a\omega}}$$

这里乘积表示 ω 跑遍一切 a 次单位根．一般来说，这包括各因子的复数次幂，因此包括反

三角函数和指数函数，但是对于 $a=2$，我们得到了以下优美的公式

$$1+y=\sqrt{\frac{1-x}{1+x}}$$

或

$$x=-\frac{y(2+y)}{2+2y+y^2}$$

为了比较 $a=3$ 的情况，所得的结果是

$$1+y=\frac{(1-x)^{\frac{1}{3}}}{(1+x+x^2)^{\frac{1}{6}}}\exp\left(\frac{\pi}{6\sqrt{3}}-\frac{1}{\sqrt{3}}\arctan\frac{1+2x}{\sqrt{3}}\right)$$

用 y 表示 x 似乎需要一些技巧. 这一代换的关键特征是确保

$$\frac{\mathrm{d}y}{\mathrm{d}x}=\frac{1+y}{x^a-1}$$

设 Q_m 表示该函数，其中 $Q_m(y)=P_m(x)$. 然后计算

$$(1+y)^{m+1}\frac{\mathrm{d}}{\mathrm{d}y}(1+y)^{-m}Q_{m-1}(y)=(1+y)\frac{\mathrm{d}Q_{m-1}(y)}{\mathrm{d}y}-mQ_{m-1}(y)=$$

$$(1+y)\frac{\mathrm{d}x}{\mathrm{d}y}\cdot\frac{\mathrm{d}P_{m-1}(x)}{\mathrm{d}x}-mP_{m-1}(x)=$$

$$(x^a-1)P'_{m-1}(x)-mP_{m-1}(x)=P_m(x)=Q_m(y)$$

于是对 m 归纳，我们有

$$Q_m(y)=(1+y)^{m+1}\left(\frac{\mathrm{d}}{\mathrm{d}y}\right)^{m-1}\frac{Q_1(y)}{(1+y)^2}$$

因为 $x=0$ 对应 $y=0$，我们看到 $P_m(0)=Q_m(0)$ 是 $(m-1)!$ 乘以 $\frac{Q_1}{(1+y)^2}$ 的 Taylor 级数展开式中的 y^{m-1} 的系数. 于是我们找到了所断言的 $P_m(0)$ 的值的一个(指数)母函数.

对于 $a=2$，我们有 $P_1(x)=x$，所以这个 Taylor 级数是

$$-\frac{y(2+y)}{(1+y)^2(2+2y+y^2)}=\frac{1}{(1+y)^2}-\frac{1-y+\frac{y^2}{2}}{1+\frac{y^4}{4}}$$

二者的这些项都是简单的 Taylor 级数，其最后结果是

$$P_m(0)=\begin{cases}-m!,m\equiv 0(\bmod 4)\\ m!\ +(-1)^{\frac{(m+3)}{4}}2^{-\frac{(m-1)}{2}}(m-1)!,m\equiv 1(\bmod 4)\\ -m!\ +(-1)^{\frac{(m-2)}{4}}2^{-\frac{(m-2)}{2}}(m-1)!,m\equiv 2(\bmod 4)\\ m!\ +(-1)^{\frac{(m+1)}{4}}2^{-\frac{(m-1)}{2}}(m-1)!,m\equiv 3(\bmod 4)\end{cases}$$

U322 求

$$\sum_{n=1}^{\infty}\frac{16n^2-12n+1}{n(4n-2)!}$$

的值.

解 注意到

$$\frac{16n^2-12n+1}{n(4n-2)!}=\frac{4n(4n-3)}{n(4n-2)!}+\frac{1}{n(4n-2)!}=$$

$$4\cdot\frac{4n-3}{(4n-2)!}+4\cdot\frac{4n-1}{(4n)!}=$$

$$4\left[\frac{1}{(4n-3)!}-\frac{1}{(4n-2)!}+\frac{1}{(4n-1)!}-\frac{1}{(4n)!}\right]$$

所以

$$\sum_{n=1}^{\infty}\frac{16n^2-12n+1}{n(4n-2)!}=4\sum_{n=1}^{\infty}\left[\frac{1}{(4n-3)!}-\frac{1}{(4n-2)!}+\frac{1}{(4n-1)!}-\frac{1}{(4n)!}\right]=$$

$$4\sum_{n=1}^{\infty}(-1)^{n-1}\frac{1}{n!}=4\left[1-\sum_{n=0}^{\infty}(-1)^n\frac{1}{n!}\right]=$$

$$4\left(1-\frac{1}{\mathrm{e}}\right)$$

U323 设 X 和 Y 是以下独立均匀分布的随机变量

$$p_X(x)=\begin{cases}1,0<x<1\\0,\text{其他情况}\end{cases}$$

则使不等式 $X^2+Y^2\geqslant 3XY$ 成立的概率是多少?

解 首先注意到题设中的不等式可改写为

$$\left(Y-\frac{3+\sqrt{5}}{2}X\right)\left(Y-\frac{3-\sqrt{5}}{2}X\right)\geqslant 0$$

即 X,Y 只取非负值,所以必有或者 $Y\geqslant\frac{3+\sqrt{5}}{2}X\geqslant\frac{3-\sqrt{5}}{2}X$,或者 $Y\leqslant\frac{3-\sqrt{5}}{2}X\leqslant\frac{3+\sqrt{5}}{2}X$. 这就局限于一个单位正方形和两个三角形的内部或边界时,不等式成立,其中单位正方形的顶点为$(X,Y)=(0,0),(0,1),(1,1),(1,0)$,一个三角形的顶点为$(X,Y)=(0,0),(1,0),\left(1,\frac{3-\sqrt{5}}{2}\right)$,另一个三角形的顶点为$(X,Y)=(0,0),(0,1),\left(\frac{3-\sqrt{5}}{2},1\right)$. 在单位正方形的其余部分时,不等式不成立. 因为变量 X 和 Y 独立且均匀分布,所以(X,Y)落到这两个三角形其中之一的内部或边界的概率等于这两个三角形的面积的和$\frac{3-\sqrt{5}}{2}$除以单位正方形的面积 1. 所以所求概率是$\frac{3-\sqrt{5}}{2}$.

U324 设 $f:[0,1]\to\mathbf{R}$ 是可微函数,且 $f(1)=0$. 证明:存在 $c\in(0,1)$,使

$$|f(c)| \leqslant |f'(c)|$$

证明 我们将证明对于所有 $M>0$，存在 $c\in(0,1)$，使

$$M|f(c)| \leqslant |f'(c)|$$

如果存在 $c\in(0,1)$，使 $f(c)=0$，那么不等式显然成立. 否则由连续性，f 不变号，不失一般性，设在 $(0,1)$ 上有 $f(x)>0$. 根据中值定理，对于一切 $t\in\left(\frac{1}{2},1\right)$，存在 $c_t\in\left(\frac{1}{2},t\right)$，使

$$\frac{\ln[f(t)]-\ln\left[f\left(\frac{1}{2}\right)\right]}{1-\frac{1}{2}}=\frac{f'(c_t)}{f(c_t)}$$

条件 $f(1)=0$ 表明当 $t\to 1^-$ 时，左边趋近于 $-\infty$.

因此对于一切 $M>0$，存在 c_t，使

$$\frac{f'(c_t)}{f(c_t)} \leqslant -M$$

于是 $f'(c_t)<0$，以及

$$\frac{|f'(c_t)|}{|f(c_t)|}=\frac{-f'(c_t)}{f(c_t)} \geqslant M$$

U325 设 $\triangle A_1B_1C_1$ 外接圆的半径是 R_1. 对于每一个 $n\geqslant 1$，$\triangle A_nB_nC_n$ 的内切圆切边于点 A_{n+1}，B_{n+1}，C_{n+1}. $\triangle A_{n+1}B_{n+1}C_{n+1}$ 外接圆的半径也是 $\triangle A_nB_nC_n$ 内切圆的半径 R_{n+1}. 求 $\lim\limits_{n\to\infty}\frac{R_{n+1}}{R_n}$.

解 如图 2.19，设 $\triangle A_nB_nC_n$ 内切圆的半径是 r_n，则有 $R_{n+1}=r_n$，利用熟知的公式

$$\frac{r_n}{R_n}=4\sin\frac{A_n}{2}\sin\frac{B_n}{2}\sin\frac{C_n}{2}$$

因为 $A_nB_{n+1}IC_{n+1}$ 是圆内接四边形，所以有

$$\angle A_n+\angle B_{n+1}IC_{n+1}=\pi$$

和

$$2\angle A_{n+1}=\angle B_{n+1}IC_{n+1}$$

于是有

$$\angle A_{n+1}=\frac{\pi}{2}-\frac{\angle A_n}{2}$$

$$\angle B_{n+1}=\frac{\pi}{2}-\frac{\angle B_n}{2}$$

$$\angle C_{n+1}=\frac{\pi}{2}-\frac{\angle C_n}{2}$$

于是

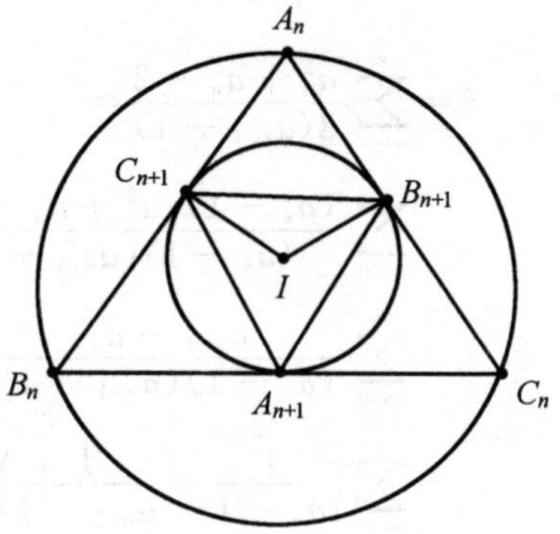

图 2.19

$$\angle A_{n+1}-\frac{\pi}{3}=-\frac{1}{2}\left(\angle A_n-\frac{\pi}{3}\right)\Rightarrow\angle A_n=\frac{\pi}{3}+\left(\angle A_1-\frac{\pi}{3}\right)\left(-\frac{1}{2}\right)^{n-1}$$

类似地，有

$$\angle B_n=\frac{\pi}{3}+\left(\angle B_1-\frac{\pi}{3}\right)\left(-\frac{1}{2}\right)^{n-1}$$

$$\angle C_n=\frac{\pi}{3}+\left(\angle C_1-\frac{\pi}{3}\right)\left(-\frac{1}{2}\right)^{n-1}$$

于是有

$$\lim_{n\to\infty}A_n=\lim_{n\to\infty}B_n=\lim_{n\to\infty}C_n=\frac{\pi}{3}$$

所以

$$\lim_{n\to\infty}\frac{R_{n+1}}{R_n}=\lim_{n\to\infty}\frac{r_n}{R_n}=\lim_{n\to\infty}4\sin\frac{\pi}{6}\sin\frac{\pi}{6}\sin\frac{\pi}{6}=\frac{1}{2}$$

U326　求

$$\sum_{n=0}^{\infty}\frac{a_n+2}{a_n^2+a_n+1}$$

的值，其中 $a_0>1$，对于一切整数 $n\geqslant 1$，有 $a_{n+1}=\frac{1}{3}(a_n^3+2)$.

解　考虑级数

$$\sum_{n=0}^{\infty}\frac{a_n+2}{a_n^2+a_n+1}$$

其中 $3a_{n+1}=a_n^3+2$. 将该级数转化为

$$S=\sum_{n=0}^{\infty}\frac{a_n+2}{a_n^2+a_n+1}=$$

$$\sum_{n=0}^{\infty}\frac{(a_n-1)(a_n+2)}{a_n^3-1}$$

因为 $3a_{n+1}=a_n^3+2$,所以

$$S=\sum_{n=0}^{\infty}\frac{a_n^2+a_n-2}{3(a_{n+1}-1)}=$$

$$\sum_{n=0}^{\infty}\frac{(a_n-1)(a_n^2+a_n-2)}{3(a_n-1)(a_{n+1}-1)}=$$

$$\sum_{n=0}^{\infty}\frac{a_{n+1}-a_n}{(a_n-1)(a_{n+1}-1)}=$$

$$\sum_{n=0}^{\infty}\left(\frac{1}{a_n-1}-\frac{1}{a_{n+1}-1}\right)$$

其中各项抵消后就导出所求的结果,即

$$\sum_{n=0}^{\infty}\frac{a_n+2}{a_n^2+a_n+1}=\frac{1}{a_0-1}$$

注意我们应用了这一简单的事实:对于相当大的 n,a_n 趋向于无穷大.

U327 设 $(a_n)_{n\geqslant 0}$ 是实数数列,$a_0=1$,且

$$a_{n+1}=\frac{a_n}{n^2a_n+a_n^2+1}$$

求:极限 $\lim\limits_{n\to\infty}n^3a_n$.

解 观察到 $a_{n+1}<\frac{a_n}{n^2a_n}=\frac{1}{n^2}$,所以由比较准则知,$\sum\limits_{n=0}^{\infty}a_n$ 收敛.设

$$\sum_{n=0}^{\infty}a_n=c\in\mathbf{R}$$

则我们有

$$\frac{1}{a_{n+1}}=n^2+a_n+\frac{1}{a_n}$$

所以

$$\frac{1}{a_1}=0^2+a_0+\frac{1}{a_0}$$

$$\frac{1}{a_2}=1^2+a_1+\frac{1}{a_1}$$

$$\vdots$$

$$\frac{1}{a_n}=(n-1)^2+a_{n-1}+\frac{1}{a_{n-1}}$$

将以上两列相加,得到

$$\frac{1}{a_n}=\frac{(n-1)n(2n-1)}{6}+\sum_{k=0}^{n-1}a_k+1$$

于是

$$\frac{1}{n^3 a_n}=\frac{(n-1)n(2n-1)}{6n^3}+\frac{\sum_{k=0}^{n-1}a_k+1}{n^3}$$

因为

$$\lim_{n\to\infty}\frac{\sum_{k=0}^{n-1}a_k+1}{n^3}=\lim_{n\to\infty}\frac{c+1}{n^3}=0$$

得到

$$\lim_{n\to\infty}\frac{1}{n^3 a_n}=\lim_{n\to\infty}\frac{(n-1)n(2n-1)}{6n^3}=\frac{1}{3}$$

所以

$$\lim_{n\to\infty}n^3 a_n=3$$

U328 设$(a_n)_{n\geqslant 1}$是递增的正实数数列，且$\lim\limits_{n\to\infty}a_n=\infty$，数列$(a_{n+1}-a_n)_{n\geqslant 1}$单调. 求

$$\lim_{n\to\infty}\frac{a_1+a_2+\cdots+a_n}{n\sqrt{a_n}}$$

的值.

解 因为数列$(a_{n+1}-a_n)_{n\geqslant 1}$的单调性，所以其收敛于一个极限$L$. 设$L>0$有限. 由Cesaro－Stolz定理，我们有

$$L=\lim_{n\to\infty}(a_{n+1}-a_n)\Rightarrow L=\lim_{n\to\infty}\frac{a_n}{n}$$

此外

$$\lim_{n\to\infty}(\sqrt{a_{n+1}}-\sqrt{a_n})=\lim_{n\to\infty}\frac{a_{n+1}-a_n}{\sqrt{a_{n+1}}+\sqrt{a_n}}=\frac{L}{\infty}=0$$

再由Cesaro－Stolz定理，考虑

$$\lim_{n\to\infty}\frac{(a_1+\cdots+a_{n+1})-(a_1+\cdots+a_n)}{(n+1)\sqrt{a_{n+1}}-n\sqrt{a_n}}=\lim_{n\to\infty}\frac{a_{n+1}}{(n+1)\sqrt{a_{n+1}}-n\sqrt{a_n}}\tag{1}$$

其倒数是

$$\lim_{n\to\infty}\frac{(n+1)\sqrt{a_{n+1}}-n\sqrt{a_n}}{a_{n+1}}=\lim_{n\to\infty}\left[\frac{n+1}{a_{n+1}}(\sqrt{a_{n+1}}-\sqrt{a_n})+\frac{\sqrt{a_n}}{a_{n+1}}\right]$$

且

$$\lim_{n\to\infty}\frac{n+1}{a_{n+1}}(\sqrt{a_{n+1}}-\sqrt{a_n})=\frac{1}{L}\cdot 0=0,\lim_{n\to\infty}\frac{\sqrt{a_n}}{a_{n+1}}=0$$

结论是

$$\lim_{n\to\infty}\frac{a_1+a_2+\cdots+a_n}{n\sqrt{a_n}}=\lim_{n\to\infty}\frac{a_{n+1}}{(n+1)\sqrt{a_{n+1}}-n\sqrt{a_n}}=\infty$$

这是因为数列$(a_n)_{n\geqslant 1}$单调递增,且$a_n>0$,推得$\dfrac{a_{n+1}}{(n+1)\sqrt{a_{n+1}}-n\sqrt{a_n}}$为正.

现在设$L=\lim\limits_{n\to\infty}(a_{n+1}-a_n)=0$,于是由Cesaro－Stolz定理,$0=\lim\limits_{n\to\infty}\dfrac{a_n}{n}$.像上面那样,我们考虑式(1),即考虑

$$\lim_{n\to\infty}\frac{a_{n+1}}{\sqrt{a_{n+1}}\left(n\dfrac{\sqrt{a_{n+1}}-\sqrt{a_n}}{\sqrt{a_{n+1}}}+1\right)}$$

现在我们来证明$n\dfrac{\sqrt{a_{n+1}}-\sqrt{a_n}}{\sqrt{a_{n+1}}}$有上界.将其改写为

$$\frac{n}{\sqrt{a_{n+1}}}\cdot\frac{a_{n+1}-a_n}{\sqrt{a_{n+1}}+\sqrt{a_n}}\leqslant\frac{n(a_{n+1}-a_n)}{2a_n}$$

由$a_{n+1}-a_n$的单调性,我们看到

$$\frac{n(a_{n+1}-a_n)}{2a_n}\leqslant\frac{n\sum\limits_{k=1}^{n-1}(a_{k+1}-a_k)}{2(n-1)a_n}=\frac{n(a_n-a_1)}{2(n-1)a_n}\leqslant\frac{n}{2(n-1)}\leqslant 1$$

这表明

$$\lim_{n\to\infty}\frac{a_{n+1}}{\sqrt{a_{n+1}}}\left(n\frac{\sqrt{a_{n+1}}-\sqrt{a_n}}{\sqrt{a_{n+1}}}+1\right)^{-1}\geqslant\frac{a_{n+1}}{2\sqrt{a_{n+1}}}=\infty$$

最后一步是$L=\infty$的情况.

这意味着对于一切$p>0$,存在n_p,使$n>n_p$,这表明$a_{n+1}-a_n>p$.由此推出,如果$n\geqslant 2(n_p-1)$,那么有

$$\begin{aligned}a_n&=a_1+\sum_{k=1}^{n_p-1}(a_{k+1}-a_k)+\sum_{k=n_p}^{n}(a_{k+1}-a_k)\geqslant\\&a_1+(n_p-1)\min_{1\leqslant k\leqslant n_p-1}(a_{k+1}-a_k)+p(n-n_p+1)=\\&a_1+(n_p-1)(a_2-a_1)+p(n-n_p+1)\geqslant\\&p(n-n_p+1)\geqslant p\frac{n}{2}\end{aligned}$$

这里用到了$\{a_n\}$单调递增.以此为基础,对于任何$n\geqslant 4n_p+6$,我们可以写成

$$\begin{aligned}&a_1+\cdots+a_{2n_p-3}+(a_{2n_p-2}+\cdots+a_n)\geqslant\\&(2n_p-3)a_1+(n-2n_p+3)p\frac{n}{2}\geqslant\\&(n-2n_p+3)p\frac{n}{2}\geqslant p\frac{n^2}{4}\end{aligned}$$

最后,我们在$\dfrac{a_1+\cdots+a_n}{n\sqrt{a_n}}$中取小的上界,写成

$$\frac{a_1+\cdots+a_n}{n\sqrt{a_n}}=\frac{\sqrt{a_1+\cdots+a_n}}{n}\cdot\frac{\sqrt{a_1+\cdots+a_n}}{\sqrt{a_n}}\geqslant$$

$$\frac{\sqrt{a_1+\cdots+a_n}}{n}\geqslant\sqrt{p}\cdot\frac{n}{2}\cdot\frac{1}{n}=\frac{\sqrt{p}}{2}$$

因为 p 可以要多大就有多大，所以这表明当 $L=\infty$ 时，也有

$$\lim_{n\to\infty}\frac{a_1+a_2+\cdots+a_n}{n\sqrt{a_n}}=\infty$$

U329 设 $a_1\leqslant\cdots\leqslant a_{\frac{n(n-1)}{2}}$ 是位于平面内 n 个不同的点之间的距离. 证明：存在常数 c，对于任何 n，我们能够找到 i 和 j，使得

$$\left|\frac{a_i}{a_j}-1\right|<\frac{c\ln n}{n^2}$$

证明 假定对于任何一对下标 (i,j)，我们有 $\left|\frac{a_i}{a_j}-1\right|\geqslant d$，$d$ 是最大的这样的数. 那么

$$a_{\frac{n(n-1)}{2}}\geqslant(1+d)a_{\frac{n(n-1)}{2}-1}\geqslant\cdots\geqslant(1+d)^{\frac{n(n-1)}{2}-1}a_1$$

设 $AB=a_{\frac{n(n-1)}{2}}$，$CD=a_1$. 由 $AC+BC>AB$ 这一事实，不失一般性，我们可以假定 $AC\geqslant\frac{AB}{2}$. 于是

$$d\leqslant\left|\frac{\min(AC,AD)}{\max(AC,AD)}-1\right|\leqslant\frac{CD}{\max(AC,AD)}\leqslant$$

$$\frac{CD}{AC}\leqslant\frac{2CD}{AB}=$$

$$\frac{2}{(1+d)^{\frac{n(n-1)}{2}-1}}$$

且

$$d(1+d)^{\frac{n(n-1)}{2}-1}\leqslant 2$$

如果在我们的架构中，$AB=a_{\frac{n(n-1)}{2}}$，$AC=a_1$，那么

$$d\leqslant\left|\frac{AC}{AB}-1\right|\leqslant\frac{BC}{AB}=\frac{1}{(1+d)^{\frac{n(n-1)}{2}-1}}$$

无论在哪一种情况下，我们都得到 $d(1+d)^{\frac{n(n-1)}{2}-1}\leqslant 2$.

假定 $n\geqslant 4$，则考虑 $f(x)=x(1+x)^{\frac{n(n-1)}{2}-1}$. 观察到

$$f\left(\frac{100\ln n}{n^2}\right)=\frac{100\ln n}{n^2}\left(1+\frac{1}{\frac{n^2}{100\ln n}}\right)^{\frac{n(n-1)}{2}-1}$$

因为

$$\left(1+\frac{1}{\frac{n^2}{100\ln n}}\right)^{\frac{n^2}{100\ln n}+1}\geqslant \mathrm{e}$$

所以得到

$$1+\frac{1}{\frac{n^2}{100\ln n}}\geqslant \mathrm{e}^{\frac{100\ln n}{n^2+100\ln n}}\geqslant \mathrm{e}^{\frac{10\ln n}{n^2}}$$

于是

$$f\left(\frac{100\ln n}{n^2}\right)\geqslant \frac{100\ln n}{n^2}\cdot \mathrm{e}^{\frac{10\ln n}{n^2}\left[\frac{n(n-1)}{2}-1\right]}\geqslant \frac{100\ln n}{n^2}\cdot \mathrm{e}^{3\ln n}=$$

$$100\ln n\cdot n>2$$

于是 $c=100$，永远有 $d<\frac{c\ln n}{n^2}$.

U330 求一切函数 $f:\mathbf{R}\to\mathbf{R}$，具有性质：

(1) f 可微；

(2) 对于一切 $x\in\mathbf{R}$，有 $[f(x)]^2=\int_0^x f(t)\mathrm{d}t$.

解 我们断言 $f_1(x)\equiv 0$ 和 $f_2(x)=\frac{x}{2}$ 是解. 现在要证明的是没有其他解. 如果 f 是一个解，那么显然 $f(0)=0$. 因为 f 可微，由微分(2) 给出

$$2f(x)f'(x)=f(x)$$

于是推出，如果 $f(x_0)\neq 0$，那么 $f'(x_0)=\frac{1}{2}$. 假定 $f(x_0)=0$，$f'(x_0)\neq 0$. 那么存在 x_0 的一个使 f 非负的除去中心的领域. 因此在这个领域中 $f'(x)=\frac{1}{2}$. 因为导数具有 Darboux 性质，所以推出 $f'(x_0)=\frac{1}{2}$. 于是对于一切 x，或者 $f'(x)=\frac{1}{2}$ 或者 $f'(x)=0$. 又由 Darboux 性质，推出这两个选择之一对所有的 x 都成立，于是 $f(x)\equiv 0$ 或 $f(x)=\frac{1}{2}$.

说明：Darboux 性质指的是：设 $f(x)$ 在 $[a,b]$ 上可导，则 $f'(x)$ 在 $[a,b]$ 上可取到 $f'(a)$ 和 $f'(b)$ 之间的任何值.

U331 求一切正整数 $a>b\geqslant 2$，使 $a^b-a=b^a-b$.

解 首先考虑 $b=2$ 的情况，我们必须求方程 $a^2-a+2=2^a$ 的正整数解($a\geqslant 3$).

当 $a\geqslant 5$ 时，容易用归纳法证明不等式 $2^a>a^2$. 于是由上面的方程得到 $a^2-a+2>a^2$，这只有当 $a<2$ 时成立. 于是，我们必须考虑 $a=3$ 和 $a=4$ 的值，这导出解 $(a,b)=(3,2)$. 当 $a>b>2$ 时，我们考虑函数

$$f(x)=\frac{\ln x}{x}$$

因为当 $x>\mathrm{e}$ 时,导数

$$f'(x)=\frac{1-\ln x}{x^2}$$

显然为负,所以 $f(x)$ 递减. 现在我们有以下一些等价的式子

$$a>b\Leftrightarrow\frac{\ln a}{a}<\frac{\ln b}{b}\Leftrightarrow a^b<b^a\Leftrightarrow a^b-b^a<0\Leftrightarrow a-b<0\Leftrightarrow a<b$$

产生矛盾. 于是唯一的解是 $(a,b)=(3,2)$.

U332 求 $\inf\limits_{(x,y)\in D}(x+1)(y+1)$,其中

$$D=\{(x,y)\mid x,y\in\mathbf{R}^+,x\neq y,x^y=y^x\}$$

解 因为对于一切实数 x,e^x 是严格递增函数,所以当且仅当 $\frac{\ln x}{x}=\frac{\ln y}{y}$ 时,$\mathrm{e}^{y\ln x}=y^x=\mathrm{e}^{x\ln y}$. 又注意到:

当且仅当 $x>\mathrm{e}$ 时,$\frac{\mathrm{d}}{\mathrm{d}x}\left(\frac{\ln x}{x}\right)=\frac{1-\ln x}{x^2}$ 为负;

当且仅当 $x<\mathrm{e}$ 时,$\frac{\mathrm{d}}{\mathrm{d}x}\left(\frac{\ln x}{x}\right)=\frac{1-\ln x}{x^2}$ 为正;

当且仅当 $x=\mathrm{e}$ 时,$\frac{\mathrm{d}}{\mathrm{d}x}\left(\frac{\ln x}{x}\right)=\frac{1-\ln x}{x^2}$ 为零.

即对任何使 $x^y=y^x$ 的 $x\neq y$,必有 $x>\mathrm{e}>y$ 或 $x<\mathrm{e}<y$. 于是我们可以定义 $D^*=D\cup\{(x,y)=(\mathrm{e},\mathrm{e})\}$,问题等价于:如果该最小值在 $(x,y)=(\mathrm{e},\mathrm{e})$ 处存在,则对 $(x+1)(y+1)$ 在 D^* 中求其最小值(因为函数 $(x+1)(y+1)$,x^y,y^x 连续,该最小值将与在 D^* 中的下确界重合),否则,就在 D 中求下确界.

定义 $f(x,y)=xy$,以及 $g(x,y)=x\ln y-y\ln x$. 注意到,隶属于 $g(x,y)=0$ 的 $f(x,y)$ 局部极值可以由拉格朗日因子法求得,或者说存在常数 λ,使

$$\lambda y=\ln y-\frac{y}{x},\lambda xy=x\ln y-y=y\ln x-x$$

因为 $x\ln y=y\ln x$,所以当且仅当 $x=y$ 时,我们求得一个局部极值,即当 $x=y=\mathrm{e}$ 时,在 D^* 中取到 xy 的唯一的局部极值 e^2. 此外,当 $x\to1$,$y\to\infty$ 时,在 D^* 的边界取到,此时 $xy\to\infty$. 于是在 $x=y=\mathrm{e}$ 处,xy 的这个局部极值是整体的最小值 e^2. 对于 $(x,y)\in D^*$,我们推出

$$(x+1)(y+1)=xy+x+y+1\geqslant xy+2\sqrt{xy}+1\geqslant\mathrm{e}^2+2\mathrm{e}+1=(\mathrm{e}+1)^2$$

当且仅当 $x=y=\mathrm{e}$ 时,等号成立. 由条件 $x^y=y^x$ 以及函数 $(x+1)(y+1)$ 的连续性,推得

$$\inf_{(x,y)\in D}(x+1)(y+1)=(\mathrm{e}+1)^2$$

这里$(x+1)(y+1)$可以任意接近$(e+1)^2$,因为$x>e$可以任意接近e,$y<e$的相应的值也可以任意接近e,反之亦然.

U333 求

$$\prod_{n\geqslant 0}\left(1-\frac{2^{2^n}}{2^{2^{n+1}}+1}\right)$$

的值.

解 设$x_n=2^{-2^n}$,则$x_{n+1}=x_n^2$,且

$$\prod_{n\geqslant 0}\left(1-\frac{2^{2^n}}{2^{2^{n+1}}+1}\right)=\prod_{n\geqslant 0}\left[1-\frac{\frac{1}{x_n}}{\frac{1}{x_n^2}+1}\right]=\prod_{n\geqslant 0}\frac{x_n^2-x_n+1}{1+x_n^2}\cdot\frac{1+x_n}{1+x_n}\cdot\frac{1-x_n}{1-x_n}\cdot\frac{1-x_n^3}{1-x_n^3}=$$

$$\prod_{n\geqslant 0}\frac{(1-x_n^6)(1-x_n)}{(1-x_n^4)(1-x_n^3)}=$$

$$\prod_{n\geqslant 0}\frac{1-x_{n+1}^3}{1-x_n^3}\cdot\prod_{n\geqslant 0}\frac{1-x_n}{1-x_{n+2}}=$$

$$\frac{(1-x_0)(1-x_1)}{1-x_0^3}=\frac{\left(1-\frac{1}{2}\right)\left(1-\frac{1}{4}\right)}{1-\frac{1}{8}}=\frac{3}{7}$$

U334 证明:如果$x\in\mathbf{R}$,且$|x|\geqslant e$,那么$e^{|x|}>\left(\frac{e^2+x^2}{2e}\right)^e$,当$|x|\leqslant e$时,不等式改变方向.

证明 由对称性,可以设$x\geqslant 0$.考虑函数

$$f(y)=y-\ln(y^2+1)-1+\ln 2$$

于是

$$f'(y)=1-\frac{2y}{y^2+1}=\frac{(1-y)^2}{y^2+1}\geqslant 0$$

因此f递增.于是当$y>1$时,$f(y)>f(1)=0$;当$y<1$时,$f(y)<f(1)=0$.

设$y=\frac{x}{e}$,且写成指数形式.当$x>e$时,$e^x>\left(\frac{e^2+x^2}{2e}\right)^e$,当$x<e$时,$e^x<\left(\frac{e^2+x^2}{2e}\right)^e$.

U335 设$p,a_1,\cdots,a_n,b_1,\cdots,b_n$是正实数.证明:

$$a_1\left(\frac{a_1}{b_1}\right)^p+\cdots+a_n\left(\frac{a_1+\cdots+a_n}{b_1+\cdots+b_n}\right)^p<\left(\frac{p+1}{p}\right)^p\left(\frac{a_1^{p+1}}{b_1^p}+\cdots+\frac{a_n^{p+1}}{b_n^p}\right)$$

证明 我们需要加权的哈代不等式,即设$a_1,\cdots,a_n$和$\omega_1,\cdots,\omega_n$是正实数.如果$p>1$,那么

$$\sum_{k=1}^{n}\omega_k\left(\frac{\omega_1 a_1+\cdots+\omega_n a_n}{\omega_1+\cdots+\omega_n}\right)^p<\left(\frac{p}{p-1}\right)^p\sum_{k=1}^{n}\omega_k a_k^p$$

当 $k=1,\cdots,n$ 时，分别用 $p+1,\frac{a_k}{b_k},b_k$ 代替 p,a_k,ω_k，不等式归结为

$$\sum_{k=1}^{n}b_k\left(\frac{a_1+\cdots+a_k}{b_1+\cdots+b_k}\right)^{p+1}<\left(\frac{p+1}{p}\right)^{p+1}\sum_{k=1}^{n}\frac{a_k^{p+1}}{b_k^p}$$

由 Hölder 不等式以及上面的不等式，我们有

$$\begin{aligned}\sum_{k=1}^{n}a_k\left(\frac{a_1+\cdots+a_k}{b_1+\cdots+b_k}\right)^p &=\sum_{k=1}^{n}\frac{a_k}{b_k^{\frac{p}{p+1}}}\left[b_k^{\frac{p}{p+1}}\left(\frac{a_1+\cdots+a_k}{b_1+\cdots+b_k}\right)^p\right]\leqslant\\ &\left(\sum_{k=1}^{n}\frac{a_k^{p+1}}{b_k^p}\right)^{\frac{1}{p+1}}\left[\sum_{k=1}^{n}b_k\left(\frac{a_1+\cdots+a_k}{b_1+\cdots+b_k}\right)^{p+1}\right]^{\frac{p}{p+1}}<\\ &\left(\sum_{k=1}^{n}\frac{a_k^{p+1}}{b_k^p}\right)^{\frac{1}{p+1}}\left[\left(\frac{p+1}{p}\right)^{p+1}\sum_{k=1}^{n}\frac{a_k^{p+1}}{b_k^p}\right]^{\frac{p}{p+1}}=\\ &\left(\frac{p+1}{p}\right)^p\sum_{k=1}^{n}\frac{a_k^{p+1}}{b_k^p}\end{aligned}$$

不等式证毕.

U336 求和式

$$E_n=\sum_{k=0}^{n}\binom{n}{2k+1}3^k$$

的最接近的形式. 推出常数 c 的值，使 $0<\lim\limits_{n\to\infty}\frac{E_n}{c^n}<\infty$，并求出该极限.

解 我们考虑一般情况

$$E_n(x)=\sum_{k=0}^{n}\binom{n}{2k+1}x^k$$

其中 $x>0$. 则我们有

$$E_n(x)=\frac{1}{\sqrt{x}}\sum_{k=0}^{n}\binom{n}{2k+1}(\sqrt{x})^{2k+1}=\frac{1}{2\sqrt{x}}[(1+\sqrt{x})^n-(1-\sqrt{x})^n]$$

在 $x=3$ 的特殊情况中，有

$$E_n=E_n(3)=\frac{1}{2\sqrt{3}}[(1+\sqrt{3})^n-(1-\sqrt{3})^n]$$

显然，$c=1+\sqrt{3}$（因为 $|1-\sqrt{3}|<1$），所以该极限是 $\frac{1}{2\sqrt{3}}$.

U337 设 n 是正整数. 求所有的实数多项式 f 和 g，对于一切实数 x，有

$$(x^2+x+1)^n f(x^2-x+1)=(x^2-x+1)^n g(x^2+x+1)$$

解 将 $x=\omega=e^{\frac{2\pi i}{3}}$（其中 $\omega^2+\omega+1=0$）代入原式，得到 $g(0)=0$，于是 $g(x)=$

$xh(x)$. 消去因子 x，再将原式迭代，得到 $g(x)=x^nG(x)$，这里 G 是某个多项式. 类似地，将 $x=-\omega$ 代入原式，得到对于一切实数 x，有 $f(x)=x^nF(x)$，以及

$$F(x^2-x+1)=G(x^2+x+1)$$

如果 F 是 d 次多项式，且首项系数 $a\neq 0$，那么

$$G(x^2+x+1)=a(x^2-x+1)^d+\cdots=ax^{2d}-adx^{2d-1}+\cdots$$

这里省略号表示次数最高是 $2(d-1)$. 由首项系数，我们看到 G 的次数也是 d，首项系数是 a，而我们有

$$G(x^2+x+1)=a(x^2+x+1)^d+\cdots=ax^{2d}+adx^{2d-1}+\cdots$$

于是由 x^{2d-1} 这一项，我们推得必有 $d=0$，于是 $F=G$ 是常数. 因此推得，对于某个常数 c，$f(x)=g(x)=cx^n$.

U338 确定使 $ax=b$ 在环 $(\mathbf{Z}_{2\,015},+,\cdot)$ 中有解的数对 (a,b) 的个数.

解 对于 $a\in\mathbf{Z}_{2\,015}$，设 $d_a=\gcd(a,2\,015)$，$d'_a=\frac{2\,015}{d_a}$. 因为 2 015 没有平方因子，所以 d_a 和 d'_a 互质. 假定某个质数 p 能整除 $\frac{a}{d_a}$ 和 d'_a. 那么 $pd_a\mid a$，$pd_a\mid d'_ad_a=2\,015$，使 pd_a 是 a 和 2 015 的一个公约数；然而 $pd_a>d_a=\gcd(a,2\,015)$，矛盾. 于是 $\frac{a}{d_a}$ 和 d'_a 互质.

如果 $ax=b$ 在 $\mathbf{Z}_{2\,015}$ 中可解，那么 $b\equiv ax\equiv 0\pmod{d_a}$. 反之，如果 $d_a\mid b$，设 $\left(\frac{a}{d_a}\right)^{-1}$ 是 $\frac{a}{d_a}$ 模 d'_a 的可积的逆元(由于互质，所以存在)，$x=\left(\frac{a}{d_a}\right)^{-1}\left(\frac{b}{d_a}\right)$. 那么

$$\left(\frac{a}{d_a}\right)x\equiv\left(\frac{b}{d_a}\right)\pmod{d'_a}$$

$$ax\equiv b\pmod{d'_ad_a=2\,015}$$

在 $\mathbf{Z}_{2\,015}$ 中解 $ax=b$. 于是，对于给定的 a，使 $ax=b$ 在 $\mathbf{Z}_{2\,015}$ 中可解的 b 的个数是 b 在 $\mathbf{Z}_{2\,015}$ 中能被 d_a 整除的 b 的个数 $\frac{2\,015}{d_a}$.

因为 $d\mid 2\,015$，所以当且仅当 $d\mid a$ 和 $\frac{a}{d}$ 与 $\frac{2\,015}{d}$ 互质时，$a\in\mathbf{Z}_{2\,015}$ 有 $d_a=d$. 这样的 a 形如 $a=da'$，其中 a' 在 $\mathbf{Z}_{\frac{2\,015}{d}}$ 中是可逆的. 根据欧拉函数 φ 的定义，在 $\mathbf{Z}_{\frac{2\,015}{d}}$ 中存在 $\varphi\left(\frac{2\,015}{d}\right)$ 个这样的元素 a'，因为每一个不同的 a' 相应于一个不同的 a，恰好与 $d_a=d$ 的 $a\in\mathbf{Z}_{2\,015}$ 的个数相同.

于是，数对 (a,b) 的总数是

$$\sum_{d\mid 2\,015}\varphi\left(\frac{2\,015}{d}\right)\frac{2\,015}{d}=\sum_{d'\mid 2\,015}\varphi(d')d'$$

因为 2 015 的质因数分解式是 $5\cdot 13\cdot 31$，以及 φ 是乘积函数，所以

$1\varphi(1)+5\varphi(5)+13\varphi(13)+31\varphi(31)+5\cdot 13\varphi(5\cdot 13)+5\cdot 31\varphi(5\cdot 31)+$
$13\cdot 31\varphi(13\cdot 31)+5\cdot 13\cdot 31\varphi(5\cdot 13\cdot 31)=$
$[1+5\varphi(5)][1+13\varphi(13)][1+31\varphi(31)]=$
$[1+5(5-1)][1+13(13-1)][1+31(31-1)]=3\ 069\ 507$

U339　设 $f:\mathbf{R}\to\mathbf{R}$ 是这样的函数：

(1) f 在 $\mathbf{R}$ 上连续；

(2) 对于一切 $x\in\mathbf{R}$ 和 $n\in\mathbf{Z}^+$，有 $f(x)<f\left(x+\frac{1}{n}\right)$.

证明：f 在 $\mathbf{R}$ 上递增.

证明　考虑任何 $x,y\in\mathbf{R}(x<y)$. 对于 $m\in\mathbf{Z}^+$，有

$$f(x)<f\left(x+\frac{1}{n}\right)<f\left(x+\frac{2}{n}\right)<\cdots<f\left(x+\frac{m}{n}\right)$$

所以对于一切 $q\in\mathbf{Q}^+$，有 $f(x+q)\in(f(x),\infty)$.

因为 f 连续，所以在 f 下的开集 $(f(x),\infty)$ 的原像也是开的. 因为原像包含 $\{x+q\mid q\in\mathbf{Q}^+\}$，这是 (x,∞) 的一个密集的子集，原像包含 $(x,\infty)\ni y$，所以 $f(y)>f(x)$. 于是，f 在 $\mathbf{R}$ 上递增.

U340　定义

$$A_n=\frac{n}{n^2+1^2}+\frac{n}{n^2+2^2}+\cdots+\frac{n}{n^2+n^2}$$

求：$\lim\limits_{n\to\infty}n\left[n\left(\frac{\pi}{4}-A_n\right)-\frac{1}{4}\right]$.

解　设 f 是在区间 $[0,1]$ 上三次可微的函数，$[a,b]\subset[0,1]$. 由 Taylor 定理，对于在 x 和 b 之间的某个 ξ，有

$$f(x)=f(b)+f'(b)(x-b)+\frac{1}{2}f''(b)(x-b)^2+\frac{1}{6}f'''(\xi)(x-b)^3$$

于是推出

$$\int_a^b f(x)\mathrm{d}x=f(b)(b-a)-\frac{1}{2}f'(b)(b-a)^2+\frac{1}{6}f''(b)(b-a)^3+O((b-a)^4)\quad(1)$$

现在设 n 是正整数. 于是当 $k=0,1,2,\cdots,n-1$ 时，有

$$\int_{\frac{k-1}{n}}^{\frac{k}{n}}f(x)\mathrm{d}x=\frac{1}{n}f\left(\frac{k}{n}\right)-\frac{1}{2n^2}f'\left(\frac{k}{n}\right)+\frac{1}{6n^3}f''\left(\frac{k}{n}\right)+O\left(\frac{1}{n^4}\right)\quad(2)$$

对 k 求和，得

$$\int_0^1 f(x)\mathrm{d}x=\frac{1}{n}\sum_{k=1}^{n}f\left(\frac{k}{n}\right)-\frac{1}{2n^2}\sum_{k=1}^{n}f'\left(\frac{k}{n}\right)+$$

$$\frac{1}{6n^3}\sum_{k=1}^{n}f''\left(\frac{k}{n}\right)+O\left(\frac{1}{n^3}\right) \tag{3}$$

类似地，有

$$f(1)-f(0)=\int_0^1 f'(x)\mathrm{d}x=\frac{1}{n}\sum_{k=1}^{n}f'\left(\frac{k}{n}\right)-$$
$$\frac{1}{2n^2}\sum_{k=1}^{n}f''\left(\frac{k}{n}\right)+O\left(\frac{1}{n^2}\right) \tag{4}$$

以及

$$f'(1)-f'(0)=\int_0^1 f''(x)\mathrm{d}x=\frac{1}{n}\sum_{k=1}^{n}f''\left(\frac{k}{n}\right)+O\left(\frac{1}{n}\right) \tag{5}$$

将式(1)(2)(3) 相结合，得到

$$\int_0^1 f(x)\mathrm{d}x=\frac{1}{n}\sum_{k=1}^{n}f\left(\frac{k}{n}\right)-\frac{1}{2n}[f(1)-f(0)]-$$
$$\frac{1}{12n^2}[f'(1)-f'(0)]+O\left(\frac{1}{n^3}\right)$$

现在设

$$f(x)=\frac{1}{1+x^2}$$

于是

$$\int_0^1 f(x)\mathrm{d}x=\frac{\pi}{4}$$

$$\frac{1}{n}\sum_{k=1}^{n}f\left(\frac{k}{n}\right)=\frac{1}{n}\sum_{k=1}^{n}\frac{1}{1+\left(\frac{k}{n}\right)^2}=\sum_{k=1}^{n}\frac{n}{n^2+k^2}=A_n$$

$$f(1)-f(0)=\frac{1}{2}-1=-\frac{1}{2}$$

$$f'(1)-f'(0)=-\frac{1}{2}-0=-\frac{1}{2}$$

所以

$$\frac{\pi}{4}=A_n+\frac{1}{4n}+\frac{1}{24n^2}+O\left(\frac{1}{n^3}\right)$$

故

$$\lim_{n\to\infty}n\left[n\left(\frac{\pi}{4}-A_n\right)-\frac{1}{4}\right]=\frac{1}{24}$$

U341 设 $f:[0,1]\to\mathbf{R}$ 是不减函数，且由

$$I_n=\int_0^1 f(x)\mathrm{e}^{nx}\mathrm{d}x$$

定义的数列 $\{I_n\}_{n\geqslant 1}$ 有界. 证明：对于一切 $x\in(0,1)$，$f(x)=0$.

证明 假定 $f(x)$ 不恒为零.

如果对于一切 $x\in(0,1)$, $f(x)\leqslant 0$,那么存在 x_0,有 $f(x_0)<0$. 于是当 $0\leqslant x\leqslant x_0$ 时, $f(x)\leqslant f(x_0)$,所以

$$I_n\leqslant f(x_0)\int_0^{x_0}\mathrm{e}^{nx}\,\mathrm{d}x=f(x_0)\,\frac{\mathrm{e}^{nx_0}-1}{n}$$

当 $n\to\infty$ 时,这一上界趋近于 $-\infty$,这与假定 I_n 有界矛盾.

于是可以假定对某个 $x_0\in(0,1)$,有 $f(x_0)>0$. 如果 $x>x_0$,那么 $f(x)\geqslant f(x_0)>0$. 如果 $x<x_0$,那么 $f(x)\geqslant f(0)$(可能为负). 于是

$$I_n\geqslant f(0)\int_0^{x_0}\mathrm{e}^{nx}\,\mathrm{d}x+f(x_0)\int_{x_0}^{1}\mathrm{e}^{nx}\,\mathrm{d}x=f(0)\,\frac{\mathrm{e}^{nx_0}-1}{n}+f(x_0)\,\frac{\mathrm{e}^{n}-\mathrm{e}^{nx_0}}{n}$$

不管 $f(0)$ 可能有多大或者是负的,当 $n\to\infty$ 时,下界仍是趋近于 ∞,这与假定 I_n 有界矛盾. 这两种情况都导致矛盾,所以 f 必恒等于零.

U342 设 $\boldsymbol{A}$ 是 $m\times n$ 的实数矩阵, $w_1,\cdots,w_n$ 是与 $\boldsymbol{A}$ 的各列有关的非负实数.

对于每一个 $j=1,\cdots,n$,我们说 w_j 表示 A_j 列的权重. 构建一个多项式的次数的算法,求一个与 $\boldsymbol{A}$ 的列线性无关的子集,使其权重的和取最大值.

解 下面的做法有效(给出多项式的次数).

对 $w_1,\cdots,w_n$ 重新编号,使 $w_1\geqslant\cdots\geqslant w_n$—— 这一步要求对非负实数 $w_1,\cdots,w_n$ 进行分类,能在多项式的次数方面容易做到.

设 $\boldsymbol{A}$ 的列的集合是 C. 对列 $S=\varnothing$ 的子集初始化. 在算法迭代 i 时,从与 S 中的列线性无关的最大权重的 $C-S$ 中选取一列 C,再将 S 更新到 $S\cup\{C\}$. 当一个迭代没有找到这样的列时,那么停止后输出 S. 容易检验,这一算法是有效的,即对多项式的次数的算法(只要检验在多项式的次数中能做到与线性无关即可).

U343 求

$$\lim_{n\to\infty}\sum_{k=1}^{n}\frac{1}{n+\pi(k)\log n}$$

的值,其中 $\pi(k)$ 表示不超过 k 的质数的个数.

解 设 $l_m:=\inf\limits_{k\geqslant m}\pi(k)\,\frac{\log k}{k}$ 以及 $u_m:=\sup\limits_{k\geqslant m}\pi(k)\,\frac{\log k}{k}$,则由质数定理得 $l_m\to 1$ 以及 $u_m\to 1$. 对于 $n\geqslant k\geqslant m>1$,利用 $\frac{k}{n}\log\frac{n}{k}\leqslant\mathrm{e}^{-1}$,我们有

$$n+\pi(k)\log n\geqslant n+l_m\,k\,\frac{\log n}{\log k}\geqslant n+l_m\,k$$

$$n+\pi(k)\log n\leqslant n+u_mk+u_mk\,\frac{\log\frac{n}{k}}{\log k}\leqslant$$

$$n+u_mk+u_m\,\frac{\mathrm{e}^{-1}n}{\log m}$$

于是

$$\limsup_{n\to\infty}\sum_{k=1}^{n}\frac{1}{n+\pi(k)\log n}=\limsup_{n\to\infty}\sum_{k=m}^{n}\frac{1}{n+\pi(k)\log n}\leqslant$$

$$\limsup_{n\to\infty}\sum_{k=m}^{n}\frac{1}{n+l_mk}=$$

$$\limsup_{n\to\infty}\frac{1}{n}\sum_{k=1}^{n}\frac{1}{1+\frac{l_mk}{n}}=$$

$$\int_0^1\frac{\mathrm{d}x}{1+l_mx}$$

用类似的方法,得到

$$\liminf_{n\to\infty}\sum_{k=1}^{n}\frac{1}{n+\pi(k)\log n}\geqslant\int_0^1\frac{\mathrm{d}x}{1+\frac{u_m\mathrm{e}^{-1}}{\log m}+u_mx}$$

使 $m\to\infty$,则所求极限是

$$\int_0^1\frac{\mathrm{d}x}{1+x}=\log(1+x)\Big|_0^1=\log 2$$

U344 求以下的和:

$$\sum_{n=0}^{\infty}\frac{3^n(2^{3^n-1}+1)}{4^{3^n}+2^{3^n}+1}$$

解 对于非负整数 n,有

$$\frac{3^n(2^{3^n}+2)}{4^{3^n}+2^{3^n}+1}-\frac{3^n}{2^{3^n}-1}=3^n\cdot\frac{(2^{3^n}+2)(2^{3^n}-1)-4^{3^n}-2^{3^n}-1}{8^{3^n}-1}=$$

$$-\frac{3^{n+1}}{2^{3^{n+1}}-1}$$

所以对于非负整数 N,将和式中的各项分拆后抵消,得到

$$\sum_{n=0}^{N}\frac{3^n(2^{3^n-1}+1)}{4^{3^n}+2^{3^n}+1}=\sum_{n=0}^{N}\frac{1}{2}\left(\frac{3^n}{2^{3^n}-1}-\frac{3^{n+1}}{2^{3^{n+1}}-1}\right)=\frac{1}{2}\left(1-\frac{3^{N+1}}{2^{3^{N+1}}-1}\right)$$

因为 $x=o(2^x-1)$,所以

$$\sum_{n=0}^{\infty}\frac{3^n(2^{3^n-1}+1)}{4^{3^n}+2^{3^n}+1}=\lim_{N\to\infty}\frac{1}{2}\left(1-\frac{3^{N+1}}{2^{3^{N+1}}-1}\right)=\frac{1}{2}$$

U345 设 R 是一个环.如果方程 $axa=bxb$ 的唯一解是 $x=0$,那么我们说数对 $(a,b)\in R\times R$ 满足性质(P).证明:如果(a,b) 具有性质(P),且 $a-b$ 可逆,那么方程 $axa-bxb=a+b$ 在 R 中有唯一解.

证明 设(a,b) 具有性质(P),且 $a-b$ 可逆.那么 $a-b$ 的逆元 c 满足

$$c(a-b)=1\Leftrightarrow ca-cb=1$$

$$(a-b)c=1 \Leftrightarrow ac-bc=1$$

于是计算

$$aca-bcb=(1+bc)a-bcb=a+bca-bcb=a+bc(a-b)=a+b$$

因此 c 是 $axa-bxb=a+b$ 的一个解.现在证明这个解是唯一解.假定 x 是任意一个解,那么

$$axa-bxb=aca-bcb \Rightarrow a(x-c)a=b(x-c)b$$

而 (a,b) 具有性质 (P),因此 $x-c=0$,或 $x=c$.于是 c 是方程

$$axa-bxb=a+b$$

的唯一解.

U346 设 $f:[0,1] \to \mathbf{R}$ 是二次可微函数,且

$$[f'(x)]^2+f(x)f''(x) \geqslant 1$$

证明:

$$\int_0^1 f^2(x)\mathrm{d}x \geqslant f^2\left(\frac{1}{2}\right)+\frac{1}{12}$$

证明 设 $g(x)=f^2(x)$.那么对于一切 $x \in (0,1)$,有 $g''(x)=2([f'(x)]^2+f(x)f''(x)) \geqslant 2$.由 Taylor 定理,对于每一个 $x \in [0,1]$,在 x 与 $\frac{1}{2}$ 之间存在 $c(x)$,使

$$g(x)=g\left(\frac{1}{2}\right)+g'\left(\frac{1}{2}\right)\left(x-\frac{1}{2}\right)+\frac{1}{2}g''(c(x))\left(x-\frac{1}{2}\right)^2$$

于是

$$\int_0^1 f^2(x)\mathrm{d}x=\int_0^1 g(x)\mathrm{d}x=g\left(\frac{1}{2}\right)+g'\left(\frac{1}{2}\right)\int_0^1\left(x-\frac{1}{2}\right)\mathrm{d}x+\frac{1}{2}\int_0^1 g''(c(x))\left(x-\frac{1}{2}\right)^2\mathrm{d}x \geqslant$$
$$g\left(\frac{1}{2}\right)+0+\int_0^1\left(x-\frac{1}{2}\right)^2\mathrm{d}x=f^2\left(\frac{1}{2}\right)+\frac{1}{12}$$

U347 求一切可微函数 $f:[0,\infty) \to \mathbf{R}$,使 $f(0)=0$,f' 不减,对于一切 $x \geqslant 0$,有

$$x^2 f'(x)=f^2(f(x))$$

解 我们将证明:$f(x)=0$ 和 $f(x)=x$ 是仅有的解.

由微分方程可知,当 $x>0$ 时,$f'(x)$ 连续.由 Darboux 性质以及 $f'(x)$ 不减这一事实表明,当 $x=0$ 时,$f'(x)$ 也连续.又由微分方程注意到 $f'(x) \geqslant 0$,所以 f 不减.

由此计算

$$f'(0)=\lim_{x\to 0^+} f'(x)=\lim_{x\to 0^+}\frac{f^2(f(x))}{x^2}=$$
$$\left[\lim_{x\to 0^+}\frac{f(f(x))}{f(x)}\right]^2\left[\lim_{x\to 0^+}\frac{f(x)}{x}\right]^2=$$
$$[f'(0)]^4$$

于是,或者 $f'(0)=0$ 或者 $f'(0)=1$.

假定 $f'(0)=0$.那么存在某个区间 $I=[0,a)$,在这个区间上,$f(x)<\dfrac{x}{2}$.不失一般性,设 a 是最大值(这可能产生在 $I=[0,\infty)$ 上).于是对于 $x\in I$,$f(x)$ 也在 I 中,并且计算

$$f'(x)=\frac{1}{x^2}f^2(f(x))\leqslant\frac{1}{4x^2}f^2(x)\leqslant\frac{1}{16}$$

由此可见,a 取最大值时,的确给出 $I=[0,\infty)$,且在 I 上,有 $f(x)\leqslant\dfrac{x}{16}$.将这一论断迭代后取极限,我们看到 $f\equiv 0$.

假定 $f'(0)=1$.如果对于一切 x,有 $f'(x)=1$,那么显然 $f(x)=x$.否则,因为 f' 不减,所以我们有 $f'(x)\geqslant 1$,且 $f(x)\geqslant x$.设 $A=\{t\mid f(t)>t\}$,假定 A 非空.那么对于任何 $t\in A$,我们有

$$t^2f'(t)=f^2(f(t))>f^2(t)>t^2$$

因此 $f'(t)>1$.于是对于某个 a,有 $A=(a,\infty)$.确定任何 $x_0\in A$,在上面计算的倒数第二步中,我们有

$$t^2f'(t)>f^2(t)$$

于是

$$\frac{f'(t)}{f^2(t)}>\frac{1}{t^2}$$

对不等式的两边积分,可以看到,对于任何 $t>x_0$,有

$$\frac{1}{f(x_0)}-\frac{1}{f(t)}>\frac{1}{x_0}-\frac{1}{t}$$

整理后,得到

$$f(t)>\frac{x_0f(x_0)t}{x_0f(x_0)-[f(x_0)-x_0]t}$$

下界上升到 $t=\dfrac{x_0f(x_0)}{f(x_0)-x_0}>x_0$,这与假定在整个$[0,\infty)$上有定义矛盾.于是这样的 f 不存在.

U348 求线积分

$$\oint_c\frac{(1+x^2-y^2)\mathrm{d}x+2xy\mathrm{d}y}{(1+x^2-y^2)^2+4x^2y^2}$$

这里 c 是顶点为$(2,0)$,$(2,2)$,$(-2,2)$,$(-2,0)$的矩形,且是逆时针走向.

解 所考虑的积分是以下复变量积分的实部

$$\oint_c\frac{1}{z^2+1}\mathrm{d}z \tag{1}$$

事实上,如果将 z 写成 $x+y\mathrm{i}(x,y\in\mathbf{R})$ 的形式,那么

$$\mathrm{Re}\left(\oint_c \frac{1}{z^2+1}\mathrm{d}z\right)=\mathrm{Re}\left[\oint_c \frac{1}{(1+x^2-y^2)+2\mathrm{i}xy}(\mathrm{d}x+\mathrm{i}\mathrm{d}y)\right]=$$

$$\mathrm{Re}\left[\oint_c \frac{(1+x^2-y^2)-2\mathrm{i}xy}{(1+x^2-y^2)^2+4x^2y^2}(\mathrm{d}x+\mathrm{i}\mathrm{d}y)\right]=$$

$$\oint_c \frac{(1+x^2-y^2)\mathrm{d}x+2xy\mathrm{d}y}{(1+x^2-y^2)^2+4x^2y^2}$$

于是,为了解决这一问题,只需求出式(1) 中的积分.这可以利用柯西积分公式做到.设 U 是复平面上包含 i 的任何区域.如果 $-\mathrm{i}\in\mathbf{C}\backslash U$,那么由 $f(z)=\frac{1}{z+\mathrm{i}}$ 确定的函数 $f:U\to\mathbf{C}$ 在 U 上是正则的;在这种情况下,由柯西积分公式给出

$$\oint_c \frac{1}{z^2+1}\mathrm{d}z=\oint_c \frac{\frac{1}{z+\mathrm{i}}}{z-\mathrm{i}}\mathrm{d}z=2\pi\mathrm{i}f(\mathrm{i})=\pi$$

于是

$$\oint_c \frac{(1+x^2-y^2)\mathrm{d}x+2xy\mathrm{d}y}{(1+x^2-y^2)^2+4x^2y^2}=\mathrm{Re}\left(\oint_c \frac{1}{z^2+1}\mathrm{d}z\right)=\pi$$

U349 设 $0<x,y,z<1$.证明:

$$\frac{1}{1-x^4}+\frac{1}{1-y^4}+\frac{1}{1-z^4}+\frac{1}{1-x^2yz}+\frac{1}{1-y^2zx}+\frac{1}{1-z^2xy}\geqslant$$

$$\frac{1}{1-x^3y}+\frac{1}{1-xy^3}+\frac{1}{1-y^3z}+\frac{1}{1-yz^3}+\frac{1}{1-x^3z}+\frac{1}{1-xz^3}$$

证明 利用几何级数,我们看到只要证明对于一切 $n\geqslant 0$,有

$$x^{4n}+y^{4n}+z^{4n}+x^{2n}y^nz^n+y^{2n}z^nx^n+z^{2n}x^ny^n\geqslant$$

$$x^{3n}y^n+x^ny^{3n}+y^{3n}z^n+y^nz^{3n}+z^{3n}x^n+z^nx^{3n}$$

而这等价于

$$x^{2n}(x^n-y^n)(x^n-z^n)+y^{2n}(y^n-x^n)(y^n-z^n)+z^{2n}(z^n-y^n)(z^n-x^n)\geqslant 0$$

由 Schur 不等式知,这是成立的.

U350 设 a,b 是实数,且 $a\geqslant 1,b>a^2-a+1$.证明:方程 $x^5-ax^3+a^2x-b=0$ 有唯一的实数解 x_0,且 $2b-a^3<x_0^6<b^2+a-a^3$.

证明 设 $p(x)=x^5-ax^3+a^2x-b$.设 $p'(x)=0$,即 $5x^4-3ax^2+a^2=0$,并求其极值.将该方程看作 x^2 的二次方程,其判别式 $9a^2-20a^2=-11a^2<0$.于是 $p(x)$ 永远递增,没有实数根.而

$$\lim_{x\to-\infty}p(x)=-\infty,\lim_{x\to+\infty}p(x)=+\infty$$

所以由中值定理知,$p(x)$ 至少有一个根.因此题中的方程恰有一个实数解,我们用 x_0 来表示这个实数解.

现在,$x_0^5-ax_0^3+a^2x_0=b>a^2-a+1$.因为左边随 x_0 严格递增,当 $x_0=1$ 时等式

成立,于是推出 $x_0>1$. 注意到,方程 $b=x_0(x_0^4-ax_0^2+a^2)$ 的两边乘以 (x_0^2+a),得到

$$(x_0^2+a)b=x_0(x_0^6+a^3)$$

如果 $x_0^6\geqslant b^2+a-a^3$,那么

$$(x_0^2+a)b\geqslant x_0(b^2+a)$$

所以

$$(bx_0-a)(x_0-b)\geqslant 0$$

因为 $b-a>(a-1)^2\geqslant 0$,$x_0>1$,所以左边第一个因式为正,因此 $x_0>b$. 又因为 $p(x)$ 严格递增,所以有

$$0>b^5-ab^3+a^2b-b=(b^2-a)b^3+(a^2-1)b$$

而这不可能,因为 $b^2-a>b-a>0$,$a^2-1\geqslant 0$,由此得到矛盾,于是必有 $x_0^6<b^2+a-a^3$.

其次,如果 $2b-a^3\geqslant x_0^6$,那么

$$(x_0^2+a)b=x_0(x_0^6+a^3)\leqslant 2bx_0<b(x_0^2+1)\leqslant b(x_0^2+a)$$

因为 $x_0>1$,所以严格不等式成立,于是在 x_0^2 和 1 之间,在 AM－GM 不等式中取不到等号. 我们又得到矛盾,所以 $2b-a^3<x_0^6$.

U351 设 $a\geqslant 0$. 求

$$\lim_{n\to\infty}\frac{1}{2^n n^a}\sum_{k=0}^{n}\binom{n}{k}k^a$$

的值.

解 众所周知,或者说容易证明

$$\sum_{k=0}^{n}\binom{n}{k}=2^n$$

$$\sum_{k=0}^{n}\binom{n}{k}k=2^{n-1}n$$

$$\sum_{k=0}^{n}\binom{n}{k}k^2=2^{n-2}n(n+1)$$

例如,上面的等式可以对恒等式 $\sum_{k=0}^{n}\binom{n}{k}\mathrm{e}^{kt}=(1+\mathrm{e}^t)^n$ 求关于 t 的导数,再取 $t=0$ 进行证明. 于是

$$\sum_{k=0}^{n}\binom{n}{k}(2k-n)=0$$

$$\sum_{k=0}^{n}\binom{n}{k}(2k-n)^2=2^n n$$

设 $f:[0,1]\to\mathbf{R}$ 是在$(0,1)$上两次连续可微的任意连续函数. 于是函数

$$g(x)=\frac{f(x)-f\left(\frac{1}{2}\right)-f'\left(\frac{1}{2}\right)\left(x-\frac{1}{2}\right)}{\left(x-\frac{1}{2}\right)^2}$$

在$[0,1]$上连续(因此有界). 除了在 $x=\frac{1}{2}$ 处以外,连续性是显然的. 而 $x=\frac{1}{2}$ 处的连续性由 Taylor 定理和假定 f 是两次连续可微得到. 实际上,当 $f(x)=x^a$ 时,有

$$x^a=\frac{1}{2^a}+\frac{a}{2^a}(2x-1)+\frac{(2x-1)^2}{4}g(x)$$

这里 g 在$[0,1]$上有界,例如,有 $|g(x)|\leqslant M$. 当 $x=\frac{k}{n}$ 时,就变为

$$k^a=\frac{n^a}{2^a}+\frac{an^{a-1}}{2^a}(2k-n)+n^{a-2}\frac{(2k-n)^2}{4}g\left(\frac{k}{n}\right)$$

于是

$$\frac{1}{2^n n^a}\sum_{k=0}^{n}\binom{n}{k}k^a=\frac{1}{2^a}+0+\frac{1}{2^{n+2}n^2}\sum_{k=0}^{n}\binom{n}{k}(2k-n)^2 g\left(\frac{k}{n}\right)$$

为了证明右边的第一项是所求的极限,只需要证明当 $n\to\infty$ 时,最后一项趋近于零即可. 因为

$$\frac{M}{2^{n+2}n^2}\sum_{k=0}^{n}\binom{n}{k}(2k-n)^2=\frac{M}{4n}$$

所以其绝对值有上界,由此就可推出最后一项趋近于零. 于是

$$\lim_{n\to\infty}\frac{1}{2^n n^a}\sum_{k=0}^{n}\binom{n}{k}k^a=\frac{1}{2^a}$$

注意到,其实质上像上面那样,对于任何 f,同样的论断将表明

$$\lim_{n\to\infty}\frac{1}{2^n}\sum_{k=0}^{n}\binom{n}{k}f\left(\frac{k}{n}\right)=f\left(\frac{1}{2}\right)$$

U352　求

$$\lim_{N\to\infty}\sum_{n=1}^{N}\frac{n-1}{\binom{2n}{n}}$$

的值.

解　对于一切正整数 n,有

$$(3n-3)\binom{2n}{n}^{-1}-n\binom{2n-2}{n-1}^{-1}=$$

$$n\binom{2n-2}{n-1}^{-1}\left[\frac{3n(n-1)}{2n(2n-1)}-1\right]=$$

$$-(n+1)\cdot\frac{n!\ (n-1)!}{2(2n-1)!}=$$

$$-(n+1)\cdot\frac{n!\ n!}{2n(2n-1)!}=$$

$$-(n+1)\cdot\binom{2n}{n}^{-1}$$

所以,对于一切正整数 N,我们有各项可消去的和,即

$$\sum_{n=1}^{N}\frac{n-1}{\binom{2n}{n}}=\sum_{n=1}^{N}\frac{1}{3}\left[n\binom{2n-2}{n-1}^{-1}-(n+1)\binom{2n}{n}^{-1}\right]=$$

$$\frac{1}{3}\left[1-(N+1)\binom{2N}{N}^{-1}\right]$$

因为当 $m\to\infty$ 时,$\frac{1}{m+1}\binom{2m}{m}\to\infty$,所以

$$\lim_{N\to\infty}\sum_{n=1}^{N}\frac{n-1}{\binom{2n}{n}}=\lim_{N\to\infty}\frac{1}{3}\left[1-(N+1)\binom{2N}{N}^{-1}\right]=\frac{1}{3}$$

U353 设 $a\in\mathbf{R}$,$f:(-1,1)\to\mathbf{R}$ 是在 0 处可微的函数.求

$$\lim_{n\to\infty}\left[an-\sum_{k=1}^{n}f\left(\frac{k}{n^2}\right)\right]$$

的值.

解 显然,当 $n\to\infty$ 时,$\frac{k}{n^2}\leqslant\frac{1}{n}\to 0$,或在 $\frac{1}{n^2}$ 中,我们可以近似地表示为

$$f\left(\frac{k}{n^2}\right)=f(0)+\frac{k}{n^2}f'(0)+O\left(\frac{1}{n^2}\right)$$

于是

$$\sum_{k=1}^{n}f\left(\frac{k}{n^2}\right)=nf(0)+\frac{f'(0)}{n^2}\sum_{k=1}^{n}k+O\left(\frac{1}{n}\right)$$

因为对 k 求和等于 $\frac{n(n+1)}{2}$,所以

$$an-\sum_{k=1}^{n}f\left(\frac{k}{n^2}\right)=[a-f(0)]n-\frac{f'(0)}{2}+O\left(\frac{1}{n}\right)$$

现在右边第三项的极限显然是0.第二项是常数,当$a\neq f(0)$时,第一项发散,当$a=f(0)$时是零.所以推得

$$\lim_{n\to\infty}\left[an-\sum_{k=1}^{n}f\left(\frac{k}{n^2}\right)\right]=\begin{cases}-\infty,\text{当 } f(0)>a \text{ 时}\\+\infty,\text{当 } f(0)<a \text{ 时}\\-\dfrac{f'(0)}{2},\text{当 } f(0)=a \text{ 时}\end{cases}$$

U354 设$f,g:[-1,1]\to\mathbf{R}$是递增函数.

证明:如果对于一切$x\in[-1,1]$,有$f(-x)=-f(x)$,那么

$$\int_{-1}^{1}f(x)g(x)\mathrm{d}x\geqslant 0$$

证明 我们断言当$0\leqslant x\leqslant 1$时,$f(x)\geqslant 0$.假定对某个$a>0$,有$f(a)<0$.那么$f(-a)=-f(a)>0$.但是因为$f(x)$递增,所以$f(-a)\leqslant f(a)$.这是一个矛盾.于是

$$\int_{-1}^{1}f(x)g(x)\mathrm{d}x=\int_{0}^{1}f(x)g(x)\mathrm{d}x+\int_{0}^{1}f(-x)g(-x)\mathrm{d}x=$$

$$\int_{0}^{1}\underbrace{f(x)}_{\geqslant 0}[\underbrace{g(x)-g(-x)}_{\geqslant 0}]\mathrm{d}x\geqslant 0$$

U355 设a是实数,且$a\neq 0,a\neq\pm 1,n$是大于1的正整数.求所有实系数多项式$P(X)$,使

$$(a^2X^2+1)P(aX)=(a^{2n}X^2+1)P(X)$$

解 注意到,当$1\leqslant j\leqslant k\leqslant n$时,$a^{2j}X^2+1$有复数零点$\pm\frac{\mathrm{i}}{a^j}$,但不是$a^{2k}X^2+1$的零点.因此所给的函数方程只能是$P(X)=(a^2X^2+1)Q_1(x)$.于是$P(aX)=(a^4X^2+1)Q_1(ax)$,而这又只能是$Q_1(x)=(a^4X^2+1)Q_2(X)$.归纳后得到

$$P(X)=(a^2X^2+1)\cdot(a^4X^2+1)\cdot\cdots\cdot(a^{2n-2}X^2+1)Q_{n-1}(X)$$

当且仅当$Q_{n-1}(aX)=Q_{n-1}(X)$时,满足函数方程,于是$Q_{n-1}(X)$只能是实常数c.因此

$$P(X)=c(a^2X^2+1)\cdot(a^4X^2+1)\cdot\cdots\cdot(a^{2n-2}X^2+1)(c\in\mathbf{R})$$

U356 设$(x_n)_{n\geqslant 1}$是单调数列,且$a\in(-1,0)$.证明:数列$(y_n)_{n\geqslant 1}$,

$$y_n=x_1a^{n-1}+x_2a^{n-2}+\cdots+x_n$$

或者收敛,或者趋向于$\pm\infty$.

证明 **情况1** 假定$(x_n)_{n\geqslant 1}$有界.那么它收敛于某个极限L.在这种情况下,又有$(x_n-L)_{n\geqslant 1}$有界,譬如说,有$|x_n-L|\leqslant D$.又注意到因为$|a|<1$,所以当$n\to\infty$时,$|a|^n\to 0$.

考虑任何$\varepsilon>0$.由于(x_n)和$|a|^n$收敛,所以存在一个M,对于任何$n\geqslant M$,我们有$|x_n-L|<\frac{(1-|a|)\varepsilon}{3}$,$|a|^n<\frac{(1-a)\varepsilon}{3|L|}$,$a^n<\frac{(1-|a|)\varepsilon}{3D}$.取$N=2M$.于是当$n\geqslant$

$N \geqslant M$ 时,可见

$$\left|\frac{L}{1-a}-L(1+a+a^2+\cdots+a^{n-1})\right|=\left|\frac{a^n L}{1-a}\right|<\frac{\varepsilon}{3}$$

因为 $n-M \geqslant N-M=M$,所以

$$\begin{aligned}&|x_n+ax_{n-1}+a^2x_{n-2}+\cdots+a^Mx_{n-M}-L(1+a+a^2+\cdots+a^M)|\leqslant\\&|x_n-L|+|a||x_{n-1}-L|+\cdots+|a|^M|x_{n-M}-L|<\\&\frac{(1-|a|^{M+1})\varepsilon}{3}<\frac{\varepsilon}{3}\end{aligned}$$

最后,我们有

$$\begin{aligned}&|a^{M+1}x_{n-M-1}+\cdots+a^{n-1}x_1-L(a^{M+1}+\cdots+a^{n-1})|\leqslant\\&|a|^{M+1}(|x_{n-M-2}-L|+\cdots+|a|^{n-M-2}|x_1-L|)\leqslant\\&|a|^{M+1}D(1+|a|+\cdots+|a|^{n-M-2}|)<\\&\frac{(1-|a|^{n-M-1})\varepsilon}{3}<\frac{\varepsilon}{3}\end{aligned}$$

利用这三个不等式,得到

$$\left|y_n-\frac{L}{1-a}\right|\leqslant|x_n-L|+|a||x_{n-1}-L|+\cdots+|a|^{n-1}|x_1-L|+\left|\frac{a^nL}{1-a}\right|<\varepsilon$$

因为 $\varepsilon>0$ 是任意取的,所以在这种情况下,推得

$$\lim_{n\to\infty}y_n=\frac{L}{1-a}$$

情况 2 假定 $(x_n)_{n\geqslant1}$ 递增但是无界.注意到,对于一切 $i\geqslant2$,有 $x_i>x_{i-1}$.对某个最小的 $N\geqslant1$,我们有 $x_N\geqslant0$.于是,对某个 $M\geqslant1$,对于一切 $n\geqslant M$,我们有 $x_n\geqslant|x_1+x_2+\cdots+x_{N-1}|$.对于偶数 $n\geqslant M+2$,我们有(利用 $0<a^2<1$)

$$\begin{aligned}x_1a^{n-1}+x_2a^{n-2}+\cdots+x_n\geqslant(1+a)(x_n+a^2x_{n-2}+\cdots+a^{n-2}x_2)\geqslant\\(1+a)x_n\end{aligned}$$

然而,对于一切奇数 $n\geqslant M+2$,我们有

$$\begin{aligned}x_1a^{n-1}+x_2a^{n-2}+\cdots+x_n\geqslant(1+a)(x_n+a^2x_{n-2}+\cdots+a^{n-2}x_2)+a^{n-1}x_1\geqslant\\(1+a)x_n+a^{n-1}x_1\end{aligned}$$

这两个下界都发散到 $+\infty$,因为 x_n 趋向于无穷大,a^{n-1} 收敛到 0.于是推得

$$\lim_{n\to\infty}y_n=+\infty$$

情况 3 假定 $(x_n)_{n\geqslant1}$ 递减但是无界.或者利用情况 2,或者用类似于情况 2 的论证,推得如果 $(x_n)_{n\geqslant1}$ 递减但是无界,那么

$$\lim_{n\to\infty}y_n=-\infty$$

U357 求

$$\lim_{n\to\infty}\left[\frac{\left(1+\frac{1}{n^2}\right)\cdot\left(1+\frac{2}{n^2}\right)\cdot\cdots\cdot\left(1+\frac{n}{n^2}\right)}{\sqrt{e}}\right]^n$$

的值.

解 对 $n\in\mathbf{N}$,设

$$a_n:=\ln\left[\frac{\left(1+\frac{1}{n^2}\right)\cdot\left(1+\frac{2}{n^2}\right)\cdot\cdots\cdot\left(1+\frac{n}{n^2}\right)}{\sqrt{e}}\right]^n=n\left[\sum_{k=1}^{n}\ln\left(1+\frac{k}{n^2}\right)-\frac{1}{2}\right]$$

因为 $\ln(1+x)=x-\frac{x^2}{2}+o(x^2)$,所以对 $k=1,2,\cdots,n$,有

$$\ln\left(1+\frac{k}{n^2}\right)=\frac{k}{n^2}-\frac{k^2}{2n^4}+o\left(\frac{1}{n^2}\right)$$

于是

$$a_n=n\left\{\sum_{k=1}^{n}\left[\frac{k}{n^2}-\frac{k^2}{2n^4}+o\left(\frac{1}{n^2}\right)\right]-\frac{1}{2}\right\}=$$

$$\sum_{k=1}^{n}\left[\frac{k}{n}-\frac{k^2}{2n^3}+o\left(\frac{1}{n}\right)\right]-\frac{n}{2}=$$

$$\sum_{k=1}^{n}\frac{k}{n}-\frac{n}{2}-\sum_{k=1}^{n}\frac{k^2}{2n^3}+o(1)=$$

$$\frac{n(n+1)}{2n}-\frac{n}{2}-\frac{n(n+1)(2n+1)}{12n^3}+o(1)=$$

$$\frac{1}{2}-\frac{(n+1)(2n+1)}{12n^2}+o(1)=$$

$$\frac{1}{2}-\frac{1}{6}+o(1)=\frac{1}{3}+o(1)$$

因此

$$\lim_{n\to\infty}a_n=\frac{1}{3}$$

因为

$$\left[\frac{\left(1+\frac{1}{n^2}\right)\cdot\left(1+\frac{2}{n^2}\right)\cdot\cdots\cdot\left(1+\frac{n}{n^2}\right)}{\sqrt{e}}\right]^n=e^{a_n}$$

所以

$$\lim_{n\to\infty}\left[\frac{\left(1+\frac{1}{n^2}\right)\cdot\left(1+\frac{2}{n^2}\right)\cdot\cdots\cdot\left(1+\frac{n}{n^2}\right)}{\sqrt{e}}\right]^n=e^{\lim\limits_{n\to\infty}a_n}=\sqrt[3]{e}$$

U358 设 $(x_n)_{n\geqslant 0}$ 是实数数列,对于一切 $n\geqslant 1$,存在正实数 a,使

$$x_{n+1} \geqslant a x_n - (a-1) x_{n-1}$$

证明:$(x_n)_{n\geqslant 0}$ 或者收敛或者趋向于 $\pm\infty$.

证明 设 $b=a-1$,定义一个非负数列 $(y_n)_{n\geqslant 1}$ 为

$$y_n = x_{n+1} - a x_n + (a-1) x_{n-1} \geqslant 0$$

对 $n \geqslant 1$,设 $\Delta_n = x_n - x_{n-1}$. 于是改写为

$$\Delta_{n+1} = b\Delta_n + y_n$$

或

$$b^{-n-1}\Delta_{n+1} = b^{-n}\Delta_n + b^{-n-1} y_n$$

对这一恒等式求和,得到

$$b^{-n}\Delta_n = b^{-1}\Delta_1 + \sum_{k=1}^{n-1} b^{-k-1} y_k$$

或等价于

$$\Delta_n = b^{n-1}\Delta_1 + \sum_{k=1}^{n-1} b^{n-k-1} y_k$$

再求和,注意到 $\Delta_1 + \cdots + \Delta_n = x_n - x_0$,如果 $b \neq 1$,那么给出

$$x_n = x_0 + \frac{b^n - 1}{b-1}\Delta_1 + \sum_{k=1}^{n-1} \frac{b^{n-k}-1}{b-1} y_n$$

如果 $b=1$,那么

$$x_n = x_0 + n\Delta_1 + \sum_{k=1}^{n-1} (n-k) y_n$$

情况 1 假定 $b>1$. 注意到表达式 $\Delta_1 + \sum_{k=1}^{n-1} b^{-k} y_k$ 和 $\sum_{k=1}^{n-1} y_k$ 都随 n 递增,因此其或者收敛,或者趋向于 ∞. 假定 $L = \Delta_1 + \sum_{k=1}^{\infty} b^{-k} y_k > 0$ (可能是无穷大). 那么存在某个 N,使 $\Delta_1 + \sum_{k=1}^{N-1} b^{-k} y_k > 0$. 当 $n \geqslant N$ 时,得到

$$x_n \geqslant x_0 + \frac{b^n-1}{b-1}\Delta_1 + \sum_{k=1}^{N-1}\frac{b^{n-k}-1}{b-1} y_n =$$

$$b^n \frac{\Delta_1 + \sum_{k=1}^{N-1} b^{-k} y_k}{b-1} + x_0 - \frac{\Delta_1 + \sum_{k=1}^{N-1} y_k}{b-1}$$

最后两项是常数,但是当 $n\to\infty$ 时,第一项趋向于无穷大. 于是在这种情况下,当 $n\to\infty$ 时,$x_n\to\infty$. 于是,我们可以假定 $L = \Delta_1 + \sum_{k=1}^{\infty} b^{-k} y_k \leqslant 0$. 因为

$$x_n \leqslant \frac{b^n L}{b-1} + x_0 - \frac{\Delta_1 + \sum_{k=1}^{n-1} y_k}{b-1} \leqslant \frac{b^n L}{b-1} + x_0 - \frac{\Delta_1}{b-1}$$

可见如果 $L<0$,那么 $x_n\to-\infty$. 由第二个表达式,又可看到,如果 $L=0,\sum_{k=1}^{\infty}y_k=\infty$,那么 $x_n\to-\infty$. 于是可以假定 $\Delta_1=-\sum_{k=1}^{\infty}b^{-k}y_k$ 以及 $S=\sum_{k=1}^{\infty}y_k<\infty$. 在这种情况下,得到

$$x_n=\sum_{k=n}^{\infty}\frac{1-b^{n-k}}{b-1}y_k+\left(x_0-\frac{\Delta_1+S}{b-1}\right)$$

因为 $S<\infty$,所以 $\sum_{k=n}^{\infty}y_k$ 趋近于零,于是最后一项非负,且有上界. 因此

$$\lim_{n\to\infty}x_n=x_0-\frac{\Delta_1+S}{b-1}$$

(x_n) 收敛.

情况 2 假定 $b=1$. 这种情况实质上与情况 1 相同,在写法上略有差别. 如果 $L=\Delta_1+\sum_{k=1}^{\infty}y_k$ 为正(可能是 ∞),那么存在 N,使 $\Delta_1+\sum_{k=1}^{N-1}y_k>0$,并且

$$x_n\geqslant n(\Delta_1+\sum_{k=1}^{N-1}y_k)+x_0-\sum_{k=1}^{N-1}y_k$$

于是 $x_n\to\infty$. 如果 $L<0$ 或者 $L=0,S=\sum_{k=1}^{\infty}ky_k$ 发散,那么当 $n\to\infty$ 时,该不等式的上界

$$x_n\leqslant nL+x_0-\sum_{k=1}^{n-1}ky_k$$

趋向于 $-\infty$,于是 $x_n\to-\infty$. 最后,如果 $L=0$,且 $S<\infty$,那么当 $n\to\infty$ 时,$x_n\to x_0-S$ 收敛.

情况 3 假定 $|b|<1$. 在这种情况下,将 x_n 的公式改写为

$$x_n=x_0+\frac{1-b^n}{1-b}\Delta_1+\sum_{k=1}^{n-1}\frac{1-b^{n-k}}{1-b}y_k$$

前两项收敛(于 $x_0+\frac{\Delta_1}{1-b}$),所以只需看最后一项. 因为对于一切 $m\geqslant0$,有 $0\leqslant\frac{1-b^m}{1-b}<\frac{1}{1-b}$,所以可见对于任何 $N>0$,有

$$\sum_{k=1}^{N-1}\frac{1-b^{n-k}}{1-b}y_k\leqslant\sum_{k=1}^{n-1}\frac{1-b^{n-k}}{1-b}y_k\leqslant\frac{1}{1-b}\sum_{k=1}^{n-1}y_k$$

当 $n\to\infty$ 时,下界收敛于 $\frac{1}{1-b}\sum_{k=1}^{N-1}y_k$. 于是,如果 $\sum_{k=1}^{\infty}y_k$ 发散,那么有

$$\sum_{k=1}^{n-1}\frac{1-b^{n-k}}{1-b}y_k\to\infty$$

否则

$$\sum_{k=1}^{n-1}\frac{1-b^{n-k}}{1-b}y_k\to\frac{1}{1-b}\sum_{k=1}^{\infty}y_k$$

U359 设 $a_1,\cdots,a_n$ 和 $b_1,\cdots,b_m$ 是非负实数数列.再设 $c_1,\cdots,c_n$ 和 $d_1,\cdots,d_m$ 是实数数列.证明:

$$\sum_{i=1}^{n}\sum_{j=1}^{n}c_ic_j\min(a_i,a_j)+\sum_{i=1}^{m}\sum_{j=1}^{m}d_id_j\min(b_i,b_j)\geqslant$$

$$2\sum_{i=1}^{n}\sum_{j=1}^{m}c_id_j\min(a_i,b_j)$$

证明 首先注意到,如果对某个 $k\in\{1,2,\cdots,n\}$,有 $a_k=0$,那么出现 c_k 的所有项都是零,这是因为 $\min(a_i,a_k)=\min(a_k,b_j)=a_k=0$,对于一切 i,j,有 $a_i,b_j\geqslant 0$,于是问题等价于消去 a_k,c_k,n 减少1项,重新对 a_i 和 c_i 从1到 $n-1$ 编号.换句话说,不失一般性,我们可以假定所有的 a_i,b_j 都是正的.

设 u 是 $\{a_1,\cdots,a_n,b_1,\cdots,b_m\}$ 中不同的正值的个数.我们将对 u 用归纳法证明以下的断言.

断言 当且仅当将所有的 a_i,b_j 能分成若干组,使各组中的数值都相等,且分别与等值的 a_i 和 b_j 的每一组相应的 c_i 的和与 d_j 的和相等时,题中的不等式永远成立.

证明 当 $u=1$ 时,对某个正实数 K,有 $a_1=a_2=\cdots=a_n=b_1=b_2=\cdots=b_m=K$,记 $S_c=c_1+c_2+\cdots+c_n,S_d=d_1+d_2+\cdots+d_m$,则不等式改写为

$$0\leqslant K(\sum_{i=1}^{n}\sum_{j=1}^{n}c_ic_j+\sum_{i=1}^{m}\sum_{j=1}^{m}d_id_j-2\sum_{i=1}^{n}\sum_{j=1}^{m}c_id_j)=$$

$$K(S_c^2+S_d^2-2S_cS_d)=K(S_c-S_d)^2$$

在这种情况下,断言显然成立.假定该结果对 $1,2,\cdots,u-1$ 成立.设 $\varepsilon=\min\{a_1,\cdots,a_n,b_1,\cdots,b_m\}$.定义 $a'_i=a_i-\varepsilon,b'_j=b_j-\varepsilon$.注意到,此时不等式可改写为

$$\varepsilon(\sum_{i=1}^{n}\sum_{j=1}^{n}c_ic_j+\sum_{i=1}^{m}\sum_{j=1}^{m}d_id_j-2\sum_{i=1}^{n}\sum_{j=1}^{m}c_id_j)+\sum_{i=1}^{n}\sum_{j=1}^{n}c_ic_j\min(a'_i,a'_j)+$$

$$\sum_{i=1}^{m}\sum_{j=1}^{m}d_id_j\min(b'_i,b'_j)\geqslant 2\sum_{i=1}^{n}\sum_{j=1}^{m}c_id_j\min(a'_i,b'_j)$$

其中存在 u 个 a'_i 和 b'_j 的不同的值,但都不是零,所有为零的 a'_i 和 b'_j,以及相应的 c_i 和 d_j 可以除去,得到 $u-1$ 个 a'_i 和 b'_j 的不同的非零的值.因此,根据对 $u-1$ 的归纳假定,左边的最后两项不小于右边.同时,对于 $u=1$ 的归纳假定,左边的第一项非负,当且仅当所有 c_i 的和与所有 d_j 的和相等时,左边的第一项为零.于是,对所有的 u 推出断言.注意到,在归纳过程中的每一步等号成立时,c_i 与 d_j 的每一个集合的和在每一个 ε 除去后,剩余的必须相等,或者在每一个 ε 除去后,不出现的 c_i 与 d_j 的和也必须相等.

从断言可直接推出结论成立,如果对某些 a'_i 和 b'_j 所取的每一个非零的值,与具有等值的 a'_i 和 b'_j 对应的 c_i 的和与 d_j 的和相等时,等号成立,并且与取零的 a'_i 和 b'_j 对应的

c_i 与 d_j 无关.

U360 设 $f:[0,1]\to[0,\infty)$ 是一个 C^1 递增函数. 证明：

$$\int_{-1}^{1}[f'(x)]^{\frac{1}{2\,015}}\mathrm{d}x\leqslant 2\,015\int_{-1}^{1}\left[\frac{f(x)}{1-x}\right]^{\frac{1}{2\,015}}\mathrm{d}x$$

证明 设 $q=\dfrac{1}{2\,015}$. 用 $f(x)-f(-1)$ 代替 $f(x)$(不改变题中不等式的左边，至多在右边减少一些)，我们可以假定 $f(-1)=0$. 用分部积分得到

$$S=\int_{-1}^{1}\frac{f^q(x)}{(1-x)^q}\mathrm{d}x=\frac{1}{q-1}f^q(x)\,(1-x)^{1-q}\Bigg|_{-1}^{1}+\frac{q}{q-1}\int_{-1}^{1}f'(x)f^{q-1}(x)(1-x)^{1-q}\mathrm{d}x$$

(这里在右边，如果 $-1<x<1$，且 $f(x)=0$，那么也有 $f'(x)=0$，被积函数应认为是零).
因为 $f(-1)=0$，所以有

$$S_1=\frac{1-q}{q}S=\int_{-1}^{1}f'(x)f^{q-1}(x)(1-x)^{1-q}\mathrm{d}x$$

为了得到结果，现在计算 S_1+S，即

$$S_1+S=\frac{1}{q}S=\int_{-1}^{1}\left[\frac{f^q}{(1-x)^q}+f'(x)f^{q-1}(x)(1-x)^{1-q}\right]\mathrm{d}x\geqslant$$
$$\int_{-1}^{1}[f'(x)]^q\mathrm{d}x$$

这主要是因为

$$\frac{f^q(x)}{(1-x)^q}+f'(x)f^{q-1}(x)(1-x)^{1-q}\geqslant[f'(x)]^q$$

事实上，如果

$$\frac{f^q(x)}{(1-x)^q}\geqslant[f'(x)]^q$$

那么不等式显然成立. 否则，如果

$$\frac{f^q(x)}{(1-x)^q}<[f'(x)]^q$$

那么

$$[f'(x)]^{q-1}<(1-x)^{1-q}f^{q-1}(x)$$

右边主要取决于第二项.

注 所求的上界并不明显. 更强的不等式由 Hölder 不等式推得. 采用上面的记号，Hölder 不等式给出

$$\int_{-1}^{1}[f'(x)]^{\frac{1}{2\,015}}\mathrm{d}x\leqslant S_1^qS^{1-q}=2\,014^{\frac{1}{2\,015}}\int_{-1}^{1}\left[\frac{f(x)}{1-x}\right]^{\frac{1}{2\,015}}\mathrm{d}x$$

2.4 奥林匹克问题的解答

O289 设 a,b,x,y 是正实数，且 $x^2-x+1=a^2$，$y^2+y+1=b^2$，$(2x-1)(2y+1)=$

$2ab+3$. 证明:$x+y=ab$.

证明 由条件知

$$(2x-1)^2=4a^2-3$$
$$(2y+1)^2=4b^2-3$$

以及

$$(2ab+3)^2=(2x-1)^2(2y+1)^2=(4a^2-3)(4b^2-3)$$

或化简后有

$$a^2b^2-ab-a^2-b^2=0 \tag{1}$$

则

$$(2x-1)^2+(2y+1)^2=4(a^2+b^2)-6$$
$$(2x-1)(2y+1)=2ab+3$$

于是,我们得到

$$[2(x+y)]^2=4(a^2+b^2)-6+(4ab+6)$$

或

$$(x+y)^2=a^2+b^2+ab \tag{2}$$

由式(1)(2),我们得到$(x+y)^2=a^2b^2$ 和 $x+y=ab$,证毕.

O290 设Ω_1 和Ω_2 是$\triangle ABC$ 所在平面内,且在$\triangle ABC$ 的外部的两个不同的圆.设α_1,α_2 是过A 且与Ω_1 和Ω_2 都外切的两个圆.类似地,对B 定义β_1,β_2,对C 定义γ_1,γ_2.设A_1 是α_1 和α_2 的第二个交点.类似地,定义B_1 和C_1.证明:AA_1,BB_1,CC_1 共点.

证明 注意到,我们必须假定Ω_1 和Ω_2 的半径不同.否则图形显然关于联结这两个圆的圆心的线段的垂直平分线对称,直线AA_1,BB_1,CC_1 将平行于联结圆心的直线(这可以认为等价于AA_1,BB_1,CC_1 相交于无穷远).在问题的其余部分,我们将假定Ω_1 和Ω_2 的半径不同,因此可以找到一个以O 为中心,放缩因子为ρ 的位似变换($|\rho|\neq 1$),它将Ω_1 变为Ω_2.

断言 1 设Ω_1 和Ω_2 是半径不同的两个圆,ω 是与这两个圆都相切的圆,切点分别是T_1,T_2.那么T_1,T_2 与将Ω_1 变为Ω_2 的位似中心O 共线.

证明 设O_1,O_2 分别是Ω_1 和Ω_2 的圆心,R_1,R_2 分别是Ω_1 和Ω_2 的半径.设O',r 是ω 的圆心和半径.考虑$\triangle O_1O_2O'$,这里T_1,T_2 显然在线段O_1O' 和O_2O' 的内部.设P 是T_1T_2 与O_1O_2 相交的第二个点,则由梅涅劳斯定理,有

$$\frac{O_1P}{PO_2}=\frac{T_2O'}{O_2T_2}\cdot\frac{T_1O_1}{O'T_1}=\frac{r}{R_2}\cdot\frac{R_1}{r}=\frac{R_1}{R_2}$$

所以点P 的确是将O_1 变为O_2 的位似中心,放缩因子的绝对值是$\frac{R_1}{R_2}$,于是$P=O$.由此推得断言 1.

断言 2 设圆 ω 是同时与 Ω_1,Ω_2 外切的一切可能的圆，则 O 关于 ω 的幂不变.

证明 因为点 T_1,T_2 在 ω 上，且这两点与 O 共线，所以 O 关于 ω 的幂是 $OT_1\cdot OT_2$. 设 P_1,P_2 分别是 O 关于 Ω_1,Ω_2 的幂，显然满足 $P_2=\rho^2P_1$. 现在考虑将位似变换用于 T_1 所得到的点 T'_1. 显然，T'_1 与 O,T_1 共线，因此其在直线 OT_2 上；同时，$T_1\in\Omega_1$，所以由作图可知 $T'_1\in\Omega_2$. 于是 T'_1,T_2 是过点 O，且与 T_2 相交的直线上的点，所以 $OT'_1\cdot OT_2=P_2$. 但是因为 $OT'_1=|\rho|OT_1$，所以有

$$OT_1\cdot OT_2=\frac{P_2}{|\rho|}=|\rho|P_1$$

与 ω 的选择无关. 由此推得断言 2.

由断言 2 知，O 关于 α_1,α_2 的幂相同，又因为 AA_1 是 α_1,α_2 的根轴，所以 A,A_1,O 共线. 于是直线 AA_1 经过点 O. 同理，BB_1 和 CC_1 也经过点 O. 由此推出结论.

O291 设 a,b,c 是正实数. 证明：

$$\frac{a^2}{\sqrt{4a^2+ab+4b^2}}+\frac{b^2}{\sqrt{4b^2+bc+4c^2}}+\frac{c^2}{\sqrt{4c^2+ca+4a^2}}\geqslant\frac{a+b+c}{3}$$

第一种证法 由 Hölder 不等式，我们有

$$\left(\sum_{\text{cyc}}\frac{a^2}{\sqrt{4a^2+ab+4b^2}}\right)^2\left[\sum_{\text{cyc}}a^2(4a^2+ab+4b^2)\right]\geqslant(a^2+b^2+c^2)^3 \quad (1)$$

但是

$$\begin{aligned}\sum_{\text{cyc}}a^2(4a^2+ab+4b^2)=&4(a^4+b^4+c^4)+a^3b+b^3c+c^3a+4(a^2b^2+b^2c^2+c^2a^2)=\\&4(a^2+b^2+c^2)^2+a^3b+b^3c+c^3a-4(a^2b^2+b^2c^2+c^2a^2)\leqslant\\&\frac{13(a^2+b^2+c^2)^2-12(a^2b^2+b^2c^2+c^2a^2)}{3}\end{aligned}$$

最后一行是由 Cartoaje 不等式

$$(a^2+b^2+c^2)^2\geqslant3(a^3b+b^3c+c^3a)$$

得到的.

因此，考虑到式(1)，推出只要证明

$$27(a^2+b^2+c^2)^3\geqslant[13(a^2+b^2+c^2)^2-12(a^2b^2+b^2c^2+c^2a^2)](a+b+c)^2$$

这可以转化为证明

$$\begin{aligned}&9(a^2+b^2+c^2)^2[3(a^2+b^2+c^2)-(a+b+c)^2]-\\&4(a+b+c)^2[(a^2+b^2+c^2)^2-3(a^2b^2+b^2c^2+c^2a^2)]=\\&18(a^2+b^2+c^2)^2[(a-b)^2+(a-c)(b-c)]-\\&4(a+b+c)^2[(a+b)^2(a-b)^2+(a+c)(b+c)(a-c)(b-c)]=\\&2[9(a^2+b^2+c^2)^2-2(a+b+c)^2(a+b)^2](a-b)^2+\\&2[9(a^2+b^2+c^2)^2-2(a+b+c)^2(a+c)(b+c)](a-c)(b-c)\end{aligned}$$

为正.

不失一般性,我们可以假定 $a \leqslant b \leqslant c$. 于是只要证明

$$9(a^2+b^2+c^2)^2 \geqslant 2(a+b+c)^2(a+c)(b+c)$$

而这是正确的,因为由 Cauchy－Schwarz 不等式

$$3(a^2+b^2+c^2) \geqslant (a+b+c)^2$$

以及

$$3(a^2+b^2+c^2)-2(a+c)(b+c) \geqslant 0 \Leftrightarrow$$
$$c^2-2(a+b)c+3(a^2+b^2)-2ab \geqslant 0 \Leftrightarrow$$
$$(c-a-b)^2+2(a-b)^2 \geqslant 0$$

证毕.

第二种证法 我们将从求 x,y 开始,对于一切 $a,b>0$,有

$$\frac{a^2}{\sqrt{4a^2+ab+4b^2}} \geqslant xa+yb$$

设 $a=b=1$,这样"最好的"x,y 将满足 $x+y=\frac{1}{3}$. 注意到该不等式是齐次的,所以设 $t=\frac{a}{b}$,则我们有

$$\frac{t^2}{\sqrt{4t^2+t+4}} \geqslant xt+y=x(t-1)+\frac{1}{3} \tag{2}$$

如果右边为负,那么不等式显然成立. 否则两边平方以后乘以 9,得到

$$\frac{9t^4}{4t^2+t+4} \geqslant [3x(t-1)+1]^2$$
$$9t^4-(4t^2+t+4)[3x(t-1)+1]^2 \geqslant 0$$

将左边看作是 t 的函数,譬如说,$f(t)$,我们希望它在 $t=1$ 处有重根. 这意味着

$$f'(1)=27-54x=0$$

所以 $x=\frac{1}{2}$,$y=-\frac{1}{6}$. 这表明

$$f(t)=\frac{1}{4}(15t-4)(t-1)^2$$

显然,当 $t>\frac{4}{15}$ 时,f 为正. 当 $t \leqslant \frac{4}{15}$ 时,式(2) 变为

$$\frac{3t^2}{\sqrt{4t^2+t+4}} \geqslant \frac{3t-1}{2}$$

这必定成立,因为右边为负. 于是,对于一切 $a,b>0$,有

$$\frac{a^2}{\sqrt{4a^2+ab+4b^2}} \geqslant \frac{3a-b}{6}$$

将 a 和 c,b 和 c 的类似的不等式相加,得到

$$\sum_{\text{cyc}} \frac{a^2}{\sqrt{4a^2+ab+4b^2}} \geqslant \sum_{\text{cyc}} \frac{3a-b}{6} = \frac{a+b+c}{3}$$

这就是所要求的.

O292 对于每个正整数 n,设

$$T_n = \sum_{k=1}^{n} \frac{1}{k \cdot 2^k}$$

求:所有的质数 p,使

$$\sum_{k=1}^{p-2} \frac{T_k}{k+1} \equiv 0 \pmod p$$

解 熟知下面的恒等式成立

$$\sum_{1\leqslant j\leqslant k\leqslant n} \binom{n}{k} \frac{(-1)^k (1-x)^j}{jk} = \sum_{k=1}^{n} \frac{x^k}{k^2} - \sum_{k=1}^{n} \frac{1}{k^2}$$

设 $p>2$ 是质数(当 $p=2$ 时,同余式显然成立).

于是 $\binom{p-1}{k} \equiv (-1)^k \pmod p$,则上面的恒等式表明

$$\sum_{k=1}^{p-2} \frac{T_k}{k+1} = \sum_{j=1}^{p-2} \frac{1}{j2^j} \sum_{k=j}^{p-2} \frac{1}{k+1} = \sum_{1\leqslant j<k\leqslant p-1} \frac{\left(\frac{1}{2}\right)^j}{jk} =$$

$$\sum_{1\leqslant j\leqslant k\leqslant p-1} \frac{\left(\frac{1}{2}\right)^j}{jk} - \sum_{k=1}^{p-1} \frac{\left(\frac{1}{2}\right)^k}{k^2} \equiv$$

$$\sum_{1\leqslant j\leqslant k\leqslant p-1} \binom{p-1}{k} \frac{(-1)^k \left(1-\frac{1}{2}\right)^j}{jk} - \sum_{k=1}^{p-1} \frac{\left(\frac{1}{2}\right)^k}{k^2} \pmod p =$$

$$\sum_{k=1}^{p-1} \frac{\left(\frac{1}{2}\right)^k}{k^2} - \sum_{k=1}^{p-1} \frac{1}{k^2} - \sum_{k=1}^{p-1} \frac{\left(\frac{1}{2}\right)^k}{k^2} =$$

$$-\sum_{k=1}^{p-1} \frac{1}{k^2} \equiv \begin{cases} 1, p=3 \\ 0, p>3 \end{cases} \pmod p$$

O293 设 x,y,z 是正实数,$t^2 = \frac{xyz}{\max(x,y,z)}$. 证明:

$$4(x^3+y^3+z^3+xyz)^2 \geqslant (x^2+y^2+z^2+t^2)^3$$

证明 因为 $\max(x,y,z) \geqslant (xyz)^{\frac{1}{3}}$,所以 $(xyz)^{\frac{2}{3}} \geqslant t^2$. 于是只要证明

$$4(x^3+y^3+z^3+xyz)^2 \geqslant [x^2+y^2+z^2+(xyz)^{\frac{2}{3}}]^3$$

将其改写为

$$\left(\frac{x^3+y^3+z^3+xyz}{4}\right)^2 \geqslant \left[\frac{x^2+y^2+z^2+(xyz)^{\frac{2}{3}}}{4}\right]^3$$

我们将该不等式看作是用于 x,y,z 和 $(xyz)^{\frac{2}{3}}$ 这 4 个数的幂平均不等式. 证毕.

O294 设 H 是 $\triangle ABC$ 的垂心，D,E,F 分别是从 A,B,C 出发的高的垂足. X,Y,Z 分别是 D,E,F 关于 EF,FD,DE 的对称点. 证明：$\triangle HAX$，$\triangle HBY$，$\triangle HCZ$ 的外接圆有一个除 H 外的公共点.

证明 **断言** 设 ABC 是任意三角形，I 是内心，I_a 是顶点 A 所对的旁心. A' 是 A 关于边 BC 的对称点. 类似地，定义 I_b，I_c 和 B'，C'. 于是，过 I,I_a,A' 的圆，过 I,I_b,B' 的圆和过 I,I_c,C' 的圆经过除 I 外的第二个公共点.

证明 在精确的三线性坐标系中，$I\equiv(r,r,r)$，$I_a\equiv(-r_a,r_a,r_a)$，$A'\equiv(-h_a,2h_a\cdot\cos C,2h_a\cos B)$，所以利用非精确的三线性坐标系，有

$$I\equiv(1,1,1),I_a\equiv(-1,1,1),A'\equiv(-1,2\cos C,2\cos B)$$

在三线性坐标系中，圆的方程是

$$(l\alpha+m\beta+n\gamma)(a\alpha+b\beta+c\gamma)+k(a\beta\gamma+b\gamma\alpha+c\alpha\beta)=0$$

其中将三个给定的点的坐标代入，用于内心时，得到 $k=-(l+m+n)$，用于旁心时，得到 $m+n=0$ 和 $k=-l$，最后用于 A' 时，得到

$$m=-n=l\,\frac{1-2\cos A}{2(\cos C-\cos B)}$$

事实上，容易检验 I,I_a,A' 满足圆的方程

$$\left[\alpha+\frac{(1-2\cos A)(\beta-\gamma)}{2(\cos C-\cos B)}\right]=\frac{a\beta\gamma+b\gamma\alpha+c\alpha\beta}{a\alpha+b\beta+c\gamma}$$

类似地，可以找到经过 I,I_b,B' 和 I,I_c,C' 的圆的方程. 经过 I,I_b,B' 和 I,I_c,C' 的圆的交点显然必须满足

$$\beta+\frac{(1-2\cos B)(\gamma-\alpha)}{2(\cos A-\cos C)}=\gamma+\frac{(1-2\cos C)(\alpha-\beta)}{2(\cos B-\cos A)}$$

或

$$\frac{1+2\cos A-2\cos B-2\cos C}{(\cos A-\cos B)(\cos A-\cos C)}\alpha+\frac{1+2\cos B-2\cos C-2\cos A}{(\cos B-\cos A)(\cos B-\cos C)}\beta+$$
$$\frac{1+2\cos C-2\cos B-2\cos A}{(\cos C-\cos A)(\cos C-\cos B)}\gamma=0$$

这一直线方程表示这两个圆的根轴，I 显然满足，因为这在 A,B,C 和 α,β,γ 的循环排列下是不变的，因此这也是另外两对圆的根轴的方程，它们相交于点 I 和另一点. 由此推出断言.

考虑 $\triangle DEF$. 显然，X,Y,Z 是关于各边所对的顶点的反射点，H 是其内心，A,B,C 是其旁心. 可直接利用断言推出结论.

O295 设 a,b,c,x,y,z 是正实数，$x+y+z=1$，且

$$2ab+2bc+2ca>a^2+b^2+c^2$$

证明：

$$a(x+3yz)+b(y+3zx)+c(z+3xy)\leqslant\frac{2}{3}(a+b+c)$$

证明 利用 $x+y+z=1$，得到

$$B=2(a+b+c)-3[a(x+3yz)+b(y+3zx)+c(z+3xy)]=$$
$$2(a+b+c)(x+y+z)^2-3\sum_{\text{cyc}}a[x(x+y+z)+3yz]=$$
$$2au^2+avw+2bv^2+bwu+2cw^2+cuv$$

其中 $u=y-z,v=z-x,w=x-y$. 用 $-(u+v)$ 代替 w，进一步得到

$$B=(2c+2a-b)u^2+(5c-a-b)uv+(2b+2c-a)v^2$$

现在判别式是

$$(5c-a-b)^2-4(2c+2a-b)(2b+2c-a)=$$
$$9(a^2+b^2+c^2-2ab-2bc-2ca)<0$$

且

$$(2c+2a-b)+(2b+2c-a)=a+b+4c>0$$

所以有 $2c+2a-b>0$ 和 $2b+2c-a>0$. 因此，$B\geqslant 0$，证毕.

O296 设 m 是正整数. 证明：只有对有限多个没有平方因子的整数 n，$\varphi(n)$ 整除 mn，其中 φ 是欧拉函数.

证明 设 $a>0$ 是整除 m 的 2 的最大的幂. 假定 $n=p_1\cdot p_2\cdot\cdots\cdot p_k$ 是没有平方因子的整数，且 $p_k>\cdots>p_2>p_1\geqslant 2$. 那么 $\varphi(n)=(p_1-1)\cdot\cdots\cdot(p_k-1)$. 因为 $p_2-1,\cdots,p_k-1$ 是偶数，$k-1\leqslant a+1$，即 $k\leqslant a+2$. 下面，我们将归纳证明这一断言：当 $1\leqslant i\leqslant k$ 时，$p_i\leqslant(m+1)^{2^{i-1}}$. 事实上，$p_1-1$ 的任何质因数都小于 p_1，所以 p_1 必整除 m，于是 $p_1\leqslant m+1$. 现在假定对于一切 i 到某个 $j<k$，断言成立. 又 $p_{j+1}-1$ 的所有质因数都小于 p_{j+1}，所以 p_{j+1} 必整除 $m\cdot p_1\cdot\cdots\cdot p_j$. 于是

$$p_{j+1}\leqslant m\cdot p_1\cdot p_j+1\leqslant m\cdot(m+1)\cdot(m+1)^2\cdot\cdots\cdot(m+1)^{2^{j-1}}+1\leqslant(m+1)^{2^j}$$

完成归纳. 因此，这样的 n 的总数不大于

$$(m+1)\cdot(m+1)^2\cdot(m+1)^4\cdot\cdots\cdot(m+1)^{2^{a+1}}=(m+1)^{2^{a+2}-1}$$

O297 用 n 种颜色对一个 11×11 的正方形的方格涂色. 已知每一种颜色的方格数大于 6 且小于 14. 证明：可以找到一行和一列，这一行和这一列的方格至少涂有 4 种不同的颜色.

证明 在 11×11 的网格中定义一条“直线”或者是一行，或者是一列. 我们将有一个更强的结果，即如果每种颜色出现的次数至多是 14（不像原来的命题，允许等于），那么

存在一条至少有 4 种不同颜色的直线.由此容易看出,可以得到至少有 5 种颜色的一行和一列.

只确定一种颜色,并假定这种颜色出现在 a 行和 b 列中.那么其至多出现在 ab 个方格中.根据已知条件,这种颜色也至多出现在 14 个方格中.于是相交直线的条数与这种颜色的方格数的比至少是

$$\frac{\text{相交直线}}{\text{方格}} \geqslant \min_{a,b>0} \frac{a+b}{\min(ab,14)} \geqslant \frac{4}{7}$$

检验一些情况后推出上面的第二个不等式(如果 $a+b \geqslant 8$,那么 $\frac{a+b}{14} \geqslant \frac{4}{7}$,证毕.如果 $a+b \leqslant 7$,那么 $\frac{a+b}{ab} \geqslant \frac{4}{a+b} \geqslant \frac{4}{7}$).因为存在 121 个方格(因此一个方格和出现在这一方格中的一种颜色共有 121 对),所以推出至少有 $\frac{4}{7} \cdot 121 > 69$ 对直线与出现在该直线上的颜色.因为有 22 条直线,所以必存在一条直线,在这条直线上有 4 种不同的颜色.

O298 设 n 是无平方因子的正整数.求使 $f(1) \cdot f(2) \cdot \cdots \cdot f(n)$ 整除 n 的函数 $f:\{1,2,\cdots,n\} \to \{1,2,\cdots,n\}$ 的个数.

解 我们对任何正整数 n 解决本题.设 n 的质因数分解式是

$$p_1^{\alpha_1} \cdot p_2^{\alpha_2} \cdot \cdots \cdot p_r^{\alpha_r}$$

具有所要求的性质的任何函数 f 由

$$f(j) = p_1^{x(1,j)} \cdot p_2^{x(2,j)} \cdot \cdots \cdot p_r^{x(r,j)}$$

唯一确定,其中 $x(i,j)$ 是非负整数($i=1,2,\cdots,r;j=1,2,\cdots,n$),且

$$x(i,1)+\cdots+x(i,n) \leqslant \alpha_i (i=1,\cdots,r)$$

以上不等式的解的个数是 $\begin{pmatrix} n+\alpha_i \\ \alpha_i \end{pmatrix}$,因此这样的函数的个数是

$$\prod_{i=1}^{r} \begin{pmatrix} n+\alpha_i \\ \alpha_i \end{pmatrix}$$

如果 n 没有平方因子,那么这个数是 $(n+1)^r$.

O299 设 a,b,c 是正实数,且 $a^2+b^2+c^2+abc=4$,证明:

$$\sqrt{1-abc}\,(3-a-b-c) \geqslant |(a-1)(b-1)(c-1)|$$

证明 首先注意到,如果 $a,b,c \geqslant 1$,那么 $a^2+b^2+c^2+abc \geqslant 4$,当且仅当 $a=b=c=1$ 时,等号成立;如果 $a,b,c \leqslant 1$,则情况类似.还要注意到有 $a,b,c<2$,这是因为如果不失一般性,设 $a \geqslant 2$,那么 $a^2 \geqslant 4$,$b^2+c^2+abc>0$,这与 $a^2+b^2+c^2+abc=4$ 矛盾.进一步注意到,如果 a,b,c 中有一个等于 1(由对称性,不失一般性,设 $c=1$),那么所求证的不等式可改写为 $\sqrt{1-ab}\,(2-a-b) \geqslant 0$,且 $3=a^2+b^2+ab$.由 AM－GM 不等式,推

出 $3=a^2+b^2+ab\geqslant 3ab$，或对某个 $0<\delta\leqslant 1$，有 $ab=1-\delta$，$a+b=\sqrt{3+ab}=\sqrt{4-\delta}\leqslant 2$，当且仅当 $\delta=0$，等价于 $a=b=1$ 时，等号成立. 由此推出，不管 a,b,c 中的哪一个等于 1，问题的结果总是成立的，当且仅当 $a=b=c=1$ 时，等号成立. 在 a,b,c 中没有一个等于 1 的任何情况必定属于以下两种情况之一：

情况 1 由于这三个变量的对称性，不失一般性，设 $a>1>b\geqslant c$. 对某个 $0<\delta<1$，记 $a=1+\delta$，以及 $d=b-c$，其中 $0\leqslant d<1$. 于是，条件可改写为

$$(1-bc-\delta)(3+\delta)=d^2\geqslant 0$$

所以 $bc\leqslant 1-\delta$，当且仅当 $b=c$ 时，等号成立. 因此

$$1-abc\geqslant 1-(1+\delta)(1-\delta)=\delta^2$$

$$\sqrt{1-abc}\geqslant\delta=a-1$$

于是只要证明

$$3-a-b-c\geqslant(1-b)(1-c)$$

或等价的

$$bc\leqslant 2-a=1-\delta$$

这我们已经证明过了. 在这种情况下，题设的不等式成立，当且仅当 $bc=1-\delta$，即当且仅当 $b=c=\sqrt{2-a}$ 时，等号成立. 直接代入表明，的确有

$$a^2+b^2+c^2+abc=a^2+4-2a+a(2-a)=4$$

然而

$$\sqrt{1-abc}=a-1$$

$$3-a-b-c=(1-\sqrt{2-a})^2=(1-b)(1-c)$$

情况 2 由于这三个变量的对称性，不失一般性，设 $a<1<b\leqslant c$. 对某个 $0<\delta<1$，记 $a=1-\delta$，$d=c-b$，其中 $0\leqslant d<1$. 那么条件可改写为

$$(3-\delta)bc=(1+\delta)(3-\delta)-d^2$$

或

$$bc\leqslant 1+\delta$$

当且仅当 $b=c$ 时，等号成立，因为 $\sqrt{1-abc}\geqslant\delta=1-a$. 又只要证明

$$3-a-b-c\geqslant(b-1)(c-1)$$

或等价的

$$bc\leqslant 2-a=1-\delta$$

这已经证明过了. 与情况 1 类似，直接代入条件与不等式，容易证明当且仅当 $b=c=\sqrt{2-a}$ 时，等号成立.

于是推出结论. 对于任何实数 $0<k<\sqrt{2}$，当且仅当 (a,b,c) 是 $(k,k,2-k^2)$ 的一个

排列时,等号成立.在 $k=1$ 的情况下,我们回到 $a=b=c=1$ 的平凡情况.

O300 设 $\triangle ABC$ 的外接圆是 Γ,内切圆是 ω.设 D,E,F 分别是圆 ω 与 AB,BC,CA 的切点,Q 是 AD 与圆 Γ 的第二个交点,设 T 是分别过圆 Γ 上 B 和 C 的切线的交点.再设 QT 与圆 Γ 第二次相交于 R.证明:AR,EF,BC 共点.

证明 设 EF 交 BC 于 X.因为直线 AD,BE,CF 共点,四点组 (X,D,B,C) 成调和分割;因此直线族 (AX,AB,AD,AC) 也成调和分割.由于它与圆 Γ 相交,所以推出 $AX\cap\Gamma,B,Q,C$ 是调和四边形的顶点.但是过圆 Γ 上 B 和 C 的切线相交于直线 QR 上的 T,所以四边形 $RBQC$ 也是调和四边形.于是推出 R 是 AX 与圆 Γ 的第二个交点.由此证得了 AR,EF,BC 共点.

O301 设 a,b,c,d 是非负实数,且 $a^2+b^2+c^2+d^2=4$.证明:

$$\frac{a}{b+3}+\frac{b}{c+3}+\frac{c}{d+3}+\frac{d}{a+3}\leqslant 1$$

证明 如果 $0\leqslant x_1\leqslant x_2\leqslant x_3\leqslant x_4$ 是实数,且 σ 是 $\{1,2,3,4\}$ 的一个排列,那么重新排列不等式表明

$$\frac{x_{\sigma(1)}}{x_1+3}+\frac{x_{\sigma(2)}}{x_2+3}+\frac{x_{\sigma(3)}}{x_3+3}+\frac{x_{\sigma(4)}}{x_4+3}\leqslant\frac{x_4}{x_1+3}+\frac{x_3}{x_2+3}+\frac{x_2}{x_3+3}+\frac{x_1}{x_4+3}$$

因此只要证明当 $0\leqslant w\leqslant x\leqslant y\leqslant z$,且 $w^2+x^2+y^2+z^2=4$ 时,有

$$\frac{w}{z+3}+\frac{x}{y+3}+\frac{y}{x+3}+\frac{z}{w+3}\leqslant 1$$

如果我们能证明当 $r^2+s^2\leqslant 4$ 时,不等式

$$\frac{r}{s+3}+\frac{s}{r+3}\leqslant\frac{1}{2}+\frac{3}{32}(r^2+s^2-2)$$

成立,那么(将这一不等式用于 $(r,s)=(w,z)$ 和 $(r,s)=(x,y)$,然后相加)反过来将直接推出上面的不等式.设 $r+s=t,r^2+s^2=q$,并注意到这可使 $rs=\frac{t^2-q}{2}$,我们看到

$$\frac{r}{s+3}+\frac{s}{r+3}=\frac{2(q+3t)}{18+6t+t^2-q}$$

去分母后,所求证的不等式变为对一切 $0\leqslant t\leqslant\sqrt{2q}$ 和 $q\leqslant 4$,有

$$(180-20q-3q^2)+(18q-132)t+(10+3q)t^2\geqslant 0$$

将该式看作 t 的二次三项式,配方后得到

$$(10+3q)\left(t-\frac{66-9q}{10+3q}\right)^2-\frac{2\ 556-1\ 528q+171q^2+9q^3}{10+3q}\geqslant 0$$

如果 $q<\frac{5}{2}$,那么我们发现 $\frac{66-9q}{10+3q}\geqslant\frac{87}{35}>\sqrt{5}>\sqrt{2q}$.于是该二次三项式在 $t=\sqrt{2q}$ 处取到最小值.此时

$$3(\sqrt{q}-\sqrt{2})^2(3\sqrt{2}+\sqrt{q})(5\sqrt{2}+\sqrt{q})\geqslant 0$$

这显然成立.如果$\frac{5}{2}\leqslant q\leqslant 4$,那么

$$-(2\,556-1\,528q+171q^2+9q^3)=\frac{437}{8}+\frac{(2q-5)}{8}[505+18(4-q)(2q+51)]$$

为正,因此不等式成立.

O302　在等腰$\triangle ABC$中,$AB=AC$,$M\in BC$,$N\in AC$,$\angle BAM=\angle MNC$.假定直线MN与AB相交于P.证明:$\angle BAM$和$\angle BPM$的平分线的交点在直线BC上.

证明　设A'是A关于BC的反射点.因为$\angle BAM=\angle MNC$,$\angle ABM=\angle NCM$,所以$\triangle ABM\backsim\triangle MNC$.由此可得$\angle NMC=\angle AMB$.于是$\angle A'MB=\angle AMB=\angle NMC$,所以$A',M,N,P$四点共线.

在$\triangle A'BP$中,因为BC是$\angle A'BP$的平分线,我们推得另外两个角的平分线相交在BC上.设这一点为X(即$\triangle A'BP$的内心).而由A'是A关于BC的反射点这一事实推出AX是$\angle BAM$的平分线.

O303　设a,b,c是大于2的实数,且

$$\frac{1}{a^2-4}+\frac{1}{b^2-4}+\frac{1}{c^2-4}=\frac{1}{7}$$

证明:

$$\frac{1}{a+2}+\frac{1}{b+2}+\frac{1}{c+2}\leqslant\frac{3}{7}$$

证明　取$t>2$,我们有

$$\frac{1}{t+2}\leqslant\frac{9}{10(t^2-4)}+\frac{1}{10}$$

因为

$$\frac{9}{10(t^2-4)}+\frac{1}{10}-\frac{1}{t+2}=\frac{(t-5)^2}{10(t+2)(t-2)}\geqslant 0$$

且$a,b,c>2$,所以我们有

$$\frac{1}{a+2}+\frac{1}{b+2}+\frac{1}{c+2}\leqslant\frac{9}{10}\left(\frac{1}{a^2-4}+\frac{1}{b^2-4}+\frac{1}{c^2-4}\right)+\frac{3}{10}=\frac{3}{7}$$

显然当$a=b=c=5$时,等号成立.

O304　设C_1和C_2是两个不相交的圆,圆心分别为O_1和O_2.这两个圆的一条外公切线切C_i于$Q_i(i=1,2)$.记M为Q_1Q_2的中点.设P_iM交C_i于R_i,R_1R_2交C_i于$S_i(i=1,2)$.P_1S_1交P_2S_2于A.切C_1于R_1的切线与切C_2于R_2的切线相交于B.证明:$AB\perp O_1O_2$.

证明　如图2.20,根据定义,有

$$MP_1\cdot MR_1=MQ_1^2=MQ_2^2=MP_2\cdot MR_2$$

所以P_1,P_2,R_2,R_1四点共圆.于是

$$\angle AP_1P_2=\angle P_1R_1S_1=\angle P_1P_2R_2=\angle P_2S_2R_2$$

同理 $\angle AP_2P_1=\angle P_1S_1R_1$.

因此 $\triangle AP_1P_2 \backsim \triangle AS_2S_1$，$AP_1\cdot AS_1=AP_2\cdot AS_2$. 于是 $AM\perp O_1O_2$. 又因为 $\angle AP_1P_2=\angle P_1P_2M$，$\angle AP_2P_1=\angle P_2P_1M$，所以四边形 AP_1MP_2 是平行四边形，于是

$$\angle BR_1R_2=\angle S_1P_1R_1=\angle P_1AP_2=\angle S_2P_2R_2=\angle BR_2R_1$$

因此 $BR_1=BR_2$，即 B 也在根轴 AM 上. 证毕.

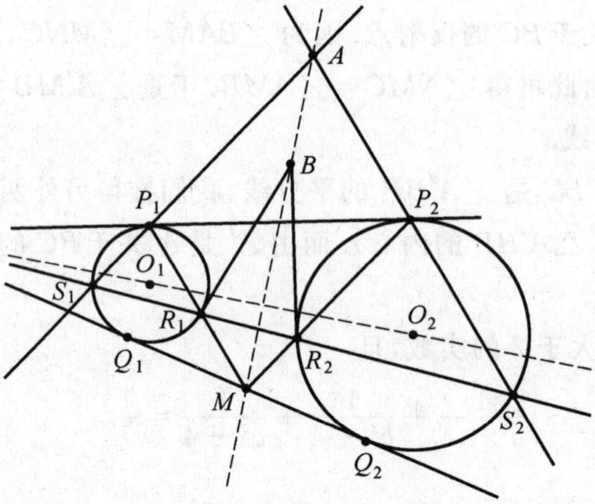

图 2.20

O305 证明：对于任何正整数 m 和 a，存在正整数 n，使 a^n+n 能被 m 整除.

证明 设 $a=uv$，其中 u 的所有质因数整除 m，v 的所有质因数都与 m 互质. 如果 $v=1$，那么对于足够大的 n，a^n 是 m 的倍数，只要取等于 m 的一个足够大的倍数. 因此我们将假定存在 a 的一个质因数与 m 互质.

引理 给定正整数 a，对于任何正整数 m，存在任意大的正整数 $n_0,n_1,n_2,\cdots,n_{m-1}$，使

$$a^{n_i}+n_i\equiv i \pmod m$$

证明 如果 $m=1$，那么结果显然成立. 如果 $m=2$，那么只要取 n_0 任意大，且与 m 的奇偶性相同，取 n_1 任意大，且与 m 的奇偶性不同. 假定结果对于 $1,2,\cdots,m-1$ 成立，对于足够大的 n，设 k 是 a^n 模 m 的余数的周期，即对于足够大的 n，k 是使 $a^n\equiv a^{n+k} \pmod m$ 的最小的正整数. 这显然存在，因为上面设 $a=uv$，对于足够大的 n，u^n 模 m' 的余数是常数，这里 m' 是 m 中所有不与 a 互质的因数的积，u^n 模 $\frac{m}{m'}$ 的余数，v^n 模 m 的余数是有周期的，这是因为欧拉－费马定理，应用这一定理是因为 u 与 $\frac{m}{m'}$ 互质，v 与 m 互质. 设 d 是 m 和 k 的最大公约数. 因为 $k\leqslant\varphi(m)<m$，这里 φ 是欧拉函数，于是 $d<m$，由归纳假定，存在任意大的整数 $n_0,n_1,n_2,\cdots,n_{d-1}$，对于 $i=0,1,2,\cdots,d-1$，有

$$a^{n_i}+n_i\equiv i(\bmod d)$$

定义 $\mu=\frac{m}{d}$，显然 μ 是整数，考虑整数

$$a^{n_i}+n_i,a^{n_i+k}+n_i+k,a^{n_i+2k}+n_i+2k,\cdots,a^{n_i+(\mu-1)k}+n_i+(\mu-1)k$$

显然关于模 m 与整数

$$a^{n_i}+n_i,a^{n_i}+n_i+k,a^{n_i}+n_i+2k,\cdots,a^{n_i}+n_i+(\mu-1)k$$

同余.

如果对 $i=0,1,2,\cdots,d-1$ 重复这一过程，我们就生成 $d\mu=m$ 个这样的整数. 假定其中某两个模 m 同余. 如果出现相同的 i 值，那么对于某个 $0<\delta\leqslant 1-\mu$，δk 是 m 的倍数. 因为 d 是 m 和 k 的最大公约数，所以当且仅当 $d\delta$ 是 m 的倍数时，δk 是 m 的倍数，因为 $0<d\delta<d\mu=m$，这不可能. 否则，存在下标 i，j，不必不同的因子 $c_i,c_j\in\{0,1,\cdots,\mu-1\}$，使

$$(a^{n_i}+n_i-a^{n_j}-n_j)+(c_i-c_j)k\equiv 0(\bmod m)$$

现在，$a^{n_i}+n_i$ 和 $a^{n_j}+n_j$ 对应于模 d 不同的余数. 于是左边第一项不是 d 的倍数，但第二项却是 d 的倍数，因为它包含 k 的一个因子，得到矛盾. 因此我们生成了 m 个整数，每个模 m 的余数在这些整数中恰好出现一次. 引理得证.

问题中的结论显然可由对引理中的 m 所要求的值取 $i=0$ 推出.

O306 设 $\triangle ABC$ 的内切圆是 γ，外接圆是 Γ. 设 Ω 是与射线 AB，AC 相切，与 Γ 外切的圆，A' 是 Ω 与 Γ 的切点. 过 A' 的 γ 的切线又交 Γ 于 B'，C'. 最后，设 X 是弦 $B'C'$ 与 γ 的切点. 证明：$\triangle BXC$ 的外接圆与 γ 相切.

证明 设 I 是 γ 的圆心，D 是 γ 与 BC 的切点，E 是 D 关于 AI 的反射点. 设 I 是以 A 为圆心，$\sqrt{AB\cdot AC}$ 为半径的圆的反演. 那么 $I(\Gamma)$ 是与 γ 相切于 E 的切线，$I(\Omega)=\gamma$. 所以 $I(A')=E$. 现在我们来证明一个引理.

引理 假定 AI 和 $A'I$ 分别交 γ 于 M 和 M'. 那么 MM' 经过 ID 的中点 S.

证明 我们使用齐次重心坐标，设

$$A=(1:0:0),B=(0:1:0),C=(0:0:1)$$

那么用通常的记号 $I=(a:b:c)$，$D=(0:s-c:s-b)$，$D'=AA'\cap BC=\left(0:\frac{b^2}{s-c}:\frac{c^2}{s-b}\right)$. 于是 AD' 的方程是 $c^2(s-c)y-b^2(s-b)z=0$. 解这个方程与 Γ 的方程 $a^2yz+b^2zx+c^2xy=0$，得到 $A'=\left(-a:\frac{b^2}{s-c}:\frac{c^2}{s-b}\right)$. 又 AI 的方程是 $cy-bz=0$. 解这个方程与 Γ 的方程，得到 $M=\left(-\frac{a^2}{b+c}:b:c\right)$. 其次，$A'I$ 的方程是

$$-\frac{bc(b-c)}{(s-b)(s-c)}x+\frac{ac(s-b+c)}{(s-a)(s-b)}y-\frac{ab(s-c+b)}{(s-a)(s-c)}z=0$$

解这个方程与Γ的方程，得到

$$M'=\left(\frac{a^2}{(b-c)(s-a)}:\frac{b}{s-b+c}:-\frac{c}{s-c+b}\right)$$

最后，S的坐标是

$$\frac{1}{2}\left[\left(\frac{a}{2s},\frac{b}{2s},\frac{c}{2s}\right)+\left(0,\frac{s-c}{a},\frac{s-b}{a}\right)\right]=(a^2:2s(s-c)+ab:2s(s-b)+ac)$$

所以MS的方程是

$$(b^2-c^2)(s-a)x-a^2(s-b+c)y+a^2(s-c+b)z=0$$

于是容易看出M'的坐标满足该方程．引理得证．

现在设O是Γ的圆心，T是Γ和γ的内相似中心(X_{55} in Kimberling's Encyclopedia of Triangle Centers [ETC])．

众所周知，这是$\triangle ABC$中著名的Gergonne点(X_7 in ETC)与T(关于$\triangle ABC$)的等角共轭．于是$T=IO\cap AA'$．因为$\triangle A'B'C'$的Gergonne点也是T(关于$\triangle A'B'C'$)的等角共轭，$A'X$是$A'A$关于$A'I$的反射．于是I是$\triangle AQA'$的内心，这里$Q=AD\cap A'X$．因此BC，$B'C'$和IQ共点于P．其次，容易看出M和M'分别是$\triangle BCI$和$\triangle B'C'I$的外接圆Σ和Σ'的圆心．注意到，点P是Γ，Σ和Σ'的根心．最后，设R是圆Σ和Σ'的第二个交点．于是MM'是IR的垂直平分线，所以由引理知R也在DX上．因此，P是Γ，Σ，Σ'和γ的根心，由此直接推出所要求证的结论．

O307 设a,b,c,d是正实数，且$a+b+c+d=4$．证明：

$$\frac{1}{a+3}+\frac{1}{b+3}+\frac{1}{c+3}+\frac{1}{d+3}\leqslant\frac{1}{abcd}$$

证明 由AM－HM不等式，我们有

$$\frac{1}{a+3}=\frac{4}{7a+3b+3c+3d}\leqslant\frac{3abc+3abd+3acd+7bcd}{64abcd}$$

将该式与$\frac{1}{b+3}$，$\frac{1}{c+3}$，$\frac{1}{d+3}$的类似上界相加，得到

$$\frac{1}{a+3}+\frac{1}{b+3}+\frac{1}{c+3}+\frac{1}{d+3}\leqslant\frac{abc+abd+acd+bcd}{4abcd}$$

因此，只要证明$abc+abd+acd+bcd\leqslant 4$．而这是麦克劳林不等式$(a+b+c+d)^3\geqslant 16(abc+abd+acd+bcd)$的特殊情况．

O308 设X，Y是$\triangle ABC$所在平面内的点，且

$$AX:BX:CX=AY:BY:CY$$

证明：$\triangle ABC$的外心在直线XY上．

解 如图2.21，设$u=AX:BX=AY:BY$，$v=AX:CX=AY:CY$．于是使$AU:BU=u$的一切点U的轨迹是直径为PQ的圆α，这里P，Q在AB上，且$PA:PB=AQ:$

$QB=u$.

同理,使 $AV:CV=v$ 的一切点 V 的轨迹是直径为 ST 的圆 β,这里 S,T 在 AC 上,且 $SA:SC=AT:TC=v$.

设 M 是 PQ 的中点.于是

$$(PM+MA)(MB-PM)=PA\cdot QB=PB\cdot AQ=(PM+MB)(PM-MA)$$

即 $PM^2=MA\cdot MB$.于是 α 与 $\triangle ABC$ 的外接圆 γ 正交.同理 β 与 γ 正交.于是,γ 的圆心 O 在 α 与 β 的根轴 XY 上.

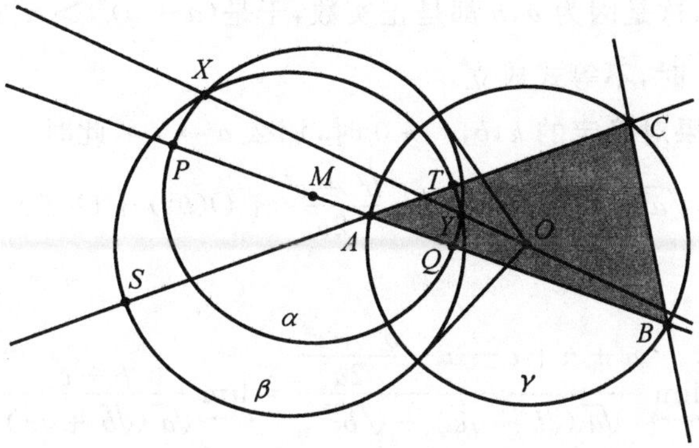

图 2.21

O309 对于一切非负实数 $a,b,c,ab+bc+ca>0$,确定最小实数 μ,使

$$\mu(\sqrt{ab}+\sqrt{bc}+\sqrt{ca})+\sqrt{a^2+b^2+c^2}\geqslant a+b+c$$

并求出等号成立的条件.

解 设 k 是某正实数,a,b,c 皆为非负数,且至多有一个为零.设 R 是由曲面 $g(a,b,c)=\sqrt{ab}+\sqrt{bc}+\sqrt{ca}=k$ 确定的三维空间的区域.则问题等价于求

$$f(a,b,c)=a+b+c-\sqrt{a^2+b^2+c^2}$$

的最大值,再将这个最大值除以 k,于是得到满足本题不等式中的 μ 的最小值.给出区域 R 的性质,不失一般性(由于变量的对称性),我们需要分析下列情况:

(1) $a\geqslant b>0$ 和 $c=0$;

(2) 当 $b,c\to 0$ 时,$f(a,b,c)$ 的极限;

(3) 在区域 R 的内部,即 a,b,c 皆正.

对于情况(1),我们有

$$\mu\geqslant\frac{a+b-\sqrt{a^2+b^2}}{\sqrt{ab}}$$

注意到取 $a=b$ 时,给出 $\mu\geqslant 2-\sqrt{2}$.为了证明在这种情况下,这就是最大的界,只要证明对于一切正实数 a,b,以下不等式成立,即

$$2-\sqrt{2}\geqslant\frac{a+b-\sqrt{a^2+b^2}}{\sqrt{ab}}$$

整理后得到

$$(\sqrt{a}-\sqrt{b})^2\leqslant\frac{(\sqrt{a}+\sqrt{b})^2(\sqrt{a}-\sqrt{b})^2}{\sqrt{a^2+b^2}+\sqrt{2ab}}$$

反过来,除了 $a=b$ 的情况(此时不等式中的等号显然成立),只要证明

$$\sqrt{a^2+b^2}+\sqrt{2ab}\leqslant a+b+2\sqrt{ab}$$

显然不等式严格成立,这是因为 a,b 都是正实数,于是 $(a+b)^2>a^2+b^2$. 由此推出 $\mu\geqslant 2-\sqrt{2}$,当 $\mu=2-\sqrt{2}$ 时,不等式成立.

对于情况(2),如果对确定的 $k,b,c\to 0$ 时,那么 $a\to\infty$,此时

$$\sqrt{a^2+b^2+c^2}=a+\frac{b^2+c^2}{2a}+O(b^4)+O(c^4)$$

或

$$\mu\geqslant\lim_{b,c\to 0}\frac{a+b+c-a-\dfrac{b^2+c^2}{2a}}{\sqrt{a}(\sqrt{b}+\sqrt{c})+\sqrt{bc}}=\lim_{b,c\to 0}\frac{b+c}{\sqrt{a}(\sqrt{b}+\sqrt{c})}=0$$

或在这些条件下题中不等式对任何正数 μ 都成立.

对于情况(3),区域 R 的内部,我们可以使用拉格朗日因子法,或者说确定一个常数 λ,使

$$1-\frac{a}{\sqrt{a^2+b^2+c^2}}=\lambda\frac{\sqrt{b}+\sqrt{c}}{2\sqrt{a}}$$

以及对 a,b,c 的循环排列的类似的式子. 对确定的 k,当 $f(a,b,c)$ 取到最大值时,如果 $a\neq b$,那么减去相应的等式后除以 $(\sqrt{a}-\sqrt{b})^2$(显然非零),得到

$$\frac{\sqrt{a}+\sqrt{b}}{\sqrt{a^2+b^2+c^2}}=\lambda\frac{\sqrt{a}+\sqrt{b}+\sqrt{c}}{2\sqrt{ab}}$$

于是,如果 a,b,c 都不相同,而且都是正的,那么推出

$$2\sqrt{ab}(\sqrt{a}+\sqrt{b})=\sqrt{a^2+b^2+c^2}(\sqrt{a}+\sqrt{b}+\sqrt{c})=2\sqrt{bc}(\sqrt{b}+\sqrt{c})$$

或等价的

$$(\sqrt{a}-\sqrt{c})(\sqrt{a}+\sqrt{b}+\sqrt{c})=0$$

产生矛盾. 于是当 $f(a,b,c)$ 在区域 R 的内部取到最大值时,a,b,c 中至少有两个相等. 如果 a,b,c 都相等,那么 $g(a,b,c)=k=3a$,且 $f(a,b,c)=a(3-\sqrt{3})$,得到 $\mu\geqslant 1-\frac{1}{\sqrt{3}}$. 注意到 $1-\frac{1}{\sqrt{3}}<2-\sqrt{2}$ 等价于 $\sqrt{24}<2+\sqrt{12}$,这显然成立,因为 $\sqrt{24}<5,\sqrt{12}>3$,于是,

如果当 $a=b=c$ 时，这个最大值在区域 R 的内部取到，那么 μ 由情况(1) 确定. 否则，如果这个最大值在代替情况(1) 的区域 R 的内部取到，那么不失一般性，设 $a\neq b=c$. 于是记 $\Delta=2\sqrt{ab}$，或 $k=b+\Delta$，$a+b+c=\dfrac{\Delta^2+8b^2}{4b}$，$a^2+b^2+c^2=\dfrac{\Delta^4+32b^4}{16b^2}$，或

$$\mu\geqslant\frac{\Delta^2+8b^2-\sqrt{\Delta^4+32b^4}}{4b(b+\Delta)}$$

假定对于 b 和 Δ 的某个组合，右边大于 $2-\sqrt{2}$. 那么

$$\Delta^2-4(2-\sqrt{2})\Delta+4\sqrt{2}b^2>\sqrt{\Delta^4+32b^4}$$

$$8\sqrt{2}(\sqrt{2}-1)b\Delta\left[\Delta^2-(5-\sqrt{2})b\Delta+4\sqrt{2}b^2\right]<0$$

因此式子左边的二次式必须是负的，或者说其判别式必须为正，即

$$16\sqrt{2}<(5-\sqrt{2})^2=27-10\sqrt{2},26\sqrt{2}<27$$

显然不成立. 于是，在区域 R 的内部没有点能使 $\mu>2-\sqrt{2}$.

我们推得结论：μ 被允许的最小值是 $2-\sqrt{2}$，在这种情况下，当且仅当 a,b,c 中一个是零，另两个相等，即对某个正实数 k，(a,b,c) 是 $(k,k,0)$ 的一个排列时，不等式取到等号.

O310 设点 P 在 $\triangle ABC$ 内. X,Y,Z 分别是 AP,BP,CP 与边 BC,CA,AB 的交点. 证明：

$$\frac{XB}{XY}\cdot\frac{YC}{YZ}\cdot\frac{ZA}{ZX}\leqslant\frac{R}{2r}$$

证明 首先注意到，由塞瓦定理，有

$$XB\cdot YC\cdot ZA=XC\cdot YA\cdot ZB$$

又众所周知 $r=4R\sin\dfrac{A}{2}\sin\dfrac{B}{2}\sin\dfrac{C}{2}$，所以将所求证的不等式的两边平方，代替这些结果，问题就等价于

$$\frac{YA\cdot ZA}{YZ^2}\cdot\frac{ZB\cdot XB}{ZX^2}\cdot\frac{XC\cdot YC}{XY^2}=$$

$$\frac{XB^2}{XY^2}\cdot\frac{YC^2}{YZ^2}\cdot\frac{ZA^2}{ZX^2}\leqslant\frac{R^2}{4r^2}=$$

$$\frac{1}{64\sin^2\dfrac{A}{2}\sin^2\dfrac{B}{2}\sin^2\dfrac{C}{2}}$$

由于循环对称，只要证明

$$YZ^2\geqslant 4YA\cdot ZA\sin^2\frac{A}{2}=2YA\cdot ZA(1-\cos A)$$

现在，由余弦定理，有

$$YZ^2=YA^2+ZA^2-2YA\cdot ZA\cos A$$

而由 AM－GM 知,该不等式显然成立,当且仅当同时有 $YA=ZA$,$ZB=XB$,$XC=YC$ 时,等号成立.于是推出结论,或当且仅当 X,Y,Z 分别是 $\triangle ABC$ 的内切圆与边的切点时,即当且仅当 P 是 $\triangle ABC$ 的 Gergonne 点时,等号成立.

O311 设 $\triangle ABC$ 外接圆圆 Γ 的圆心是 O.设过顶点 B,C 的圆 Γ 的切线彼此相交于点 X.考虑以 X 为圆心,以 XB 为半径的圆 χ,设 M 是 $\angle A$ 的内角平分线与圆 χ 的交点,且 M 位于 $\triangle ABC$ 的内部.记 P 为 OM 与边 BC 的交点,E,F 分别是 M 在 CA 和 AB 上的射影.证明:$PE\perp FP$.

证明 我们以一个预备的结果开始.

引理 直线 BE,CF 和 AP 共点.

证明 如图 2.22,设 D 是 AB 与圆 χ 的第二个交点.则我们有

$$\angle BDC=\frac{1}{2}\angle BXC=\frac{1}{2}(180^\circ-2\angle A)=90^\circ-\angle A\Rightarrow CA\perp CD$$

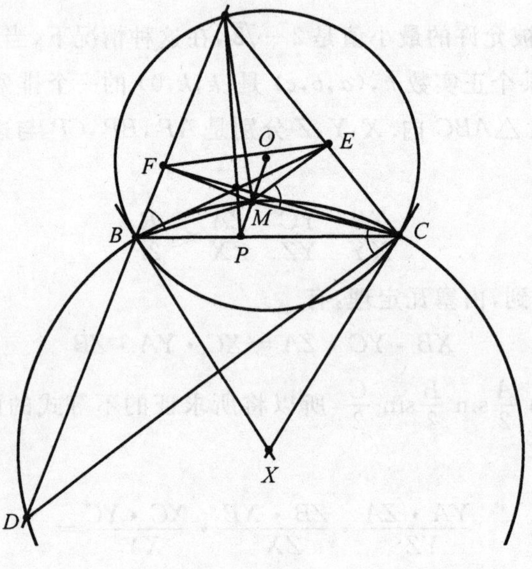

图 2.22

所以 $CD\parallel ME$.由四边形 $BMCD$ 是圆内接四边形,得到

$$\angle MBF=\angle MCD=\angle CME\Rightarrow\triangle MBF\backsim\triangle CME\Rightarrow$$

$$\frac{MB}{MC}=\frac{MF}{CE}=\frac{BF}{ME}\Rightarrow\left(\frac{MB}{MC}\right)^2=\frac{MF}{CE}\cdot\frac{BF}{ME}=\frac{BF}{CE}\tag{1}$$

另一方面,因为 OM 是 $\triangle MBC$ 的 $M-$对称中线,所以有

$$\left(\frac{MB}{MC}\right)^2=\frac{BP}{PC}\tag{2}$$

由式(1)(2),推得

$$\frac{PB}{PC}\cdot\frac{EC}{FB}=1\Rightarrow\frac{PB}{PC}\cdot\frac{EC}{EA}\cdot\frac{FA}{FB}=1$$

由塞瓦定理知，AP，BE，CF 共点.

现回到原题.设 $Q=PE\cap AB$，$R=PE\cap AM$，$S=PF\cap AM$，$T=PF\cap AC$，$N=EF\cap AM$，如图 2.23 所示.

由引理知，BE，CF，AP 共点，所以 $(A,B,F,Q)=-1$，直线束 $R(A,B,F,Q)$ 为调和. 因为 $FN=NE$，利用一个熟知的性质，我们有 $BR\parallel FE$，所以

$$\angle FBR=\angle AFE=\angle FMA$$

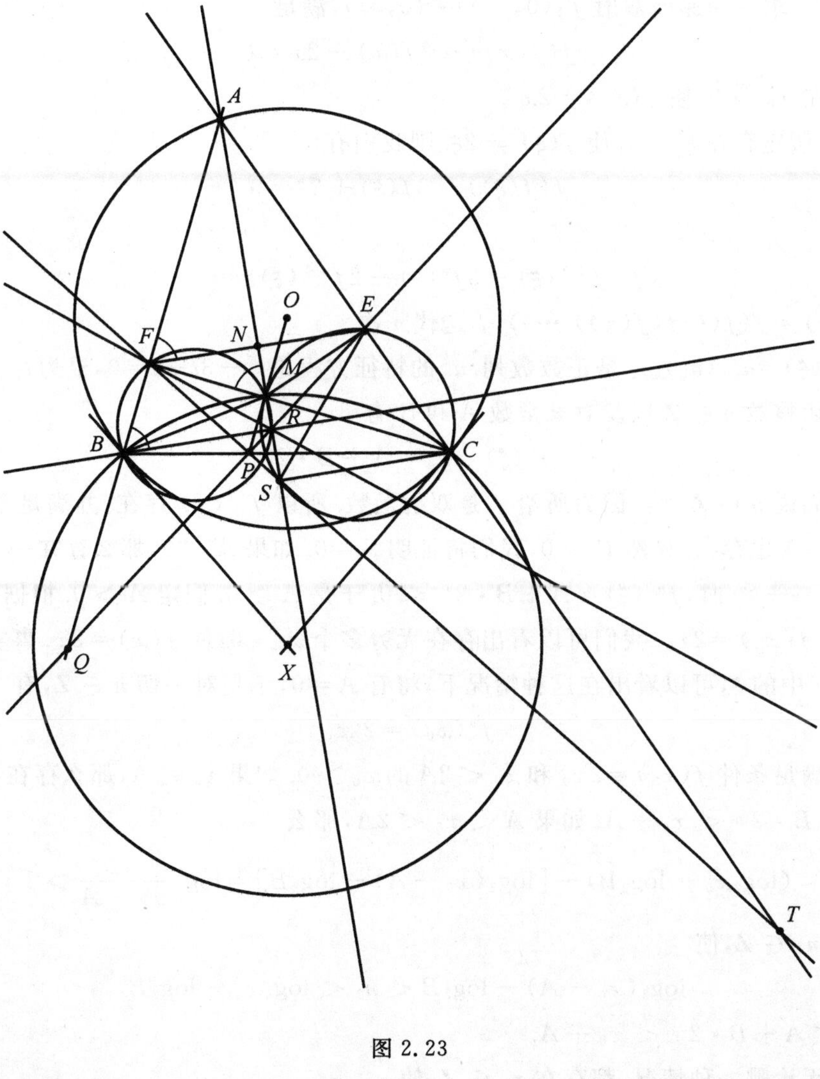

图 2.23

因此四边形 $MRBF$ 是圆内接四边形，所以

$$\angle MBF=\angle MRF=\angle NRF=\angle NRE \tag{3}$$

类似地,我们有 $S(A,C,E,T)=-1$,$CS \parallel FE$,四边形 $CEMS$ 是圆内接四边形,以及

$$\angle MCE=\angle MSE=\angle MSF=\angle NSP \tag{4}$$

由式(3)(4),因为 $\angle NRE+\angle NER=90°$,$\angle MBF+\angle MCE=90°$(由引理知),得到

$$\angle NRE+\angle NER=\angle MBF+\angle MCE\Rightarrow$$

$$\angle NEP=\angle NER=\angle MCE=\angle MSE=\angle NSP \tag{5}$$

因此四边形 $ENPS$ 是圆内接四边形.

于是 $\angle SPE=\angle SNE=90°$,即 $PE\perp PF$,证毕.

O312 求一切递增双射 $f:(0,\infty)\to(0,\infty)$,满足

$$f(f(x))-3f(x)+2x=0$$

且对此存在 $x_0>0$,使 $f(x_0)=2x_0$.

解 假定存在 $\xi>0$,使 $f(\xi)\neq 2\xi$. 则我们有

$$f(f(\xi))-3f(\xi)+2\xi=0$$

以及

$$f^{n+1}(\xi)-3f^{n}(\xi)+2f^{n-1}(\xi)=0$$

这里 $f^n(x)=f(f(\cdots f(f(x))\cdots))$,$f$ 迭代 n 次.

设 $f^n(\xi)=a_n$,$(a_n)_{n\in\mathbf{Z}}$ 是正数数列. a_n 的特征方程是 $t^2-3t+2=0$,根为 $t_{1,2}=\{1,2\}$. 所以对一切整数 $n\in\mathbf{Z}$ 以及对某常数 A 和 B 有

$$f^n(\xi)=a_n=A+B\cdot 2^n \tag{1}$$

为什么我们说 $n\in\mathbf{Z}$ 呢?因为所给 f 是双射函数. 所以 $f^{-1}(x)$ 存在,并满足条件(1). 类似地,$f^{-n}(x)$ 也存在. 显然 $B>0$,我们将证明 $A=0$. 如果 $A<0$,那么存在一个 $n_0\in\mathbf{Z}$,例如当 $n_0\to-\infty$ 时,$f^{n_0}(\xi)=A+B\cdot 2^{n_0}\leqslant 0$. 于是 $A\geqslant 0$. 假定 $A>0$. 根据条件,存在 $x_0>0$,使 $f(x_0)=2x_0$. 我们可以看出存在无穷多个 $x>0$,使 $f(x)=2x$. 事实上,用 x_0 代替式(1) 中的 ξ,可以看出在这种情况下,将有 $A=0$,于是对一切 $n\in\mathbf{Z}$,有

$$f^n(x_0)=2^n x_0$$

所以存在满足条件 $f(x_0)=2x_0$ 和 $x_0<2A$ 的 $x_0>0$. 如果 $x_0\leqslant A$,那么存在 $n_0\in\mathbf{Z}$,使 $x_0<A+B\cdot 2^{n_0}<x_0+A$. 如果 $A<x_0<2A$,那么

$$(\log_2 x_0-\log_2 B)-[\log_2(x_0-A)-\log_2 B]=\log_2\frac{x_0}{x_0-A}>1$$

以及存在 $n_0\in\mathbf{Z}$,使

$$\log_2(x_0-A)-\log_2 B<n_0<\log_2 x_0-\log_2 B$$

以及 $x_0<A+B\cdot 2^{n_0}<x_0+A$.

因此无论哪一种情况,都存在 $n_0\in\mathbf{Z}$,使

$$x_0<A+B\cdot 2^{n_0}<x_0+A$$

设 $\alpha=A+B\cdot 2^{n_0}$. 因为 f 是递增双射,所以得到

$$2x_0=f(x_0)<f(\alpha)=A+B\cdot 2^{n_0+1}=2\alpha-A$$

以及 $x_0+\frac{A}{2}<\alpha$. 所以对一切 $m\in\mathbf{Z}$,有

$$2^m x_0=f^m(x_0)<f^m(\alpha)=2^m\alpha-(2^m-1)A$$

当 $m\to+\infty$ 时,有

$$\alpha\geqslant\lim_{m\to\infty}\left(x_0+\frac{2^m-1}{2^m}\cdot A\right)=x_0+A$$

产生矛盾.

因此 $A=0$, $f(\xi)=2\xi$ 又产生矛盾. 所以不存在 $\xi>0$,使 $f(\xi)\neq 2\xi$,且对一切 $\xi>0$,得到 $f(\xi)=2\xi$. 对于一切 $x>0$,方程

$$f(f(x))-3f(x)+2x=0$$

的解是 $f(x)=2x$.

O313 求一切正整数 n,存在正整数 $a_0,a_1,a_2,\cdots,a_n$,使

$$a_0+a_1+\cdots+a_n=5(n-1)$$

以及

$$\frac{1}{a_0}+\frac{1}{a_1}+\cdots+\frac{1}{a_n}=2$$

解 由 AM-HM 不等式,有

$$\frac{5(n-1)}{n+1}\geqslant\frac{n+1}{2}$$

所以, $n^2-8n+11\leqslant 0\Rightarrow 4-\sqrt{5}\leqslant n\leqslant 4+\sqrt{5}<7$. 因此 $2\leqslant n\leqslant 6$. 但容易看出

$$2+2+1=5,\frac{1}{2}+\frac{1}{2}+\frac{1}{1}=2(n=2)$$

$$3+3+3+1=10,\frac{1}{3}+\frac{1}{3}+\frac{1}{3}+\frac{1}{1}=2(n=3)$$

$$2+2+2+3+6=15,\frac{1}{2}+\frac{1}{2}+\frac{1}{2}+\frac{1}{3}+\frac{1}{6}=2(n=4)$$

$$3+3+3+2+3+6=20,\frac{1}{3}+\frac{1}{3}+\frac{1}{3}+\frac{1}{2}+\frac{1}{3}+\frac{1}{6}=2(n=5)$$

$$3+3+3+4+4+4+4=25,\frac{1}{3}+\frac{1}{3}+\frac{1}{3}+\frac{1}{4}+\frac{1}{4}+\frac{1}{4}+\frac{1}{4}=2(n=6)$$

所以 $n\in\{2,3,4,5,6\}$.

O314 证明:每一个整系数多项式 $p(x)$ 都能表示为若干个多项式的立方和,对于任意整数 x,这些多项式的值仍是整数.

证明 容易证明,如果 m 是整数,那么 $\frac{m^3-m}{6}=\binom{m+1}{3}$ 也是整数. 因此容易检验恒

等式

$$p(x)=p(x)^3+\left[\frac{p(x)^3-p(x)}{6}\right]^3+\left[\frac{p(x)^3-p(x)}{6}\right]^3+$$
$$\left[-1-\frac{p(x)^3-p(x)}{6}\right]^3+\left[1-\frac{p(x)^3-p(x)}{6}\right]^3$$

已将 $p(x)$ 写成五个仍取整数值的多项式的立方和.

注意到我们唯一需要的是假定这个命题的 p 仍取整数值.

O315 设 a,b,c 是正实数.证明:

$$(a^3+3b^2+5)(b^3+3c^2+5)(c^3+3a^2+5)\geqslant 27(a+b+c)^3$$

证明 由 AM－GM 不等式得到 $a^3+1+1\geqslant 3a$,于是

$$(a^3+3b^2+5)(b^3+3c^2+5)(c^3+3a^2+5)\geqslant$$
$$(3a+3b^2+3)(3b+3c^2+3)(3c+3a^2+3)=$$
$$27(a+b^2+1)(b+c^2+1)(c+a^2+1)$$

我们归结为需要证明

$$(a+b^2+1)(b+c^2+1)(c+a^2+1)\geqslant(a+b+c)^3$$

现在 Hölder 不等式变为

$$(a+b^2+1)(b+c^2+1)(c+a^2+1)\geqslant\Big(\sum_{\text{cyc}}a^{\frac{1}{2}}1^{\frac{1}{3}}a^{\frac{2}{3}}\Big)^3$$

由此得到结果.

O316 证明:对于任何整数 $k\geqslant 2$,存在 2 的一个幂,使这个幂的末 k 位数中至少有一半是 9.例如 $2^{12}=\cdots 96$,$2^{53}=\cdots 992$.

证明 **断言** 如果对某个整数 x 和 $k\geqslant 1$,有 $x\equiv -1(\bmod 5^k)$,那么

$$x^5\equiv -1(\bmod 5^{k+1})$$

推论 对于每一个整数 k,我们有 $2^{2\cdot 5^{k-1}}\equiv -1(\bmod 5^k)$.

证明 如果 $x\equiv -1(\bmod 5^k)$,那么存在一个整数 u,使 $x=u\cdot 5^k-1$,所以

$$x^5=(u^5\cdot 5^{4k-1}-u^4\cdot 5^{3k}+2u^3\cdot 5^{2k}-2u^2\cdot 5^k+u)5^{k+1}-1$$

由此断言得证.因为 $2^2=5\cdot 1-1$,所以当 $k=1$ 时,结果成立,这作为对 k 归纳的基本情况.归纳步骤由该断言保证.由此得到推论.

根据推论,对于每一个正整数 k,存在正整数 u,使

$$2^{2\cdot 5^{k-1}}=u\cdot 5^k-1$$

于是

$$2^{2\cdot 5^{k-1}+k}=u\cdot 10^k-2^k$$

注意到如果 $k=2l\geqslant 2$ 是正的偶数,那么 $2^k<10^l$,显然成立,这是因为其等价于 $\left(\frac{5}{2}\right)^l>1$,然而如果 $k=2l+1\geqslant 3$ 是一个大于 1 的奇数,那么当 $l=1$ 时,$2^k<10^l$(等价于 $2^{l+1}<$

5^l）成立（此时等价于 $k=3$），显然，该式对任何 $l\geqslant 1$ 成立，因为式子右边每乘一次 5，l 就增加 1，所以式子左边只乘以 2. 于是推得不管末 l 位数字是多少，前 $k-l$ 位数字（显然是末 k 位数中至少有一半）都是 9. 由此推出结论.

O317　十二位科学家在一次数学会议上相遇. 已知每两位科学家在其他人中有一个共同的朋友. 证明：存在一位科学家与参会者中至少五个人认识.

证明　对科学家从 1 到 12 编号，设 $S=\{1,\cdots,12\}$. 对每一个 $i\in S$，用 F_i 表示 i 的朋友的集合. 假定对一切 i，有 $|F_i|\leqslant 4$.

(1) **断言 1**　对一切 i，有 $|F_i|=4$.

事实上，如果对某个 i，$|F_i|\leqslant 3$，那么

$$\left|\bigcup_{k\in F_i}(F_k\setminus\{i\})\right|\leqslant\sum_{k\in F_i}|F_k\setminus\{i\}|\leqslant 3|F_i|\leqslant 9<11$$

所以存在 $j\in S\setminus\{i\}$，使 $j\notin\bigcup\limits_{k\in F_i}F_k$，即 i 和 j 没有共同的朋友，这是一个矛盾.

(2) **断言 2**　如果 i 和 j 是朋友，那么 $|F_i\cap F_j|=1$.

事实上，假定 $F_i=\{j,k,l,m\}$，那么也有 $k,l\in F_j$. 注意到 i 和 m 必有共同的朋友，所以 $|F_m\cap\{j,k,l\}|\geqslant 1$. 因此

$$|F_j\cup F_k\cup F_l\cup F_m\setminus\{i,j,k,l,m\}|\leqslant 6<7$$

所以存在 $n\in S\setminus\{i,j,k,l,m\}$，使 i 和 n 没有共同的朋友，这是一个矛盾.

(3) 不失一般性，现在假定 $F_1=\{2,3,4,5\}$，且 $F_1\cap F_2=\{3\}$，$F_1\cap F_4=\{5\}$，如图 2.24 所示. 对于 1，要与 $\{6,\cdots,12\}$ 中的每一位科学家都有一个共同的朋友，则必有 $\{6,\cdots,12\}\subseteq(F_2\cup F_3\cup F_4\cup F_5)$. 现在 2，3，4，5 中的每一个都需要在 $\{6,\cdots,12\}$ 中有两个朋友，所以在 $\{6,\cdots,12\}$ 中恰好有一位科学家在 $\{2,3,4,5\}$ 中有两个朋友，但他们却不是朋友. 不失一般性，譬如说，6 是 2 和 4 的朋友，那么我们就完成了图 2.24. 但是，对于 2，要与 11 和 12 中的每一个都有共同的朋友，那么 7 必须既是 11，又是 12 的朋友，这与断言 2 矛盾，因为 $\{5,7\}\subseteq F_{11}\cap F_{12}$. 这一矛盾完成了证明.

(4) 最后我们注意到为了得到这一结论，的确需要 12 位科学家，图 2.25 表示的是 11 位科学家的情况.

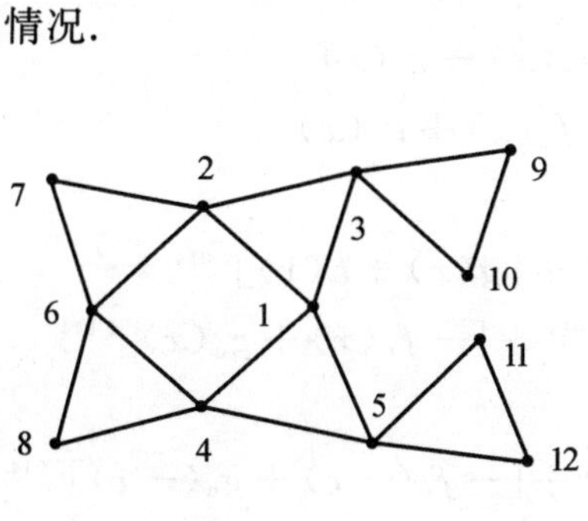

图 2.24

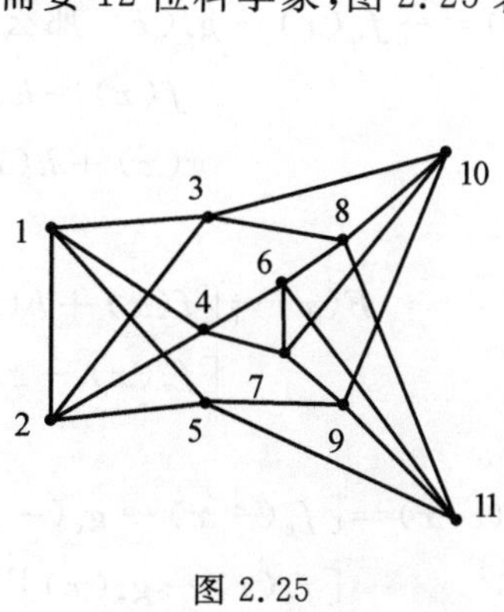

图 2.25

O318 求具有以下性质的所有多项式 $f\in\mathbf{Z}[X]$:对于任何不同的质数 p 和 q,使 $f(p)$ 与 $f(q)$ 互质.

解 对于每一个次数 $n\geqslant 0$, $f(x)=\pm x^n$ 显然具有这一性质.我们证明只有这样的函数.

假定 $f(x)=a_nx^n+\cdots+a_1x+a_0$ 是次数 $n\geqslant 0$ 的多项式.设 p 是使 $p>|a_n|+\cdots+|a_0|$ 的任何质数.如果存在 $p_1\neq p$,且 $p_1\mid f(p)$,那么由 Dirichlet 原理,对于某个正整数 u,存在质数 $q=p_1u+p$.于是 $f(q)\equiv f(p)\equiv 0 \pmod{p_1}$,即 $p_1\mid(f(p),f(q))$,这是一个矛盾.于是 $|f(p)|$ 必须是 p 的幂.观察到

$$|f(p)|\leqslant|a_n|p^n+\cdots+|a_1|p+|a_0|\leqslant(|a_n|+\cdots+|a_0|)p^n<p^{n+1}$$

$$|f(p)|\geqslant|a_n|p^n-(|a_{n-1}|+\cdots+|a_0|)p^{n-1}\geqslant|a_n|p^n-(p-2)p^{n-1}$$

如果 $|a_n|\geqslant 2$,那么 $|f(p)|>p^n$,所以 $f(p)$ 不能是 p 的幂.于是 $|a_n|=1$.那么 $|f(p)|>p^{n-1}$,所以 $|f(p)|=p^n$,这表明 $f(p)-a_np^n\in\{0,\pm 2p^n\}$.但是

$$|f(p)-a_np^n|=|a_{n-1}p^{n-1}+\cdots+a_1p+a_0|\leqslant(|a_{n-1}|+\cdots+|a_0|)p^{n-1}<p^n$$

所以 $f(p)-a_np^n=0$.这意味着 $f(x)-a_nx^n$ 将所有大于 $|a_n|+\cdots+|a_0|$ 的质数作为零,于是它必须恒等于 0,即 $f(x)=a_nx^n$,且 $|a_n|=1$.

O319 设 $f(x)$ 和 $g(x)$ 是对一切 $x\in\mathbf{R}$ 有定义的任意函数.证明:存在函数 $h(x)$,对于一切 $x\in\mathbf{R}$, $[f(x)+h(x)]^{2\,014}+[g(x)+h(x)]^{2\,014}$ 是偶函数.

证明 众所周知,任何函数 f 可表示为

$$f(x)=f_e(x)+f_o(x)$$

其中 $f_e(x)$ 和 $f_o(x)$ 分别是函数 f 的偶函数部分和奇函数部分.事实上,有

$$f_e(x)=\frac{f(x)+f(-x)}{2}$$

而

$$f_o(x)=\frac{f(x)-f(-x)}{2}$$

取 $h(x)=-f_o(x)-g_e(x)$.那么

$$f(x)+h(x)=f_e(x)-g_e(x)$$

$$g(x)+h(x)=-f_o(x)+g_o(x)$$

于是

$$F(x)=[f(x)+h(x)]^{2\,014}+[g(x)+h(x)]^{2\,014}=$$
$$[f_e(x)-g_e(x)]^{2\,014}+[-f_o(x)+g_o(x)]^{2\,014}$$

那么

$$F(-x)=[f_e(-x)-g_e(-x)]^{2\,014}+[-f_o(-x)+g_o(-x)]^{2\,014}=$$
$$[f_e(x)-g_e(x)]^{2\,014}+[f_o(x)-g_o(x)]^{2\,014}=$$

$F(x)$

O320 设 n 是正整数,对 $1 \leqslant i \leqslant n$,有 $0 < y_i \leqslant x_i < 1$. 证明:

$$\frac{1-x_1 \cdot \cdots \cdot x_n}{1-y_1 \cdot \cdots \cdot y_n} \leqslant \frac{1-x_1}{1-y_1} + \cdots + \frac{1-x_n}{1-y_n}$$

证明 我们可以用数学归纳法证明这一不等式. 当 $n=1$ 时,不等式显然成立. 当 $n=2$ 时,有

$$\frac{1-x_1x_2}{1-y_1y_2} = \frac{1-x_1+x_1(1-x_2)}{1-y_1y_2} \leqslant \frac{1-x_1}{1-y_1} + x_1\frac{1-x_2}{1-y_2} \leqslant \frac{1-x_1}{1-y_1} + \frac{1-x_2}{1-y_2}$$

对于归纳步骤,假定原不等式对 $n-1 \in \mathbf{N}$ 成立,我们要证明对 n 也成立. 于是有

$$\frac{1-x_1 \cdot \cdots \cdot x_{n-1}}{1-y_1 \cdot \cdots \cdot y_{n-1}} \leqslant \frac{1-x_1}{1-y_1} + \cdots + \frac{1-x_{n-1}}{1-y_{n-1}}$$

但是 $Y = y_1 \cdot y_2 \cdot \cdots \cdot y_{n-1} \leqslant x_1 \cdot x_2 \cdot \cdots \cdot x_{n-1} = X < 1$,利用 $n=2$ 时的不等式(对 $Y \leqslant X$ 和 $y_n \leqslant x_n$),得到

$$\frac{1-x_1 \cdot \cdots \cdot x_n}{1-y_1 \cdot \cdots \cdot y_n} = \frac{1-X \cdot x_n}{1-Y \cdot y_n} \leqslant \frac{1-X}{1-Y} + \frac{1-x_n}{1-y_n} \leqslant$$

$$\frac{1-x_1}{1-y_1} + \cdots + \frac{1-x_{n-1}}{1-y_{n-1}} + \frac{1-x_n}{1-y_n}$$

O321 凸六边形 $ABCDEF$ 的对角线 AD,BE,CF 中的每一条都平分其面积. 证明:

$$AB^2 + CD^2 + EF^2 = BC^2 + DE^2 + FA^2$$

证明 我们从以下的一些预备结果开始证明.

断言 1 我们有 $\frac{AC}{DF} = \frac{CE}{FB} = \frac{EA}{BD}$.

证明 如图 2.26,设 $P = AD \cap CF$. 观察到 $\triangle APF$ 和 $\triangle DPC$ 的面积相等,这是因为

$$[APF] = [ADEF] - [DEFP] = [CDEF] - [DEFP] = [DPC]$$

于是 $AP \cdot PF = CP \cdot PD$,或 $\frac{AP}{PD} = \frac{CP}{PF}$.

因此 $\triangle APC \backsim \triangle PDF$(SAS),由此得 $\angle CAP = \angle FDP$,$AC \parallel DF$. 同理 $BF \parallel CE$,$AE \parallel BD$,所以 $\triangle ACE \backsim \triangle DFB$,由此推得断言 1.

断言 2 三条对角线 AD,BE,CF 共点.

证明 如图 2.26,设 $P = AD \cap CF$,$Q = AD \cap BE$. 由断言 1 中的证明知,有 $\triangle APC \backsim \triangle DPF$,所以

$$\frac{AP}{PD} = \frac{AC}{DF} \tag{1}$$

同理,我们可以证明

$$\frac{AQ}{QD} = \frac{EA}{BD} \tag{2}$$

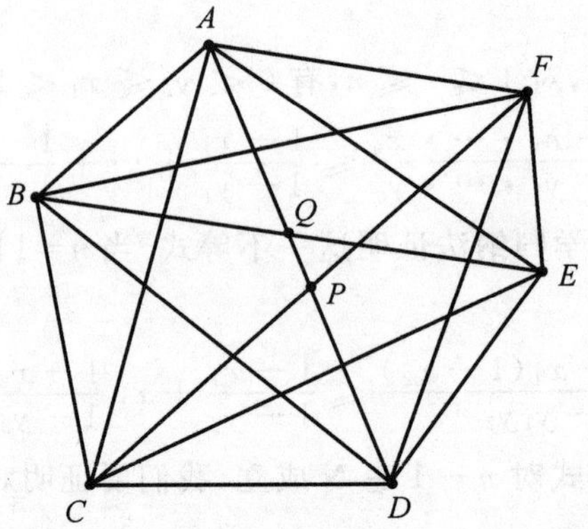

图 2.26

由式(1)(2),考虑到断言 1,我们有$\dfrac{AP}{PD}=\dfrac{AQ}{QD}$,所以 $P=Q$. 于是,三条对角线 AD,BE,CF 共点.

现在回到原来的问题. 首先注意到三对三角形相似:$\triangle FAP$ 和 $\triangle CDP$,$\triangle ABP$ 和 $\triangle DEP$,$\triangle BCP$ 和 $\triangle EFP$,如图 2.27 所示.

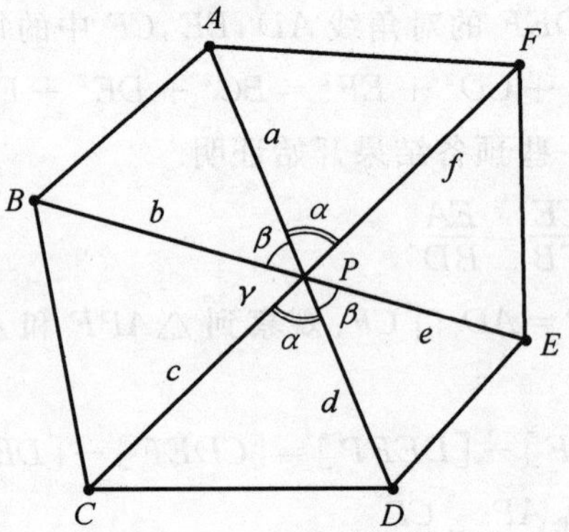

图 2.27

于是,用 a,b,c,d,e,f 分别表示 PA,PB,PC,PD,PE,PF 的长,则我们有

$$a\cdot f=c\cdot d,a\cdot b=d\cdot e,b\cdot c=e\cdot f \tag{3}$$

最后,设 $\alpha=\angle FPA$,$\beta=\angle APB$,$\gamma=\angle BPC$,由余弦定理得到

$$AB^2+CD^2+EF^2=a^2+b^2-2ab\cos\beta+c^2+d^2-2cd\cos\alpha+e^2+f^2-2ef\cos\gamma$$

$$BC^2+DE^2+FA^2=b^2+c^2-2bc\cos\gamma+d^2+e^2-2de\cos\beta+f^2+a^2-2fa\cos\alpha$$

由上面两个等式和式(3) 给出

$$AB^2+CD^2+EF^2=BC^2+DE^2+FA^2$$

这正是我们要证明的.

O322　设Γ是$\triangle ABC$的外接圆，M是不包含点A的弧$\overset{\frown}{BC}$的中点. 设分别经过B，C的直线l_b，l_c平行于AM，交Γ于$P\neq B$和$Q\neq C$. 直线PQ分别交AB和AC于X，Y，$\triangle AXY$的外接圆交AM于N. 证明：BC，XY和MN共点.

证明　如图2.28，$PB\parallel AM$和$CQ\parallel AM$表明

$$\angle PBX=\frac{1}{2}\angle BAC=\angle QCY \tag{1}$$

由圆内接四边形$BCQP$得到

$$\angle PBC+\angle PQC=180^{\circ} \tag{2}$$

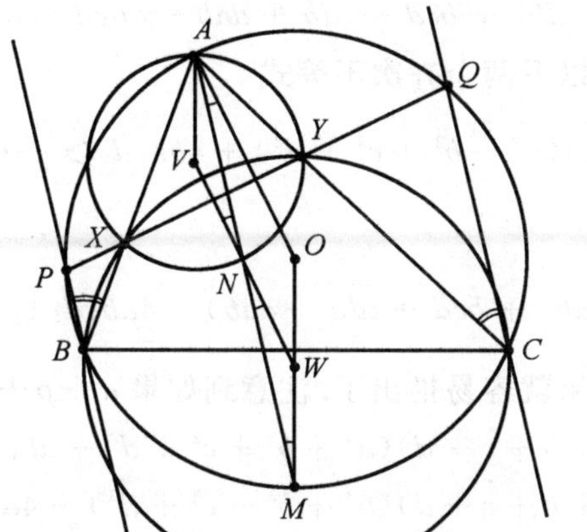

图2.28

由式(1)(2)，得到

$$\begin{aligned}\angle XBC+\angle XYC&=180^{\circ}-\angle PQC-\angle PBX+\angle XYC=\\&180^{\circ}-\angle PQC-\angle QCY+\angle XYC=\\&\angle QYC+\angle XYC=180^{\circ}\end{aligned}$$

所以四边形$BXYC$是圆内接四边形.

设V，W分别表示圆AXY和圆$BXYC$的圆心. 观察到V，N，W三点共线，因为N是弧$\overset{\frown}{XY}$的中点，所以VW是XY的垂直平分线.

因为$\angle PBX=\angle QCY$，所以$AP=AQ$，于是A在PQ的垂直平分线上. 由此得OA是PQ的垂直平分线，这表明$OA\perp PQ$.

现在由$VW\perp PQ$和$OA\perp PQ$，推出$OA\parallel VW$. 于是，我们有

$$\angle WMN=\angle OAM=\angle ANV=\angle WNM\Rightarrow WN=WM$$

因此W属于MN的垂直平分线.

显然W也属于BC和XY的垂直平分线. 证毕.

O323　证明：数列$2^{2^1}+1$，$2^{2^2}+1$，$\cdots$，$2^{2^n}+1$与任意一个无穷递增的等差数列或者

有无穷项是公共项,或者至少有一项是公共项.

证明 假定某等差数列包含该数列的两项 $F_m=2^{2^m}+1$ 和 $F_n=2^{2^n}+1$,$m<n$.那么对于整数 K,该等差数列包含一切形如 $F_m+K(F_n-F_m)$ 的数.实际上,因为 $2^{n-m}-1$ 整除 $2^{k(n-m)}-1$,所以我们看到

$$K=\frac{F_{k(n-m)+m}-F_m}{F_n-F_m}=\frac{2^{2^{k(n-m)+m}}-2^{2^m}}{2^{2^n}-2^{2^m}}=\frac{2^{2^m(2^{k(n-m)}-1)}-1}{2^{2^m(2^{n-m}-1)}-1}$$

是整数.因此对于一切 $k\geqslant 0$,该等差数列包含 $F_{k(n-m)+m}$.

O324 设 a,b,c,d 是非负实数,且 $a^3+b^3+c^3+d^3+abcd=5$.证明:

$$abc+bcd+cda+dab-abcd\leqslant 3$$

证明 我们将证明以下两个齐次不等式

$$(a+b+c+d)(a^3+b^3+c^3+d^3)+4abcd\geqslant\frac{5}{64}(a+b+c+d)^4 \tag{1}$$

以及

$$(a+b+c+d)(abc+bcd+cda+dab)-4abcd\leqslant\frac{3}{64}(a+b+c+d)^4 \tag{2}$$

由这两个不等式,结果就容易推出了.注意到如果 $a+b+c+d>4$,那么

$$\begin{aligned}&(a+b+c+d)(a^3+b^3+c^3+d^3+abcd)\geqslant\\&(a+b+c+d)(a^3+b^3+c^3+d^3)+4abcd\geqslant\\&\frac{5}{64}(a+b+c+d)^4>5(a+b+c+d)\end{aligned}$$

因此 $a^3+b^3+c^3+d^3+abcd>5$.于是由已知条件知,必有 $a+b+c+d\leqslant 4$.

实际上,这意味着 $\max(a,b,c,d)\leqslant 1$,不失一般性,假定 $d\leqslant 1$.那么 $bc+cd+db-bcd\geqslant bc(1-d)\geqslant 0$.因此,如果我们增加 a,那么将只增加 $abc+bcd+cda+dab-abcd$.这样我们就可以假定 $a+b+c+d=4$.于是第二个不等式给出

$$\begin{aligned}&4(abc+bcd+cda+dab-abcd)=\\&(a+b+c+d)(abc+bcd+cda+dab)-4abcd\leqslant\\&\frac{3}{64}(a+b+c+d)^4=12\end{aligned}$$

或

$$abc+bcd+cda+dab-abcd\leqslant 3$$

因为增加 a 只是增加这个量,所以同样的不等式在我们增加 a 之前就已成立.

为了证明这两个不等式,我们利用平均值.为此,首先设

$$F(a,b,c,d)=(a+b+c+d)(a^3+b^3+c^3+d^3)+4abcd$$

于是

$$F(a,b,c,d)-F\left(\frac{a+b}{2},\frac{a+b}{2},c,d\right)=$$

$$[3(a+b+c+d)(a+b)-4cd]\frac{(a-b)^2}{4}$$

实际上，如果 $a+b \geqslant \max(c,d)$，那么 $3(a+b+c+d)(a+b) \geqslant 3\cdot(2c)\cdot d \geqslant 4cd$，因此

$$F(a,b,c,d) \geqslant F\left(\frac{a+b}{2},\frac{a+b}{2},c,d\right)$$

于是，如果我们将 a,b,c,d 中最大的与其余任意的数平均，那么我们将仅仅减少 $F(a,b,c,d)$. 将此迭代后，我们发现

$$F(a,b,c,d) \geqslant F(\frac{a+b+c+d}{4},\cdots,\frac{a+b+c+d}{4})$$

这就是式(1).

对于第二个不等式，我们设

$$G(a,b,c,d)=(a+b+c+d)(abc+bcd+cda+dab)-4abcd$$

那么

$$G\left(\frac{a+b}{2},\frac{a+b}{2},c,d\right)-G(a,b,c,d)=$$

$$[(a+b+c+d)(c+d)-4cd]\frac{(a-b)^2}{4} \geqslant 0$$

于是，如果我们用 a,b,c,d 的平均数代替 a,b,c,d 中的任意两个，那么 G 只会增加. 迭代之后，我们看到

$$G(a,b,c,d) \leqslant G\left(\frac{a+b+c+d}{4},\cdots,\frac{a+b+c+d}{4}\right)$$

这就是式(2).

O325 在坐标平面内点 $P_1(x_1,y_1)$ 和 $P_2(x_2,y_2)$ 之间的出租汽车的距离是

$$d(P_1P_2)=|x_1-x_2|+|y_1-y_2|$$

圆心为 O，半径为 R 的出租汽车圆盘是满足

$$d(P,O) \leqslant R$$

的点 P 的集合.

给出 n 个点，其中两两之间至多相距 R 个出租汽车的距离，求最小常数 c，使任何这样的点集都能被半径为 cR 的出租汽车圆盘所覆盖.

解 假定各点之间的距离至多是一个单位的出租汽车圆盘. 我们要寻找最小的 c，使任何这样的点集能被半径为 c 的出租汽车圆盘所覆盖. 考虑坐标为 $\left(\pm\frac{1}{4},\pm\frac{1}{4}\right)$ 的四个点. 那么这四点至多相距一个出租汽车圆盘的单位，只能被一个半径至少是 $\frac{1}{2}$ 的出租汽车圆盘所覆盖.

我们来证明 $c=\frac{1}{2}$ 是这个最小的常数.

考虑以原点为中心,将平面旋转 45°角. 任何出租汽车的圆盘变为一个正方形,点 $P_i(x_i,y_i)$ 变为

$$P'_i(x'_i,y'_i)=\left(\frac{1}{\sqrt{2}}(x_i+y_i),\frac{1}{\sqrt{2}}(x_i-y_i)\right)$$

我们要找出能覆盖旋转后的集合的最小正方形. 注意到,旋转后的集合中的任何两点的 x 坐标至多相距 $\frac{1}{\sqrt{2}}$,即

$$\frac{1}{\sqrt{2}}\mid x_i+y_i-x_j-y_j\mid\leqslant\frac{1}{\sqrt{2}}(\mid x_i-x_j\mid+\mid y_i-y_j\mid)\leqslant\frac{1}{\sqrt{2}}$$

类似地,任何两个 y－坐标至多相距 $\frac{1}{\sqrt{2}}$. 我们有

$$\max(x'_i)-\min(x'_i)\leqslant\frac{1}{\sqrt{2}}\text{ 和 }\max(y'_i)-\min(y'_i)\leqslant\frac{1}{\sqrt{2}}$$

于是旋转后的集合能被一个 $\frac{1}{\sqrt{2}}\times\frac{1}{\sqrt{2}}$ 的正方形覆盖,这就相应于一个半径为 $\frac{1}{2}$ 的出租汽车圆盘.

O326 设 $\triangle ABC$ 不是等腰三角形. 设点 D 在射线 $\overrightarrow{AB}$ 上,但不在线段 AB 上. 设点 E 在射线 $\overrightarrow{AC}$ 上,但不在线段 AC 上,使 $AB\cdot BD=AC\cdot CE$. $\triangle ABE$ 和 $\triangle ACD$ 的外接圆相交于点 A 和 F. 设 O_1 和 O_2 是 $\triangle ABC$ 和 $\triangle ADE$ 的外心. 证明:AF,O_1O_2 和 BC 三线共点.

证明 我们首先证明两个引理.

引理 1 O_1O_2 是 BC 的垂直平分线.

证明 只要证明 O_2 在 BC 的垂直平分线上. 设 r 是圆 ADE 的半径. 于是,B,C 关于圆 ADE 的幂可表示为

$$AB\cdot BD=r^2-O_2B^2=AC\cdot CE=r^2-O_2C^2$$

因此 $O_2B=O_2C$,由此证明了 O_2 在 BC 的垂直平分线上.

引理 2 AF 平分 BC.

证明 设 $M=AF\cap BC$,$\overrightarrow{BC}\cap$ 圆 $ABE=Q$,$\overrightarrow{CB}\cap$ 圆 $ADC=P$. 于是,C 关于圆 ABE 的幂和 B 关于圆 ADC 的幂能分别表示为

$$AC\cdot CE=QC\cdot CB=AB\cdot BD=PB\cdot BC$$

于是证明了

$$PB=QC\tag{1}$$

现在将 M 关于圆 ABE 的幂表示为

$$AM\cdot MF=QM\cdot MB$$

M 关于圆 ADC 的幂表示为

$$AM \cdot MF = PM \cdot MC$$

于是

$$PM \cdot MC = QM \cdot MB \Rightarrow PB \cdot MC + BM \cdot MC = QC \cdot MB + MB \cdot MC$$
$$\Rightarrow PB \cdot MC = QC \cdot MB \Rightarrow MB = MC(\text{由式}(1))$$

于是 AF 平分 BC.

现在由引理 1 和引理 2 我们推得 AF，O_1O_2 和 BC 共点于 BC 的中点 M.

O327 设 a,b,c 是正实数，且 $a^2+b^2+c^2+abc=4$. 证明：

$$a+b+c \leqslant \sqrt{2-a}+\sqrt{2-b}+\sqrt{2-c}$$

证明 设 $a,b,c \in (0,2)$，因此可以作代换 $a=2\cos A$，$b=2\cos B$，$c=2\cos C$. 于是已知条件变为

$$\cos^2 A+\cos^2 B+\cos^2 C+2\cos A\cos B\cos C=1 \Rightarrow \angle A+\angle B+\angle C=\pi$$

于是对 $\triangle ABC$ 而言，我们只需要证明

$$\sum_{\text{cyc}}(\sqrt{2-a}-a) \geqslant 0 \Leftrightarrow \sum_{\text{cyc}}\left(\sin\frac{A}{2}-\cos A\right) \geqslant 0 \Leftrightarrow$$

$$\sum_{\text{cyc}}\sqrt{\frac{(a+b-c)(a+c-b)}{bc}} \geqslant \sum_{\text{cyc}}\frac{b^2+c^2-a^2}{bc} \Leftrightarrow$$

$$\sum_{\text{cyc}} a\sqrt{bc(a+b-c)(a+c-b)} \geqslant \sum_{\text{cyc}}(a^2b+a^2c-a^3)$$

现在利用 Ravi 变换，我们看到 $a=y+z$，$b=z+x$，$c=x+y$，这样，只要证明一个等价的不等式，即

$$\sum_{\text{cyc}}(y+z)\sqrt{(x+y)(x+z)yz} \geqslant \sum_{\text{cyc}}(y+z)^2 x$$

这里 x,y,z 是正实数.

由 Cauchy－Schwarz 不等式，得到

$$(x+y)(x+z) \geqslant (x+\sqrt{yz})^2$$

接下来只要证明

$$\sum_{\text{cyc}}(y+z)\sqrt{yz}(x+\sqrt{yz}) \geqslant \sum_{\text{cyc}}(y+z)^2 x \Leftrightarrow \sum_{\text{cyc}} x(y+z)\sqrt{yz} \geqslant 6xyz$$

而由 AM－GM 不等式，最后一个不等式成立，因为

$$\sum_{\text{cyc}} x(y+z)\sqrt{yz} \geqslant \sum_{\text{cyc}} x \cdot 2\sqrt{yz} \cdot \sqrt{yz} = \sum_{\text{cyc}} 2xyz = 6xyz$$

O328 凸六边形 $ABCDEF$ 的对角线 AD，BE，CF 相交于点 M. $\triangle ABM$，$\triangle BCM$，$\triangle CDM$，$\triangle DEM$，$\triangle EFM$，$\triangle FAM$ 都是锐角三角形. 证明：当且仅当四边形 $ABDE$，$BCEF$，$CDFA$ 的面积相等时，这六个三角形的外心共圆.

证明 必要性. 如图 2.29，设 O_1，O_2，O_3，O_4，O_5，O_6 分别是 $\triangle ABM$，$\triangle BCM$，

$\triangle CDM$，$\triangle DEM$，$\triangle EFM$，$\triangle FAM$ 的外心. 注意到 O_1，O_2 和 O_4，O_5 分别在 BM 和 EM 的垂直平分线上. 于是 $O_1O_2 \perp BE$，$O_4O_5 \perp BE \Rightarrow O_1O_2 /\!/ O_4O_5$. 又 O_1O_4 在 BE 上的射影的长是$\frac{1}{2}BE$. 根据已知条件，因为 O_1，O_2，O_4，O_5 共圆，$O_1O_2 /\!/ O_4O_5 \Rightarrow O_1O_4 = O_2O_5$，$BE$ 与 O_1O_4 和 O_2O_5 形成等角. 类似地，得到 $O_1O_4 = O_3O_6$.

考虑将 O_1O_4，O_2O_5，O_3O_6 平移变换到具有同一中点的 T_1T_4，T_2T_5，T_3T_6(图2.30). 那么 $T_1T_4 = O_1O_4$，$T_2T_5 = O_2O_5$，$T_3T_6 = O_3O_6$. 注意到四边形 $T_1T_2T_4T_5$ 是矩形，于是

$$T_1T_5 /\!/ BE, T_1T_5 \text{ 是 } T_1T_4 \text{ 在 } T_1T_5 \text{ 上的射影} \Rightarrow T_1T_5 = \frac{1}{2}BE$$

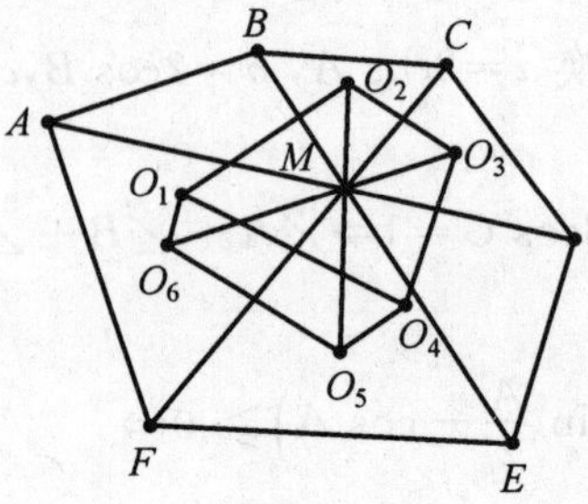

图 2.29

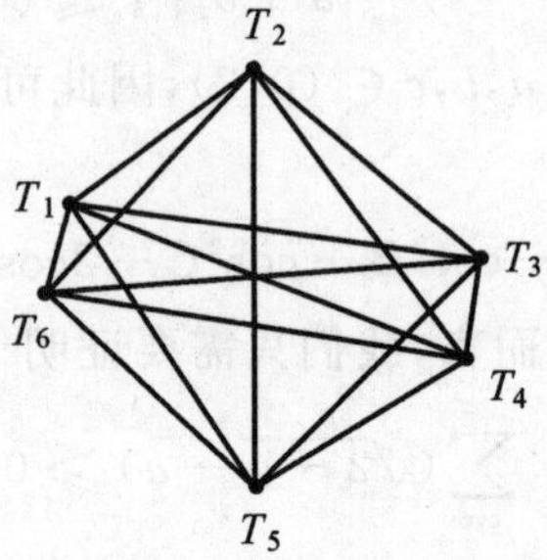

图 2.30

类似地，得到 $T_1T_3 /\!/ AD$，$T_1T_3 = \frac{1}{2}AD$. 最后

$$S_{\text{四边形}ABDE} = \frac{1}{2}AD \cdot BE\sin\angle AMB =$$

$$\frac{1}{2} \cdot 2T_1T_3 \cdot 2T_1T_5 \sin\angle T_3T_1T_5 =$$

$$4S_{\triangle T_1T_3T_5}$$

类似地，$S_{\text{四边形}BCEF} = S_{\text{四边形}CDFA} = 4S_{\triangle T_1T_3T_5}$.

充分性. 设 O_1，O_2，O_3，O_4，O_5，O_6 分别是 $\triangle ABM$，$\triangle BCM$，$\triangle CDM$，$\triangle DEM$，$\triangle EFM$，$\triangle FAM$ 的外心. 注意到 O_1，O_2 和 O_4，O_5 分别在 BM 和 EM 的垂直平分线上. 于是，$O_1O_2 \perp BE$，$O_4O_5 \perp BE \Rightarrow O_1O_2 /\!/ O_4O_5$. 设 $AD = 2a$，$BE = 2b$，$CF = 2c$，$\angle AMB = \gamma$，$\angle BMC = \alpha$，$\angle CMD = \beta$. 因为

$$\alpha + \beta + \gamma = 180^\circ$$

$$S_{\text{四边形}ABDE} = 2ab\sin\gamma, S_{\text{四边形}BCEF} = 2bc\sin\alpha, S_{\text{四边形}CDFA} = 2ac\sin\beta$$

$$S_{\text{四边形}ABDE} = S_{\text{四边形}BCEF} = S_{\text{四边形}CDFA} \Rightarrow \frac{\sin\alpha}{a} = \frac{\sin\beta}{b} = \frac{\sin\gamma}{c}$$

我们推出 α，β，γ 分别是边长为 a，b，c 的三角形的内角. O_1O_4 在 BE 和 AD 上的射影的长分别等于$\frac{1}{2}BE$ 和$\frac{1}{2}AD$.

因此，$O_1O_4=2R$，其中 R 是边长为 a,b,c 的三角形的外接圆的半径(图 2.31).

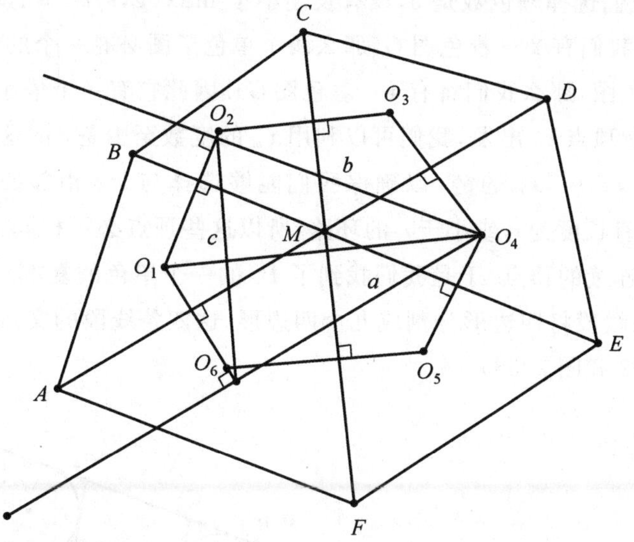

图 2.31

类似地，我们得到

$$O_2O_5=2R, O_3O_6=2R \Rightarrow O_1O_4=O_2O_5=O_3O_6$$

最后

$$O_1O_2 \parallel O_4O_5, O_2O_3 \parallel O_5O_6, O_3O_4 \parallel O_6O_1$$
$$O_1O_4=O_2O_5=O_3O_6$$

根据问题的条件，得到 O_1,O_2,O_3,O_4,O_5,O_6 六点共圆.

O329 对于任何正整数 r，用 P_r 表示在 r 个顶点上的路径. 对于任何正整数 g，证明：存在一个长度少于 g 的没有环路的图 G，在 G 的任何两个顶点的着色中，都可以找到相同颜色的 r 个顶点，使其形成 P_r 的一个复本.

解 回忆一下 Erdös 的一个著名的结果：存在具有任意大的周长和任意大的色数的图. 更精确地说，对于任何正整数 k 和 g，存在某个没有长度小于 g 的没有环路却有 $\chi(G) \geqslant k$ 的图 G. 这是概率方法在组合论中的首批应用之一. 对于这个证明，可参阅 Lecture 11 from Daniel Spielman's graph theory class at Yale: http://www.cs.yale.edu/homes/spielman/462/2007/.

我们还要回忆一下一个简单的事实：色数为 k 的任何图有一个子图，其每个顶点的度数至少是 $k-1$. 事实上，如果 G 有度数小于 $k-1$ 的顶点 $x \in V(G)$，如果我们能用少于 k 种颜色对 $G-\{x\}$ 涂色，那么我们就能将这种涂色推广到一个 G 的$(k-1)-$着色，只要用任何颜色对 x 涂色，但这种颜色至多在其任何 $k-2$ 个相邻顶点上没有用过. 于是，如果 x 的度数小于 $k-1$，那么我们必有 $\chi(G-\{x\})=k$. 因此不断除去度数小于 $k-1$ 的顶点，我们最终必能得到一个每个顶点的度数至少是 $k-1$ 的非空子图(因为其色数是 k).

对于本题,我们选择颜色数是 5,没有长度小于 $\max(g,r+1)$ 的环路的图 G. 因为 G 的色数是 5,如果我们有 2－着色图 G,那么两个单色子图必有一个的色数是 3(如果我们都可能有 2－着色图,那么我们将有 4－着色图 G). 因此它有一个最小度数至少是 2 的子图 H. 从 H 的任意顶点 x_1 出发,我们可以利用 x_m 的度数至少是 2 的这一事实直觉地构建一个相邻顶点为 $x_1,\cdots,x_r$ 的链,以确保我们能够选择与 x_m 相邻的顶点 x_{m+1} ($x_{m+1}\neq x_{m-1}$). 因为 G 没有长度为 r 或小于 r 的环路,所以这些顶点必不相同,仅有相邻顶点的点对在这个链中是连续的顶点. 于是我们找到了 P_r 的一个单色的复本.

O330 四条线段将四边形分割成九个四边形. 这四条线段的交点都在原四边形的对角线上(见图 2.32 和图 2.33).

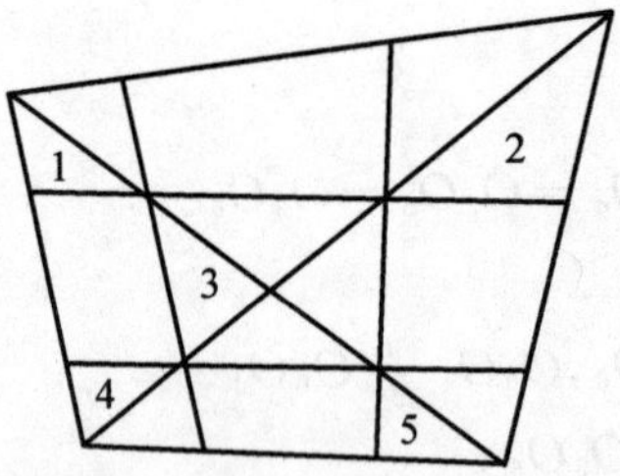

图 2.32

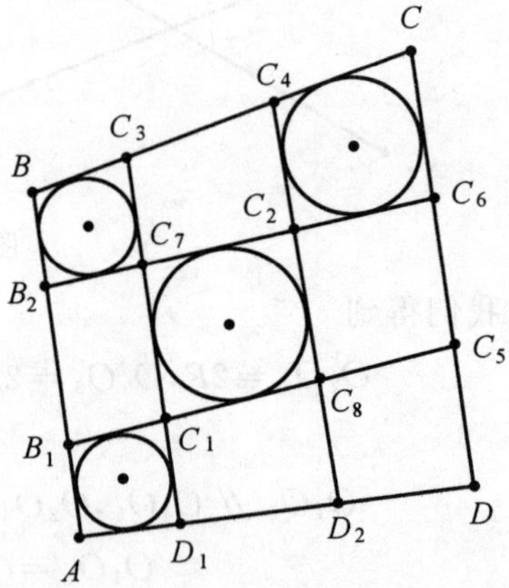

图 2.33

已知四边形 Q_1,Q_2,Q_3,Q_4 都有内切圆. 证明:四边形 Q_5 也有内切圆.

证明 下面是 Cosmin Pohoata 和 Titu Andreescu 阐述的一个证明(见《110 个国际数学奥林匹克几何题》,XYZ 出版社,2014).

关键的思想是重复使用 Marius Iosifescu 的以下的结果.

Iosifescu 定理 当且仅当

$$\tan\frac{x}{2}\cdot\tan\frac{z}{2}=\tan\frac{y}{2}\cdot\tan\frac{w}{2} \tag{1}$$

时,四边形 $ABCD$ 有内切圆,这里 $x=\angle ABD, y=\angle ADB, z=\angle BDC, w=\angle DBC$.

证明 应用三角形公式

$$\tan^2\frac{u}{2}=\frac{1-\cos u}{1+\cos u}$$

在理论上我们得到等式(1) 等价于

$$(1-\cos x)(1-\cos z)(1+\cos y)(1+\cos w)=$$

$$(1-\cos y)(1-\cos w)(1+\cos x)(1+\cos z) \quad (2)$$

设 $a=AB, b=BC, c=CD, d=DA, q=BD$. 由余弦定理,我们有

$$\cos x=\frac{a^2+q^2-d^2}{2aq}$$

所以

$$1-\cos x=\frac{d^2-(a-q)^2}{2aq}=\frac{(d+a-q)(d-a+q)}{2aq}$$

$$1+\cos x=\frac{(a+q)^2-d^2}{2aq}=\frac{(a+q+d)(a+q-d)}{2aq}$$

同理

$$1-\cos y=\frac{(a+d-q)(a-d+q)}{2dq}, 1+\cos y=\frac{(d+q+a)(d+q-a)}{2dq}$$

$$1-\cos z=\frac{(b+c-q)(b-c+q)}{2cq}, 1+\cos z=\frac{(c+q+b)(c+q-b)}{2cq}$$

$$1-\cos w=\frac{(c+b-q)(c-b+q)}{2bq}, 1+\cos w=\frac{(b+q+c)(b+q-c)}{2bq}$$

于是,重新排列后,我们开始处理的恒等式(2) 变为

$$P[(d-a+q)^2(b-c+q)^2-(a-d+q)^2(c-b+q)^2]=0$$

这里

$$P=\frac{(d+a-q)(b+c-q)(d+q+a)(b+q+c)}{16abcdq^4}$$

因为对 $\triangle ABD$ 和 $\triangle BCD$ 应用了三角形不等式,所以 P 的表达式为正. 对上面的恒等式分解因式,再消去括号中的一些项以后,得到

$$4qP(b+d-a-c)[(d-a)(b-c)+q^2]=0$$

第二个括号中的表达式不会等于零,这是因为根据三角形不等式 $q>a-d$, $q>b-c$,所以 q^2 总是或者(严格) 小于或者大于 $(a-d)(b-c)$. 于是推得当且仅当 $b+d-a-c=0$,即 $b+d=a+c$ 时

$$\tan\frac{x}{2}\cdot\tan\frac{z}{2}=\tan\frac{y}{2}\cdot\tan\frac{w}{2}$$

根据 Pithot 定理,我们就推出当且仅当四边形 $ABCD$ 有内切圆时,上式成立.

设 $E=C_1, F=C_7, G=C_2$ 和 $H=C_8$,所以四边形 Q_3 是 $EFGH$. 为了对四边形 Q_3 应用 Iosifescu 定理,我们的目标是证明

$$\tan\frac{\angle FHG}{2}\cdot\tan\frac{\angle BDC}{2}=\tan\frac{\angle ADB}{2}\cdot\tan\frac{\angle EHF}{2}$$

但是,四边形 Q_3 有内切圆,所以

$$\tan\frac{\angle EFH}{2}\cdot\tan\frac{\angle FHG}{2}=\tan\frac{\angle EHF}{2}\cdot\tan\frac{\angle HFG}{2}$$

于是只要证明

$$\tan\frac{\angle EFH}{2}\cdot\tan\frac{\angle ADB}{2}=\tan\frac{\angle HFG}{2}\cdot\tan\frac{\angle BDC}{2}$$

再一次将 Iosifescu 引理应用于四边形 Q_1,那么当且仅当

$$\tan\frac{\angle ABD}{2}\cdot\tan\frac{\angle BDC}{2}=\tan\frac{\angle ADB}{2}\cdot\tan\frac{\angle DBC}{2}$$

时,上面的等式成立.我们知道,当且仅当四边形 $ABCD$ 有内切圆时,上式成立.

这就是魅力所在之处.我们对四边形 $ABCD$ 的另一条对角线 AC 应用 Iosifescu 定理证明四边形 $ABCD$ 有内切圆.即只要证明

$$\tan\frac{\angle BAC}{2}\cdot\tan\frac{\angle ACD}{2}=\tan\frac{\angle BCA}{2}\cdot\tan\frac{\angle CAD}{2}$$

然而使用上面的方法这是容易证明的.事实上,对四边形 Q_2,Q_3,Q_4 写出 Iosifescu 引理,并记住从四边形 Q_3 的顶点出发的竖直方向的角,我们就能准确地得到上述命题.具体的细节就留给读者吧.

O331 设 m_a,m_b,m_c 是 $\triangle ABC$ 的中线长,p_0 是垂足三角形的半周长.证明:

$$\frac{1}{m_a}+\frac{1}{m_b}+\frac{1}{m_c}\leqslant\frac{3\sqrt{3}}{2p_0}$$

证明 我们从垂足三角形的一个著名的公式开始.其面积是

$$S_0=\frac{abc\mid\cos A\cos B\cos C\mid}{2R}$$

内切圆的半径

$$r_0=2R\mid\cos A\cos B\cos C\mid$$

于是半周长有公式 $2p_0=\frac{2S}{R}$,这里 S 是 $\triangle ABC$ 的面积.现在利用 $S=\frac{ah_a}{2}$,则原不等式可以写成

$$a\cdot\frac{h_a}{m_a}+b\cdot\frac{h_b}{m_b}+c\cdot\frac{h_c}{m_c}\leqslant 3\sqrt{3}R$$

而 $\frac{h_a}{m_a}=\sin\alpha_A$,这里 α_A 是中线 m_a 和边 BC 所成的角.因此,在 $\triangle ABC$ 中应用正弦定理,上式可改写为

$$\sin A\sin\alpha_A+\sin B\sin\alpha_B+\sin C\sin\alpha_C\leqslant\frac{3\sqrt{3}}{2}$$

此不等式成立是因为式子左边小于或等于 $\sin A+\sin B+\sin C$,由 Jensen 不等式可知它小于 $\frac{3\sqrt{3}}{2}$.

O332 设 ABC 是三角形.证明:

$$\frac{\cos^4 A}{\sin^4 B+\sin^4 C}+\frac{\cos^4 B}{\sin^4 C+\sin^4 A}+\frac{\cos^4 C}{\sin^4 A+\sin^4 B}\geqslant\frac{1}{6}$$

证明 由 Cauchy－Schwarz 不等式，我们有

$$\sum_{\text{cyc}}\frac{\cos^4 A}{\sin^4 B+\sin^4 C}\geqslant\frac{(\cos^2 A+\cos^2 B+\cos^2 C)^2}{2(\sin^4 A+\sin^4 B+\sin^4 C)}$$

下面我们证明

$$\frac{(\cos^2 A+\cos^2 B+\cos^2 C)^2}{2(\sin^4 A+\sin^4 B+\sin^4 C)}\geqslant\frac{1}{6}$$

上式可改写为

$$3(\cos^2 A+\cos^2 B+\cos^2 C)^2\geqslant\sin^4 A+\sin^4 B+\sin^4 C$$

由正弦定理，上式可转化为

$$3[12R^2-(a^2+b^2+c^2)]^2\geqslant a^4+b^4+c^4$$

这里 a,b,c 是 $\triangle ABC$ 的边长，R 是 $\triangle ABC$ 外接圆的半径. 现在的想法是将对称式 $a^2+b^2+c^2$ 和 $a^4+b^4+c^4$ 写成 s,r,R 的函数，这里 s 是 $\triangle ABC$ 的半周长，r 是 $\triangle ABC$ 内切圆的半径. 为此，我们用牛顿关系式，得到

$$a^2+b^2+c^2=2s^2-8rR-2r^2$$

$$a^4+b^4+c^4=2s^4-16s^2rR-12s^2r^2+32r^2R^2+16r^3R+2r^4$$

实际上，注意到由 Blundon 不等式 $s^2\leqslant 4R^2+4rR+3r^2$（以及较简单的不等式 $s^2-4rR-3r^2=\frac{a^3+b^3+c^3+abc}{a+b+c}\geqslant 0$），以下不等式成立

$$a^2+b^2+c^2\leqslant 8R^2+4r^2$$

$$a^4+b^4+c^4\leqslant 32R^4-32r^3R-16r^4$$

于是只要证明

$$16R^4-96r^2R^2+64r^4+32r^3R\geqslant 0$$

将上面不等式的两边除以 $16R^4$，则该不等式可改写为

$$1-6\left(\frac{r}{R}\right)^2+4\left(\frac{r}{R}\right)^4+2\left(\frac{r}{R}\right)^3\geqslant 0$$

换句话说，设 $y=\frac{r}{R}$，则我们必须证明多项式

$$4y^4+2y^3-6y^2+1$$

在区间 $I=\left(0,\frac{1}{2}\right]$ 上非负. 而这只要归于欧拉不等式. 但是

$$4y^4+2y^3-6y^2+1=(2y-1)(2y^3+2y^2-2y-1)$$

所以设 $g(y)=2y^3+2y^2-2y-1$，并注意到在 I 上 $g(y)<0$. 事实上

$$g(-2)\cdot g(-1)=-5<0$$

$$g(-1)\cdot g(0)=-1<0$$

$$g(0.6)\cdot g(1)=-1.048<0$$

三个实数零点都在 I 外.还有,$g(0)=-1$,于是三次式在 I 上为负.因为在 I 上 $2y-1\leqslant 0$,所以我们看到在 I 上 $4y^4+2y^3-6y^2+1\geqslant 0$.

O333 $\triangle ABC$ 是不等边的锐角三角形,O,I 和 H 分别是其外心、内心和垂心.证明:如果 $\triangle OIH$ 的外接圆经过 $\triangle ABC$ 的顶点之一,那么它也经过另外一个顶点.

证明 假定该圆经过点 A.于是,我们知道四边形 $AOIH$ 是圆内接四边形.因此,$\angle IOH=\angle IAH,\angle IHO=\angle IAO$.众所周知,$O,H$ 关于 $\triangle ABC$ 等角共轭.于是,我们也有 $\angle IAO=\angle IAH$.于是,$\angle IHO=\angle IOH\Rightarrow IO=IH$.现在对 $\triangle IOC$ 和 $\triangle IHC$ 应用正弦定理以及由 $IO=IH$,我们有

$$\frac{CI}{\sin\angle COI}=\frac{IO}{\sin\angle IOC}=\frac{IH}{\sin\angle IHC}=\frac{CI}{\sin\angle CHI}$$

这表明 $\angle COI=\angle CHI$ 或 $\angle COI+\angle CHI=180^\circ$.类似地,我们有 $\angle BOI=\angle BHI$ 或 $\angle BOI+\angle BHI=180^\circ$.如果 $\angle COI=\angle CHI,\angle BOI=\angle BHI$,那么四边形 $BOCH$ 将是筝形,且边 BC 将在其内部,这与 $\triangle ABC$ 是锐角三角形这一事实矛盾.于是我们必有 $\angle BOI+\angle BHI=180^\circ$ 或 $\angle COI+\angle CHI=180^\circ$,于是四边形 $BOIH$ 和 $COIH$ 中有一个是圆内接四边形.因此我们证明了所要证明的内容,即当 $\triangle OIH$ 的外接圆经过 $\triangle ABC$ 的一个顶点时,那么它必定经过另外一个顶点.

$\triangle ABC$ 是锐角三角形的假设是没有必要的,但是对于钝角 $\triangle ABC$,这些角有点差别.这些角稍多用一些,我们就能证明 $\triangle OIH$ 的外接圆经过不等边三角形的最大角和最小角,并且中间角是 60°.

O334 设 a,b,c 是正实数,且 $a,b,c\geqslant 1$.证明:

$$\frac{1}{(a^3+1)^2}+\frac{1}{(b^3+1)^2}+\frac{1}{(c^3+1)^2}\geqslant\frac{3}{2(a^2b^2c^2+1)}$$

证明 我们将使用熟知的不等式

$$x,y\geqslant 1\Rightarrow\frac{1}{1+x}+\frac{1}{1+y}\geqslant\frac{2}{1+\sqrt{xy}}\tag{1}$$

由 $x^2+y^2\geqslant\dfrac{(x+y)^2}{2}\geqslant 0$,得到

$$\frac{1}{2}\cdot\frac{1}{(1+a^3)^2}+\frac{1}{2}\cdot\frac{1}{(1+b^3)^2}\geqslant\frac{1}{4}\left(\frac{1}{1+a^3}+\frac{1}{1+b^3}\right)^2$$

由式(1),有

$$\frac{1}{4}\left(\frac{1}{1+a^3}+\frac{1}{1+b^3}\right)^2\geqslant\frac{1}{[1+(ab)^{\frac{3}{2}}]^2}$$

将该式与两个类似的循环式相加,我们得到

$$\sum_{\text{cyc}}\frac{1}{(1+a^3)^2}\geqslant\sum_{\text{cyc}}\frac{1}{[1+(ab)^{\frac{3}{2}}]^2}$$

如果设 $G(a,b,c)$ 表示问题中的不等式的左边，那么它就变为

$$G(a,b,c)\geqslant G(\sqrt{ab},\sqrt{bc},\sqrt{ca})$$

将这一事实迭代，并利用连续性，我们推得

$$G(a,b,c)\geqslant G(\sqrt[3]{abc},\sqrt[3]{abc},\sqrt[3]{abc})$$

或

$$\sum_{\mathrm{cyc}}\frac{1}{(1+a^3)^2}\geqslant\frac{3}{(abc+1)^2}$$

将该式与形如 $2(a^2b^2c^2+1)\geqslant(abc+1)^2$ 的Cauchy－Schwarz不等式相结合，本题证毕.

O335　确定一切正整数 n，使

$$f_n(x,y,z)=x^{2n}+y^{2n}+z^{2n}-xy-yz-zx$$

整除关于 x,y,z 的整系数多项式 $g_n(x,y,z)=(x-y)^{5n}+(y-z)^{5n}+(z-x)^{5n}$.

解　一个必要的条件是对任何整数三数组 (u,v,w)，$f_n(u,v,w)$ 整除 $g_n(u,v,w)$. 实际上，取 $(x,y,z)=(2,1,0)$，我们发现 $2^{2n}-1$ 必整除 $2+(-2)^{5n}$. 对于偶数 n，我们有 $2(2^{5n-1}+1)$ 必是 $(2^n-1)(2^n+1)$ 的倍数. 现在有

$$2^{5n-1}+1=(2^n+1)(2^{4n-1}-2^{3n-1}+2^{2n-1}-2^{n-1})+2^{n-1}+1$$

显然对任何正整数 n，有 $2^n+1>2^{n-1}+1>0$. 于是没有偶数 n 满足问题所给出的条件.

对于奇数 n，我们有 $2(2^{5n-1}-1)$ 必是 $(2^n-1)(2^n+1)$ 的倍数. 由于

$$2^{5n-1}-1=(2^n+1)(2^{4n-1}-2^{3n-1}+2^{2n-1}-2^{n-1})+2^{n-1}-1$$

以及对于任何 $n\geqslant 3$，我们有 $2^n+1>2^{n-1}-1>0$. 于是只有 $n=1$ 可以满足问题所给出的条件.

当 $n=1$ 时，我们有

$$g_1(x,y,z)=[5x^2(z-y)+5y^2(x-z)+5z^2(y-x)]\,f_1(x)$$

于是推得 $n=1$ 是本题的唯一解.

O336　设 a,b,c 是不同的正实数，u,v,w 是正实数，且 $a+b+c=u+v+w$，当 $(r,s,t)=(u,v,w)$，$(r,s,t)=(v,w,u)$，$(r,s,t)=(w,u,v)$ 时，有

$$(a^2-bc)r+(b^2-ca)s+(c^2-ab)t\geqslant 0$$

证明：对一切非负数 x,y,z，有

$$x^ay^bz^c+x^by^cz^a+x^cy^az^b\geqslant x^uy^vz^w+x^wy^uz^v+x^vy^wz^u$$

证明　由加权AM－GM不等式，对任何正实数 p,q,r，有

$$px^ay^bz^c+qx^by^cz^a+rx^cy^az^b\geqslant(p+q+r)\left(x^{pa+qb+rc}y^{pb+qc+ra}z^{pc+qa+rb}\right)^{\frac{1}{p+q+r}}$$

现在求 p,q,r，使

$$pa+qb+rc=u$$

$$pb+qc+ra=v$$

$$pc+qa+rb=w$$

或写成矩阵形式

$$\begin{pmatrix}a & b & c\\ b & c & a\\ c & a & b\end{pmatrix}\begin{pmatrix}p\\ q\\ r\end{pmatrix}=\begin{pmatrix}u\\ v\\ w\end{pmatrix}$$

因为 $a+b+c=u+v+w$,所以将所有的方程相加,得到

$$(p+q+r)(a+b+c)=u+v+w\Leftrightarrow p+q+r=1$$

因为

$$\det\begin{vmatrix}a & b & c\\ b & c & a\\ c & a & b\end{vmatrix}=\sum_{\text{cyc}}a(bc-a^2)=-\sum_{\text{cyc}}a(a^2-bc)=$$
$$-(a+b+c)(a^2+b^2+c^2)$$

以及

$$\det\begin{vmatrix}u & b & c\\ v & c & a\\ w & a & b\end{vmatrix}=\sum_{\text{cyc}}u(bc-a^2)=-\sum_{\text{cyc}}u(a^2-bc)$$

所以

$$p=\frac{\sum\limits_{\text{cyc}}u(a^2-bc)}{(a+b+c)(a^2+b^2+c^2)}$$

轮换式有

$$q=\frac{\sum\limits_{\text{cyc}}v(a^2-bc)}{(a+b+c)(a^2+b^2+c^2)}$$
$$r=\frac{\sum\limits_{\text{cyc}}w(a^2-bc)}{(a+b+c)(a^2+b^2+c^2)}$$

这里我们得到 p,q,r 都是正数,因为当 $(r,s,t)=(u,v,w),(r,s,t)=(v,w,u),(r,s,t)=(w,u,v)$ 时,由条件

$$(a^2-bc)r+(b^2-ca)s+(c^2-ab)t\geqslant 0$$

对于得到的 p,q,r,我们有

$$px^ay^bz^c+qx^by^cz^a+rx^cy^az^b\geqslant x^uy^vz^w$$

类似地,有

$$qx^ay^bz^c+rx^by^cz^a+px^cy^az^b\geqslant x^wy^uz^v$$
$$rx^ay^bz^c+px^by^cz^a+qx^cy^az^b\geqslant x^vy^wz^u$$

将这三个不等式相加,并考虑到 $p+q+r=1$,我们最后得到

$$x^ay^bz^c+x^by^cz^a+x^cy^az^b\geqslant x^uy^vz^w+x^wy^uz^v+x^vy^wz^u$$

O337 是否存在不可约的整系数多项式 $P(x)$，对于一切 $n\in\mathbf{N}$，使 $P(n)$ 是大于1的完全幂？

解 答案是"不存在"．首先观察到因为 $P(x)$ 不可约，所以 $P(x)$ 和 $P'(x)$ 互质．于是由辗转相除法给出整系数多项式 $A(x)$ 和 $B(x)$ 以及常数 M，使 $A(x)P(x)+B(x)P'(x)=M$．于是 $\gcd(P(x),P'(x))\mid M$，实际上，对于一切 n，$(P(n),P'(n))\leqslant M$．

这表明存在无穷多个质数 p，对某个 $n\in\mathbf{Z}$，$p\mid P(n)$，$p\nmid P'(n)$．这一结果可由下面的引理推出．

引理 假定 $p^k\parallel P(n_0)$，$p\nmid P'(n_0)$．那么存在 n_p，使 $p\parallel P(n_p)$．

证明 我们用 Hensel 引理的思想方法处理．对于 $t\in\mathbf{N}$，对某个 $G(n_0,t)\in\mathbf{Z}$，考虑 Taylor 展开式

$$P(n_0+tp)=P(n_0)+tpP'(n_0)+p^2G(n_0,t)$$

如果 $k=1$，那么我们可以取 $t=0$ 和 $n_0=n_p$．另一方面，如果 $k\geqslant 2$，那么取 $t=1$，并设 $n_p=n_0+p$．

O338 设 P 是 $\triangle ABC$ 内的一点．A_1,B_1,C_1 分别表示 P 在 $\triangle ABC$ 边上的射影，A_2，B_2，C_2 表示 PA_1,PB_1,PC_1 的中点．证明：当且仅当 AA_2,BB_2,CC_2 共点时，AA_1,BB_1，CC_1 共点．

证明 如图 2.34，利用重心坐标，我们记 $P(u:v:w)$，用等边三角形的 Conway 记号，我们有 $a=b=c$ 和 $S_A=S_B=S_C=\dfrac{a^2}{2}$．

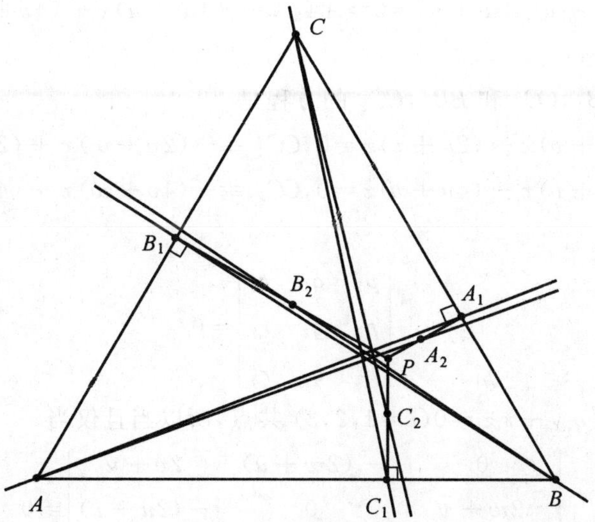

图 2.34

各边的无穷远垂足是

$$BC_{\infty\perp}(-a^2 : S_C : S_B) = (-2 : 1 : 1)$$
$$CA_{\infty\perp}(S_C : -b^2 : S_A) = (1 : -2 : 1)$$
$$AB_{\infty\perp}(S_B : S_A : -c^2) = (1 : 1 : -2)$$

于是，直线 $PBC_{\infty\perp}$ 的方程是

$$\begin{vmatrix} -2 & 1 & 1 \\ u & v & w \\ x & y & z \end{vmatrix} = 0 \Rightarrow PBC_{\infty\perp} \equiv (w-v)x + (2w+u)y - (2v+u)z = 0$$

所以

$$A_1 = PBC_{\infty\perp} \cap BC = (0 : 2v+u : 2w+u) \Rightarrow$$
$$\left(0, \frac{2v+u}{2(u+v+w)}, \frac{2w+u}{2(u+v+w)}\right)$$

现在直线 AA_1 的方程是

$$\begin{vmatrix} 1 & 0 & 0 \\ 0 & 2v+u & 2w+u \\ x & y & z \end{vmatrix} = 0 \Rightarrow AA_1 \equiv -(2w+u)y + (2v+u)z = 0$$

又中点 A_2 的坐标将是

$$A_2 = (2u : 4v+u : 4w+u)$$

于是直线 AA_2 的方程是

$$\begin{vmatrix} 1 & 0 & 0 \\ 2u & 4v+u & 4w+u \\ x & y & z \end{vmatrix} = 0 \Rightarrow AA_2 \equiv -(4w+u)y + (4v+u)z = 0$$

轮换后得到直线 BB_1，CC_1 和 BB_2，CC_2 的方程是

$$BB_1 \equiv (2w+v)x - (2u+v)z = 0, CC_1 \equiv -(2v+w)x + (2u+w)y = 0$$
$$BB_2 \equiv (4w+v)x - (4u+v)z = 0, CC_2 \equiv -(4v+w)x + (4u+w)y = 0$$

当且仅当

$$\begin{vmatrix} p_1 & q_1 & r_1 \\ p_2 & q_2 & r_2 \\ p_3 & q_3 & r_3 \end{vmatrix} = 0$$

时，三条直线 $p_ix + q_iy + r_iz = 0(i=1,2,3)$ 共点，所以当且仅当

$$\begin{vmatrix} 0 & -(2w+u) & 2v+u \\ 2w+v & 0 & -(2u+v) \\ -(2v+w) & 2u+w & 0 \end{vmatrix} = 0$$

时，直线 AA_1，BB_1，CC_1 共点，即 $u^2(w-v) + v^2(u-w) + w^2(v-u) = 0$ 时，直线 AA_1，BB_1，CC_1 共点.

现在当且仅当

$$\begin{vmatrix} 0 & -(4w+u) & 4v+u \\ 4w+v & 0 & -(4u+v) \\ -(4v+w) & 4u+w & 0 \end{vmatrix}=0$$

即 $u^2(w-v)+v^2(u-w)+w^2(v-u)=0$ 时，直线 AA_2，BB_2，CC_2 共线，所以我们证明当且仅当 AA_2，BB_2，CC_2 共点时，AA_1，BB_1，CC_1 共点. 注意到 $u^2(w-v)+v^2(u-w)+w^2(v-u)=(u-v)(v-w)(w-u)$. 所以实际上，当且仅当 P 在 $\triangle ABC$ 的一条轴上时，AA_1，BB_1，CC_1 共点，AA_2，BB_2，CC_2 共点.

O339 设 a,b,c 是正实数，且满足

$$\frac{1}{a^3+b^3+1}+\frac{1}{b^3+c^3+1}+\frac{1}{c^3+a^3+1}\geqslant 1$$

证明：

$$(a+b)(b+c)(c+a)\leqslant 6+\frac{2}{3}(a^3+b^3+c^3)$$

证明 去分母后，我们看到已知条件变为

$$2(1+a^3+b^3+c^3)\geqslant (a^3+b^3)(b^3+c^3)(c^3+a^3)$$

因为 $a^3+b^3\geqslant 2\left(\frac{a+b}{2}\right)^3$，所以进一步得到

$$2(1+a^3+b^3+c^3)\geqslant 8x^3$$

这里 $x=\frac{1}{8}(a+b)(b+c)(c+a)$.

于是

$$2(a^3+b^3+c^3)+18-24x\geqslant 8x^3-24x+16=8(x-1)^2(x+2)\geqslant 0$$

这等价于所断言的不等式.

O340 设 BB' 和 CC' 分别是 $\triangle ABC$ 从顶点 B 和 C 出发的高. 射线 $C'B'$ 交 $\triangle ABC$ 的外接圆于 B''. 设 $\angle ABB''$ 的大小是 α_A. 类似地，定义 α_B 和 α_C. 证明：

$$\sin\alpha_A\sin\alpha_B\sin\alpha_C\leqslant\frac{3\sqrt{6}}{32}.$$

证明 首先注意到 $\triangle AB'C'\backsim\triangle ABC$，相似比为 $\cos A$（因为 $\angle BB'C=\angle BC'C=90°$，所以四边形 $BC'B'C$ 是直径为 BC 的圆内接四边形）. 又因为 $\triangle AB'C'$ 是由 $\triangle ABC$ 关于 $\angle A$ 的内角平分线反射所得到的，所以形成一个以 A 为中心的位似图形. 由此推出在 $\triangle AB'C'$ 中，从 A 出发的高是 AA' 关于 $\angle A$ 的内角平分线的对称图形，于是在 $\triangle AB'C'$ 中，从 A 出发的高经过 $\triangle ABC$ 的外心 O. 因此顶点为 A，以及 $B'C'$ 与 $\triangle ABC$ 的外接圆的两个交点所形成的三角形是等腰三角形，$\angle A$ 为顶角，且 $\angle AB''B'=\angle ABB''=\alpha_A$. 由此推出从 A 出发到 $B'C'$ 的高的长是

$$AB''\sin\alpha_A=2R\sin^2\alpha_A=2R\sin B\sin C\cos A$$

于是

$$\sin\alpha_A=\sqrt{\sin B\sin C\cos A}$$

对于 α_B 和 α_C 有类似的等式,于是

$$\sin\alpha_A\sin\alpha_B\sin\alpha_C=\sin A\sin B\sin C\sqrt{\cos A\cos B\cos C}$$

现在,$\triangle ABC$ 是锐角三角形(例如,如果 $\angle A$ 是钝角,那么 $C'B'$ 与 $\triangle ABC$ 的外接圆不相交,B'' 无定义),于是

$$\cos A\cos B\cos C=\frac{\cos C[\cos(A-B)-\cos C]}{2}\leqslant\frac{\cos C-\cos^2C}{2}=$$

$$\frac{1-(1-2\cos C)^2}{8}\leqslant\frac{1}{8}$$

当且仅当 $\angle C=60^\circ$,同时 $\angle A=\angle B$,即 $\triangle ABC$ 是等边三角形时,等号成立.

另一方面,用 S 表示 $\triangle ABC$ 的面积,我们有

$$\sin A\sin B\sin C=\frac{abc}{8R^3}=\frac{S}{2R^2}\leqslant(\sin 60^\circ)^3=\frac{3\sqrt{3}}{8}$$

众所周知,对于确定的外接圆,当 $\triangle ABC$ 是等边三角形时,$\triangle ABC$ 的面积最大.于是

$$\sin\alpha_A\sin\alpha_B\sin\alpha_C=\sin A\sin B\sin C\sqrt{\cos A\cos B\cos C}\leqslant$$

$$\frac{3\sqrt{3}}{8}\cdot\sqrt{\frac{1}{8}}=\frac{3\sqrt{6}}{32}$$

当且仅当 $\triangle ABC$ 是等边三角形时,等号成立.

O341 设 a 是正整数.求一切非零的整值多项式 $P(X)$,$Q(X)$,使

$$P(X)^2+aP(X)Q(X)+Q(X)^2=P(X)$$

解 首先,假定 P 和 Q 不是常数.

注意到如果 $\deg(P)>\deg(Q)$,那么左边的度数是 $2\deg(P)$,而右边的度数是 $\deg(P)$,这是一个矛盾.如果 $\deg(Q)>\deg(P)$,那么左边的度数是 $2\deg(Q)$,但是 $2\deg(Q)>2\deg(P)\geqslant\deg(P)$,这又是一个矛盾.于是必须有 $\deg(P)=\deg(Q)\geqslant 1$.设 $\deg(P)=\deg(Q)=u\geqslant 1$.设 $P(x)$,$Q(x)$ 的首项系数(定义为非零)分别是 A,B.那么左边和右边的 x^{2u} 的系数分别是 $A^2+aAB+B^2$ 和 0.于是注意到

$$\frac{A}{B}=\frac{-a\pm\sqrt{a^2-4}}{2}$$

这里 $\sqrt{a^2-4}$ 必定同时是有理数(因为 A,B 是非零整数),而且是一个整数的平方根(因为 a 是整数).因此 a^2-4 必是完全平方数.因为相差 4 的两个平方数只有 0,4,由此推出 $a^2=4$,因为已知 a 为正数,所以 $a=2$.因此 $P(x)=[P(x)+Q(x)]^2$ 是整系数多项式 $p(x)=P(x)+Q(x)$ 的平方.于是仅当 $a=2$ 时,存在非常数解,在这种情况下,对于任何

非常数多项式 $p(x)$

$$P(x)=[p(x)]^2, Q(x)=p(x)-[p(x)]^2$$

是一组解，不存在不是这种形式的解.

现在考虑 $P(x)=p$ 和 $Q(x)=q$ 都是非零常数的情况. 问题归结为对正整数 a，求方程

$$p^2+apq+q^2=p$$

的一切整数解.

当 $a=1$ 时，关于未知数 q 的二次方程 $q^2+pq+p^2-p=0$ 的判别式是 $4p-3p^2$. 无论是 $p<0$ 还是 $p\geqslant 2$，这个判别式总是负的，因此非零解只能是 $p=1$，反过来，对非零的 q，解出 $q=-1$. 所以当 $a=1$ 时，除了 $(p,q)=(1,-1)$ 以外，没有其他解.

如果 $a=2$，那么方程变为 $(p+q)^2=p$. 设 $n=p+q$，我们看出当 $n\neq 0,1$ 时(为确保 $p,q\neq 0$)，一切解是 $p=n^2, q=n-n^2$.

现在考虑 $a\geqslant 3$. 注意到关于 p 的二次方程

$$p^2+(aq-1)p+q^2=0$$

的两根之积为 q^2. 如果两根相等，那么 $|p|=|q|$，于是 $p^2(a+2)=|p|$，或 $|p|(a+2)=1$，因为 $a+2\geqslant 3$，这不可能. 于是推出如果 (p,q) 是一组非零解，那么

$$(p',q)=\left(\frac{q^2}{p},q\right)$$

也是一组非零解，这里 $\frac{q^2}{p}=1-aq-p$ 显然是非零整数.

类似地，当 $p^2-p=p(p-1)$ 是完全平方数时，二次方程 $q^2+apq+p^2-p=0$ 只能有两个相等的根. 因为 $p-1,p$ 互质，所以二者都必须是完全平方数. 但是两个都是完全平方数的连续整数只有 0,1. 因此当 $p=1$ 时，对于非零的 p，两根只能相等，得到 $q(q+a)=0$，显然其有两个不同的根，且只能 $q=-a$ 非零. 在任何其他的情况下，注意到如果 (p,q) 是一组解，那么

$$(p,q')=\left(p,\frac{p^2-p}{q}\right)$$

也是一组解，这里 $\frac{p^2-p}{q}=-ap-q$ 显然是非零整数，除非 $p=1$. 因为 $|p|=|q|$ 已经不起作用了，如果 $|p|>|q|$，那么 $|p'|<|q|$，然而，如果 $|q|>|p|$，那么 $q'<|p-1|<|p|$. 于是从任何解 (p,q) 出发，我们可以生成使 $|pq|$ 的值更小的一组新的解. 因为 $|pq|$ 是整数，所以这一过程不能无限继续下去，由前面的结果知，我们最终将以 $p=1$，$q=-a$ 的一个解结束. 因为这一步骤可逆，所以我们可以从这个解生成初始解. 换句话说，对于任何 a，有无穷多组解，这些解可以由 $(p_0,q_0)=(1,-a)$ 根据

$$(p_{2n+1},q_{2n+1})=(\frac{q_{2n}^2}{p_{2n}},q_{2n}),(p_{2n+2},q_{2n+2})=(p_{2n+1},\frac{p_{2n+1}^2-p_{2n+1}}{q_{2n+1}})$$

生成. 由上面的论断推出,或能容易地用归纳法证明对于一切 $n\geqslant 0,p_{2n+2}=p_{2n+1}>p_{2n}>0$,类似地,对于一切 $n\geqslant 0,q_{2n+2}>q_{2n+1}=q_{2n}$.

注意到,我们对这一系列解给出一个明确的形式:定义 $r_0=1,r_1=a$,对于一切 $n\geqslant 0$,$r_{n+2}=ar_{n+1}-r_n$,然后取

$$p_{2n-1}=p_{2n}=r_n^2,q_{2n}=q_{2n+1}=-r_nr_{n+1}$$

事实上

$$p_{2n}^2+ap_{2n}q_{2n}+q_{2n}^2-p_{2n}=(r_{n-1}^2-r_nr_{n-2}-1)r_n^2$$

用倒推归纳法容易找到

$$r_{n-1}^2-r_nr_{n-2}-1=r_{n-2}^2-r_{n-1}r_{n-3}-1=r_1^2-r_2r_0-1=a^2-(a^2-1)-1=0$$

用常规方法解这个递推关系,得到当 $a\geqslant 3$ 时,有

$$r_n=\frac{1}{\sqrt{a^2-4}}\left[\left(\frac{a+\sqrt{a^2-4}}{2}\right)^{n+1}-\left(\frac{a-\sqrt{a^2-4}}{2}\right)^{n+1}\right]$$

$$p_{2n-1}=p_{2n}=\frac{1}{a^2-4}\left[\left(\frac{a+\sqrt{a^2-4}}{2}\right)^{2n+2}+\left(\frac{a-\sqrt{a^2-4}}{2}\right)^{2n+2}-2\right]$$

$$q_{2n}=q_{2n+1}=-\frac{1}{a^2-4}\left[\left(\frac{a+\sqrt{a^2-4}}{2}\right)^{2n+3}+\left(\frac{a-\sqrt{a^2-4}}{2}\right)^{2n+3}-a\right]$$

O342 设 $n\geqslant 2\ 015$ 是正整数,$A\subset\{1,2,\cdots,n\}$,且

$$|A|\geqslant\lfloor\frac{n+1}{2}\rfloor$$

证明:A 包含等差数列的三项.

第一种证法 我们从下面简单的引理开始.

引理 如果 $B\subset\{1,2,\cdots,8\}$,$|B|\geqslant 5$,那么 B 包含等差数列的三项.

证明 假定不是这种情况,则考虑集合 $B_1=\{1,2,3,4\}$ 和 $B_2=\{5,6,7,8\}$. 其中之一必包含至少三个元素. 不失一般性,我们可以假定 $B_1\cap A\geqslant 3$. 现在有两种可能:$1,2,4\in B_1$,或 $1,3,4\in B_1$(其他情况容易证明在 B_1 中有等差数列). 在第一种情况下,数 6 和 7 不能属于 B_2,于是 $B_2=\{5,8\}$. 这不可能,因为此时有形如 2,5,8 的等差数列. 第二种情况完全类似. 由此完成了引理的证明.

现在我们回到原题. 设 $n=8k+r\geqslant 1\ 000$,n 是奇数. 则我们可以假定

$$|A|=4k+\lfloor\frac{r+1}{2}\rfloor$$

对于任何 $0\leqslant k_0\leqslant k$ 考虑集合

$$\{1,2,\cdots,n\}\backslash[8k_0+1,8k_0+r]=[1,8]\cup\cdots\cup[8(k_0-1)+1,8k_0]\cup$$
$$[8k_0+r+1,8(k_0+1)+r]\cup\cdots$$

的分割. 这样分割的每一个区间至多包含 A 的 4 个元素，因此区间$[8k_0+1,8k_0+r]$必至少包含 A 的$\lfloor \frac{r+1}{2} \rfloor$个元素.

考虑区间$[8t+1,8t+r]$，这里 t 是偶数，并用以下方式分配给它一个 0 和 1 的一串数$\{x_1,x_2,\cdots,x_n\}$：当且仅当 $8t+i\in A$ 时，$x_1=1$，否则 $x_1=0$. 观察一下，对于 r 个元素，我们至多有$\begin{pmatrix} r \\ r+\frac{1}{2} \end{pmatrix}\leqslant\begin{pmatrix} 7 \\ 4 \end{pmatrix}=35$个不同的数串. 另一方面，$t$ 为偶数的区间$[8t+1,8t+r]$的个数是

$$\lfloor \frac{k+2}{2} \rfloor=\lfloor \frac{n-r}{16}+1 \rfloor\geqslant 50$$

由鸽笼原理，存在对应相同的数串的区间$[8m+1,8m+r]$和$[8n+1,8n+r]$. 这表明区间$[4(m+n)+1,4(m+n)+r]$不能包含多于 A 中的 $r-\lfloor \frac{r+1}{2} \rfloor$ 个元素. 这一矛盾结束了当奇数 $n\geqslant 1\ 000$ 时的证明. 如果 $n=2k$，那么

$$[1,2,\cdots,n]=[1,2,\cdots,2\lfloor \frac{k}{2} \rfloor-1]\cup[2\lfloor \frac{k}{2} \rfloor,2,\cdots,2k]=A_1\cup A_2$$

每一个子集都包含奇数个元素.

显然，$|A_2|>|A_1|\geqslant 1\ 011$，我们可以像上面情况那样利用同样的命题.

第二种证法 我们首先注意到给出一个整数集合 K，对于任何整数 d，当且仅当在 $K-d$ 中存在一个三项的等差数列，当且仅当 $d-K$ 中存在一个三项的等差数列时，K 中存在一个三项的等差数列. 现在用 $m(n)$ 表示$\{1,2,\cdots,n\}$中没有三个元素成等差数列的元素的最大个数 m. 观察到 $m(n_1+n_2)\leqslant m(n_1)+m(n_2)$ 显然成立，因为我们可以在$\{1,2,\cdots,n_1+n_2\}$中找到 m 个元素，使其中没有三个元素成等差数列，那么在$\{1,2,\cdots,n_1\}$中存在那些元素中的 $m_1\leqslant m(n_1)$ 个，在$\{n_1+1,n_1+2,\cdots,n_1+n_2\}$中存在那些元素中的 $m_2\leqslant m(n_2)$ 个，且 $m(n_1+n_2)=m_1+m_2$. 由此推得 $m(n)$ 不减这一结果.

断言 1 $m(8)\leqslant 4$.

证明 假定在$\{1,2,\cdots,8\}$中存在一个有 5 个元素的子集 K，其中没有三个元素成等差数列. 考虑 $9-K$，不失一般性，其中的三个在集合$\{1,2,3,4\}$中，或者因为 1,2,3 和 2,3,4 是等差数列，所以 K 必定包含 1,2,4 或者 1,3,4. 现在 1,2,4 排除了 6 和 7，但是 2,5,8 是等差数列，而 1,3,4 排除了 5 和 7，但是 4,6,8 是等差数列，现在所有情况都产生了矛盾. 由此推出断言 1.

断言 2 对于子集

$$\{1,2,4,5,10,11,13\},\{1,2,4,5,10,12,13\},\{1,2,4,8,10,11,13\}$$
$$\{1,2,4,9,10,12,13\},\{1,3,4,6,10,12,13\},\{1,3,4,\ 9,10,12,13\}$$

有等式 $m(13)=7$.

证明 假定存在$\{1,2,\cdots,13\}$中7个元素的子集K,且7不在K中.那么不失一般性,K的4个元素必在$\{1,2,\cdots,6\}$中.不难看出这4个元素必是$\{1,2,4,5\}$,$\{1,2,5,6\}$,$\{1,3,4,6\}$,$\{2,3,5,6\}$.这些子集分别排除了3,6,7,8,9;3,4,7,8,9,10,11;2,5,7,8,9,11;1,4,7,8,9,10.第二种情况只留下两个元素可选取,而第四种情况恰留下3个元素可选取,即11,12,13,而这已经是等差数列了.第三种情况我们得到$\{1,3,4,6,10,12,13\}$,在第一种情况中我们必须从$\{10,11,12,13\}$中选取不成等差数列的3个元素,对于集合$\{1,2,4,5,10,11,13\}$,$\{1,2,4,5,10,12,13\}$这恰有两种取法可以做到.这三个集合K和三个集合$14-K$是这一断言命题中的6个例子.任何余下的记号必包含7,根据前面的论据,必恰好包含$\{1,2,\cdots,6\}$中的3个元素,以及恰好包含$\{8,9,\cdots,13\}$中的3个元素,这里K和$14-K$不能同时出现.于是我们恰好从每一对中取出一个.因此,如果5,7在该集合中,那么3,6和9不在该集合中,所以11,8在该集合中,得到矛盾,因为5,8,11是等差数列.因此对于$m(13)=7$没有更多的集合了.由此推得断言2.

断言3 $m(17)\leqslant 8$.

证明 假定能够找到$\{1,2,\cdots,17\}$的一个有9个元素,且不包含成等差数列的3个元素的子集K.断言2中的所有子集除了在$\{14,15,16,17\}$中至多有一个元素外,其他都已经被排除.于是K在$\{1,2,\cdots,13\}$中至多有6个元素,因此在$\{14,15,16,17\}$中至少有3个元素,类似地,在$\{1,2,3,4\}$中至少有3个元素.显然$\{1,2,3,4\}$的所有4个元素的子集都包含一个三元素的等差数列.于是$\{1,2,4\}$或$\{1,3,4\}$必在K中.类似地,$\{14,16,17\}$或$\{14,15,17\}$必在K中.现在,1,2,4排除6和7;1,3,4排除5和7;而14,16,17排除11和12;14,15,17排除11和13.又注意到7和11都不能在K中,而1,17都在K中,所以9不能在K中.最后注意到因为4在K中,8和12不能同时在K中,又因为14在K中,6和10不能同时在K中.由此,不失一般性,由于关于9对称,所以5必在K中.于是$\{1,2,4\}$必在K中,因此6和8不在K中.这意味着10,12,13中必有两个在K中,这就排除了14,得到矛盾,由此推得断言3.

断言4 $m(19)\leqslant 9$.

证明 假定能够找到$\{1,2,\cdots,19\}$的一个有10个元素,且不包含成等差数列的3个元素的子集K.断言2中的所有子集除了在$\{14,15,\cdots,19\}$中至多有一个元素外,其他都已经被排除.于是K在$\{1,2,\cdots,13\}$中至多有6个元素,因此在$\{14,15,\cdots,19\}$中至少有4个元素,类似地,在$\{1,2,\cdots,6\}$中至少有4个元素.注意到,$\{1,2,\cdots,6\}$的每一个有5个元素的子集都包含两个等差数列1,2,3或4,5,6中的一个,所以在$\{1,2,\cdots,6\}$中恰存在4个元素,在$\{14,15,\cdots,19\}$中有4个元素.$\{1,2,\cdots,6\}$不包含等差数列的三项,且有4个元素的子集是$\{1,2,4,5\}$,$\{1,2,5,6\}$,$\{1,3,4,6\}$和$\{2,3,5,6\}$.它们分别排除了7,8,9;7,8,9,10,11;7,8,9,11;7,8,9,10.类似地,$\{15,16,18,19\}$,$\{14,15,18,19\}$,$\{14,16,17,19\}$

和$\{14,15,17,18\}$分别排除了$11,12,13;9,10,11,12,13;9,11,12,13;10,11,12,13$.这就推出$7,8,9,11,12,13$不能在$K$中.于是10必在$K$中,这意味着只要$k$在$K$中,$20-k$就不能在$K$中.但是如果1在$K$中,那么19不在$K$中,所以$14,15,17,18$在$K$中,于是$2,3,5,6$不在$K$中,产生矛盾.

断言5 $m(21)\leqslant 10$.

证明 假定能够找到$\{1,2,\cdots,21\}$的一个有11个元素,且不包含成等差数列的3个元素的子集K.断言2中的所有子集除了在$\{14,15,\cdots,21\}$中至多有一个元素外,其他都已经被排除.所以K在$\{1,2,\cdots,13\}$中至多有6个元素,因此在$\{14,15,\cdots,21\}$中至少有5个元素,类似地,在$\{1,2,\cdots,8\}$中至少有5个元素.因为断言1,产生矛盾.由此推得断言5.

从断言3～断言5以及$m(n)$非递减这一事实推得

$$m(33)\leqslant m(16)+m(17)\leqslant 16,m(34)\leqslant 2m(17)\leqslant 16$$

$$m(35)\leqslant m(17)+m(18)\leqslant 17,m(36)\leqslant m(17)+m(19)\leqslant 17$$

$$m(37)\leqslant m(18)+m(19)\leqslant 18,m(38)\leqslant 2m(19)\leqslant 18$$

$$m(39)\leqslant m(19)+m(20)\leqslant 19,m(40)\leqslant m(19)+m(21)\leqslant 19$$

于是对于n从33开始的连续8个值,$m(n)\leqslant\left\lfloor\frac{n-1}{2}\right\rfloor$.因为$m(8)=4$,由这一结果以及一个简单的归纳表明,对于任何$n\geqslant 33$,在$\{1,2,\cdots,n\}$中取出$\left\lfloor\frac{n+1}{2}\right\rfloor$个元素,就能保证将至少存在一个三项的等差数列.由此推出结论,下界已经从2 015改进为33.

注 利用数字计算器,$m(19)$的界可以低于8,$m(21)$的界可以低于9,等等.于是界$\left\lfloor\frac{n+1}{2}\right\rfloor$也可以减得相当小.事实上,当$n\geqslant 70$时,我们有$m(n)<\frac{n}{3}$,在使用归纳法时,将基本情况增加后,我们可以得到$u$的更高的值,当$n\geqslant 2\,015$时,有$m(n)<\frac{n}{u}$.

第三种证法 这是Erdös和Turan在1936年开创的著名的篇章.例如,可见Arun Sharma,Sequences of Integers Avoiding 3-term Arithmetic Progressions,*Electronic J. of Combinatorics*. 19(2012),给出$r(27)=11$,这里$r(n)$是$\{1,2,\cdots,n\}$不包含三项等差数列的最大子集的基数(在一个3×9的数阵中写上$1,2,\cdots,27$后容易证明$r(27)\leqslant 13$).

因此,当$n\geqslant 2\,015$时,有

$$r(n)\leqslant\frac{13n}{27}+26<\frac{n-1}{2}<\left\lfloor\frac{n+1}{2}\right\rfloor$$

证毕.

O343 设$a_1,a_2,\cdots,a_n$是正实数,且$\sqrt{a_1}+\sqrt{a_2}+\cdots+\sqrt{a_n}=a_1+a_2+\cdots+a_n$.证明:

$$\sqrt{a_1^2+1}+\sqrt{a_2^2+1}+\cdots+\sqrt{a_n^2+1}\leqslant n\sqrt{2}$$

证明 设$A=\sqrt{a_1}+\sqrt{a_2}+\cdots+\sqrt{a_n}=a_1+a_2+\cdots+a_n$. 由 Cauchy－Schwarz 不等式,有

$$\begin{aligned}\sqrt{a_1^2+1}+\sqrt{a_2^2+1}+\cdots+\sqrt{a_n^2+1}&=\sqrt{(a_1+\sqrt{2a_1}+1)(a_1-\sqrt{2a_1}+1)}+\cdots+\\&\quad\sqrt{(a_n+\sqrt{2a_n}+1)(a_n-\sqrt{2a_n}+1)}\leqslant\\&\quad\sqrt{(A+\sqrt{2}A+n)(A-\sqrt{2}A+n)}=\\&\quad\sqrt{2n^2-(n-A)^2}\leqslant n\sqrt{2}\end{aligned}$$

O344 考虑数列$a_n=[(\sqrt[3]{65}-4)^{-n}]$,其中$n\in\mathbf{N}^*$. 证明:$a_n\equiv 2$ 或 $3\pmod{15}$.

证明 设$u=(\sqrt[3]{65}-4)^{-1}$. 则$(u^{-1}+4)^3=65$,整理后,看出u是方程

$$x^3-48x^2-12x-1=0$$

的一个根. 设v和w是另两个根. 注意到这两个根是$(\omega^{\pm 1}\sqrt[3]{65}-4)^{-1}$,其中$\omega=\mathrm{e}^{\frac{2\pi i}{3}}$是一个三次单位原根. 实际上$v$与$w$是共轭复数. 由韦达公式,我们有$uvw=1$,因此

$$|v|^2=|w|^2=vw=\frac{1}{u}=\sqrt[3]{65}-4<\frac{1}{48}$$

这里最后一个不等式是由

$$\left(4+\frac{1}{48}\right)^3>4^3+\frac{3\cdot 4^2}{48}=65$$

得到的. 现在由$b_n=u^n+v^n+w^n$定义数列$\langle b_n\rangle_{n\geqslant 0}$. 由韦达公式我们计算出

$$b_0=3,b_1=u+v+w=48$$

$$b_2=u^2+v^2+w^2=(u+v+w)^2-2(uv+vw+wu)=48^2-2(-12)=2\ 328$$

又因为u,v,w是上述三次方程的根,所以求出当$n\geqslant 3$时,$b_n=48b_{n-1}+12b_{n-2}+b_{n-3}$. 于是我们看到,对于一切$n\geqslant 0$,$b_n$是整数. 又容易验证$b_0\equiv b_1\equiv b_2\equiv 3\pmod{15}$. 因此用归纳法容易推得对于一切$n$,$b_n\equiv 3\pmod{15}$.

现在注意到,当$n\geqslant 1$时,$|b_n-u^n|=|v^n+w^n|\leqslant 2|v|^n<1$. 于是我们看到$a_n=\lfloor u^n\rfloor$和$b_n$都在$u^n$和1内. 因此,$a_n=b_n$,或者$a_n=b_n-1$. 我们推得$a_n\equiv 2$或$3\pmod{15}$.

O345 设A_1,B_1,C_1是$\triangle ABC$的边BC,CA,AB上的点. 设r_A,r_B,r_C,r_1分别是$\triangle AB_1C_1,\triangle BC_1A_1,\triangle CA_1B_1$和$\triangle A_1B_1C_1$的内切圆半径. 证明:

$$R_1r_1\geqslant 2\min(r_Ar_B,r_Br_C,r_Cr_A)$$

这里R_1是$\triangle A_1B_1C_1$的外接圆半径.

证明 如图 2.35,首先我们证明对于边长为a,b,c,角为α,β,γ,高为h_a,h_b,h_c的任何三角形,有$h_a\leqslant\frac{a}{2}\cot\frac{\alpha}{2}$.

事实上

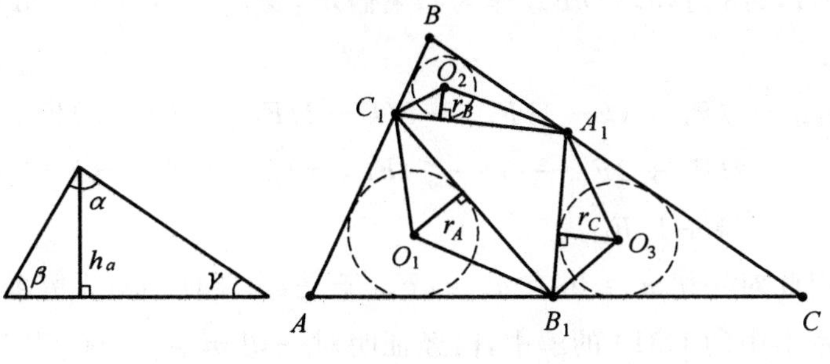

(a) (b)

图 2.35

$$\frac{h_a}{a}=\frac{\sin\beta\sin\gamma}{\sin\alpha}=\frac{\cos(\beta-\gamma)-\cos(\beta+\gamma)}{2\sin\alpha}\leqslant\frac{1+\cos\alpha}{2\sin\alpha}=\frac{1}{2}\cot\frac{\alpha}{2}\Rightarrow$$

$$\frac{h_a}{a}\leqslant\frac{1}{2}\cot\frac{\alpha}{2}\tag{1}$$

分别用 O_1,O_2,O_3 表示 $\triangle AB_1C_1,\triangle BC_1A_1,\triangle CA_1B_1$ 的内心.设

$$u=\frac{1}{2}\angle B_1O_1C_1,v=\frac{1}{2}\angle C_1O_2A_1,w=\frac{1}{2}\angle A_1O_3B_1$$

注意到

$$u=\frac{\pi}{4}+\frac{\angle A}{4},v=\frac{\pi}{4}+\frac{\angle B}{4},w=\frac{\pi}{4}+\frac{\angle C}{4}$$

于是 $u+v+w=\pi$,且

$$\cot u\cdot\cot v+\cot v\cdot\cot w+\cot u\cdot\cot w=1\tag{2}$$

对 $\triangle B_1O_1C_1,\triangle C_1O_2A_1,\triangle A_1O_3B_1$ 应用式(1)(2),得到

$$\frac{2r_A}{B_1C_1}\cdot\frac{2r_B}{A_1C_1}+\frac{2r_B}{A_1C_1}\cdot\frac{2r_C}{A_1B_1}+\frac{2r_C}{A_1B_1}\cdot\frac{2r_A}{B_1C_1}\leqslant 1$$

于是

$$2\min(r_Ar_B,r_Br_C,r_Cr_A)\leqslant\frac{A_1B_1\cdot B_1C_1\cdot A_1C_1}{2(A_1B_1+B_1C_1+A_1C_1)}=$$

$$\frac{4R_1S_{\triangle A_1B_1C_1}}{2\cdot\frac{2S_{\triangle A_1B_1C_1}}{r_1}}=R_1r_1$$

由此推出结论.

O346 设数列$(a_n)_{n\geqslant 0}$ 由 $a_0=0,a_1=1,a_2=2,a_3=6,a_{n+4}=2a_{n+3}+a_{n+2}-2a_{n+1}-a_n,n\geqslant 0$ 定义.

证明:对无穷多个正整数 n,n^2 整除 a_n.

证明 设(F_n)是斐波那契数列,即 $F_0=0,F_1=1$,对于一切 $n\geqslant 0,F_{n+2}=F_{n+1}+F_n$.

注意到,当 $n=0,1,2,3$ 时,$a_n=nF_n$. 作为归纳假定,设 $k\geqslant 3$,对于一切 $n=0,1,\cdots,k$,有 $a_n=nF_n$. 那么

$$\begin{aligned}a_{k+1}=&2kF_k+(k-1)F_{k-1}-2(k-2)F_{k-2}-(k-3)F_{k-3}=\\&2kF_k+2F_{k-1}-(k-1)F_{k-2}=(k+1)F_k+(k+1)F_{k-1}=\\&(k+1)F_{k+1}\end{aligned}$$

完成归纳步骤. 因此对一切 $n\geqslant 0$,有 $a_n=nF_n$. 于是,只要证明对无穷多个 n,有 $n\mid F_n$.

事实上,在本书中的 U316 的解中,已经证明对一切 $m\geqslant 1$,有 $2^{m+2}\mid F_{3\cdot 2^m}$. 并且,对 $m\geqslant 2$,有 $144=F_{(12,3\cdot 2^m)}=(F_{12},F_{3\cdot 2^m})$,所以 $3\mid F_{3\cdot 2^m}$. 于是当 $m\geqslant 2$ 时,对一切 $n=3\cdot 2^m$,有 $n\mid F_n$.

O347 设 $a,b,c,d\geqslant 0$ 是实数,且 $a+b+c+d=1$. 证明:

$$\sqrt{a+\frac{2(b-c)^2}{9}+\frac{2(c-d)^2}{9}+\frac{2(d-b)^2}{9}}+\sqrt{b}+\sqrt{c}+\sqrt{d}\leqslant 2$$

证明 首先我们证明下面的引理.

引理 设 x,y,z 是非负实数. 那么

$$2\sum_{\text{cyc}}(y^2-z^2)^2\leqslant 3(x^2+y^2+z^2)\sum_{\text{cyc}}(y-z)^2$$

证明 因为该不等式是对称的,而且是齐次的,所以不失一般性,假定 $x+y+z=3$,为计算方便,记

$$q=xy+yz+zx$$

则可将该不等式改写为以下形式

$$\begin{aligned}&2(x^4+y^4+z^4-x^2y^2-y^2z^2-z^2x^2)\leqslant\\&3(x^2+y^2+z^2)(x^2+y^2+z^2-xy-yz-zx)\Leftrightarrow\\&2[(x^2+y^2+z^2)^2-3(x^2y^2+y^2z^2+z^2x^2)]\leqslant 3(9-2q)(9-3q)\Leftrightarrow\\&2[(9-2q)-3(q^2-6xyz)\leqslant 3(9-2q)(9-3q)\Leftrightarrow\\&36xyz\leqslant 81-63q+16q^2\end{aligned}$$

因为 $3q\leqslant(x+y+z)^2\leqslant 9\Leftrightarrow q\leqslant 3$,所以存在实数 $t\in[0,1]$,使 $q=3(1-t^2)$. 于是,该不等式变为

$$4xyz\leqslant 16t^4-11t^2+4 \tag{1}$$

现在我们有 $xyz\leqslant(1-t)^2(1+2t)=1-3t+2t^3$. 回到式(1),我们只需要证明

$$\begin{aligned}&4-12t^2+8t^3\leqslant 16t^4-11t^2+4\Leftrightarrow\\&t^2(16t^2-8t+1)\geqslant 0\Leftrightarrow t^2(4t-1)^2\geqslant 0\end{aligned}$$

这显然成立. 当 $t=0$,即当 $x=y=z$ 时,等号成立,或当 $t=\frac{1}{4}$,即当 $2x=2y=z$ 时,等号成立.

现在让我们回到原不等式. 根据引理, 我们有

$$2\sum_{\text{cyc}}(b-c)^2 \leqslant 3(b+c+d)\sum_{\text{cyc}}(\sqrt{b}-\sqrt{c})^2$$

而 $b+c+d \leqslant 1$, 所以

$$\frac{2}{9}\sum_{\text{cyc}}(b-c)^2 \leqslant \frac{1}{3}\sum_{\text{cyc}}(\sqrt{b}-\sqrt{c})^2 =$$

$$b+c+d-\frac{(\sqrt{b}+\sqrt{c}+\sqrt{d})^2}{3} \tag{2}$$

根据 Cauchy－Schwarz 不等式, 我们有

$$\left(\sqrt{a+\frac{2(b-c)^2}{9}+\frac{2(c-d)^2}{9}+\frac{2(d-b)^2}{9}}+\sqrt{b}+\sqrt{c}+\sqrt{d}\right)^2 \leqslant$$

$$\left[a+\frac{2(b-c)^2}{9}+\frac{2(c-d)^2}{9}+\frac{2(d-b)^2}{9}+\frac{(\sqrt{b}+\sqrt{c}+\sqrt{d})^2}{3}\right](1+3) \overset{(2)}{\leqslant}$$

$$4(a+b+c+d)=4$$

当且仅当 $a=b=c=d=\frac{1}{4}$ 时, 等号成立.

O348 设 $ABCDE$ 是凸五边形, 面积是 S, 设 R_1, R_2, R_3, R_4, R_5 分别是 $\triangle ABC$, $\triangle BCD$, $\triangle CDE$, $\triangle DEA$, $\triangle EAB$ 的外接圆半径. 证明:

$$R_1^4+R_2^4+R_3^4+R_4^4+R_5^4 \geqslant \frac{4}{5\sin^2 108°}S^2$$

证明 首先, 让我们只考虑 $\triangle ABC$. 设 O_1 是其外心, M_1, M_2 分别是 AB 和 BC 的中点. 记四边形 $O_1M_1BM_2$ 的面积为 S_1. 则我们有以下不等式

$$S_1=\frac{1}{4}R_1^2(\sin 2A+\sin 2C)=\frac{1}{2}R_1^2\sin(A+C)\cos(A-C) \leqslant$$

$$\frac{1}{2}R_1^2\sin B$$

这里我们应用了 $\sin(A+C)=\sin B$ 和 $\cos(A-C) \leqslant 1$.

显然, $S \leqslant S_1+S_2+S_3+S_4+S_5$. 于是

$$2S \leqslant R_5^2\sin A+R_1^2\sin B+R_2^2\sin C+R_3^2\sin D+R_4^2\sin E$$

现在, 利用 Cauchy－Schwarz 不等式推得

$$4S^2 \leqslant \left(\sum_{i=1}^{5}R_i^4\right)(\sin^2 A+\sin^2 B+\sin^2 C+\sin^2 D+\sin^2 E)$$

最后, 让我们证明对于任何 $0 \leqslant \angle A, \angle B, \angle C, \angle D, \angle E \leqslant 180°$, 且 $\angle A+\angle B+\angle C+\angle D+\angle E \leqslant 540°$, 有

$$\sin^2 A+\sin^2 B+\sin^2 C+\sin^2 D+\sin^2 E \leqslant 5\sin^2 108°$$

不失一般性, 设 $0<\angle A \leqslant \angle B \leqslant \angle C \leqslant \angle D \leqslant \angle E < 180°$. 如果 $\angle A=\angle B=\angle C=$

$\angle D=\angle E=108^\circ$，那么等式显然成立. 否则 $\angle A<180^\circ<\angle E$. 注意到 $\angle A+\angle E<270^\circ$，因为如果 $\angle A+\angle E\geqslant 270^\circ$，那么 $\angle B+\angle C+\angle D\leqslant 270^\circ$，所以 $\angle B\leqslant 90^\circ$，则 $\angle A\leqslant 90^\circ$，于是 $\angle E\geqslant 180^\circ$，这就产生矛盾. 由恒等式 $\sin^2 x-\sin^2 y=\sin(x+y)\sin(x-y)$，得到

$$\sin^2 A+\sin^2 E<\sin^2 108^\circ+\sin^2(A+E-108^\circ)$$

让我们来看证明. 由于

$$\begin{aligned}&\sin^2 108^\circ-\sin^2 A+\sin^2(A+E-108^\circ)-\sin^2 E=\\&\sin(108^\circ-A)\sin(108^\circ+A)+\sin(A-108^\circ)\sin(A+2E-108^\circ)=\\&\sin(A-108^\circ)[\sin(A+2E-108^\circ)-\sin(108^\circ+A)]=\\&2\cos(A+E)\sin(A-108^\circ)\sin(E-108^\circ)>0\end{aligned}$$

所以差 $\sin^2 108^\circ+\sin^2(A+E-108^\circ)-\sin^2 A-\sin^2 E$ 为正，因为 $90^\circ<\angle A+\angle E<270^\circ$. 这意味着用 108° 替代 $\angle A$，用 $\angle A+\angle E-108^\circ$ 替代 $\angle E$，我们就增加了正弦的平方和. 重复这一替代，我们将可以使所有的角都等于 108°，于是不等式得证.

O349 求一切正整数 n，使 $\sum_{k=1}^{n}\lfloor \frac{n}{k}\rfloor$ 是偶数.

解 注意到 $\lfloor \frac{n}{k}\rfloor$ 是使 $km\leqslant n$ 的正整数 m 的个数. 因此我们看到给定的和是使 $km\leqslant n$ 的有序数对 (k,m) 的个数. 交换这两个数给出这样的有序数对的对称数对. 于是总存在一个使 $k\neq m$ 的偶数数对. 换句话说，这意味着，这个和与数对 (k,k) 的个数模 2 同余(这里 $k^2\leqslant n$). 则存在 $\lfloor\sqrt{n}\rfloor$ 个这样的 k 值，所以我们有

$$\sum_{k=1}^{n}\lfloor \frac{n}{k}\rfloor\equiv\lfloor\sqrt{n}\rfloor \pmod 2$$

因此当且仅当 $\lfloor\sqrt{n}\rfloor$ 是偶数时，这个和是偶数.

O350 求满足

$$x^3+3xy+y^3=2^z+1$$

的一切整数三数组 (x,y,z).

解 显然 $(x,y,z)=(1,1,2),(3,-1,4),(-1,3,4)$ 是解.

下面我们证明只有这三组解.

观察到 $2^{z+1}=2(x^3+3xy+y^3-1)=(x+y-1)f(x,y)$，这里 $f(x,y)=(x-y)^2+(x+1)^2+(y+1)^2$. 所以对某个 $m\geqslant 0$，有 $x+y-1=2^m$，以及

$$f(x,y)\geqslant(x-y)^2+2\left(\frac{x+y+2}{2}\right)^2\geqslant 8$$

此外，如果 x 和 y 不都是奇数，那么在 $x-y,x+1,y+1$ 中恰有两个是奇数，所以 $f(x,y)\equiv 2 \pmod 4$，这意味着 $f(x,y)$ 不能是 2 的幂. 于是 x 和 y 必定都是偶数. 那么 $m=0$，于是 $x=2k+1,y=-2k+1$. 因此，$f(x,y)=8(3k^2+1)$. 由于 $\{1,4,5\}$ 是 $3k^2+1$ 模 8 的余数的补集，且当 $|k|\geqslant 2$ 时，$3k^2+1>8$. 因此，当且仅当 $k=0$ 或 ±1 时，$3k^2+1$ 是 2 的

幂. 证毕.

O351 在$\triangle ABC$中,$\angle ABC=60^\circ$,$\angle BCA=70^\circ$,点D在边BC上. 证明:当且仅当$AB+BD=AD+DC$时,$\angle BAD=20^\circ$.

证明 假定$\angle BAD=20^\circ$. 在BC上取点G,使$\angle GAC=10^\circ$. 设E,F是AG上的点,使$AE=EC=CF$,如图 2.36 所示. 那么$\angle CFG=\angle CEG=20^\circ$,所以$\angle CGF=80^\circ=\angle GCF$. 因此$GF=CF=AE$,于是$EF=AG=AD$. 由 SAS 知,$\triangle CEF\cong\triangle EAD$. 于是,$ED=CF=EC$,即$\triangle DCE$是等边三角形. 因此,$AD+DC=AG+GF=AF$,$\angle CDF=\angle CFD=50^\circ$. 现在在$AB$上取一点$H$,使$BH=BD$,如图 2.36 所示. 于是$\angle ADH=130^\circ=\angle ADF$,而由 ASA 知,$\triangle ADH\cong\triangle ADF$. 因此$AH=AF$,所以得到$AB+BD=AD+DC$.

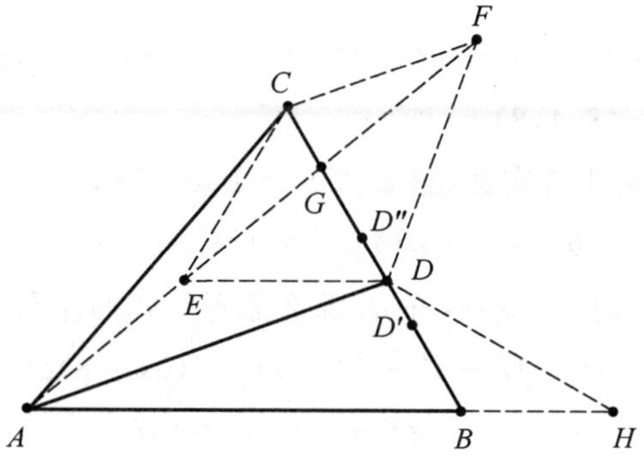

图 2.36

反之,如果D',D''是BC上不同于D的点,如图 2.36 所示,那么

$$AB+BD'<AB+BD=AD+DC<(AD'+D'D)+DC=AD'+D'C$$

$$AB+BD''>AB+BD=AD+DC>(AD''-DD'')+DC=AD''+D''C$$

证毕.

O352 求方程组

$$\begin{cases}\dfrac{1}{x}+\dfrac{2}{y}+\dfrac{3}{z}=1\\ x+2y+3z=\dfrac{50yz}{8+yz}\end{cases}$$

的正整数解.

解 容易检验$(x,y,z)=(3,12,6)$,$(8,4,8)$是解. 下面我们证明这两组解是仅有的解.

首先,由 Cauchy - Schwarz 不等式,得到

$$x+2y+3z=(x+2y+3z)\left(\frac{1}{x}+\frac{2}{y}+\frac{3}{z}\right)\geqslant 36$$

其次,因为 $x+2y+3z=50-\dfrac{400}{8+yz}$,$8+yz$ 必整除 400.因此

$$(x+2y+3z,yz)\in\{(49,392),(48,192),(46,92),(45,72),(42,42),(40,32)\}$$

对于数对(49,392),我们有

$$49=x+2y+3z>2y+3z\geqslant 2\sqrt{6yz}=2\sqrt{6\cdot 392}>49$$

产生矛盾.同理,数对(48,192)和(46,92)也排除.

如果 $(x+2y+3z,yz)=(45,72)$,那么 $(y,z)\in\{(8,9),(9,8),(12,6)\}$,其中只有(12,6)得到解 $(x,y,z)=(3,12,6)$.

如果 $(x+2y+3z,yz)=(42,42)$,那么 $(y,z)\in\{(6,7),(7,6)\}$,都不能得到满足 $\dfrac{1}{x}+\dfrac{2}{y}+\dfrac{3}{z}=1$ 的 x.

最后,如果 $(x+2y+3z,yz)=(40,32)$,那么 $(y,z)\in\{(4,8),(8,4)\}$,其中只有(4,8)得到一组解 $(x,y,z)=(8,4,8)$.

O353 设 a,b,c,d 是非负实数,且 $a\geqslant b\geqslant 1\geqslant c\geqslant d$,$a+b+c+d=4$.证明:

$$4(a^2+b^2+c^2+d^2)\geqslant 12+a^3+b^3+c^3+d^3$$

证明 设 $s=a+b$,则 $4-s=c+d$.那么原不等式的左右两边之差可改写为

$$\Delta=4s^2+4(4-s)^2-12-s^3-(4-s)^3+(3s-8)ab+(4-3s)cd=$$
$$4(3-s)(s-1)+(3s-8)ab+(4-3s)cd$$

因为 $s\geqslant 2$,所以 Δ 中 cd 的系数恒负.于是当 cd 最大,即当 $c=d=\dfrac{4-s}{2}$ 时,Δ 最小(对固定的 s).Δ 中 ab 的系数可正可负,但只与 s 有关.如果为正,那么当 ab 最小,即当 $b=1,a=s-1$ 时,Δ 最小.如果为负,那么当 ab 最大,即当 $a=b=\dfrac{s}{2}$ 时,Δ 最小.于是只有两种情况需要考虑.如果 $ab=s-1$,得到

$$\Delta\geqslant 4(3-s)(s-1)+(3s-8)(s-1)+\frac{1}{4}(4-3s)(4-s)^2=$$
$$\frac{3}{4}(4-s)(s-2)^2\geqslant 0$$

如果 $a=b=\dfrac{s}{2}$,那么得到

$$\Delta\geqslant 4(3-s)(s-1)+\frac{1}{4}s^2(3s-8)+\frac{1}{4}(4-3s)(4-s)^2=$$
$$(s-2)^2\geqslant 0$$

这两种情况都推出 $\Delta\geqslant 0$,因此原不等式成立.当且仅当 $(a,b,c,d)=(1,1,1,1)$ 或 $(3,1,0,0)$ 时,等号成立.

O354 求一切质数 p,使 $\dfrac{p^2}{1+\dfrac{1}{2}+\cdots+\dfrac{1}{p-1}}$ 是整数.

解 容易验证当 $p=2,3,5,7$ 时,该表达式是整数.我们将证明只存在这样几个质数.考虑 $p\geqslant 11$ 的质数.设

$$H_{p-1}=1+\frac{1}{2}+\cdots+\frac{1}{p-1}=\frac{a}{b}$$

这里 $(a,b)=1$.由 Wolstenholm 定理,$p^2\mid a$.因此,为了使 $\dfrac{p^2}{H_{p-1}}$ 是整数,则必须有 $a=p^2$.

注意到如果 q 是质数幂,且 $q\leqslant p-1<2q$,那么在 H_{p-1} 中只有一项有 q 的倍数的分母,因此 q 整除 b.实际上,这段话总是适用于 q 是小于 p 的 2 的最高次幂.

如果 $p=11$,那么将前面的话用于 $q=7,8,9$,我们看到 $2^3\cdot 3^2\cdot 7$ 整除 b.所以如果的确有 $a=11^2$,那么我们将有 $1<H_{10}<\dfrac{11^2}{8\cdot 9\cdot 7}<1$,得到矛盾.

如果 $13\leqslant p\leqslant 53$,那么存在两个质数 q_1,q_2,使 $\dfrac{p+1}{2}\leqslant q_1<q_2<p-1$.于是 $2^3q_1q_2\mid b$.如果 $a=p^2$,那么我们将有 $1<H_{p-1}\leqslant\dfrac{p^2}{8q_1q_2}<\dfrac{p^2}{2(p+1)^2}<1$,得到矛盾.

最后,如果 $p\geqslant 59$,那么存在一个 $m\geqslant 5$,使 $2^m\leqslant p-1<2^{m+1}$.再根据 Chebyshev 定理(又称 Bertrand 假设),存在一个质数 q,使 $\dfrac{p+1}{2}\leqslant q<p-1$.因此 $2^mq\mid b$.如果 $a=p^2$,那么我们将有

$$4.07<\log 59<H_{p-1}\leqslant\frac{p^2}{2^mq}<\frac{(2^{m+1}+1)p}{2^{m-1}(p+1)}<4+\frac{1}{16}<4.07$$

这一矛盾完成了证明.

O355 设 $\triangle ABC$ 的内心为 I.证明:

$$\frac{(IB+IC)^2}{a(b+c)}+\frac{(IC+IA)^2}{b(c+a)}+\frac{(IA+IB)^2}{c(a+b)}\leqslant 2$$

证明 因为三角形的角平分线的长是

$$l_a=\frac{2\sqrt{bcs(s-a)}}{b+c},l_b=\frac{2\sqrt{cas(s-b)}}{c+a}$$

所以我们有

$$IA+IB=\frac{l_a(b+c)}{a+b+c}+\frac{l_b(c+a)}{a+b+c}=$$

$$\frac{\sqrt{bcs(s-a)}}{s}+\frac{\sqrt{cas(s-b)}}{s}=$$

$$\sqrt{\frac{c}{s}}\left[\sqrt{b(s-a)}+\sqrt{a(s-b)}\right]$$

以及

$$(IA+IB)^2=\frac{c}{s}\left[\sqrt{b(s-a)}+\sqrt{a(s-b)}\right]^2$$

由 Cauchy－Schwarz 不等式,有

$$\left[\sqrt{b(s-a)}+\sqrt{a(s-b)}\right]^2\leqslant(b+a)(s-a+s-b)=c(a+b)$$

于是

$$(IA+IB)^2\leqslant\frac{c^2}{s}(a+b)\Leftrightarrow\frac{(IA+IB)^2}{c(a+b)}\leqslant\frac{c}{s}$$

因此

$$\sum_{\text{cyc}}\frac{(IA+IB)^2}{c(a+b)}\leqslant\sum_{\text{cyc}}\frac{c}{s}=2$$

O356 我们从集合$\{1,2,3,\cdots,25\}$中取出一个偶数.已知余下的集合恰有 124 个子集,这些子集中都有三个元素成等差数列.求这个数.

解 在集合$\{1,2,3,\cdots,n\}$中,设成等差数列的三数中最大的为k,则这三数是$\{k-2d,k-d,k\}$,其中$1\leqslant d\leqslant\lfloor\frac{k-1}{2}\rfloor$.因此这样的三数组有$\lfloor\frac{k-1}{2}\rfloor$个.注意到,$k$的可能的偶数值中有$\lfloor\frac{n}{2}\rfloor$个使$\lfloor\frac{k-1}{2}\rfloor=\frac{k-2}{2}$,我们看到,在$\{1,2,3,\cdots,n\}$中,等差数列的总个数是

$$\sum_{k=1}^{n}\lfloor\frac{k-1}{2}\rfloor=\sum_{k=1}^{n}\frac{k-1}{2}-\frac{1}{2}\cdot\lfloor\frac{n}{2}\rfloor=\frac{n(n-1)}{4}-\frac{1}{2}\cdot\lfloor\frac{n}{2}\rfloor$$

实际上,当$n=25$时,给出 144 个等差数列.于是我们需要在 20 个等差数列中找出一些偶数.

注意到上面,$m=2k$是$k-1$个等差数列中最大的元素.类似地,这是$12-k$个等差数列中最小的元素.最后,$m=2k$是等差数列$\{m-d,m,m+d\}$的中间项,这里$1\leqslant d\leqslant\min(m-1,25-m)$.一起考虑后,我们看到,$m=2k$在$11+\min(m-1,25-m)$中.为了使这个数等于 20,我们需要最小值是 9,因此$m=10$或 16.检验后,我们得到的这两个数都在 20 个等差数列中,于是都可能是被排除的数.

O357 证明:在任何三角形中,有

$$\frac{ab+4m_am_b}{c}+\frac{bc+4m_bm_c}{a}+\frac{ca+4m_cm_a}{b}\geqslant\frac{16K}{R}$$

证明 由 AM－GM 不等式,我们有

$$a=(s-b)+(s-c)\geqslant2\sqrt{(s-b)(s-c)}$$

类似地,有

$$b\geqslant2\sqrt{(s-c)(s-a)},c\geqslant2\sqrt{(s-a)(s-b)}$$

我们还有

$$m_a^2=\frac{2(b^2+c^2)-a^2}{4}\geqslant\frac{(b+c)^2-a^2}{4}=s(s-a)$$

于是，$m_a\geqslant\sqrt{s(s-a)}$，类似地，$m_b\geqslant\sqrt{s(s-b)}$，$m_c\geqslant\sqrt{s(s-c)}$. 因此

$$\sum_{\text{cyc}}\frac{ab+4m_am_b}{c}\geqslant\sum_{\text{cyc}}\frac{4(s-c)\sqrt{(s-a)(s-b)}+4s\sqrt{(s-a)(s-b)}}{c}=$$

$$4\sum_{\text{cyc}}\frac{a+b}{c}\sqrt{(s-a)(s-b)}\geqslant$$

$$4\cdot 3\sqrt[3]{\frac{(a+b)(b+c)(c+a)}{abc}(s-a)(s-b)(s-c)}\geqslant$$

$$24\sqrt[3]{(s-a)(s-b)(s-c)}\geqslant$$

$$24\cdot\frac{3}{\frac{1}{s-a}+\frac{1}{s-b}+\frac{1}{s-c}}=$$

$$\frac{72}{\frac{r_a+r_b+r_c}{K}}=72K\cdot\frac{1}{r_a+r_b+r_c}\geqslant$$

$$72K\cdot\frac{2}{9R}=\frac{16K}{R}$$

这里我们连续应用了 AM－GM 不等式，著名的不等式 $(a+b)(b+c)(c+a)\geqslant 8abc$，AM－HM 不等式，最后应用了不等式 $r_a+r_b+r_c=r+4R\leqslant\frac{9R}{2}$.

O358　设 a,b,c,d 是非负实数，且 $a\geqslant 1\geqslant b\geqslant c\geqslant d$，$a+b+c+d=4$. 证明：

$$abcd+\frac{15}{2(ab+bc+cd+da+ac+bd)}\geqslant\frac{9}{a^2+b^2+c^2+d^2}$$

证明　设 $S_2=a^2+b^2+c^2+d^2$. 则

$$2(ab+bc+cd+da+db+ac)=(a+b+c+d)^2-S_2=16-S_2$$

于是，我们需要证明

$$abcd+\frac{15}{16-S_2}\geqslant\frac{9}{S_2}$$

或整理后

$$abcd(16-S_2)S_2+24S_2\geqslant 144 \qquad (*)$$

设 $a=1+\delta$，$b=1-\delta_1$，$c=1-\delta_2$，$d=1-\delta_3$. 然后假定 $0\leqslant\delta_1\leqslant\delta_2\leqslant\delta_3\leqslant 1$，$\delta=\delta_1+\delta_2+\delta_3$. 再设 $x=\delta^2+\delta_1^2+\delta_2^2+\delta_3^2$，计算

$$S_2=(1+\delta)^2+(1-\delta_1)^2+(1-\delta_2)^2+(1-\delta_3)^2=4+x$$

以及

$$abcd=(1+\delta)(1-\delta_1)(1-\delta_2)(1-\delta_3)=$$

$$1-\delta^2+\delta_1\delta_2+\delta_2\delta_3+\delta_3\delta_1+$$
$$\delta(\delta_1\delta_2+\delta_2\delta_3+\delta_3\delta_1)-$$
$$\delta_1\delta_2\delta_3-\delta\delta_1\delta_2\delta_3\geqslant$$
$$1-\delta^2+\delta_1\delta_2+\delta_2\delta_3+\delta_3\delta_1=$$
$$1-\delta^2+\frac{\delta^2}{2}-\frac{\delta_1^2+\delta_2^2+\delta_3^2}{2}=$$
$$1-\frac{x}{2}$$

我们注意到如果 $S_2\geqslant 6$，那么 $\frac{15}{16-S_2}\geqslant\frac{9}{S_2}$. 于是，我们可以假定 $0\leqslant x\leqslant 2$. 利用式(*)，得到当 $0\leqslant x\leqslant 2$ 时，有

$$abcdS_2(16-S_2)+24S_2\geqslant\left(1-\frac{x}{2}\right)(4+x)(12-x)+24(4+x)=$$
$$144+8x-5x^2+\frac{x^3}{2}=$$
$$144+\frac{x(x-2)(x-8)}{2}\geqslant 144$$

这就是所要求的.

O359 求方程

$$x^6+x^3y^3-y^6+3xy(x^2-y^2)^2=1$$

的正整数解.

解 我们注意到 $x^6+x^3y^3-y^6+3xy(x^2-y^2)^2=(x^2+xy-y^2)^3$. 我们需要解 Pell 方程 $\left(x+\frac{y}{2}\right)^2-\frac{5}{4}y^2=1$ 或等价的 $(2x+y)^2-5y^2=4$. 这个 Pell 方程的一般解由

$$(2x+y-\sqrt{5}\,y)=2\left(\frac{1-\sqrt{5}}{2}\right)^{2n}$$

给出. 于是

$$y=\frac{1}{\sqrt{5}}\left(\frac{1+\sqrt{5}}{2}\right)^{2n}-\frac{1}{\sqrt{5}}\left(\frac{1-\sqrt{5}}{2}\right)^{2n}=F_{2n}$$

$$2x+y=\left(\frac{1+\sqrt{5}}{2}\right)^{2n}+\left(\frac{1-\sqrt{5}}{2}\right)^{2n}$$

$$x=\frac{1}{2}\left(1-\frac{1}{\sqrt{5}}\right)\left(\frac{1+\sqrt{5}}{2}\right)^{2n}+\frac{1}{2}\left(1+\frac{1}{\sqrt{5}}\right)\left(\frac{1-\sqrt{5}}{2}\right)^{2n}=$$
$$\frac{1}{\sqrt{5}}\left(\frac{1+\sqrt{5}}{2}\right)^{2n-1}-\frac{1}{\sqrt{5}}\left(\frac{1-\sqrt{5}}{2}\right)^{2n-1}=F_{2n-1}$$

这里 F_k 是第 k 个斐波那契数. 所以一切解由

$$(x, y) = (F_{2n-1}, F_{2n})$$

给出,这里 n 是自然数.

O360 求具有以下性质的最小正整数 n:对于任何多项式 $P(x) \in \mathbf{C}[x]$,存在多项式 $f_1(x), f_2(x), \cdots, f_n(x) \in \mathbf{C}[x], g_1(x), g_2(x), \cdots, g_n(x) \in \mathbf{C}[x]$,使

$$P(x) = \sum_{i=1}^{n} [f_i^2(x) + g_i^3(x)]$$

解 我们观察到

$$z = \frac{1}{3}[(z+1)^3 + (-z)^3 + (\sqrt{3}\mathrm{i}z)^3 + \mathrm{i}^2]$$

于是

$$P(z) = \frac{1}{3}\{[P(z)+1]^3 + [-P(z)]^3 + [\sqrt{3}\mathrm{i}P(z)]^2 + \mathrm{i}^2\}$$

于是,$n \leqslant 2$. 假定 $n=1$. 那么存在多项式 $f(z), g(z) \in \mathbf{C}[z]$,使

$$z = f^2(z) + g^3(z) \tag{1}$$

将 z 改为 z^2,得到

$$z^2 = f^2(z^2) + g^3(z^2)$$

或

$$g^3(z^2) = [z - f(z^2)][z + f(z^2)]$$

假定最后两个因式有公共根 α,即 $\alpha - f(\alpha^2) = \alpha + f(\alpha^2) = 0$. 于是 $\alpha = 0, f(\alpha^2) = f(0) = g(0) = 0$. 这显然是不可能的,因为此时式(1)的右边能被 z^2 整除. 于是对于某个 $h_1, h_2 \in \mathbf{C}[z]$,有 $z - f(z^2) = h_1^3(z), z + f(z^2) = h_2^3(z)$. 将最后两个等式相加,得到

$$2z = h_1^3(z) + h_2^3(z) = [h_1(z) + h_2(z)][h_1^2(z) - h_1(z)h_2(z) + h_2^2(z)]$$

这只有当 $h_1(z) + h_2(z) =$ 常数,或者 $h_1(z) + h_2(z) = \alpha z$ 时,才有可能. 将该式直接代入最后一个等式,容易验证这两种选择都不可能. 于是 $n=2$.

3 文　　章

3.1 牛顿定理和圆外切四边形的对角线的中点

牛顿定理指的是圆外切四边形的对角线的中点所确定的直线经过内切圆的圆心.本节中我们将把牛顿定理一般化.

牛顿定理也许是四边形几何中最经典的定理之一,本节的出发点是属于牛顿的以下结果.

定理1(牛顿)　如图3.1,在圆外切四边形 $ABCD$ 中,对角线的中点与内切圆的圆心共线.尽管简单,但这一出色的小小结果的许多证明并不为人所知.我们参照一个较为完整的[1].但是,利用以下引理显然是观察这一问题的最好方法,例如,根据[1]的 Leon－Anne 定理.我们将这一证明记录如下.

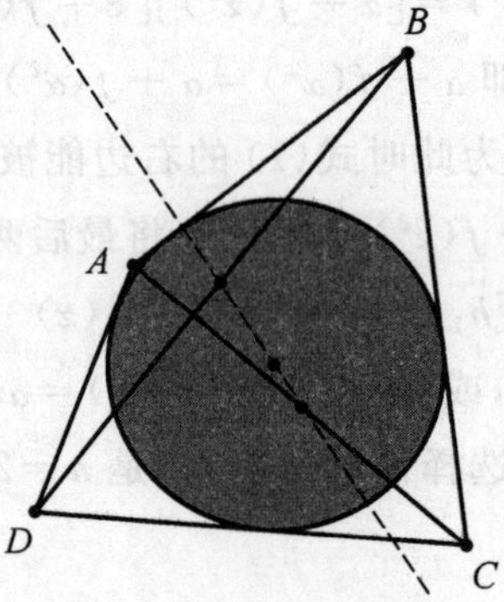

图 3.1

证明　我们先来介绍下面的引理.

引理　如图3.2,设凸四边形 $ABCD$ 不是平行四边形,k^2 是(正)实数.那么在平面内使面积 $S_{\triangle PAB}+S_{\triangle PCD}$ 的和等于 k^2 的点 P 的轨迹是一条直线.

证明　设点 P 是满足 $S_{\triangle PAB}+S_{\triangle PCD}=k^2$ 的点.在梯形 $ABCD$ 中,如果 AB 平行于 CD,那么很容易得到结果.我们留给读者作为练习.否则,不失一般性,我们假定 AB 与 CD 相交于 X.在射线 XA 和 XD 上取点 Y 和 Z,使 $XY=AB$,$XZ=CD$.注意到

$$S_{\triangle PAB}+S_{\triangle PCD}=S_{\triangle PXY}+S_{\triangle PXZ}=S_{\text{四边形}PZXY}=S_{\triangle PYZ}+S_{\triangle XYZ}$$

因为点 X,Y,Z 都固定,所以 $\triangle XYZ$ 固定(根据作图),于是 $S_{\triangle XYZ}$ 是常数,因此

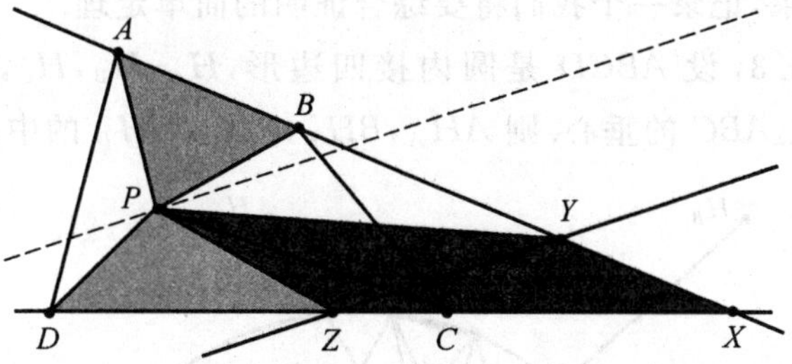

图 3.2

$$S_{\triangle PYZ}=(S_{\triangle PAB}+S_{\triangle PCD})-S_{\triangle XYZ}$$

是常数.但这意味着 $YZ\cdot\delta(P,YZ)$ 是常数,因此点 P 的轨迹是一条直线(与定直线 YZ 的距离是定距离).这就证明了引理.

细心的读者将会注意到在上述问题中,如果点 P 移动到 $\triangle ADX$ 的外部,那么必须把 $S_{\triangle PAB}$ 和 $S_{\triangle PCD}$ 看作是带有符号的面积.因为这个问题实际上与本节并没有很大的关系,所以我们将把这个问题压缩一下,但是读者应该记住.正如前面所告知的那样,实际上这一引理可直接证明定理 1.

现回到定理 1 的证明.设 M 和 N 分别是 AC 和 BD 的中点.注意到

$$S_{\triangle MAB}+S_{\triangle MCD}=\frac{1}{2}S_{\triangle ABC}+\frac{1}{2}S_{\triangle ADC}=\frac{1}{2}S_{\text{四边形}ABCD}$$

类似地,我们得到

$$S_{\triangle NAB}+S_{\triangle NCD}=\frac{1}{2}S_{\triangle ABD}+\frac{1}{2}S_{\triangle BCD}=\frac{1}{2}S_{\text{四边形}ABCD}$$

此外

$$\begin{aligned}S_{\triangle IAB}+S_{\triangle ICD}&=\frac{1}{2}r(AB+CD)=\\&\frac{1}{4}r(AB+CD+DA+BC)=\\&\frac{1}{2}(S_{\triangle IAB}+S_{\triangle IBC}+S_{\triangle ICD}+S_{\triangle IDA})=\\&\frac{1}{2}S_{\text{四边形}ABCD}\end{aligned}$$

由 Pithot 定理(当且仅当 $AB+CD=DA+BC$ 时,四边形 $ABCD$ 有内切圆),第二个等式成立.这很容易证明,参考[3].

于是点 M,N,I 都属于引理中所出现的轨迹,这种情况与 $\frac{1}{2}S_{\text{四边形}ABCD}$ 是常数相联系.于是这三点共线,证毕.

这一证明的优美之处在于,它概括地证明了一般情况下凸四边形的一些更重要的性质. 为了叙述这一结果,记录一个我们将要综合证明的简单定理.

定理 2 如图 3.3,设 $ABCD$ 是圆内接四边形,H_A,H_B,H_C,H_D 分别是 $\triangle BCD$,$\triangle CDA$,$\triangle DAB$ 和 $\triangle ABC$ 的垂心. 则 AH_A,BH_B,CH_C,DH_D 的中点相同.

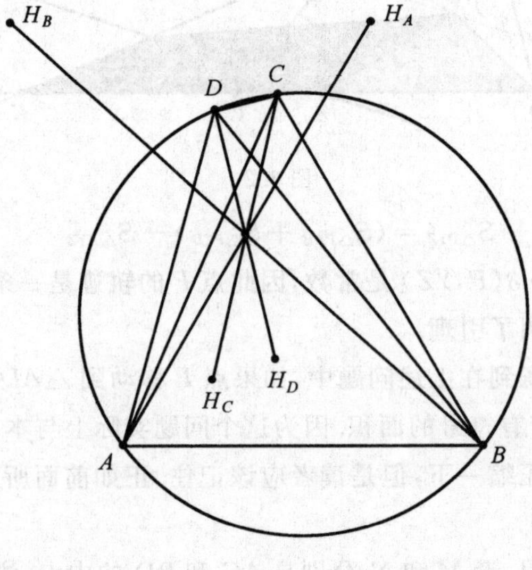

图 3.3

证明 显然,只要证明线段 AH_A,BH_B 的中点相同. 为此,我们将断言 A,B,H_A,H_B 是一个平行四边形的顶点. 事实上,因为直线 AH_B 和 BH_A 都垂直于 CD,所以 AH_B 和 BH_A 平行. 而且作为线段,因为 $AH_B=2R\mid\cos\angle CAD\mid=2R\mid\cos\angle CBD\mid=BH_A$,所以它们的长度相等,这里 R 是圆内接四边形 $ABCD$ 的外接圆半径. 于是,这就证明了四边形 ABH_AH_B 是所断言的平行四边形.

上面所说的 AH_A,BH_B,CH_C,DH_D 的共同的中点在参考文献中被认为是(圆内接)四边形 $ABCD$ 的外心,它具有相当重要的性质. 例如,它也是 $\triangle BCD$,$\triangle CDA$,$\triangle DAB$ 和 $\triangle ABC$ 的九点圆的公共点. 还有许多有趣的不同的方法可描述这一点,但是对于我们的目的,由定理 2,这一结果就足够了.

为了得到一个关于外心及其一般化,任意凸多边形的 Poncelet 点较为完整的性质的清单,我们参照了[2].

下面准备叙述有关本节内容的主要结果.

定理 3 如图 3.4,设 $ABCD$ 是凸四边形,M 和 N 分别是对角线 BD 和 AC 的中点. $XYZT$ 是由其四个内角的平分线所围成的四边形. 于是 $XYZT$ 是圆内接四边形. M 和 N 与四边形 $XYZT$ 的反心①(anticenter)共线.

① 圆内接四边形的反心是由对角线的中点、外接圆的圆心所组成的三角形的垂心.

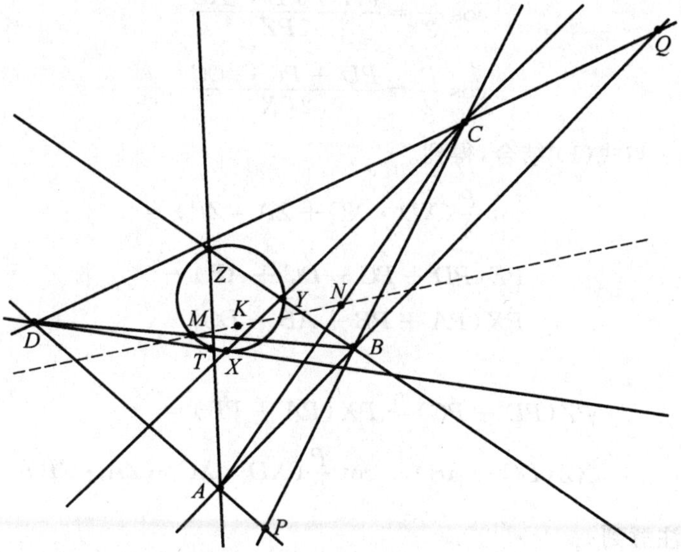

图 3.4

证明　显然可以直接看出 $XYZT$ 是圆内接四边形，只要注意到

$$\angle YXT=180^\circ-(\angle XDC+\angle XCD)=$$

$$180^\circ-\left(\frac{1}{2}\angle ADC+\frac{1}{2}\angle BCD\right)=$$

$$\frac{1}{2}\angle BAD+\frac{1}{2}\angle ABC=$$

$$\angle ZAB+\angle ZBA=180^\circ-\angle YZT$$

我们必须为第二部分做所有的工作.设 P 是 BC 和 AD 的交点，Q 是 AB 和 CD 的交点.不失一般性，考虑这样的结构，即 X 和 T 分别是 $\triangle PCD$ 和 $\triangle QDA$ 的内心，Y 和 Z 分别是 $\triangle QBC$ 和 $\triangle PAB$ 的旁心(见图 3.4).

为方便起见，设 $\angle P=\angle APB$，在 $\triangle PAB$ 和 $\triangle PCD$ 中，回忆一下熟知的恒等式

$$\cot\frac{P}{2}=\frac{PZ\cdot AB}{ZA\cdot ZB}$$

$$\cot\frac{P}{2}=\frac{PX\cdot CD}{XD\cdot XC}$$

由此推出

$$\cot\frac{P}{2}(XD\cdot XC+ZA\cdot ZB)=PZ\cdot AB+PX\cdot DC=$$

$$PZ\left(2\cos\frac{P}{2}\cdot PX+AB\right)-PX\left(2\cos\frac{P}{2}\cdot PZ-DC\right)\tag{1}$$

又在 $\triangle PAB$ 和 $\triangle PCD$ 中，有

$$\cos\frac{P}{2}=\frac{PA+PB+AB}{2PZ} \tag{2}$$

$$\cos\frac{P}{2}=\frac{PD+PC-DC}{2PX} \tag{3}$$

于是,将式(2)(3)与式(1)结合,得到

$$\cot\frac{P}{2}(XD\cdot XC+ZA\cdot ZB)=$$
$$PZ(PD+PC-DC+AB)-$$
$$PX(PA+PB+AB-DC)$$

因此

$$PZ(PD+PC)-PX(PA+PB)=$$
$$XZ(DC-AB)+\cot\frac{P}{2}(XD\cdot XC+ZA\cdot ZB) \tag{4}$$

另一方面,注意到

$$S_{\triangle XDC}=\frac{1}{2}XD\cdot XC\sin\angle CXD=\frac{1}{2}XD\cdot XC\cdot\cos\frac{P}{2}$$

$$S_{\triangle ZAB}=\frac{1}{2}ZA\cdot ZB\sin\angle AZB=\frac{1}{2}ZA\cdot ZB\cdot\cos\frac{P}{2}$$

$$S_{四边形PDZC}=S_{\triangle PDZ}+S_{\triangle PCZ}=\frac{1}{2}PZ(PD+PC)\cdot\sin\frac{P}{2}$$

$$S_{四边形PAXB}=S_{\triangle PAX}+S_{\triangle PBX}=\frac{1}{2}PX(PA+PB)\cdot\sin\frac{P}{2}$$

将最后四个表达式与式(4)相结合,得到

$$\frac{1}{2}XZ(DC-AB)\cdot\sin\frac{P}{2}+S_{\triangle XDC}+S_{\triangle ZAB}=$$
$$S_{四边形PDZC}-S_{四边形PAXB}=S_{四边形ABCD}-S_{\triangle XAB}-S_{\triangle ZCD} \tag{5}$$

设E,F是$\triangle XYT$和$\triangle ZYT$的垂心.于是,根据定理2,四边形$EXZF$是平行四边形,对角线的交点$K=XF\cap ZE$,即(圆内接)四边形$XYZT$的反心.EX与CD的夹角显然等于$\angle XYZ$,类似地,ZF与AB的夹角等于$\angle XYZ$.因此

$$S_{四边形DECX}=S_{\triangle EDC}-S_{\triangle XDC}=\frac{1}{2}EX\cdot DC\cdot\sin\angle XYZ$$

$$S_{四边形AFBZ}=S_{\triangle ZAB}-S_{\triangle FAB}=\frac{1}{2}EX\cdot AB\cdot\sin\angle XYZ$$

于是

$$S_{\triangle EDC}+S_{\triangle FAB}=\frac{1}{2}EX(DC-AB)\cdot\sin\angle XYZ+S_{\triangle XDC}+S_{\triangle ZAB}$$

但是

$$EX = XZ \cdot \frac{\cos \angle YZT}{\sin \angle XYZ} = XZ \cdot \frac{\sin \frac{P}{2}}{\sin \angle XYZ}$$

因此

$$S_{\triangle EDC} + S_{\triangle FAB} = \frac{1}{2} XZ(DC - AB) \cdot \sin \frac{P}{2} + S_{\triangle XDC} + S_{\triangle ZAB} \tag{6}$$

由式(5)(6),得到

$$S_{\triangle EDC} + S_{\triangle FAB} + S_{\triangle XAB} + S_{\triangle ZCD} = S_{四边形ABCD} \tag{7}$$

因为 K 是 FX 和 EZ 的中点,所以得到

$$2S_{\triangle KAB} = S_{\triangle XAB} + S_{\triangle FAB}$$

$$2S_{\triangle KCD} = S_{\triangle EDC} + S_{\triangle ZDC}$$

这就推出

$$2S_{\triangle KAB} + 2S_{\triangle KCD} = S_{\triangle XAB} + S_{\triangle FAB} + S_{\triangle EDC} + S_{\triangle ZDC} \tag{8}$$

最后,由式(7)(8),推得

$$S_{\triangle KAB} + S_{\triangle KCD} = \frac{1}{2} S_{四边形ABCD}$$

于是由引理,得到 K 在直线 MN 上. 这样就完成了定理 3 的证明.

显然,当 $ABCD$ 是圆外切四边形时,该四边形的角平分线共点于内切圆的圆心,于是 $X = Y = Z = T = K$,这样就恢复了牛顿定理!

参考文献

[1] A. Bogomolny, *Newton's Theorem:What is it? A Mathematical Droodle*, http://www.cut-the-knot.org/Curriculum/Geometry/Newton Theorem. shtml # explanation.

[2] D. Grinberg, *Poncelet points and antigonal conjugates*, http://www.artofproblemsolving.com/Forum/viewtopic.php? t=109112? ml=1.

[3] R. A. Johnson, *Advanced Euclidean Geometry*, Dover, 2007.

Titu Andreescu, USA, Luis Gonzalez, Venezuela, and Cosmin Pohoata, USA

3.2 解对称方程组

本节将阐述在解涉及有理函数的对称方程组时的一种简单而有效的方法. 在处理给定方程组时,我们可以构造根为所求的解的一个多项式.

假定给出满足以下条件的两个有理函数 f 和 g:

(1) f 是单变量有理函数；

(2) g 是对于某个整数 $n\geqslant 2$ 的 $n-1$ 个变量的对称的有理函数；我们希望找到所有不同的 n 个复数 $x_1,x_2,\cdots,x_n$，使

$$\begin{gathered}f(x_1)=g(x_2,x_3,\cdots,x_{n-1},x_n)\\ f(x_2)=g(x_3,x_4,\cdots,x_n,x_1)\\ \vdots\\ f(x_n)=g(x_1,x_2,\cdots,x_{n-2},x_{n-1})\end{gathered}$$

第 i 个方程的右边用 x_i 以及变量的对称的和表示，我们可以找到一个根为 x_1，$x_2,\cdots,x_n$ 的多项式. 这一技巧将在下面的例子中得到阐述.

问题 1 求一切不同的复数 x,y,z，使

$$\begin{cases}x=y^3+z^3\\ y=z^3+x^3\\ z=x^3+y^3\end{cases}$$

解 设 $s_1=x+y+z,s_2=xy+yz+zx,s_3=xyz$. 那么由熟知的恒等式

$$\begin{gathered}x^3+y^3+z^3=3xyz+(x+y+z)(x^2+y^2+z^2-xy-yz-zx)=\\ 3s_3+s_1(s_1^2-3s_2)=s_1^3-3s_1s_2+3s_3\end{gathered}$$

我们可以将原方程改写为

$$\begin{cases}x=s_1^3-3s_1s_2+3s_3-x^3\\ y=s_1^3-3s_1s_2+3s_3-y^3\\ z=s_1^3-3s_1s_2+3s_3-z^3\end{cases}$$

因为 x,y,z 各不相同，所以 x,y,z 是方程

$$t=s_1^3-3s_1s_2+3s_3-t^3$$

的三个解. 该方程等价于

$$t^3+t-(s_1^3-3s_1s_2+3s_3)=0$$

由韦达关系(即等于 $t^3+t-(s_1^3-3s_1s_2+3s_3)$ 和 $t^3-s_1t^2+s_2t-s_3$ 的系数)，我们有

$$\begin{cases}s_1=0\\ s_2=1\\ s_3=s_1^3-3s_1s_2+3s_3\end{cases}$$

将 $s_1=0,s_2=1$ 代入第三个方程，得到 $s_3=3s_3$，所以 $s_3=0$. 这就推出 x,y,z 是 $t^3+t=0$ 的根，所以解是 $(0,\mathrm{i},-\mathrm{i})$ 及其排列.

问题 2 求满足

$$\begin{cases}a^4=bcd+1\\ b^4=acd+1\\ c^4=abd+1\\ d^4=abc+1\end{cases}$$

的一切不同的复数 a,b,c,d.

解　设 $s_4=abcd$. 则第一个方程乘以 a,第二个方程乘以 b,第三个方程乘以 c,第四个方程乘以 d,得到方程组

$$\begin{cases}a^5=a+s_4\\ b^5=b+s_4\\ c^5=c+s_4\\ d^5=d+s_4\end{cases}$$

于是 a,b,c,d 是多项式 t^5-t-s_4 的根. 遗憾的是,该多项式有一个增根,譬如说是 r,而我们并不需要它,但是注意到 $abcdr=s_4=abcd$,可能除去这个增根. 于是,或者 $r=1$ 或者 $abcd=s_4=0$. 如果 $r=1$,那么

$$1^5-1-s_4=0\Rightarrow s_4=0$$

于是在 $s_4=0$ 的所有情况下,可见 a,b,c,d,r 是

$$t^5-t=t(t-1)(t+1)(t^2+1)$$

的根. 由 $s_4=0$,看出 a,b,c,d 中有一个是 0. 不失一般性,设 $a=0$. 那么第一个方程变为 $bcd=-1$,由此看出 $r=1$. 因此解是$(0,-1,\mathrm{i},-\mathrm{i})$ 及其排列.

除去一个不需要的根,像上面的例题那样也许并不困难. 但是如果不止一个增根,甚至一个简单的方程也很难给出一个"满意的" 答案 . 下面的问题将说明解有理函数的对称方程组的技巧.

问题 3　求使

$$\begin{cases}x^3+x^2=\dfrac{y^2+z^2}{yz-1}\\ y^3+y^2=\dfrac{z^2+x^2}{zx-1}\\ z^3+z^2=\dfrac{x^2+y^2}{xy-1}\end{cases}$$

的一切不同的复数 x,y,z.

解　假定 $xyz=0$,譬如说 $x=0$. 那么由方程组容易得到 $y=0$,这与 $x\neq y$ 矛盾. 于是 $xyz\neq 0$.

设 s_1,s_2,s_3 是关于 x,y,z 的对称和. 于是 $x^2+y^2+z^2=s_1^2-2s_2$,则原方程组表明 x,y,z 是方程

$$t^3+t^2=\frac{s_1^2-2s_2-t^2}{\dfrac{s_3}{t}-1}$$

的解. 该方程等价于

$$-t^3+(s_3-1)t^2+s_3t=s_1^2-2s_2-t^2$$

于是

$$t^3-s_3t^2-s_3t+s_1^2-2s_2=0$$

利用韦达关系,得到

$$\begin{cases}s_1=s_3\\ s_2=-s_3\\ s_3=-s_1^2+2s_2\end{cases}$$

利用前两个方程,第三个方程变为 $s_3^2+3s_3=0$. 因为我们已经排除了 $s_3=0$ 的情况,所以必有 $s_3=-3$,于是 x,y,z 是方程

$$t^3+3t^2+3t+3=0$$

或

$$(t+1)^3+2=0$$

的根. 于是,解为 $(-1-\sqrt[3]{2},-1-\sqrt[3]{2}\omega,-1-\sqrt[3]{2}\omega^2)$ 及其排列,这里 ω 是初始单位立方根.

最后一个问题将表明有可能将解一个涉及有理函数方程的方法拓展到包含其他类型的函数方程.

问题 4 求使

$$\begin{cases}2^x=2^y+2^z-yz\\ 2^y=2^z+2^x-zx\\ 2^z=2^x+2^y-xy\end{cases}$$

的一切不同的复数 x,y,z.

解 设 $a=2^x+2^y+2^z$, $b=xyz$. 那么对于 x,y,z,有

$$2^t=a-2^t-\frac{b}{t}$$

于是可化为

$$t(2^{t+1}-a)+b=0$$

这就推得 x,y,z 是由

$$f(t)=t(2^{t+1}-a)+b$$

定义的映射 $f:\mathbf{R}\to\mathbf{R}$ 的零点. 因为 x,y,z 各不相同,且 $f(x)=f(y)=f(z)=0$,所以推得导数 f' 至少有两个不同的实数零点. 但是方程 $f'(t)=0$ 等价于

$$(t\ln 2+1)2^{t+1}=a$$

或

$$t\ln 2+1-a\cdot 2^{-t-1}=0$$

因为 $a>0$,所以映射 $t\mapsto t\ln 2+1-a\cdot 2^{-t-1}$ 递增,于是它至多有一个零点. 所以 f' 至多有一次为零,因此方程组无解.

总结语 这个方法在原则上允许我们去在实际上解决任何对称的有理方程组,但也

有所不便.这一技巧只能用于十分有限的情况,因为方程必须是对称的,且所求的解必须不同.此外,当多项式有两个或两个以上的增根时,舍去这些增根十分困难,而且常常会使解变得十分难堪.但是在求有理函数的对称方程甚至对并不是有理函数方程的不必不同的根时,可能将这些方法一般化.

Aaron Doman,USA

3.3 论顶点到一定点的距离为定值的三角形的面积

1.引言

在解题中,对思想方法的探究要比推得一个问题可解的能力更为重要,这种思想方法能导致一个解或者对数学概念有一个更好的理解.本节中所讨论的问题就是一个很好的例子,该问题的答案未必特别有趣,但是能导致答案的一些相当不同的方法.

问题1 设 P 是平面内一点.点 A,B,C 与 P 的距离分别为 $R_1=1,R_2=2,R_3=3$.求 $\triangle ABC$ 面积的最大值.

这样的问题可能出现在数学竞赛中,也许会要求参赛者寻求,并证明一个特定的下界或上界.也存在一个我们希望找到答案的一般问题中.

问题2 设 P 是平面内一点.点 A,B,C 离 P 的距离分别为 R_1,R_2,R_3.求 $\triangle ABC$ 面积的最大值.

在本节的第一部分,我们将对这个一般问题进行探索并估计 K_{ABC} 的最大值的某些精确的界.

我们将利用问题1的条件去验证我们方法的有效性.在第二部分,我们将解决这个一般的问题,并表明如何寻找这个最大面积的精确值.

2.下界与上界

为了寻找 K_{ABC} 的一个下界只需提供一个作 $\triangle ABC$ 的方法,并计算其面积.最简单的方法是作线段 AP, BP,CP,使其两两之间的夹角都等于 $120°$.将 $\triangle APB$,$\triangle BPC$,$\triangle CPA$ 的面积相加,得到

$$K_{ABC}\geqslant\frac{\sqrt{3}}{4}(R_1R_2+R_2R_3+R_3R_1)$$

我们也可以利用将点 P 放在联结三点组(A,B,C)中的两点的线段上,并使联结点 P 与第三点的直线垂直于该线段,作 $\triangle ABC$.有三种可能的作图,由此推得

$$K_{ABC}\geqslant\max\left\{\frac{1}{2}R_1(R_2+R_3),\frac{1}{2}R_2(R_1+R_3),\frac{1}{2}R_3(R_1+R_2)\right\}$$

利用问题 1 中的 $R_1=1,R_2=2,R_3=3$ 这三个值,得到

$$K_{ABC}\geqslant\frac{\sqrt{3}}{4}\cdot 11\approx 4.7631$$

以及

$$K_{ABC}\geqslant\max\left(\frac{5}{2},\frac{8}{2},\frac{9}{2}\right)=4.5$$

我们观察到用等角分割线段的作图方法得到一个较好的下界.

上界需要完全不同的方法.从本质上说,前者是唯一的.我们重新提出这个问题,将其映射到坐标平面内.设 $A(x_1,y_1),B(x_2,y_2),C(x_3,y_3)$ 分别是以点 P 为原点的点 A,B,C 的坐标.则我们有

$$x_1^2+y_1^2=R_1^2$$
$$x_2^2+y_2^2=R_2^2$$
$$x_3^2+y_3^2=R_3^2$$

以及

$$K_{ABC}=\pm\frac{1}{2}\begin{vmatrix}1 & x_1 & y_1\\ 1 & x_2 & y_2\\ 1 & x_3 & y_3\end{vmatrix}$$

我们将使用 Hadamard 不等式.

3. Hadamard 不等式

如果 $\boldsymbol{A}$ 是 $n\times n$ 矩阵,其元素是 a_{ij},行列式是 $|\boldsymbol{A}|$,那么

$$|\boldsymbol{A}|^2\leqslant\prod_{i=1}^{n}\left(\sum_{j=1}^{n}|a_{ij}|^2\right)$$

这里当且仅当各列正交时,等号成立.

由 Hadamard 不等式,有

$$\begin{vmatrix}x_1 & y_1 & 1\\ x_2 & y_2 & 1\\ x_3 & y_3 & 1\end{vmatrix}\leqslant(R_1^2+1)(R_2^2+1)(R_3^2+1)$$

得到

$$K_{ABC}\leqslant\frac{1}{2}\sqrt{(R_1^2+1)(R_2^2+1)(R_3^2+1)}$$

应用此结果于问题 1,得到 $K_{ABC}\leqslant\frac{1}{2}\sqrt{2\cdot 5\cdot 10}=5$.

这一结果在几何上很难解释,因为当我们将 R_1^2 和 1 相加时,将失去度量单位.我们用 Hadamard 不等式意外地得到上界.在一般情况下也许无用,但是如果我们限定 P,A,B,

C 为格点，那么似乎是有效的.

求一个上界的另一种方法是利用 Fermat－Torricelli 点的性质.

引理　设点 T 在 $\triangle ABC$ 所在的平面内，使该点到三角形的顶点的距离的和 $f(M)=AM+BM+CM$ 最小. 那么

$$4\sqrt{3}K_{ABC}\leqslant f^2(T)$$

证明　众所周知，如果 $\triangle ABC$ 的所有角都小于 $120°$，那么点 T 是 Fermat－Torricelli 点. 否则，如果有一个角大于或等于 $120°$，譬如说 $\angle A\geqslant 120°$，那么 $T\equiv A$. 在第一种情况下，$\triangle ABC$ 的面积能表示为

$$K_{ABC}=\frac{\sqrt{3}}{4}(AT\cdot BT+BT\cdot CT+CT\cdot AT)$$

利用基本不等式

$$AT\cdot BT+BT\cdot CT+CT\cdot AT\leqslant\frac{1}{3}(AT+BT+CT)^2$$

得到所求的结果. 在第二种情况下，$\angle A\geqslant 120°$，于是

$$K_{ABC}\leqslant\frac{1}{2}AB\cdot AC\cdot\sin A\leqslant\frac{\sqrt{3}}{4}AB\cdot AC$$

但是 $f(T)=f(A)=AB+AC$，得到

$$K_{ABC}\leqslant\frac{\sqrt{3}}{4}AB\cdot AC\leqslant\frac{\sqrt{3}}{4}\cdot\frac{(AB+AC)^2}{4}=\frac{\sqrt{3}}{16}f^2(T)$$

这甚至是比我们所求的还要更紧的界，于是引理得证.

现在回到原题. 假定我们找到了面积最大的 $\triangle ABC$. 设 T 是到三角形各顶点的距离的和最小的点. 那么 $AP+BP+CP\geqslant f(T)$，利用引理，得到

$$K_{ABC}\leqslant\frac{1}{4\sqrt{3}}(R_1+R_2+R_3)^2$$

将 $R_1=1,R_2=2,R_3=3$ 代入后，得到 $K_{ABC}\leqslant 3\sqrt{3}\approx 5.1961$. 这一上界很接近，但是较用 Hadamard 不等式得到的界要弱.

4. 求精确值

设 $u=\angle BPC,v=\angle CPA,w=\angle APB$. 观察到本题等价于下面的最大值问题：

给出距离 R_1,R_2,R_3 和角 u,v,w，求在紧密集 $K=\{(u,v,w)\in[0,\pi]^3\mid u+v+w=2\pi\}$ 上的函数

$$f(u,v,w)=\frac{1}{2}(R_1R_2\sin w+R_2R_3\sin u+R_3R_1\sin v)$$

的最大值.

定义函数

$$L(u,v,w,\lambda)=\frac{1}{2}(R_1R_2\sin w+R_2R_3\sin u+R_3R_1\sin v)+\lambda(u+v+w-2\pi)$$

由 Weierstrass 定理，K_{ABC} 的最大值存在，或者在集合 K 的边界上取到，或者当所有的偏导数等于 0 时取到. K 的边界点描绘出这样的情况，当角(u,v,w) 中有一个等于 0 时，或者当角(u,v,w) 中有一个等于 π 时，$K_{ABC}=0$. 在后一种情况下，当另两个角都等于 $\frac{\pi}{2}$ 时，K_{ABC} 取最大值. 这就给出我们已经讨论过的寻找 K_{ABC} 的下界的情况，且求出

$$K_{ABC}\geqslant\frac{1}{2}\max\{R_1(R_2+R_3),R_2(R_1+R_3),R_3(R_1+R_2)\}$$

在考察了 K_{ABC} 在 K 的边界上的最大值以后，我们在这个集合内寻找极值点. 则我们有

$$\frac{\partial L}{\partial u}=\frac{1}{2}R_2R_3\cos u-\lambda=0$$

$$\frac{\partial L}{\partial v}=\frac{1}{2}R_3R_1\cos v-\lambda=0$$

$$\frac{\partial L}{\partial w}=\frac{1}{2}R_1R_2\cos w-\lambda=0$$

$$\frac{\partial L}{\partial \lambda}=u+v+w-2\pi=0$$

解这个方程组，我们发现存在一个数 ν，使 $R_1=2\nu\cos u, R_2=2\nu\cos v, R_3=2\nu\cos w, \lambda=2\nu^2\cos u\cos v\cos w$. 注意到当且仅当

$$1+2\cos u\cos v\cos w=\cos^2u+\cos^2v+\cos^2w$$

时，$u+v+w=2\pi$.

因为 $\cos w=\cos(u+v)$，所以我们有

$$\begin{aligned}1+2\cos u\cos v\cos w&=1+\cos w[\cos(u+v)+\cos(u-v)]=\\&1+\cos w[\cos w+\cos(u-v)]=\\&1+\cos^2w+\cos w\cos(u-v)=\\&1+\cos^2w+\cos(u+v)\cos(u-v)=\\&1+\cos^2w+\frac{1}{2}(\cos 2u+\cos 2v)=\\&\cos^2u+\cos^2v+\cos^2w\end{aligned}$$

将 $\cos u=\frac{R_1}{2\nu}, \cos v=\frac{R_2}{2\nu}, \cos w=\frac{R_3}{2\nu}$ 代入后，我们发现 ν 应满足以下方程

$$1+\frac{2R_1R_2R_3}{8\nu^3}-\left(\frac{R_1^2}{4\nu^2}+\frac{R_2^2}{4\nu^2}+\frac{R_3^2}{4\nu^2}\right)=0$$

由此推出 ν 是三次方程

$$x^3-\frac{1}{4}(R_1^2+R_2^2+R_3^2)x+\frac{1}{4}R_1R_2R_3=0$$

的解. 设 $p=-\frac{1}{4}(R_1^2+R_2^2+R_3^2)$, $q=\frac{1}{4}R_1R_2R_3$. 那么该方程就变为 $x^3+px+q=0$,判别式

$$\Delta=\frac{q^2}{4}+\frac{p^3}{27}=\frac{1}{64}[R_1^2R_2^2R_3^2-\frac{1}{27}(R_1^2+R_2^2+R_3^2)^3]$$

由 AM－GM 不等式,$\Delta\leqslant 0$,因此该三次方程有三个实根. 如果 x_1, x_2, x_3 是该三次方程的根,那么由韦达公式 $x_1x_2x_3=-q<0$, $x_1+x_2+x_3=0$. 由这两个等式推出这三个实根中两正,一负.

假定 $\nu>0$. 那么等式 $\cos u=\frac{R_1}{2\nu}$, $\cos v=\frac{R_2}{2\nu}$, $\cos w=\frac{R_3}{2\nu}$ 表明,$u, v, w<\frac{\pi}{2}$,所以 $u+v+w=2\pi$ 不成立. 因此,我们应考虑唯一为负的根.

假定 $\nu<0$. 那么我们可以找到角 u, v, w,这里 $\frac{\pi}{2}<u, v, w<\pi$. 以 $|\nu|$ 为半径作一个圆,以

$$2|\nu|\sin(180^\circ-u), 2|\nu|\sin(180^\circ-v), 2|\nu|\sin(180^\circ-w)$$

为边作 $\triangle ABC$. 这个三角形的三个角等于 $180^\circ-u$, $180^\circ-v$ 和 $180^\circ-w$. 设 H 是 $\triangle ABC$ 的垂心. 那么 $\angle BHC=u$, $\angle CHA=v$, $\angle AHB=w$, $AH=2\nu\cos u$, $BH=2\nu\cos v$, $CH=2\nu\cos w$. 于是在 $\triangle ABC$ 中,垂心满足所有这些必要条件. 因此推出 $\triangle ABC$ 是产生最大面积的一个候选对象,且 P 是垂心,$|\nu|$ 是外接圆的半径.

利用这一方法,我们确定使 K_{ABC} 有最大面积的候选对象的第四个值. 余下来要求三次方程

$$x^3-\frac{1}{4}(R_1^2+R_2^2+R_3^2)x+\frac{1}{4}R_1R_2R_3=0$$

的一个负根. 因为

$$\sin u=\frac{\sqrt{4\nu^2-R_1^2}}{2|\nu|}$$

$$\sin v=\frac{\sqrt{4\nu^2-R_2^2}}{2|\nu|}$$

$$\sin w=\frac{\sqrt{4\nu^2-R_3^2}}{2|\nu|}$$

所以得到用 K_ν 表示的第四个值等于

$$K_\nu=\frac{1}{4|\nu|}(R_1R_2\sqrt{4\nu^2-R_3^2}+R_2R_3\sqrt{4\nu^2-R_1^2}+R_3R_1\sqrt{4\nu^2-R_2^2})$$

最后

$$\max(K_{ABC})=\max\left\{\frac{1}{2}R_1(R_2+R_3), \frac{1}{2}R_2(R_1+R_3), \frac{1}{2}R_3(R_1+R_2), K_\nu\right\}$$

如果我们要求问题1中的三角形的最大面积，那么我们需要三次方程 $x^3-\frac{7}{2}x+\frac{3}{2}=0$ 的一个负根. 利用 maple 软件，算出 $\nu=-2.056\ 5$，于是得到 $\max(K_{ABC})\approx 4.904\ 4$.

我们还确定 u,v,w 为

$$u=\arccos\left(\frac{R_1}{2\nu}\right)\approx 104^\circ$$

$$v=\arccos\left(\frac{R_2}{2\nu}\right)\approx 119^\circ$$

$$w=\arccos\left(\frac{R_3}{2\nu}\right)\approx 137^\circ$$

设 $A(-1,0)$，B，C 两点的位置如图 3.5 所示.

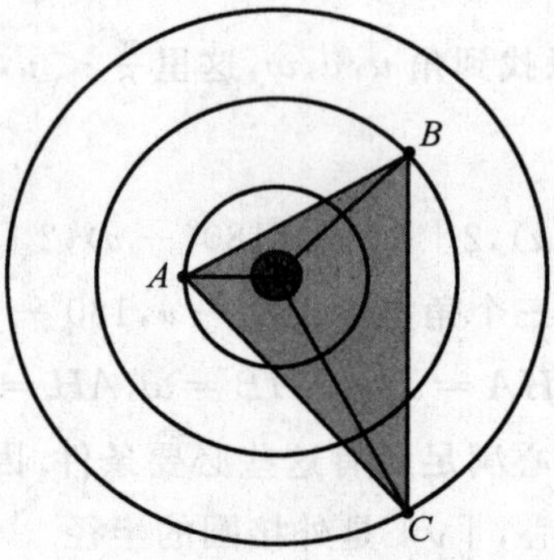

图 3.5

我们观察到点 P 是 $\triangle ABC$ 的垂心.

我们证明的主要结果是：除了三个极端的边界情况以外，有最大面积的 $\triangle ABC$ 必定以 P 为垂心. 问题的条件表明我们知道距离 AH，BH，CH. 为了求最大面积，我们需要解一个三次方程来求出外接圆的半径 R. 总之，已知 R，我们可以作 $\triangle ABC$，并求出它的最大面积.

Ivan Borsenco, USA, Roberto Bosch Cabrera, Cuba
and Daniel Lasaosa, Spain

3.4 一类不等式

本节的目的是展示利用数学分析解一类不等式的一般方法. 最后将列举一些特殊情况.

设 $f:(0,\infty)\to\mathbf{R}$ 是一个导数单调的可微函数，设 $x_i,a_i,i\in\{1,2,\cdots,n\}$ 是正实数，且满足条件：

(1) 对一切 $i\in\{1,2,\cdots,n-1\}$，有 $x_i\leqslant a_i\leqslant a_n$，

(2) $x_1+x_2+\cdots+x_n=a_1+a_2+\cdots+a_n$.

分别确定表达式 $\sum\limits_{i=1}^{n}f(x_i)$ 的最小值和最大值，这里 f' 分别递增和递减.

解　我们考虑 f' 递增的情况. 可类似证明另一种情况.

我们证明

$$f(x_1)+f(x_2)+\cdots+f(x_n)\geqslant f(a_1)+f(a_2)+\cdots+f(a_n) \tag{1}$$

当且仅当对一切 $i\in\{1,2,\cdots,n\}$，$x_i=a_i$ 时，等号成立.

不失一般性，可以假定 $a_1\leqslant a_2\leqslant\cdots\leqslant a_{n-1}$. 由条件(1)知，$a_1\leqslant a_2\leqslant\cdots\leqslant a_{n-1}\leqslant a_n$.

我们采用代换：$y_1=a_1-x_1$，$y_2=a_2-x_2$，$\cdots$，$y_{n-1}=a_{n-1}-x_{n-1}$. 由条件(1)知，y_1，y_2，$\cdots$，y_{n-1} 是正实数. 由条件(2)知，$x_n=a_n+y_1+y_2+\cdots+y_{n-1}$.

首先我们证明下面的引理：

引理　设 $f:(0,\infty)\to\mathbf{R}$ 是导数递增的可微函数. 如果 $0<b\leqslant a$，那么对于一切 $y\in[0,b]$，有 $f(a)-f(a+y)\leqslant f(b-y)-f(b)$.

证明　利用拉格朗日定理，存在 $u\in(a,a+y)$，$v\in(b-y,b)$，使

$$f(a)-f(a+y)=(a-a-y)f'(u)=-yf'(u)$$

$$f(b-y)-f(b)=(b-y-b)f'(v)=-yf'(v)$$

因为 $v<b\leqslant a<u$ 以及 f' 递增这一事实，我们推出 $f'(v)\leqslant f'(u)$. 但是 $y\geqslant 0$，所以 $-yf'(u)\leqslant -yf'(v)$，于是推出结论.

利用引理，我们有

$$f(a_n)-f(a_n+y_1)\leqslant f(a_1-y_1)-f(a_1)$$

$$f(a_n+y_1)-f(a_n+y_1+y_2)\leqslant f(a_2-y_2)-f(a_2)$$

$$\vdots$$

$$f(a_n+\cdots+y_{n-2})-f(a_n+y_1+\cdots+y_{n-1})\leqslant f(a_{n-1}-y_{n-1})-f(a_{n-1})$$

将这 $n-1$ 个不等式相加，得到

$$f(a_n)-f(a_n+y_1+\cdots+y_{n-1})\leqslant$$

$$f(a_1-y_1)-f(a_1)+f(a_2-y_2)-f(a_2)+\cdots+f(a_{n-1}-y_{n-1})-f(a_{n-1})$$

这一不等式等价于式(1). 当且仅当 $y_1=y_2=\cdots=y_{n-1}=0$，即 $x_1=a_1$，$x_2=a_2$，$\cdots$，$x_n=a_n$ 时，等号成立.

在这种情况下，f' 是减函数，则

$$f(x_1)+f(x_2)+\cdots+f(x_n)\leqslant f(a_1)+f(a_2)+\cdots+f(a_n) \tag{2}$$

像上面一样，当且仅当 $x_1=a_1$，$x_2=a_2$，$\cdots$，$x_n=a_n$ 时，等号成立.

下面是一些特殊情况：

1. 设 x,y,z 是实数，且 $x\in[1,12]$，$y\in[2,6]$，$z\in[3,4]$，$x+y+z=17$. 证明：

$$\frac{47}{84}\leqslant\frac{1}{x}+\frac{1}{y}+\frac{1}{z}\leqslant\frac{11}{12}$$

Problem C2997, Gazeta Matematică no. 3/2006

2. 正实数 x,y,z 同时满足条件 $x\leqslant 2,y\leqslant 3,x+y+z=11$. 证明：

$$\sqrt{xyz}\leqslant 6$$

Problem A5, JBMO Short List 2010

3. 设 x,y,z 是正实数，且 $x\leqslant 1,y\leqslant 2,x+y+z=6$. 证明：

$$(x+1)(y+1)(z+1)\geqslant 4xyz$$

Problem J258, Mathematical Reflections 1/2013

4. 设 x,y,z 是正实数，且 $x\leqslant 4,y\leqslant 9,x+y+z=49$. 证明：

$$\frac{1}{\sqrt{x}}+\frac{1}{\sqrt{y}}+\frac{1}{\sqrt{z}}\geqslant 1$$

Problem S289, Mathematical Reflections 1/2014

上面这些特殊情况可以用像 AM－GM 不等式，Cauchy－Schwarz 不等式，或 Hölder 不等式那样的经典不等式来进行证明.

参考文献

[1] Titu Andreescu, Vasile Cirtoaje, Gabriel Dospinescu, Mircea Lascu, *Old and New Inequalities*, Gil Publishing House, 2004.

[2] http://www.artofproblemsolving.com/Forum/viewtopic.php?f=52&t=418784&p=2363486.

[3] http://www.artofproblemsolving.com/Forum/viewtopic.php?f=51&t=528456&p=3007336.

Marius Stanean, Romania

3.5 一个值得注意的不等式

1. 引言

以下关于锐角三角形的不等式

$$\frac{(1-\cos A)(1-\cos B)(1-\cos C)}{\cos A\cos B\cos C}\geqslant\frac{1-\cos A}{1+\cos A}+\frac{1-\cos B}{1+\cos B}+\frac{1-\cos C}{1+\cos C}\quad(1)$$

是第一作者在本杂志的问题 S99 中提出的. 这一问题一时未能解决，直到[3] 发表为止.

在[3]中出现两个解答:第一个解答是将式(1)改写为 $x=\tan\frac{A}{2},y=\tan\frac{B}{2},z=\tan\frac{C}{2}$ 的对称函数,第二个解答采用了 Schur－凹函数理论[4].本节中我们将只利用三角函数和 AM－GM 不等式给出一个新的并且更简单的解答.

2.主要结果

设 $\triangle ABC$ 是锐角三角形.则以下不等式成立:

$$\frac{(1-\cos A)(1-\cos B)(1-\cos C)}{\cos A\cos B\cos C}\geqslant\frac{1-\cos A}{1+\cos A}+\frac{1-\cos B}{1+\cos B}+\frac{1-\cos C}{1+\cos C}$$

证明 将该不等式的两边改写为

$$\frac{(1-\cos A)(1-\cos B)(1-\cos C)}{\cos A\cos B\cos C}=$$

$$\frac{8\sin^2\frac{A}{2}\sin^2\frac{B}{2}\sin^2\frac{C}{2}}{\cos A\cos B\cos C}=$$

$$\frac{\tan A\tan B\tan C}{\cot\frac{A}{2}\cot\frac{B}{2}\cot\frac{C}{2}}=$$

$$\frac{\tan A+\tan B+\tan C}{\cot\frac{A}{2}+\cot\frac{B}{2}+\cot\frac{C}{2}}$$

以及

$$\frac{1-\cos A}{1+\cos A}+\frac{1-\cos B}{1+\cos B}+\frac{1-\cos C}{1+\cos C}=\tan^2\frac{A}{2}+\tan^2\frac{B}{2}+\tan^2\frac{C}{2}$$

两边乘以 2 后再减去 2,那么可重新写成

$$\frac{2(\tan A+\tan B+\tan C)}{\cot\frac{A}{2}+\cot\frac{B}{2}+\cot\frac{C}{2}}-2=\frac{\sum_{\text{cyc}}\left(\tan A+\tan B-2\cot\frac{C}{2}\right)}{\cot\frac{A}{2}\cot\frac{B}{2}\cot\frac{C}{2}}$$

和

$$2\left(\tan^2\frac{A}{2}+\tan^2\frac{B}{2}+\tan^2\frac{C}{2}\right)-2$$

亦可写为

$$2\left(\tan^2\frac{A}{2}+\tan^2\frac{B}{2}+\tan^2\frac{C}{2}\right)-2\left(\tan\frac{A}{2}\tan\frac{B}{2}+\tan\frac{B}{2}\tan\frac{C}{2}+\tan\frac{C}{2}\tan\frac{A}{2}\right)=$$

$$\sum_{\text{cyc}}\left(\tan\frac{A}{2}-\tan\frac{B}{2}\right)^2$$

最后,注意到

$$\tan A+\tan B-2\cot\frac{C}{2}=\frac{2\cos\frac{C}{2}\left(\sin^2\frac{C}{2}-\cos A\cos B\right)}{\cos A\cos B\sin\frac{C}{2}}=$$

$$\frac{\cos\frac{C}{2}[1-\cos(A-B)]}{\cos A\cos B\sin\frac{C}{2}}=$$

$$\frac{2\cos\frac{C}{2}\sin^2\frac{A-B}{2}}{\cos A\cos B\sin\frac{C}{2}}=$$

$$\frac{2\cos^2\frac{A}{2}\cos^2\frac{B}{2}\cos\frac{C}{2}}{\cos A\cos B\sin\frac{C}{2}}\left(\tan\frac{A}{2}-\tan\frac{B}{2}\right)^2$$

所以

$$\frac{\sum_{cyc}\left(\tan A+\tan B-2\cot\frac{C}{2}\right)}{\cot\frac{A}{2}\cot\frac{B}{2}\cot\frac{C}{2}}=$$

$$\frac{1}{\cot\frac{A}{2}\cot\frac{B}{2}\cot\frac{C}{2}}\sum_{cyc}\frac{2\cos^2\frac{A}{2}\cos^2\frac{B}{2}\cos\frac{C}{2}}{\cos A\cos B\sin\frac{C}{2}}\left(\tan\frac{A}{2}-\tan\frac{B}{2}\right)^2=$$

$$\sum_{cyc}\frac{\tan A\tan B}{2}\left(\tan\frac{A}{2}-\tan\frac{B}{2}\right)^2$$

于是,我们必须证明

$$\sum_{cyc}(\tan A\tan B-2)\left(\tan\frac{A}{2}-\tan\frac{B}{2}\right)^2\geqslant 0$$

这由对于任意实数 x,y,z 的更一般的结果

$$\sum_{cyc}(\tan A\tan B-2)(x-y)^2\geqslant 0 \tag{2}$$

推出.事实上,可将上式改写为

$$\sum_{cyc}\frac{\tan A\tan B\tan C-2\tan C}{\tan C}(x-y)^2=\sum_{cyc}\frac{\tan A+\tan B-\tan C}{\tan C}(x-y)^2=$$

$$\sum_{cyc}\frac{\tan A}{\tan C}(x-y)^2+\frac{\tan C}{\tan A}(y-z)^2-(x-y)^2\geqslant$$

$$\sum_{cyc}2\mid(x-y)(y-z)\mid-(x-y)^2$$

这一表达式关于 x,y,z 对称,所以可以假定 $x\geqslant y\geqslant z$,即 $x-y=p$,$y-z=q$,且 $p,q\geqslant$

$0, x-z=p+q$. 于是得到

$$\sum_{cyc} 2|(x-y)(y-z)|-(x-y)^2=2(p^2+3pq+q^2)-2(p^2+pq+q^2)=4pq\geqslant 0$$

由此推出结论.

3. 原不等式的改进形式

设 s,R,r,K 分别是 $\triangle ABC$ 的半周长, 外接圆半径, 内切圆半径和面积.

引理 1

$$\sum_{cyc}\tan^2\frac{A}{2}=\frac{(4R+r)^2-2s^2}{s^2}$$

证明　我们有

$$\sin\frac{A}{2}=\sqrt{\frac{(s-b)(s-c)}{bc}}$$

和

$$\cos\frac{A}{2}=\sqrt{\frac{s(s-a)}{bc}}$$

于是

$$\tan^2\frac{A}{2}=\frac{(s-b)(s-c)}{s(s-a)}$$

由此得

$$\sum_{cyc}\tan^2\frac{A}{2}=\frac{\sum_{cyc}(s-b)^2(s-c)^2}{s(s-a)(s-b)(s-c)}=$$

$$\frac{\left[\sum_{cyc}(s-b)(s-c)\right]^2-\frac{2K^2}{s}(s-a+s-b+s-c)}{s^2r^2}=$$

$$\frac{(-s^2+ab+bc+ca)^2-2s^2r^2}{s^2r^2}=$$

$$\frac{(4R+r)^2-2s^2}{s^2}$$

这是因为 $ab+bc+ca=s^2+r^2+4Rr$(见[5]).

引理 2

$$\cos A\cos B\cos C=\frac{s^2-(2R+r)^2}{4R^2}$$

证明　我们有

$$\cos A\cos B\cos C=\frac{1}{2}(\sin^2A+\sin^2B+\sin^2C-2)=\frac{1}{8R^2}\left(\sum_{cyc}a^2-8R^2\right)=$$

$$\frac{1}{8R^2}[(a+b+c)^2-2(ab+bc+ca)-8R^2]=$$

$$\frac{1}{8R^2}[4s^2-2(s^2+r^2+4Rr)-8R^2]=$$

$$\frac{s^2-(2R+r)^2}{4R^2}$$

这就是所求断言.

引理 3

$$(1-\cos A)(1-\cos B)(1-\cos C)=\frac{r^2}{2R^2}$$

证明 我们有

$$(1-\cos A)(1-\cos B)(1-\cos C)=$$

$$8\sin^2\frac{A}{2}\sin^2\frac{B}{2}\sin^2\frac{C}{2}=$$

$$\frac{8(s-a)^2(s-b)^2(s-c)^2}{a^2b^2c^2}=$$

$$\frac{8s^2r^4}{16s^2r^2R^2}=\frac{r^2}{2R^2}$$

于是原不等式(1)可改写为

$$\frac{2r^2}{s^2-(2R+r)}\geqslant\frac{(4R+r)^2-2s^2}{s^2}$$

进行一些代数运算后,得到

$$2s^4-(24R^2+16Rr+r^2)s^2+(64R^4+96R^3r+52R^2r^2+12Rr^3+r^4)\geqslant 0$$

这等价于

$$s^2\leqslant 6R^2+4Rr+\frac{1}{4}r^2-\frac{1}{4}\sqrt{64R^4-112R^2r^2-64Rr^3-7r^4}=H(R,r)$$

因为另一种情况是

$$s^2\geqslant 6R^2+4Rr+\frac{1}{4}r^2+\frac{1}{4}\sqrt{64R^4-112R^2r^2-64Rr^3-7r^4}$$

如果该不等式成立,那么由 Blundon 不等式 [1],[2],我们将有

$$4R^2+4Rr+3r^2\geqslant s^2\geqslant 6R^2+4Rr+\frac{1}{4}r^2+\frac{1}{4}\sqrt{64R^4-112R^2r^2-64Rr^3-7r^4}\geqslant 6R^2+4Rr$$

由欧拉不等式 $R\geqslant 2r$,这显然不成立.

此外,容易检验 $H(R,r)\leqslant 4R^2+4Rr+3r^2=Q(R,r)$,这里 $Q(R,r)$ 是二次型的最佳上界[1],[2].那么自然产生一个问题,是否可用

$$s^2 \leqslant 2R^2 + 10Rr - r^2 + 2(R-2r)\sqrt{R^2-2Rr} \tag{3}$$

(齐次函数的最佳不等式),求出式(1) 的改进形式?

这我们不知道,但是可以确定式(3) 可以改用三角恒等式表示.于是,应该可以找到一个等价的不等式,这个想法是用式(1) 重新叙述这一结果.

这个不等式的另一种可能的改进形式是直接从上面的等式得到的,即

$$\prod_{\text{cyc}} \frac{1-\cos A}{\cos A} \geqslant 1 + \max\left\{\left(\tan\frac{A}{2}-\tan\frac{B}{2}\right)^2, \left(\tan\frac{B}{2}-\tan\frac{C}{2}\right)^2, \left(\tan\frac{C}{2}-\tan\frac{A}{2}\right)^2\right\}$$

假定 $\tan\frac{A}{2} \geqslant \tan\frac{B}{2} \geqslant \tan\frac{C}{2}$,我们由式(1) 的证明得到

$$\prod_{\text{cyc}} \frac{1-\cos A}{\cos A} - \prod_{\text{cyc}} \frac{1-\cos A}{1+\cos A} \geqslant pq = \left(\tan\frac{A}{2}-\tan\frac{B}{2}\right)\left(\tan\frac{B}{2}-\tan\frac{C}{2}\right)$$

因此

$$\prod_{\text{cyc}} \frac{1-\cos A}{\cos A} \geqslant \prod_{\text{cyc}} \frac{1-\cos A}{1+\cos A} + \left(\tan\frac{A}{2}-\tan\frac{B}{2}\right)\left(\tan\frac{B}{2}-\tan\frac{C}{2}\right) =$$

$$1 + \left(\tan\frac{A}{2}-\tan\frac{C}{2}\right)^2 =$$

$$1 + \max\left\{\left(\tan\frac{A}{2}-\tan\frac{B}{2}\right)^2, \left(\tan\frac{B}{2}-\tan\frac{C}{2}\right)^2, \left(\tan\frac{C}{2}-\tan\frac{A}{2}\right)^2\right\}$$

Constan tin Mateescu 在[6] 中找到了一个比式(1) 更强的不等式

$$\prod_{\text{cyc}} \frac{1-\cos A}{\cos A} \geqslant \prod_{\text{cyc}} \frac{1-\cos A}{1+\cos A} + \frac{\prod_{\text{cyc}}(1-\cos A) - \prod_{\text{cyc}}\cos A}{\prod_{\text{cyc}}(1+\cos A)}$$

现在提出一个不同于[6] 的初等证明:

设 $x=\sum_{\text{cyc}}\cos A$, $y=\sum_{\text{cyc}}\cos A\cos B$, $z=\prod_{\text{cyc}}\cos A$,我们可以将 Mateescu 不等式重写为

$$\frac{1-x+y-z}{z} \geqslant \frac{3+x-y-3z}{1+x+y+z} + \frac{1-x+y-2z}{1+x+y+z} = \frac{4-5z}{1+x+y+z}$$

或等价于

$$y^2 \geqslant 2z(1+x-2z) = 2z(x^2+x-2y)$$

这里我们用了恒等式

$$1 = \cos^2 A + \cos^2 B + \cos^2 C + 2\cos A\cos B\cos C = x^2 - 2y + 2z$$

又可改写成

$$y^2 - 2xz \geqslant 2z(x^2-2y)$$

或

$$\sum_{\text{cyc}} \cos^2 B\cos^2 C \geqslant 2\cos A\cos B\cos C \sum_{\text{cyc}} \cos^2 A$$

这可以稍稍简化(在锐角三角形的情况下,即唯一有兴趣的情况)为

$$\sum_{\text{cyc}}\frac{\cos A\cos B}{\cos C}\geqslant 2\sum_{\text{cyc}}\cos^2 A$$

假定该三角形是锐角三角形,我们可以设

$$\angle A=\frac{\pi-\angle A'}{2},\angle B=\frac{\pi-\angle B'}{2},\angle C=\frac{\pi-\angle C'}{2}$$

那么不等式变为

$$\sum_{\text{cyc}}\frac{\sin\frac{A'}{2}\sin\frac{B'}{2}}{\sin\frac{C'}{2}}\geqslant 2\sum_{\text{cyc}}\sin^2\frac{A'}{2}$$

设 a,b,c 是 $\triangle A'B'C'$ 的边长,s 是半周长,$x=s-a,y=s-b,z=s-c$.那么

$$\sin\frac{A'}{2}=\sqrt{\frac{(s-b)(s-c)}{bc}}=\sqrt{\frac{yz}{(x+y)(x+z)}}$$

所以

$$\frac{\sin\frac{A'}{2}\sin\frac{B'}{2}}{\sin\frac{C'}{2}}=\frac{z}{x+y}$$

最后,不难验证一下不等式

$$\sum_{\text{cyc}}\frac{z}{x+y}\geqslant 2\sum_{\text{cyc}}\frac{yz}{(x+y)(x+z)}$$

这恰好是三次的 Schur 不等式.

参考文献

[1] W. J. Blundon, *Inequalities associated with the triangle*, Canad. Math. Bull. 8, 1965, 615-626.

[2] Bottemi et al, *Geometric Inequalities*, Wolters-Noordhoff, 1969, p. 51.

[3] T. Andreescu, *Mathematical Reflections: the next two years* (2008 － 2009), XYZ Press, 2012, pp. 145-151.

[4] A. W. Marshall, I. Olkin, *Inequalities: Theory of Majorization and Its Applications*, Academic Press, 1979.

[5] T. Andreescu, D. Andrica, *Complex numbers from A to … Z*, Birkhauser, 2006.

[6] http://www.artofproblemsolving.com/Forum/viewtopic.php?f=52&t=404742&hilit=campos.

Daniel Campos, USA and Roberto Bosch, USA

3.6 一个有趣的组合恒等式的分析证明

在本节中，我们将用某些分析的方法证明一个值得注意的组合恒等式.

我们要证明的恒等式是

$$\sum_{k=0}^{n}\frac{(-4)^k k!}{(2k+1)!\ (n-k)!}=\frac{1}{(2n+1)n!}$$

为此，考虑函数

$$I(\alpha)=\int_0^\infty \mathrm{e}^{-x^2-2\alpha x}\,\mathrm{d}x$$

$I(\alpha)$ 的 n 阶导数是

$$I^{(n)}(\alpha)=\int_0^\infty (-2)^n x^n \mathrm{e}^{-x^2-2\alpha x}\,\mathrm{d}x$$

于是，如果 $I(\alpha)$ 的 Taylor 展开式在 0 附近收敛于某个函数，那么必有

$$I(\alpha)=\sum_{n=0}^{\infty}a_n\alpha^n$$

这里 $a_n=\dfrac{(-2)^n}{n!}\displaystyle\int_0^\infty x^n\mathrm{e}^{-x^2}\,\mathrm{d}x=\dfrac{(-1)^n\cdot 2^{n-1}}{n!}\Gamma\left(\dfrac{n+1}{2}\right)$.

现在注意到

$$\begin{aligned}\mathrm{e}^{-\alpha^2}I(\alpha)&=\int_0^\infty \mathrm{e}^{-(x+\alpha)^2}\,\mathrm{d}x=\int_\alpha^\infty \mathrm{e}^{-x^2}\,\mathrm{d}x=\\&\frac{\sqrt{\pi}}{2}-\int_0^\alpha \mathrm{e}^{-x^2}\,\mathrm{d}x=\\&\frac{\sqrt{\pi}}{2}-\sum_{n=0}^{\infty}\frac{(-1)^n}{(2n+1)n!}\alpha^{2n+1}\end{aligned}$$

如果用级数的项表示，那么得到恒等式

$$\left[\sum_{n=0}^{\infty}\frac{(-1)^n}{n!}\alpha^{2n}\right]\left[\sum_{n=0}^{\infty}\frac{(-1)^n\cdot 2^{n-1}}{n!}\Gamma\left(\frac{n+1}{2}\right)\alpha^n\right]=$$
$$\frac{\sqrt{\pi}}{2}+\sum_{n=0}^{\infty}\frac{(-1)^{n+1}}{(2n+1)n!}\alpha^{2n+1}$$

将偶数次幂和奇数次幂分离，可将第二个级数改写为

$$\sum_{n=0}^{\infty}\left[\frac{2^{2n-1}}{(2n)!}\Gamma\left(n+\frac{1}{2}\right)\alpha^{2n}-\frac{2^{2n}}{(2n+1)!}\Gamma(n+1)\alpha^{2n+1}\right]$$

观察到

$$\frac{2^{2n-1}}{(2n)!}\Gamma\left(n+\frac{1}{2}\right)=\frac{2^{2n-1}}{2^n n!\ (2n-1)!!}\left(n-\frac{1}{2}\right)\left(n-\frac{3}{2}\right)\cdot\cdots\cdot\left(\frac{1}{2}\right)\Gamma\left(\frac{1}{2}\right)=$$
$$\sqrt{\pi}\cdot\frac{2^{2n-1}}{2^n n!\ (2n-1)!!}\cdot\frac{(2n-1)!!}{2^n}=$$

$$\frac{\sqrt{\pi}}{2}\cdot\frac{1}{n!}$$

我们可以化简第一项的系数.

注意到,尽管当 $n=0$ 时,$(2n-1)!!$ 没有定义,但上式对一切非负整数成立.第二项的系数依然可以简化为

$$\frac{2^{2n}}{(2n+1)!}\Gamma(n+1)=\frac{2^{2n}n!}{(2n+1)!}$$

于是,前面一个不等式可以表示为

$$\left[\sum_{n=0}^{\infty}\frac{(-1)^n}{n!}\alpha^{2n}\right]\left\{\sum_{n=0}^{\infty}\left[\frac{\sqrt{\pi}}{2\cdot n!}\alpha^{2n}-\frac{2^{2n}n!}{(2n+1)!}\alpha^{2n+1}\right]\right\}=$$

$$\frac{\sqrt{\pi}}{2}+\sum_{n=0}^{\infty}\frac{(-1)^{n+1}}{(2n+1)!\ n!}\alpha^{2n+1}$$

使偶数次幂的系数相等,得到恒等式

$$\sum_{k=0}^{n}\frac{(-1)^k}{k!\ (n-k)!}=\begin{cases}1,n=0\\0,n>0\end{cases}$$

这显然是二项式定理的一个明显的推论.使奇数次幂的系数相等,得到

$$\sum_{k=0}^{n}\frac{(-1)^{n-k}\cdot 2^{2k}k!}{(2k+1)!\ (n-k)!}=\frac{(-1)^n}{(2n+1)n!}$$

或等价于

$$\sum_{k=0}^{n}\frac{(-4)^k k!}{(2k+1)!\ (n-k)!}=\frac{1}{(2n+1)n!}$$

这就是所要求的.

注意到我们也可以用以下事实证明上式

$$I'(\alpha)-2\alpha I(\alpha)=\int_0^{\infty}(-2x-2\alpha)e^{-x^2-2\alpha x}dx=\int_0^{\infty}-e^{-u}du=-1$$

这里在第二个等式中我们作了代换 $u=x^2+2\alpha x$.于是我们可以利用这一微分方程求 $I(\alpha)$ 的 Taylor 级数.这种方法也许比第一种方法更漂亮一些,但在求像这样的函数的表达式时一般技巧并不常用.可以预期读者难以找到一个像本题这样漂亮的微分方程.

Aaron Doman,USA

3.7 通过最简单的代数运算得到三个组合瑰宝

我们给出一个十分漂亮而有力的代数方法来处理一些经典的组合问题.

引理 1 设 m,n 是正整数,$n\geqslant 2,m<n$,任何一个有 m 个方程和 n 个未知数的齐次线性方程组至多有一组平凡解.

这是一个容易用归纳法证明的平凡结果.所以,问题是否能变得更有力些?后面,我们将会看到这个引理背后的风范.

证明 我们将对 n 用归纳法证明,从 $n=2$ 开始.当 $n=2$ 时,设未知数是 x_1,x_2.我们必须证明方程

$$\alpha_1 x_1+\alpha_2 x_2=0,\alpha_1,\alpha_2\in \mathbf{R}$$

存在一组非平凡解.如果有一个参数是 0,那么我们可以取非零的参数的未知数为零,另一个未知数取非零实数.如果两个参数都不是零,那么只要取 $x_1=-\frac{\alpha_2 x_2}{\alpha_1}$,再取 $x_2\in \mathbf{R}^+$,这样我们就得到一组非平凡解.

现在我们处理一般情况.假定对于任何 $n\leqslant N$,引理 1 中的命题成立.那么我们将证明 $n=N+1$ 命题也成立.于是原方程组就变为

$$\begin{gathered}
\alpha_{11}x_1+\alpha_{12}x_2+\cdots+\alpha_{1N+1}x_{N+1}=0\\
\alpha_{21}x_1+\alpha_{22}x_2+\cdots+\alpha_{2N+1}x_{N+1}=0\\
\vdots\\
\alpha_{m1}x_1+\alpha_{m2}x_2+\cdots+\alpha_{mN+1}x_{N+1}=0\\
x_i,\alpha_{ki}\in \mathbf{R},i\in\{1,2,\cdots,N+1\},k\in\{1,2,\cdots,m\},m<N+1
\end{gathered}$$

如果所有的参数都是 0,那么问题已解决,因为我们可以取任何非零实数作为解.如果存在一个非零的参数,不失一般性,设 $\alpha_{mn}\neq 0$,那么我们取

$$x_{N+1}=-\sum_{i=1}^{N}\frac{\alpha_{mi}x_i}{\alpha_{mn}}$$

将该式代回到原方程组,我们得到一个 N 个未知数,$m-1$ 个方程的新的方程组.但是因为 $m<N+1$,得到 $m-1<N$,所以我们可以用归纳法结束引理1的证明.我们将用以下问题来证明这一性质的威力,这一问题归功于 Sylvester 定理的一个经典的应用.

问题 1 证明:对于平面内任意 n 个不全共线的点,必定至少决定 n 条直线.

证明 设 M 是 n 个点给定的集合.选取未知数 $x_i(i\in M)$.假定 M 中的点至多确定 $n-1$ 条直线,并用 L 表示这些直线的集合.考虑线性方程 $\sum\limits_{i\in l}x_i=0$,这里 l 是 L 中的直线.因为至多存在 $n-1$ 条这样的直线,所以由开始证明的引理 1,存在这样的不全为零的 x_i 满足所有方程.我们得到

$$0=\sum_{l\in L}\left(\sum_{i\in l}x_i\right)^2=\sum_{l\in L}\left(\sum_{i\in l}x_i^2+2\sum_{i<j,i,j\in l}x_ix_j\right)\tag{1}$$

但是因为不是所有的点都共线,所以每一点 i 都至少位于两条直线上.此外,M 中的两点确定 L 中的唯一直线.代入式(1) 中的最后一项,我们得到

$$0\geqslant 2\sum_{i\in M}x_i^2+2\sum_{1\leqslant i<j\leqslant n}x_ix_j=\sum_{i\in M}x_i^2+\left(\sum_{i\in M}x_i\right)^2\geqslant\sum_{i\in M}x_i^2$$

这意味着所有的 x_i 都必须等于零,这是一个矛盾.证毕.

我们以一个稍微难一些的问题继续本节这一问题,其也称为Lindstrom定理,用我们的方法可立即解决它,并再次显示其威力.

问题2 设 $A_1,A_2,\cdots,A_{n+1}\subseteq\{1,2,\cdots,n\}$ 是非空子集.证明:存在两套下标 $I,J\subset\{1,2,\cdots,n\}$,$I\cap J=\varnothing$,使

$$\bigcup_{i\in I}A_i=\bigcup_{j\in J}A_j$$

证明 我们取 $n+1$ 个两两不同的子集;否则我们可以只取 $I=\{i\}$ 和 $J=\{j\}$,且 $A_i=A_j$,$i,j\subset\{1,2,\cdots,n+1\}$.确定数 α_{ij},使

$$\alpha_{ij}=\begin{cases}1,\text{如果 } i\in A_j\\0,\text{如果 } i\notin A_j\end{cases},i\in\{1,2,\cdots,n\},j\in\{1,2,\cdots,n+1\}$$

现在,取方程组

$$\begin{gathered}\alpha_{11}X_1+\alpha_{12}X_2+\cdots+\alpha_{1,n+1}X_{n+1}=0\\\alpha_{21}X_1+\alpha_{22}X_2+\cdots+\alpha_{2,n+1}X_{n+1}=0\\\vdots\\\alpha_{n1}X_1+\alpha_{n2}X_2+\cdots+\alpha_{n,n+1}X_{n+1}=0\\X_i,\alpha_{ki}\in\mathbf{R},i\in\{1,2,\cdots,n+1\},k\in\{1,2,\cdots,n\}\end{gathered}$$

设$(x_1,x_1,\cdots,x_{n+1})$是上述方程组的一组非平凡解.我们将取 $I=\{i\mid x_i>0\}$,$J=\{j\mid x_j<0\}$ 进行证明,得到我们所求的两套下标.由参数和 x_i 的定义,我们知道 $I\cap J=\varnothing$,且其中至少有一个非空.取 $h\in\bigcup_{i\in I}A_i$,这意味着存在一个子集 A_r,使 $h\in A_r$,$r\in I$.现在,如果我们关注方程组的第 h 行,并注意到由 α_{hr} 和 I 的定义,得到 $\alpha_{hr}=1$,$x_r>0$.但这意味着在同一行即第 h 行中,必存在一个形如 $\alpha_{hs}x_s$ 的为负的项.而由 α_{hs} 的定义,这又意味着 $x_s<0$,$\alpha_{hs}=1$.所以 $s\in J$,$h\in A_s$,于是 $h\in\bigcup_{j\in J}A_j$.最后,我们得到 $\bigcup_{i\in I}A_i\subseteq\bigcup_{j\in J}A_j$.另一方面,我们可以从 $\bigcup_{j\in J}A_j$ 中的一个元素开始,根据完全相同的想法,得到 $\bigcup_{j\in J}A_j\subseteq\bigcup_{i\in I}A_i$,所以二者必定相等,证明结束.

为了解决最后一个问题,我们将需要一个预备的结果.

引理2 给定 $\triangle ABC$,在竖直的方向上,以匀速 v_1,v_2,v_3 平移 $\triangle ABC$ 的边所在的直线,使 v_1 对应直线 AB,v_2 对应直线 BC,v_3 对应直线 AC.证明:如果我们选取 v_1,v_2,v_3,使得在任何时刻经过平移得到的三角形就是原来的 $\triangle ABC$,那么存在与 $\triangle ABC$ 的元素有关的常数 $\alpha_1,\alpha_2,\alpha_3\in\mathbf{R}$,使 $\alpha_1v_1+\alpha_2v_2+\alpha_3v_3=0$.

证明 为了更好地掌握这些速度具有引理2中所提到的性质(因为我们的三角形正是以竖直方向平移的),我们分析 $v_3=0$,$v_1=v_1-v_2$,$v_2=v_2-v_3$ 的情况(所有的速度都有同样的方向,我们可以用一个速度减去另一个速度,因为我们假定三角形在任何时刻都保持不变).这一方法也提供了这样的速度是存在的,因我们只取直线 BC 固定,得到 v_1 和 v_2 之间的关系,使原来的三角形经过平移保持形状和面积不变.于是,通过平移所有由

速度 v_3 得到的三角形，我们得到所有由这个新变换得到的三角形都具有和原三角形相同的面积和形状. 现在将用正弦定理求出这些速度之间的线性关系. 设 $\triangle ABC$ 在时刻 t 以后的三角形是 $\triangle A_tB_tC_t$. 因为我们取 v_3 为 0，直线 BC 保持不变，不失一般性，假定 B_t 和 C_t 分别在 B 和 C 的右边(图 3.6).

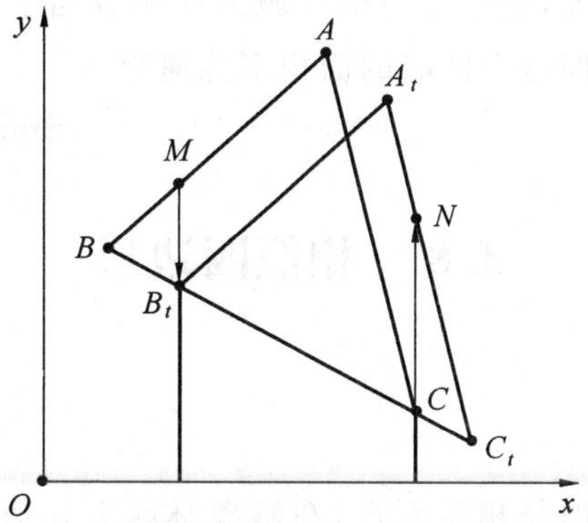

图 3.6

现在取分别经过 B_t 和 C 的两条竖直的直线，设这两条直线分别交 AB 和 A_tC_t 于点 M 和 N. 设 $\angle BMB_t = \alpha$，$\angle CNC_t = \beta$. 显然，这两个角在平移中保持不变. 在 $\triangle MBB_t$，$\triangle NCC_t$ 中利用正弦定理，且注意到 $\angle C_t = \angle C$，得到

$$\frac{\sin \alpha}{BB_t} = \frac{\sin B}{MB_t}, \frac{\sin \beta}{CC_t} = \frac{\sin C}{NC} \tag{1}$$

因为 $\triangle ABC$ 和 $\triangle A_tB_tC_t$ 必定全等，所以这意味着 $BB_t = CC_t$，我们知道 $MB_t = (v_3 - v_1)t$(因为与正向相反)，$NC = (v_2 - v_3)t$. 代入式(1)，得到

$$\frac{MB_t}{NC} = \frac{v_3 - v_1}{v_2 - v_3} = \frac{\sin B \sin \beta}{\sin C \sin \alpha}$$

而等式的最后一项是常数，可用 ω 来表示. 这意味着我们最后得到了我们所要寻找的关系，即

$$(\omega + 1)v_3 - \omega v_2 - v_1 = 0$$

现在，我们要把这一过程进行到底，显然这里所用的方法是最漂亮的应用.

问题 3 设 M 是平面内 n 条直线的集合，且 M 中没有两直线平行，也没有三直线共点. 这些直线将平面分成若干区域. 证明：这些区域中至少有 $n-2$ 个是三角形.

证明 假定至多有 $n-3$ 个区域是三角形. 设这 n 条直线的集合是 $\{l_1, l_2, \cdots, l_n\}$，我们开始以 $v_1, v_2, \cdots, v_n$ 的速度平移这些直线，使相应于直线 l_i 的速度是 v_i，$\forall i \in \{1, 2, \cdots, n\}$，且所有速度的方向都相同. 设 $v_1 = v_2 = 0$. 此时，我们至多有 $n-3$ 个三角形和 $n-2$ 个速度，所以由引理 1 和 2，我们可以选择速度使任意三角形都保持其形状和面积.

现在，我们开始以这些速度竖直平移这些直线. 设 l_1 和 l_2 相交于点 O. 如果所有直线

都离开点 O,那么我们就将所有速度都转为反向. 所以,现在我们知道至少存在一条越来越靠近点 O 的直线. 于是必定存在某个最初时刻 t_0,此时至少有三条直线共点. 在时刻 t_0 之前,可能使我们区域的边数不变. 确定一个 $m\geqslant 3$ 条直线在时刻 t_0 时共点的集合. 这些直线必定至少围成一个三角形区域,因为其中面积最小的一个三角形不可能被另一直线所截,所以我们看到在时刻 t_0,这个三角形区域的面积收缩于 0. 但是这与我们所选择的速度矛盾,因为这些速度确保这个区域的面积不能递减.

Stefan Dan Stănisor, Romania

3.8 相似四边形

1. 引言

相似四边形十分有用,但是相对而言,在解奥林匹克几何问题时却不是广为人知的工具. 由于几何教育通常局限于三角形和其他一些方便的解题方法,所以往往没有注意到这一点. 此外,只有在十分特殊的情况下,才存在两个相似的四边形,但利用这些性质往往可以缩短原本不必要的冗长的证明. 寻求这样的四边形的最常用的方法要涉及寻求具有同样的比的一对邻边和三对对应相等的角. 我们称之为 SSAAA 相似.

例 1 (SSAAA 相似)有两个四边形 $ABCD$ 和 $A'B'C'D'$ 满足 $\angle A=\angle A'$,$\angle B=\angle B'$,$\angle C=\angle C'$,以及 $\frac{AB}{A'B'}=\frac{BC}{B'C'}$. 证明:四边形 $ABCD$ 和 $A'B'C'D'$ 相似.

证明 如图 3.7,注意到由 SAS 相似,$\triangle ABC$ 和 $\triangle A'B'C'$ 相似. 于是

$$\angle C'A'D'=\angle A'-\angle B'A'C'=\angle A-\angle BAC=\angle CAD$$

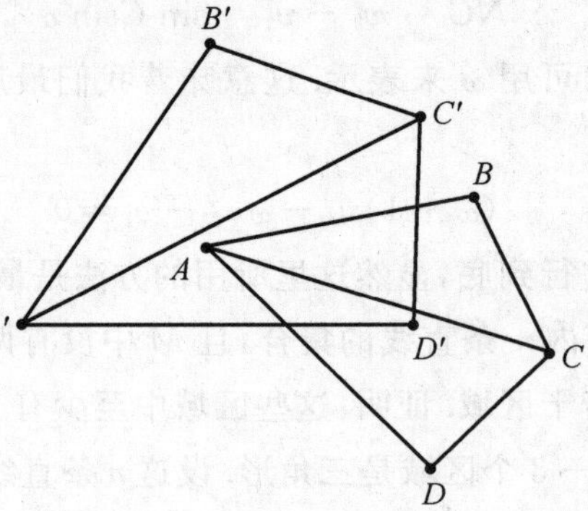

图 3.7

类似地,$\angle A'C'D'=\angle ACD$,所以 $\triangle ACD\backsim\triangle A'C'D'$. 注意到我们有

$$\frac{AB}{A'B'}=\frac{BC}{B'C'}=\frac{AC}{A'C'}=\frac{AD}{A'D'}=\frac{CD}{C'D'}$$

证毕.

2.有趣的性质

例 2　设 $ABCD$ 是圆内接四边形.我们定义 G_A,H_A,N_A 分别表示 $\triangle BCD$ 的重心、垂心和九点圆的圆心.类似地,定义 G_B,等等.证明:四边形 $ABCD$,$H_AH_BH_CH_D$,$G_AG_BG_CG_D$,$N_AN_BN_CN_D$ 都是相似四边形,且相似比分别是 6∶6∶2∶3.

证明　如图 3.8,由一个著名的引理,$AH_B=2R\cos\angle DAC$.我们知道

$$2R\cos\angle DAC=2R\cos\angle DBC=BH_A$$

又 $AH_B\perp DC\perp BH_A$,所以四边形 ABH_AH_B 是平行四边形,于是 $AB /\!/ H_AH_B$,$AB=H_AH_B$.类似地,$BC /\!/ H_BH_C$,$CD /\!/ H_CH_D$,$DA /\!/ H_DH_A$,所以四边形 $ABCD$ 相似于四边形 $H_AH_BH_CH_D$,此外还得到全等.众所周知,九点圆的圆心 N_A 在欧拉线上,且其是联结外心 O 和垂心 H_A 的线段的中点.于是,四边形 $N_AN_BN_CN_D$ 只是四边形 $H_AH_BH_CH_D$ 的缩小版,缩小因子是 2,这意味着其相似于四边形 $H_AH_BH_CH_D$,因此也相似于四边形 $ABCD$,相似比是 $\frac{1}{2}$.众所周知,$OG∶OH=1∶3$,所以四边形 $G_AG_BG_CG_D$ 相似于四边形 $H_AH_BH_CH_D$,相似比是 $\frac{1}{3}$.因为四边形 $H_AH_BH_CH_D$ 全等于四边形 $ABCD$,于是得到结论.

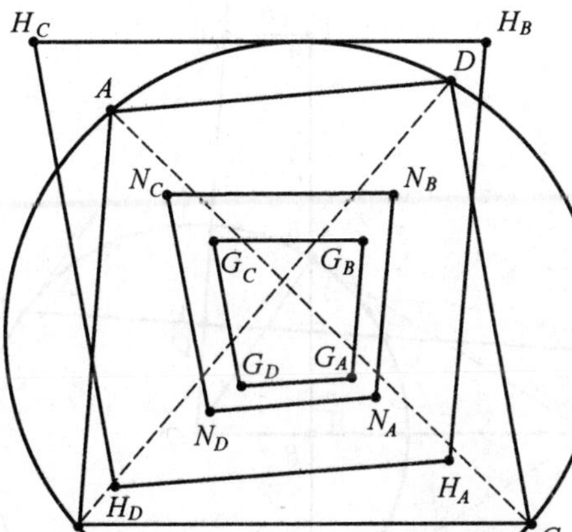

图 3.8　由 Evan Chen 所作

3. 几道例题

例 3 (Salmon引理)设O是任意圆的圆心,P,Q是任意两点.如果a是P到Q的极线的距离,b是Q到P的极线的距离,那么证明

$$\frac{OP}{OQ}=\frac{a}{b}$$

证明 如图3.9,过点P,Q分别作圆O的切线,切点为A,B,C,D.注意到AB是P的极线,CD是Q的极线.过点P,Q分别作CD,AB的垂线,X,Y是垂足.设PO交AB于P',QO交CD于Q'.

因为AB是P的极线,所以$\angle PP'B=\angle PBO=90°$.由$\triangle P'BO\backsim\triangle BPO$,我们有

$$OP\cdot OP'=OB^2=R^2$$

类似地,由$\mathrm{Rt}\triangle OCQ$,我们有

$$OQ\cdot OQ'=OC^2=R^2$$

所以

$$OP\cdot OP'=OQ\cdot OQ'$$

注意到,四边形$XPOQ'$和$YQOP'$相似,因为:每个四边形有顶点在X,Q'和Y,P'的两个直角;具有公共角$\angle O$;此外还满足$\frac{OQ'}{OP'}=\frac{OP}{OQ}$.由此得$\frac{OP}{OQ}=\frac{PX}{QY}=\frac{a}{b}$,这就是所要求的.

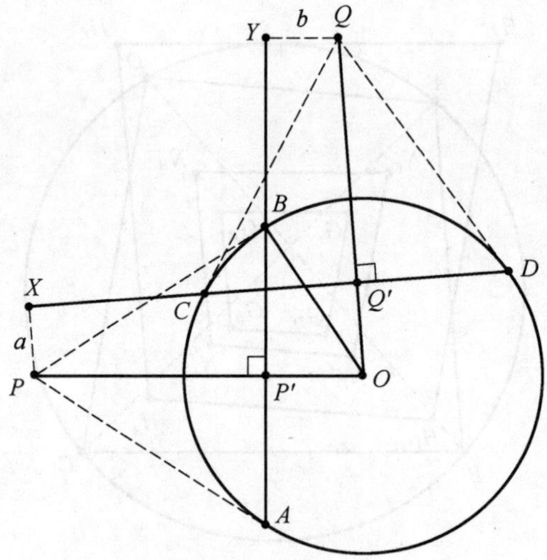

图 3.9

例 4 在$\triangle ABC$中,作高AD,BE,CF,设H是垂心,点O_1,O_2,O_3分别是$\triangle EHF$,$\triangle FHD$,$\triangle DHE$的内心.证明:直线AO_1,BO_2,CO_3共点.

证明 如图3.10,用H_1表示$\triangle ABC$外一点,使$\angle CBH_1=\angle FEH$,$\angle BCH_1=$

$\angle EFH$. $\triangle H_1CB$ 的内心定义为 O'_1. 类似地，定义 O'_2，O'_3. 于是，由 Jacobi 定理，我们看到 AO'_1，BO'_2，CO'_3 共点于 P. 注意到 $\angle BFC=\angle BEC=90°$，所以由点的幂知，$BFEC$ 是圆内接四边形，$\frac{AF}{AE}=\frac{AC}{AB}$. 又 $\angle AFE=\angle ACB$，$\angle AEF=\angle ABC$，所以 $\angle AFH=\angle ACH_1$，$\angle AEH=\angle ABH_1$. 由 SSAAA 相似，我们知道四边形 $AEHF$ 和 ABH_1C 相似. 于是 $\angle BAO_1=\angle CAO'_1$. 类似地，得到 $\angle ABO'_2=\angle CBO_2$，$\angle BCO'_3=\angle ACO_3$，所以 AO_1，BO_2，CO_3 共点于 P 的等角共轭点.

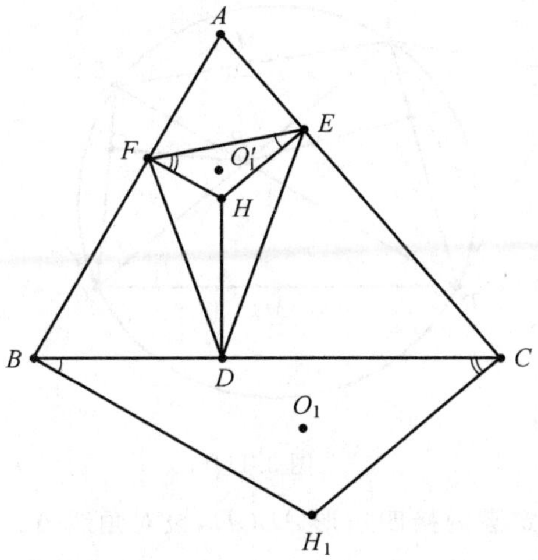

图 3.10

下面，我们将证明一个复杂的，一个更为困难的问题，这是一个关键的引理. 该引理和下面的问题在证明中都将要用到相似四边形的一些性质.

例 5 设 $A_1A_2\cdots A_n$ 和 $B_1B_2\cdots B_n$ 是同向的相似 n 边形，k 是实数. 证明：对于 $1\leqslant i\leqslant n$，当 C_i 在 A_iB_i 上，且比 $A_iC_i:C_iB_i=k$ 时，$C_1C_2\cdots C_n$ 相似于 $A_1A_2\cdots A_n$ 和 $B_1B_2\cdots B_n$.

证明 考虑 $A_1A_2\cdots A_n$ 和 $B_1B_2\cdots B_n$ 的旋转相似中心. 于是形如 $A_iXB_i(1\leqslant i\leqslant n)$ 的所有三角形都相似. 我们知道一切形如 $XA_iC_iB_i$ 的退化四边形有 $A_iC_i:C_iB_i$，$\angle XA_iC_i$，$\angle A_iC_iB_i$，$\angle XB_iC_i$ 都不变，因为它们分别等于 k，$\angle XA_iB_i$，$180°$，$\angle XB_iA_i$，我们知道这些值都是常数. 于是由 SSAAA 相似，对于一切 $1\leqslant i\leqslant n$，四边形 $XA_iC_iB_i$ 都相似. 对于 i，显然比 $\frac{XC_i}{XA_i}$ 和 $\angle C_iXA_i$ 都是常数，这意味着存在一个旋转相似，将 $A_1A_2\cdots A_n$ 映射为 $C_1C_2\cdots C_n$，由此推出结果.

令人惊讶的是，这一性质对于 k 个相似 n 边形都成立，这里 C_i 定义为多边形 $A_iB_i\cdots$ 的重心，即各个顶点坐标的平均数. 现在我们来处理原来的问题.

例 6 (USA TST 2000) 设 $ABCD$ 是圆内接四边形，E 和 F 分别是过对角线 AC 和

BD 的交点向 AB 和 CD 所作的垂线的垂足.证明:EF 垂直于过 AD 和 BC 的中点的直线.

证明 如图3.11,设点 P 是对角线的交点,M_1 和 M_2 分别是 AD 和 BC 的中点.设 X,Y 分别是点 P 关于 AB 和 CD 的反射点.因为 $\angle ABD = \angle ACD$,$\angle BAC = \angle BDC$,所以 $\triangle APB$ 和 $\triangle DPC$ 相似,这意味着四边形 $APBX$ 和 $DYCP$ 相似.注意到,四边形 M_1EM_2F 由 AD,PX,BC 和 PY 的中点组成,所以由例5知,这个四边形相似于四边形 $APBX$ 和 $DYCP$.因为四边形 $APBX$ 和 $DYCP$ 是筝形,所以四边形 M_1EM_2F 也是筝形,这表明 $M_1M_2 \perp EF$,这就是所要求证的.

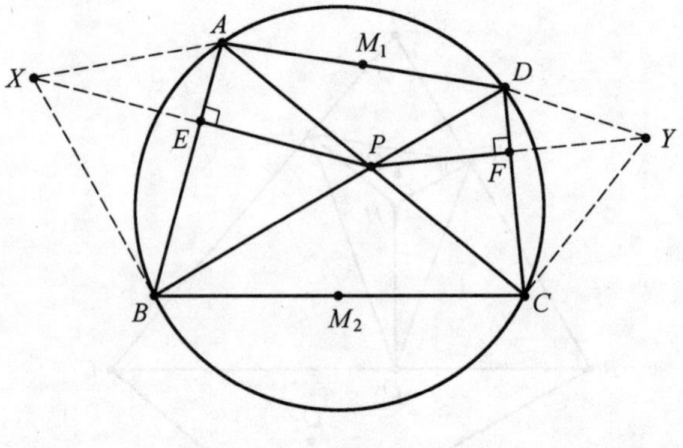

图 3.11

例7 (ISL 2009)给定圆内接四边形 $ABCD$,设对角线 AC 和 BD 相交于 E,直线 AD 和 BC 相交于 F,AB 和 CD 的中点分别是 G 和 H.证明:EF 切过点 E,G 和 H 的圆于 E.

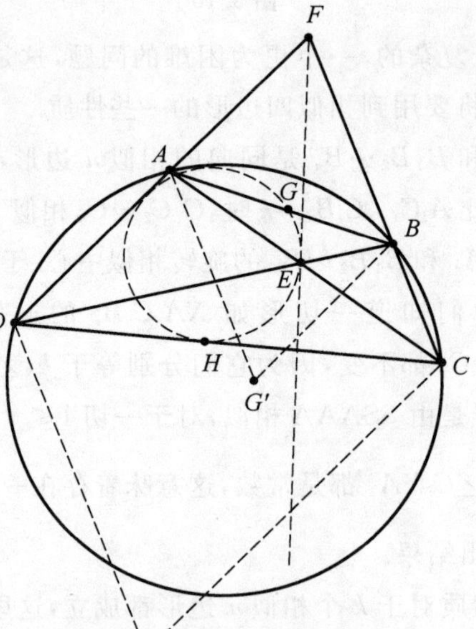

图 3.12

证明　如图 3.12,设 G' 是 F 关于点 G 的反射点,H' 是 F 关于点 H 的反射点.因为 $\triangle FAB$ 和 $\triangle FCD$ 相似,所以平行四边形 $FAG'B$ 和 $FCH'D$ 相似.由此以及 $\triangle EAB \backsim \triangle ECD$,得到四边形 $FDEC$ 和 $G'AEB$ 相似,四边形 $FAEB$ 和 $H'DEC$ 相似.这两对相似四边形意味着,点 E 在四边形 $FAG'B$ 中的位置相应于点 E 在四边形 $FCH'D$ 中的位置.于是,有 $\angle G'EF = \angle H'EF$,这表明 E, G', H' 共线.因为 $G'H'$ 是 GH 关于点 F 的相似变换,相似比是 2,所以看出 GH 和 $G'H'$ 平行.这意味着 $\angle GHE = \angle H'EH$,因为我们知道 $\angle FEG = \angle H'EH$,所以有 $\angle FEG = \angle GHE$,这表明 FE 是切 GEH 的外接圆于点 E 的切线.

认识到相似四边形并不经常出现是很重要的,读者在过去已经见过一些问题,应该试图寻找生成有用的,更为理想的相似四边形的反射以及变换.偶尔画一些辅助线在构成相似四边形时也有帮助.

例 8　(IMO 2013) 设 $\triangle ABC$ 是垂心为 H 的锐角三角形,点 W 在边 BC 上,不与 B,C 重合,点 M 和 N 分别是过 B 和 C 的高的垂足.用 ω_1 表示 BWN 的外接圆,设点 X 是使 WX 为圆 ω_1 的直径的点.类似地,定义 ω_2 表示 CWM 的外接圆,设点 Y 是使 WY 为圆 ω_2 的直径的点.证明:X, Y 和 H 共线.

证明　如图 3.13,注意到 $\angle ANC = \angle HNB = 90°$,$\angle A = 90° - \angle ABM = \angle HNB$,所以 $\triangle NHB \backsim \triangle NAC$.又 $\angle XNB = 180° - \angle NWB = \angle NWC$,因为 WX 是直径,所以 $\angle XNB = 90° - \angle BNW = \angle WNC$.于是 $\triangle XNB \backsim \triangle WNC$.从这两组相似三角形,我们得到

$$\angle NAC = \angle NHB$$

$$\angle NXB = \angle NWC$$

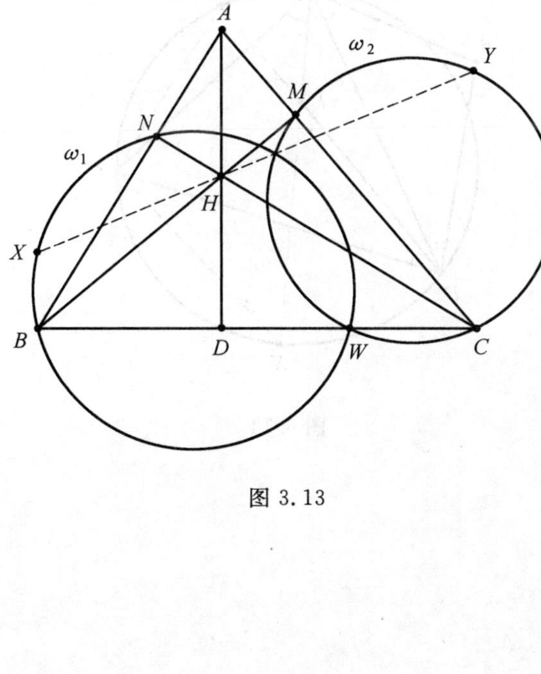

图 3.13

$$\angle ANW=\angle ANC+\angle CNW=\angle HNB+\angle BNX=\angle XNH$$

以及

$$\frac{NA}{AC}=\frac{NH}{HB}$$

于是，由 SSAAA 相似，四边形 $XNHB$ 与 $WNAC$ 相似. 由此得到

$$\angle NHX=\angle NAW=\angle WAB$$

类似地，我们得到四边形 $YMHC$ 与 $WMAB$ 相似，这意味着 $\angle WAB=\angle YHC$，由此推出 $\angle NHX=\angle YHC$. 于是 X,H,Y 共线.

相似四边形可以向这样困难的问题提供一种优美而简捷的方法.

例 9 (IMO 2004) 在凸四边形 $ABCD$ 中，对角线 BD 既不平分 $\angle ABC$，也不平分 $\angle CDA$. 点 P 在四边形 $ABCD$ 内，且满足 $\angle PBC=\angle DBA$，$\angle PDC=\angle BDA$. 证明：如果 $AP=CP$，那么四边形 $ABCD$ 是圆内接四边形.

证明 如图 3.14，假定 $A\notin (BDC)$. 设 $X=BP\cap (BDC)$，$Y=DP\cap (BDC)$. 我们将证明四边形 $PBAD$ 和 $PYCX$ 相似. 因 $\angle ABP=\angle CBD=\angle CYD$，$\angle ADP=\angle CDB=\angle CXB$，$\angle BPD=\angle YPX$，又由点的幂 $\frac{PB}{PD}=\frac{PY}{PX}$，所以由 SSAAA 相似，推得四边形 $PBAD\backsim$ 四边形 $PYCX$. 但是两者之间的相似比是 $\frac{AP}{CP}=1$，所以这两个四边形全等. 事实上，这两个四边形彼此关于 $\angle DPX$ 的平分线对称. 因为 $BYCXD$ 是圆内接五边形，所以它的反射 $YBADX$ 也是圆内接五边形. 但是这两个圆是同一个圆，这表明四边形 $ABCD$ 是圆内接四边形.

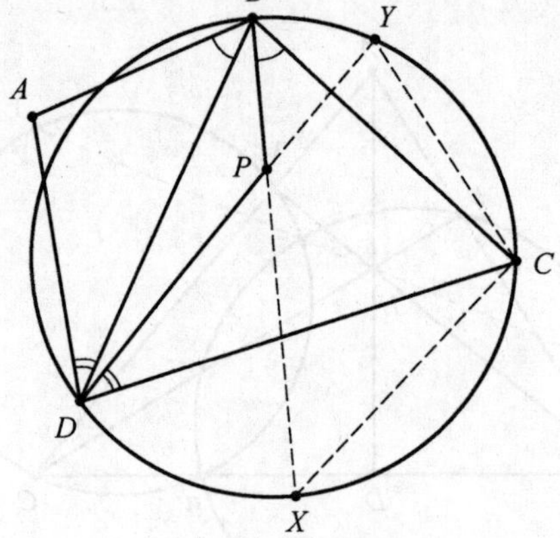

图 3.14

4. 练习题

既然读者已经见到利用相似四边形的各种方法，试一试吧！看看你是否能够对下面的问题利用相似四边形解决.

1.（India 2014）在锐角 $\triangle ABC$ 中，D 在线段 BC 上. 设 O_1，O_2 分别是 $\triangle ABD$ 和 $\triangle ACD$ 的外心. 证明：联结 $\triangle ABC$ 的外心与 $\triangle O_1O_2D$ 的垂心的直线平行于 BC.

2.（Korea 2010）设 $ABCD$ 是圆内接凸四边形. 设 E 是直线 AB，CD 的交点. P 是过点 B，且垂直于 AC 的直线和过点 C，且垂直于 BD 的直线的交点. Q 是过点 D，且垂直于 AC 的直线和过点 A，且垂直于 BD 的直线的交点. 证明：E，P，Q 三点共线.

3.（USA 2006）设 ABC 是三角形. $\triangle PAB$ 和 $\triangle QAC$ 是作在 $\triangle ABC$ 外的三角形，且 $AP=AB$，$AQ=AC$，$\angle BAP=\angle CAQ$. 线段 BQ 和 CP 相交于 R. 设 O 是 $\triangle BCR$ 的外心. 证明：$AO\perp PQ$.

4.（ISL 2003）设 $\triangle ABC$ 是等腰三角形，$AC=BC$，内心为 I. 设点 P 在 $\triangle AIB$ 的外接圆上，但在 $\triangle ABC$ 的内部. 过 P 分别平行于 CA 和 CB 的直线交 AB 于 D 和 E. 过 P 平行于 AB 的直线分别交 CA 和 CB 于 F 和 G. 证明：直线 DF 和 EG 相交在 $\triangle ABC$ 的外接圆上.

5.（Greece 2001）$\triangle ABC$ 内接于半径为 R 的圆. 设 BD 和 CE 分别是 $\angle B$ 和 $\angle C$ 的平分线，直线 DE 交不含点 C 的弧 $\overset{\frown}{AB}$ 于 K. 设 A_1，B_1，C_1 是过 K 且分别垂直于 BC，CA，AB 的直线的垂足，x，y 分别是 D 和 E 与 BC 的距离.

（1）用 x，y 和比 $l=\dfrac{KD}{ED}$ 表示 KA_1，KB_1，KC_1 的长；

（2）证明：$\dfrac{1}{KB}=\dfrac{1}{KA}+\dfrac{1}{KC}$.

Guangqi Cui Akshaj Kadaveru，Joshua Lee
and Sagar Maheshwari

3.9　总观旁切圆

1. 引言

三角形的旁心和旁切圆与三角形本身似乎有着一个十分美妙的关系. 画一张有旁切圆的图. 读者会发现到处出现共点、共线、垂直和共圆等图形.

不仅如此，由旁心 I_A，I_B，I_C 组成的三角形有三角形的几个公共的心. 例如，$\triangle ABC$ 的内心是 $\triangle I_AI_BI_C$ 的垂心，$\triangle ABC$ 的外心是 $\triangle I_AI_BI_C$ 的九点圆的圆心，等等. 在下文中，我们将探究这些性质和其他更多的内容.

2. 基本知识

在进入研究任何实际的理论之前,我们来正规地定义旁切圆.

定义1 $\triangle ABC$ 中 A 所对的旁切圆是分别与边 BC 相切,与射线 AB,AC 在 B,C 的外侧相切的圆.

我们立即来看为何这样的圆必定存在. 如图3.15,由 Ceva 定理的三角形式,$\angle A$ 的内角平分线必定与 $\angle B$ 和 $\angle C$ 的外角平分线共点,用 I_A 表示这一公共点. 设 I_A 到 BC,CA 和 AB 的垂足分别是 X_A,Y_A 和 Z_A. 因为 $\triangle AI_AY_A$ 和 $\triangle AI_AZ_A$ 全等,所以 $I_AY_A=I_AZ_A$.

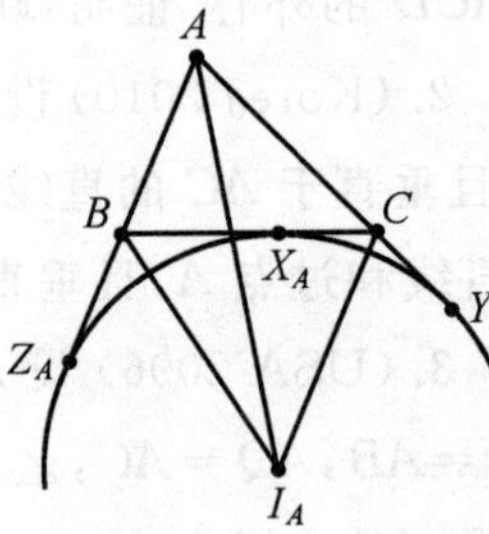

图3.15 旁切圆

类似地,观察 $\triangle CI_AY_A$ 和 $\triangle CI_AX_A$,我们发现 $I_AX_A=I_AY_A=I_AZ_A$. 于是,如果我们取圆心为 I_A,且过 X_A,Y_A,Z_A 的圆,那么就得到一个分别与边 BC 相切,与射线 AB,AC 在 B,C 的外侧相切的圆. 而这就是 A 所对的旁切圆,I_A 是 A 所对的旁心.

(1) 一个旁切圆.

当然,存在着来自于旁切圆彼此之间的大量理论,但是作为开始,我们应从图中只取出一个旁切圆,看看我们能够做些什么. 在本节中,我们将用 a,b,c 表示 $\triangle ABC$ 的边长,s 表示半周长,α,β,γ 表示角.

首先,也是最重要的是,关于点 X_A,Y_A,Z_A 可以多说一些话. 注意到切线的缘故,所以有 $AY_A=AZ_A$,$BX_A=BZ_A$,$CX_A=CZ_A$. 但此时

$$\begin{aligned} AY_A+AZ_A &= AB+BZ_A+AC+CY_A= \\ & AB+BX_A+AC+CX_A= \\ & AB+AC+BC=2s \end{aligned}$$

因此,AY_A 和 AZ_A 的长都等于半周长. 所以我们得到:

定理1 利用刚才采用的记号,有

$$AY_A=AZ_A=s, BX_A=BZ_A=s-c, CX_A=CY_A=s-b$$

注意到,如果内切圆切 BC 于 D,那么 D 和 X_A 关于 BC 的中点对称(因为 $BD=CX_A=s-b$).

这些结果对于大部分旁心问题是至关重要的. 知道这些长度(通常是重复的),我们就能计算出相似三角形的比和恒等式(以问题4为例).

我们还可以观察到旁心和内心之间的关系.

定理2 设 M_A 是 $\triangle ABC$ 的外接圆上不含 A 的弧 $\overset{\frown}{BC}$ 的中点. 那么 I,I_A,B,C 都在圆心为 M_A 的圆上.

证明 如图3.16,我们从熟知的一个角的内角平分线和外角平分线互相垂直开始.

因此 $\angle IBI_A = \angle ICI_A = 90°$. 这表明 I, I_A, B, C 都在同一个圆上,圆心是 II_A($\angle A$ 的内角平分线)的中点. 我们需要证明的是该圆的圆心是 M_A. 设该圆心是 M'_A. 则我们知道

$$\angle CM'_AA = \angle CM'_AI = 2\angle CBI = \angle CBA$$

因此点 M'_A 在 $\triangle ABC$ 的外接圆上. 但是 II_A 只与该外接圆相交于 A 和 M_A,所以 $M_A = M'_A$.

一个值得注意的推论是 M_A 是 II_A 的中点.

这一定理被证实是在奥林匹克问题中极为有用的. 其大部分应用是作为一种方法来证明某点是一个内心. 如果能证明点 P 在 $\angle A$ 的内角平分线上,以及 $M_AP = M_AB$, $M_AP = M_AC$ 或 $M_AP = M_AI_A$,那么点 P 别无选择,只能是该三角形的内心!

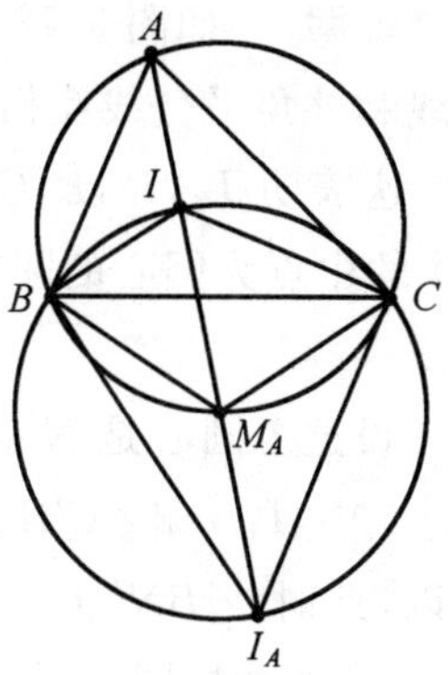

图 3.16 定理 2

但是,这一引理很少涉及旁切圆,所以我们不在本节中研究与此有关的问题. 但是,如果读者希望看到这些应用,那么 2002 年 IMO 的问题 2,2006 年 IMO 的问题 4 可分别用这一引理解决.

下面我们引进在证明许多奥林匹克问题时也很有用的另一个引理.

定理 3 设 $\triangle ABC$ 的内切圆切 BC 于 D. 如果 P 是内切圆中过 D 的直径的另一端点, Q 是 D 关于 BC 的中点的反射点,那么 A, P, Q 共线.

证明 如图 3.17,由定理 1,这一结果与旁切圆问题有关,Q 是 A 侧的旁切圆与 BC 的切点(我们有 $BD = CQ = s - b$). 注意到,存在一个以 A 为中心的位似将内切圆映射为 A 侧的旁切圆,因为 $IP \parallel I_AQ$,所以这一位似也必将 P 映射为 Q. 因此 A, P, Q 确实共线.

[2] 中有一套利用这一引理的出色问题,但是我们将只研究这套问题中的一个.

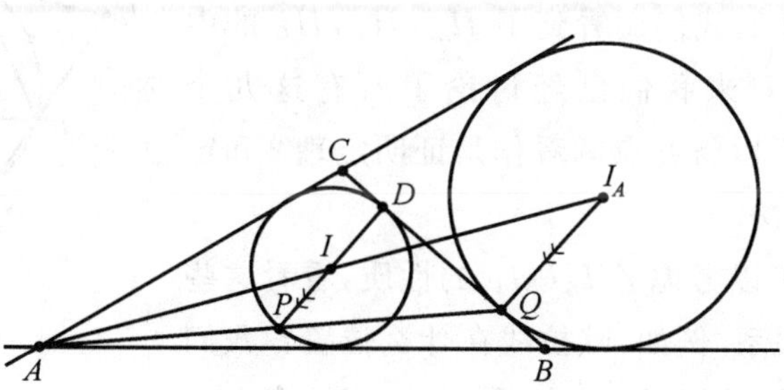

图 3.17 定理 3

(2) 两个旁切圆.

我们通过一个与定理 2 十分类似的结果将看到,在研究恰是一对旁切圆时会发生什么.

定理 4 设 N_A 是 $\triangle ABC$ 的外接圆上含有 A 的弧 $\overset{\frown}{BC}$ 的中点. 那么 I_B, I_C, B, C 都位于以 N_A 为圆心的圆上.

证明 如图 3.18,我们再一次用到一个角的内角平分线和外角平分线互相垂直.因此,$\angle I_BBI_C=\angle I_BCI_C=90^\circ$.这表明 I_B,I_C,B,C 都位于以 I_BI_C($\angle A$ 的外角平分线)的中点为圆心的圆上.我们要证明的是这个圆心就是 N_A.

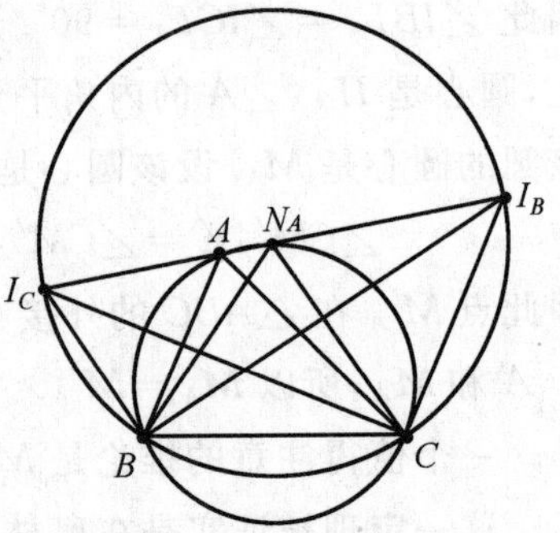

图 3.18 定理 4

设这个圆心是 N'_A.我们知道

$$\angle CN'_AI_B=2\angle CBI_B=\beta,\angle BN'_AI_B=2\angle BCI_B=\gamma$$

所以,此时 $\angle BN'_AC=180^\circ-(\beta+\gamma)=\alpha$.于是 N'_A 在 $\triangle ABC$ 的外接圆上.但是 I_BI_C 只与该外接圆相交于 A 和 N_A,所以 $N'_A=N_A$.

此外,我们还得到这一定理的推论:N_A 是 I_BI_C 的中点.

最后我们准备看一看当这三个圆都出现,因而是整个 $\triangle I_AI_BI_C$ 时,会发生什么情况!

(3) 九点圆的圆心来自何方?!

前面我们多次谈及一个角的内角平分线和外角平分线互相垂直,即 $AI_A\perp I_BI_C$,$BI_B\perp I_AI_C$,$CI_C\perp I_AI_B$.所以此时 AI_A,BI_B,CI_C 是 $\triangle I_AI_BI_C$ 的高,且使 $\triangle ABC$ 称为其垂心三角形.但是,我们不要忘记垂心三角形的外接圆就是九点圆!

我们可以利用这一事实搞清楚与 $\triangle I_AI_BI_C$ 有关的哪些点实际上在 $\triangle ABC$ 的外接圆上.

当然,我们已经注意到点 A,B 和 C 是高的垂足.如图 3.19,因为定理 4,我们看到了 $\triangle I_AI_BI_C$ 的边的中点(N_A,N_B 和 N_C),因为定理 2,我们还看到了 II_A,II_B,II_C 的中点(M_A,M_B 和 M_C).看来我们已经讨论了所有这九个点!也许,此时我们可以将九点圆看作是证明定理 2 和定理 4 的一种不同的方法.

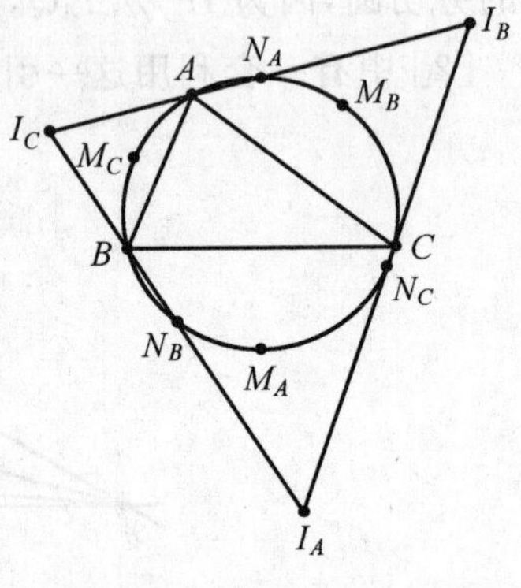

图 3.19 神奇的九点圆

然而,我们仍然可以考虑 $\triangle I_AI_BI_C$ 的性质,看看这些性质与 $\triangle ABC$ 有何关系.例如,欧拉线在什么位置?我们知道垂心是 I,九点圆的圆心是 O.似乎在 $\triangle ABC$ 中有一点实际上并不对应于重心(即 I_AN_A,I_BN_B,I_CN_C 的公共点).但是,我们可以对外心找到一些.

回忆一下,如果点 P 在 $\triangle ABC$ 内,那么从 A,B,C 出发,与点 P 的垂足三角形的对边垂直的直线共点于 P 的等角共轭点.因为 $\triangle ABC$ 是 I 在 $\triangle I_AI_BI_C$ 中的垂足三角形,I_AX_A,I_BX_B 和 I_CX_C 共点于某个点 V.该点必是 I 关于 $\triangle I_AI_BI_C$ 的等角共轭点.因为 I 是垂心,所以点 V 必是外心(等角共轭).

点 V 称为 $\triangle ABC$ 的 Bevan 点(图 3.20),且是内心关于 $\triangle ABC$ 的外心的反射点(因为外心是垂心关于 $\triangle I_AI_BI_C$ 的九点圆的圆心的反射点). 它的存在性的另一个论据是利用 Carnot 定理①和定理 1 得到的.

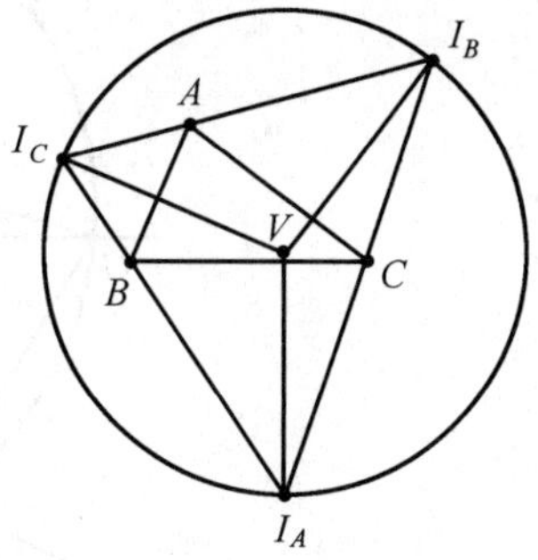

图 3.20 Bevan 点

(4) 若干问题.

在前文中,讨论了与旁切圆确实有关的大部分基本理论. 利用这些知识,我们至少可以处理奥林匹克中的任何旁切圆问题. 现在我们利用迄今为止已经发现的内容来看一些问题及其解答.

a.(熟知) 如果 r_a,r_b 和 r_c 是 A,B 和 C 所对的旁切圆的半径,证明:

$$\frac{1}{r_a}+\frac{1}{r_b}+\frac{1}{r_c}=\frac{1}{r}$$

证明 设 F 是内切圆与 AB 的切点. 注意存在以 A 为圆心的位似将内切圆映射到 A 所对的旁切圆. 利用定理 1,这个位似的比是

$$\frac{AF}{AZ_A}=\frac{r}{r_a}=\frac{s-a}{s}$$

同理,将此过程应用于另外两个旁切圆,相加后得到

$$\frac{r}{r_a}+\frac{r}{r_b}+\frac{r}{r_c}=\frac{s-a}{s}+\frac{s-b}{s}+\frac{s-c}{s}=\frac{3s-2s}{s}=1$$

由此推出结论.

b.(USA MO 1999) 设 $ABCD$ 是等腰梯形,$AB \parallel CD$. $\triangle BCD$ 的内切圆 ω 与 CD 相切于 E. 设点 F 在 $\angle DAC$ 的(内角)平分线上,且使 $EF \perp CD$. 设 $\triangle ACF$ 的外接圆交直线 CD 于 C 和 G. 证明:$\triangle AFG$ 是等腰三角形.

证明 如图 3.21,我们在前面提到在 $\triangle ACD$ 中,内切圆与 CD 的切点和 A 所对的旁切圆与 CD 的切点是关于 CD 的中点的反射. 因为 $\triangle ACD$ 和 $\triangle BCD$ 是关于 AB 和 CD 公共的垂直平分线的反射,于是推出 E 是 $\triangle ACD$ 中 A 所对的旁切圆与 CD 的切点. 因为 F 既在 $\angle DAC$ 的内角平分线上,又在过 E 的直线 CD 的垂线上,所以推出 F 是 $\triangle ACD$ 中 A 所对的旁心. 于是,注意到 CF 是 $\angle ACD$ 的外角平分线,所以

$$\angle FAG=\angle FCG=180^\circ-\angle ACF=\angle FGA$$

这表明 $\triangle AFG$ 是等腰三角形.

---

① Carnot 定理是说如果点 D,E,F 分别在 $\triangle ABC$ 的边 BC,CA,AB 上,那么垂线当且仅当

$$(BD^2-CD^2)+(CE^2-AE^2)+(AF^2-BF^2)=0$$

时,过点 D,E,F 分别垂直于 BC,CA,AB 的直线共点.

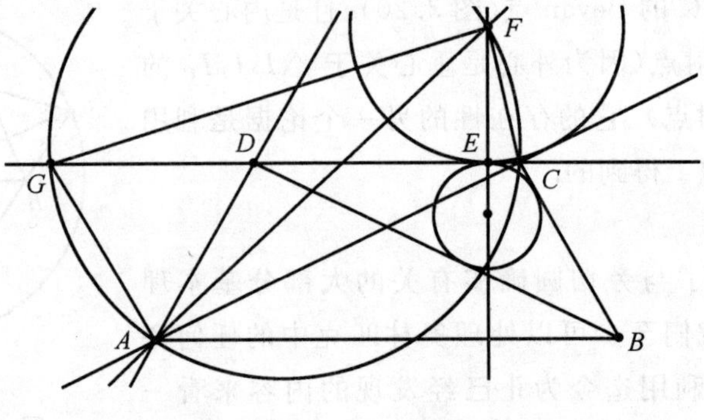

图 3.21　问题 b

c.(IMO 2012) 给定 $\triangle ABC$,点 J 是顶点 A 所对的旁切圆的圆心. 该旁切圆分别切边 BC 于 M,切直线 AB 和 AC 于 K 和 L. 直线 LM 和 BJ 相交于 F,直线 KM 和 CJ 相交于 G. 设 S 是直线 AF 和 BC 的交点,设 T 是直线 AG 和 BC 的交点. 证明:M 是 ST 的中点.

证明　首先我考虑用一些角的关系来证明 $AJKF$ 是圆内接四边形

$$\angle MFJ = 90^\circ - \angle FMK = 90^\circ - (\angle FMB + \angle BMK) =$$
$$90^\circ - (\angle CML + \angle BMK) =$$
$$90^\circ - \left(90^\circ - \frac{\gamma}{2} + 90^\circ - \frac{\beta}{2}\right) = \frac{\alpha}{2}$$

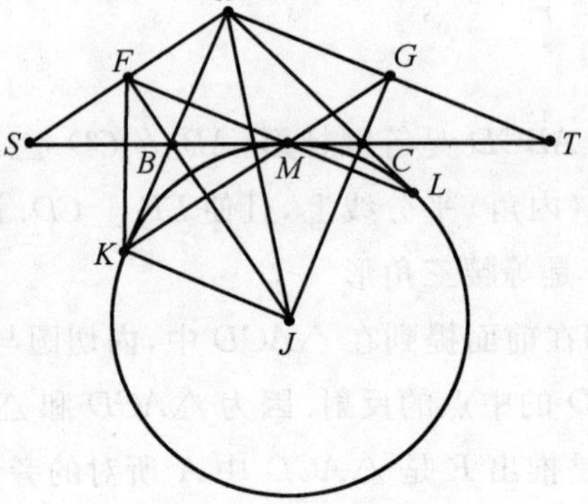

图 3.22　问题 c

因为 K 是 M 关于直线 FJ 的反射,$\angle KFJ = \angle MFJ = \frac{\alpha}{2}$. 而 $\angle KAJ = \frac{\alpha}{2}$,于是 $\angle KFJ = \angle KAJ$,这意味着 $AJKF$ 是圆内接四边形.

现在,因为 $\angle AKJ = 90^\circ$,所以得到 $\angle AFJ = 90^\circ$,即 $JF \perp AS$. 而 $JF \perp KM$,所以 $AS \parallel KM$. 这意味着 $\triangle BAS$ 和 $\triangle BKM$ 相似. 但我们知道 $BK = BM$,所以 $BS = BA = c$,类似地,$CT = CA = b$. 由定理 1,我们最后得到

$$SM = SB + BM = c + s - c = s$$

$$TM = TC + CM = b + s - b = s$$

于是 $SM = TM$,所以 M 是 ST 的中点.

d.(Balkan MO 2013)在 $\triangle ABC$ 中,A 所对的旁切圆 ω_a 切 AB 于 P,切 AC 于 Q,B 所对的旁切圆 ω_b 切 BA 于 M,切 BC 于 N,设 K 是 C 在 MN 上的射影,L 是 C 在 PQ 上的射影.证明:$MKLP$ 是圆内接四边形.

证明 如图 3.23,在 $\triangle CNK$ 中,$\angle CNK = 90° - \frac{\beta}{2}$(由等腰 $\triangle BMN$),$\angle CKN = 90° - \frac{\beta}{2}$,$CN = s - a$.因此,$CK = (s-a)\cos\frac{\beta}{2}$.类似地,在 $\triangle CLQ$ 中,得到 $CL = (s-b)\cos\frac{\alpha}{2}$.

现在作 $\triangle ABC$ 的内心 I,设 I 在 AB,AC 上的射影分别是 S,T.在 $\triangle IAT$ 中,$\angle IAT = \frac{\alpha}{2}$,$\angle ATI = 90°$,$AT = s - a$.因此,$AI = \frac{s-a}{\cos\frac{\alpha}{2}}$.类似地,在 $\triangle IBS$ 中,$BI = \frac{s-b}{\cos\frac{\beta}{2}}$.(这些正是熟知的事实)

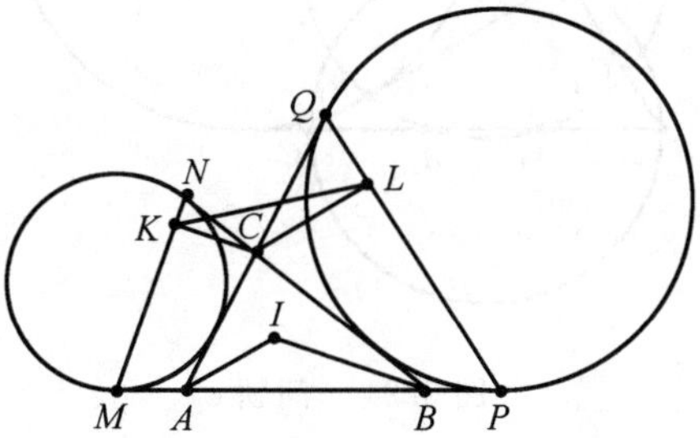

图 3.23 问题 d

所以,如果我们比较一下 $\triangle CKL$ 和 $\triangle IAB$,我们可以看到

$$\angle LCK = \angle LCQ + \angle QCN + \angle NCK = \frac{\alpha}{2} + \gamma + \frac{\beta}{2} =$$

$$180° - \left(\frac{\alpha}{2} + \frac{\beta}{2}\right) = \angle AIB$$

此外

$$\frac{CK}{CL} = \frac{s-a}{s-b} \cdot \frac{\cos\frac{\beta}{2}}{\cos\frac{\alpha}{2}} = \frac{AI}{BI}$$

因此 $\triangle CKL$ 和 $\triangle IAB$ 相似.这意味着 $\angle CKL = \angle IAB = \frac{\alpha}{2}$.于是

$$\angle LKM = 90° + \frac{\alpha}{2} = 180° - \left(90° - \frac{\alpha}{2}\right) = 180° - \angle LPM$$

所以 $MKLP$ 是圆内接四边形.

e.(IMO 2013)$\triangle ABC$ 的顶点 A 所对的旁切圆切边 BC 于点 A_1. 分别用顶点 B,C 所对的旁切圆类似地定义 CA 上的点 B_1,AB 上的点 C_1. 假定 $\triangle A_1B_1C_1$ 的外心在 $\triangle ABC$ 的外接圆上. 证明:$\triangle ABC$ 是直角三角形.

证明　如图 3.24,设 $\triangle A_1B_1C_1$ 的外接圆为 Γ_1,B 所对的旁切圆为 Γ_B.

因为 $\triangle A_1B_1C_1$ 的外心 O_1 在三角形外,所以 $\triangle A_1B_1C_1$ 的最大角必是钝角. 不失一般性,假定 $\angle B_1A_1C_1$ 是这个钝角. 那么,O_1 在包含 A 的弧 $\overset{\frown}{BC}$ 上. 我们将证明 $O_1=N_A$,即弧 $\overset{\frown}{BC}$ 的中点.

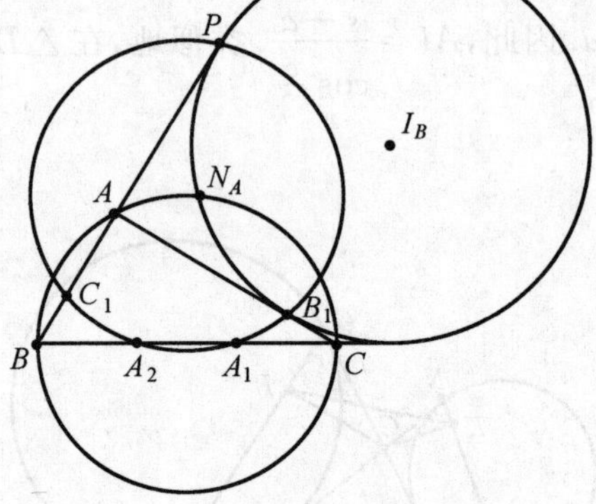

图 3.24　问题 e

我们知道 $s-a=BC_1=CB_1$,$N_AB=N_AC$,$\angle N_ABC_1=\angle N_ACB_1$(因为都对弧 $\overset{\frown}{AN_A}$). 这意味着 $\triangle N_ABC_1$ 和 $\triangle N_ACB_1$ 全等. 因此,$N_AB_1=N_AC$. 点 O_1 和 N_A 都在包含 A 的弧 $\overset{\frown}{BC}$ 上,到 B_1 和 C_1 的距离相等. 但是,满足这些性质的点只有一个,所以 $O_1=N_A$.

设点 A_2 是 $\triangle ABC$ 的内切圆与 BC 的切点. 因为 $BA_1=CA_2$,$BN_A=CN_A$,所以我们得到 $N_AA_1=N_AA_2$. 于是 A_2 也在 Γ_1 上.

设点 P 是 Γ_B 与 AB 的切点. 由定理 4,A,N_A 和 I_B 都在 PB_1 的垂直平分线上. 因此,$N_AB_1=N_AP$,所以点 P 在 Γ_1 上.

最后,利用点 B 关于 Γ_1 上一点的幂,得到

$$BC_1\cdot BP=BA_2\cdot BA_1\Rightarrow$$
$$s(s-a)=(s-b)(s-c)\Rightarrow$$
$$(a+b+c)(-a+b+c)=(a-b+c)(a+b-c)\Rightarrow$$
$$(b+c)^2-a^2=a^2-(b-c)^2\Rightarrow$$
$$a^2=b^2+c^2$$

于是 $\angle A$ 是直角.

注意到在所有这些问题中,我们使用了旁切圆的大多数的基本性质.这些性质具有一些基本的几何思想.在相当困难的一些问题中,这些性质通常都是必要的.

参考文献

[1] H. S. M. Coxeter, S. L. Greitzer, *Geometry Revisited*, 1967.

[2] Yuefei Zhao, *Lemmas in Euclidean Geometry*, 2007, http:// yufei zhao. com/ olympiad/ geolemmas phf.

[3] Wolfram Math World, *Bevan Point*, http://mathworld. wolfram. com/ Bevan Point. html.

[4] Balkan MO, 2013, http:// www. bmo2013. eu/ images/ Problems/ BMO2013-The Test-ENGLISH. pdf.

[5] IMO Official, *Problems*, http:// www. imo-official. org/problems. aspx.

Prasanna Ramakrishnan, Trinidad and Tobago

3.10 概率的期望的应用

1. 一些定义和记号

这里没有什么技巧性的内容,只是建立一些记号.我力图不过分正式.随机变量只是我们取的随机变化的一个量.例如,一个标准的六面体的骰子,譬如说 D_6 的结果就是一个随机变量.现在我们可以讨论某些事件的概率,用 $P(\cdot)$ 表示.例如,我们可以写成

$$P(D_6=1)=P(D_6=2)=\cdots=P(D_6=6)=\frac{1}{6}$$

或 $P(D_6=0)=0, P(D_6\geqslant 4)=\frac{1}{2}$.

我们也可以讨论一个随机变量 X 的期望值,即"平均"值.正式的定义是

$$E(X)\xlongequal{\text{def}}\sum_x P(X=x)\cdot x$$

而对于我们扔骰子的例子 D_6 来说,这就更清楚了

$$E(D_6)=\frac{1}{6}\cdot 1+\frac{1}{6}\cdot 2+\cdots+\frac{1}{6}\cdot 6=3.5$$

用通俗的语言说,我们只要将所有的结果乘以它们出现的概率然后再相加即可.

我们将假定读者对基本的图论术语有所熟悉,否则可以查阅 http://en.wikipedia.org/wiki/Graph_theory#Definitions.我们在此定义的一个术语可能不太为人所知 ——

给定一张图 G,一个独立的集合是没有两个顶点是由一条棱联结的顶点的集合.

2. 期望值的一些性质

(1) 一个激发性的例子.

任何对期望值的介绍都是从下面的经典例子开始的,这是一条不言而喻的定律.

例 1 在 MOP 中有 n 个人,每个人都有一个姓名标签.现在随机传给每个人一张姓名标签.设 S 是得到自己姓名标签的人数.证明:S 的期望值是 1.

这一结果似乎有点意外,因为直觉上我们可能预期这个期望值与 n 的选择有关.

为简单起见,如果一个人得到自己的姓名标签[①],我们就称这个人为不动点.于是 S 就是不动点的个数,我们希望证明 $E(S)=1$.如果我们对期望值感兴趣,那么根据我们的定义,我们应该研究所有 $n!$ 个排列,并计算不动点的个数,然后除以 $n!$ 得到平均值.因为我们要的是 $E(S)=1$,所以希望看到总共有 $n!$ 个不动点.

现在让我们先用 $n=4$ 的情况来作说明,并称这四个人为 W,X,Y,Z.(表 3.1)

表 3.1

	$W\ X\ Y\ Z$	$\sum$
1	$W\ X\ Y\ Z$	4
2	$W\ X\ Z\ Y$	2
3	$W\ Y\ X\ Z$	2
4	$W\ Y\ Z\ X$	1
5	$W\ Z\ X\ Y$	1
6	$W\ Z\ Y\ X$	2
7	$X\ W\ Y\ Z$	2
8	$X\ W\ Z\ Y$	0
9	$X\ Y\ W\ Z$	1
10	$X\ Y\ Z\ W$	0
11	$X\ Z\ W\ Y$	0
12	$X\ Z\ Y\ W$	1
13	$Y\ W\ X\ Z$	1
14	$Y\ W\ Z\ X$	0
15	$Y\ X\ W\ Z$	2

① 实际上这就是一个用于描述在一个排列中不变的点的术语.所以常用的问句是"一个随机排列的不动点的期望数是什么?"

续表

	W X Y Z	$\sum$
16	Y X Z W	1
17	Y Z W X	0
18	Y Z X W	0
19	Z W X Y	0
20	Z W Y X	1
21	Z X W Y	1
22	Z X Y W	2
23	Z Y W X	0
24	Z Y X W	0
$\sum$	6 6 6 6	24

我们列出了所有 4！＝24 个排列，由此看出的确有我们预测的 24 个不动点．遗憾的是，如果我们看到最右边的一列，似乎没有一个模式，而且似乎难以证明当 n 很大时，这也能成立．

但是，假定我们与其试图加行，那还不如加列．如果我们试图加列，那么此时出现一个十分明显的模式：我们看到每一列中不动点的总数是 6．事实上，这 6 个不动点 W 相应于其他三个字母 X,Y,Z 的 3！＝6 个排列．类似地，6 个不动点 X 相应于其他三个字母 W,Y,Z 的 3！＝6 个排列．

这很容易一般化：如果有 n 个字母，那么每一个字母出现的不动点为 $(n-1)!$ 次．于是期望值是

$$E(S)=\frac{1}{n!}[\underbrace{(n-1)!+(n-1)!+\cdots+(n-1)!}_{n个}]=\frac{1}{n!}\cdot n\cdot(n-1)!=1$$

很漂亮，对吗？现在让我们开始新的征程．

(2) 期望值的线性性质．

这一节的关键结果是以下定理．

定理 1　(期望值的线性性质) 给定任意随机变量 $X_1,X_2,\cdots,X_n$，恒有

$$E(X_1+X_2+\cdots+X_n)=E(X_1)+E(X_2)+\cdots+E(X_n)$$

如果 $X_1,X_2,\cdots,X_n$ 两两独立，例如，我扔 100 枚骰子，那么我就预计平均值是 350．即使这些变量不独立，那么这一神奇的事实也仍然成立．其基本思想正是我们在前面的例子中所进行的双重计算：即使各变量之间互相有关，如果你只看期望值，那么你还可以只按列相加．定理的证明正是一大堆和式符号，而这些符号所表示的恰好是同一件事，所以我们不必为此担心．

无论如何，这意味着现在我可以展开原来的问题．技巧是定义如下的指标变量

$$S_i \xlongequal{\text{def}} \begin{cases} 1, \text{第 } i \text{ 个人得到自己的姓名标签} \\ 0, \text{其余情况} \end{cases}$$

显然

$$S = S_1 + S_2 + \cdots + S_n$$

又容易看出,对于每一个 i,有 $E(S_i) = P(S_i = 1) = \frac{1}{n}$.如果我们考察任意特定的人,那么得到本人姓名标签的人的概率就是$\frac{1}{n}$. 于是

$$E(S) = E(S_1) + E(S_2) + \cdots + E(S_n) = \underbrace{\frac{1}{n} + \frac{1}{n} + \cdots + \frac{1}{n}}_{n\text{个}} = 1$$

这样就容易多了! 在对期望值的内容进行处理时,我们得到一个模式,在这一模式中"双重计算"的思想基本是自动形成的. 换句话说,期望的线性性质让我们在计算一个期望值时,不必思考为何这样做,只要聚焦于小的,局部的分量即可.

(3) 再举个例子.

例 2 (HMMT 2006) 在幼儿园里有 2 006 个孩子围成一圈坐着. 突然,每一个孩子随机地戳碰了左边或右边的一个孩子. 那么没有被戳碰的孩子的个数的期望值是什么?

解 对孩子进行编号 1,2,…,2 006. 定义

$$X_i \xlongequal{\text{def}} \begin{cases} 1, \text{第 } i \text{ 个人没被戳碰} \\ 0, \text{其余情况} \end{cases}$$

我们求 $E(X_1 + X_2 + \cdots + X_{2\,006})$. 注意到任何特定的孩子没被戳碰(如果两边的孩子都没有戳碰他)的概率是$\left(\frac{1}{2}\right)^2 = \frac{1}{4}$. 因此,对于每一个 i,有 $E(X_i) = \frac{1}{4}$,且

$$E(X_1 + X_2 + \cdots + X_{2\,006}) = E(X_1) + E(X_2) + \cdots + E(X_{2\,006}) = 2\,006 \cdot \frac{1}{4} = \frac{1\,003}{2}$$

严格地讲,这让人感觉有些不实.

(4) 一些实际问题.

前两个问题是上述方法的简单应用.

问题 1 (AHSME 1989) 假定有 7 个男孩和 14 个女孩排成一行. 设 S 是这一行中有一个男孩和一个女孩彼此相邻的位置的个数. 例如, 对于这样的行: $GBBGGGBGBGGGBGBGGBGG$,我们有 $S=12$. 求 S 的期望值.

问题 2 (AIME 2006 #6) 设 S 是能表示为形如 $0.\overline{abc}$ 的循环小数的实数集. 求 S 的元素的和.

下面三个问题要难一些. 在这些问题中,期望值的线性性质并不是解题的主要思想. 下面的所有问题都出自 Lewis Chen.

问题 3 (NIMO 4.3) 有一天,一位主教和一位武士在一个无限大的棋盘上的同一行的方格上,此时发生一场巨大的陨石雨.棋盘上的每一个方格上都独立而随机地以概率 p 掉落一块陨石.主教和武士都未被击中,但是他们的移动可能已被陨石所阻.对于 p 的什么值能使主教(一次) 移动到有效的方格的期望数等于武士能移动到有效的方格的期望数(一次)?

问题 4 (NIMO 7.3) 理查德有四堆无穷多个硬币:一堆是 1 美分的,一堆是 5 美分的,一堆是 10 美分的,一堆是 25 美分的.他随机选择一堆,从中取出一枚硬币.然后理查德重复这一过程,直到他所取出的硬币的币值的和是一个整数美元.则这个钱的和的期望值是什么(用美分表示)?

问题 5 (NIMO 5.6) 汤姆有一台科学计算器.遗憾的是键盘上除了 1,2,3,+ 和 − 这一行以外,所有的键都坏了.汤姆随机连按 5 次键,在每一次按键时,每一个键被按下的可能性是相等的.于是这台计算器显示出整个表达式,得到 E 的一个结果.求 E 的期望值.

(注:允许出现负数,所以 $13-22$ 给出 $E=-9$.任何过度的运算要根据运算符号法则,所以 $-2-+3$ 给出 $E=-5$,$-+-31$ 给出 $E=31$.末尾的运算符号剔除,所以 $2++-+$ 给出 $E=2$.只有一串运算符号的,例如 $-++-+$,给出 $E=0$.)

3. 存在性的一些直接证明

在最简单的形式中,我们可以利用期望值证明存在性,例如,假定我们知道 USAMO 2014 的平均得分是 12.51.那么存在一个得分至少是 13 分的选手,也存在一个得分至多是 12 分的选手.这实质上类似于鸽笼原理,但是概率论的语句要远为坚实.

(1) 第一个例子.

现在来看一个十分简单的例子,该例取自于 San Jose State University① 的一次期中考试.

例 3 (SJSU M179 Midtern).证明:至少有 n^2-n+1 条棱的 $K_{n,n}$ 的任何子图都有一个完全配对.

我们用图中 $n=4$ 的情况来进行说明.

图 1:$n=4$ 的情况.有 $n^2-n+1=13$ 条棱,配对用绿色以醒目.

这一问题并没有让我们"感觉"会很难.毕竟,只存在 n^2 条可能的棱,所以 n^2-n+1 条棱意味着实际上所有的棱都出现②了.

---

① 对于一个不用图论问题的语言:给出 n 个红点和 n 个蓝点,假定我们能够至少联结 n^2-n+1 对异色点.证明:可以选取 n 条线段,使其中任何两条都没有公共端点.

② 另一方面,n^2-n+1 实际上是最佳的可能范围.你能否举出 n^2-n 的一个反例?

所以让我们真的疏忽了的,只是随机地将一些点与另一些点配对,不管实际上是否有一条棱出现.我们称实际上由一条棱联结的这样配对的对数为分.我们希望能证出有些配对有 n 分,因为这将是所求的完全配对.

所以随机配对的期望值是什么?数 $1,2,\cdots,n$ 的对数,定义

$$X_i \xlongequal{\text{def}} \begin{cases}1, \text{如果第 } i \text{ 对有一条棱联结} \\ 0, \text{其余情况}\end{cases}$$

那么图中的分数是 $X=X_1+X_2+\cdots+X_n$.给出任何红点和任何蓝点,有一条棱联结这两点的概率是 $\frac{n^2-n+1}{n^2}$.这意味着 $E(X_i)=\frac{n^2-n+1}{n^2}$,所以

$$E(X)=E(X_1)+\cdots+E(X_n)=n\cdot E(X_1)=\frac{n^2-n+1}{n}=n-1+\frac{1}{n}$$

因为 X 只取整数值,所以必存在某张图,有 $X=n$.证毕.

(2) 拉姆齐数.

让我们再举一个简单的例子.在开始之前,我们将引进一个代数引理,此引理取自[5,第 30 页].

引理 1 对于任何整数 n 和 k,有

$$\binom{n}{k}<\frac{1}{\mathrm{e}}\left(\frac{\mathrm{e}n}{k}\right)^k$$

这里 $\mathrm{e}\approx 2.718\cdots$ 是欧拉常数.

证明 要 $\binom{n}{k}<\frac{n^k}{k!}$,那么利用计算证明 $k!\geqslant \mathrm{e}\left(\frac{k}{\mathrm{e}}\right)^k$.特别地,有

$$\ln 1+\ln 2+\cdots+\ln n\geqslant\int_1^k \ln x\mathrm{d}x=k\ln k-k+1$$

由此取指数即可.

代数并不十分有趣,但至少是容易的.让我们回到组合数学中去.

例 4 (拉姆齐数)设 n 和 k 是整数,且 $n\leqslant 2^{\frac{k}{2}}$,$k\geqslant 3$.那么可能对有 n 个顶点,且具有以下性质的完全图涂色:不能找到 k 个顶点,使其中的 $\binom{k}{2}$ 条棱同色.

注 用拉姆齐数的语言证明:$R(k,k)>2^{\frac{k}{2}}$.

解 我们再次随机地对棱涂色,希望得到最佳结果.我们用仍硬币的方法对 $\binom{n}{2}$ 条棱中的每一条确定颜色.如果所有 $\binom{k}{2}$ 条棱同色,那么称这 k 个顶点的集合是"坏的".任何集合是"坏的"概率是 $\left(\frac{1}{2}\right)^{\binom{k}{2}-1}$.因为集合的个数是 $\binom{n}{k}$,所以坏集合的期望值是

$$E(\text{坏集合的个数})=\frac{\binom{n}{k}}{2^{\binom{k}{2}-1}}$$

我们要证明的是这个数小于 1. 这很容易用引理 1 验证，事实上，空间还很充裕.

(3) 一个巧妙的应用.

现在我们给出以下结果的一个巧妙的证明(通过[3] 与我交流).

定理 2 (Ajtai－Komlós－Szemerédi) 给定一个平均度数是 d，有 N 个顶点，没有三角形的图 G，我们可以找到一个大小至少是 $0.01\,\dfrac{N}{d}\log d$ 的独立集合.

这里，没有三角形的意思是没有彼此都相邻①的三个顶点. 另一种说法是局部稀疏.

我们第一个步骤是用"最大度数"Δ 代替"平均度数"d. 这里的巧妙是：注意到顶点中至多有一半的度数大于 $2d$. 所以如果我们放弃这些顶点，那么我们仍然有一半的顶点能留下，现在最大度数 $\Delta\leqslant 2d$. 如果我们设 $n=\dfrac{N}{2}$，那么我们正好需要在我们的新的图中有一个大小为 $0.04\,\dfrac{n}{\Delta}\log\Delta$ 的独立集合.

所以现在我们有最大度数为 Δ 的 n 个顶点. 这里的巧妙是：考虑所有可能的独立集合，均恒而随机地挑出一个集合 S. 对于这个集合 S，我们用以下方式定义分值 X：

· 对于 S 中的每一个顶点 u，在这个 u 上写上 $+\Delta$.

· 对于与 S 中的某顶点相邻的每一个顶点 v，在这个顶点上写上 $+1$. 一个顶点可以得到 $+1$ 倍. 但是要注意，因为 S 独立，所以这意味着 $v\notin S$.

· 定义分值 X 是所有写的数的和.

图 2：分配分值. S 的元素是大的红色顶点.

显然，$X\leqslant 2\Delta\mid S\mid$，因为 S 中的每一个顶点将 Δ 赋予本身，所以在相邻的顶点中至多是 Δ. 现在，我们在 $E(X)$ 上放一个下界，这将给出我们这个结果.

考虑任何顶点 v，以及与其相邻顶点的集合. 注意到没有三角形这一条件，没有相邻的顶点互相联结. 设 X_v 是给予顶点 v 的分值的和(所以 $X=\sum_v X_v$). 现在准备证明 $E(X_v)\geqslant 0.08\log\Delta$. 这就够了，因为此时 $E(X)\geqslant 0.08n\log\Delta$，对于 X 的好的选择，有 $\mid S\mid\geqslant 0.04n\,\dfrac{\log\Delta}{\Delta}$.

图 3：忽略一些东西.

假定我们在选择一个独立的集合时，选择除了 v 及其相邻顶点的所有东西. 我们将证

① 如果读者熟悉 $R(m,n)$ 记号，那么这里想到一些资料：这与 $R(3,t)$ 之间的联系是什么？

明如果不理会如何选取外面的东西,那么$E[X_v]\geqslant 0.08\log\Delta$依然成立.假定不包括$v$,那么在邻近的顶点中存在我们可以选取的其余$m$个顶点(即这些顶点不与任何被选中的以外的点相邻).

我们有几种方法选择其余可能的集合:

· 我们可以选择v,但此时不再选择任何与其相邻的顶点.

· 我们可以选择的m个顶点的任何非空子集,但此时不再选择v.

· 我们可以不选择顶点.

则总共有$1+(2^m-1)+1$种可能.在第一种方案中,$X_v=+\Delta$.在第二和第三种方案中

$$X_v=E(\text{所选择的相邻的顶点})=\frac{1}{2}m$$

所以

$$E(X_v)=\frac{1\cdot\Delta+2^m\cdot\frac{1}{2}m}{2^m+1}=\frac{\Delta}{2^m+1}+\frac{1}{1+2^{-m}}\cdot\frac{m}{2}>\frac{1}{4}\max\left(\frac{\Delta}{2^m},m\right)$$

余下的是要证明这个数至少是$0.08\log\Delta$.读者可以检验这一点,因为如果$m\geqslant\frac{1}{2}\log_2\Delta$,那么$\frac{1}{4}m$就够了;否则,$\frac{\Delta}{2^m}\geqslant\sqrt{\Delta}$,这肯定足够了.

(4) 几个实际问题.

最前面两个问题取自[2],最后一个问题取自[4].

问题6 证明:可以组织一场超过1 000个人的(循环)比赛,使在1 000个人的任何集合中,有某个选手击败所有的人.

问题7 (BAMO 2004)考虑n个不全为零的实数,但和为零.证明:可以对这些数编号为$a_1,a_2,\cdots,a_n$,使得

$$a_1a_2+a_2a_3+\cdots+a_na_1<0$$

问题8 (Russia 1996)在杜马议会中,有1 600名代表,他们组成16 000个委员会,每个委员会有80名成员.证明:可以找出有不少于四个共同成员的两个委员会.

4.沉重的机构

这里确实有一些很好的思想可用于现代理论.遗憾的是我并没有发现很多应用这些思想的奥林匹克问题.如果你知道的话,那就请你告诉我!

(1) 变式.

在前面的一些命题中,我们经常利用证明$E(\text{坏的})<1$来证明一个结果.第二种方法是选择一些东西,求出最坏的情况的个数的期望值,然后减去它.下面的一个例子将把此

事说明清楚.

例 5 (Weak Turán) 一张图 G 有 n 个顶点,平均度数为 d. 证明:可以选取一个大小至少为$\frac{n}{2d}$的独立集合.

证明 并不是随机地选取$\frac{n}{2d}$个顶点,希望取棱数是 1,而是选择概率为 p 的每一个顶点(后面我们将选取一个 p 的最佳值).

这意味着,我们将取的顶点的期望数是 np. 现在有$\frac{1}{2}nd$条棱,所以“坏”的情况(即两个顶点都取的一条棱)的期望数是$\frac{1}{2}nd \cdot p^2$.

现在我们可以除去所有坏的情况. 对于每一条坏的棱,任意抹去它的一个端点(可能有重复). 这就使我们至少有$\frac{1}{2}nd \cdot p^2$个顶点,所以余下的顶点的个数的期望值至少是

$$np - \frac{1}{2}ndp^2 = np\left(1 - \frac{1}{2}dp\right)$$

看来 p 的最佳选择是$\frac{1}{d}$,这就给出我们所求的$\frac{n}{2d}$一个期望值,而这就是所要求的.

一个更强的结果是问题 13.

(2) 并界和马尔可夫不等式.

建立存在性的第二种方法是建立一个非零的概率. 做到这一点的一种方法是利用一个并界.

命题 1 (并界) 考虑若干个事件 $A_1, A_2, \cdots, A_k$. 如果

$$P(A_1) + P(A_2) + \cdots + P(A_k) < 1$$

那么存在一个上述事件都不发生的非零的概率.

为此,有时要用到以下的论断.

定理 3 (马尔可夫不等式) 设 X 是只取非零值的随机变量. 假定 $E(X) = c$,那么

$$P(X \geqslant r) \leqslant \frac{1}{r} \cdot c$$

这在直观上是显然的:如果 USAMO 的平均得分是 7,那么至多有六分之一的选手得到满分. 该不等式有时也称为 Chebyshev 不等式或 Chebyshev 第一不等式.

(3) Lovász 局部引理.

Lovász 局部引理(简称 LLL) 在某种意义上说是并界思想的改进 —— 如果问题中的事件“大多数”是独立的,那么没有事件发生的概率仍是非零的.

下面我们提供局部引理的“对称”版本. 还存在一个不对称的版本(见 Wikipedia).

定理 4 (Lovász 局部引理) 考虑若干事件,这些事件每一次以至多为 p 的概率发生,

且每一事件除了其中至多 d 个事件以外都与所有其他事件独立. 那么，当 $epd\leqslant 1$ 时，没有事件发生的概率为正.

注意到我们并没有用事件的个数，只是用独立的个数. 因为这个名称表明局部引理在随机算法中是有用的，它的出现表明许多事情彼此不是很相关. 下面著名的俄罗斯问题就是这样的例子.

例 6 (Russia 2006) 在一个旅行营中，每一个人在营中的其他人中至少有 50 个朋友，至多有 100 个朋友. 证明：可以将一件 T 恤衫传给每一个人，T 恤衫(至多)有 1 331 种不同的颜色，且任何人都有 T 恤衫的颜色两两不同的 20 个朋友.

常数 $C=1\ 331$ 相当弱. 下面我们将其减为 $C=48$.

解 随机给每个人任意一件 T 恤衫. 对于每一个人 P，我们考虑事件 $E(P)$，意思是与"与 P 相邻的人都有至多有 19 种颜色的 T 恤衫". 我们希望利用 Lovász 引理证明存在没有事件发生的一个非零概率.

如果我们有两个人 A 和 B，他们既不是朋友，也没有共同的朋友(用图论语言说，在图上他们之间的距离至少是 2)，于是 $E(A)$ 和 $E(B)$ 是完全互相独立的. 所以任何给定的 $E(P)$ 只与朋友，以及朋友的朋友有关. 因为任何 P 至多有 100 个朋友，这些朋友的每一个都至多有 99 个除了 P 以外的朋友，那么 $E(P)$ 至多与 $100+100\cdot 99=100^2$ 个其余的事件有关. 因此在引理中，我们可以设 $d=100^2$.

对于给定的一个人，看他的 $50\leqslant k\leqslant 100$ 个相邻的人. 在这些相邻的人中至多有 19 种 T 恤衫的颜色的概率显然至多是

$$\begin{bmatrix}C\\19\end{bmatrix}\cdot\left(\frac{19}{C}\right)^k$$

为了估计这个二项式系数，我们可以再次应用引理 1，得到这个数至多是

$$\frac{1}{\mathrm{e}}\left(\frac{\mathrm{e}C}{19}\right)^{19}\cdot\left(\frac{19}{C}\right)^k=\mathrm{e}^{18}\cdot\left(\frac{19}{C}\right)^{k-19}\leqslant \mathrm{e}^{18}\left(\frac{19}{C}\right)^{31}$$

于是，我们可以设 $p=\mathrm{e}^{18}\left(\frac{19}{C}\right)^{31}$. 因此由引理表明只要

$$\mathrm{e}^{19}\left(\frac{19}{C}\right)^{31}\cdot 100^2\leqslant 1$$

就成功了. 果然 $C=48$ 是最佳的结果. 更不必说，当 $C=1\ 331$ 时，所建立的等式是显然的.

5. Grand Finalé － IMO 2014，问题 6

以下内容是由第 55 届国际数学奥林匹克给出的问题有感而写的，Po－Shen Loh[3] 谈及此题.

例 7 (IMO 2014/6) 如果平面内无两直线平行，无三直线共点，那么平面上的一个

直线集合就处于一般位置.一般位置的一个直线集合将平面分成若干个区域,其中有些区域的面积有限,我们称这些区域为有限区域.证明:对于足够大的一切 n,在一般位置的 n 条直线的任何集合中,可以对至少$\sqrt{n}$ 条直线涂蓝色,使集合中一切有限区域中没有一个有完整的蓝色边界.

注 用 $c\sqrt{n}$ 替代的有$\sqrt{n}$ 的一些结果将是依赖于常数 c 的值的点.

我们将展现两个部分的解($c<1$),一个利用 Lovász 局部引理,一个利用变式.为了完整起见,我们还要展现这个得到 $c=1$ 的正式解,即使这个解不是概率的.然后,我们将利用某些现代工具(这是[3]) 建立这个界 $O(\sqrt{n\log n})$.

(1) 利用 LLL 的部分解.

我们将证明界为 c,这里 $c=(6\mathrm{e})^{-\frac{1}{2}}$.

将 n 条直线任意分成每个大小为$\frac{\sqrt{n}}{c}$ 的$c\sqrt{n}$ 个组.我们从每一个这样的组随机选择一条直线涂上蓝色.对于每一个区域 $R_1,R_2,\cdots,R_m$,我们将考虑一个事件 A_k,其表示"R_k 的边界中有三条直线是蓝色的",这些直线是我们预先表明的.我们将证明存在一个没有事件发生的非零概率.

那么 A_k 的概率显然至多是$\left(\frac{c}{\sqrt{n}}\right)^3$.

对于每一个 R_k,我们有三组要考虑.每一组由$\frac{\sqrt{n}}{c}$ 条直线组成.每一条直线至多是 $2n-2$ 个区域的一部分.于是 A_k 至多与 $3\cdot\frac{\sqrt{n}}{c}(2n-2)$ 个事件有关.

因此

$$\mathrm{e}\left(\frac{c}{\sqrt{n}}\right)^3\left[3\cdot\frac{\sqrt{n}}{c}(2n-2)\right]<6\mathrm{e}c^2=1$$

我们用 LLL 证明完毕.

(2) 利用变式的部分解.

我们将证明对于任何 $c<\frac{2}{3}$,界为 $c\sqrt{n}$.

首先,我们需要界定三角形的个数.

断言 至多存在$\frac{1}{3}n^2$ 个三角形.

证明 考虑每两条直线的$\binom{n}{2}$ 个交点中的每一个.容易检验它至多是两个三角形的一个顶点.因为每一个三角形有三个顶点,这表明至多存在$\frac{2}{3}\binom{n}{2}<\frac{1}{3}n^2$ 个三角形.

且不难证明至多存在$\frac{1}{2}n^2$ 个有限区域①.

以概率 p 对每一条直线涂上蓝色. 则所选的直线数的期望值是

$$E(\text{直线})=np$$

完全蓝色三角形的期望数小于

$$E(\text{坏的三角形})<\frac{1}{3}n^2\cdot p^3$$

对于另外一些有限区域,至多有$\frac{1}{2}n^2$ 个有限区域,完全是蓝色三角形的概率至多是 p^4. 所以这里完全是蓝色的区域至多是

$$E(\text{坏的 }4+\text{边形})<\frac{1}{2}n^2\cdot p^4$$

注意到,四边形(或以上)的期望数实际上与前面任何一个量相比都很小,我们甚至不必为减去前面已经计算过的三角形而担心. 这里只是为了完整,但我们希望它很快消失.

现在我们要对每一个坏的,完全蓝色的区域实施变式,我们褪去一条直线的蓝色. 于是,以后是蓝色的直线的期望数是

$$np-\left(\frac{n^2}{3}\cdot p^3\right)-\left(\frac{n^2}{2}\cdot p^4\right)=np\left(1-\frac{np^2}{3}-\frac{np^3}{2}\right)$$

现在,忽略最右边的$\frac{np^3}{2}$,因为它实际上很小. 对于某个 k,我们要 $p=\frac{k}{\sqrt{n}}$,在这个点上这个值大体上是 $k\left(1-\frac{k^2}{3}\right)$,所以 p 的一个最佳值是 $p=n^{-\frac{1}{2}}$(即 $k=1$),这就给出

$$\sqrt{n}\left(\frac{2}{3}-\frac{27}{16}\cdot\frac{1}{\sqrt{n}}\right)=\frac{2}{3}\sqrt{n}-\frac{81}{32}$$

对于足够大的 n,这个值超过 $c\sqrt{n}$,这就是所要求的.

(3) 插曲 —— 得到 $c=1$ 的正式解.

这不是概率的,但是为了完整起见,我们无论如何要将其包括在内. 事实上,这只是一种贪心的算法.

假定对这些蓝色直线中的 k 条涂了颜色,且不可能对任何额外的直线涂色. 这意味着,这 $n-k$ 条非蓝色的直线中的任何一条都是某个不完全是蓝色边界的有限区域的边. 对于每一条这样的直线 l,选择一个这样的区域,然后按逆时针方向取下一个顶点,这就是两条蓝色直线的交点 v. 我们将说 l 是 v 的一个眼睑.

---

① 例如,对顶点是$\binom{n}{2}$个交点,棱是 $n(n-2)$ 条线段的图用 $V-E+F=2$.

图 4:这里 l 是 v 的一个眼睑.

你不难证明两条蓝色直线的每一个交点至多有两个眼睑. 因为存在 $\binom{n}{2}$ 个这样的交点,所以看出

$$n-k\leqslant 2\binom{k}{2}=k^2-k$$

所以 $n\leqslant k^2$,这就是所要求的.

图 5:这个贪心的算法不能好于$\sqrt{n}$.

有趣的是注意到这个贪心的算法不能引申到取得一个好于$\sqrt{n}$ 的结果. 为了证明这一点,注意到如果 $n=m^2$,那么我们可以考虑一般位置的任意 m 条蓝色直线,然后加上这 $2\binom{m}{2}$ 条直线,对给定交点的两侧应用两次(根据 Po — Shen Loh 的说法称这些为"管道"). 于是每一条新的直线都是有两条蓝边的三角形的棱,所以这个贪心的算法到此必须结束.

(4) 过分的解.

这个解属于 Po — Shen Loh[3]. 现在我们准备确立界$\sqrt{cn\log n}$,其核心是下面的定理.

定理5 (Duke — Lefmann — Rödl) 给定一个有 N 个顶点,所有大小为 3 条棱的超图 G,假定对于任何两个顶点至多有一个顶点有 3 重棱联结这两个点,那么我们能够找到一个大小至少为 $c\cdot\frac{N}{\sqrt{d}}\sqrt{\log d}$ 的独立集合.

这里的超图是这样的一张图,其中一条"棱"是恰与两个顶点相反的顶点的任意子集. 在上面的定理中,所有的棱有三个端点,我们要求任意两个顶点至多有一条棱联结.

在 IMO 问题背景中,假定我们把 n 条直线中的每一条看作是一个顶点,把每一个有限区域看作是一个超棱. 像在前一个解中那样,我们把五边形、六边形、…… 当四边形处理,因此我们可以假定所有的棱的大小是 3 或 4. 我们再一次利用扔权重为 p 的硬币决定是否选取一个顶点. 定义以下的随机变量:

· 设 W 是所选顶点的个数. 那么 $E(W)=pn$.

· 设 Y 是 4 重棱的条数. 那么至多存在 n^2 条这样的棱,所以

$$E(Y)\leqslant p^4n^2$$

· 设 Z 是包含两条 3 重棱的顶点对(u,v) 的个数(在几何背景中,至多有两条这样的棱). 那么

$$E(Z)\leqslant\binom{n}{2}p^4<p^4n^2$$

如果我们消去 Y 和 Z 中的情况，那么我们就得到可以使用定理的情况.

最后，设 X 是余下的棱的总条数. 由于每一条棱都有大于等于 3 个顶点，存在小于等于 n^2 条棱，所以 $E(X)\leqslant n^2p^3$.

利用马尔可夫不等式

$$P(Y>4p^4n^2)<\frac{1}{4}$$

类似地，有

$$P(Z>4p^4n^2)<\frac{1}{4}$$

和

$$P(X>4n^2p^3)<\frac{1}{4}$$

此时，W 是二项分布，所以实际上可以证明

$$\text{当 } n\to\infty \text{ 时}, P(W<0.99pn)\to 0$$

于是，这个并界表明存在一个使所有的不等式都不成立的非零的机会，这意味着 $Y\leqslant 4p^4n^2, Z\leqslant 4p^4n^2, X\leqslant 4n^2p^3, W\geqslant 0.99pn$.

现在再利用变式，我们除去 Y 和 Z 中的"坏的"情况. 那么顶点的个数 N 至少是

$$N\geqslant W-Y-Z\geqslant 0.99pn-8p^4n^2\sim pn(1-8p^3n)$$

我们取 $p=0.01n^{-\frac{1}{3}}$. 现在 $N\sim pn$.

于是平均度数至多是

$$d=\frac{3X}{N}\leqslant\frac{\sim n^2p^3}{\sim np}\sim np^2$$

此定理给出一个界

$$\frac{N}{\sqrt{d}}\log d\sum\frac{pn}{p\sqrt{n}}\sqrt{\log\sqrt{pn^2}}\sim\sqrt{n\log n}$$

这就是所要求的.

6. 若干实际问题

以下问题大部分取自[2,4].

问题 9 (IMC 2002) 一次数学奥林匹克竞赛有六个问题和 200 名选手. 选手的解题技巧都很高，所以每一个问题都至少有 120 名选手解出. 证明：存在两个选手，每一个问题至少有其中一人解出.

问题 10 (Romania, 2004) 证明：对于任何满足 $|z_1|^2+|z_2|^2+\cdots+|z_n|^2=1$ 的复数 $z_1,z_2,\cdots,z_n$，可以选取 $\varepsilon_1,\varepsilon_2,\cdots,\varepsilon_n\in\{-1,1\}$，使

$$\left|\sum_{k=1}^{n}\varepsilon_k z_k\right|\leqslant 1$$

问题 11 (Shortist 1999 C4) 设 A 是模 N^2 的 N 个余数的一个集合. 证明:存在模 N^2 的 N 个余数的集合 B,使 $A+B=\{a+b \mid a\in A,b\in B\}$ 至少包含 N^2 的所有 N 个余数的一半.

问题 12 (Iran TST 2008/6) 在一次循环锦标赛中有 799 支队伍参赛. 证明:可以在每七个队中找到不重叠的两组 A 和 B,使得 A 中所有的队都战胜 B 中所有的队.

问题 13 (Caro－Wei Theorem) 考虑有顶点集合 V 的图 G. 证明:能够找到大小至少为

$$\sum_{v\in V}\frac{1}{\deg v+1}$$

的一个独立的集合.

注 由 Jensen 不等式,注意到我们独立的集合的大小至少是 $\frac{n}{d+1}$,这里 d 是平均度数. 这一结果称为 Turán 定理(或其补充).

问题 14 (USAMO 2012/6) 对于整数 $n\geqslant 2$,设 $x_1,x_2,\cdots,x_n$ 是实数,且满足 $x_1+x_2+\cdots+x_n=0$,$x_1^2+x_2^2+\cdots+x_n^2=1$. 对于每一个 $A\in\{1,2,\cdots,n\}$,定义

$$S_A=\sum_{i\in A}x_i$$

(如果 A 是空集,那么 $S_A=0$). 证明:对于任何正数 λ,满足 $S_A\geqslant\lambda$ 的集合 A 的个数至多是 $\frac{2^{n-3}}{\lambda^2}$. 怎样选择 $x_1,x_2,\cdots,x_n,\lambda$ 可使等式成立?

问题 15 (Online Math Open, Ray Li) Kevin 有 2^n-1 块饼干,每一块饼干都唯一地标有 $\{1,2,\cdots,n\}$ 的一个非空子集. 每一天,他随机而均匀地取出一块还没有吃掉的饼干. 然后他吃掉这块饼干,以及吃掉标有这块饼干的子集的所有其余的饼干. 计算所有的饼干都吃完之前,Kevin 吃一块饼干的天数的期望值.

问题 16 设 n 是正整数,a_k 表示有 k 个固定点的 n 个元素的排列种数,计算:

$$a_1+4a_2+9a_3+\cdots+n^2a_n$$

问题 17 (Russia 1999) 在某所学校里,每一个男孩都至少喜欢一个女孩. 证明:能够在学校里找到至少一半学生的一个集合 S,使 S 中的每一个男孩喜欢 S 中的奇数个女孩.

问题 18 (Sperner) 考虑 $\{1,2,\cdots,n\}$ 的 N 个不同的子集 $S_1,S_2,\cdots,S_N$,使没有一个 S_i 是任何 S_j 的子集. 证明:

$$N\leqslant\binom{n}{\lfloor \frac{1}{2}n\rfloor}$$

问题 19 设 n 是正整数. 假定将 $11n$ 个点放置在圆上,用 n 种颜色中的一种涂色,使每种颜色恰好出现 11 次. 证明:可以对每一种颜色选出一点,使没有两点相邻.

问题 20 (Sweden 2010,adapted)在一座有 n 个人的小镇里,任何两人或者都互相认识,或者都认识某个共同认识的人.证明:能够找到至多有 $\sqrt{n\log n}+1$ 个人的一群人,使得任何其他人至少认识这群人中的一个人.

注 在图论的语言中,给出一张直径为 2 的图,证明:存在一个大小至多为 $\sqrt{n\log n}+1$ 的强势集.

问题 21 (Erdös)证明:在任何有 n 个不同的正整数的集合中,我们总可以找到一个有 $\frac{1}{3}n$ 或者更多元素的子集 T 具有性质:对于任何 $a,b,c\notin T$(不必不同),有 $a+b\neq c$.

注 这样的集合称为非和集.

7.问题的简解

1.答案:9.1.对于每一相邻的对作一个标志的变量.

2.答案:360.随机取 a,b,c,计算 $E(0.\overline{abc})$,然后乘以 $|S|$.

3.$8(1-p)=4[(1-p)+(1-p)^2+(1-p)^3+\cdots]$.

4.答案:1 025 美分.设 x_n 是(mod 100)余 n 的状态时的期望值.于是

$$x_0=0$$

$$x_n=\frac{1}{4}[(x_{n+1}+1)+(x_{n+5}+5)+(x_{n+10}+10)+(x_{n+25}+25)]$$

进行代数运算.

5.答案:1 866.证明可以用 STOP 代替＋或－按钮.证明可以用 2 代替 3 或 1 按钮.设 $p=\frac{3}{5}$.计算 $2(p+10p+\cdots+10^4p^5)$.

6.假定有 n 个人,用扔一枚硬币决定每一条棱.计算 1 000 个不存在比所有的子集更好的子集的期望数.验证对于很大的 n,它小于 1.

7.证明一个随机排列的期望值至多是 0.为何这个不等式是严格的?

8.设 n_i 是第 i 个代表所在委员会的个数.随机取两个委员会,求出共同的成员人数的期望值.用 Jensen 不等式得到 $\sum\begin{bmatrix}n_i\\2\end{bmatrix}$ 的一个下界.

9.随机取两个选手.求两人都失分的问题的个数的期望数.

10.扔一枚硬币随机选取每一个 ε_i.将左边平方,再利用对任何 z,有 $|z|^2=z\bar{z}$ 这一事实.

11.从随机选择 B 着手,你甚至允许在 B 中可以有重复的元素.你也许需要用到不等式 $\left(1-\frac{1}{n}\right)^n\leqslant\frac{1}{\mathrm{e}}$.

12. 设 d_k 是战胜第 k 个队的队的总数(这里 $1\leqslant k\leqslant 799$). 随机选取 A,并计算在 A 中被每一个队击败的队的期望数. 你可能需要对函数 $\binom{x}{7}$ 用 Jensen 不等式.

13. 利用一下贪心算法,随机选一个顶点,然后抹去它以及与它所有相邻的顶点. 重复这一过程直到最后.

14. 对随机选择的 A,计算 $E(S_A^2)$. 用马尔可夫不等式.

15. 天数等于所选的一块饼干的次数. 计算被选取的任意特定的饼干的概率,即被选饼干的次数的期望值. 然后求和.

16. 对于一个随机的排列,设 X 是固定点的个数. 我们已经知道 $E(X)=1$. 计算 $E\left[\binom{X}{2}\right]$. 利用这一点得到 $E(X^2)$.

17. 随机扔一枚硬币来决定是否选取每一个女孩,然后取尽可能多的男孩. 证明任何人,无论是女孩还是男孩都有 50% 的机会被选中.

18. 首先证明

$$\sum_{k=1}^{N}\frac{1}{\binom{n}{|S_K|}}\leqslant 1$$

为此,考虑

$$\varnothing=T_0\subset T_1\subset T_2\subset\cdots\subset T_n=\{1,2,\cdots,n\}$$

的一个随机的最大子集链. 计算这个链与 $\{S_1,S_2,\cdots,S_N\}$ 的交的期望数.

19. LLL. 这里 $p=11^{-2}$,$d=42$.

20. 如果任何顶点的度数都很小,那么与它相邻的顶点已经是所求的集合. 所以假定所有的度数都大于 $\sqrt{n\log n}$. 对于某一个理想的 p,取每一个具有概率 p 的人,那么我们预计选取 np 个人. 证明没有选到的人的概率小于 $\frac{1}{n}$,再利用一个并界. 不等式 $1-p\leqslant e^{-p}$ 是有帮助的.

21. 从模一个大的质数 $p=3k+2$ 着手. 首先求一个大小为 $k+1$ 的 $(\bmod p)$ 好的非和集合 U,然后对随机选择的 n,考虑 $U_n=\{nx\mid x\in U\}$. 计算 $E(|S\cap U_n|)$.

参考文献

[1] pythag011,http://www. aops. com/ Forum/viewtopic. php? f=133&t=481300.

[2] Ravi B,s collection of problems,http://www. aops. com/ Forum/viewtopic. php? p=1943887p1943887.

[3] Problem 6 talk (c > 1) by Po-Shen Loh, USA leader, at the IMO 2014.

[4] MOP lecture notes: http://math.cmu.edu/~ploh/olympiad.shtml.

[5] Lecture notes by Holden Lee from an MIT course: http://web.mit.edu/~holden1/www/coursework/math/18997/notes.pdf.

Thanks to all the sourses above. Other nice reads that I went through while preparing this, but eventually did not use:

1. Alon and Spencer's The Probabilistic Method. The first four chapters are here: http://cs.nyu.edu/cs/faculty/spencer/nogabook/.

2. A MathCamp lecture that gets the girth-chromatic number result: http:math.ucsb.edu/~padraic/mathcamp_2010/class_graph_theory_probabilistic/lecture2_girth_chromatic.pdf.

Evan Chen

3.11 通过消元得到的三角形中的恒等式

本节的目的是通过分解和消元理论用三角形的边长，高的长和三角形的旁切圆的半径作为三次多项式的根来展现一些新的恒等式.

1. 引言

寻找三角形中各元素之间的恒等式是初等几何中的一个经典课题. 在几何不等式的最新进展[3]一书中，Mitrinovic 等人展示了边长，高的长和各种半径作为三次多项式的根，并收集了这些量之间的许多有趣的等式和不等式. 就目前我们所知道的而言，其中大多数都只是利用初等代数和几何的知识所构造的. 在本节中，我们利用有理函数的变换来构造类似的等式和不等式，用不同的方法去证明不等式可能是困难的.

2. 一些主要的结果

为了确定记号，假定给出一个边长为 a,b,c 的 $\triangle ABC$，其外接圆的半径用 R 表示，内切圆的半径用 r 表示，$\triangle ABC$ 的面积用 S 表示，半周长用 p 表示，旁切圆的半径用 r_1,r_2,r_3 表示，边 a,b,c 上的高分别用 h_a,h_b 和 h_c 表示. 由[3，第一章]我们得到这些结果.

定理 1 [3]采用上面的记号.

(1) a,b,c 是三次多项式

$$x^3-2px^2+(p^2+r^2+4Rr)x-4Rrp \tag{1}$$

的根.

(2) h_a,h_b,h_c 是三次多项式

$$x^3-\frac{S^2+4Rr^3+r^4}{2Rr^2}x^2+\frac{2S^2}{Rr}x-\frac{2S^2}{R} \tag{2}$$

的根.

(3) r_1,r_2,r_3 是三次多项式

$$x^3-(4R+r)x^2+p^2x-p^2r \tag{3}$$

的根.

下面,我们展现如何使用有理函数的变换去构建新的几何等式和不等式.我们这里所用的变换是

$$y=\frac{ax+b}{cx+d},a,b,c,d\in\mathbf{R}$$

命题1 设

$$T_1=\frac{3r_1-2r}{2r_1+r}+\frac{3r_2-2r}{2r_2+r}+\frac{3r_3-2r}{2r_3+r}$$

$$T_2=\frac{3r_1-2r}{2r_1+r}\cdot\frac{3r_2-2r}{2r_2+r}+\frac{3r_2-2r}{2r_2+r}\cdot\frac{3r_3-2r}{2r_3+r}+\frac{3r_3-2r}{2r_3+r}\cdot\frac{3r_1-2r}{2r_1+r}$$

$$T_3=\frac{3r_1-2r}{2r_1+r}\cdot\frac{3r_2-2r}{2r_2+r}\cdot\frac{3r_3-2r}{2r_3+r}$$

则我们有

$$T_3=\frac{3r_1-2r}{2r_1+r}\cdot\frac{3r_2-2r}{2r_2+r}\cdot\frac{3r_3-2r}{2r_3+r}\geqslant\frac{100r^2+9p^2}{19r^2+12p^2}$$

证明 设 $y_i=\dfrac{3r_i-2r}{2r_i+r}$,$i=1,2,3$.则我们有 $y_i\neq\dfrac{3}{2}$,$r_i=\dfrac{r(y_i+2)}{3-2y_i}$.因为 r_1,r_2,r_3 是多项式(3)的根,所以我们将 r_i 代入式(3),得

$$(3r^2+8Rr+12p^2)y_i^3+(11r^2+20Rr-40p^2)y_i^2+$$
$$(8r^2-16Rr+39p^2)y_i-(4r^2+48Rr+9p^2)=0$$

于是 y_1,y_2,y_3 是多项式

$$(3r^2+8Rr+12p^2)y^3+(11r^2+20Rr-40p^2)y^2+$$
$$(8r^2-16Rr+39p^2)y-(4r^2+48Rr+9p^2)$$

的根.由韦达公式,我们有

$$T_1=y_1+y_2+y_3=\frac{40p^2-20Rr-11r^2}{3r^2+8Rr+12p^2}$$

$$T_2=y_1y_2+y_2y_3+y_3y_1=\frac{8r^2-16Rr+39p^2}{3r^2+8Rr+12p^2}$$

$$T_3=y_1y_2y_3=\frac{4r^2+48Rr+9p^2}{3r^2+8Rr+12p^2}$$

设

$$f(t)=\frac{4r^2+48rt+9p^2}{3r^2+8rt+12p^2}$$

那么 f 在 $[2r,+\infty)$ 上是增函数. 于是,由 $R\geqslant 2r$,我们有 $T_3\geqslant f(2r)$,即

$$\frac{3r_1-2r}{2r_1+r}\cdot\frac{3r_2-2r}{2r_2+r}\cdot\frac{3r_3-2r}{2r_3+r}\geqslant\frac{100r^2+9p^2}{19r^2+12p^2}$$

命题 2 采用上面的记号,设

$$T_1=\frac{2r_1-r}{r_1+r}+\frac{2r_2-r}{r_2+r}+\frac{2r_3-r}{r_3+r}$$

$$T_2=\frac{2r_1-r}{r_1+r}\cdot\frac{2r_2-r}{r_2+r}+\frac{2r_2-r}{r_2+r}\cdot\frac{2r_3-r}{r_3+r}+\frac{2r_3-r}{r_3+r}\cdot\frac{2r_1-r}{r_1+r}$$

$$T_3=\frac{2r_1-r}{r_1+r}\cdot\frac{2r_2-r}{r_2+r}\cdot\frac{2r_3-r}{r_3+r}$$

那么我们有等式 $4T_3+T_2-2T_1=5$.

证明 设 $y_i=\dfrac{2r_i-r}{r_i+r}$,$i=1,2,3$. 则我们有 $y_i\neq 2$,$r_i=\dfrac{r(y_i+1)}{2-y_i}$. 因为 r_1,r_2,r_3 是多项式(3)的根,所以我们将 r_i 代入多项式(3),就得到

$$2(r^2+2Rr+p^2)y_i^3-3(-r^2+3p^2)y_i^2-12(Rr-p^2)y_i-(r^2+8Rr+4p^2)=0$$

于是 y_1,y_2,y_3 是多项式

$$2(r^2+2Rr+p^2)y^3-3(-r^2+3p^2)y^2-12(Rr-p^2)y-(r^2+8Rr+4p^2)$$

的根. 对这个多项式用韦达公式,我们得到

$$4T_3+T_2-2T_1=5$$

消元理论[1]是解决多项式方程的最有效的方法之一,所以如果我们将这一方法与定理 1 相结合,那么我们就能得到一些美妙的等式. 于是,我们对两个多项式的结式作一个简短的回顾. 给出一个域 $K\supseteq\mathbf{C}$ 以及两个次数为正的多项式 $f,g\in K[x]$,则

$$f=a_0x^m+a_1x^{m-1}+\cdots+a_m,a_0\neq 0,m>0$$

$$g=b_0x^n+b_1x^{n-1}+\cdots+b_n,b_0\neq 0,n>0$$

如下我们构建一个与 f,g 有关的 $(m+n)\times(m+n)$ 的矩阵(称为 Sylvester 矩阵)

$$S(f,g):=\begin{pmatrix} a_0 & a_1 & \cdots & a_m & & & \\ & a_0 & a_1 & \cdots & a_m & & \\ & & \ddots & \ddots & & \ddots & \\ & & & a_0 & a_1 & \cdots & a_m \\ b_1 & b_2 & \cdots & b_n & & & \\ & b_1 & b_2 & \cdots & b_n & & \\ & & \ddots & \ddots & & \ddots & \\ & & & b_1 & b_2 & \cdots & b_n \end{pmatrix}\tag{4}$$

这里前 m 行只与 f 的系数有关,后 n 行只与 g 的系数有关,空白处都填上 0. 于是 f 和 g 的结式可用 $\mathrm{Res}(f,g)$ 表示,它是 Sylvester 矩阵 $S(f,g)$ 的行列式. 如果我们要强调与 x 有关,那么就把 $\mathrm{Res}(f,g)$ 写成 $\mathrm{Res}(f,g,x)$. 结式的两个重要性质[2,第三章]是:

• (公因式) 当且仅当 f 和 g 在 $K[x]$ 中有一个非平凡的公因式时,$\mathrm{Res}(f,g)=0$.

• (消元) 存在多项式 $U,V\in K[x]$,使 $Uf+Vg=\mathrm{Res}(f,g)$. U,V 的系数是 f 和 g 中的系数的整值多项式.

命题 3 采用上面的记号,有:

(1) $(a^2+2Rr)(b^2+2Rr)(c^2+2Rr)=2Rr(ab+bc+ca-2Rr)^2$.

(2) $(a^2-2Rr)(b^2-2Rr)(c^2-2Rr)=4a^2b^2c^2-2Rr(ab+bc+ca+2Rr)^2$.

(3) $(a^2+p^2+4Rr+r^2)(b^2+p^2+4Rr+r^2)(c^2+p^2+4Rr+r^2)=4p^2(p^2+2Rr+r^2)^2$.

(4) $(r_1^2+2Rr)(r_2^2+2Rr)(r_3^2+2Rr)=[r_1r_2r_3-2Rr(r_1+r_2+r_3)]^2+2Rr\left(2Rr-\frac{r_1r_2r_3}{r}\right)^2$.

(5) $\left(\frac{r_1^2}{p^2}-1\right)\left(\frac{r_2^2}{p^2}-1\right)\left(\frac{r_3^2}{p^2}-1\right)=4\left[\frac{(2R+r)^2}{p^2}-1\right]$.

证明 (1) 设 $f:=x^3-2px^2+(p^2+4Rr+r^2)x-4Rrp=0,g:=x^2+2Rr-y$.

由消元性质,当且仅当两个多项式 $f(x),g(x)$ 的结式 $\mathrm{Res}(f,g,x)=0$ 时,$f(x)$,$g(x)$ 有一个公共根. 所以

$$y^3-(4p^2+2Rr-2T)y^2+(T^2-2Rr)y-2RrT^2=0 \tag{5}$$

这里 $T=p^2+2Rr+r^2$.

设 $y_1=a^2+2Rr,y_2=b^2+2Rr,y_3=c^2+2Rr$. 因为 a,b 和 c 是 $f(x)$ 的根,所以 y_1,y_2,y_3 是方程(5)的根. 利用韦达公式,我们有

$$y_1y_2y_3=2RrT^2=2Rr(ab+bc+ca-2Rr)^2$$

(2) 设 $f:=x^3-2px^2+(p^2+4Rr+r^2)x-4Rrp=0,g:=x^2-2Rr-y$,则

$$y^3+(2Rr+2T-4p^2)y^2+(T^2+4RrT-32Rrp^2)y+2RrT^2-64R^2r^2p^2=0 \tag{6}$$

这里 $T=p^2+6Rr+r^2$.

设 $y_1=a^2-2Rr,y_2=b^2-2Rr,y_3=c^2-2Rr$,那么 y_1,y_2,y_3 是方程(6)的根. 利用韦达公式,我们有

$$y_1y_2y_3=4a^2b^2c^2-2Rr(ab+bc+ca+2Rr)^2$$

(3) 设 $f(x)=x^3-2px^2+(p^2+4Rr+r^2)x-4Rrp,g(x)=x^2+p^2+4Rr+r^2-y$.

于是消去 f 和 g 的结式是方程

$$y^3=(p^2+4Rr+r^2)y^2-4p^2(y-2Rr-r^2-p^2)^2=0 \quad (7)$$

设 $y_1=a^2+p^2+4Rr+r^2, y_2=b^2+p^2+4Rr+r^2, y_3=c^2+p^2+4Rr+r^2$,则 y_1, y_2, y_3 是方程(7)的根.利用韦达公式,我们有

$$y_1y_2y_3=4p^2(p^2+2rR+r^2)^2$$

(4)设 $f:=x^3-(4R+r)x^2+p^2x-p^2r, g:=x^2+2Rr-y$.

与(1)类似,我们有

$$(r_1^2+2Rr)(r_2^2+2Rr)(r_3^2+2Rr)=[r_1r_2r_3-2Rr(r_1+r_2+r_3)]^2+2Rr\left(2Rr-\frac{r_1r_2r_3}{r}\right)^2$$

(5)与(1)类似,设 $f:=x^3-(4R+r)x^2+p^2x-p^2r, g:=x^2-p^2-y$.由此推出结论.

如果我们将上述结论与著名的不等式 $R\geqslant 2r$[3]相结合,那么我们能够得一些有趣的不等式.由此我们可以得到:

推论1 应用上面的符号,有:

(1) $(a^2+2Rr)(b^2+2Rr)(c^2+2Rr)\leqslant R^2(ab+bc+ca-2Rr)^2$.

(2) $(a^2+2Rr)(b^2+2Rr)(c^2+2Rr)\leqslant (2R)^6$.

(3) $(a^2-2Rr)(b^2-2Rr)(c^2-2Rr)\geqslant 4a^2b^2c^2-R^2(ab+bc+ca+R^2)^2$.

(4) $(a^2-2Rr)(b^2-2Rr)(c^2-2Rr)\leqslant 4a^2b^2c^2-4r^2(ab+bc+ca+4r^2)^2$.

证明 (1)由命题3(1)和 $R\geqslant 2r$ 即证.

(2)设 $T=(a^2+2Rr)(b^2+2Rr)(c^2+2Rr)$,由命题3(1),我们有

$$(a^2+2Rr)(b^2+2Rr)(c^2+2Rr)=2Rr(ab+bc+ca-2Rr)^2$$

因为 $ab+bc+ca-2Rr=p^2+r^2+2Rr, R\geqslant 2r, 4p^2\leqslant 27R^2$,所以我们得到

$$T\leqslant R^2\left(\frac{27R^2}{4}+\frac{R^2}{4}+R^2\right)^2=64R^6$$

注意到当且仅当 $\triangle ABC$ 是等边三角形时,等号成立.

由命题3(2)和 $R\geqslant 2r$,我们得到(3)和(4)的证明.

推论2 假定给出凸四边形 $ABCD$ 的边长为 $AB=a, BC=b, CD=c, DA=d$,且内接于圆心为 O,半径为 R 的圆.用 r_1, r_2, r_3, r_4 分别表示 $\triangle ABC, \triangle BCD, \triangle CDA, \triangle DAB$ 的内切圆半径.设

$$T=\frac{2^6R^6}{ac+bd+4\sqrt{r_1r_2r_3r_4}}$$

那么

$$T\geqslant\sqrt{(ab+4r_1^2)(bc+4r_2^2)(cd+4r_3^2)(da+4r_4^2)}$$

证明 设 $AC=x, BD=y$.由命题3,我们有

$$(a^2+2Rr_1)(b^2+2Rr_1)(x^2+2Rr_1)\leqslant 64R^6$$

并且我们还有

$$(a^2+2Rr_1)(b^2+2Rr_1)\geqslant(ab+2Rr_1)^2$$

所以我们推得

$$(ab+2Rr_1)^2(x^2+2Rr_1)\leqslant 64R^6$$

类似地，我们得到

$$(bc+2Rr_2)^2(y^2+2Rr_2)\leqslant 64R^6$$
$$(cd+2Rr_3)^2(x^2+2Rr_3)\leqslant 64R^6$$
$$(da+2Rr_4)^2(y^2+2Rr_4)\leqslant 64R^6$$

相乘后，得到

$$[(ab+2Rr_1)(bc+2Rr_2)(cd+2Rr_3)(da+2Rr_4)]^2\times (x^2+2Rr_1)(x^2+2Rr_3)(y^2+2Rr_2)(y^2+2Rr_4)\leqslant 2^{24}R^{24} \quad (8)$$

又因为

$$(x^2+2Rr_1)(x^2+2Rr_3)\geqslant(x^2+2R\sqrt{r_1r_3})^2$$
$$(y^2+2Rr_2)(y^2+2Rr_4)\geqslant(y^2+2R\sqrt{r_2r_4})^2$$

和

$$(x^2+2R\sqrt{r_1r_3})(y^2+2R\sqrt{r_2r_4})\geqslant(xy+2R\sqrt[4]{r_1r_2r_3r_4})^2$$

我们得到

$$(xy+2R\sqrt[4]{r_1r_2r_3r_4})^4\leqslant(x^2+2Rr_1)(x^2+2Rr_3)(y^2+2Rr_2)(y^2+2Rr_4) \quad (9)$$

由式(8)(9)，推得

$$(ab+2Rr_1)(bc+2Rr_2)(cd+2Rr_3)(da+2Rr_4)(xy+2R\sqrt[4]{r_1r_2r_3r_4})^2\leqslant 2^{12}R^{12} \quad (10)$$

由 $2r_i\leqslant R,i=1,2,3,4$，根据托勒密定理，我们进一步有

$$xy+2R\sqrt[4]{r_1r_2r_3r_4}=ac+bd+2R\sqrt[4]{r_1r_2r_3r_4}\geqslant ac+bd+4\sqrt[4]{r_1r_2r_3r_4}$$

于是，我们推得

$$T^2=\frac{2^{12}R^{12}}{(ac+bd+4\sqrt{r_1r_2r_3r_4})^2}\geqslant\frac{2^{12}R^{12}}{(ac+bd+2R\sqrt[4]{r_1r_2r_3r_4})^2}$$

再利用不等式 $2r_i\leqslant R,i=1,2,3,4$，我们得到

$$T\geqslant\sqrt{(ab+4r_1^2)(bc+4r_2^2)(cd+4r_3^2)(da+4r_4^2)}$$

参考文献

[1] D. A. Cox, J. B. Little and D. O'Shea, *Using Algebraic Geometry*, Volume185 of

Graduate Texts in Mathematics Springer-Verlag, NY, 499pages, 1998.

[2] D. A. Cox, J. B. Little and D. O'Shea, *Ideals, Varieties and Algorithms*, 2nd edition, Springer-Verlag, NewYork, 1997.

[3] D. S. Mitrinovic J. E. Pecaric and V. Volenec, *Recent Advances in Geometric Inequalities*, Acad. Publ., Dordrecht Boston, London 1989.

Dam Van Nhi, Vietnam and Luu Ba Thang, Vietnam

3.12 勒让德多项式不定方程

在本节中我们考虑的是勒让德型的不定方程:$aX^2+bY^2+cZ^2=0$,这里a,b,c,X,Y,Z是$\mathbf{Q}[t]$中的多项式.我们研究当a,b,c都至多是一次的情况下,这样的勒让德型的方程有非平凡解X,Y,Z的充要条件.

1. 引言

下面经典的不定方程是所谓的勒让德方程,即

$$aX^2+bY^2+cZ^2=0$$

这里a,b,c,X,Y,Z都是整数或有理数.该方程以 Adrien Marie Legendre 命名.他于1785年证明了当a,b,c都是无平方(大于1的)因子,两两互质,且不全同号的非零整数,当且仅当$-bc,-ca,-ab$分别是模a,b,c的平方的剩余时,该方程有不全为零的整数解x,y,z.

在本节中,我们研究在$\mathbf{Q}[t]$中的勒让德方程,即形如

$$a(t)X(t)^2+b(t)Y(t)^2+c(t)Z(t)^2=0$$

的方程,这里$X(t),Y(t),Z(t)$是有理系数的一元多项式.这一问题本身很有趣,但是也在各种数学理论,如量子群,二次域,和椭圆曲线等领域中兴起[2].我们的主要定理是有关次数至多是1的非平凡解的存在性的充要条件.

本节的结构如下.在第2部分中我们引进经典的勒让德方程及其解.在第3部分中我们推导勒让德多项式方程有非平凡解的必要条件.最后,在第4部分中我们推导当a,b和c的次数至多是1时,勒让德多项式方程有非平凡解的充分条件.

2. 经典的勒让德方程

我们用$\mathbf{Z},\mathbf{Q}$分别表示整数集和有理数集.我们假定读者由数论知识熟悉了一些基本的记号和结果.例如,同余,互质数,等等.回忆一下关于整数X,Y,Z的经典的勒让德方程是

$$aX^2+bY^2+cZ^2=0$$

这里 a,b,c 是确定的整数. 为方面起见，我们将假定 a,b,c 两两互质，且无平方因子. 回忆一下，如果不存在整数 $d>1$，使 n 能被 d^2 整除，那么 n 无平方因子. 下面两个定理证实了我们可以把注意力局限于 a,b,c 两两互质，且无平方因子情况的合理性. 这几个定理的证明是规范的，见[3] 以及其中的参考书目.

定理 1　设 d 是整数，且 d^2 整除 a. 那么当且仅当 $\frac{a}{d^2}X^2+bY^2+cZ^2=0$ 有非平凡解时，方程 $aX^2+bY^2+cZ^2=0$ 也有非平凡解.

定理 2　设 d 是整数，且 d 整除 a 和 b. 那么当且仅当 $\frac{a}{d^2}X^2+\frac{b}{d}Y^2+cdZ^2=0$ 有非平凡解时，方程 $aX^2+bY^2+cZ^2=0$ 也有非平凡解.

回忆一下，如果存在整数 d，使 $u\equiv d^2 \pmod v$，那么整数 u 是模整数 v 的二次剩余.

下面我们来讲述经典的勒让德方程.

定理 3　(Legendre,1785) 设 a,b 和 c 是无平方因子，且是两两互质的整数. 那么当且仅当且 a,b,c 不全同号，并且 $-bc$，$-ca$ 和 $-ab$ 分别是模 a,b,c 的二次剩余时，方程

$$aX^2+bY^2+cZ^2=0$$

有非平凡解.

3. 多项式勒让德方程的可解性的必要条件

(1)$\mathbf{Q}[t]$ 中的整除性.

我们用 $\mathbf{Q}[t]$ 表示有理系数的多项式的集合. 下面我们假定所有多项式都有有理系数，即在 $\mathbf{Q}[t]$ 中. 我们首先引进在 $\mathbf{Q}[t]$ 中具有整除性的一些基本记号.

对于每一个 t，如果在 $\mathbf{Q}[t]$ 中存在 $h(t)$，使 $f(t)=g(t)h(t)$. 那么我们就说，$f(t)$ 整除 $g(t)$.

对于模一个多项式的同余，无平方因子的多项式，以及多项式的二次余式的记号都与整数的定义方式相同. 例如，如果在 $\mathbf{Q}[t]$ 中不存在非常数的多项式 $g(t)$，使 $g(t)^2$ 整除 $f(t)$，那么多项式 $f(t)$ 是无平方因子的多项式. 等价地，如果 $f(t)$ 在 $\mathbf{C}$ 中无重根，那么 $f(t)$ 无平方因子.

两个多项式 $f(t)$ 和 $g(t)$ 的最高公因式 $d(t)$，即 $\gcd(f(t),g(t))$ 是 $f(t)$ 和 $g(t)$ 中次数最低的一个公因式. 要注意 $\gcd(f(t),g(t))$ 并不唯一. 例如，$2t$ 和 $3t$ 都是 $7t^2$ 和 $10t$ 的最高公因式. 如果 1 是 $f(t)$ 和 $g(t)$ 的最高公因式，那么我们就说 $f(t)$ 和 $g(t)$ 互质.

(2)$\mathbf{Q}[t]$ 中的勒让德方程.

考虑方程

$$a(t)X(t)^2+b(t)Y(t)^2+c(t)Z(t)^2=0 \tag{1}$$

其中 a,b,c 是 $\mathbf{Q}[t]$ 中所确定的多项式，未知数 X,Y,Z 也在 $\mathbf{Q}[t]$ 中. 我们称这个方程为勒

让德多项式方程.为方便起见,如在经典的勒让德方程的情况下那样,我们将假定 a,b,c 是两两互质,且是无平方因子的多项式.

我们要对 a,b,c 确定使式(1)有平凡解(X,Y,Z)的条件,即$(X,Y,Z)\neq(0,0,0)$的解(X,Y,Z).下面我们证明勒让德多项式方程有非平凡解的一个必要条件.

定理 4 设 $a(t),b(t),c(t)$ 是 $\mathbf{Q}[t]$ 中无平方因子,且两两互质的多项式.如果

$$a(t)X(t)^2+b(t)Y(t)^2+c(t)Z(t)^2=0$$

有非平凡解,那么 $-b(t)c(t)$,$-a(t)c(t)$,$-a(t)b(t)$ 分别是模 $a(t),b(t),c(t)$ 的二次剩余.

证明 这一证明遵循经典的勒让德定理的证明.为了方便读者,我们概述以下证明中的各个步骤.

假定 X,Y,Z 是一组非平凡解.再假定 X,Y,Z 没有次数为正的公因式.我们首先注意到 $X(t)$ 与 $c(t)$ 互质.事实上,如果既约多项式 $p(t)$ 的次数 $\deg p\geqslant 1$,且整除 $X(t)$ 和 $c(t)$,那么 $p(t)$ 整除 $b(t)Y(t)^2$.因此,或者 p 是 b 和 c 的公因式,或者 p 是 X 和 Y 的公因式.但是在后一种情况下,容易看出存在一个多项式 $W(t)$,使

$$X(t)W(t)\equiv 1(\mathrm{mod}\ c(t))$$

由方程 $a(t)X(t)^2+b(t)Y(t)^2+c(t)Z(t)^2=0$,我们得到

$$-a(t)b(t)X(t)^2\equiv[b(t)Y(t)]^2(\mathrm{mod}\ c(t))$$

将上面的同余式的两边乘以 $W(t)^2$,我们得到 $-a(t)b(t)$ 是模 $c(t)$ 的二次剩余.类似地,我们可以证明 $-a(t)c(t)$ 和 $-b(t)c(t)$ 分别是模 $b(t)$ 和 $a(t)$ 的二次剩余.

4.勒让德线性多项式方程

在这一部分中我们考虑方程

$$a(t)X(t)^2+b(t)Y(t)^2+c(t)Z(t)^2=0,\deg a,\deg b,\deg c\leqslant 1 \tag{2}$$

即 $a(t),b(t),c(t)$ 都是线性多项式的勒让德多项式方程.

下面的定理是本节的主要结果.

定理 5 设 $a(t)=a_1t+a_0,b(t)=b_1t+b_0,c(t)=c_1t+c_0,a_i,b_i,c_i\in\mathbf{Q}(i=1,2)$,使 $a(t),b(t),c(t)$ 两两互质,a_1,b_1,c_1 非零.那么当且仅当以下条件成立时,方程(2)有非平凡解:

$(L1)$:数$(c_0a_1-a_0c_1)(b_0c_1-c_0b_1)$和$(b_0c_1-c_0b_1)(a_0b_1-b_0a_1)$都是 $\mathbf{Q}$ 中的非零完全平方数(因此$(a_0b_1-b_0a_1)(c_0a_1-a_0c_1)$也是 $\mathbf{Q}$ 中的非零完全平方数).

如果$(L1)$成立,那么方程(2)的一个非平凡解是

$$X(t)=\frac{1}{a_1W_0},Y(t)=\frac{1}{b_1V_0},Z(t)=\frac{1}{c_1U_0}$$

这里

$$U_0^2=\frac{(c_0a_1-a_0c_1)(b_0c_1-c_0b_1)}{c_1^2}$$

$$V_0^2=\frac{(b_0c_1-c_0b_1)(a_0b_1-b_0a_1)}{b_1^2}$$

$$W_0^2=\frac{(a_0b_1-b_0a_1)(c_0a_1-a_0c_1)}{a_1^2}$$

证明　我们首先证明"仅当"部分.假定方程(2)有一组非平凡解.那么由定理4,对某个多项式U,V,W,我们有

$$-(a_1t+a_0)(b_1t+b_0)\equiv U^2(\bmod\ (c_1t+c_0))$$

$$-(c_1t+c_0)(a_1t+a_0)\equiv V^2(\bmod\ (b_1t+b_0))$$

$$-(b_1t+b_0)(c_1t+c_0)\equiv W^2(\bmod\ (a_1t+a_0))$$

将$-\frac{c_0}{c_1},-\frac{b_0}{b_1},-\frac{a_0}{a_1}$分别代入第一个,第二个,和第三个同余式中的$t$后,得到

$$a_1b_1\left(\frac{a_0}{a_1}-\frac{c_0}{c_1}\right)\left(\frac{b_0}{b_1}-\frac{c_0}{c_1}\right)=-U_0^2$$

$$a_1c_1\left(\frac{a_0}{a_1}-\frac{b_0}{b_1}\right)\left(\frac{c_0}{c_1}-\frac{b_0}{b_1}\right)=-V_0^2$$

$$b_1c_1\left(\frac{b_0}{b_1}-\frac{a_0}{a_1}\right)\left(\frac{c_0}{c_1}-\frac{a_0}{a_1}\right)=-W_0^2$$

这就导出

$$(c_0a_1-a_0c_1)(b_0c_1-c_0b_1)=(c_1U_0)^2\tag{3}$$

$$(b_0c_1-c_0b_1)(a_0b_1-b_0a_1)=(b_1V_0)^2\tag{4}$$

$$(a_0b_1-b_0a_1)(c_0a_1-a_0c_1)=(a_1W_0)^2\tag{5}$$

由条件$a(t),b(t),c(t)$两两互质推出U_0,V_0,W_0非零这一事实.这就完成了"仅当"部分的证明.

对于"当"的部分,首先注意到

$$\frac{1}{a_1W_0^2}+\frac{1}{b_1V_0^2}+\frac{1}{c_1U_0^2}=0\tag{6}$$

事实上,将(3)(4)(5)中的U_0^2,V_0^2,W_0^2解出后代入方程(6)的左边,再将结果通分,就很容易证明上面的恒等式.因为结果的分子是

$$a_1(b_0c_1-c_0b_1)+b_1(c_0a_1-a_0c_1)+c_1(a_0b_1-b_0a_1)=0$$

现在取

$$X(t)=\frac{1}{a_1W_0},Y(t)=\frac{1}{b_1V_0},\ Z(t)=\frac{1}{c_1U_0}$$

代入方程(2).由方程(6),我们有

$$(a_1t+a_0)X(t)^2+(b_1t+b_0)Y(t)^2+(c_1t+c_0)Z(t)^2$$

其中次数是 1 的项为零.对于次数是 0 的项,我们有

$$a_0\cdot\frac{1}{(a_1W_0)^2}+b_0\cdot\frac{1}{(b_1V_0)^2}+c_0\cdot\frac{1}{(c_1U_0)^2}=$$

$$\frac{a_0}{(a_1W_0)^2}+\frac{b_0}{(b_1V_0)^2}-c_0\cdot\frac{b_1V_0^2+a_1W_0^2}{c_1a_1b_1W_0^2V_0^2}=$$

$$\frac{a_0b_1V_0^2+b_0a_1^2W_0^2}{a_1^2b_1^2W_0^2V_0^2}-c_0\cdot\frac{b_1V_0^2+a_1W_0^2}{c_1a_1b_1W_0^2V_0^2}=$$

$$\frac{a_0b_1^2c_1V_0^2+b_0a_1^2c_1W_0^2-a_1b_1^2c_0V_0^2-a_1^2b_1c_0W_0^2}{a_1^2b_1^2c_1W_0^2V_0^2}=$$

$$\frac{V_0^2b_1^2(a_0c_1-a_1c_0)+W_0^2a_1^2(b_0c_1-b_1c_0)}{a_1^2b_1^2c_1W_0^2V_0^2}=$$

$$\frac{-b_1a_1c_1V_0U_0W_0+b_1a_1c_1V_0U_0W_0}{a_1^2b_1^2c_1W_0^2V_0^2}=0$$

对于上面第一个恒等式,我们用方程(6),或更精确的

$$\frac{1}{c_1U_0^2}=-\left(\frac{1}{a_1W_0^2}+\frac{1}{b_1V_0^2}\right)=-C_0\,\frac{b_1V_0^2+a_1W_0^2}{c_1a_1b_1W_0^2V_0^2}$$

对于第五个恒等式,我们用了下面的结果.首先我们观察到恒等式

$$(c_0a_1-a_0c_1)(b_0c_1-c_0b_1)(a_0b_1-b_0a_1)=a_1b_1c_1U_0V_0W_0$$

可由(3)(4)(5) 三个式子相乘得到.由后面的恒等式,有

$$a_0c_1-a_1c_0=-\frac{a_1b_1c_1U_0V_0W_0}{b_1^2V_0^2}=-\frac{a_1c_1U_0W_0}{b_1V_0}$$

类似地,有

$$b_0c_1-c_0b_1=\frac{a_1b_1c_1U_0V_0W_0}{a_1^2W_0^2}=\frac{b_1c_1U_0V_0}{a_1W_0}$$

这就完成了证明.

例 1 容易检验对于每一个有理数 $a,a_1=b_1=1,c_1=-1,a_0=a,b_0=a-\frac{5}{12}$ 和 $c_0=-a+\frac{4}{15}$ 满足定理 5 中的条件($L1$).这就导出方程(2) 的一系列解

$$a(t)=t+a,b(t)=t+a-\frac{5}{12},c(t)=-t-a+\frac{4}{15}$$

现在我们考虑在 $a(t),b(t),c(t)$ 中有一个或更多个的次数是 0 的情况.因为当 a,b,c 都是 0 次的情况就是经典的勒让德方程,所以还有其余两种情况要考虑.

(1)$\deg(c)=\deg(b)=0,\deg(a)=1$ 的情况.

定理 6 设 $a(t)=a_1t+a_0,b(t)=b_0,c(t)=c_0$,这里 a_1,b_0 和 c_0 都不是零.那么当且仅当以下条件成立时,方程(2) 有非平凡解.

($L2$):对于某个非零 $n\in\mathbf{Q},-c_0b_0=n^2$

如果上面的条件成立，那么方程(2)的一个非平凡解是 $X=0, Y=n, Z=b_0$.

证明　对于“仅当”部分，我们用定理 4，对于 $\mathbf{Q}[t]$ 中的某个多项式 $q(t)$，得到

$$-c(t)b(t)\equiv q(t)^2(\bmod a(t))$$

因此

$$-c_0b_0=\left[q\left(-\frac{a_0}{a_1}\right)\right]^2$$

于是 $n=q\left(-\frac{a_0}{a_1}\right)$ 是($L2$)中所需的有理数.

对于“当”的部分，我们直接检验

$$(a_1t+a_0)0^2+b_0n^2+c_0b_0^2=b_0n^2-b_0n^2=0$$

这就完成了证明.

(2) $\deg(a)=0, \deg(b)=\deg(c)=1$ 的情况.

定理 7　设 $a(t)=a_0, b(t)=b_1t+b_0, c(t)=c_1t+c_0$，这里 $b(t), c(t)$ 互质，a_0, b_0, c_0 非零. 那么当且仅当以下条件成立时，方程(2)有非平凡解.

($L3$)：对某个 $U_0, V_0\in\mathbf{Q}$，$-a_0\left(c_0-\frac{c_1}{b_1}b_0\right)=U_0^2$，以及 $-a_0\left(b_0-\frac{b_1}{c_1}c_0\right)=V_0^2$.

如果条件($L3$)成立，那么方程(2)的一个非平凡解是 $X=U_0V_0, Y=U_0, Z=V_0$.

证明　对于“仅当”部分，我们用定理 4，得到对于某个多项式 $q(t)$ 和 $r(t)\in\mathbf{Q}[t]$，有

$$-a_0(c_1t+a_0)=9(t)^2(\bmod (b_1t+b_0))$$

$$-a_0(b_1t+b_0)\equiv r(t)^2(\bmod (c_1t+c_0))$$

分别用 $-\frac{b_0}{b_1}$ 和 $-\frac{c_0}{c_1}$ 代替 t 后，得到

$$-a_0\left(c_0-\frac{c_1}{b_1}b_0\right)=q\left(-\frac{b_0}{b_1}\right)^2$$

$$-a_0\left(b_0-\frac{b_1}{c_1}c_0\right)=r\left(-\frac{c_0}{c_1}\right)^2$$

设 $U_0:=q\left(-\frac{b_0}{b_1}\right), V_0:=r\left(-\frac{c_0}{c_1}\right)$. U_0 和 V_0 非零这一事实由条件 $b(t)$ 和 $c(t)$ 互质推出. 用这一方法，我们确立了条件($L3$)的必要性.

对于“当”的部分，我们需要验证 $X=U_0V_0, Y=U_0, Z=V_0$ 是方程(2)的一个非平凡解. 如果设 $\Delta=b_1c_0-b_0c_1$，那么我们容易得到

$$a_0X^2+(b_1t+b_0)Y^2+(c_1t+c_0)Z^2=$$

$$-a_0\frac{\Delta^2}{b_1c_1}+(b_1t+b_0)\left(-\frac{a_0\Delta}{b_1}\right)+(c_1t+c_0)\left(\frac{a_0\Delta}{c_1}\right)=0$$

参考文献

[1] L. Dickson, *History of the Theory of Numbers Vol. II: Diophantine Analysis*, Chelsea Publishing, 1971, 422.

[2] P. Samet, *An equation in gaussian integers*, The American Mathematical Monthly, 59(1952), 448-452.

[3] J.-P. Serre, *A course in arithmetic*, Graduate Texts in Mathematics, 7, Springer, 1973.

Dimitar Grantcharov, Alex Krutko and Max Krutko

3.13 论 Fontene 诸定理

我们先证明 Fontene 定理，然后用这些定理解决一些问题.

定理 1 (Fontene 第一定理)给定 $\triangle ABC$，设 P 是 $\triangle ABC$ 所在平面内任意一点，A_1，B_1，C_1 分别是 BC，CA，AB 的中点，$\triangle A_2B_2C_2$ 是点 P 关于 $\triangle ABC$ 的垂足三角形. 设 X，Y，Z 分别是 B_1C_1 和 B_2C_2，C_1A_1 和 C_2A_2，A_1B_1 和 A_2B_2 的交点. 那么 A_2X，B_2Y，C_2Z 共点于 $(A_1B_1C_1)$ 和 $(A_2B_2C_2)$ 的交点.

定理 2 (Fontene 第二定理)如果点 P 在过 $\triangle ABC$ 的外心 O 的定直线 d 上运动，那么 P 关于 $\triangle ABC$ 的垂足圆交 $\triangle ABC$ 的九点圆于一个定点.

定理 3 (Fontene 第三定理)设 P 关于 $\triangle ABC$ 的等角共轭点是 P'，那么当且仅当 O，P，P' 共线时，P 的垂足圆与 $\triangle ABC$ 的九点圆相切.

下面介绍我们将在后面用到的一个有用的结果.

反斯坦纳点 如图 3.25，给定 $\triangle ABC$，H 是其垂心，g 是过 H 的直线. g 关于 AB，BC，CA 的对称直线交于 $\triangle ABC$ 的外接圆圆 Γ 上一点 P.

证明 设 X，Y，Z 分别是 g 与 BC，CA，AB 的交点，H_a，H_b，H_c 分别是 H 关于 AB，BC，CA 上的反射点. P_1，P_2 分别是 XH_a，ZH_c 与 Γ 的交点. 熟知 H_a，H_b，H_c 在 $\triangle ABC$ 的外接圆圆 Γ 上. 我们的目标是证明 XH_a，YH_b，ZH_c 共点于 $\triangle ABC$ 的外接圆圆 Γ 上. 则显然有

$$\angle BXZ+\angle BZX=\angle ABC \Rightarrow \angle BXP_1+\angle BZP_2=\angle ABC$$

我们还知道

$$\angle BXP_1=\angle CBP_1-\angle BP_1H_a, \angle BZP_2=\angle BAP_2+\angle AP_2H_c$$

所以

$$\angle P_1AC+\angle BAP_2+\angle ACH_c-\angle BAH_a=\angle ABC$$

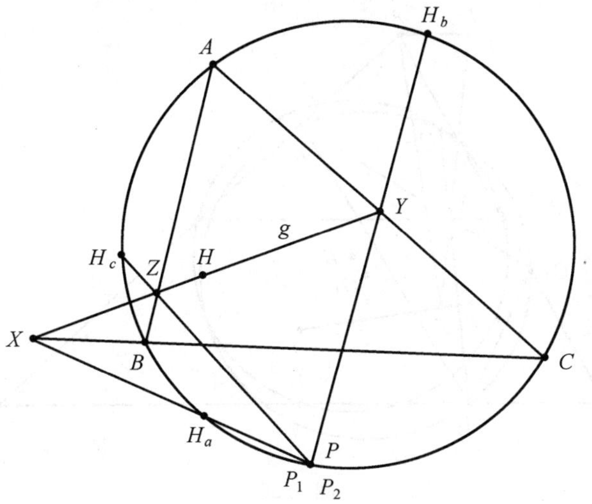

图 3.25

于是

$$\angle P_1AC+\angle BAP_2=\angle BAC$$

因此 $P_1=P_2$,由此推出结论.[①]

另一个已知图形的证明几乎完全由简单的各个角组成,见如下的证明.

注 给定一个 $\triangle ABC$,点 P 在该三角形内,P' 是关于点 P 的等角共轭点.设 $\triangle DEF$ 和 $\triangle D'E'F'$ 分别是点 P 和 P' 的垂足三角形.证明:D,E,F,D',E',F' 共圆,其圆心是 PP' 的中点.

现在我们可以证明 Fontene 第一定理.

证明 如图 3.26,设 E 是$(A_1B_1C_1)$的圆心,O_1 是$(A_2B_2C_2)$的圆心,F 是 A 在 OP 上的射影,L 是 A_2 关于 B_1C_1 的反射点.容易注意到 $AL\parallel BC$,所以 $\angle ALP=90°$.

因为 A,C_2,P,F,B_2 在(AP)上,A,C_1,F,O,B_1 在(AO)上,所以我们有

$$\angle FC_1X=\angle FAB_1=\angle B_2C_2F=\angle XC_2F$$

所以 C_1,X,F,C_2 共圆.

设 L' 是 FX 和(AP)的交点.则我们有 $AL'C_2F$ 是圆内接四边形.我们知道 $FX\ C_1C_2$ 也是圆内接四边形,所以

$$\angle AC_1X=\angle C_2FL'=\angle C_2AL'$$

于是 $AL'\parallel B_1C_1$,所以 $L'=L\Rightarrow L,X,F$ 共线.

设 Q 是 A_2X 与 $\triangle A_1B_1C_1$ 的外接圆的交点.F' 是 Q 关于 B_1C_1 的反射点.考虑对称

① 如果我们想要有一些对称关系,那么任何角都可以用有向角表示.

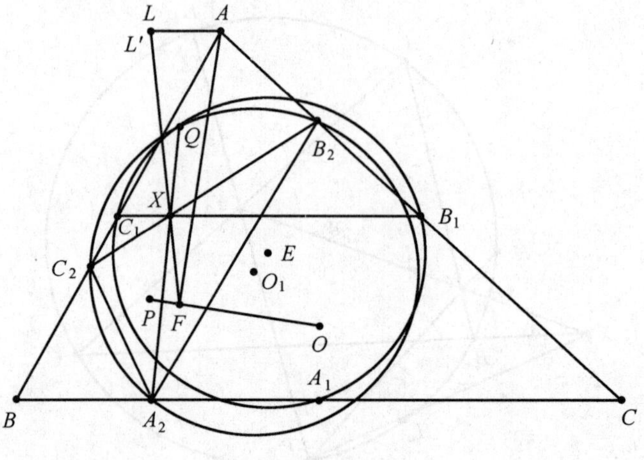

图 3.26

$S_{B_1C_1}:(AO)\to(E)$ 显然满足 $B_1\to B_1$，$C_1\to C_1$，$A\to A_\perp$，这里 $A_\perp$ 是 A 在 BC 上的射影，它位于 $(A_1B_1C_1)$（欧拉圆）上. 记住 $Q\in(E)$，得到 $F'\in(AO)$.

另一方面，$S_{B_1C_1}$ 将 A_2 映射到 L. 又 A_2，X，Q 共线，所以 L，X，F' 共线. 因此对于我们原先假定的对 Q 的正确选择，我们将有 $F=F'$. 我们推得 A_2LQF 是等腰梯形，所以我们有

$$XQ\cdot XA_2=XL\cdot XF=XB_2\cdot XC_2$$

所以 $Q\in(O_1)$. 类似地，B_2Y，C_2Z 也经过点 Q，证毕.

现在，这一定理有一个简单的应用：①

问题 1 给定一个 $\triangle ABC$，A_1，B_1，C_1 分别是 BC，CA，AB 的中点. D，E，F 是 A，B，C 在 BC，CA，AB 上的射影. 设 $\{X\}=EF\cap B_1C_1$，$\{Y\}=DF\cap A_1C_1$，$\{Z\}=DE\cap A_1B_1$. 证明：

(1) DX，EY，FZ 共点于 W，W 位于 $\triangle ABC$ 的欧拉圆上；

(2) A_1X，B_1Y，C_1Z 共点于 $\triangle ABC$ 的欧拉圆.

证明 我们将只证明(1)，因为(2) 可以用同样的方法解决.

由 Fontene 第一定理，DX，EY，FZ 共点于 W，W 是 $(A_1B_1C_1)$ 和 (DEF) 的一个交点，但是二者都是 $\triangle ABC$ 的欧拉圆，所以 W 位于 $\triangle ABC$ 的欧拉圆上.

现在我们可以证明 Fontene 第二定理.

证明 根据第一定理的证明，(E) 和 (O_1) 的交点 Q 是位于 OP 上的点 F 关于直线 B_1C_1 的反射点. 显然点 O 是 $\triangle A_1B_1C_1$ 的垂心，于是点 Q 是 d 的反斯坦纳点. 因此点 Q 是定点.

① 我们也可以用三角形来解这一问题.

现在我们将问题1一般化.

问题1* 给定$\triangle ABC$,A_1,B_1,C_1分别是BC,CA,AB的中点.P是$\triangle ABC$欧拉线上的任意一点,$\triangle DEF$是点P的垂足三角形,设$\{X\}=EF\cap B_1C_1$,$\{Y\}=DF\cap A_1C_1$,$\{Z\}=DE\cap A_1B_1$.证明:DX,EY,FZ也经过W,这里W是问题1中所定义的点.

证明 我们知道$\triangle ABC$的欧拉线经过O,所以我们必须做的就是对这条直线应用Fontene第二定理.

读者可以看到问题1*并不显然,所以我鼓励你尝试不用任何Fontene定理来解决它.

最后,让我们来证明最后一个定理,即Fontene第三定理.

证明 根据Fontene第二定理和注,我们可以证明(O_1)和(E)的第二个交点Q'是OP'的反斯坦纳点.这意味着只有当O,P,P'共线时,$Q\equiv Q'$.①

我们将看到这些定理在下列问题中的威力.

问题2 给定$\triangle ABC$,设A_1,B_1,C_1分别是BC,CA,AB的中点,P是$\triangle ABC$所在平面内的一点.设$\triangle A_2B_2C_2$是点P关于$\triangle ABC$的垂足三角形.设$A_1B_1\cap A_2B_2=\{Z\}$,$B_1C_1\cap B_2C_2=\{X\}$,$A_1C_1\cap A_2C_2=\{Y\}$,设O是$(A_2B_2C_2)$的圆心.证明:O是$\triangle XYZ$的垂心.

证明 利用Fontene第一定理,我们知道A_2X,B_2Y,C_2Z共点于$(A_2B_2C_2)$上的点Q.我们看圆内接四边形$B_2A_2C_2Q$,容易看出X关于$(A_2B_2C_2)$的极线是YZ,所以$XO\perp YZ$.用类似的方法,我们得到$YO\perp XZ$,所以O是$\triangle XYZ$的垂心.

问题3 给定$\triangle ABC$,O是其外心,l是经过O的直线,$l\cap BC=\{X\}$,$l\cap AC=\{Y\}$,$l\cap AB=\{Z\}$.证明:(AX),(BY),(CZ)和$\triangle ABC$的欧拉圆共点.

证明 在$P=X$,Y和Z的特殊情况下用Fontene第二定理,我们得到所有这些圆都经过l的反斯坦纳点.

问题4 给定$\triangle ABC$,P是$\triangle ABC$所在平面内的任意一点.设A_1,B_1,C_1分别是BC,CA,AB的中点.$\triangle A_2B_2C_2$是点P关于$\triangle ABC$的垂足三角形.A_3,B_3,C_3分别是A_1,B_1,C_1关于A_2,B_2,C_2的反射点.证明:$(A_1B_1C_1)$,$(A_2B_2C_2)$,$(A_3B_3C_3)$这三个圆共点.

证明 因为$\triangle A_2B_2C_2$是P关于$\triangle ABC$的垂足三角形,利用Carnot定理,我们得到

$$BA_2^2-CA_2^2+CB_2^2-AB_2^2+AC_2^2-BC_2^2=0$$

所以容易看出

$$CA_3^2-BA_3^2+BC_3^2-AC_3^2+AB_3^2-CB_3^2=0$$

我们推得$\triangle A_3B_3C_3$是某点Q关于$\triangle ABC$的垂足三角形.

---

① 当点P与$\triangle ABC$的内心重合时,费尔巴赫点是Fontene第三定理的推论.

现在,容易看出 BC 的垂直平分线是经过 PQ 的中点的 A_2A_3 的垂直平分线,所以 PQ 的中点是 (ABC) 的外心 O.

用 Y 表示 OP 关于 $\triangle A_1B_1C_1$ 的反斯坦纳点.由 Fontene 第二定理,我们知道 $Y\in(A_2B_2C_2)$.又 O,P,Q 共线,所以 Y 是 OQ 关于 $\triangle A_1B_1C_1$ 的反斯坦纳点,但是 $\triangle A_3B_3C_3$ 是 Q 关于 $\triangle ABC$ 的垂足三角形,于是,根据 Fontene 第二定理的证明,$Y\in(A_3B_3C_3)$.由此推出结论.

问题 5 给定 $\triangle ABC$,设 A_1,B_1,C_1 分别是 BC,CA,AB 的中点,O 是 $\triangle ABC$ 的外心,P 是 $\triangle ABC$ 所在平面内的任意一点.L 是点 P 关于 $\triangle A_1B_1C_1$ 的反斯坦纳点.证明:L 关于 B_1C_1,A_1C_1,A_1B_1 的反射点是 A,B,C 在 OP 上的射影.

证明 直线 PO 与直线 X 放置在关于直线 B_1C_1 对称的位置上(图 3.27).于是,如同 L 在直线 X 上一样,它关于 B_1C_1 的反射点 X' 必在 OP 上.

由 $\angle AB_1O=\angle AC_1O=90^\circ$ 知,点 B_1,C_1 在以 AO 为直径的圆上.圆 $(A_1B_1C_1)$ 和 (AB_1C_1) 相等,因此,这两个圆放置在关于直线 B_1C_1 对称的位置上.因为 L 在 $(A_1B_1C_1)$ 上,所以它关于 B_1C_1 的反射点 X' 必在 (AB_1C_1) 上,$AX'\perp PO$.用同样的方法,我们得到另一个结果.

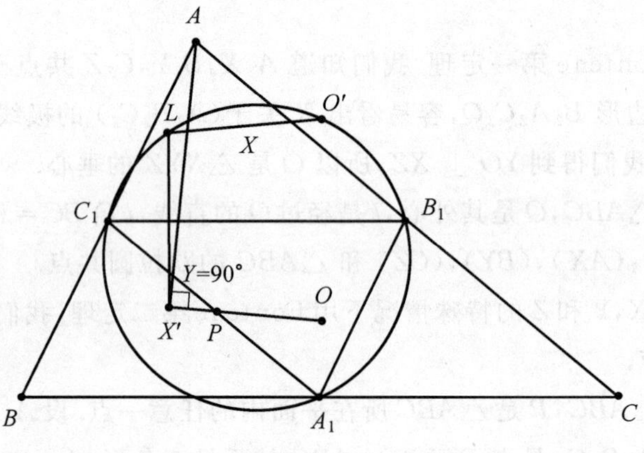

图 3.27

最后,我们邀请读者尝试解决以下问题.

问题 6 对于 $\triangle ABC$,用 I 表示内心,I_a,I_b,I_c 表示旁心,N 表示 $\triangle I_aI_bI_c$ 的 Nagel 点,O 表示 $\triangle I_aI_bI_c$ 的外心,ON 截这个圆于点 P.证明:点 P 关于 $\triangle I_aI_bI_c$ 的西姆松线或者平行于 NI,或者垂直于 NI.

问题 7 设 F 是 $\triangle ABC$ 的费尔巴赫点,O 是 $\triangle ABC$ 的外心,点 P 是 I 关于 F 的对称点,Q 是点 P 关于 $\triangle ABC$ 的等角共轭点.证明:Q,O,I 共线.

问题 8 给定 $\triangle ABC$,设 A_1,B_1,C_1 分别是 BC,CA,AB 的中点,H_a,H_b,H_c 是 $A,B,$

C在BC,CA,AB上 的射影,O是$\triangle ABC$的外心,P是任意一点,L是P关于$\triangle A_1B_1C_1$的反斯坦纳点.设X',Y',Z'是L关于B_1C_1,C_1A_1,A_1B_1的对称点.证明:$H_aL=AX'$,$H_bL=BY'$,$H_cL=CZ'$.

Marius Bocanu

3.14 Droz－Farny,一种相反的视角

在本节中,我们研究与一个三角形的垂心有关的一些圆的作法.我们将这些圆关于圆心在一个三角形的垂心的圆进行反演后,得到一族圆,这些圆的圆心所在的直线是圆心在相关的三角形的垂心的一个适当的直角的Droz－Farny线.对于这一图形的研究导出著名Droz－Farny线定理的一个简单证明.

1.一个重叠的引理

我们的基本图形是$\triangle ABC$和圆心分别在三角形顶点的圆α,β,γ,这些圆经过该三角形的垂心H,并相交于$\triangle ABC$的外接圆圆κ上的点$\{A',B',C'\}$(图3.28).下面的引理对这个图形提出了一个与三条直径有关的一个基本事实.而这三条直径称为点P的直径.

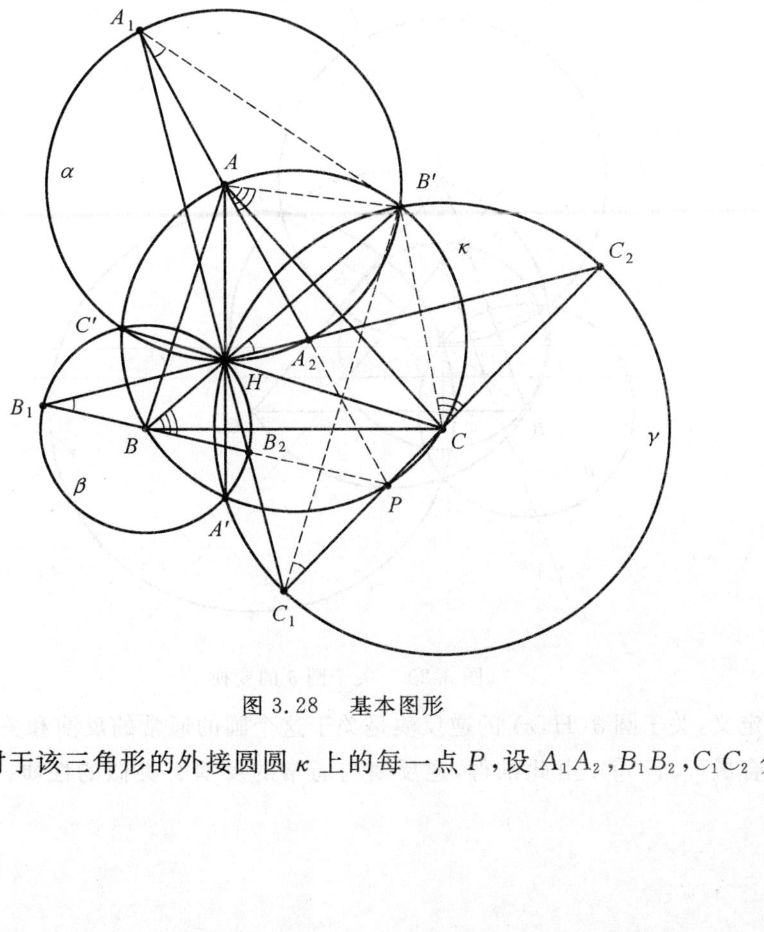

图3.28 基本图形

引理1 对于该三角形的外接圆圆κ上的每一点P,设A_1A_2,B_1B_2,C_1C_2分别是圆

α,β,γ 的直径，且经过点 P. 则这些直径的端点每三个位于经过垂心的两条正交的直线上.

证明 首先证明 $\angle A_2HB'=\angle C_2HB'$. 这将证明点 H,A_2 和 C_2 共线. 那么，一个类似的命题将是证明 B_1,H 和 A_2 也共线. 事实上，$\angle A_2HB'$ 是 $\angle A_2AB'$ 的一半，由于 $B'APC$ 是圆内接四边形，所以 $\angle A_2AB'=\angle B'CC_2$，而 $\angle B'CC_2$ 是 $\angle B'C_1C_2$ 的 2 倍，所以 $\angle B'C_1C_2=\angle B'HC_2$，这就是所要求证的.

注 显然，如果我们从顶点在 H 的直角开始，我们就得到在外接圆圆 κ 上的一点 P. 例如，首先确定 γ 与该直角的两边的交点 C_1 和 C_2，然后圆 κ 与直线 C_1C_2 相交. 于是，由上面的作图过程可知，顶点在 H 的直角唯一地对应于圆 κ 上的点 P，反之亦然. 最后我们称顶点在 H 的这些直角的边是 P 的正交直线.

2. 对一个适当的圆的逆反演

下面一些图形显示出当关于圆心在 H 的一个圆 δ 进行逆反演时，这个基本图形会发生什么事情. 实际上，圆 δ 的半径会发生什么并不重要，但为了方面起见，设这个半径 $r=\sqrt{p}$，这里 $p=|HA|\cdot|HA_0|=|HB|\cdot|HB_0|=|HC|\cdot|HC_0|$，点 $\{A_0,B_0,C_0\}$ 是 $\triangle ABC$ 的高的垂足([2,164])(图 3.29).

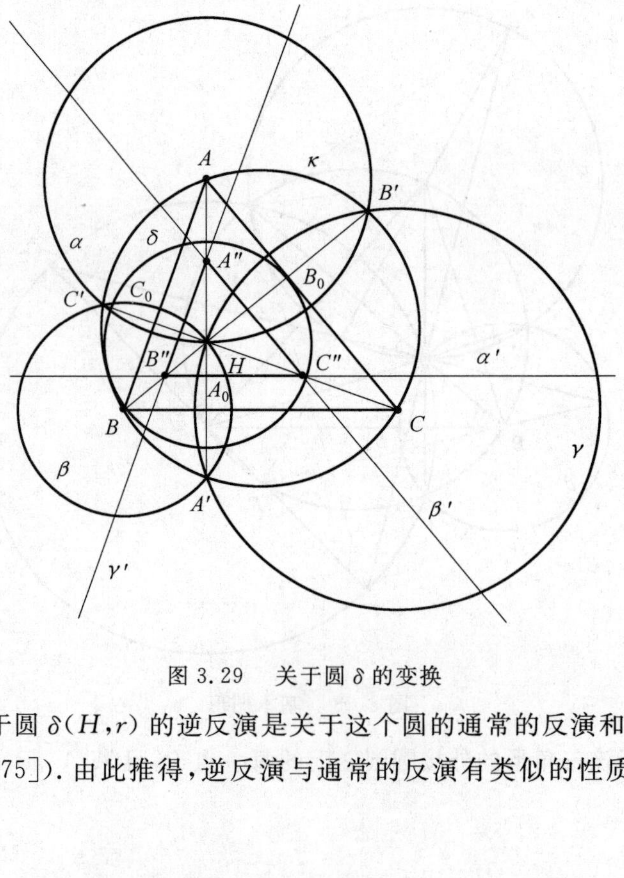

图 3.29 关于圆 δ 的变换

根据定义，关于圆 $\delta(H,r)$ 的逆反演是关于这个圆的通常的反演和关于其圆心 H 对称的一个合成([3,75]). 由此推得，逆反演与通常的反演有类似的性质，例如对圆，平面内的直线的集合,顶点在交点处的角保持不变.但是与反演相反,虽然反演确定圆 δ 的点,但是逆反演将圆 δ 的一点映射到其对径点.

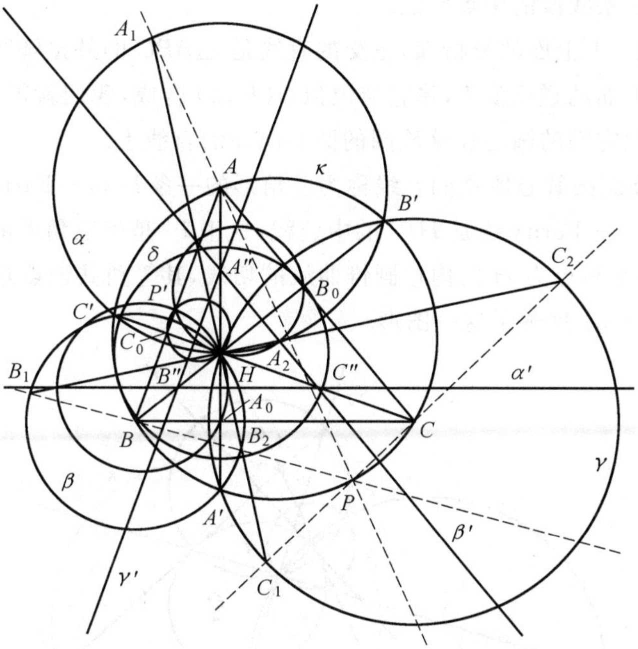

图 3.30　经过 P 的直径的一族逆反演图形

现在来看这个图形,并对上面定义的圆 $\delta(H,r)$ 应用逆反演,我们看到圆 α,β,γ 分别映射到直线 α',β',γ'. 这些直线确定了 $\triangle A''B''C''$ 的边.下面的引理是从反演的基本性质推出的自然结果,我们省略了它的证明(图 3.30).

引理 2　$\triangle A''B''C''$ 的以下性质成立:

(1) 直线 α',β',γ' 分别与 $\triangle ABC$ 的高 HA,HB,HC 正交.

(2) 顶点 A'',B'',C'' 分别是顶点 A',B',C' 的逆反演点.

(3) $\triangle A''B''C''$ 的外接圆圆 ε 是 $\triangle ABC$ 的外接圆圆 κ 的逆反演图形.

(4) $\triangle ABC$ 和 $\triangle A''B''C''$ 关于 H 成位似图形,位似比 $\lambda=2$.

下面这个引理也是反演性质的直接推论,该引理对 P 的直径的逆反演提出一个事实.

引理 3　对于 $\triangle A''B''C''$ 的以下性质成立:

(1) 由逆反演 F,过 P 的直径所在的三条直线的逆反演分别是经过 H 的三个圆 α'',β'',γ'',且逆反演 $P'=f(P)$.

(2) 圆 α'',β'',γ'' 与 P 的正交直线相交的这些交点是这些正交边与 $\triangle A''B''C''$ 的边的交点.

这两个引理暗示出著名 Droz－Farny 定理的一个简单的证明([1],[4]).

定理1 对于每一对经过△ABC 垂心 H 的正交直线,这些直线与该三角形的边确定了三条线段,则这三条线段的中点共线.

证明 事实上,由上面的分析知,正交的直线是△ABC 的外接圆圆 κ 的唯一的点 P 的正交直线.实施上面的逆反演 F,将它与位似 $G(H,\lambda)$ 合成,我们就得到一族圆,其中三个线段为直径.因此它们的圆心在这族圆的圆心所在的直线上.

注 上述一族圆的圆心所在的直线称为三角形的一条 Droz－Farny 线.这一证明表明△$A''B''C''$ 的 Droz－Farny 线是 HP' 的中位线,这里 P' 是该三角形的外接圆圆 κ 的任意一点.于是,它们是焦点为 H 的内接圆锥曲线的切线,其等角共轭点是该三角形的外心 O([5,p.131]).图 3.31 展现了这一图形.

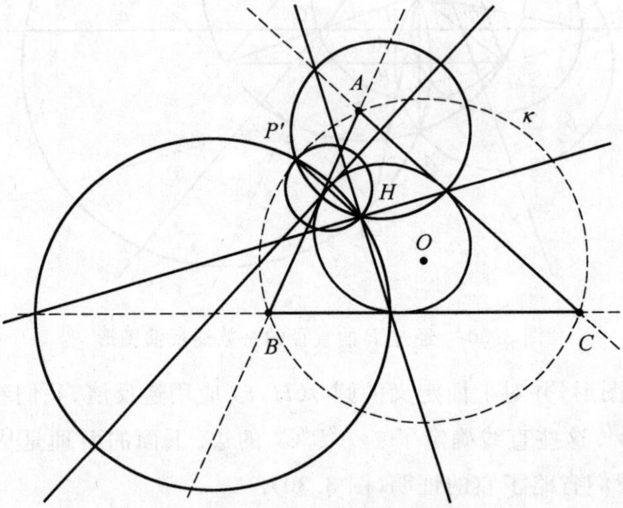

图 3.31 Droz－Farny 线的包络

参考文献

[1] Jean-Louis Ayme, *A Purely Synthetic Proof of the Droz-Farny Line Theorem*, Forum Geometricorum, 4(2004), 219224.

[2] Rogers Johnson, *Advanced Euclidean Geometry*, Dover Publication, New York, 1960.

[3] D. Pedoe, *A course of Geometry*, Dover, New York, 1990.

[4] Cosmin Pohoata, Titu Andreescu, *Back to Euclidean Geometry*: *Droz-Farny Demystified*, Mathematical Reflections, 3(2012), 15.

[5] Paul Yiu, *Introduction to the Geometry of the Triangle*, http://math. fau. edu./Yiu / Geometry. html, 2013.

Paris Pamfilos Greece

3.15 Cayley 定理的两个证明

在本节中,我们将呈现著名的 Cayley 定理的两个证明,Cayley 定理指的是有 n 个顶点的完全图的跨度树的个数是 n^{n-2}.

在这一段评述中,我们呈现著名的 Cayley 定理的两个证明,这两个证明虽应值得注意,但是人们却知之甚少.为讲述这些证明,我们首先重温一些术语.图 G 用一对集合表示为 $(V(G),E(G))$,这里 $V(G)$ 是点(或顶点)的集合,$E(G)$ 是 $V(G)\times V(G)$ 的子集.视觉上,集合 $E(G)$ 的每一个元素能表示为联结相应两点的一条曲线,于是我们称这些曲线为图 G 的棱.注意到上述定义,图不能有两个给定的点 u 和 v 之间的多重棱,但是可以有圈(即对 $w\in V(G)$,在 $E(G)$ 中有形如 (w,w) 的棱).但是,在本节中,我们将不允许有这样的点对.这种简单图可以是有向的,也可以是无向的,这取决于 $E(G)\subset V(G)\times V(G)$ 中的点对是否有序.路径是有顶点的集合 $V(P)=\{v_1,\cdots,v_n\}$ 和棱的集合 $E(P)=\{(v_i,v_{i+1})\mid 1\leqslant i\leqslant n-1\}$ 所组成的图 P.这里数 n 指的是路径的长.(长为 n 的)环路是形如 $C=P\cup(v_n,v_1)$ 的图 C.或者换句换说,长为 n 的环路是将长为 n 的路径加上两个端点之间的一条棱所得到的一张图.

进一步说,这一注释中的所有的图都是连通的.如果对于图 G 中的任何两点 $u,v\in V(G)$,存在以 u 和 v 为端点的一条路径 $P\subset G$,则称图 G 是连通的.如果图 H 不是连通的,那么称图 H 为非连通图.大小为 n 的树是有 n 个顶点的连通图 T,但图 T 不包含任何环路为其子集(即不存在环路 C,使 $V(C)\subset V(T)$ 以及 $E(C)\subset E(T)$).我们将以下两个事实留给读者作为练习.

事实 1　对于任何树 T,$|E(T)|=|V(T)|-1$.

事实 2　如果 G 是连通图,那么存在某棵树 T,有 $E(T)\subset E(G)$,且 $|V(T)|=n$.换句话说,每一张连通图都有一个有跨度的树.

果然,有跨度的树是一个极其美妙的课题,组合数学家和计算机科学家对课题中的结构都十分珍视.人们能够想象得到的性质和问题多得令人难以置信.其中有些最终变得十分有挑战性.一个著名的难题甚至于比图论本身出现得还要早.

Cayley 定理　有 n 个顶点的完全图有跨度树的棵数是 n^{n-2}.

这里,有 n 个顶点的完全图的意思是有 n 个顶点的图 K_n,这里 $E(G)$ 是所有可能的无序点对 $V(K_n)\times V(K_n)$ 的集合.实际上,注意到 $|E(G)|=\binom{n}{2}$,因为我们只考虑没有圈

或多重棱的简单图.

从1889年起,Cayley的研究成果就有许多引人瞩目的证明. Martin Aigner和Grüter Ziegler甚至在他们的名著*Proofs from the Book*中专门写了一章,他们在书中综观了一些具有启发性的微小的情况和四种不同的证明. 这里,我们以重观属于Jim Pitman的第四种证明开始,其在证明中使用了双重计算,因为在我们的观点来看,这是极为自然的,从这本书中,能够稍微简化一些(特别是记号用得恰当). 之后,我们将利用第二作者从[3]中发现的分支过程来呈现第二个技巧性更高的证明. 后者在文献中很不知名,也很少在讨论中被提起,因为与其他一些证明相比它要复杂得多. 尽管如此,我们还是希望能够对此作出一些说明,因为这的确十分美妙!

双重计算的证明. 我们从有向树开始说起,有向树是一张有根的图,从根到图中每一个顶点都有唯一的一条简单路径.

我们将用两种不同的方法来计算,计算的量是不同有向棱的序列的个数τ,这些有向棱可以加到一个有n个顶点但没有棱的图上,以生成一个有根的树.

第一种方法:我们从一张完全图的有跨度的树开始(有T_n种选择). 选取树的一个根(有n种选择),注意到给定的这个根,每一条棱的方向是完全确定的. 由事实1,存在$n-1$条有向棱可以以任意顺序插入我们的图(有$(n-1)!$种方法排列这些棱). 总共有$T_n \cdot n \cdot (n-1)!$种不同的有向棱的序列加到图中,这样就形成一棵有向根的树,所以

$$\tau = T_n \cdot n \cdot (n-1)!$$

第二种方法:我们从有n个顶点但没有棱的图开始,逐一加上$n-1$条有向棱,直到构成一棵跨到这n个顶点的有根的树. 在每一步$k=1,\cdots,n-1$中,设n_k是可能的有向棱的条数,从这些棱中选择要加上的棱. 注意到当头和尾都选定时,一条棱就完全确定了. 因此,每一步可能的有向棱的条数是选取尾的方法数与选取头的方法数之积. 开始时,我们有一个有n个没有根的树所组成的树林,因此$n_1=n(n-1)$(因为我们有种方法选择尾,$n-1$种方法选择头). 接下来,注意到该图有一个$n-1$棵树的集合(起初自然有n棵树,但是现在我们把两个顶点连在了一起). 当我们选择第k条棱时,我们还是可以选取这n个顶点中的任何一个作为尾,但是现在只有$n-k$种方法选择头(因为这条棱必须指向一棵树的根,使这个根不同于尾所属的根). 因此,对于$k=1,\cdots,n-1$,有$n_k=n(n-k)$. 于是推得有

$$\tau = \prod_{k=1}^{n} n_k = n^{n-1}(n-1)!$$

种方法加棱.

将这两种计算方法相结合,我们得到$T_n = n^{n-2}$,这就是所要求的.

现在我们转移到第二种证明,为此我们需要一点背景知识. 下面我们将覆盖所有所需的知识,但是我们将假定读者对概率论中的一些基本内容是有些熟悉的. 我们将紧紧

围绕着[3]中分支过程的序曲.分支过程是种群进化过程中最简单的模式.假定每一个组织都独立地以同样的分布给出孩子的出生数量.我们用$\{p_i\}_{i=0}^{\infty}$表示出生的孩子的分布,这里p_i表示一个人有i个孩子的概率.用Z_n表示第n代人的个数,为方便起见,这里我们设$Z_0=1$.那么Z_n满足递推关系

$$Z_n=\sum_{i=1}^{Z_{n-1}}X_{n,i}$$

这里$\{X_{n,i}\}_{n,i\geqslant 1}$是独立均匀分布(简称 i.i.d)的随机变量的一个无穷的双重数据.我们将经常用X表示出生孩子的分布,所以对一切$n,i,\{X_{n,i}\}_{n,i\geqslant 1}$是一个有$X_{n,i}\sim X$的 i.i.d 的随机变量的无穷的双重数据.

分支过程的主要结果之一是当$E(X)\leqslant 1$时,人口以概率是1死亡(除非概率为1的$X_{1,1}=1$),而如果$E(X)>1$,那么存在一个非零的人口不会绝灭的概率.

为了证明 Cayley 定理,我们只需要具有 Poisson 出生人口分布的分支过程.更精确地说,我们将假定$X_{n,i}\sim X$是 i.i.d 的平均值为λ的 Poisson 随机变量.甚至更精确地说,随机变量$X_{n,i}$是全部独立的,对于一切$k\in\{0,1,2,\cdots\}$,这些随机变量都有同样的概率群体函数

$$f_{X_{n,i}}(k)=P(X_{n,i}=k)=\frac{\lambda^k}{k!}\mathrm{e}^{-\lambda}$$

关于 Poisson 分支过程的引人注目的事情是所有后代总数

$$T^*=\sum_{n=0}^{\infty}Z_n$$

(从开始起的总人数)有一个极佳的分布.

事实 3 对于一个有 i.i.d 的出生人口X的分支过程

$$P(T^*=n)=\frac{(\lambda n)^{n-1}}{n!}\mathrm{e}^{-\lambda n}$$

这里X是平均值为λ的 i.i.d 的 Poisson 随机变量.证明很容易,但是需要一些是适应于概率论的某个水准.对于完整的细节,我们参阅[3].

证明的概要.假定我们有平均值为λ的 i.i.d 的 Poisson 随机变量的无穷数串X_1,X_2,…,假定只要我们需要就可在数串中取下一个X_i,我们用这样的方法构建一个分支过程.假定k是使$X_1+X_2+\cdots+X_k<k$的最小的下标(由于最小,因此$X_1+X_2+\cdots+X_k=k-1$).那么前k个人中将只有$k-1$个孩子,因此分支过程恰以这k个人结束.于是$T^*=k$.换句话说,$T^*=n$当且仅当对一切$k<n$时,有$X_1+X_2+\cdots+X_n=n-1$和$X_1+X_2+\cdots+X_k\geqslant k$.

第一个条件的概率很容易用下面的方法估计.

事实 4 如果X和Y是平均值分别为λ和μ的独立的 Poisson 随机变量,那么$X+Y$是平均值分别为$\lambda+\mu$的 Poisson 随机变量.

证明 这只需要采用下列计算语言

$$P(X+Y=m)=\sum_{k=0}^{m}P(X=k)P(Y=m-k)=\sum_{k=0}^{m}\frac{\lambda^k\mu^{m-k}}{k!\ (m-k)!}e^{-\lambda-\mu}=$$

$$\frac{1}{m!}\sum_{k=0}^{m}\binom{m}{k}\lambda^k\mu^{m-k}e^{-\lambda-\mu}=\frac{(\lambda+\mu)^m}{m!}e^{-(\lambda+\mu)}$$

由事实 4 推出，$X_1+X_2+\cdots+X_n$ 是平均值为 $n\lambda$ 的 Poisson 随机变量，于是

$$P(X_1+X_2+\cdots+X_n=n-1)=\frac{(n\lambda)^{n-1}}{(n-1)!}e^{-n\lambda}$$

但这是近似的答案，因为它在分母中缺少了 n 这个因子.

现在我们只需要对一切 $k<n$，有 $X_1+X_2+\cdots+X_k\geqslant k$ 这第二个条件. 为了结束这一计算，我们需要证明在 $X_1+X_2+\cdots+X_n=n-1$ 的假定下，这个概率恰好是 $\frac{1}{n}$. 设$Y_i=n(X_1+X_2+\cdots+X_i)-(n-1)i$. 注意到 Y_i 模 n 有不同的余数，因此 Y_i 各不相同. 也要注意到对于一切 $k<n$，当且仅当 $Y_n=0$ 是 Y_i 中最小的一个时，$X_1+X_2+\cdots+X_k\geqslant k$. 如果我们能证明 Y_i 的 n 个值中的每一都同样可能是最小的，那么就完成了证明. 如果我们把 X_i 和 Y_i 看作将下标按照模 n 的循环排列，那么这就清楚了. 序列 Y_i 可以用以下规律递推构成："在每一步加上 nX_i 次，再减去 $n-1$" 循环一整圈后，我们就总共加 $n-1$ 次 n，共减去 n 次 $n-1$. 因此如果我们用这一规律构成序列 Y'_i，但是与这个循环有一个不同的起点，那么两个序列 Y_i 和 Y'_i 将只相差一个多余的常数. 实际上，它们有相同的最小项. 因为 X_i 的分布是对称的，任何两个循环转换都是等可能的，因此任何 Y_i 都等可能的是这个最小值.

现在我们为 Cayley 定理的第二个证明做好了准备.

分支过程的证明. 首先注意到 Cayley 的结果等价于大小为 n 的带有标志的树的棵数等于 n^{n-2} 这一事实，所以只要证明这一版本即可. 进一步注意到对带有标志的树的顶点赋予一个记号是很方便的. 根用记号 $\varnothing$ 表示. 根的孩子用记号 $1,\cdots,d_\varnothing$ 表示. 一般地，对于记号 w，我们设 d_w 表示 w 的孩子的个数. 1 的孩子的个数是 $11,12,\cdots,1d_1$，等等. 于是一棵树可用这些记号的集合唯一地表示. 例如，记号 1123 表示该树的第一个孩子的第一个孩子的第二个孩子的第三个孩子. 当且仅当两棵树用同一个记号的集合表示时，这两棵树才相同. 当变量 $(d_w)_w$ 等于 i. i. d 的随机变量时，我们就得到了一个分支过程. 对于记号 w，当 $|\varnothing|=0$ 时，我们设 $|w|$ 是其长度. 记号 w 的长度是该记号与根相距的步数，等于它的代的数目.

设 $\mathcal{T}$ 是参数 $\lambda=1$ 的 Poisson 出生人口分布的家族树. 由第一部分知，所得到的给定的树 t 的概率由

$$P(\mathcal{T}=t)=\prod_{w\in t}P(\xi=d_w)$$

给出,这里 ξ 是参数为 1 的 Poisson 随机变量,d_w 是树 t 中记号为 w 的孩子的个数. 取 $|V(t)|=n$,对于一个 Poisson 分支过程,我们得到

$$P(\xi=d_w)=\frac{e^{-1}}{d_w!}$$

因此

$$P(\mathcal{T}=t)=\frac{e^{-n}}{\prod_{w\in t}d_w!}$$

我们注意到对于每一个 k,顶点的度数 k 相同的每一棵,上面的概率都相同.

由总的后代数 $T^*=n$ 这一条件,我们引进一个编号. 给根的编号为 1,从集合$\{2,\cdots,n\}$中给所有其他的顶点一个编号,这就得到有 n 个顶点已编号的树. 给定 $\mathcal{T}$,则恰好存在 $\prod_{w\in\mathcal{T}}d_w!$ 种可能的方法记下编号得到同一棵已编号的树,因为任何顶点的孩子的排列不会改变已编号的树. 此外,w 得到编号 $i_w(i_\varnothing=1)$ 的概率恰好等于$\frac{1}{(n-1)!}$,这里 $n=|\mathcal{T}|$. 对于已编号的树 l,设 t_l 是任何树,即记号的集合,由此 l 可以用对顶点编号得到. 于是,得到给定的有任意大小的已编号的树 l 的概率等于

$$P(\mathcal{L}=l)=P(\mathcal{T}=t_l)\cdot\frac{\prod_{w\in t_l}d_w!}{(|l|-1)!}=\frac{e^{-|l|}}{\prod_{w\in t_l}d_w!}\cdot\frac{\prod_{w\in t_l}d_w!}{(|l|-1)!}=\frac{e^{-|l|}}{(|l|-1)!}$$

因此,对于条件 $T^*=n$,大小为 n 的给定的已编号的树 $\mathcal{L}$ 的概率等于

$$P(L\parallel\mathcal{L}=n)=\frac{P(\mathcal{L}=l)}{P(|\mathcal{L}|=n)}$$

但是,由事实 3,有

$$P(\mathcal{L}=n)=P(T^*=n)=\frac{e^{-n}n^{n-2}}{(n-1)!}$$

因此

$$P(\mathcal{L}\parallel\mathcal{L}=n)=\frac{P(\mathcal{L}=l)}{P(|\mathcal{L}|=n)}=\frac{e^{-n}}{(n-1)!}\cdot\frac{e^{-n}n^{n-2}}{(n-1)!}=\frac{1}{n^{n-2}}$$

所得到的概率对于所有已编号的树是均匀的. 于是,已编号的树的棵数等于

$$P(\mathcal{L}\parallel\mathcal{L}=n)^{-1}=n^{n-2}$$

这不仅仅是证明 Cayley 定理,而且还由 Poisson 分支过程给出了一个统一标记树的构造方法.

参考文献

[1] A. Cayley, *A theorem on trees*, Quart. J. Math., 23:376378, 1889.

[2] M. Aigner, G. Ziegler, *Proofs from THE BOOK* (4th ed.), Berlin, New York, Springer Verlag.

[3] R. v. d. Hofstad, *Random Graphs and Complex Networks* (Lecture Notes from Eindhoven University of Technology), October 20, 2014.

Titu Andreescu, USA and cosmin Pohoata, USA

3.16 算　　法

算法是实施一个过程的步骤的一个集合. 例如,在猜数游戏中,你的对手在区间$[a,b]$上想好一个整数n,你设法猜出他的数,每猜一次以后,他必须告诉你猜的数是否正确,太大或者太小. 赢得这场游戏的算法(至多猜$\lfloor \log_2(b-a+1)\rfloor$次)就是二进制的探究算法:

(1) 如果$a=b$,那么你就完成了游戏. 否则,就猜$g=\lfloor \frac{a+b}{2}\rfloor$.

(2) 如果$g=n$,那么你就完成了游戏. 如果$g>n$,那么对区间$[a,g-1]$实施这一算法. 如果$g<n$,那么对区间$[g+1,b]$实施这一算法.

正如我们将看到的那样,在高级的奥林匹克问题中,算法是一种十分有力的技巧,特别是在当前IMO的趋势中所给出的奥林匹克问题. 事实上,算法可以用来证明最难的奥林匹克组合问题. 在本节中,我们将讨论贪心算法、缩减算法、不变量和单变量. 算法可以解决问题的一些指标包括:

1. 给定一个程序或操作. 一种算法是对一系列允许的步骤有帮助的一个结构. 例如:

例1 (USAMO 2003) 在正六边形的各个顶点上写六个非零整数,使这六个整数的和是$2\,003^{2\,003}$. 允许Bert实施以下形式的操作:他可以取一个顶点,用两个相邻顶点上的数的差的绝对值代替写在这个顶点上的数. 证明:Bert可以做出一系列操作,使六个顶点上的数都是0.

2. 试图寻求一种构建方法. 算法是构建满足已知条件的一个布局的有力方法. 例如:

例2 设Δ是给定图的顶点的最大度数. 至多用$\Delta+1$种颜色对该图设计一种涂色的方法,使任何两个相邻顶点的颜色都不相同.

3. 减少一个给定的复杂对象或结构.

例3 (USAMTS 2 015) 从由单位正方形组成的大网格中选出一个由单位正方形构成的有限集合S. S中的正方形由斜边是2的等腰直角三角形铺砌而成,这些三角形彼此都不重叠,且都不延伸超过S,而且整个S都被这些三角形所覆盖. 此外,每一个三角形的斜边都位于网格线上,三角形的顶点都在正方形的角上. 证明:三角形的个数必是4的倍数.

4. 用某种给定的形式表示所有的正整数 n. 你经常可以贪心地表示这些内容. 例如:

例 4 (Zeckendorf 定理) 证明:每一个正整数都能唯一地写成一个斐波那契数或若干个不连续的斐波那契数的和.

5. 可以任意包装什么东西. 你经常可以贪心地包装这些东西.

例 5 (Germany 2000) 有总质量是 9 t 的石块,要用卡车运走. 每一块石块的质量都不超过 1 t,每辆卡车的载重量是 3 t.

要确保把所有的石块同时运走,确定最少必须用多少辆卡车.

6. 寻找一种赢的策略. 一个赢的策略是一种确保玩家赢得游戏的算法. 例如:

例 6 (Netherlands 2014) 设 n 是正整数. Daniel 和 Merlijn 要进行一场游戏. Daniel 有 k 张(k 是正整数)一张接一张依次放在桌上的纸. 他在每一张纸上写上 1 到 n 中的一些数(他可以不写数,也可以写所有的数). 他在每一张纸的背面写上其余的数. Daniel 一写完,Merlijn 就可以将某几张纸翻过来(他可以不翻,也可以全翻). 如果 Merlijn 能够至少一次就成功看到 1 到 n 的所有数,那么他就赢了. 如果不考虑 Daniel 如何写数,确定 Merlijn 总能赢的 k 的最小值.

现在我们回来实际解决这些例题.

一、贪心算法

贪心算法是一种经很短的操作就取得最佳选择的一种算法. 这方面的一个经典的例子是变更问题:给定一个有不同币值的硬币的集合 S,则最少用多少个硬币可使这些硬币的总币值为给定的 M? 当 $S=\{1,5,10,25\}$ 时(美国硬币的币值),我们总能够用一个贪心算法构建一个最佳的解:

(1) 取最大的元素 $x \in S$,对解集有 $x \leqslant M$.

(2) 再对 $M-x$ 应用这一算法.

例如,我们要构造 $M=91$,那么我们将首先取 25,然后再对 $91-25=66$ 应用这一算法;然后再取 25,之后再对 $66-25=41$ 应用这一算法;继续取 25,再对 $41-25=16$ 应用这一算法;现在取 10,然后对 $16-10=6$ 应用这一算法;取 5,再对 $6-5=1$ 应用这一算法,取 1 结束. 这样就给出一个集合(25,25,25,10,5,1). 由此可以看出,对于 $S=\{1,5,10,25\}$,该算法产生了最优解. 但是,要注意贪心算法并非总是给出最优解. 如果 $S=\{1,3,4\}$,$M=6$,那么贪心算法将给出(4,1,1),但是(3,3)有效,并且最小.

例 7 (二进制数) 证明:每一个正整数都能唯一地写成一个或若干个 2 的不同的幂的和.

首先,我们证明每一个正整数都能用贪心算法写成一个表达式. 选取 2 的最高次幂 2^k,使 $2^k \leqslant n$. 如果 $n=2^k$,那么已经完成证明. 否则,我们对 $n-2^k$ 实施这一算法. 因为 2 的幂必定各不相同,所以我们将证明 $n-2^k<2^k$. 然而我们已经知道这是正确的,因为由 k 最大取到 $n<2^{k+1}$.

我们的算法设计了一种寻找一个数的表达式的方法.但是,当我们书写这一证明时,我们将用强归纳法.作为基本情况,有 $1=2^0$.假定对某个 $k\geqslant 1$,对一切满足 $1\leqslant n<2^k$ 的每一个 n 都有一个表达式,那么我们将证明对一切 $1\leqslant n<2^{k+1}$ 命题也成立.我们知道在区间 $1\leqslant n<2^k$ 上,表达式的最大项至多是 2^{k-1}.对于这个区间上的每一个 n,加上 2^k,我们就对一切 $1+2^k\leqslant n<2^k+2^k=2^{k+1}$ 找到了一个表达式.此外,$n=2^k$ 本身就是表达式.于是,我们的命题对一切 $1\leqslant n<2^{k+1}$ 成立,证毕.

为了证明这一表达式是唯一的,在归纳过程中的每一步我们都必须证明每一个 $2^k\leqslant n<2^{k+1}$ 在表达式中都有 2^k 这一项.假定不是这样,那么这些表达式中的每一个都有和至多是 $n\leqslant 2^0+2^1+\cdots+2^{k-1}=2^k-1<n$ 的表达式,这是一个矛盾.

下面是第一个问题中的技巧的推广.

例 8 (Zeckendorf 定理)证明:每一个正整数都能唯一地写成一个斐波那契数或若干个不连续的斐波那契数的和.

我们将用一个贪心算法来寻找一个表达式.设 F_k 是小于 n 的最大的斐波那契数.那么问题就归结为 $n-F_k$,但是为了有不连续这一性质,我们必须证明 $F_{k-1}>n-F_k$.而由 k 最大得到 $n<F_k+F_{k-1}=F_{k+1}$,所以这是成立的.

现在我们用强归纳法给出这个证明.作为基本情况,$1=F_1$.假定某个 $k\geqslant 3$,对一切满足 $1\leqslant n\leqslant F_k$ 的每一个 n 都有一个表达式,那么我们将证明命题对一切 $1\leqslant n<F_{k+1}$ 也成立.首先,$n=F_k$ 显然可表示.在区间 $1\leqslant n<F_{k-1}$ 上,表达式中最大的项必是 F_{k-2},所以对该区间上的每一项加上 F_k,得到 $1+F_k<n+F_k<F_{k-1}+F_k=F_{k+1}$ 的表达式.由此,我们就完成了证明.

鉴于本节的目的,我们并不需要证明这一表达式是唯一的.虽然如此,而且这还是一个额外的有趣问题.

下面是贪心算法的另一个基本例题.

例 9 设 Δ 是给定图的顶点的最大度数.至多用 $\Delta+1$ 种颜色对该图设计一种涂色的方法,使任何两个相邻顶点的颜色都不相同.

我们将使用以下的贪心算法:对于每一个顶点,我们将用与它相邻的任何顶点都未涂过的颜色来给其涂色.因为每一个顶点至多与 Δ 个顶点相邻,所以在这 $\Delta+1$ 种颜色中至少有一种颜色没有用到,于是这样的涂色总是存在的.证毕.

现在我们来看几个有关贪心算法的较难的奥林匹克问题.

例 10 设 $A_1,A_2,\cdots,A_n$ 是 $\{1,2,\cdots,n\}$ 的大小为 3 的子集.证明:能对 $\{1,2,\cdots,n\}$ 中的 $\left\lfloor\frac{n}{3}\right\rfloor$ 个数涂色,使每一个 A_i 至少有一个数没被涂色.

这里没有每个集合都需要有一个涂了色的数这一条件.我们可以对这一问题重新叙述,使我们能够反向处理:设 $A_1,A_2,\cdots,A_n$ 是 $\{1,2,\cdots,n\}$ 的大小为 3 的子集.证明:能对

$\{1,2,\cdots,n\}$ 中的$\lceil \frac{2n}{3} \rceil$个数涂色，使每一个 A_i 至少有一个数被涂色.

为什么不尝试一下用贪心算法呢？设 A 是 $A_1, A_2, \cdots, A_n$ 中在任何给定时刻没有被涂色的元素的一些集合的集合. 每一步，我们要对出现在 A 中最多的数涂色，尽可能多的减少 $|A|$.

假定应用这一算法 x 次后，A 的所有元素都不相连了. 那么这一算法将在总共应用 $x+|A|$ 次后结束. 注意到 $x \leqslant \frac{n}{2}$，因为每用一次至少除去 2 个集合，而且 $|A| \leqslant \frac{n-x}{3}$，因为余下 $n-x$ 个数要被分割成大小为 3 的不相连的集合. 于是

$$x+|A| \leqslant x+\frac{n-x}{3}=\frac{n}{3}+\frac{2x}{3} \leqslant \frac{n}{3}+\frac{n}{3}=\frac{2n}{3}$$

这表明该算法至多应用$\lceil \frac{2n}{3} \rceil$次就结束，证毕.

例 11 (IMO 1983) 是否有可能选取 1 983 个都小于或等于 100 000 的不同的正整数，其中没有三个数是等差数列的连续三项？

由问题我们可以看出：100 000 这个数似乎与本题没有什么关系，并且可以任意大，所以这使我们想到我们能够对一个较小的值进行处理，然后推广. 因此我们必将从利用一个贪心的方法来构造一个小的序列着手.

我们从序列 1，2 开始. 但是不能加上 3，因为 $1 \to 2 \to 3$，所以跳过 3，加上 4. 再加上 5. 但是 6 不能加上，因为 $2 \to 4 \to 6$；7 不能加上，因为 $3 \to 5 \to 7$；8 不能加上，因为 $2 \to 5 \to 8$；9 不能加上，因为 $1 \to 5 \to 9$. 加上 10. 加上 11. 我们不能加上 12，因为 $10 \to 11 \to 12$. 加上 13. 加上 14. 下面的数反正是 28. 最后，得到序列$\{1,2,4,5,10,11,13,14,28,29\}$. 我们应该分析一下什么时候出现空挡，像 $2 \to 4$，$5 \to 10$ 和 $14 \to 28$. 经过仔细的观察发现，空挡后的数列是 $4 \to 10 \to 28$. 这恰好是 $3^1+1 \to 3^2+1 \to 3^3+1$. 现在我们知道 3 这个数在这个问题中是很重要的，特别是 3 的幂. 这就建议我们考虑从每一项中减去 1 以后的三进制结构. 于是，这个结构是

$$1+\{0, 1, 10, 11, 100, 101, 110, 111, 1000, 1001, 1010, 1011, 1100, 1101, 1110, 1111\}$$

利用由我们原来的贪心算法得到的这个结构，我们实际上已经解决了这一问题.

考虑所有小于 100 000，且由数字 0 和 1 组成的三进制数. 我们断言，没有三个数 $x, y, z \in S$ 满足 $(1+y)-(1+x)=(1+z)-(1+y)$，或 $x+z=2y$. 事实上，$2y$ 的各位数字只能是 0 和 2. x 和 z 的任何两个相同数位上的数字的和可以是 0，1，2 中的一个，且分别出现在 $(0,0)$，$(0,1)$，或 $(1,1)$ 时. 于是，因为 1 不可能出现在 $x+z$ 的数字中，所以 x 和 z 的两个相同数位上的数字不可能不同. 因此，$x=z$，但是这不可能，因为 x 和 z 不同. 这就证明了我们的断言.

最后，我们必须证明：$|S| \geqslant 1\,983$.

注意到 $1+11111111111_3<100\,000$，所以在 S 中，存在 $2^{11}=2\,048>1\,983$ 个小于或等于 $1+11111111111_3$ 的元素. 证毕.

事实上，如果我们用 N 代替 100 000，那么这一贪心的方法给出一个大小为 $O(N^{\log_3 2})$ 的序列. 而这已经改进为 Behrend 结构的 $N^{-\sqrt{8\ln 2\ln N}(1+o(1))}$.

例 12 (Russia 2005) 在一个各数都是正实数的 $2\times n$ 的数阵中，这 n 列中的每一列中的两数的和都是 1. 证明：我们能够在每一列中选取一个数，使这些选取的数在每一行中的和至多是 $\frac{n+1}{4}$.

我们可以从在每一列中只选取最小的数开始. 但是，最小的数总是出现在同一列中怎么办呢？

事实上，我们发现，如果有(表 3.2)

表 3.2

0.4	0.4	0.4	…	0.4
0.6	0.6	0.6	…	0.6

那么这一贪心算法就失效了，因为上面一行的和是 $0.4n$，而这必将大于 $0.25n+0.25$. 但是，如果我们改进技巧，使两行同时起作用，那么我们就完成了证明. 因为我们总是要从一行中选取最小的数，从另一行中也选取最小的数，所以，如果我们改变列的顺序，使一行按不递减的顺序排列，而另一行按不递增的顺序排列，那么就能做到这一点.

设最上面一行中的数是 $a_1,a_2,\cdots,a_n$，且 $a_1\leqslant a_2\leqslant\cdots\leqslant a_n$(表 3.3).

表 3.3

a_1	a_2	a_3	…	a_n
$1-a_1$	$1-a_2$	$1-a_3$	…	$1-a_n$

选择最大的 i，使

$$a_1+a_2+\cdots+a_i\leqslant\frac{n+1}{4}$$

我们要证明的是

$$\frac{n+1}{4}\geqslant(1-a_{i+1})+(1-a_{i+2})+\cdots+(1-a_n)=$$
$$(n-i)-(a_{i+1}+a_{i+2}+\cdots+a_n)$$

或

$$a_{i+1}+a_{i+2}+\cdots+a_n\geqslant\frac{3n-1}{4}-i$$

因为 $a_1\leqslant a_2\leqslant\cdots\leqslant a_{i+1}$，所以我们有

$$\frac{a_1+a_2+\cdots+a_{i+1}}{i+1}\leqslant a_{i+1}$$

又因为 $a_{i+1}\leqslant a_{i+2}\leqslant\cdots\leqslant a_n$，所以我们有

$$\frac{a_{i+1}+a_{i+2}+\cdots+a_n}{n-i}\geqslant a_{i+1}$$

将这两个不等式相结合，得到

$$\frac{a_{i+1}+a_{i+2}+\cdots+a_n}{n-i}\geqslant\frac{a_1+a_2+\cdots+a_{i+1}}{i+1}$$

由于 i 最大，所以

$$a_{i+1}+a_{i+2}+\cdots+a_n\geqslant(n-i)\cdot\frac{a_1+a_2+\cdots+a_{i+1}}{i+1}>$$

$$(n-i)\cdot\frac{\frac{n+1}{4}}{i+1}$$

最后，我们需要证明

$$\frac{n-i}{i+1}\cdot\frac{n+1}{4}\geqslant\frac{3n-1}{4}-i$$

整理后，得到

$$(n-1)^2\geqslant 4i(n-i-1)$$

上式是对

$$2\sqrt{i(n-i-1)}\leqslant i+(n-i-1)=n-1$$

应用 AM－GM 不等式而得到的，证毕.

例 13 (IMO 2014) 平面内有一般位置（即没有两条直线平行，也没有三条直线共点）的 n 条直线的集合. 一般位置的直线的集合把平面分割成若干区域，其中有些区域的面积有限，我们称这类区域为有限区域. 证明：对于足够大的 n，在一般位置的 n 条直线的任何集合中可能对至少 $\sqrt{n}$ 条直线涂成蓝色，使没有任何有限区域有完整的蓝色边界.

我们将设计一个对至少 $\sqrt{n}$ 条直线涂成蓝色的算法. 无论何时你看到一般位置的直线，你就应该立刻想到由两条直线的交点所形成的顶点. 如果两个顶点在同一条直线上，且这两顶点之间没有别的顶点，那么我们称这样的两个顶点为相邻的. 在我们算法的每一步中，我们要将一条直线涂成蓝色，而困难的部分是确定我们何时能将一条直线涂成蓝色. 要想做到这一点的一个简单的想法是对某个坏顶点作记号，使得如果一条直线经过有记号的顶点，那么我们就不能将这条直线涂成蓝色. 所以在我们算法的每一步中，我们要将一条直线涂成蓝色，然后对某些坏顶点作记号.

我们将一条直线涂成蓝色后，应该对哪些顶点作记号呢？要记住，我们对一些顶点作记号是为了确保没有有限区域有完整的蓝色边界. 这就表明我们应该观察两条蓝色直线何时相交. 当我们将一条直线 l 涂色时，对于与它相交的另外每一条蓝色直线 l'，考虑交点 X. 此外，设 A 和 B 是 l 上与 X 相邻的两个顶点. 有一种情况是这两点之一不存在，但

是在这种情况下我们就可以取那一边上的任意一点. 类似地，在 l' 上确定 C 和 D. 设 l_A，l_B，l_C 和 l_D 是分别经过 A，B，C 和 D 的另外的直线. 在图 3.32 中，粗直线表示蓝色直线.

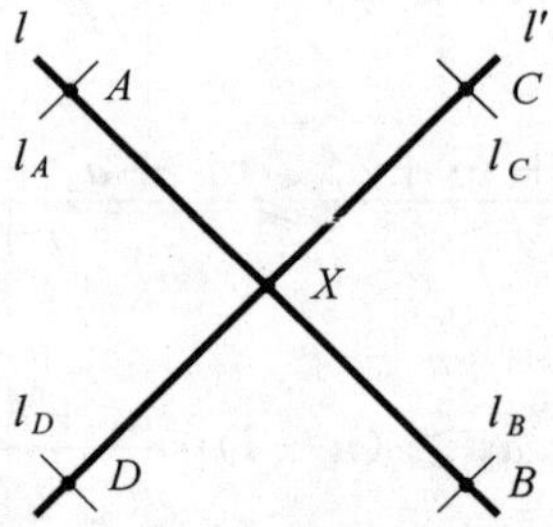

图 3.32

一个贪心的方法表明应对一些点作记号，尽可能确保没有完整的蓝色边界. 在猜想如何实际作记号之前，我们可以检验一下看看为得到一个足够紧凑的边界，我们能够作记号的顶点至多有多少个. 假定我们的算法在至多对 k 条直线涂成蓝色时结束. 因为我们要对某个 A，B，C 或 D 中的某些点作记号，其中每个点都已经有一条蓝色直线经过它，每一个作过记号的顶点恰好有一条没有被涂色的直线经过它. 于是，作过记号的顶点的个数至少是没有被涂色的直线的条数 $n-k$. 如果我们对这 k 条相交直线中的每一条至多取 m 个点作记号，那么作过记号的顶点的个数至多是 $m\binom{k}{2}$，所以

$$m\binom{k}{2}=\frac{mk(k-1)}{2}\geqslant n-k\Rightarrow n\leqslant\frac{k[m(k-1)+2]}{2}$$

记住，我们需要 $n\leqslant k^2$，所以我们能对至多 $m=2$ 个点作记号的每一步都保持一个足够紧的边界. 现在我们知道这恰好是要求的！所以我们只需要找出一种对每个蓝－蓝交点附近的至多 2 个顶点作记号的算法，使没有有限区域有完整的蓝色边界！

我们知道 AXD，DXB，BXC 和 CXA 中的每一个都是一个区域(不必有限)的一部分. 在保护这些区域中的每一个时，对最少顶点作记号的方法是尽可能对相对的顶点，如 A 和 B 或 C 和 D 作记号. 如果直线 l_A，l_B，l_C 和 l_D 中的任何一条是蓝色的，那么我们显然不对相交处的顶点作记号. 这就使我们做出了一个可行的方案：如果 l_A 和 l_B 都没有涂成蓝色，那么对 A 和 B 作记号，然后停止！如果 l_C 和 l_D 都没有涂成蓝色，那么对 C 和 D 作记号，然后停止！否则，l_A，l_B，l_C 和 l_D 中至少有两条是蓝色的，那么只要对不是蓝－蓝色交点中的另外任何一个点作记号，这样将至多有两个点要作记号. 这一算法确保没有有限区域有完整的蓝色边界，因为不可能有构成一条完整的蓝色边界的一步，证毕.

虽然这种贪心算法是算法中最基本的类型之一，但是却可以用来处理很难的IMO问题. 甚至当我们在一个证明中还没有明确地使用贪心算法时，只要知道如何想到贪心算法往往都能够给出一个直观而美妙的解. 尽管贪心算法能频频给出足够的范围，但是众所周知贪心算法并不总是有效的，所以当断言贪心算法给出最优结果时，要小心谨慎.

若干问题

问题 1 (Germany 2000) 有总质量是 9 t 的石块，要用卡车运走. 每一块石块的质量都不超过 1 t，每辆卡车的载重量是 3 t.

要确保把所有的石块同时运走，确定最少必须用多少辆卡车.

问题 2 (Factoradic Number System) 对于每一个正整数 n，存在整数数列 $a_1, a_2, a_3, \cdots$，对于一切 i，$a_i \leqslant i$，有

$$n = a_1 \cdot 1! + a_2 \cdot 2! + a_3 \cdot 3! + \cdots$$

此外，证明这个集合是唯一的.

问题 3 (Netherlands 2014) 设 n 是正整数. Daniel 和 Merlijn 要进行一场游戏. Daniel 有 k 张纸(k 是正整数)一张接一张依次放在桌上. 他在每一张纸上写上 1 到 n 中的一些数(他可以不写数，也可以写所有的数). 他在每一张纸的背面写上其余的数. Daniel 一写完，Merlijn 就可以将某几张纸翻过来(他可以不翻，也可以全翻). 如果 Merlijn 能够至少一次就成功看到 1 到 n 的所有数，那么他就赢了. 如果不考虑 Daniel 如何写数，确定 Merlijn 总能赢的 k 的最小值.

问题 4 (IMOSL 2001, generalized) 设 x, y, z 是非负整数，且 $x < y < z$. 如果对于 $0 < a < b$，有 $\{z-y, y-x\} = \{a, b\}$，则称这三个数组成的集合 $\{x, y, z\}$ 为历史集. 证明：所有的非负整数集合都能写成两两不交的历史集的并.

问题 5 (Math Prize for Girls 2010) 设 S 是坐标平面内 n 个点的集合. 如果两个点的 x 坐标或 y 坐标相同，则称这一对点为结盟的. 证明：能将 S 分割成若干个不相连的子集，使：

(1) 每一个子集都是共线的点集.

(2) S 中至多有 $n^{\frac{3}{2}}$ 对无序点对是结盟的，但不在同一个子集.

问题 6 (IMOSL 2003) 设 n 是正整数. 求具有以下性质的最小整数 k：给定任何实数 $a_1, a_2, a_3, \cdots, a_d$，当 $i = 1, 2, \cdots, d$ 时，有 $0 \leqslant a_i \leqslant 1$，且满足 $a_1 + a_2 + a_3 + \cdots + a_d = n$. 将这些数分成 k 组(其中有些组可能是空的)，使每一组中各数的和至多是 1.

问题 7 (IMO 2014) 对于每一个正整数 n，开普敦银行发行面额为 $\frac{1}{n}$ 的硬币. 给出一个总价值至多是 $99 + \frac{1}{2}$ 硬币的有限集合(面额不必不同)，证明：可以将这一集合分成 100 组或者更少的组，使每一组的总价值至多是 1.

二、不变量和单变量

例 14 (USAMO 1999) 设 $a_1, a_2, a_3, \cdots, a_n (n > 3)$ 是实数，且

$$a_1 + a_2 + a_3 + \cdots + a_n \geqslant n, a_1^2 + a_2^2 + \cdots + a_n^2 \geqslant n^2$$

证明：$\max\{a_1,a_2,a_3,\cdots,a_n\}\geqslant 2$.

为了寻找矛盾，假定 $a_1,a_2,a_3,\cdots,a_n<2$. 我们将使用一种算法，使 $s_n=a_1+a_2+a_3+\cdots+a_n$ 保持不变，增加 $t_n=a_1^2+a_2^2+\cdots+a_n^2$. 为此，对于每一个 $1\leqslant i\leqslant n-1$，实施以下操作：

(1) 设 $u=a_i,v=a_{i+1}$.

(2) 用 2 代替 a_i，用 $u+v-2$ 代替 a_{i+1}.

显然，这一算法保持 s_n 不变. 因为 a_i 从 $a_i<2$ 增加到 $a_i=2$，a_{i+1} 减小. 这就确保每一步有 $a_{i+1}<2$. 此外，在每一步，我们有

$$a_i^2+a_{i+1}^2-u^2-v^2=2^2+(u+v-2)^2-u^2-v^2=$$
$$2(2-u)(2-v)>0$$

所以 t_n 严格递增. 在这一算法的最后，因为 t_n 严格递增，所以 $t_n>n^2$. 此外

$$a_n=s_n-2(n-1)\geqslant n-2(n-1)=-n+2$$

所以

$$a_n^2\leqslant(n-2)^2=n^2-4n+4$$

最后，我们必有

$$n^2<t_n=2^2(n-1)+n^2-4n+4=n^2$$

这是一个矛盾.

例 15 (USAMO 2003) 在正六边形的各个顶点上写六个非零整数，使这六个整数的和是 $2\,003^{2\,003}$. 允许 Bert 实施以下形式的操作：他可以取一个顶点，用两个相邻顶点上的数的差的绝对值代替写在这个顶点上的数. 证明：Bert 可以做出一系列操作，使六个顶点上的数都是 0.

显然这些数都很大，所以我们需要一种方法去减小这些数. 而模 2 的方法就很奏效. 设写在正六边形的数如图 3.33 所示($a_1,a_2,\cdots,a_6$).

现在的关键在于观察到问题给出的操作不能增加图中的最大值. 所以我们的算法将在两步内有效：

第一步，证明每个和为奇数的任何六边形模 2 后都能转化为图 3.34.

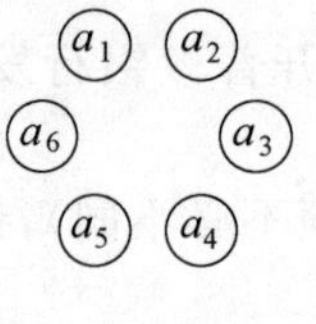

图 3.33

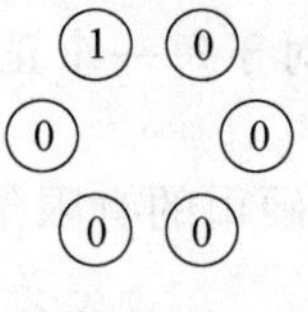

图 3.34

第二步，证明这样的六边形能转化为和为奇数，且有一个较小的最大值(或全部是零)的另一个六边形. 对于第一部分，我们有四种情况(对称的)，如图 3.35 所示.

所以我们可以假定 a_1 是奇数，$a_2,\cdots,a_6$ 是偶数. 现在我们看最大值 m 在六边形的哪

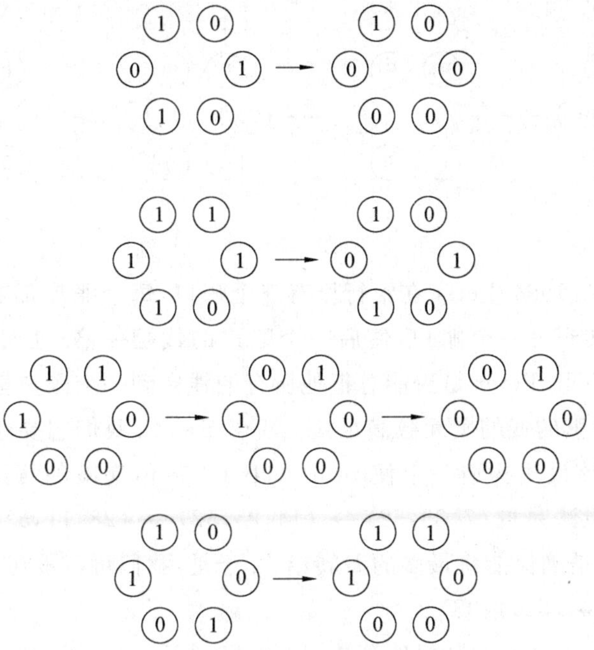

图 3.35

个位置上. 当 m 是偶数时,考虑依次对 $a_1, a_2, \cdots, a_6$ 的一系列操作. 模 2 后,就是图 3.36.

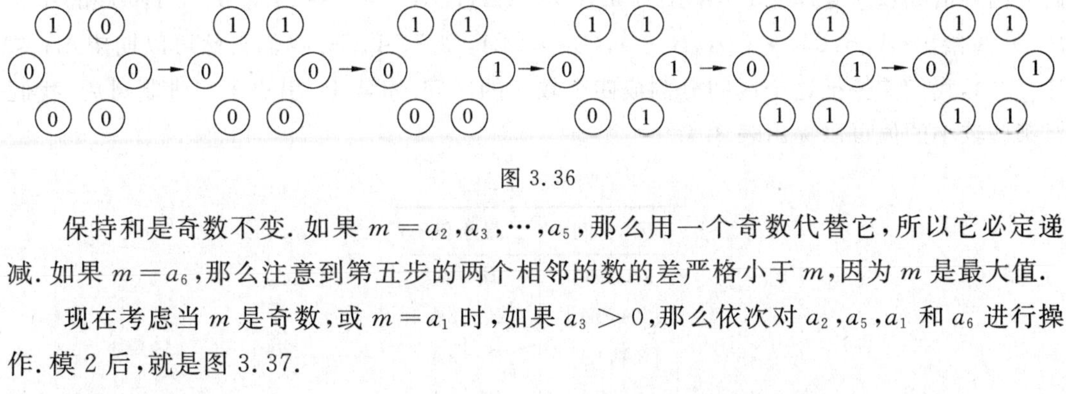

图 3.36

保持和是奇数不变. 如果 $m = a_2, a_3, \cdots, a_5$,那么用一个奇数代替它,所以它必定递减. 如果 $m = a_6$,那么注意到第五步的两个相邻的数的差严格小于 m,因为 m 是最大值.

现在考虑当 m 是奇数,或 $m = a_1$ 时,如果 $a_3 > 0$,那么依次对 a_2, a_5, a_1 和 a_6 进行操作. 模 2 后,就是图 3.37.

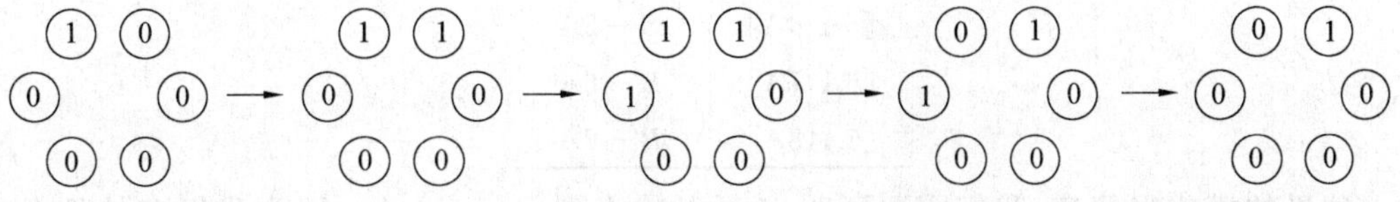

图 3.37

因为 $a'_2 = | m - a_3 | < m$,最大值减小了. 否则,由对称性,$a_3 = a_5 = 0$,所以实施下面

的操作，如图 3.38 所示.

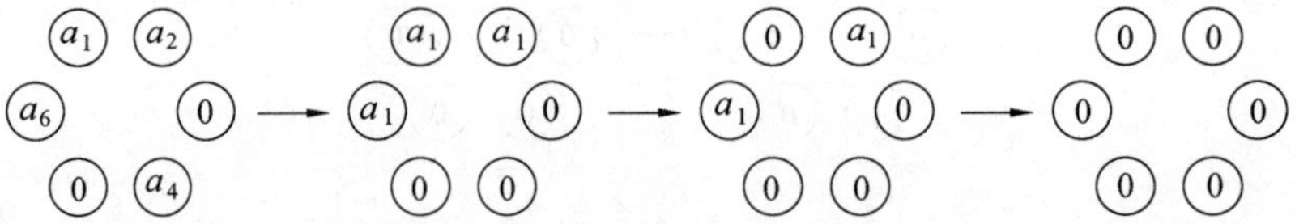

图 3.38

例 16 (IMOSL 1994)Peter 在银行里有三个账户，每个账户都有整数美元. 只允许他把钱从一个账户转到另一个账户，使后一个账户的钱翻一倍. 证明：Peter 总能把他所有的钱转到两个账户里. Peter 是否能总把他所有的钱转到一个账户里？

(1) 设每个账户里的钱的美元数满足 $0 < A \leqslant B \leqslant C$. 我们想要在某次有 $\min\{A,B,C\}=0$，所以我们应该设法构造一个使 $\min\{A,B,C\}$ 的值递减的算法. 考虑 $(A,B,C)=(7,39,52)$. 最初的想法是取 $(7,39,52)\to(14,25,52)\to(28,11,52)$，但是很快就失败了. 我们想要的步骤是确保能将最多的 B 转给 A. 于是，我们可以取 $(7,39,52)\to(14,32,52)\to(28,32,38)\to(56,4,38)$.

我们可以尝试一下其他的随机的算法，如 $(9,50,125)\to(18,41,125)\to(36,5,125)$ 或 $(15,29,61)\to(30,14,61)$. 我们观察到如果 $B\leqslant 2A$，那么实施的最少步骤是 $(A,B,C)\to(2A,B-A,C)$. 进入一个复杂的深层次的水平，在区间 $2A\leqslant B\leqslant 4A$ 上，我们有两种情况：$2A\leqslant B\leqslant 3A$ 给出 $(A,B,C)\to(2A,B,C-A)\to(4A,B-2A,C)$ 和 $3A\leqslant B\leqslant 4A$ 给出 $(A,B,C)\to(2A,B-A,C)\to(4A,B-3A,C)$. 我们自然可以期望 $4A\leqslant B\leqslant 8A$，我们需要把这个区间分割成四个较小的区间. 事实上，引进了二进制树后，我们对某些较小的值可以提出表 3.4.

表 3.4

区　间	最小值
$[A,2A]$	$B-A$
$[2A,3A]$	$B-2A$
$[3A,4A]$	$B-3A$
$[4A,5A]$	$B-4A$
$[5A,6A]$	$B-5A$
$[6A,7A]$	$B-6A$
$[7A,8A]$	$B-7A$

这里的模式很清楚：我们需要证明 B 可以减小到 $B(\bmod A)$. 因为我们在处理 2 的幂，所以应该把某些数看成二进制表示式，特别地，包括 $B(\bmod A)$. 在 $(7,39,52)$ 的情况下，我们有 $39=7\cdot 5+4=111_2\cdot 101_2+100_2$. 这对应于先从 B 中取，然后从 C 中取，然后

从 B 中取，总要回到数 101_2. 实际上，设 $B=mA+n$，我们断言以下算法将把 B 减小为 $B(\bmod A)$：把 m 写成二进制时，考虑 $m=\overline{m_k m_{k-1}\cdots m_1 m_0}$. 然后在第 i 步 $(0\leqslant i\leqslant k)$ 时，如果 $m_i=1$，那么从 B 中取；如果 $m_i=0$，那么从 C 中取. 容易证明在第 i 步开始时，第一个账户中有 2^iA 美元. 于是在第 i 步后，我们从 B 中减去 $2^i m_iA$ 美元. 在 $k+1$ 步后，第二个账户中有

$$B-(2^0m_0+2^1m_1+\cdots+2^km_k)=B-mA=n(\text{美元})$$

因为 $n\equiv B(\bmod A)$，证毕.

(2) 如果各账户的钱的总和是奇数，那么最后的账户不能翻倍，所以答案是否定的.

若干问题

问题 8 (IMOSL 1989) 在一个 $m\times n$ 的棋盘的每一个方格中写一个自然数. 允许的操作是对两个相邻数中的每一个加上整数 k，得到的数都是非负数(如果两个方格有一条公共边，那么称这两个方格是相邻的). 求在进行有限多次操作以后可以使所有的数都变为零的一个充分必要条件.

问题 9 (China Girls Math Olympiad 2011) 从左到右有 n 个盒子 $B_1,B_2,\cdots,B_n$，这些盒子中有 n 个球.

(1) 如果在盒子 B_1 中至少有 1 个球，那么我们可以取出一个球放入 B_2.

(2) 如果在盒子 B_n 中至少有 1 个球，那么我们可以取出一个球放入 B_{n-1}.

(3) 如果在盒子 B_k 中至少有 2 个球，$2\leqslant k\leqslant n-1$，那么我们可以取出一个球放入 B_{k-1}，再取出一个球放入 B_{k+1}.

证明：对于这 n 个球的任何放置，我们总能使每个盒子里都有一个球.

问题 10 (MEMO 2008) 设 $n\geqslant 2$，$n\in\mathbf{Z}^+$. 黑板上有 n 个数，每一步我们从黑板上选两个数，用这两个数的和代替这两个数. 经过有限步后，总可能得到 n 个都相同的数，确定所有的 n.

问题 11 (IMOSL 2013) 在一些粒子神秘地出现在一位物理学家的实验室里后，这位疯狂的物理学家发现了一种他称之为 imon 的新粒子. 实验室里有几对 imon 粒子能够纠缠，每一颗粒子都能参与许多纠缠关系. 这位物理学家找到了一种方法对这些粒子实施以下两类操作，每次实施一个操作.

(1) 如果某个 imon 粒子与实验室里的其他奇数颗 imon 粒子纠缠在一起，那么物理学家能将这颗粒子毁掉.

(2) 在任何时刻，他可以对每一个粒子 I 拷贝一颗粒子 I'，使实验室里的整个粒子族加倍. 在这个过程中，当且仅当原来的粒子 I 和 J 纠缠时，两个拷贝粒子 I' 和 J' 也纠缠，每一个拷贝粒子 I' 与原来的 imon 粒子 I 纠缠，此时没有发生其他的纠缠或者消失.

证明：这位物理学家可以在一族 imon 粒子中运用一系列操作，结果使其中没有两颗

粒子纠缠.

三、缩减算法

缩减算法可以用来将一个复杂的图形缩减为一个简单的图形,而保留其在问题中的组合函数.

例 17 (Cody Johnson)考虑由六个整数组成的有序集合 S. 由以下规则定义一次操作:对于 S 的每一个元素,或者加 1,或者加 -1. 证明:存在一个有限的操作序列,使得到的集合 $S'=(n_1,n_2,\cdots,n_6)$ 的元素满足 $n_1n_5n_6=n_2n_4n_6=n_3n_4n_5$. 问题是 S 的元素可以是任何东西,所以 $n_1n_5n_6=n_2n_4n_6=n_3n_4n_5$ 可以是任何东西！如果存在一种方法将这种可能性缩减为一个较小的数,那么这将是有帮助的……

我们看到任何整数集可以缩减为元素只是 0 和 1 的一个集合. 我们由以下的算法看出这是正确的:固定一个元素 e,对 e 进行足够多次的操作将 e 变为零. 之后,为了缩减另一项,我们将或者实施奇数次操作或者实施偶数次操作. 如果操作的次数是偶数,那么用 $e+(1-1)+(1-1)+\cdots=0$. 如果操作的次数是奇数,那么用 $e+1+(1-1)+(1-1)+\cdots=1$. 于是,我们能够保持第一个元素不变,而缩减集合的另一些元素. 因此,我们只需要考虑集合$\{0,1\}$中的元素. 于是,$n_1n_5n_6$, $n_2n_4n_6$, $n_3n_4n_5$ 不是 0 就是 1.

最后,利用这一算法缩减此问题后,我们就可以处理简单的问题了. 为了得到矛盾,我们假定这三个乘积不都相等. 这意味着 $n_1,n_2,\cdots,n_6$ 中至少有一个等于 0,否则每个积都是 1.

如果 $n_4=0$,那么 $n_1=n_5=n_6=1$. 于是我们只要实施一次操作就能得到 $n_4=1$,$n_1=n_5=n_6=0$,在这种情况下,$n_1n_5n_6=n_2n_4n_6=n_3n_4n_5=0$. n_5,$n_6=0$ 的情况可类似处理.

如果 $n_1=0$,那么必有 $n_2=n_4=n_6=1$ 或者 $n_3=n_4=n_5=1$. 在这两种情况下,都有 $n_4=1$,以及或者 $n_6=1$ 或者 $n_5=1$. 于是,实施这一操作得到 $n_1=1$ 和 $n_4=n_6=0$ 或者 $n_4=n_5=0$,在这种情况下,$n_1n_5n_6=n_2n_4n_6=n_3n_4n_5=0$. n_2,$n_3=0$ 的情况可类似处理. 证毕.

例 18 (USAMTS 2015)从由单位正方形组成的大网格中选出一个由单位正方形构成的有限集合 S. S 中的正方形由斜边是 2 的等腰直角三角形铺砌而成,这些三角形彼此都不重叠,且都不延伸越过 S,而且整个 S 都被这些三角形所覆盖. 此外,每一个三角形的斜边都位于网格线上,三角形的顶点都在正方形的角上. 证明:三角形的个数必是 4 的倍数.

首先,如果两个三角形有共同的斜边,那么就将这两个三角形合并,于是可以把 S 分割为若干环的一个并. 这样我们就能把这一问题缩减为只有一个连通环的情况. 这是容易看出的,因为如果每一个连通环都有模 4 余 0 个三角形,那么某个连通环的并也有模 4 余 0 个三角形. 让我们来画一个环的例子,如图 3.39 所示.

我们可以设法对指向每一个方向上的三角形的个数进行计数,但是只给出总数是偶数的. 我们可以设法观察环中每一个三角形是如何指向的,每一个方向上是如何实施动

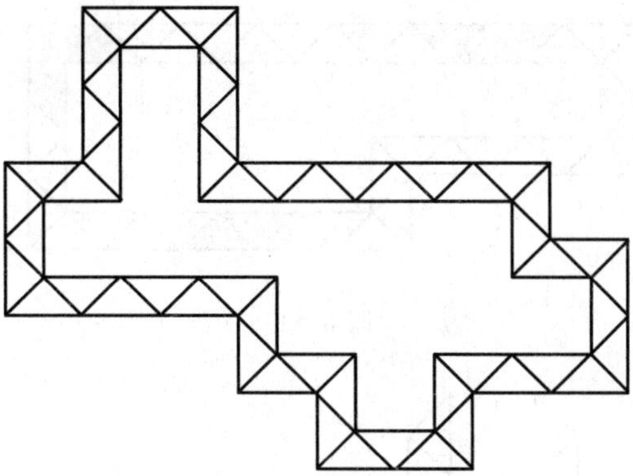

图 3.39

作的，是向上，向下，向左，还是向右. 这就使计数和实施操作变得困难.

一个直接的想法是使用一种算法，此算法是在三角形的总数上缩减每一个环，而保持其模 4 后大小不变. 在我们的图中，有某一部分环看上去是“容易”缩减的，如图 3.40 所示.

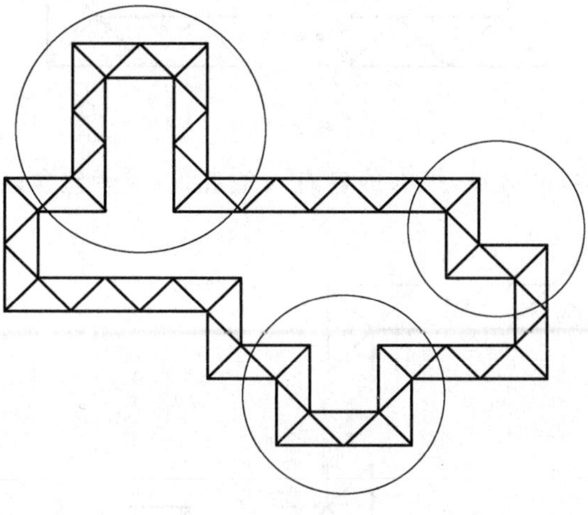

图 3.40

图 3.40 中画圈的区域看来是所“除去的地方”. 我们确信这一方法是正确的，因为我们能够将它们缩减，而环模 4 后的大小不变. 解决了这些画了圈的区域后，这一环就缩减为图 3.41.

这个环要简单得多，而且模 4 后的大小相同. 虽然对这一图形是有效的，但是为了提出我们的算法，我们还需要检查我们实际上做了什么. 在这三个区域(图 3.41) 中的两个，我们取一个形如图 3.42 的区域，并缩减为图 3.43.

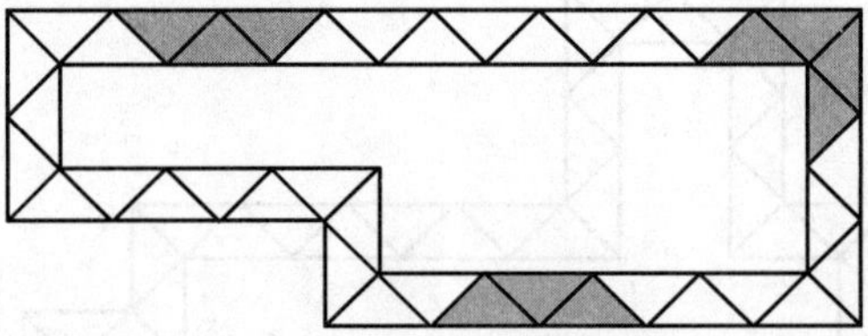

图 3.41

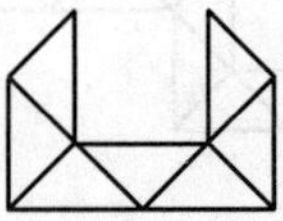

图 3.42

图 3.43

这看来还是合算的，所以让我们不需考虑我们缩减的第三种情况. 我们证明图中每一个大小为正的连通环有 $n+(n-1)+2=2n+1$ 个三角形的区域 R_n，如图 3.44 所示.

图 3.44

的确，如果没有这样的区域，那么或者有一条直线，或者包含以下的区域(图 3.45)

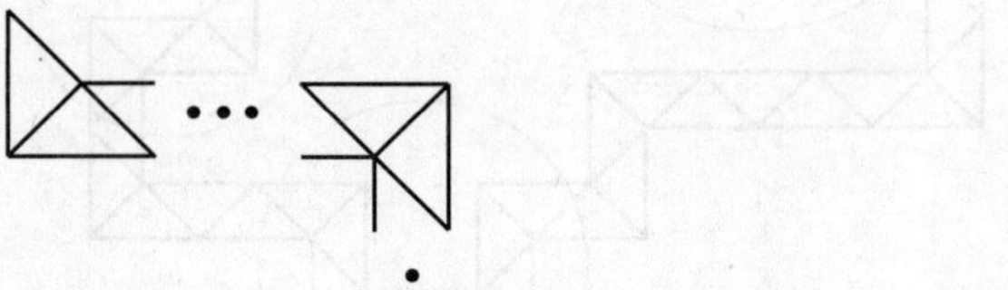

图 3.45

而两者都与环的有限性矛盾. 于是，每一个环都有这样一个区域.

首先，如果 $n=1$，那么我们有区域如图 3.46 所示，这一区域显然或者可以缩减为图

3.47,或者不很显然地可缩减为图 3.48. 两者都是将环的大小缩减为 4. 如果区域形如图 3.49,那么也必定形如图 3.50.

图 3.46

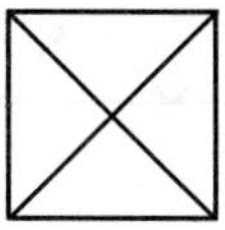

图 3.47

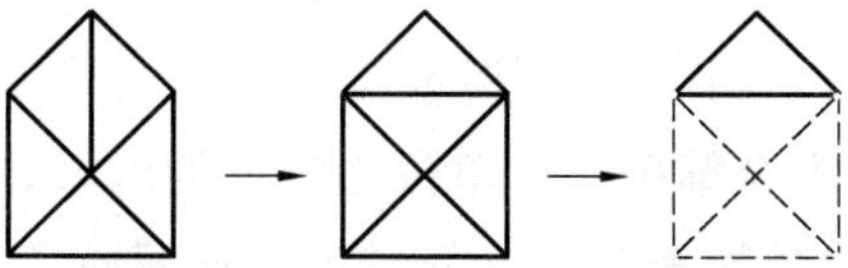

图 3.48

图 3.49

图 3.50

因此,我们可以除去最左边的五个三角形,再加上一个,得到图 3.51

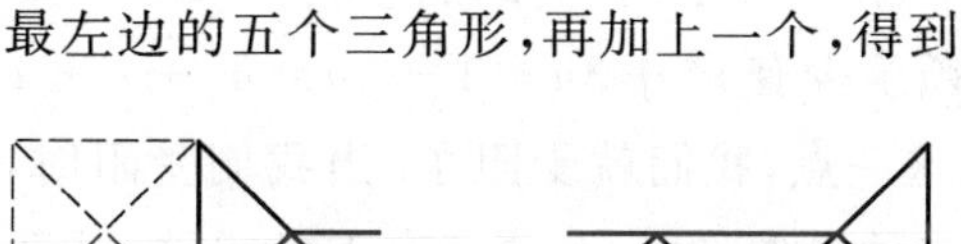

图 3.51

缩减了环的大小由 4 个有虚线的三角形组成. 由对称性,我们只需再考虑一种情况,如图 3.52 所示.

如果环在矩形 $ABCD$ 中还有另外一个部分,那么这个环必跨越直线 AD. 于是,在 $ABCD$ 中将有另外一个更小的区域R_n. 因此,不失一般性,我们可以假定环在 $ABCD$ 中没有另外的部分,否则我们将选择另一个更小的区域来处理. 最后,我们除去 $ABCD$ 中斜边平行于AB 和 CD 的四个部分得到图 3.53.

这也可以将环缩减 4. 我们证明了如果环的大小为正,那么这一算法永远可用. 注意

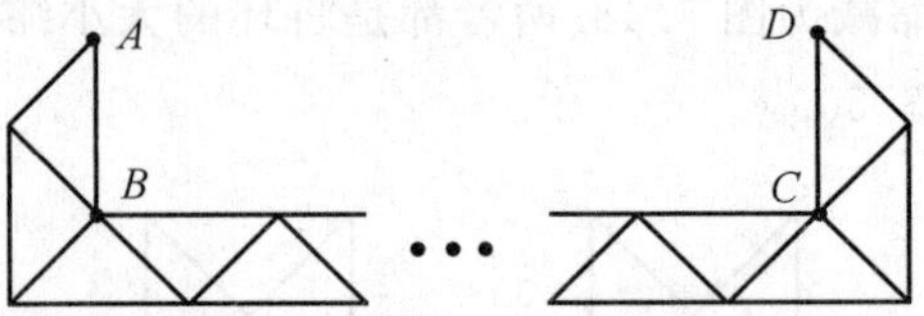

图 3.52

图 3.53

到,长度是 1 到 3 的环并不完全铺砌一个单位正方形的区域,所以我们完成了证明,因为一个环的大小模 4 可以取的余数是 0. 这一算法大大地缩减了一系列复杂的环,只需要研究一种容易解决的情况.

例 19 (China 2010) 有有限张卡片放在点 $A_1, A_2, \cdots, A_n (n \geqslant 3)$ 和 O 处. 每一步我们可以实施以下操作:

(1) 如果在某一点 A_i 处有超过 2 张卡片,那么我们就可以从这一点上移去 3 张卡片,在 A_{i-1}, A_{i+1} 和 O 处各放一张卡片. 注意下标取模 n.

(2) 如果在 O 处至少有 n 张卡片,那么从 O 处移去 n 张卡片,在点 $A_1, A_2, \cdots, A_n$ 处各放一张卡片.

证明:如果卡片的总数至少是 n^2+3n+1,那么我们就能够在有限次操作后使每个顶点处的卡片数至少是 $n+1$.

本题的问题在于我们不知道每个顶点处有多少张卡片. 幸运的是,通过算法,我们可以控制每个顶点上的卡片数. 事实上,我们总能够利用第一种操作,直到每个顶点至多有 2 张卡片. 关键是其中必须至少有 $n^2+3n+1-2n=n^2+n+1$ 张卡片.

但是,一旦我们做到这一点,我们就受阻了. 当我们受阻时,我们应该设法做唯一有效的事情! —— 利用第二种操作,每一个顶点有 1 张,2 张,或 3 张卡片. 所以我们将对每一种情况进行计数:设其中 a 个顶点有 1 张牌, b 个顶点有 2 张牌, c 个顶点有 3 张牌. 那么 $a+b+c=n$,所以关键是必须至少有

$$n^2+3n+1-(a+2b+3c)=n^2+3n+1-(2n-a+c)=n^2+n+1+a-c$$

张卡片. 一旦我们实施第二种操作 n 次以上,每个顶点至少有 $n+1$ 张卡片,关键是必须至少有 $n^2+n+1+a-c-n^2=n+1+a-c$ 张卡片. 于是,只要证明 $a \geqslant c$,做到这一点的一种方法是任何两个 3 之间至少有一个 1,但是两个连续的 3 是一个问题. 幸运的是这一问题容易解决,这里有一个算法确保没有连续的 3:考虑数串 $x, 3, 3, \cdots, 3, y$,这里 $x, y \neq 3$. 从右到左对这些 3 实施第一种操作,得到 $x+1, 1, 2, 2, \cdots, 2, 1, y+1$. 因为我们能对所有连续 3 的链做到这一点,所以我们总能达到没有连续的 3 的一种状态.

最后，我们可以用另一种算法除去所有的链 $x,3,2,2,\cdots,2,3,y$. 在 3 处开始，向右实施第一种操作，由上面得到 $x+1,1,1,\cdots,1,y+1,x+1,y+1\leqslant 3$，所以这一算法确保两个 3 之间有一个 1. 因此，$a\geqslant c$，证毕.

若干问题

问题 12 (United Kingdom 2011) 一个袋子里原有 m 个球，另一个袋子里原有 n 个球，这里 $m,n>0$. 允许实施以下两种不同的操作：

(1) 从每个袋子里取出同样多个球.

(2) 将一个袋子里的球的个数加倍.

在经过有限次操作以后，是否总能将两个袋子都取空？

将操作(2) 改为"将一个袋子里的球的个数变为原来的球的个数的 3 倍". 在有限次操作以后，是否总能将两个袋子都取空？

问题 13 (IMO 2010) 六个盒子 $B_1,B_2,\cdots,B_6$ 中的每一个中原来都有一枚硬币. 允许实施以下的操作：

(1) 选一个非空的盒子 B_j，$1\leqslant j\leqslant 5$，从 B_j 中取出一枚硬币，然后加 2 枚硬币到 B_{j+1} 中.

(2) 选一个非空的盒子 B_k，$1\leqslant k\leqslant 4$，从 B_k 中取出一枚硬币，然后交换 B_{k+1} 和 B_{k+2} 中的硬币(可能是空的).

确定是否存在有限次上面允许的操作，将五个盒子 B_1,B_2,B_3,B_4,B_5 都变成空的，而第六个盒子恰有$2\,010^{2\,010^{2\,010}}$ 枚硬币.

问题 14 (IMO 2007) 在一次数学竞赛中，有些参赛者是朋友. 友谊总是互相的. 如果在一群参赛者中每两个人都是朋友，那么称这群参赛者是一个集团(实际上，少于两个参赛者的群都是集团). 一个集团成员的人数称为这个集团的大小. 已知在这次竞赛中，最大的集团的大小是偶数，证明：这次竞赛可以为参赛者安排两个试场，使在一个试场中的最大的集团的大小与在另一个试场中的最大的集团的大小相同.

问题的解答

问题 1 (Germany 2000) 有总质量是 9 t 的石块，要用卡车运走. 每一块石块的质量都不超过 1 t，每辆卡车的载重量是 3 t.

要确保把所有的石块同时运走，确定最少必须用多少辆卡车.

把这些石块看作是每块质量为 0.9 t 的 10 块石块，显然这些石块不能装进 3 辆卡车. 对卡车用贪心算法放石块，注意到每辆卡车能装超过 2 t 的石块，否则我们可以装载更多. 于是，前三辆卡车装的总质量大于 6 t，这意味着余下的质量小于 3 t，而这可以装到第四辆卡车上. 于是答案是 4.

问题 2 (Factoradic Number System) 对于每一个正整数 n，存在整数数列 a_1,a_2，

a_3,…,对于一切 i,$a_i \leqslant i$,有

$$n=a_1 \cdot 1!+a_2 \cdot 2!+a_3 \cdot 3!+\cdots$$

此外,证明这个集合是唯一的.

我们将采用贪心算法寻找一个表达式.

设使 a_{k-1} 是最大值的 $a_{k-1}(k-1)!<n<k!$.那么我们把它缩减到 $n-a_{k-1}(k-1)!$,但是我们必须证明 $n-a_{k-1}(k-1)!<(k-1)!$.但这是正确的,因为由 k 最大,得

$$n<a_{k-1}(k-1)!+(k-1)! \leqslant (k-1)(k-1)!+(k-1)!=k!$$

现在我们用强归纳法进行证明.作为基本情况,$1=1 \cdot 1!$.假定对某个 $k \geqslant 2$,对于一切 $1 \leqslant n<k!$,每一个 n 有一个表达式,我们将证明命题对 $1 \leqslant n<(k+1)!$ 也成立.我们知道在区间 $1 \leqslant n<k!$ 上,该表达式的最大项至多是 $(k-1)(k-1)!$.对于每一个 $1 \leqslant a_k \leqslant k$,对这一区间上的每一个 n 加上 $a_k \cdot k!$,我们就找到了对于一切 $1+a_k \cdot k! \leqslant n<k!+a_k \cdot k!=(a_k+1) \cdot k!$ 的一个表达式.此外,$n=a_k \cdot k!$ 本身就是表达式.将这些间断的区间相连,则我们的命题对一切 $1 \leqslant n<a_k \cdot k!+k! \leqslant k \cdot k!+k!=(k+1)!$ 成立,证毕.

为了证明这一表达式是唯一的,在归纳中的每一步,我们必须证明每一个 $a_k \cdot k! \leqslant n<(k+1)!$ 在其表达式中必有一项是 $a_k \cdot k!$.假定不是这样的,那么每一个 n 都有和至多为 $n \leqslant 1 \cdot 1!+2 \cdot 2!+3 \cdot 3!+\cdots+(k-1)(k-1)!+(a_k-1) \cdot k!=a_k \cdot k!-1<n$ 的表达式,这是一个矛盾.

问题 3 (Netherlands 2014) 设 n 是正整数.Daniel 和 Merlijn 要进行一场游戏.Daniel 有 k 张纸(k 是正整数)一张接一张依次放在桌上.他在每一张纸上写上 1 到 n 中的一些数(他可以不写数,也可以写所有的数).他在每一张纸的背面写上其余的数.Daniel 一写完,Merlijn 就可以将某几张纸翻过来(他可以不翻,也可以全翻).如果 Merlijn 能够至少一次就成功看到 1 到 n 的所有数,那么他就赢了.如果不考虑 Daniel 如何写数,确定 Merlijn 总能赢的 k 的最小值.

在第一张纸中,有一面必定至少有$\lceil \frac{n}{2} \rceil$个数.然后对第 $k-1$ 张纸实施这一算法,于是有 $n-\lceil \frac{n}{2} \rceil=\lfloor \frac{n}{2} \rfloor$ 个数.把 n 看作二进制数,那么$\lfloor \frac{n}{2} \rfloor$ 就是把 n 抹去一个末位数,所以运用这一算法直到结束的次数等于 n 的二进制的表达式中的位数$\lfloor \log_2 n \rfloor+1$.注意:这是在二进制中研究出的算法!

为了结束证明,我们需要找出至少需要$\lfloor \log_2 n \rfloor+1$ 张纸的一种结构.只要证明 2^m 需要 $m+1$ 张纸.对于 $1 \leqslant i \leqslant m$,在第 i 张纸的一面上写上在二进制第 i 位上是 1 的所有的数(这里末位数是第一个数字).这 m 张纸所选择的各个面必有一个公共的数 x,它的各位数字都对应于每一张纸所选择的面,所以各位数字与 x 相反的数 2^m-1-x 不在任何一

面上. 注意:如果 $x=2^m$,那么我们可取 2^m-1. 因为有一个数不在任何一面上,所以我们至少需要 $m+1$ 张纸.

问题 4 (IMOSL 2001,generalized) 设 x,y,z 是非负整数,且 $x<y<z$. 如果对于 $0<a<b$,有 $\{z-y,y-x\}=\{a,b\}$,则称这三个数组成的集合 $\{x,y,z\}$ 为历史集. 证明:所有的非负整数集合都能写成两两不交的历史集的并.

对于我们构造的每一个历史集 $\{x,y,z\}$,$x<y<z$,将 x 涂成红色,y 涂成绿色,z 涂成蓝色. 从所有未被涂色的非负整数开始,我们用以下算法构成一个历史集,对每个整数恰涂色一次:

(1) 考虑最小的未被涂色的数 k.

(2) 如果 $k+a$ 未被涂色,那么构造集合 $\{k,k+a,k+a+b\}$,然后对其涂色. 否则,构造集合 $\{k,k+b,k+a+b\}$,然后对其涂色.

现在我们证明这是有效的. 首先,$k+a+b$ 必定未被涂色,因为它大于其他所有已被涂色的数.

假定 $k+b$ 已被涂色. 那么它不能是红色,因为它大于 k. 又它不能是绿色,因为 $k+b-a\geqslant k$. 如果它是蓝色,那么 $k+b-(a+b)=k-a$ 必是红色. 但是,因为此时 k 未被涂色,所以我们的算法是说我们必须对 $k-a+a=k$ 涂色. 于是,我们得到矛盾,由此推出证明.

问题 5 (Math Prize for Girls 2010) 设 S 是坐标平面内 n 个点的集合. 如果两个点的 x 坐标或 y 坐标相同,则称这一对点为结盟的. 证明:能将 S 被分割成若干个不相交的子集,使:

(1) 每一个子集都是共线的点集.

(2) S 中至多有 $n^{\frac{3}{2}}$ 对无序点对是结盟的,但不属于同一个子集.

我们对 n 用归纳法. 作为基本情况,$n=0$ 是显然的. 现在假定对某个正整数 n,对一切 $0\leqslant k\leqslant n-1$,在 S 中至多存在 $k^{\frac{3}{2}}$ 对结盟的点对.

考虑 S 的最大子集 T,它的点或者都有同样的 x 坐标,或者都有同样的 y 坐标(实际上,不失一般性,设 x 坐标相同). 设 $t=|T|$. 对于每一个点 $P\in T$,这是大小至多是 k,y 坐标相同的另外的集合的一部分,所以 $S\backslash T$ 中与 T 中某个点结盟的点的个数至多是 $t\cdot t=t^2$. 但是显然这至多只能是 n 对,因为这是点的总数. 于是,只要证明

$$\min\{t^2,n\}+(n-t)^{\frac{3}{2}}\leqslant n^{\frac{3}{2}}$$

如果 $n\leqslant t^2$,那么当 $n\geqslant 4$,或 $t\geqslant 2$ 时,有

$$\min\{t^2,n\}+(n-t)^{\frac{3}{2}}\leqslant n+(n-\sqrt{n})^{\frac{3}{2}}\leqslant n^{\frac{3}{2}}$$

当 $t=1$ 时,没有两点结盟,命题显然成立. 如果 $n\geqslant t^2$,那么

$$\min\{t^2,n\}+(n-t)^{\frac{3}{2}}\leqslant t^2+(n-t)^{\frac{3}{2}}\leqslant n^{\frac{3}{2}}$$

这里最右边不等式可由不等式当 $n=t^2$ 时成立的事实中看出，以及右边永远比左边增加得快这一事实看出(因为 $n^{\frac{3}{2}}$ 是凸函数，右边是其向右和向上平移 t^2 个单位).

问题 6 (IMOSL 2003)设 n 是正整数.求具有以下性质的最小整数 k：给定任何实数 $a_1,a_2,a_3,\cdots,a_d$，当 $i=1,2,\cdots,d$ 时，有 $0\leqslant a_i\leqslant 1$，且满足 $a_1+a_2+a_3+\cdots+a_d=n$.将这些数分成 k 组(其中有些组可能是空的)，使每一组中各数的和至多是 1.

考虑集合 $a_1=a_2=a_3=\cdots=a_{2n-1}=\frac{n}{2n-1}$.我们看到

$$a_1+a_2+a_3+\cdots+a_{2n-1}=(2n-1)\cdot\frac{n}{2n-1}=n$$

如果任何两个数在同一组中，那么和将至少是 $\frac{2n}{2n-1}>1$.于是，必定至少有 $k=2n-1$ 组.

现在假定我们把一些数放进尽量少的组内，譬如说，$g_1\leqslant g_2\leqslant\cdots\leqslant g_m$.那么对一切 i,j，有 $g_i+g_j>1$，否则我们将把这两组合并，以减少 m.此外，有 $g_1+g_2+\cdots+g_m=n$.于是

$$2n=(g_1+g_2)+(g_2+g_3)+\cdots+(g_m+g_1)>1+1+\cdots+1=m$$

所以 $m\leqslant 2n-1$.故答案是 $2n-1$ 组.

问题 7 (IMO 2014)对于每一个正整数 n，开普敦银行发行面额为 $\frac{1}{n}$ 的硬币.给出一个总价值至多是 $99+\frac{1}{2}$ 硬币的有限集合(面额不必不同)，证明：可以将这一集合分成 100 组或者更少的组，使每一组的总价值至多是 1.

用 m 代替 100，用 $m-\frac{1}{2}$ 代替 $99+\frac{1}{2}$.我们准备随意把硬币放入各组，所以我们必将作某些改进以简化问题.则至多有一枚硬币的面额为 $\frac{1}{2k}$(否则把两枚硬币合并为面额为 $\frac{1}{2k}+\frac{1}{2k}=\frac{1}{k}$ 的一枚硬币)，至多有 $2k$ 枚面额为 $\frac{1}{2k+1}$ 的硬币(否则把这些硬币合并为面额为 $\frac{1}{2k+1}+\frac{1}{2k+1}+\cdots+\frac{1}{2k+1}=1$ 的一枚硬币).我们也可以假定没有面额为 $\frac{1}{1}$ 的硬币，因为除去其中的一枚硬币将把问题缩减为大小为 $(m-1)-\frac{1}{2}$ 的 $m-1$ 组，而这还是同样的问题.

对于每一个 k，将所有形如 $\frac{1}{2k+1}$ 和 $\frac{1}{2k+2}$ 的硬币分组.在这样的组中的每一组中总值至多是 $\frac{2k}{2k+1}+\frac{1}{2k+2}<\frac{2k}{2k+1}+\frac{1}{2k+1}=1$.当 $1\leqslant k\leqslant m-1$ 时，考虑面额为 $\frac{1}{3}$ 到 $\frac{1}{2m}$ 的 $m-1$ 组.而我们也必须将 $\frac{1}{2}$ 放到它本身所在的组中，因为总组数是 m.

现在我们将采用贪心算法来放面额小于$\frac{1}{2m}$的硬币. 把这些硬币放到仍然有空的组中. 我们必须证明这一算法总能将面额小于$\frac{1}{2m}$的每一枚硬币分组. 假定不是这样,那么还有留有一枚硬币. 这意味着其他各组都至少能放$1-\frac{1}{2m+1}$枚硬币,这是一个矛盾,因为这将意味着总值至少是$m\left(1-\frac{1}{2m+1}\right)>m-\frac{1}{2}$,证毕.

问题 8 (IMOSL 1989) 在一个$m\times n$的棋盘的每一个方格中写一个自然数. 允许的操作是对两个相邻数中的每一个加上整数k,得到的数都是非负数(如果两个方格有一条公共边,那么称这两个方格是相邻的). 求在进行有限多次操作以后可以使所有的数都变为零的一个充分必要条件.

采用对棋盘涂色的方法. 设b和w是黑方格和白方格中的数的和. 我们看到$b-w$是不变的,最后$b-w=0$,所以$b=w$是必要条件.

现在证明这也是充分条件. 考虑按此顺序的相邻方格(x,y,z)中的数,我们要寻找一种算法使$x=0$. 如果$x\leqslant y$,那么采用$(x,y,z)\to(0,y-x,z)$. 如果$x\geqslant y$,那么采用$(x,y,z)\to(x,x,z+x-y)\to(0,0,z+x-y)$. 我们可以先对所有的行从左到右采用这一算法,然后对所有的行从上到下采用这一算法,把问题缩减为一个2×2的正方形.

在这个2×2的正方形中,我们可以使每一行至少有一个数是0. 如果这些0在同一列中,那么$b=w$表明其余的数都相等,所以可以除去. 如果这些0在相对的列中,那么b,w中的一个是0,所以所有的数都必须是0.

问题 9 (China Girls Math Olympiad 2011) 从左到右有n个盒子$B_1,B_2,\cdots,B_n$,这些盒子中有n个球.

(1) 如果在盒子B_1中至少有1个球,那么我们可以取出一个球放入B_2.

(2) 如果在盒子B_n中至少有1个球,那么我们可以取出一个球放入B_{n-1}.

(3) 如果在盒子B_k中至少有2个球,$2\leqslant k\leqslant n-1$,那么我们可以取出一个球放入$B_{k-1}$,再取出一个球放入$B_{k+1}$.

证明:对于这n个球的任何放置,我们总能使每个盒子里都有一个球.

我们采用以下算法:

(1) 实施第二和第三种操作直到不能再实施为止. 这样就留下至多有1个球的盒子$B_2,B_3,\cdots,B_{n-1}$,以及至多有0个球的盒子B_n.

(2) 考虑最小的k,使B_k有0个球,即

$$(B_1,B_2,\cdots,B_{k-1},B_k)=(x,1,1,\cdots,1,0)$$

(3) 采用第一种操作得到$(x-1,2,1,\cdots,1,0)$.

(4) 对$B_2,B_3,\cdots,B_{k-1}$采用第三种操作的结果是

$$(x,1,1,\cdots,1,1,0,1)$$

(5) 多次重复算法(2) 和(3),得到

$$(x,1,1,\cdots,1,1,0)\to$$
$$(x,1,1,\cdots,1,0,1)\to$$
$$(x,1,1,\cdots,0,1,1)\to\cdots\to$$
$$(x,0,1,1,\cdots,1,1)$$

(6) 采用第一步得到$(x-1,1,1,1,\cdots,1,1)$.

(7) 采用算法(2) 到(6) 得到所求的结果.

唯一的问题是要证明算法(1) 总是终止的.为此秤秤盒子建立一个单变量,然后证明秤出的和是上界.事实上,任何采用第二种,或第三种操作都使和

$$B_0 2^n+B_1 2^{n-1}+B_2 2^{n-2}+\cdots+B_{n-1}2^1+B_n 2^0$$

严格递增.因为

$$2(B_{n-1}+1)+(B_n-1)=2B_{n-1}+B_n+1>2B_{n-1}+B_n$$

以及

$$\begin{aligned}&2^{n-i+1}(B_{i-1}+1)+2^{n-i}(B_i-2)+2^{n-i-1}(B_{i+1}+1)=\\&B_{i-1}2^{n-i+1}+B_i 2^{n-i}+B_{i+1}2^{n-i-1}+2^{n-i+1}-2\cdot 2^{n-i}+2^{n-i-1}>\\&B_{i-1}2^{n-i+1}+B_i 2^{n-i}+B_{i+1}2^{n-i-1}\end{aligned}$$

这是因为

$$2^{n-i+1}-2\cdot 2^{n-i}+2^{n-i-1}=2^{n-i-1}>0$$

最后,因为

$$B_0 2^n+B_1 2^{n-1}+B_2 2^{n-2}+\cdots+B_{n-1}2^1+B_n 2^0\leqslant n\cdot 2^n$$

所以这一算法必定终止,证毕.

问题10 (MEMO 2008)设$n\geqslant 2,n\in\mathbf{Z}^+$.黑板上有$n$个数,每一步我们从黑板上选两个数,用这两个数的和代替这两个数.经过有限步后,总可能得到n个都相同的数,确定所有的n.

对于奇数n,我们很快注意到反例$(2,2,\cdots,2,1)$.设m是这些数中最大的一个.这里的不变量是等于m的项数的奇偶性,所以它必定是偶数.

我们断言一切偶数都成立.设黑板上的数是$a_1,a_2,\cdots,a_{2n}$.因为$2n$是偶数,所以我们可以将这些项配对:$(a_1,a_2),(a_3,a_4),\cdots,(a_{2n-1},a_{2n})$.此外,设$b_1,b_2,\cdots,b_{2n}$是$a_1,a_2,\cdots,a_{2n}$除以能整除所有项的2的最高次幂所得到的数.于是,实施以下算法:

(1) 对于每一个$1\leqslant i\leqslant n$,用$(a_{2i-1}+a_{2i},a_{2i-1}+a_{2i})$代替$(a_{2i-1},a_{2i})$.当$1\leqslant i\leqslant n$时,有$a_{2i-1}=a_{2i}$.

(2) 对于每一个$1\leqslant i\leqslant n$,如果$a_{2i-1}=a_{2i}$是奇数,那么用$(2a_{2i},2a_{2i})$代替(a_{2i},a_{2i}).重复这一过程,直至$a_1,a_2,\cdots,a_{2n}$中的每一个都有2的同一次幂,即$b_1,b_2,\cdots,b_{2n}$都是奇

数. 这一步可看作是将(b_{2i-1}, b_{2i})"除以"2.

(3) 将最小的一对加上最大的一对.

(4) 回到第二步.

这个算法看起来有点复杂,但是实际上相当容易(表 3.5):

表 3.5

a_1	a_2	a_3	a_4	a_5	a_6		b_1	b_2	b_3	b_4	b_5	b_6	
3	4	4	2	3	3		3	4	4	2	3	3	原来
7	7	6	6	6	6		7	7	6	6	6	6	①
14	14	6	6	6	6		7	7	3	3	3	3	②
20	20	20	20	6	6		10	10	10	10	3	3	③
20	20	20	20	12	12		5	5	5	5	3	3	②
32	32	20	20	32	32		8	8	5	5	8	8	③
32	32	160	160	32	32		1	1	5	5	1	1	②
192	192	192	192	32	32		6	6	6	6	1	1	③
192	192	192	192	256	256		3	3	3	3	1	1	②
256	256	192	192	256	256		4	4	3	3	4	4	③
256	256	768	768	256	256		1	1	3	3	1	1	②
1 024	1 024	1 024	1 024	256	256		4	4	4	4	1	1	③
1 024	1 024	1 024	1 024	1 024	1 024		1	1	1	1	1	1	②

现在我们必须证明这一算法是终止的. 考虑所有元素都是奇数,且不全相等的集合$(b_1, b_2, \cdots, b_n)$(否则就已证毕). 显然,我们从给出的位置将达到这样一种状态. 采用算法(3)和(2)后,我们断言$b_1^2 + b_2^2 + \cdots + b_n^2$递减. 不失一般性,设$(b_1, b_2)$是最大的一对,$(b_3, b_4)$是最小的一对. 经过这一操作后,我们有$b'_1, b'_2, \cdots, b'_n$. 我们知道,因为$b_1 + b_3$是偶数,所以对于某个$k$,有

$$b'_1 = b'_3 = \frac{b_1 + b_3}{2^k} \leqslant \frac{b_1 + b_3}{2}$$

因此

$$(b'_1)^2 + (b'_3)^2 \leqslant \frac{(b_1 + b_3)^2}{2} = b_1^2 + b_3^2 - \frac{(b_1 - b_3)^2}{2} < b_1^2 + b_3^2$$

对于b_2和b_4,情况类似. 于是这个和永远递减. 因为这个和不能无限递减,所以这一算法必定终止.

问题 11 (IMOSL 2013) 在一些粒子神秘地出现在一位物理学家的实验室里后,这位疯狂的物理学家发现了一种他称之为 imon 的新粒子. 实验室里有几对 imon 粒子能够

纠缠,每一颗粒子都能参与许多纠缠关系. 这位物理学家找到了一种方法对这些粒子实施以下两类操作,每次实施一个操作.

(1) 如果某个 imon 粒子与实验室里的其他奇数颗 imon 粒子纠缠在一起,那么物理学家能将这颗粒子毁掉.

(2) 在任何时刻,他可以对每一颗粒子 I 拷贝一颗粒子 I',使实验室里的整个粒子族加倍. 在这个过程中,当且仅当原来的粒子 I 和 J 纠缠时,两个拷贝粒子 I' 和 J' 也纠缠,每一个拷贝粒子 I' 与原来的 imon 粒子 I 纠缠,此时没有发生其他的纠缠或者消失.

证明:这位物理学家可以在一族 imon 粒子中运用一系列操作,结果使其中没有两颗粒子纠缠.

设 imon 粒子是一张图的顶点,如果两颗粒子纠缠,则联结图 G 的两个顶点. 我们断言我们永远能够用以下算法使色数 $\chi(G)$ 递减(这里 $\chi(G)$ 指的是对一张图的顶点涂色,使没有两个相邻的顶点是同色的颜色种数的最小值):

(1) 运用第一种操作直到所有顶点的度数都是偶数,得到 G'. 显然 $\chi(G') \leqslant \chi(G)$.

(2) 运用第二种操作得到 G''. 我们仍能用 $\chi(G')$ 种颜色对这张图涂色:在 G' 上用(c_1,c_2,…,$c_{\chi(G')}$ 这 $\chi(G')$ 种颜色中的)被 c_i 涂色的一个顶点作为每一种情况,例如我们可以用 c_i 对被拷贝的顶点涂色. 于是 G'' 的每一个顶点的度数都是奇数.

(3) 逐个抹去涂有某种颜色 c 的顶点. 因为没有两个顶点相连,所以我们在进行这一操作时度数不变. 最后的图有 $\chi(G'') = \chi(G') - 1 \leqslant \chi(G) - 1$.

问题 12 (United Kingdom 2011) 一个袋子里原有 m 个球,另一个袋子里原有 n 个球,这里 $m,n > 0$. 允许实施以下两种不同的操作:

(1) 从每个袋子里取出同样多个球.

(2) 将一个袋子里的球的个数加倍.

在经过有限次操作以后,是否总能将两个袋子都取空?

将操作(2) 改为"将一个袋子里的球的个数变为原来的球的个数的 3 倍". 在有限次操作以后,是否总能将两个袋子都取空?

1. 执行以下算法:

(1) 如果 $m = n$,则取走每个袋子里的所有的球.

(2) 不失一般性,设 $m > n$. 则从每个袋子里都取走 $n - 1$ 个球.

(3) 将有 1 个球的袋子里的球加倍,得到 2 个球.

(4) 从每个袋子里取走 1 个球.

(5) 重复(3) 和(4),直到两个袋子里都只有 1 个球.

(6) 从两个袋子里都取走 1 个球.

这一算法显然终止.

2. 设 $m + n \equiv 1 \pmod 2$. 那么 $(m-k) + (n-k) \equiv m + n \equiv 1 \pmod 2$,$3m + n \equiv m +$

$n\equiv 1(\bmod 2)$. 于是 $m+n\neq 0$,所以这实际上是不可能的.

问题 13 (IMO 2010) 六个盒子 $B_1,B_2,\cdots,B_6$ 中的每一个中原来都有一枚硬币. 允许实施以下的操作:

(1) 选一个非空的盒子 B_j,$1\leqslant j\leqslant 5$,从 B_j 中取出一枚硬币,然后加 2 枚硬币到 B_{j+1} 中.

(2) 选一个非空的盒子 B_k,$1\leqslant k\leqslant 4$,从 B_k 中取出一枚硬币,然后交换 B_{k+1} 和 B_{k+2} 中的硬币(可能是空的).

确定是否存在有限次上面允许的操作,将五个盒子 B_1,B_2,B_3,B_4,B_5 都变成空的,而第六个盒子恰有 $2\,010^{2\,010^{2\,010}}$ 枚硬币.

设 $N=2\,010^{2\,010^{2\,010}}$. 设在某一给定的时刻,盒子里有 $(a_1,a_2,\cdots,a_6)$ 枚硬币. 我们断言 $(1,1,1,1,1,1)$ 能转化为 $(0,0,0,0,0,N)$. 为此,我们将首先证明两个命题.

我们断言 $(x,0,0)$ 能变为 $(x-y,2^y,0)$. 事实上,$(x,0,0)\to(x-1,2^1,0)$,以及

$$\begin{aligned}&(x-y,2^y,0)\to(x-y,2^y-1,2)\to\\&(x-y,2^y-2,4)\to\cdots\to(x-y,0,2^{y+1})\to\\&(x-y-1,2^{y+1},0)\end{aligned}$$

实际上,$(x,0,0)$ 可变为 $(0,2^x,0)$.

现在设 $T_n=\underbrace{2^{2^{2^{\cdots}}}}_{n\text{个}2}$. 我们断言 $(x,0,0,0)$ 可变为 $(x-y,T_y,0,0)$. 事实上

$$(x,0,0,0)\to(x-1,2,0,0)$$

以及

$$\begin{aligned}&(x-y,T_y,0,0)\to(x-y,0,2^{T_y}=T_{y+1},0)\to\\&(x-y-1,T_{y+1},0,0)\end{aligned}$$

实际上,$(x,0,0,0)$ 可变为 $(0,T_x,0,0)$.

为解决原来的问题,考虑

$$\begin{aligned}&(1,1,1,1,1,1)\to(1,1,1,1,0,3)\to(1,1,1,0,3,0)\to\\&(1,1,0,3,0,0)\to(1,0,3,0,0,0)\to(0,3,0,0,0,0)\to\\&(0,0,16,0,0,0)\to(0,0,0,T_{16},0,0)\end{aligned}$$

注意到

$$2\,010^{2\,010^{2\,010}}<(2^{11})^{2\,010^{2\,010}}=2^{11\cdot 2\,010^{2\,010}}<2^{2\,010^{2\,011}}<2^{(2^{11})^{2\,011}}=2^{2^{11\cdot 2\,010}}<2^{2^{2^{15}}}<T_{16}$$

所以,对第三个盒子足够多地采用第二种操作就可达到 $\left(0,0,0,\dfrac{N}{4},0,0\right)$.

最后,足够多地采用第一种操作就可达到

$$\left(0,0,0,\frac{N}{4},0,0\right)\to\left(0,0,0,0,\frac{N}{2},0\right)\to(0,0,0,0,0,N)$$

问题 14 (IMO 2007) 在一次数学竞赛中,有些参赛者是朋友.友谊总是互相的.如果在一群参赛者中每两个人都是朋友,那么称这群参赛者是一个集团(实际上,少于两个参赛者的群都是集团).一个集团成员的人数称为这个集团的大小.已知在这次竞赛中,最大的集团的大小是偶数,证明:这次竞赛可以为参赛者安排两个试场,使在一个试场中的最大的集团的大小与在另一个试场中的最大的集团的大小相同.

设两个试场为 A 和 B,设 $c(X)$ 是试场 X 中最大集团的大小.我们将采用一种算法建立这样一个布局:

(1) 设 C 是 $|C|=2n$ 的最大的集团之一.将 C 的一些成员分配到 A,另一些成员分配到 B.则我们有 $c(A)\geqslant c(B)$.

(2) 只要 $c(A)>c(B)$,就从 A 中分配一个人到 B.$c(A)$ 恰减少 1,$c(B)$ 至多增加 1.于是,这一步就使 $c(A)\leqslant c(B)\leqslant c(A)+1$.又 $c(A)=|A|\geqslant n$,否则将在 B 中存在 $n+1$ 个 C 的成员,在 A 中存在 $n-1$ 个 C 的成员,这表明 $c(B)-c(A)=(n+1)-(n-1)=2>1$,产生矛盾.

如果 $c(A)=c(B)$,那么已经证毕,所以假定 $c(B)=c(A)+1$.如果在 B 中存在 C 的一个成员不属于 B 的最大集团,那么把他返回 A 就结束了.否则,就在 B 中继续寻找一个最大集团,把不是 C 的成员的一个参赛者返回 A.继续实施这一操作直到所有的最大集团都被缩减.这样就将 $c(B)$ 减少 1,所以为了结束,我们必须证明在这一操作后 $c(A)$ 不变.

显然 $c(A)$ 不减少.设 X 和 Y 分别是 C 在 A 和 B 中的成员的集合.设 Z 是 A 中的最大集团.

注意到 $c(B)+1>n$,且 n 大于 C 在 B 中的成员的个数.于是,在 B 中每一个最大的集合必包含 Y.

最后,我们断言 $Z\cup Y$ 是一个集团.Z 中的每一个参赛者或者是 C 的一个成员,在这种情况下他认识 Y 的所有成员,或者他是包含 Y 的集团的,但后来被返回 A 的一个成员,在这种情况下他认识 Y 的所有成员.于是,$Z\cup Y$ 是一个集团,所以

$$|C|\geqslant|Z\cup Y|=|Z|+|Y|=|Z|+(|C|-|X|)$$

所以 $|X|\geqslant|Z|$.这就证明了在实施了将一些成员返回后的操作,$c(A)$ 不能增加,所以这两个试场中的每一个试场的最大的集团的大小相同.

Cody Johnson,USA

3.17 一个被遗忘的共轴引理

在奥林匹克数学竞赛中有许多问题涉及共轴.有时候,一些问题看上去很难处理,要求证明三个圆共轴.在本节中,我们将呈现如何运用能处理这类问题的一个绝妙的引理.

我们将从呈现一个引理开始,这一引理能够帮助我们解决一些困难的共轴问题.设

$\omega(P,C)$ 是点 P 关于圆 C 的幂. 那么:

引理 设圆 C_1 和 C_2 相交于点 A 和 B. 现在,设 C_3 是经过 A 和 B 的圆. 那么 C_3 是使

$$\frac{\omega(P,C_1)}{\omega(P,C_2)}=k$$

的点 P 的轨迹,这里 k 是常数.

证明 我们将这样证明引理. 如图 3.54,取两点 S 和 T,使

$$\frac{\omega(S,C_1)}{\omega(S,C_2)}=\frac{\omega(T,C_1)}{\omega(T,C_2)}=k$$

首先,我们证明 A,B,T,S 共圆. 设 SA 分别交 C_1 和 C_2 于 S_1 和 S_2. 类似地,对于直线 TB 定义 T_1 和 T_2. 现在我们知道

$$\frac{SS_2\cdot SA}{SA\cdot SS_1}=\frac{TT_2\cdot TB}{TB\cdot TT_1}\Leftrightarrow\frac{SS_2}{SS_1}=\frac{TT_2}{TT_1}\tag{1}$$

还容易看出 $S_2T_2\parallel S_1T_1$,因为

$$\angle T_1S_1A=\angle ABT_2=180^\circ-\angle S_1S_2T_2$$

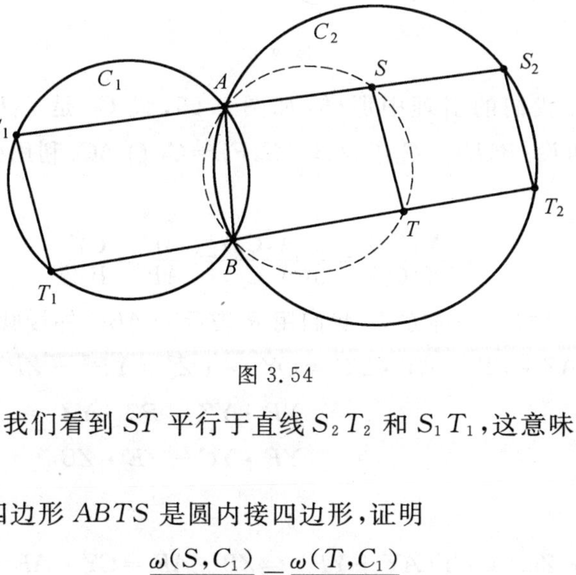

图 3.54

将上式与式(1)结合,我们看到 ST 平行于直线 S_2T_2 和 S_1T_1,这意味着四边形 $ABTS$ 是圆内接四边形.

现在,我们假定四边形 $ABTS$ 是圆内接四边形,证明

$$\frac{\omega(S,C_1)}{\omega(S,C_2)}=\frac{\omega(T,C_1)}{\omega(T,C_2)}$$

但这是容易证明的,因为我们知道 $ST\parallel S_1T_1\parallel S_2T_2$. 于是

$$\frac{SS_2}{SS_1}=\frac{TT_2}{TT_1}\Leftrightarrow\frac{SS_2\cdot SA}{SA\cdot SS_1}=\frac{TT_2\cdot TB}{TB\cdot TT_1}$$

这就是我们要证明的. 用这一方法,我们的引理得证,并且我们准备继续下去.

另外,引理对于两个不相交的圆也成立,用同一条直线证明. 唯一的困难是我们需要使用 3D 几何为了能够直观地看到根轴. 现在,我们从一个很漂亮的问题开始,这一问题作为 G8 出现在 IMO Shortlist 2012 上,是由伟大的数学家 Cosmin Pohoata 提出的. 问题

如下：

设$\triangle ABC$的外接圆是ω，直线l与ω没有公共点.设P是过ω的圆心，且与l垂直的直线的垂足.边BC,CA,AB所在的直线交l于不同于P的点X,Y,Z.证明：$\triangle AXP$，$\triangle BYP$，$\triangle CZP$的外接圆共点于不同于P的点，或者互相切于点P.

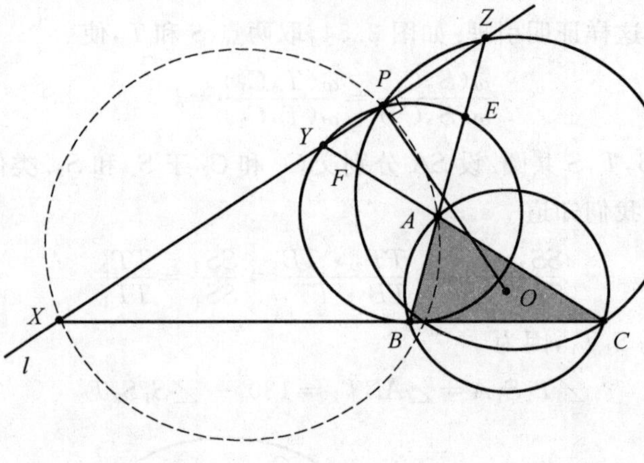

图 3.55

证明 就像在我们的引理中那样，如图3.55，设C_1是$\triangle BYP$的外接圆，C_2是$\triangle CZP$的外接圆.再设$\{B,E\}=C_1\cap AB$，$\{C,F\}=C_2\cap AC$.利用引理，我们看出只要证明

$$\frac{\omega(X,C_1)}{\omega(X,C_2)}=\frac{\omega(A,C_1)}{\omega(A,C_2)}\Leftrightarrow\frac{AE}{AF}=\frac{CY}{BZ}$$

现在，我们要做的就是找出一种方法.我们用R表示$\triangle ABC$外接圆的半径.那么

$$AZ\cdot ZB-AY\cdot YC=OY^2-OZ^2=YP^2-ZP^2=$$
$$YP\cdot YZ-PZ\cdot YZ=$$
$$YF\cdot YC-ZE\cdot ZB$$

所以，我们得到

$$ZB(AZ+ZE)=CY(AY+YF)\Leftrightarrow ZB\cdot AE=CY\cdot AF\Leftrightarrow\frac{AE}{AF}=\frac{CY}{ZB}$$

这就是我们要求证的.

我们将继续在TST中解决不超过两名学生能解出的问题.

(Romania 2011) 设l是直线，γ和γ'是两个圆.直线l与γ相交于A,B两点，与γ'相交于A',B'两点.分别过γ上的A和B的切线相交于C.分别过γ'上的A'和B'的切线相交于C'.直线l与CC'相交于点P.设λ是过点P的动直线，X是λ与γ的交点之一，X'是λ与γ'的交点之一.证明：直线CX和$C'X'$的交点在一个定圆上.

证明 如图3.56，设$Q\equiv CX\cap C'X'$.CX交l于M，交γ于E；$C'X'$交l于N，交γ'

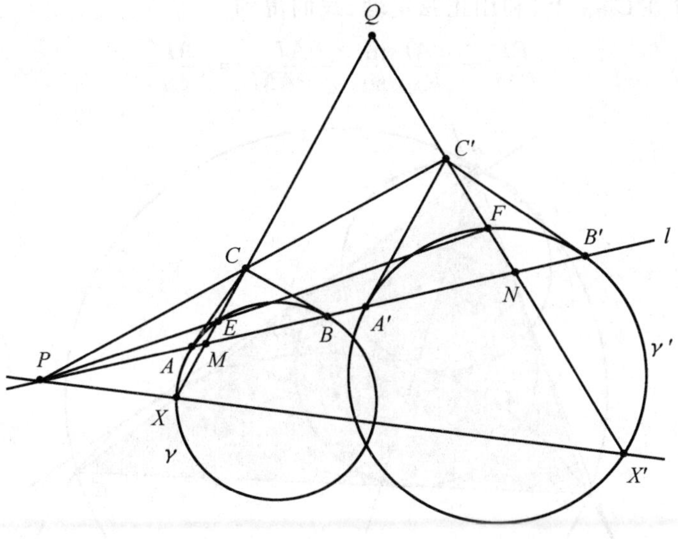

图 3.56

于 F. 因为 l 是 C 和 C' 关于 γ 和 γ' 的极线，所以直线族 $P(C,M,E,X)$ 和 $P(C',N,F,X')$ 是成调和的. 因此 P,E,F 共线. 于是对 XX' 和 EF 截 $\triangle QCC'$ 应用梅涅劳斯定理，得到

$$\frac{QX}{QX'}=\frac{PC'}{PC}\cdot\frac{CX}{C'X'},\frac{QE}{QF}=\frac{PC'}{PC}\cdot\frac{CE}{C'F}$$

所以

$$\frac{QX}{QX'}\cdot\frac{QE}{QF}=\left(\frac{PC'}{PC}\right)^2\cdot\frac{CX\cdot CE}{C'F\cdot C'X'}=\left(\frac{PC'\cdot CA}{PC\cdot C'A'}\right)^2=\text{常数}$$

于是，Q 关于 γ 和 γ' 的幂的比是常数，利用引理，我们得到点 Q 的轨迹是与 γ 和 γ' 共轴的圆 ω. 于是这个圆 ω 经过交点 $CA\cap C'A'$, $CB\cap C'B'$, $CA\cap C'B'$ 和 $CB\cap C'A'$.

我们用最后一个例题来结束本节，它比前一个问题更引人注目.

(Russia) 设 $\omega(I,r)$ 是 $\triangle ABC$ 的内切圆. 圆 ω 和 $\triangle BIC$ 的外接圆的公切线交于点 S. 此外，这两个圆相交于点 U 和 V. 证明：$\triangle SUV$ 的外接圆与 $\triangle ABC$ 的外接圆相切.

证明 如图 3.57，考虑 λ 是以 AI 为直径的圆，设 λ 交 $\triangle ABC$ 的外接圆于不同于 A 的点 P. 设 M 是 $\triangle BIC$ 的外心. 我们将用 C_{XYZ} 表示 $\triangle XYZ$ 的外接圆，用 R_{XYZ} 表示 $\triangle XYZ$ 的外接圆半径.

现在，我们证明四边形 $PSUV$ 是圆内接四边形. 为此，我们利用引理，只要证明

$$\frac{\omega(P,\omega)}{\omega(P,C_{BIC})}=\frac{\omega(S,\omega)}{\omega(S,C_{BIC})}$$

或等价于

$$\frac{PI^2-r^2}{PM^2-R_{BIC}^2}=\frac{r^2}{R_{BIC}^2}\Leftrightarrow\frac{PI}{PM}=\frac{r}{R_{BIC}}=\frac{r}{MI}\qquad(*)$$

因为众所周知 M 在 C_{ABC} 上,利用正弦定理,我们得到

$$\frac{PI}{PM}=\frac{AI\sin\angle PAI}{2R_{ABC}\sin\angle PAM}=\frac{AI}{2R_{ABC}}$$

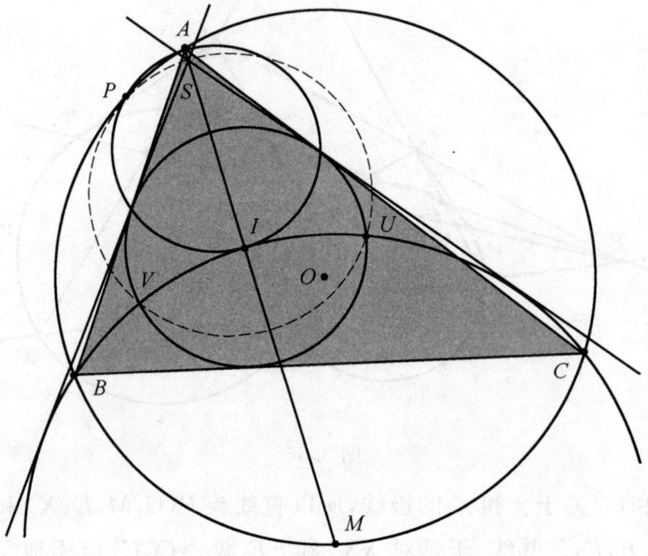

图 3.57

于是,设 $R=R_{ABC}$,式(*)等价于

$$\frac{AI}{2R}=\frac{r}{MI}\Leftrightarrow AI\cdot IM=2Rr\Leftrightarrow R^2-OI^2=2Rr$$

由欧拉公式可知,这是正确的.

现在,我们证明两个外接圆相切.

设 D,E,F 分别是圆 ω 与边 BC,AC,AB 的切点,$\{X\}=UV\cap BC$,$\{T\}=EF\cap BC$. 现在,我们注意到 X 是圆 C_{ABC},ω,C_{BIC} 和 C_{SUV} 的根心. 于是,我们得到 $XD^2=XB\cdot XC$,因为 $(T,D;B,C)$ 是调和点列,我们推得 X 是线段 TD 的中点. 因为四边形 $PAEF$ 是圆内接四边形,所以我们知道 $\angle PFA=\angle PEA\Rightarrow\angle PFB=\angle PEC$. 此外,$\angle PBF=\angle PCE$,因为四边形 $PACB$ 是圆内接四边形. 于是,我们看到 $\triangle PBF\backsim\triangle PCE$,所以

$$\frac{PB}{BF}=\frac{PC}{CE}\Leftrightarrow\frac{PB}{PC}=\frac{DB}{DC}$$

这表明 P,D,M 共线,因为 $P(T,D;B,C)$ 成调和线束,所以我们得到 $\angle TPD=90°$. 因为 X 是 TD 的中点,所以我们得到 $XP=XD$. 但是,$XP^2=XD^2=XB\cdot XC=XV\cdot XU$,所以我们得到 XP 是圆 C_{ABC} 和 C_{SPUV} 的公切线,切点是 P,这意味着这两个圆相切(图3.58).

Stefan Dan Stănisor, Romania

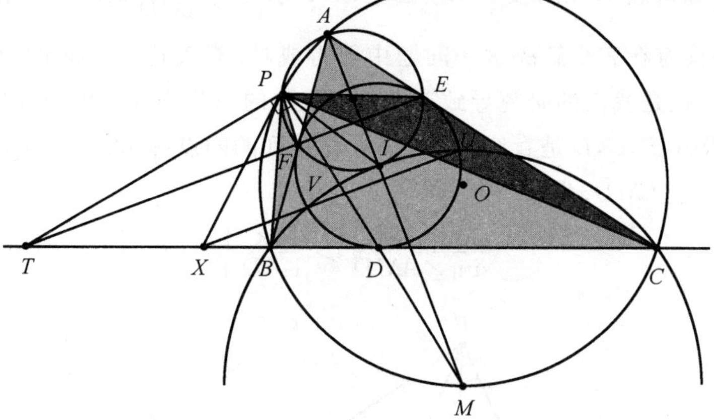

图 3.58

3.18 关于相切两圆的半径的比的不等式

与已知直线相交于定点的内切两圆的半径的比的一些不等式已研究过. 在考虑构建特殊和退化这两种情况时,可得到一些令人惊讶的不等式. 对外切的类似结果也讨论过.

1. 引言

如果 A,B,C 和 D 是直线上以给定顺序排列的四点(图 3.59),那么不在直线 AD 上,使 $\angle AMB=\angle CMD$ 的点 M 的轨迹是一个圆,这个圆的直径在直线 AD 上. 这个圆有时称阿波罗尼斯圆. 注意到,如果 M 位于阿波罗尼斯圆上,那么 $\triangle AMD$ 和 $\triangle CMB$ 的外接圆相切. 如果我们固定 $\triangle AMD$ 的外接圆,并将点 M 沿着该圆运动,那么 $\dfrac{\angle CMB}{\angle AMD}$ 递减. 所以,在某种意义上说,阿波罗尼斯圆是使比 $\dfrac{\angle CMB}{\angle AMD}$ 为最大值的点 M 的轨迹.

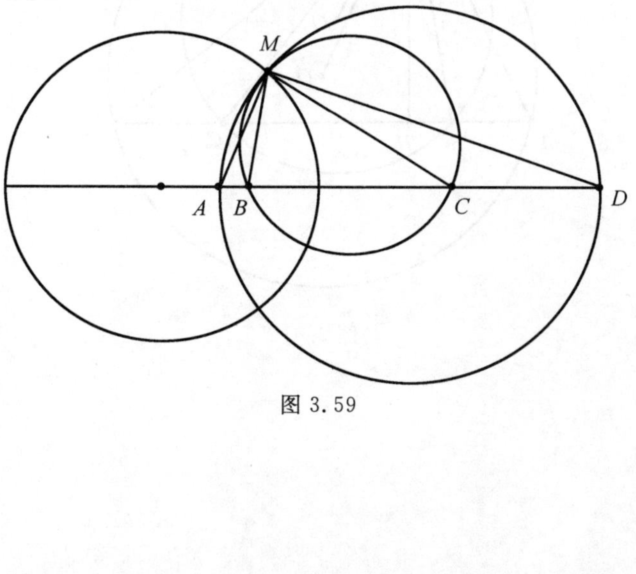

图 3.59

另一方面,如果点M在阿波罗尼斯圆上,那么求比$\frac{\angle CMB}{\angle AMD}$的最大值和最小值将是很有趣的.我们并没有在完全解决这一问题中取得成功.有关这一问题的历史方面的更多信息可查阅[1].但是我们的研究导致在本节中收集的一些不等式更为有趣.

定理1 设A,B,C,D是直线k上以该顺序排列的四点(图3.60),M不是直线k上的点,但$\angle AMB=\angle CMD$.那么

$$\frac{\sin\angle BMC}{\sin\angle AMD}>\frac{|BC|}{|AD|}$$

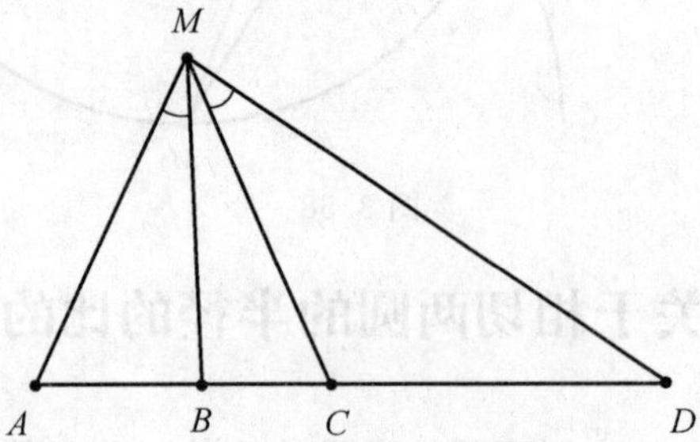

图3.60

证明 我们首先证明:半径分别是R和r的$\triangle AMD$和$\triangle BMC$的外接圆相切于点M.设O_1和O_2分别是$\triangle AMD$和$\triangle BMC$的外心,MH是直线AD的垂线(图3.61).容易证明$\angle AMH=\angle DMO_1$和$\angle BMH=\angle CMO_2$.相减后,我们得到$\angle AMB=\angle CMD+\angle O_1MO_2$.注意到$\angle AMB=\angle CMD$.由此推得点$M,O_1$和$O_2$共线.

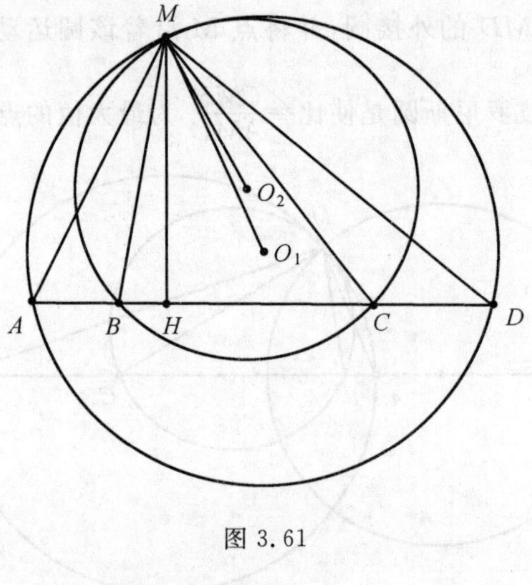

图3.61

于是这两个圆相切于 M. 我们看到 $R>r$. 由正弦定理,有

$$\frac{\sin\angle BMC}{\sin\angle AMD}=\frac{R}{r}\cdot\frac{BC}{AD}>\frac{|BC|}{|AD|}$$

定理 2 设 A,B,C,D 是直线 k 上以该顺序排列的四点,M 不是直线 k 上的点,但 $\angle AMB=\angle CMD$,那么

$$\frac{|BC|\cdot|AD|}{(\sqrt{|AC|\cdot|BD|}-\sqrt{|AB|\cdot|CD|})^2}\geqslant$$

$$\frac{\sin\angle BMC}{\sin\angle AMD}\geqslant$$

$$\frac{|BC|\cdot|AD|}{(\sqrt{|AC|\cdot|BD|}+\sqrt{|AB|\cdot|CD|})^2}$$

证明 首先假定 $|AB|<|CD|$. 设 $\triangle AMD$ 和 $\triangle BMC$ 的外接圆在点 M 处的公切线交 AD 于点 E(图 3.62). 设 $|AB|=a$, $|CD|=b$, $|BC|=c$, $|EA|=x$ 和 $|EM|=y$. 由此推出

$$y^2=x(x+a+b+c)\text{ 和 }y^2=(x+a)(x+a+c)$$

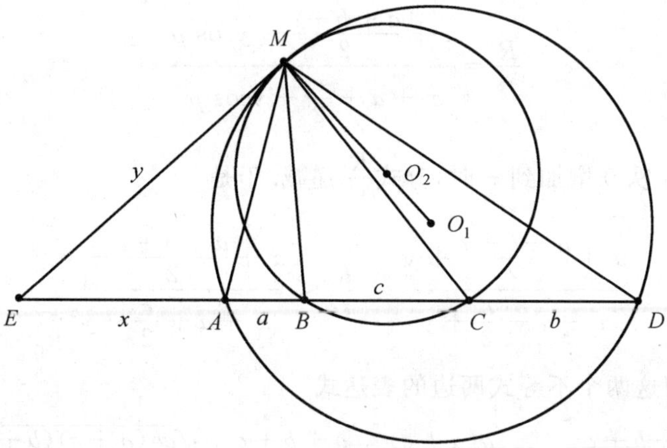

图 3.62

相减后,得到

$$x=\frac{a(a+c)}{b-a}$$

将该式代入前面两个等式中,得到

$$y=\frac{\sqrt{ab(a+c)(b+c)}}{b-a}$$

设 $\angle MEA=\mu$. 如图 3.63,作直线 AD 的垂线 O_1K 和 O_2L. 则我们得到

$$EH=y\cos\mu,AK=KD=\frac{a+b+c}{2},BL=LC=\frac{c}{2}$$

$$HL = x + a + \frac{c}{2} - y\cos\mu, HK = x + \frac{a+b+c}{2} - y\cos\mu$$

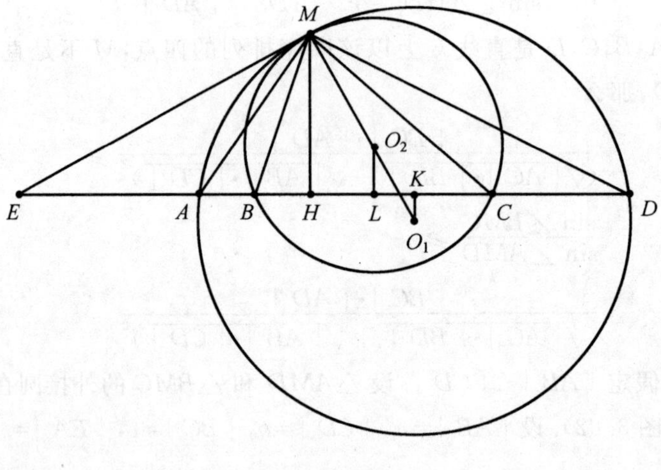

图 3.63

于是

$$\frac{R}{r} = \frac{x + \frac{a+b+c}{2} - y\cos\mu}{x + a + \frac{c}{2} - y\cos\mu}$$

因为 $a < b$，当角 μ 从 0 增加到 π 时，分式$\frac{R}{r}$递减. 于是

$$\frac{x + \frac{a+b+c}{2} + y}{x + a + \frac{c}{2} + y} \leqslant \frac{R}{r} \leqslant \frac{x + \frac{a+b+c}{2} - y}{x + a + \frac{c}{2} - y}$$

接下来只需要化简这两个不等式两边的表达式

$$\frac{x + \frac{a+b+c}{2} \pm y}{x + a + \frac{c}{2} \pm y} = \frac{\frac{a(a+c)}{b-a} + \frac{a+b+c}{2} \pm \frac{\sqrt{ab(a+c)(b+c)}}{b-a}}{\frac{a(a+c)}{b-a} + a + \frac{c}{2} \pm \frac{\sqrt{ab(a+c)(b+c)}}{b-a}} =$$

$$\frac{2a(a+c) + (b-a)(a+b+c) \pm 2\sqrt{ab(a+c)(b+c)}}{2a(a+c) + (b-a)(2a+c) \pm 2\sqrt{ab(a+c)(b+c)}} =$$

$$\frac{a(a+c) + b(b+c) \pm 2\sqrt{ab(a+c)(b+c)}}{a(b+c) + b(a+c) \pm 2\sqrt{ab(a+c)(b+c)}} = \frac{\left[\sqrt{a(a+c)} \pm \sqrt{b(b+c)}\right]^2}{\left[\sqrt{a(b+c)} \pm \sqrt{b(a+c)}\right]^2}$$

将分子乘以共轭根式，然后除以同一个共轭根式，得到

$$\frac{\left[\sqrt{a(a+c)} \pm \sqrt{b(b+c)}\right]^2}{\left[\sqrt{a(b+c)} \pm \sqrt{b(a+c)}\right]^2} = \frac{\left[\sqrt{a(a+c)} \pm \sqrt{b(b+c)}\right]^2}{\left[\sqrt{a(b+c)} \pm \sqrt{b(a+c)}\right]^2} \cdot \frac{\left[\sqrt{a(a+c)} \mp \sqrt{b(b+c)}\right]^2}{\left[\sqrt{a(a+c)} \mp \sqrt{b(b+c)}\right]^2} =$$

$$\left[\frac{a(a+c)-b(b+c)}{a\sqrt{(a+c)(b+c)}-b\sqrt{(a+c)(b+c)}\pm(a+c)\sqrt{ab}\mp(b+c)\sqrt{ab}}\right]^2=$$

$$\left\{\frac{(a+b+c)(a-b)}{[\sqrt{(a+c)(b+c)}\pm\sqrt{ab}](a-b)}\right\}^2=\left[\frac{(a+b+c)}{\sqrt{(a+c)(b+c)}\pm\sqrt{ab}}\right]^2$$

最后

$$\frac{c(a+b+c)}{[\sqrt{(a+c)(b+c)}+\sqrt{ab}]^2}\leqslant\frac{\sin\angle BMC}{\sin\angle AMD}=\frac{R}{r}\cdot\frac{c}{a+b+c}\leqslant\frac{c(a+b+c)}{[\sqrt{(a+c)(b+c)}-\sqrt{ab}]^2}$$

$|AB|>|CD|$ 的情况类似. 对于 $|AB|=|CD|$ $(b=a)$ 的情况必须设 b 趋近于 a，通过对最后的有两个不等号的不等式的两边取极限.

注　现在来看以下不等式：证明

$$\frac{c(a+b+c)}{[\sqrt{(a+c)(b+c)}+\sqrt{ab}]^2}\leqslant\frac{\angle BMC}{\angle AMD}$$

在证明该不等式时，要完成以下一系列不等式[1]

$$\frac{c}{a+b+c}\leqslant\frac{c(a+b+c)}{[\sqrt{(a+c)(b+c)}+\sqrt{ab}]^2}\leqslant\frac{\angle BMC}{\angle AMD}\leqslant\frac{\sin\angle BMC}{\sin\angle AMD}\leqslant\frac{c(a+b+c)}{[\sqrt{(a+c)(b+c)}-\sqrt{ab}]^2}$$

推论 1　设 R 和 $r<R$ 分别是相切于点 M 的两圆的半径，大圆的弦 AD 交另一个圆于 B，C 两点(图 3.64). 那么

$$\left(\frac{|AD|}{\sqrt{|AC|\cdot|BD|}+\sqrt{|AB|\cdot|CD|}}\right)^2\leqslant\frac{R}{r}\leqslant\left(\frac{|AD|}{\sqrt{|AC|\cdot|BD|}-\sqrt{|AB|\cdot|CD|}}\right)^2$$

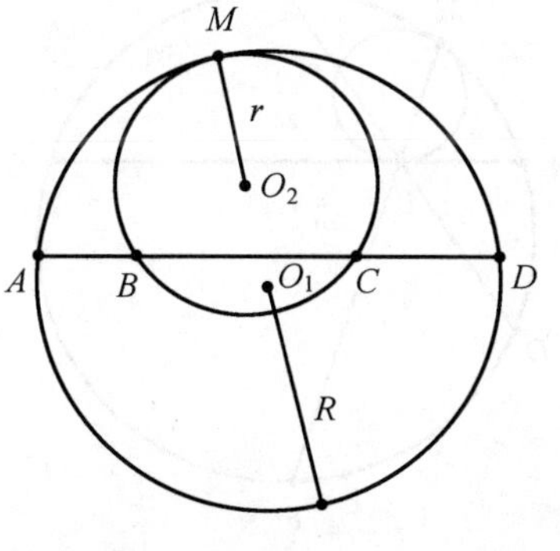

图 3.64

注　用上面问题中的记号，这一不等式也可写成

$$\frac{a+b+c}{\sqrt{(a+c)(b+c)}+\sqrt{ab}}\leqslant\sqrt{\frac{R}{r}}\leqslant\frac{a+b+c}{\sqrt{(a+c)(b+c)}-\sqrt{ab}}$$

推论 2 [3]设R和$r<R$分别是相切于点M的两圆的半径，大圆的弦AC切另一个圆于点B(图 3.65). 那么

$$\frac{|AC|}{2\sqrt{|AB|\cdot|BC|}}\leqslant\sqrt{\frac{R}{r}}$$

注 这可以从前面的问题(只要取$|BC|=0$)推得. 有趣的是上面的不等式给出$\sqrt{\frac{R}{r}}$的下界为线段AB和BC的算术平均数$\frac{|AB|+|BC|}{2}$与几何平均数$\sqrt{|AB|\cdot|BC|}$的比.

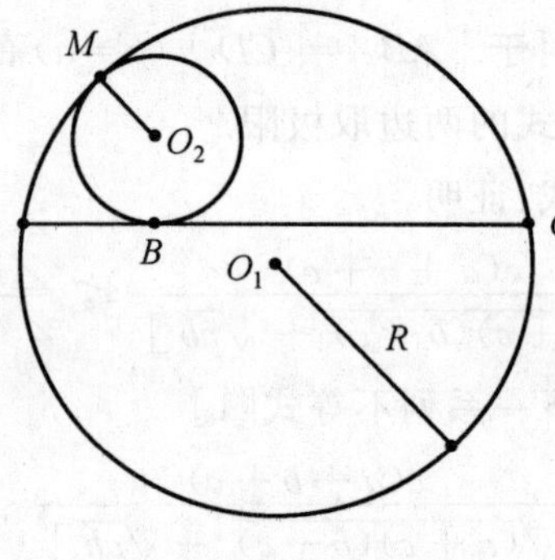

图 3.65

推论 3 圆w_1的弦AC经过圆w_1的弦DE的中点B. 圆w_2切直线AC于点B，切圆w_1于点M. 直线MB交圆w_1于点F(图 3.66). 那么

$$\frac{|AC|}{|DE|}\leqslant\sqrt{\frac{|MF|}{|MB|}}$$

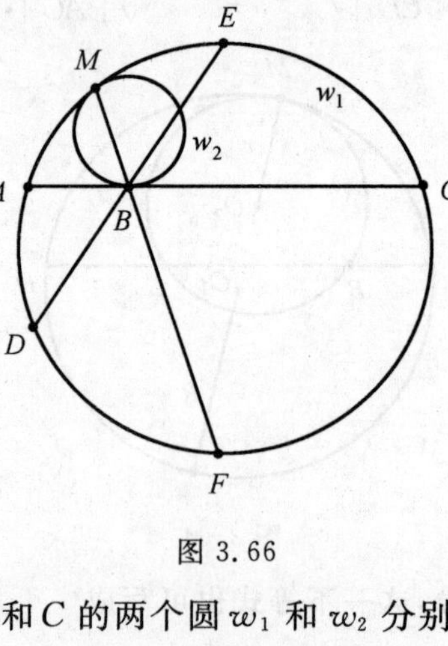

图 3.66

推论 4 [2]相交于点B和C的两个圆w_1和w_2分别切圆w于点M和N. 直线BC交圆w于点A和D(图 3.67). 设r_1和r_2分别是圆w_1和w_2的半径. 那么

$$\frac{\sqrt{|AC|\cdot|BD|}-\sqrt{|AB|\cdot|CD|}}{\sqrt{|AC|\cdot|BD|}+\sqrt{|AB|\cdot|CD|}}\leqslant\sqrt{\frac{r_1}{r_2}}$$

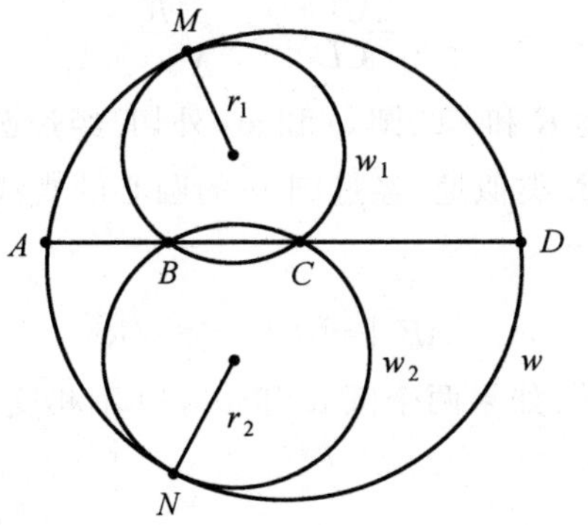

图 3.67

证明 设圆 w 的半径是 R. 由推论 1 的不等式,有

$$\left(\frac{\sqrt{|AC|\cdot|BD|}-\sqrt{|AB|\cdot|CD|}}{|AD|}\right)^2\leqslant\frac{r_1}{R}$$

$$\left(\frac{|AD|}{\sqrt{|AC|\cdot|BD|}-\sqrt{|AB|\cdot|CD|}}\right)^2\leqslant\frac{R}{r_2}$$

相乘后,就得到所求的不等式.

注 用 r_2 代替 r_1 或用 r_1 代替 r_2,我们也可得到$\sqrt{\frac{r_1}{r_2}}$ 的上界

$$\sqrt{\frac{r_1}{r_2}}\leqslant\frac{\sqrt{|AC|\cdot|BD|}+\sqrt{|AB|\cdot|CD|}}{\sqrt{|AC|\cdot|BD|}-\sqrt{|AB|\cdot|CD|}}$$

所以,有以下不等式成立

$$\frac{\sqrt{|AC|\cdot|BD|}-\sqrt{|AB|\cdot|CD|}}{\sqrt{|AC|\cdot|BD|}+\sqrt{|AB|\cdot|CD|}}\leqslant\sqrt{\frac{r_1}{r_2}}\leqslant\frac{\sqrt{|AC|\cdot|BD|}+\sqrt{|AB|\cdot|CD|}}{\sqrt{|AC|\cdot|BD|}-\sqrt{|AB|\cdot|CD|}}$$

下面的定理以及推论可以用同样的方法证明.

定理 3 经过 A 和 B 的圆 w 与圆 w_1 外切. 直线 AB 交 w_1 于 C, D 两点. 设 r_1 和 R 分别是圆 w_1 和 w 的半径. 那么

$$\frac{|AB|}{\sqrt{|AC|\cdot|BD|}+\sqrt{|BC|\cdot|AD|}}\leqslant\sqrt{\frac{R}{r_1}}\leqslant\frac{|AB|}{\sqrt{|AC|\cdot|BD|}-\sqrt{|BC|\cdot|AD|}}$$

如果 w_2 是经过 C 和 D 且与圆 w 外切的另一个圆,那么

$$\frac{\sqrt{|AC|\cdot|BD|}-\sqrt{|BC|\cdot|AD|}}{\sqrt{|BC|\cdot|AD|}+\sqrt{|BC|\cdot|AD|}}\leqslant\sqrt{\frac{r_1}{r_2}}\leqslant\frac{\sqrt{|AC|\cdot|BD|}+\sqrt{|BC|\cdot|AD|}}{\sqrt{|AC|\cdot|BD|}-\sqrt{|BC|\cdot|AD|}}$$

这里 r_2 是圆 w_2 的半径.

推论 5 设半径分别是 R 和 r 的圆 w 和 w_1 外切.设圆 w 的弦 AB 的延长线切圆 w_1 于 C.设 CD 与圆 w 相切.那么

$$\frac{|AB|}{2|CD|}\leqslant\sqrt{\frac{R}{r}}$$

定理 4 设半径分别是 R 和 r 的圆 w 和 w_1 外切.经过圆 w_1 的圆心的直线切圆 w 于点 A.设 AB 切圆 w_1 于点 B.类似地,经过圆 w 的圆心的直线切圆 w_1 于点 C.设 CD 切圆 w 于点 D.那么

$$|AB|=|CD|\geqslant\sqrt{Rr}$$

有待进一步探索的问题:如果两个圆 w 和 w_1,1) 不相交;2) 相交,那么上面的等式和不等式是否成立?

参考文献

[1] Y. N. Aliyev, *Use of dynamic geometry software in teaching and research*, 5th International Conference on AICT, 12-14 October 2011, Qafqaz University, Baku, 212-214.

[2] Y. N. Aliyev, *Problem 11689*, Amer. Math. Month., 120(1), January 2013, 77.

[3] Y. N. Aliyev, *Aufgabe 1318*, Elem. Math. 68(2013) 128; Solution: 69(2014), 164- 165.

Y. N. Aliyev, Azerbaijan

3.19 用中值定理解的一些问题

1. 引言

中值定理在分析中起着十分重要的作用,它是解决数的问题的有用工具.我们在解决问题之前,将回忆一下我们在本节中将要用到的一些重要的定理.

定理 1 (罗尔定理) 设 $f:[a,b]\to\mathbf{R}$ 是在 $[a,b]$ 上的连续函数,在 (a,b) 上可微,且 $f(a)=f(b)$.那么存在点 $c\in(a,b)$,使 $f'(c)=0$.

我们可以看出其几何意义如下(图 3.68):

定理 2 (拉格朗日定理) 设 $f:[a,b]\to\mathbf{R}$ 是在 $[a,b]$ 上的连续函数,在 (a,b) 上可微.那么存在点 $c\in(a,b)$,使

$$f'(c)=\frac{f(b)-f(a)}{b-a}$$

其几何意义是(图 3.69):

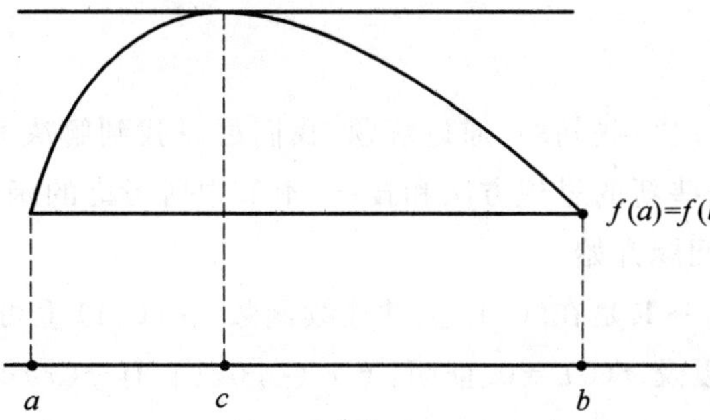

图 3.68

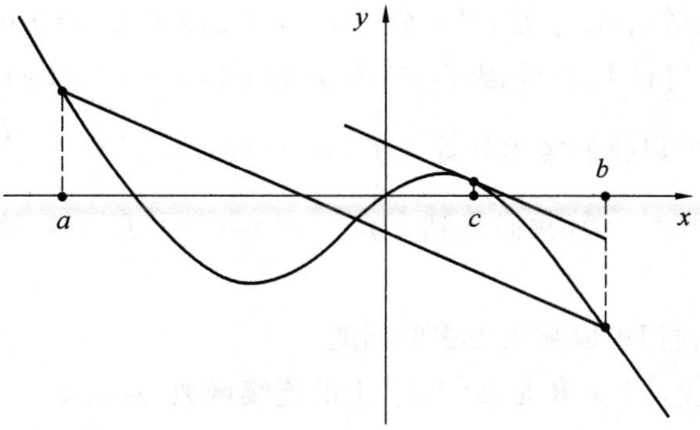

图 3.69

定理3 （弗莱特(Flett)定理）设 $f:[a,b]\to\mathbf{R}$ 是在 $[a,b]$ 上的连续函数，在 (a,b) 上可微，且 $f'(a)=f'(b)$. 那么存在 $\eta\in(a,b)$，使

$$f'(\eta)=\frac{f(\eta)-f(a)}{\eta-a}$$

其几何意义是(图 3.70)：

这些定理的证明都可以在任何微积分教材中找到.

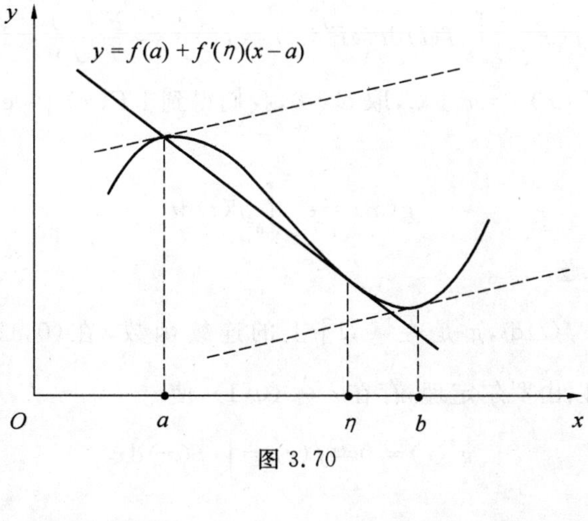

图 3.70

2. 要点

在本节中,我们将解决一些问题.通过解题,我们可以找到解决其他问题的思想方法和技巧,或者可以产生一些新的思想方法和技巧.本节中所考虑的函数均为实数值函数.

我们从一个简单的问题开始.

问题 1 设 $f:[0,1]\to\mathbf{R}$ 是在 $[0,1]$ 上的连续函数,在 $(0,1)$ 上可微,且 $\forall x\in(0,1)$,有 $f'(x)-f(x)\geqslant 0$,以及 $f(0)=0$. 证明:$\forall x\in[0,1]$,有 $f(x)\geqslant 0$.

证明 设 $g(x)=\mathrm{e}^{-x}f(x)$,那么 $\forall x\in[0,1]$,有 $g'(x)=\mathrm{e}^{-x}[f'(x)-f(x)]\geqslant 0$,因此 g 在 $[0,1]$ 上是增函数. 于是,$\forall x\in[0,1]$,有 $g(x)\geqslant g(0)$ 由此,推出结论.

评论 我们为何设与积分因子 e^{-x} 有关的 $g(x)=\mathrm{e}^{-x}f(x)$ 呢? 因为我们看到 $f'(x)-f(x)\geqslant 0$,所以我们考虑到等式 $f'(x)-f(x)\Leftrightarrow f'=f\Leftrightarrow \dfrac{f'}{f}=1$,由两边积分,得到 $\ln|f|=x+C$,取 $C=0$,我们得到 $|f|=\mathrm{e}^{x}\Leftrightarrow \mathrm{e}^{-x}|f|=1$,这就是我们设 $g(x)=\mathrm{e}^{-x}f(x)$ 的原因.

利用这一思想,我们可以解决更多的问题.

问题 2 设 $f:[0,1]\to\mathbf{R}$ 是在 $[0,1]$ 上的连续函数,且满足

$$\int_0^1 f(x)\mathrm{d}x=0$$

证明:存在 $c\in(0,1)$,使 $f(c)=\int_0^c f(x)\mathrm{d}x$.

证明 思想方法:由 $f(c)=\int_0^c f(x)\mathrm{d}x$,我们考虑

$$F(x)=\int_0^x f(t)\mathrm{d}t$$

那么

$$f(x)=\int_0^x f(t)\mathrm{d}t\Leftrightarrow F'(x)=f(x)\Leftrightarrow \frac{F'(x)}{F(x)}=1$$

两边积分,得到 $\ln|F(x)|=x+C$,取 $C=0$,我们得到 $|F(x)|=\mathrm{e}^{x}\Leftrightarrow \mathrm{e}^{-x}|F(x)|=1$. 所以我们设

$$g(x)=\mathrm{e}^{-x}\int_0^x f(t)\mathrm{d}t$$

现在我们回到原题.

设 $g(x)=\mathrm{e}^{-x}\int_0^x f(t)\mathrm{d}t$,$g$ 是在 $[0,1]$ 上的连续函数,在 $(0,1)$ 上可微. 则我们有 $g(0)=g(1)=0$,所以由罗尔定理,存在 $c\in(0,1)$,使

$$g'(c)=0\Leftrightarrow f(c)=\int_0^c f(x)\mathrm{d}x$$

问题 3 设 $f:[0,1]\to\mathbf{R}$ 是在$[0,1]$上的连续函数，且满足

$$\int_0^1 f(x)\mathrm{d}x=0$$

证明：存在 $c\in(0,1)$，使$(1-c)f(c)=c\int_0^c f(x)\mathrm{d}x$.

证明 思想方法：由$(1-c)f(c)=c\int_0^c f(x)\mathrm{d}x$，我们考虑

$$(1-x)f(x)=x\int_0^x f(t)\mathrm{d}t$$

设 $F(x)=\int_0^x f(t)\mathrm{d}t$. 则

$$(1-x)f(x)=x\int_0^x f(t)\mathrm{d}t\Leftrightarrow(1-x)F'(x)=xF(x)\Leftrightarrow\frac{x}{1-x}=\frac{F'(x)}{F(x)}$$

两边积分，得到

$$-\ln|1-x|-x=\ln|F(x)|+C$$

取 $C=0$，则

$$-\ln|1-x|-x=\ln|F(x)|\Leftrightarrow\mathrm{e}^{-\ln|1-x|-x}=|F(x)|\Leftrightarrow$$
$$(|1-x|)^{-1}\mathrm{e}^{-x}=|F(x)|\Leftrightarrow|1-x|\mathrm{e}^x|F(x)|=1$$

所以我们应设

$$g(x)=\mathrm{e}^x(1-x)\int_0^x f(t)\mathrm{d}t$$

现在我们回到原题.

设 $g(x)=\mathrm{e}^x(1-x)\int_0^x f(t)\mathrm{d}t$，$g$ 是在$[0,1]$上的连续函数，在$(0,1)$上可微. 则我们有 $g(0)=g(1)=0$，由罗尔定理，存在 $c\in(0,1)$，使

$$g'(c)=0\Leftrightarrow(1-c)f(c)=c\int_0^c f(x)\mathrm{d}x$$

问题 4 (D. Andrica) 设 f 是在$[a,b]$上的连续函数，在(a,b)上可微，且对一切 $x\in(a,b)$ 不等于 0. 证明：存在 $c\in(a,b)$，使

$$\frac{f'(c)}{f(c)}=\frac{1}{a-c}+\frac{1}{b-c}$$

证明 思想方法：由

$$\frac{f'(c)}{f(c)}=\frac{1}{a-c}+\frac{1}{b-c}$$

考虑

$$\frac{f'(x)}{f(x)}=\frac{1}{a-x}+\frac{1}{b-x}$$

两边积分得到

$$\ln|f(x)|=-\ln|(a-x)(b-x)|+C$$

取 $C=0$，得到

$$\ln|f(x)|=-\ln|(a-x)(b-x)|\Leftrightarrow|f(x)||(a-x)(b-x)|=1$$

所以应设 $g(x)=f(x)(a-x)(b-x)$.

现在我们回到原题.

设 $g(x)=f(x)(a-x)(b-x)$. 那么 g 是在 $[a,b]$ 上的连续函数，在 (a,b) 上可微，且 $g(a)=g(b)=0$，所以由罗尔定理，存在 $c\in(a,b)$，使

$$g'(c)=0\Leftrightarrow\frac{f'(c)}{f(c)}=\frac{1}{a-c}+\frac{1}{b-c}$$

由上面的论述，我们现在有了一个解决一些与中值定理有关的问题的思想方法和技巧. 我们将留一些练习给读者.

练习 1 设 $f:[0,1]\to\mathbf{R}$ 是在 $[0,1]$ 上的连续函数，且满足

$$\int_0^1 f(x)\mathrm{d}x=0$$

证明：存在 $c\in(0,1)$，有：

(1) 如果 f 在 $(0,1)$ 上可微，则 $f(c)=f'(c)\int_0^c f(x)\mathrm{d}x$.

(2) $\frac{f(c)}{c}=\int_0^c f(x)\mathrm{d}x$.

(3) $cf(c)=\int_0^1 f(x)\mathrm{d}x$.

引理 1 设 f 在 $[0,a]$ 上连续. 如果 $\int_0^a f(x)\mathrm{d}x=0$，那么存在 $c\in(0,a)$，使

$$\int_0^c xf(x)\mathrm{d}x=0$$

证明 假定对一切 $c\in(0,a)$，有 $\int_0^c xf(x)\mathrm{d}x\neq 0$. 因为函数 $t\to\int_0^t xf(x)\mathrm{d}x$ 在 $[0,a]$ 上连续，那么我们可以假定

$$\int_0^c xf(x)\mathrm{d}x>0,\ \forall x\in(0,a)$$

设 $H(t)=\int_0^t f(x)\mathrm{d}x,t\in[0,a]$，则

$$\int_0^t xf(x)\mathrm{d}x=t\int_0^t f(x)\mathrm{d}x-\int_0^t\int_0^x f(x)\mathrm{d}t\mathrm{d}x=$$

$$t\cdot H(t)-\int_0^t H(x)\mathrm{d}x>0,\ \forall t\in(0,a) \tag{1}$$

在式(1)中，设 $t\to a$，得到

$$\int_0^a H(x)\mathrm{d}x\leqslant 0 \tag{2}$$

现在考虑函数

$$g(t)=\begin{cases}\dfrac{\int_0^t H(x)\mathrm{d}x}{t}, t\neq 0\\ 0, t=0\end{cases}$$

这里 $t\in[0,a]$. g 在 $[0,a]$ 上连续,在 $(0,a)$ 上可微.

显然,由式(1),我们有

$$g'(t)=\frac{H(t)t-\int_0^t H(x)\mathrm{d}x}{t^2}, \forall t\in(0,a)$$

对于 $[0,a]$ 上的 g,由拉格朗日定理知,存在 $c\in(0,a)$,使

$$g(a)-g(0)=g'(c)(a-0)>0$$

因此 $g(a)>0$,这意味着 $\int_0^a H(x)\mathrm{d}x>0$ (与式(2)矛盾).

所以我们得出结论,存在 $c\in(0,a)$,使

$$\int_0^c xf(x)\mathrm{d}x=0$$

引理 2 设 f 是在 $[0,1]$ 上连续的实数值函数,满足

$$\int_0^1 f(x)\mathrm{d}x=\int_0^1 xf(x)\mathrm{d}x$$

证明:存在 $c\in(0,1)$,使 $\int_0^c f(x)\mathrm{d}x=0$.

证明 设 $H(x)=\int_0^x f(t)\mathrm{d}t$. 则我们有

$$\int_0^1 H(x)\mathrm{d}x=1\cdot H(1)-0\cdot H(0)-\int_0^1 xf(x)\mathrm{d}x=\int_0^1 f(x)\mathrm{d}x-\int_0^1 xf(x)\mathrm{d}x=0$$

设 $G(x)=\int_0^x H(t)\mathrm{d}t$,$G$ 在 $[0,1]$ 上连续,在 $(0,1)$ 上可微. 此外,$G(0)=G(1)=0$,由罗尔定理,存在 $c\in(0,1)$,使

$$G'(c)=0\Leftrightarrow\int_0^c f(x)\mathrm{d}x=0$$

问题 5 设 $f:[0,1]\to\mathbf{R}$ 连续,且 $\int_0^1 f(x)\mathrm{d}x=0$. 证明:存在 $c\in(0,1)$,使

$$\int_0^c (x+x^2)f(x)\mathrm{d}x=c^2f(c)$$

(Duong Viet Thong, AMM, 2011)

证明 利用引理 1,存在 $c_1\in(0,1)$,使 $\int_0^{c_1} xf(x)\mathrm{d}x=0$. 利用问题 2,存在 $c_2\in(0,1)$,使

$$c_2f(c_2)=\int_0^{c_2}xf(x)\mathrm{d}x$$

设 $F(x)=\int_0^x f(t)t(1-x+t)\mathrm{d}t$. 那么

$$F'(x)=xf(x)-\int_0^x tf(t)\mathrm{d}t$$

由此我们有 $F'(c_2)=F'(c)=0$(注意: $F'(c_2)=0$ 上面已证),所以由弗莱特定理,我们得到 $c\in(0,c_2)\subset(0,1)$,使 $F(c)-F(0)=cF'(c)$,这意味着

$$\int_0^c(x+x^2)f(x)\mathrm{d}x=c^2f(c)$$

评论 (1) 如果我们把已知条件 $\int_0^1 f(x)\mathrm{d}x=0$ 改为 $\int_0^1 f(x)\mathrm{d}x=\int_0^1 xf(x)\mathrm{d}x$,那么我们也能得到同样的结果.

(2) 在该问题的基础上,我们建立另一个问题:

例 1 设 $f:[0,1]\to\mathbf{R}$ 连续,且 $\int_0^1 f(x)\mathrm{d}x=0$. 那么存在 $c\in(0,1)$,使 $\int_0^c xf(x)\mathrm{d}x=0$. 由此,我们可以设

$$G(x)=\int_0^x tf(t)\mathrm{d}t$$

所以 $G'(x)=xf(x)$. 我们有 $G'(0)=0$,由弗莱特定理,我们需要寻找 $\alpha\in(0,1)$,使 $G'(\alpha)=0$. 这很容易,因为我们有 $G(c)=G(0)=0$,应用罗尔定理,存在 $\eta\in(0,\alpha)$,使

$$G(\eta)-G(0)=\eta G'(\eta)\Leftrightarrow\int_0^\eta tf(t)\mathrm{d}t=\eta^2f(\eta)$$

我们提供读者下面的问题:

练习 2 设 $f:[0,1]\to\mathbf{R}$ 连续,满足 $\int_0^1 f(x)\mathrm{d}x=0$ 和 $f(0)=0$. 证明:存在 $c\in(0,1)$,使 $c^2f(c)=2\int_0^c xf(x)\mathrm{d}x$.

Phu Cuong Le Van-Senior, Vietnam

编辑手记

本书是著名的美国奥数教练Titu的又一本力作,也是一本原创性很强的奥数问题集.关于Titu教授,笔者已经多次在编辑手记中介绍了,这里就不再赘述了.关于内容作为本书的策划编辑还是要介绍几句的,一共三句话.

第一句话是:高度原创.

目前中国最缺乏的就是原创.Titu教授的奥数事业起步于罗马尼亚(罗马尼亚是现代数学竞赛的发源地.数学积淀极为深厚,曾屡屡夺取IMO团体冠军.累计获得IMO金牌76枚、银牌142枚),辉煌于美利坚,既沐欧风又兼润美雨,将东欧数学的古典风格与美国新奇之方法相结合,命制出一大批令我们耳目一新的题目.比如下面的U349题.它巧妙地将逆用无穷递缩等比数列求和公式与著名的Schur不等式结合起来.

U349 设$0<x,y,z<1$.证明:

$$\frac{1}{1-x^4}+\frac{1}{1-y^4}+\frac{1}{1-z^4}+\frac{1}{1-x^2yz}+\frac{1}{1-y^2zx}+\frac{1}{1-z^2xy}\geqslant\frac{1}{1-x^3y}+\frac{1}{1-xy^3}+\frac{1}{1-y^3z}+\frac{1}{1-yz^3}+\frac{1}{1-x^3z}+\frac{1}{1-xz^3}$$

证明 利用几何级数,我们看到只要证明对于一切$n\geqslant 0$,有

$$x^{4n}+y^{4n}+z^{4n}+x^{2n}y^nz^n+y^{2n}z^nx^n+z^{2n}x^ny^n\geqslant$$
$$x^{3n}y^n+x^ny^{3n}+y^{3n}z^n+y^nz^{3n}+z^{3n}x^n+z^nx^{3n}$$

而这等价于

$$x^{2n}(x^n-y^n)(x^n-z^n)+y^{2n}(y^n-x^n)(y^n-z^n)+$$
$$z^{2n}(z^n-y^n)(z^n-x^n)\geqslant 0$$

由 Schur 不等式知,这是成立的.

如果说这只是技巧上的创新,那么还有大量题目的解答是属于数学思想方法的创新或应用. 数学方法论在中国是个不被重视的小众分支. 多年来只有徐利治教授的一本代表作——《徐利治谈数学方法论》(大连理工大学出版社,2008 年),其中徐教授提出了著名的 RMI 原则,原文是这样的:

为了缩短名词的称呼,我们不妨把关系(relationship)映射(mapping)反演(inversion)原则简称为 RMI 原则. 在此先对这一原则概略说明如下:令R表示一组原象的关系结构(或原象系统),其中包含着待确定的原象x. 令M表示一种映射(一一对应法则),通过它的作用假定原象结构系统R被映成映象关系结构R^*,其中自然包含着未知原象x的映象x^*. 如果有办法把x^*确定下来,则通过反演即逆映射$I=M^{-1}$也就相应地把x确定下来. 这便是 RMI 工作原则的基本内容,可用如图 1 所示的框图表示.

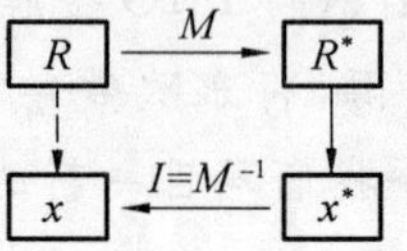

图 1

我们知道,不仅在数学中,而且几乎在一切工程技术或应用科学部门中,都往往利用这一原则去解决问题. 通常总是选择最合适的映射M,使得待定原象x(即具体问题中的目标对象)的映象x^*较容易地确定下来,从而通过反演也就较容易地把目标对象x寻找出来. 由于许多问题里的x往往是不容易确定的,因此上述工作原则也就非常有用.

利用这一思想有些题目就会有相当巧妙的解答. 如下面的例子:

J353 设a,b,c是非负实数,且设

$$A=\frac{1}{4a+1}+\frac{1}{4b+1}+\frac{1}{4c+1}$$

$$B=\frac{1}{3a+b+1}+\frac{1}{3b+c+1}+\frac{1}{3c+a+1}$$

$$C=\frac{1}{2a+b+c+1}+\frac{1}{2b+c+a+1}+\frac{1}{2c+a+b+1}$$

证明:$A\geqslant B\geqslant C$.

按照徐教授的 RMI 原则,原不等式的分式系统为 R,将其映成积分系统 R^*,用平均值不等式得到证明后,再反演回去,由此便得到原题的证明.

证明 因为

$$\frac{1}{4a+1}=\int_0^1 t^{4a}$$

$$\frac{1}{3a+b+1}=\int_0^1 t^{3a+b}$$

$$\frac{1}{2a+b+c+1}=\int_0^1 t^{2a+b+c}$$

所以接下来要证明的是

$$t^{4a}+t^{4b}+t^{4c}\geqslant t^{3a+b}+t^{3b+c}+t^{3c+a}\geqslant t^{2a+b+c}+t^{2b+c+a}+t^{2c+a+b}$$

设 $t^a=x,t^b=y,t^c=z$,则上式就变为

$$x^4+y^4+z^4\geqslant x^3y+y^3z+z^3x\geqslant x^2yz+y^2zx+z^2xy$$

由 AM－GM 不等式,这是显然的.

第二句话是:背景深刻.

本书中的大量问题都基于一些前沿的数学论文.当然有些可能是早年间的,这不禁让人想起若干年前有关张筑生教授的报道,报道中说他经常在北京大学的图书馆查专业数学期刊命制奥赛试题.举几个本书中的例子,如:

O342 设 $n\geqslant 2\ 015$ 是正整数,$A\subset\{1,2,\cdots,n\}$,且

$$|A|\geqslant\left\lfloor\frac{n+1}{2}\right\rfloor$$

证明:A 包含等差数列的三项.

作者指出还存在除了两种初等证法外的第三种证法.

第三种证法 这是 Erdös 和 Turan 在 1936 年开创的著名的篇章.例如,可见 Arun Sharma,Sequences of Integers Avoiding 3-term Arithmetic Progressions,*Electronic J. of Combinatorics*. 19(2012),给出 $r(27)=11$,这里 $r(n)$ 是 $\{1,2,\cdots,n\}$ 不包含三项等差数列的最大子集的基数(在一个 3×9 的数

阵中写上 1,2,…,27 后容易证明 $r(27)\leqslant 13$).

因此,当 $n\geqslant 2\,015$ 时,有

$$r(n)\leqslant\frac{13n}{27}+26<\frac{n-1}{2}<\left\lfloor\frac{n+1}{2}\right\rfloor$$

证毕.

鉴于Erdös在数学奥林匹克事业中的巨大影响力(甚至有一个以他命名的奖,裘宗沪先生和熊斌先生先后获得过),以及他本人工作的特点,Erdös 解决并提出了大量有趣而又深刻的数论、图论、组合论方面的问题.这些数量庞大的论文(据统计要以千记)是高端奥数试题取之不竭的源泉.当然也有数学家诟病他并没有创造任何的体系.

本书多处借用了 Erdös 的结果.如:

O329 对于任何正整数 r,用 P_r 表示在 r 个顶点上的路径.对于任何正整数 g,证明:存在一个长度少于 g 的没有环路的图 G,在 G 的任何两个顶点的着色中,都可以找到相同颜色的 r 个顶点,使其形成 P_r 的一个复本.

解 回忆一下 Erdös 的一个著名的结果:存在具有任意大的周长和任意大的色数的图.更精确地说,对于任何正整数 k 和 g,存在某个没有长度小于 g 的没有环路却有 $\chi(G)\geqslant k$ 的图 G.这是概率方法在组合论中的首批应用之一.对于这个证明,可参阅 Lecture 11 from Daniel Spielman's graph theory class at Yale:http://www.cs.yale.edu/homes/spielman/462/2007/.

最近各路人马热议 RMM(Romanian Master of Mathematics)2019 中国队第六这个事,从技术层面看这个“团灭”的第三题是一个图论问题,微信公众号“精算师闲聊奥数”整理了一些解法:

给定任意正实数 ϵ.证明:除了有限多个正整数外,对其余的所有正整数 v,在任意一个有 v 个顶点和至少 $(1+\epsilon)v$ 条边的图中,均存在 2 个互异但等长的简单圈.(注:简单圈指圈内没有重复顶点出现的圈)

证法 1(官答 1)

思路 考虑给定 ϵ,图 G 有 v 个顶点且至少有 $(1+\epsilon)v$ 条边,并且图 G 的所有简单圈都有不同的长度.取足够大的 v 使得 $\epsilon^2 v\geqslant 1$,如果我们可以证明在此假设下,图 G 的简单圈数量的上界为 v 的一次函数,而下界为 v 的二次函数,则显然只有有限的 v 满足,因此命题得证.

首先考虑上界,由于 G 中的简单圈至多有 v 个顶点,且每个长度的简单圈至

多有 1 个，因此图 G 的简单圈数量的上界为 $v-2$.

对于下界，考虑 G 中每个部分的"生成树"(图论中，生成树指包括图中所有顶点且边数最少的子图)，并将他们集合在一起形成"生成森"F，记 A 为 F 中边的集合，记 B 为 G 中其他边的集合，则由生成树的定义知，$|A|\leqslant v-1$，故

$$|B|\geqslant(1+\epsilon)v-(v-1)=\epsilon v+1>\epsilon v$$

对于 B 中的每条边 b，将 b 与 F 组合可以得到唯一的简单圈 C_b，记 S_b 为简单圈 C_b 中满足 $S_b\subseteq A$ 的边的集合，由于 C_b 的长度各不相同，则

$$\sum_{b\in B}|S_b|\geqslant 2+3+\cdots+(|B|+1)=\frac{1}{2}|B|(|B|+3)>\frac{|B|^2}{2}>\frac{\epsilon^2v^2}{2}$$

由于 A 中至多有 $v-1$ 条边，故一定存在某些边在 S_b 中出现了至少 $\frac{\epsilon^2v^2}{2v}=\frac{\epsilon^2v}{2}$ 次. 考虑这样的边 a，记 B' 为 S_b 中与 a 形成简单圈的边的集合，则 $|B'|>\frac{\epsilon^2v}{2}$.

考虑 B' 中的二边集 $\{b_1,b_2\}$，$C_{b_1}\cup C_{b_2}$ 代表由简单圈 C_{b_1} 与 C_{b_2} 组成的子图，由于他们的公共部分为 F 中通过 a 的通路且 b_i 的邻边也在这条通路上，故 $C_{b_1}\cup C_{b_2}$ 包含第三个简单圈 C_{b_1,b_2} 其通过 b_1 和 b_2. 由于 $B'\cap C_{b_1,b_2}=\{b_1,b_2\}$，故 $\{b_1,b_2\}\rightarrow C_{b_1,b_2}$ 为单射. 因此 G 中简单圈的数量至少是 $\binom{|B'|}{2}\binom{\frac{\epsilon^2v}{2}}{2}$，这是 v 的二次函数. 故由之前的分析知结论成立.

注：证法 1 实际上证明了对于 v 个顶点的图如果边数不小于 $v+O(v^{\frac{3}{4}})$，则一定有长度相等的圈，指数 $\frac{3}{4}$ 还可以进一步优化，复杂一些的证明可以将 $O(v^{\frac{3}{4}})$ 改进为 $O(\sqrt{v\ln v})$.

证法 2(罗博深，美国队主教练)　先解释一个图论术语"围长"(girth)：图 G 中(简单)圈的最短长度. 由此来证明下面的引理.

引理　给定正实数 δ，则对任意有 v 个顶点的图，若其围长不小于 δv，则图至多有 $v+o(v)$ 条边.

证明　定义 $f(v)$ 为最大的 f 使得有 v 个顶点且围长至少为 δv 图的边数为 $v+f$. 我们用递归算法来对 f 进行估计.

1. 若图 G 中包括叶(即度数为 1 的顶点)，则我们可以删除此顶点及其相连的边，由此我们得到一个新图，有 $v-1$ 个顶点，且围长仍至少为 δv，故其至多有 $v-1+f(v-1)$ 条边，则

$$v+f(v)-1\leqslant v-1+f(v-1)$$

因此 $f(v)\leqslant f(v-1)$.

2. 定义长度为 k 的“孤立路径”为如下一系列顶点：$v_0, v_1, \cdots, v_k$，其中 v_i 与 v_{i+1} 相连，且 $v_1, v_2, \cdots, v_{k-1}$ 的度数均为 2.

如果图 G 中包括长度 $k > \sqrt{v}$ 的孤立路径，则我们可以删除顶点 $v_1, v_2, \cdots, v_{k-1}$ 以及与他们相连的 k 条边，由此我们得到一个新图，有 $v-k+1$ 个顶点，且围长仍至少为 δv，故其至多有 $v-k+1+f(v-k+1)$ 条边，则

$$v+f(v)-k \leqslant v-k+1+f(v-k+1)$$

因此 $f(v) \leqslant f(v-k+1)+1$.

3. 若图中不含叶且所有的孤立路径长度都不超过$\sqrt{v}$，则我们对每个孤立路径作如下操作：联结其起点和终点，并且将中间顶点和边删除，则我们将一个长度为 k 的孤立路径变为长度为 1. 由于 $k \leqslant \sqrt{v}$，则新图 H 的围长至少为$\frac{\delta v}{k} \geqslant \frac{\delta v}{\sqrt{v}} = \delta\sqrt{v}$. 由操作知，新图 H 中每个顶点的度数均不少于 3(度数小于 3 的顶点均被删除了).

由围长不小于 $\delta\sqrt{v}$ 知，存在以顶点 x 为根，且半径 $r=\lfloor \frac{\delta\sqrt{v}-1}{2} \rfloor$ 的树(半径 r 即到顶点 x 的最短路径的长度)，由于每个顶点的度数均不小于 3，则此树上每一个顶点均至少有两个子顶点，因此此树最少包含 $2^{\lfloor \frac{\delta\sqrt{v}-1}{2} \rfloor}$ 个顶点. 故 $v \geqslant 2^{\lfloor \frac{\delta\sqrt{v}-1}{2} \rfloor}$，显然其只能对有限个 v 成立.

综上，对于充分大的整数 v，第三种情形是不存在的，所以我们有 $f(v) \leqslant f(v-1)$ 或 $f(v) \leqslant f(v-k+1)+1(k > \sqrt{v})$，则容易得到$\lim\limits_{v \to \infty} \frac{f(v)}{v} = 0$，即 $f(v) = o(v)$.

回到原题，考虑有 v 个顶点的图，且无长度相等的简单圈，取其长度最短的前$\lfloor \frac{\epsilon v}{2} \rfloor$ 个简单圈，并从其中删除掉一条边，使其不是圈，则我们得到一个新图，且围长至少为$\frac{\epsilon v}{2}$. 由引理知，新图的边数至多为 $v+o(v)$ 加被删除的边，则原图至多有 $v+\frac{\epsilon v}{2}+o(v)$ 条边，但是我们现在有$(1+\epsilon)v$ 条边，因此当 v 充分大时，会产生矛盾，故命题得证.

证法 3(adamov1 AOPS) 设图 G 有 E 条边，且没有长度相同的圈，运用概率的思想，假设我们对每条边以$\frac{1}{\sqrt{E}}$ 的概率选取到集合 B 中，并记 $f(B)$ 为与 B 无交集的圈的个数，则我们可以构造一个包含由 $|B|+f(B)$ 条边组成的集合，

使其与每个圈都有交集.

这个集合的大小的期望值为 $E[|B|+f(B)]=E[|B|]+E[f(B)]$,其中 $E[|B|]=E\times\frac{1}{\sqrt{E}}=\sqrt{E}$.

$f(B)$ 的期望则为与 B 无交集之圈的概率之和,则长度为 k 的圈与 B 无交集的概率为 $\left(1-\frac{1}{\sqrt{E}}\right)^k$. 由于没有长度一样的圈,故 $E[f(B)]\leqslant\sum_{k=3}^{\infty}\left(1-\frac{1}{\sqrt{E}}\right)^k<\sqrt{E}$,故 $E[|B|+f(B)]<2\sqrt{E}$.

我们将此集合中的边删除,则 G 中将没有圈,则剩余至多 $v-1$ 条边,故 $E\leqslant v-1+2\sqrt{E}$,则 $E\leqslant v+2\sqrt{v}+1$. 由于 $E=(1+\epsilon)v$,因此当 v 充分大时,一定有长度相同的简单圈.

第一个解法的思想很自然,但是最后那个单射是不好想的. 第二个解法需要对图论的相关概念和技巧都比较熟悉,如果 IT 算法方面看得多,那么对图论题还是有很大帮助的. 第三解法个是神来之笔,看作者 ID 此人应该是俄罗斯的.

杭州二中数学竞赛教练赵斌老师的学生,也给出了一个有别于标准的解答. 而且这个学生的想法很自然,本质上就是删去一些特殊的边,使得这个图中没有圈. 然后再利用反证法假设对操作数去做估计,以此来得到矛盾. 当然该同学做了很久,也做了多次尝试后才得出解答的.

证法4 我们将证明当 $n>100$,且一个图 G 的顶点数为 n,边数为 $n+10\sqrt{n}$ 时,这个图中必存在两个互异但等长的简单圈. 显然证明了上述命题,原命题也就成立了. 对于上述命题我们采用反证法.

假设该图中不存在两个互异但等长的简单圈(以下所指的圈都指简单圈). 那么我们首先对该图进行如下操作:首先删去一条边 e_1,使得该边被最多的圈包含;然后再在剩下的图中去掉一条边 e_2,使得该边被最多的圈包含;一直这样操作下去,设操作第 l 步后,即去掉边 e_l 后,图中已没有圈. 则剩下的图的边数小于等于 $n-1$,故图 $E(G)\leqslant n-1+l$. 下证 $l\leqslant 10\sqrt{n}$,从而导出矛盾.

设第 k 步操作后,图中的圈的个数为 S_k,则 $S_l=0$,S_0 表示图 G 中圈的个数,则有 $n>S_0>S_1>S_2>\cdots>S_{l_1}>S_l=0$(因为图 G 中圈的长度各不相同,且圈的长度只能为 $3,4,\cdots,n$). 则由反证假设可得,第 k 步操作后($1\leqslant k\leqslant l-1$),剩下的圈的总长度

$$\geqslant 3+4+\cdots+S_k+(S_k+1)+(S_k+2)=\frac{S_k(S_k+5)}{2}\geqslant\frac{S_k^2}{2}$$

则由抽屉原理,总边数小于等于 $2n$,e_{k+1} 这条边至少属于其中 $\frac{S_k^2}{4n}$ 个圈,即第 $k+1$ 步操作至少破坏了 $\frac{S_k^2}{4n}$ 个圈.从而 $S_k - S_{k+1} \geqslant \frac{S_k^2}{4n}$.

下面我们首先证明对于任意正整数 $1 \leqslant p \leqslant \sqrt{n}$,$S_0, S_1, \cdots, S_{l-1}$ 在区间 $[p\sqrt{n}, (p+1)\sqrt{n})$ 的个数小于 $\frac{4\sqrt{n}}{p^2}+1$.采用反证法,若有,设 $S_0, S_1, \cdots, S_{l-1}$ 在区间 $[p\sqrt{n}, (p+1)\sqrt{n})$ 的个数为 m,$m \geqslant \frac{4\sqrt{n}}{p^2}+1$,设 $S_i, S_{i+1}, \cdots, S_{i+m-1} \in [p\sqrt{n}, (p+1)\sqrt{n})$,则对任意 $i \leqslant j \leqslant i+m-2$,有

$$S_j - S_{j+1} \geqslant \frac{S_j^2}{4n} \geqslant \frac{(p\sqrt{n})^2}{4n} = \frac{p^2}{4}$$

故

$$\sqrt{n} > S_i - S_{i+m-1} \geqslant (m-1) \cdot \frac{p^2}{4} \geqslant \frac{4\sqrt{n}}{p^2} \cdot \frac{p^2}{4} = \sqrt{n}$$

从而得到矛盾.而 $S_0, S_1, \cdots, S_{l-1}$ 在区间 $(0, \sqrt{n})$ 的个数小于等于 $\sqrt{n}$.从而我们有

$$l < \sqrt{n} + \sum_{p=1}^{[\sqrt{n}]} \left(\frac{4\sqrt{n}}{p^2}+1\right) \leqslant 2\sqrt{n} + 4\sqrt{n}\left(\sum_{p=1}^{[\sqrt{n}]} \frac{1}{p^2}\right) < 10\sqrt{n}$$

最后一步用到了不等式 $\sum_{i=1}^{k} \frac{1}{i^2} < 2$.从而我们证明了该题.

注:该证明的关键是给出一些操作,保证删去的圈最多.然后再用不等式估计去证明在反证前提下这样的操作不能进行得太多,而又由于边数大于等于 n 时,一定会有圈存在,所以可以保证一个操作次数的下界.

从本质上说,本题也是属于 Erdös 的,因为他曾提出:一个有 n 个顶点的简单图,至少要加入多少条边才会出现两个长度一样的圈?这个问题后来被图论大师 Bondy(滑铁卢大学,法国人)列入自己的著名教材 *Graph theory with application* 中作为 open problem.一个很粗略的上界是 $2n$,比较精确的上界在 1998 年由在乔治亚州大学任教的陈冠涛教授提出为 $O(n + c * \mathrm{sqrt}(n))$,后来厦门大学赖老师证明了当 n 趋向无穷大的时候,c 趋向 2.04.RMM problem3 就是这个问题的弱化版本,证明上界小于 $n +$ epsilen $* n$.这是俄罗斯出的题目,在题目发布当天,加拿大的何老师就提出了一种概率证明方法,并且拿来考研究生.

学术的事还应该多依靠专家.这不刚刚在网上有人议论,就有大伽出来说话了.

据南京大学数学系教授、组合数论专家孙志伟先生报料,让中国奥数军团全军覆没

的第三题的命题者是俄罗斯数学家 Fedor Petrov，也是他的俄方合作者. 此人曾获 1999 年第 40 届 IMO 金牌，Fedor Petrov 现在是俄罗斯科学院圣彼得堡斯捷克洛夫数学研究所的研究员. 2018 年 8 月，他曾访问南京大学，2019 年的下半年他还将访问南京大学.

我们要表达的是：如果中国选手在出征前看过本书，刷过本题的话是不是不会遭到“团灭”.

其实由数学论文改编奥数试题最成功的当属对下面这篇论文的改编：

COUNTEREXAMPLE TO EULER'S CONJECTURE ON SUMS OF LIKE POWERS

BY L. J. LANDER AND T. R. PARKIN

Communicated by J. D. Swift, June 27, 1966

A direct search on the CDC 6600 yielded

$$27^5 + 84^5 + 110^5 + 133^5 = 144^5$$

as the smallest instance in which four fifth powers sum to a fifth power. This is a counterexample to a conjecture by Euler[1] that at least n nth powers are required to sum to an nth power, $n > 2$.

REFERENCE

1. L. E. Dickson, *History of the theory of number*, Vol. 2, Chetsen, New York. 1952, p. 648.

这篇号称史上最短的数学论文就曾被多次改编为奥数题目. 笔者在多年前湖南教育出版社出版的《数学竞赛》期刊(由于刊号限制，实际上是以书代刊，由该社的总编助理欧阳维诚老先生担任主编)上曾写过一篇小文章，是谈如何命制数学奥林匹克试题的，其中有一段就介绍了这个问题. 现摘录如下：

三千多年前，我国的商高在《周髀算经》中宣布 $5^2 = 4^2 + 3^2$. 后来在两个世纪前，Euler 提出 $6^3 = 3^3 + 4^3 + 5^3$，他还发现 $113^3 = 50^3 + 74^3 + 97^3$，于是 1769 年 Enler 猜想：

当 $n \geqslant 4$ 时，方程 $x_1^n + x_2^n + \cdots + x_{n-1}^n = x_n^n$ 无整数解.

这个猜想提出后近两百年无人证明，直到 1966 年美国的两位数学家 L. J. Lanrder 和 T. R. Parkin 给出了 $n=5$ 时的一组解，从而在 $n=5$ 时，否定了 Euler 猜想. 他们得到 $27^5 + 84^4 + 110^5 + 113^5 = 144^5$. 于是在第 7 届美国数学邀请赛(AIME)(第 9 题)和 1991 年日本数学奥林匹克预选试题中都以此为背景出了一道试题：

已知存在正整数 n，使得 $113^5 + 110^5 + 84^5 + 27^5 = n^5$，试求 n 的值.

有两点需要说明，其一，类似的命题我们可以编出许多，因为对于方程 $x_1^n+x_2^n+\cdots+x_n^n=x_{n+1}^n$ 它有整数解. 半个世纪前美国芝加哥大学的 Dickson 给出 $353^4=315^4+272^4+120^4+30^4$，更简单的还有 $15^4=4^4+6^4+8^4+9^4+1^4$，对于方程 $x_1^n+x_2^n+\cdots+x_{n+1}^n=x_{n+2}^n$ 也有解. 1976 年，美国《数值计算》杂志发表了 Sefridce 和 Lander 的长文，介绍了 $1\ 141^6=1\ 077^6+894^6+702^6+474^6+402^6+234^6+74^6$，以及 $102^7=90^7+85^7+64^7+58^7+53^7+35^7+12^7$. 将这些等式中的某个数换上 n 即为一道新试题，解法与原试题一致. 其二，这道试题在反例发表的 20 多年后才出现是受下列事件的影响：几年前哈佛大学年轻的数学家 Noam. D. Elkies 利用椭圆曲线证明了 $n=4$ 时 Euler 猜想也不成立. 方程 $x_1^4+x_2^4+x_3^4=x_4^4$ 有无穷多组正整数解，他通过计算机找到的第一个解是 $2\ 682\ 440^4+15\ 365\ 639^4+18\ 796\ 760^4=20\ 615\ 673^4$.

第三句话是：顶天立地，上下通吃.

Titu 先生对初等数学和高等数学都极为熟悉，对离散和连续两大领域也都极为精通，所以使用起定理来左右逢源，游刃有余. 不像我们的一些从业者，要么高冷，不接地气，囿于自己的专业无法将其精彩的数学结论通俗化成吸引人的奥数题；要么是一些中学教师格局不大，站位不高，螺蛳壳里做道场，缺少大气象. 所命试题毫无背景，无限接近高考试题. 在这一点 Titu 先生就做得相当之好，其可在初等数学与高等数学之间穿梭自如，各种工具信手拈来，令人佩服，如下例：

O337 是否存在不可约的整系数多项式 $P(x)$，对于一切 $n\in\mathbf{N}$，使 $P(n)$ 是大于 1 的完全幂？

解 答案是"不存在". 首先观察到因为 $P(x)$ 不可约，所以 $P(x)$ 和 $P'(x)$ 互质. 于是由辗转相除法给出整系数多项式 $A(x)$ 和 $B(x)$ 以及常数 M，使 $A(x)P(x)+B(x)P'(x)=M$. 于是 $\gcd(P(x),P'(x))\mid M$，实际上，对于一切 n，$(P(n),P'(n))\leqslant M$.

这表明存在无穷多个质数 p，对某个 $n\in\mathbf{Z}$，$p\mid P(n)$，$p\nmid P'(n)$. 这一结果可由下面的引理推出.

引理 假定 $p^k\parallel P(n_0)$，$p\nmid P'(n_0)$. 那么存在 n_p，使 $p\parallel P(n_p)$.

他在证明中用 Hensel 引理的思想方法来处理. 对于 $t\in\mathbf{N}$，对某个 $G(n_0,t)\in\mathbf{Z}$，并考虑了 Taylor 展开式

$$P(n_0+tp)=P(n_0)+tpP'(n_0)+p^2G(n_0,t)$$

如果 $k=1$，那么我们可以取 $t=0$ 和 $n_0=n_p$. 另一方面，如果 $k\geqslant 2$，那么取 $t=1$，

并设$n_p = n_0 + p$.

本书出现了许多在我们常见的奥数书中所不常见的定理，如：Fontne 第一、第二定理，Leon-Anne 定理，pithot 定理，Iosifescu 定理，Blundon 不等式，Titu 引理等.

在本书即将付梓之际，中美贸易战一触即发，有一位愤青网友写道：

"用了 1000 年的火药都没进步到 TNT；烧了 2000 年的蜡烛都没进步到电灯；看了 3000 年的罗盘都没进步到 GPS. 三个发明分别对应的是化学、物理学、天文学和数学. 这背后不是技术的落后，而是思想的蒙昧和科学精神的缺失. 中国这种思想的蒙昧和科学精神的缺失一日不除，中国对美国的原创驱动力的依赖就会持续下去，而不会是暂时的."

不妄议，莫谈国事，但就数学而言，向美国学习，是长期的，是没错的！

刘培杰

于哈工大

2019 年 3 月 25 日

刘培杰数学工作室
已出版(即将出版)图书目录——初等数学

书　名	出版时间	定　价	编号
新编中学数学解题方法全书(高中版)上卷(第2版)	2018—08	58.00	951
新编中学数学解题方法全书(高中版)中卷(第2版)	2018—08	68.00	952
新编中学数学解题方法全书(高中版)下卷(一)(第2版)	2018—08	58.00	953
新编中学数学解题方法全书(高中版)下卷(二)(第2版)	2018—08	58.00	954
新编中学数学解题方法全书(高中版)下卷(三)(第2版)	2018—08	68.00	955
新编中学数学解题方法全书(初中版)上卷	2008—01	28.00	29
新编中学数学解题方法全书(初中版)中卷	2010—07	38.00	75
新编中学数学解题方法全书(高考复习卷)	2010—01	48.00	67
新编中学数学解题方法全书(高考真题卷)	2010—01	38.00	62
新编中学数学解题方法全书(高考精华卷)	2011—03	68.00	118
新编平面解析几何解题方法全书(专题讲座卷)	2010—01	18.00	61
新编中学数学解题方法全书(自主招生卷)	2013—08	88.00	261
数学奥林匹克与数学文化(第一辑)	2006—05	48.00	4
数学奥林匹克与数学文化(第二辑)(竞赛卷)	2008—01	48.00	19
数学奥林匹克与数学文化(第二辑)(文化卷)	2008—07	58.00	36′
数学奥林匹克与数学文化(第三辑)(竞赛卷)	2010—01	48.00	59
数学奥林匹克与数学文化(第四辑)(竞赛卷)	2011—08	58.00	87
数学奥林匹克与数学文化(第五辑)	2015—06	98.00	370
世界著名平面几何经典著作钩沉——几何作图专题卷(上)	2009—06	48.00	49
世界著名平面几何经典著作钩沉——几何作图专题卷(下)	2011—01	88.00	80
世界著名平面几何经典著作钩沉(民国平面几何老课本)	2011—03	38.00	113
世界著名平面几何经典著作钩沉(建国初期平面三角老课本)	2015—08	38.00	507
世界著名解析几何经典著作钩沉——平面解析几何卷	2014—01	38.00	264
世界著名数论经典著作钩沉(算术卷)	2012—01	28.00	125
世界著名数学经典著作钩沉——立体几何卷	2011—02	28.00	88
世界著名三角学经典著作钩沉(平面三角卷Ⅰ)	2010—06	28.00	69
世界著名三角学经典著作钩沉(平面三角卷Ⅱ)	2011—01	38.00	78
世界著名初等数论经典著作钩沉(理论和实用算术卷)	2011—07	38.00	126
发展你的空间想象力	2017—06	38.00	785
走向国际数学奥林匹克的平面几何试题诠释(上、下)(第1版)	2007—01	68.00	11,12
走向国际数学奥林匹克的平面几何试题诠释(上、下)(第2版)	2010—02	98.00	63,64
平面几何证明方法全书	2007—08	35.00	1
平面几何证明方法全书习题解答(第1版)	2005—10	18.00	2
平面几何证明方法全书习题解答(第2版)	2006—12	18.00	10
平面几何天天练上卷·基础篇(直线型)	2013—01	58.00	208
平面几何天天练中卷·基础篇(涉及圆)	2013—01	28.00	234
平面几何天天练下卷·提高篇	2013—01	58.00	237
平面几何专题研究	2013—07	98.00	258

刘培杰数学工作室
已出版(即将出版)图书目录——初等数学

书　　名	出版时间	定　价	编号
最新世界各国数学奥林匹克中的平面几何试题	2007－09	38.00	14
数学竞赛平面几何典型题及新颖解	2010－07	48.00	74
初等数学复习及研究(平面几何)	2008－09	58.00	38
初等数学复习及研究(立体几何)	2010－06	38.00	71
初等数学复习及研究(平面几何)习题解答	2009－01	48.00	42
几何学教程(平面几何卷)	2011－03	68.00	90
几何学教程(立体几何卷)	2011－07	68.00	130
几何变换与几何证题	2010－06	88.00	70
计算方法与几何证题	2011－06	28.00	129
立体几何技巧与方法	2014－04	88.00	293
几何瑰宝——平面几何 500 名题暨 1000 条定理(上、下)	2010－07	138.00	76,77
三角形的解法与应用	2012－07	18.00	183
近代的三角形几何学	2012－07	48.00	184
一般折线几何学	2015－08	48.00	503
三角形的五心	2009－06	28.00	51
三角形的六心及其应用	2015－10	68.00	542
三角形趣谈	2012－08	28.00	212
解三角形	2014－01	28.00	265
三角学专门教程	2014－09	28.00	387
图天下几何新题试卷.初中(第 2 版)	2017－11	58.00	855
圆锥曲线习题集(上册)	2013－06	68.00	255
圆锥曲线习题集(中册)	2015－01	78.00	434
圆锥曲线习题集(下册・第 1 卷)	2016－10	78.00	683
圆锥曲线习题集(下册・第 2 卷)	2018－01	98.00	853
论九点圆	2015－05	88.00	645
近代欧氏几何学	2012－03	48.00	162
罗巴切夫斯基几何学及几何基础概要	2012－07	28.00	188
罗巴切夫斯基几何学初步	2015－06	28.00	474
用三角、解析几何、复数、向量计算解数学竞赛几何题	2015－03	48.00	455
美国中学几何教程	2015－04	88.00	458
三线坐标与三角形特征点	2015－04	98.00	460
平面解析几何方法与研究(第 1 卷)	2015－05	18.00	471
平面解析几何方法与研究(第 2 卷)	2015－06	18.00	472
平面解析几何方法与研究(第 3 卷)	2015－07	18.00	473
解析几何研究	2015－01	38.00	425
解析几何学教程.上	2016－01	38.00	574
解析几何学教程.下	2016－01	38.00	575
几何学基础	2016－01	58.00	581
初等几何研究	2015－02	58.00	444
十九和二十世纪欧氏几何学中的片段	2017－01	58.00	696
平面几何中考.高考.奥数一本通	2017－07	28.00	820
几何学简史	2017－08	28.00	833
四面体	2018－01	48.00	880
平面几何证明方法思路	2018－12	68.00	913
平面几何图形特性新析.上篇	2019－01	68.00	911
平面几何图形特性新析.下篇	2018－06	88.00	912
平面几何范例多解探究.上篇	2018－04	48.00	910
平面几何范例多解探究.下篇	2018－12	68.00	914
从分析解题过程学解题:竞赛中的几何问题研究	2018－07	68.00	946
二维、三维欧氏几何的对偶原理	2018－12	38.00	990

刘培杰数学工作室
已出版(即将出版)图书目录——初等数学

书名	出版时间	定价	编号
俄罗斯平面几何问题集	2009-08	88.00	55
俄罗斯立体几何问题集	2014-03	58.00	283
俄罗斯几何大师——沙雷金论数学及其他	2014-01	48.00	271
来自俄罗斯的5000道几何习题及解答	2011-03	58.00	89
俄罗斯初等数学问题集	2012-05	38.00	177
俄罗斯函数问题集	2011-03	38.00	103
俄罗斯组合分析问题集	2011-01	48.00	79
俄罗斯初等数学万题选——三角卷	2012-11	38.00	222
俄罗斯初等数学万题选——代数卷	2013-08	68.00	225
俄罗斯初等数学万题选——几何卷	2014-01	68.00	226
俄罗斯《量子》杂志数学征解问题100题选	2018-08	48.00	969
俄罗斯《量子》杂志数学征解问题又100题选	2018-08	48.00	970
463个俄罗斯几何老问题	2012-01	28.00	152
《量子》数学短文精粹	2018-09	38.00	972
谈谈素数	2011-03	18.00	91
平方和	2011-03	18.00	92
整数论	2011-05	38.00	120
从整数谈起	2015-10	28.00	538
数与多项式	2016-01	38.00	558
谈谈不定方程	2011-05	28.00	119
解析不等式新论	2009-06	68.00	48
建立不等式的方法	2011-03	98.00	104
数学奥林匹克不等式研究	2009-08	68.00	56
不等式研究(第二辑)	2012-02	68.00	153
不等式的秘密(第一卷)	2012-02	28.00	154
不等式的秘密(第一卷)(第2版)	2014-02	38.00	286
不等式的秘密(第二卷)	2014-01	38.00	268
初等不等式的证明方法	2010-06	38.00	123
初等不等式的证明方法(第二版)	2014-11	38.00	407
不等式·理论·方法(基础卷)	2015-07	38.00	496
不等式·理论·方法(经典不等式卷)	2015-07	38.00	497
不等式·理论·方法(特殊类型不等式卷)	2015-07	48.00	498
不等式探究	2016-03	38.00	582
不等式探秘	2017-01	88.00	689
四面体不等式	2017-01	68.00	715
数学奥林匹克中常见重要不等式	2017-09	38.00	845
三正弦不等式	2018-09	98.00	974
同余理论	2012-05	38.00	163
[x]与{x}	2015-04	48.00	476
极值与最值.上卷	2015-06	28.00	486
极值与最值.中卷	2015-06	38.00	487
极值与最值.下卷	2015-06	28.00	488
整数的性质	2012-11	38.00	192
完全平方数及其应用	2015-08	78.00	506
多项式理论	2015-10	88.00	541
奇数、偶数、奇偶分析法	2018-01	98.00	876
不定方程及其应用.上	2018-12	58.00	992
不定方程及其应用.中	2019-01	78.00	993
不定方程及其应用.下	2019-02	98.00	994

刘培杰数学工作室
已出版(即将出版)图书目录——初等数学

书　　名	出版时间	定　价	编号
历届美国中学生数学竞赛试题及解答(第一卷)1950—1954	2014—07	18.00	277
历届美国中学生数学竞赛试题及解答(第二卷)1955—1959	2014—04	18.00	278
历届美国中学生数学竞赛试题及解答(第三卷)1960—1964	2014—06	18.00	279
历届美国中学生数学竞赛试题及解答(第四卷)1965—1969	2014—04	28.00	280
历届美国中学生数学竞赛试题及解答(第五卷)1970—1972	2014—06	18.00	281
历届美国中学生数学竞赛试题及解答(第六卷)1973—1980	2017—07	18.00	768
历届美国中学生数学竞赛试题及解答(第七卷)1981—1986	2015—01	18.00	424
历届美国中学生数学竞赛试题及解答(第八卷)1987—1990	2017—05	18.00	769
历届 IMO 试题集(1959—2005)	2006—05	58.00	5
历届 CMO 试题集	2008—09	28.00	40
历届中国数学奥林匹克试题集(第 2 版)	2017—03	38.00	757
历届加拿大数学奥林匹克试题集	2012—08	38.00	215
历届美国数学奥林匹克试题集:多解推广加强	2012—08	38.00	209
历届美国数学奥林匹克试题集:多解推广加强(第 2 版)	2016—03	48.00	592
历届波兰数学竞赛试题集.第 1 卷,1949～1963	2015—03	18.00	453
历届波兰数学竞赛试题集.第 2 卷,1964～1976	2015—03	18.00	454
历届巴尔干数学奥林匹克试题集	2015—05	38.00	466
保加利亚数学奥林匹克	2014—10	38.00	393
圣彼得堡数学奥林匹克试题集	2015—01	38.00	429
匈牙利奥林匹克数学竞赛题解.第 1 卷	2016—05	28.00	593
匈牙利奥林匹克数学竞赛题解.第 2 卷	2016—05	28.00	594
历届美国数学邀请赛试题集(第 2 版)	2017—10	78.00	851
全国高中数学竞赛试题及解答.第 1 卷	2014—07	38.00	331
普林斯顿大学数学竞赛	2016—06	38.00	669
亚太地区数学奥林匹克竞赛题	2015—07	18.00	492
日本历届(初级)广中杯数学竞赛试题及解答.第 1 卷(2000～2007)	2016—05	28.00	641
日本历届(初级)广中杯数学竞赛试题及解答.第 2 卷(2008～2015)	2016—05	38.00	642
360 个数学竞赛问题	2016—08	58.00	677
奥数最佳实战题.上卷	2017—06	38.00	760
奥数最佳实战题.下卷	2017—05	58.00	761
哈尔滨市早期中学数学竞赛试题汇编	2016—07	28.00	672
全国高中数学联赛试题及解答:1981—2017(第 2 版)	2018—05	98.00	920
20 世纪 50 年代全国部分城市数学竞赛试题汇编	2017—07	28.00	797
高中数学竞赛培训教程:平面几何问题的求解方法与策略.上	2018—05	68.00	906
高中数学竞赛培训教程:平面几何问题的求解方法与策略.下	2018—06	78.00	907
高中数学竞赛培训教程:整除与同余以及不定方程	2018—01	88.00	908
高中数学竞赛培训教程:组合计数与组合极值	2018—04	48.00	909
国内外数学竞赛题及精解:2016～2017	2018—07	45.00	922
许康华竞赛优学精选集.第一辑	2018—08	68.00	949
高考数学临门一脚(含密押三套卷)(理科版)	2017—01	45.00	743
高考数学临门一脚(含密押三套卷)(文科版)	2017—01	45.00	744
新课标高考数学题型全归纳(文科版)	2015—05	72.00	467
新课标高考数学题型全归纳(理科版)	2015—05	82.00	468
洞穿高考数学解答题核心考点(理科版)	2015—11	49.80	550
洞穿高考数学解答题核心考点(文科版)	2015—11	46.80	551

刘培杰数学工作室
已出版(即将出版)图书目录——初等数学

书　　名	出版时间	定　价	编号
高考数学题型全归纳:文科版.上	2016—05	53.00	663
高考数学题型全归纳:文科版.下	2016—05	53.00	664
高考数学题型全归纳:理科版.上	2016—05	58.00	665
高考数学题型全归纳:理科版.下	2016—05	58.00	666
王连笑教你怎样学数学:高考选择题解题策略与客观题实用训练	2014—01	48.00	262
王连笑教你怎样学数学:高考数学高层次讲座	2015—02	48.00	432
高考数学的理论与实践	2009—08	38.00	53
高考数学核心题型解题方法与技巧	2010—01	28.00	86
高考思维新平台	2014—03	38.00	259
30 分钟拿下高考数学选择题、填空题(理科版)	2016—10	39.80	720
30 分钟拿下高考数学选择题、填空题(文科版)	2016—10	39.80	721
高考数学压轴题解题诀窍(上)(第 2 版)	2018—01	58.00	874
高考数学压轴题解题诀窍(下)(第 2 版)	2018—01	48.00	875
北京市五区文科数学三年高考模拟题详解:2013～2015	2015—08	48.00	500
北京市五区理科数学三年高考模拟题详解:2013～2015	2015—09	68.00	505
向量法巧解数学高考题	2009—08	28.00	54
高考数学万能解题法(第 2 版)	即将出版	38.00	691
高考物理万能解题法(第 2 版)	即将出版	38.00	692
高考化学万能解题法(第 2 版)	即将出版	28.00	693
高考生物万能解题法(第 2 版)	即将出版	28.00	694
高考数学解题金典(第 2 版)	2017—01	78.00	716
高考物理解题金典(第 2 版)	即将出版	68.00	717
高考化学解题金典(第 2 版)	即将出版	58.00	718
我一定要赚分:高中物理	2016—01	38.00	580
数学高考参考	2016—01	78.00	589
2011～2015 年全国及各省市高考数学文科精品试题审题要津与解法研究	2015—10	68.00	539
2011～2015 年全国及各省市高考数学理科精品试题审题要津与解法研究	2015—10	88.00	540
最新全国及各省市高考数学试卷解法研究及点拨评析	2009—02	38.00	41
2011 年全国及各省市高考数学试题审题要津与解法研究	2011—10	48.00	139
2013 年全国及各省市高考数学试题解析与点评	2014—01	48.00	282
全国及各省市高考数学试题审题要津与解法研究	2015—02	48.00	450
新课标高考数学——五年试题分章详解(2007～2011)(上、下)	2011—10	78.00	140,141
全国中考数学压轴题审题要津与解法研究	2013—04	78.00	248
新编全国及各省市中考数学压轴题审题要津与解法研究	2014—05	58.00	342
全国及各省市 5 年中考数学压轴题审题要津与解法研究(2015 版)	2015—04	58.00	462
中考数学专题总复习	2007—04	28.00	6
中考数学较难题、难题常考题型解题方法与技巧.上	2016—01	48.00	584
中考数学较难题、难题常考题型解题方法与技巧.下	2016—01	58.00	585
中考数学较难题常考题型解题方法与技巧	2016—09	48.00	681
中考数学难题常考题型解题方法与技巧	2016—09	48.00	682
中考数学中档题常考题型解题方法与技巧	2017—08	68.00	835
中考数学选择填空压轴好题妙解 365	2017—05	38.00	759

刘培杰数学工作室
已出版(即将出版)图书目录——初等数学

书　　名	出版时间	定　价	编号
中考数学小压轴汇编初讲	2017－07	48.00	788
中考数学大压轴专题微言	2017－09	48.00	846
北京中考数学压轴题解题方法突破(第 4 版)	2019－01	58.00	1001
助你高考成功的数学解题智慧:知识是智慧的基础	2016－01	58.00	596
助你高考成功的数学解题智慧:错误是智慧的试金石	2016－04	58.00	643
助你高考成功的数学解题智慧:方法是智慧的推手	2016－04	68.00	657
高考数学奇思妙解	2016－04	38.00	610
高考数学解题策略	2016－05	48.00	670
数学解题泄天机(第 2 版)	2017－10	48.00	850
高考物理压轴题全解	2017－04	48.00	746
高中物理经典问题 25 讲	2017－05	28.00	764
高中物理教学讲义	2018－01	48.00	871
2016 年高考文科数学真题研究	2017－04	58.00	754
2016 年高考理科数学真题研究	2017－04	78.00	755
初中数学、高中数学脱节知识补缺教材	2017－06	48.00	766
高考数学小题抢分必练	2017－10	48.00	834
高考数学核心素养解读	2017－09	38.00	839
高考数学客观题解题方法和技巧	2017－10	38.00	847
十年高考数学精品试题审题要津与解法研究.上卷	2018－01	68.00	872
十年高考数学精品试题审题要津与解法研究.下卷	2018－01	58.00	873
中国历届高考数学试题及解答.1949－1979	2018－01	38.00	877
历届中国高考数学试题及解答.第二卷,1980—1989	2018－10	28.00	975
历届中国高考数学试题及解答.第三卷,1990—1999	2018－10	48.00	976
数学文化与高考研究	2018－03	48.00	882
跟我学解高中数学题	2018－07	58.00	926
中学数学研究的方法及案例	2018－05	58.00	869
高考数学抢分技能	2018－07	68.00	934
高一新生常用数学方法和重要数学思想提升教材	2018－06	38.00	921
2018 年高考数学真题研究	2019－01	68.00	1000

新编 640 个世界著名数学智力趣题	2014－01	88.00	242
500 个最新世界著名数学智力趣题	2008－06	48.00	3
400 个最新世界著名数学最值问题	2008－09	48.00	36
500 个世界著名数学征解问题	2009－06	48.00	52
400 个中国最佳初等数学征解老问题	2010－01	48.00	60
500 个俄罗斯数学经典老题	2011－01	28.00	81
1000 个国外中学物理好题	2012－04	48.00	174
300 个日本高考数学题	2012－05	38.00	142
700 个早期日本高考数学试题	2017－02	88.00	752
500 个前苏联早期高考数学试题及解答	2012－05	28.00	185
546 个早期俄罗斯大学生数学竞赛题	2014－03	38.00	285
548 个来自美苏的数学好问题	2014－11	28.00	396
20 所苏联著名大学早期入学试题	2015－02	18.00	452
161 道德国工科大学生必做的微分方程习题	2015－05	28.00	469
500 个德国工科大学生必做的高数习题	2015－06	28.00	478
360 个数学竞赛问题	2016－08	58.00	677
200 个趣味数学故事	2018－02	48.00	857
470 个数学奥林匹克中的最值问题	2018－10	88.00	985
德国讲义日本考题.微积分卷	2015－04	48.00	456
德国讲义日本考题.微分方程卷	2015－04	38.00	457
二十世纪中叶中、英、美、日、法、俄高考数学试题精选	2017－06	38.00	783

刘培杰数学工作室
已出版(即将出版)图书目录——初等数学

书　名	出版时间	定　价	编号
中国初等数学研究　2009 卷(第 1 辑)	2009—05	20.00	45
中国初等数学研究　2010 卷(第 2 辑)	2010—05	30.00	68
中国初等数学研究　2011 卷(第 3 辑)	2011—07	60.00	127
中国初等数学研究　2012 卷(第 4 辑)	2012—07	48.00	190
中国初等数学研究　2014 卷(第 5 辑)	2014—02	48.00	288
中国初等数学研究　2015 卷(第 6 辑)	2015—06	68.00	493
中国初等数学研究　2016 卷(第 7 辑)	2016—04	68.00	609
中国初等数学研究　2017 卷(第 8 辑)	2017—01	98.00	712
几何变换(Ⅰ)	2014—07	28.00	353
几何变换(Ⅱ)	2015—06	28.00	354
几何变换(Ⅲ)	2015—01	38.00	355
几何变换(Ⅳ)	2015—12	38.00	356
初等数论难题集(第一卷)	2009—05	68.00	44
初等数论难题集(第二卷)(上、下)	2011—02	128.00	82,83
数论概貌	2011—03	18.00	93
代数数论(第二版)	2013—08	58.00	94
代数多项式	2014—06	38.00	289
初等数论的知识与问题	2011—02	28.00	95
超越数论基础	2011—03	28.00	96
数论初等教程	2011—03	28.00	97
数论基础	2011—03	18.00	98
数论基础与维诺格拉多夫	2014—03	18.00	292
解析数论基础	2012　08	28.00	216
解析数论基础(第二版)	2014—01	48.00	287
解析数论问题集(第二版)(原版引进)	2014—05	88.00	343
解析数论问题集(第二版)(中译本)	2016—04	88.00	607
解析数论基础(潘承洞,潘承彪著)	2016—07	98.00	673
解析数论导引	2016—07	58.00	674
数论入门	2011—03	38.00	99
代数数论入门	2015—03	38.00	448
数论开篇	2012—07	28.00	194
解析数论引论	2011—03	48.00	100
Barban Davenport Halberstam 均值和	2009—01	40.00	33
基础数论	2011—03	28.00	101
初等数论 100 例	2011—05	18.00	122
初等数论经典例题	2012—07	18.00	204
最新世界各国数学奥林匹克中的初等数论试题(上、下)	2012—01	138.00	144,145
初等数论(Ⅰ)	2012—01	18.00	156
初等数论(Ⅱ)	2012—01	18.00	157
初等数论(Ⅲ)	2012—01	28.00	158

刘培杰数学工作室
已出版(即将出版)图书目录——初等数学

书 名	出版时间	定 价	编号
平面几何与数论中未解决的新老问题	2013－01	68.00	229
代数数论简史	2014－11	28.00	408
代数数论	2015－09	88.00	532
代数、数论及分析习题集	2016－11	98.00	695
数论导引提要及习题解答	2016－01	48.00	559
素数定理的初等证明.第2版	2016－09	48.00	686
数论中的模函数与狄利克雷级数(第二版)	2017－11	78.00	837
数论:数学导引	2018－01	68.00	849
数学精神巡礼	2019－01	58.00	731
数学眼光透视(第2版)	2017－06	78.00	732
数学思想领悟(第2版)	2018－01	68.00	733
数学方法溯源(第2版)	2018－08	68.00	734
数学解题引论	2017－05	58.00	735
数学史话览胜(第2版)	2017－01	48.00	736
数学应用展观(第2版)	2017－08	68.00	737
数学建模尝试	2018－04	48.00	738
数学竞赛采风	2018－01	68.00	739
数学技能操握	2018－03	48.00	741
数学欣赏拾趣	2018－02	48.00	742
从毕达哥拉斯到怀尔斯	2007－10	48.00	9
从迪利克雷到维斯卡尔迪	2008－01	48.00	21
从哥德巴赫到陈景润	2008－05	98.00	35
从庞加莱到佩雷尔曼	2011－08	138.00	136
博弈论精粹	2008－03	58.00	30
博弈论精粹.第二版(精装)	2015－01	88.00	461
数学 我爱你	2008－01	28.00	20
精神的圣徒 别样的人生——60位中国数学家成长的历程	2008－09	48.00	39
数学史概论	2009－06	78.00	50
数学史概论(精装)	2013－03	158.00	272
数学史选讲	2016－01	48.00	544
斐波那契数列	2010－02	28.00	65
数学拼盘和斐波那契魔方	2010－07	38.00	72
斐波那契数列欣赏(第2版)	2018－08	58.00	948
Fibonacci数列中的明珠	2018－06	58.00	928
数学的创造	2011－02	48.00	85
数学美与创造力	2016－01	48.00	595
数海拾贝	2016－01	48.00	590
数学中的美	2011－02	38.00	84
数论中的美学	2014－12	38.00	351

刘培杰数学工作室
已出版(即将出版)图书目录——初等数学

书　　名	出版时间	定　价	编号
数学王者　科学巨人——高斯	2015－01	28.00	428
振兴祖国数学的圆梦之旅:中国初等数学研究史话	2015－06	98.00	490
二十世纪中国数学史料研究	2015－10	48.00	536
数字谜、数阵图与棋盘覆盖	2016－01	58.00	298
时间的形状	2016－01	38.00	556
数学发现的艺术:数学探索中的合情推理	2016－07	58.00	671
活跃在数学中的参数	2016－07	48.00	675
数学解题——靠数学思想给力(上)	2011－07	38.00	131
数学解题——靠数学思想给力(中)	2011－07	48.00	132
数学解题——靠数学思想给力(下)	2011－07	38.00	133
我怎样解题	2013－01	48.00	227
数学解题中的物理方法	2011－06	28.00	114
数学解题的特殊方法	2011－06	48.00	115
中学数学计算技巧	2012－01	48.00	116
中学数学证明方法	2012－01	58.00	117
数学趣题巧解	2012－03	28.00	128
高中数学教学通鉴	2015－05	58.00	479
和高中生漫谈:数学与哲学的故事	2014－08	28.00	369
算术问题集	2017－03	38.00	789
张教授讲数学	2018－07	38.00	933
自主招生考试中的参数方程问题	2015－01	28.00	435
自主招生考试中的极坐标问题	2015－04	28.00	463
近年全国重点大学自主招生数学试题全解及研究.华约卷	2015－02	38.00	441
近年全国重点大学自主招生数学试题全解及研究.北约卷	2016－05	38.00	619
自主招生数学解证宝典	2015－09	48.00	535
格点和面积	2012－07	18.00	191
射影几何趣谈	2012－04	28.00	175
斯潘纳尔引理——从一道加拿大数学奥林匹克试题谈起	2014－01	28.00	228
李普希兹条件——从几道近年高考数学试题谈起	2012－10	18.00	221
拉格朗日中值定理——从一道北京高考试题的解法谈起	2015－10	18.00	197
闵科夫斯基定理——从一道清华大学自主招生试题谈起	2014－01	28.00	198
哈尔测度——从一道冬令营试题的背景谈起	2012－08	28.00	202
切比雪夫逼近问题——从一道中国台北数学奥林匹克试题谈起	2013－04	38.00	238
伯恩斯坦多项式与贝齐尔曲面——从一道全国高中数学联赛试题谈起	2013－03	38.00	236
卡塔兰猜想——从一道普特南竞赛试题谈起	2013－06	18.00	256
麦卡锡函数和阿克曼函数——从一道前南斯拉夫数学奥林匹克试题谈起	2012－08	18.00	201
贝蒂定理与拉姆贝克莫斯尔定理——从一个拣石子游戏谈起	2012－08	18.00	217
皮亚诺曲线和豪斯道夫分球定理——从无限集谈起	2012－08	18.00	211
平面凸图形与凸多面体	2012－10	28.00	218
斯坦因豪斯问题——从一道二十五省市自治区中学数学竞赛试题谈起	2012－07	18.00	196

刘培杰数学工作室
已出版(即将出版)图书目录——初等数学

书　　名	出版时间	定　价	编号
纽结理论中的亚历山大多项式与琼斯多项式——从一道北京市高一数学竞赛试题谈起	2012－07	28.00	195
原则与策略——从波利亚"解题表"谈起	2013－04	38.00	244
转化与化归——从三大尺规作图不能问题谈起	2012－08	28.00	214
代数几何中的贝祖定理(第一版)——从一道 IMO 试题的解法谈起	2013－08	18.00	193
成功连贯理论与约当块理论——从一道比利时数学竞赛试题谈起	2012－04	18.00	180
素数判定与大数分解	2014－08	18.00	199
置换多项式及其应用	2012－10	18.00	220
椭圆函数与模函数——从一道美国加州大学洛杉矶分校(UCLA)博士资格考题谈起	2012－10	28.00	219
差分方程的拉格朗日方法——从一道 2011 年全国高考理科试题的解法谈起	2012－08	28.00	200
力学在几何中的一些应用	2013－01	38.00	240
高斯散度定理、斯托克斯定理和平面格林定理——从一道国际大学生数学竞赛试题谈起	即将出版		
康托洛维奇不等式——从一道全国高中联赛试题谈起	2013－03	28.00	337
西格尔引理——从一道第 18 届 IMO 试题的解法谈起	即将出版		
罗斯定理——从一道前苏联数学竞赛试题谈起	即将出版		
拉克斯定理和阿廷定理——从一道 IMO 试题的解法谈起	2014－01	58.00	246
毕卡大定理——从一道美国大学数学竞赛试题谈起	2014－07	18.00	350
贝齐尔曲线——从一道全国高中联赛试题谈起	即将出版		
拉格朗日乘子定理——从一道 2005 年全国高中联赛试题的高等数学解法谈起	2015－05	28.00	480
雅可比定理——从一道日本数学奥林匹克试题谈起	2013－04	48.00	249
李天岩－约克定理——从一道波兰数学竞赛试题谈起	2014－06	28.00	349
整系数多项式因式分解的一般方法——从克朗耐克算法谈起	即将出版		
布劳维不动点定理——从一道前苏联数学奥林匹克试题谈起	2014－01	38.00	273
伯恩赛德定理——从一道英国数学奥林匹克试题谈起	即将出版		
布查特－莫斯特定理——从一道上海市初中竞赛试题谈起	即将出版		
数论中的同余数问题——从一道普特南竞赛试题谈起	即将出版		
范·德蒙行列式——从一道美国数学奥林匹克试题谈起	即将出版		
中国剩余定理:总数法构建中国历史年表	2015－01	28.00	430
牛顿程序与方程求根——从一道全国高考试题解法谈起	即将出版		
库默尔定理——从一道 IMO 预选试题谈起	即将出版		
卢丁定理——从一道冬令营试题的解法谈起	即将出版		
沃斯滕霍姆定理——从一道 IMO 预选试题谈起	即将出版		
卡尔松不等式——从一道莫斯科数学奥林匹克试题谈起	即将出版		
信息论中的香农熵——从一道近年高考压轴题谈起	即将出版		
约当不等式——从一道希望杯竞赛试题谈起	即将出版		
拉比诺维奇定理	即将出版		
刘维尔定理——从一道《美国数学月刊》征解问题的解法谈起	即将出版		
卡塔兰恒等式与级数求和——从一道 IMO 试题的解法谈起	即将出版		
勒让德猜想与素数分布——从一道爱尔兰竞赛试题谈起	即将出版		
天平称重与信息论——从一道基辅市数学奥林匹克试题谈起	即将出版		
哈密尔顿－凯莱定理:从一道高中数学联赛试题的解法谈起	2014－09	18.00	376
艾思特曼定理——从一道 CMO 试题的解法谈起	即将出版		

刘培杰数学工作室
已出版(即将出版)图书目录——初等数学

书　　名	出版时间	定　价	编号
阿贝尔恒等式与经典不等式及应用	2018－06	98.00	923
迪利克雷除数问题	2018－07	48.00	930
贝克码与编码理论——从一道全国高中联赛试题谈起	即将出版		
帕斯卡三角形	2014－03	18.00	294
蒲丰投针问题——从2009年清华大学的一道自主招生试题谈起	2014－01	38.00	295
斯图姆定理——从一道"华约"自主招生试题的解法谈起	2014－01	18.00	296
许瓦兹引理——从一道加利福尼亚大学伯克利分校数学系博士生试题谈起	2014－08	18.00	297
拉姆塞定理——从王诗宬院士的一个问题谈起	2016－04	48.00	299
坐标法	2013－12	28.00	332
数论三角形	2014－04	38.00	341
毕克定理	2014－07	18.00	352
数林掠影	2014－09	48.00	389
我们周围的概率	2014－10	38.00	390
凸函数最值定理:从一道华约自主招生题的解法谈起	2014－10	28.00	391
易学与数学奥林匹克	2014－10	38.00	392
生物数学趣谈	2015－01	18.00	409
反演	2015－01	28.00	420
因式分解与圆锥曲线	2015－01	18.00	426
轨迹	2015－01	28.00	427
面积原理:从常庚哲命的一道CMO试题的积分解法谈起	2015－01	48.00	431
形形色色的不动点定理:从一道28届IMO试题谈起	2015－01	38.00	439
柯西函数方程:从一道上海交大自主招生的试题谈起	2015－02	28.00	440
三角恒等式	2015－02	28.00	442
无理性判定:从一道2014年"北约"自主招生试题谈起	2015－01	38.00	443
数学归纳法	2015－03	18.00	451
极端原理与解题	2015－04	28.00	464
法雷级数	2014－08	18.00	367
摆线族	2015－01	38.00	438
函数方程及其解法	2015－05	38.00	470
含参数的方程和不等式	2012－09	28.00	213
希尔伯特第十问题	2016－01	38.00	543
无穷小量的求和	2016－01	28.00	545
切比雪夫多项式:从一道清华大学金秋营试题谈起	2016－01	38.00	583
泽肯多夫定理	2016－03	38.00	599
代数等式证题法	2016－01	28.00	600
三角等式证题法	2016－01	28.00	601
吴大任教授藏书中的一个因式分解公式:从一道美国数学邀请赛试题的解法谈起	2016－06	28.00	656
易卦——类万物的数学模型	2017－08	68.00	838
"不可思议"的数与数系可持续发展	2018－01	38.00	878
最短线	2018－01	38.00	879

幻方和魔方(第一卷)	2012－05	68.00	173
尘封的经典——初等数学经典文献选读(第一卷)	2012－07	48.00	205
尘封的经典——初等数学经典文献选读(第二卷)	2012－07	38.00	206

初级方程式论	2011－03	28.00	106
初等数学研究(Ⅰ)	2008－09	68.00	37
初等数学研究(Ⅱ)(上、下)	2009－05	118.00	46,47

刘培杰数学工作室
已出版(即将出版)图书目录——初等数学

书　　名	出版时间	定　价	编号
趣味初等方程妙题集锦	2014－09	48.00	388
趣味初等数论选美与欣赏	2015－02	48.00	445
耕读笔记(上卷):一位农民数学爱好者的初数探索	2015－04	28.00	459
耕读笔记(中卷):一位农民数学爱好者的初数探索	2015－05	28.00	483
耕读笔记(下卷):一位农民数学爱好者的初数探索	2015－05	28.00	484
几何不等式研究与欣赏.上卷	2016－01	88.00	547
几何不等式研究与欣赏.下卷	2016－01	48.00	552
初等数列研究与欣赏·上	2016－01	48.00	570
初等数列研究与欣赏·下	2016－01	48.00	571
趣味初等函数研究与欣赏.上	2016－09	48.00	684
趣味初等函数研究与欣赏.下	2018－09	48.00	685
火柴游戏	2016－05	38.00	612
智力解谜.第1卷	2017－07	38.00	613
智力解谜.第2卷	2017－07	38.00	614
故事智力	2016－07	48.00	615
名人们喜欢的智力问题	即将出版		616
数学大师的发现、创造与失误	2018－01	48.00	617
异曲同工	2018－09	48.00	618
数学的味道	2018－01	58.00	798
数学千字文	2018－10	68.00	977
数贝偶拾——高考数学题研究	2014－04	28.00	274
数贝偶拾——初等数学研究	2014－04	38.00	275
数贝偶拾——奥数题研究	2014－04	48.00	276
钱昌本教你快乐学数学(上)	2011－12	48.00	155
钱昌本教你快乐学数学(下)	2012－03	58.00	171
集合、函数与方程	2014－01	28.00	300
数列与不等式	2014－01	38.00	301
三角与平面向量	2014－01	28.00	302
平面解析几何	2014－01	38.00	303
立体几何与组合	2014－01	28.00	304
极限与导数、数学归纳法	2014－01	38.00	305
趣味数学	2014－03	28.00	306
教材教法	2014－04	68.00	307
自主招生	2014－05	58.00	308
高考压轴题(上)	2015－01	48.00	309
高考压轴题(下)	2014－10	68.00	310
从费马到怀尔斯——费马大定理的历史	2013－10	198.00	Ⅰ
从庞加莱到佩雷尔曼——庞加莱猜想的历史	2013－10	298.00	Ⅱ
从切比雪夫到爱尔特希(上)——素数定理的初等证明	2013－07	48.00	Ⅲ
从切比雪夫到爱尔特希(下)——素数定理100年	2012－12	98.00	Ⅲ
从高斯到盖尔方特——二次域的高斯猜想	2013－10	198.00	Ⅳ
从库默尔到朗兰兹——朗兰兹猜想的历史	2014－01	98.00	Ⅴ
从比勃巴赫到德布朗斯——比勃巴赫猜想的历史	2014－02	298.00	Ⅵ
从麦比乌斯到陈省身——麦比乌斯变换与麦比乌斯带	2014－02	298.00	Ⅶ
从布尔到豪斯道夫——布尔方程与格论漫谈	2013－10	198.00	Ⅷ
从开普勒到阿诺德——三体问题的历史	2014－05	298.00	Ⅸ
从华林到华罗庚——华林问题的历史	2013－10	298.00	Ⅹ

刘培杰数学工作室
已出版(即将出版)图书目录——初等数学

书　名	出版时间	定　价	编号
美国高中数学竞赛五十讲.第1卷(英文)	2014-08	28.00	357
美国高中数学竞赛五十讲.第2卷(英文)	2014-08	28.00	358
美国高中数学竞赛五十讲.第3卷(英文)	2014-09	28.00	359
美国高中数学竞赛五十讲.第4卷(英文)	2014-09	28.00	360
美国高中数学竞赛五十讲.第5卷(英文)	2014-10	28.00	361
美国高中数学竞赛五十讲.第6卷(英文)	2014-11	28.00	362
美国高中数学竞赛五十讲.第7卷(英文)	2014-12	28.00	363
美国高中数学竞赛五十讲.第8卷(英文)	2015-01	28.00	364
美国高中数学竞赛五十讲.第9卷(英文)	2015-01	28.00	365
美国高中数学竞赛五十讲.第10卷(英文)	2015-02	38.00	366

三角函数(第2版)	2017-04	38.00	626
不等式	2014-01	38.00	312
数列	2014-01	38.00	313
方程(第2版)	2017-04	38.00	624
排列和组合	2014-01	28.00	315
极限与导数(第2版)	2016-04	38.00	635
向量(第2版)	2018-08	58.00	627
复数及其应用	2014-08	28.00	318
函数	2014-01	38.00	319
集合	即将出版		320
直线与平面	2014-01	28.00	321
立体几何(第2版)	2016-04	38.00	629
解三角形	即将出版		323
直线与圆(第2版)	2016-11	38.00	631
圆锥曲线(第2版)	2016-09	48.00	632
解题通法(一)	2014-07	38.00	326
解题通法(二)	2014-07	38.00	327
解题通法(三)	2014-05	38.00	328
概率与统计	2014-01	28.00	329
信息迁移与算法	即将出版		330

IMO 50年.第1卷(1959-1963)	2014-11	28.00	377
IMO 50年.第2卷(1964-1968)	2014-11	28.00	378
IMO 50年.第3卷(1969-1973)	2014-09	28.00	379
IMO 50年.第4卷(1974-1978)	2016-04	38.00	380
IMO 50年.第5卷(1979-1984)	2015-04	38.00	381
IMO 50年.第6卷(1985-1989)	2015-04	58.00	382
IMO 50年.第7卷(1990-1994)	2016-01	48.00	383
IMO 50年.第8卷(1995-1999)	2016-06	38.00	384
IMO 50年.第9卷(2000-2004)	2015-04	58.00	385
IMO 50年.第10卷(2005-2009)	2016-01	48.00	386
IMO 50年.第11卷(2010-2015)	2017-03	48.00	646

刘培杰数学工作室
已出版(即将出版)图书目录——初等数学

书　　名	出版时间	定　价	编号
数学反思(2007—2008)	即将出版		915
数学反思(2008—2009)	2019—01	68.00	917
数学反思(2010—2011)	2018—05	58.00	916
数学反思(2012—2013)	2019—01	58.00	918
数学反思(2014—2015)	即将出版		919
历届美国大学生数学竞赛试题集.第一卷(1938—1949)	2015—01	28.00	397
历届美国大学生数学竞赛试题集.第二卷(1950—1959)	2015—01	28.00	398
历届美国大学生数学竞赛试题集.第三卷(1960—1969)	2015—01	28.00	399
历届美国大学生数学竞赛试题集.第四卷(1970—1979)	2015—01	18.00	400
历届美国大学生数学竞赛试题集.第五卷(1980—1989)	2015—01	28.00	401
历届美国大学生数学竞赛试题集.第六卷(1990—1999)	2015—01	28.00	402
历届美国大学生数学竞赛试题集.第七卷(2000—2009)	2015—08	18.00	403
历届美国大学生数学竞赛试题集.第八卷(2010—2012)	2015—01	18.00	404
新课标高考数学创新题解题诀窍:总论	2014—09	28.00	372
新课标高考数学创新题解题诀窍:必修1～5分册	2014—08	38.00	373
新课标高考数学创新题解题诀窍:选修2—1,2—2,1—1,1—2分册	2014—09	38.00	374
新课标高考数学创新题解题诀窍:选修2—3,4—4,4—5分册	2014—09	18.00	375
全国重点大学自主招生英文数学试题全攻略:词汇卷	2015—07	48.00	410
全国重点大学自主招生英文数学试题全攻略:概念卷	2015—01	28.00	411
全国重点大学自主招生英文数学试题全攻略:文章选读卷(上)	2016—09	38.00	412
全国重点大学自主招生英文数学试题全攻略:文章选读卷(下)	2017—01	58.00	413
全国重点大学自主招生英文数学试题全攻略:试题卷	2015—07	38.00	414
全国重点大学自主招生英文数学试题全攻略:名著欣赏卷	2017—03	48.00	415
劳埃德数学趣题大全.题目卷.1:英文	2016—01	18.00	516
劳埃德数学趣题大全.题目卷.2:英文	2016—01	18.00	517
劳埃德数学趣题大全.题目卷.3:英文	2016—01	18.00	518
劳埃德数学趣题大全.题目卷.4:英文	2016—01	18.00	519
劳埃德数学趣题大全.题目卷.5:英文	2016—01	18.00	520
劳埃德数学趣题大全.答案卷:英文	2016—01	18.00	521
李成章教练奥数笔记.第1卷	2016—01	48.00	522
李成章教练奥数笔记.第2卷	2016—01	48.00	523
李成章教练奥数笔记.第3卷	2016—01	38.00	524
李成章教练奥数笔记.第4卷	2016—01	38.00	525
李成章教练奥数笔记.第5卷	2016—01	38.00	526
李成章教练奥数笔记.第6卷	2016—01	38.00	527
李成章教练奥数笔记.第7卷	2016—01	38.00	528
李成章教练奥数笔记.第8卷	2016—01	48.00	529
李成章教练奥数笔记.第9卷	2016—01	28.00	530

刘培杰数学工作室
已出版(即将出版)图书目录——初等数学

书　名	出版时间	定　价	编号
第19～23届"希望杯"全国数学邀请赛试题审题要津详细评注(初一版)	2014－03	28.00	333
第19～23届"希望杯"全国数学邀请赛试题审题要津详细评注(初二、初三版)	2014－03	38.00	334
第19～23届"希望杯"全国数学邀请赛试题审题要津详细评注(高一版)	2014－03	28.00	335
第19～23届"希望杯"全国数学邀请赛试题审题要津详细评注(高二版)	2014－03	38.00	336
第19～25届"希望杯"全国数学邀请赛试题审题要津详细评注(初一版)	2015－01	38.00	416
第19～25届"希望杯"全国数学邀请赛试题审题要津详细评注(初二、初三版)	2015－01	58.00	417
第19～25届"希望杯"全国数学邀请赛试题审题要津详细评注(高一版)	2015－01	48.00	418
第19～25届"希望杯"全国数学邀请赛试题审题要津详细评注(高二版)	2015－01	48.00	419
物理奥林匹克竞赛大题典——力学卷	2014－11	48.00	405
物理奥林匹克竞赛大题典——热学卷	2014－04	28.00	339
物理奥林匹克竞赛大题典——电磁学卷	2015－07	48.00	406
物理奥林匹克竞赛大题典——光学与近代物理卷	2014－06	28.00	345
历届中国东南地区数学奥林匹克试题集(2004～2012)	2014－06	18.00	346
历届中国西部地区数学奥林匹克试题集(2001～2012)	2014－07	18.00	347
历届中国女子数学奥林匹克试题集(2002～2012)	2014－08	18.00	348
数学奥林匹克在中国	2014－06	98.00	344
数学奥林匹克问题集	2014－01	38.00	267
数学奥林匹克不等式散论	2010－06	38.00	124
数学奥林匹克不等式欣赏	2011－09	38.00	138
数学奥林匹克超级题库(初中卷上)	2010－01	58.00	66
数学奥林匹克不等式证明方法和技巧(上、下)	2011－08	158.00	134,135
他们学什么:原民主德国中学数学课本	2016－09	38.00	658
他们学什么:英国中学数学课本	2016－09	38.00	659
他们学什么:法国中学数学课本.1	2016－09	38.00	660
他们学什么:法国中学数学课本.2	2016－09	28.00	661
他们学什么:法国中学数学课本.3	2016－09	38.00	662
他们学什么:苏联中学数学课本	2016－09	28.00	679
高中数学题典——集合与简易逻辑・函数	2016－07	48.00	647
高中数学题典——导数	2016－07	48.00	648
高中数学题典——三角函数・平面向量	2016－07	48.00	649
高中数学题典——数列	2016－07	58.00	650
高中数学题典——不等式・推理与证明	2016－07	38.00	651
高中数学题典——立体几何	2016－07	48.00	652
高中数学题典——平面解析几何	2016－07	78.00	653
高中数学题典——计数原理・统计・概率・复数	2016－07	48.00	654
高中数学题典——算法・平面几何・初等数论・组合数学・其他	2016－07	68.00	655

刘培杰数学工作室
已出版(即将出版)图书目录——初等数学

书　　名	出版时间	定　价	编号
台湾地区奥林匹克数学竞赛试题.小学一年级	2017－03	38.00	722
台湾地区奥林匹克数学竞赛试题.小学二年级	2017－03	38.00	723
台湾地区奥林匹克数学竞赛试题.小学三年级	2017－03	38.00	724
台湾地区奥林匹克数学竞赛试题.小学四年级	2017－03	38.00	725
台湾地区奥林匹克数学竞赛试题.小学五年级	2017－03	38.00	726
台湾地区奥林匹克数学竞赛试题.小学六年级	2017－03	38.00	727
台湾地区奥林匹克数学竞赛试题.初中一年级	2017－03	38.00	728
台湾地区奥林匹克数学竞赛试题.初中二年级	2017－03	38.00	729
台湾地区奥林匹克数学竞赛试题.初中三年级	2017－03	28.00	730
不等式证题法	2017－04	28.00	747
平面几何培优教程	即将出版		748
奥数鼎级培优教程.高一分册	2018－09	88.00	749
奥数鼎级培优教程.高二分册.上	2018－04	68.00	750
奥数鼎级培优教程.高二分册.下	2018－04	68.00	751
高中数学竞赛冲刺宝典	即将出版		883
初中尖子生数学超级题典.实数	2017－07	58.00	792
初中尖子生数学超级题典.式、方程与不等式	2017－08	58.00	793
初中尖子生数学超级题典.圆、面积	2017－08	38.00	794
初中尖子生数学超级题典.函数、逻辑推理	2017－08	48.00	795
初中尖子生数学超级题典.角、线段、三角形与多边形	2017－07	58.00	796
数学王子——高斯	2018－01	48.00	858
坎坷奇星——阿贝尔	2018－01	48.00	859
闪烁奇星——伽罗瓦	2018－01	58.00	860
无穷统帅——康托尔	2018－01	48.00	861
科学公主——柯瓦列夫斯卡娅	2018－01	48.00	862
抽象代数之母——埃米·诺特	2018－01	48.00	863
电脑先驱——图灵	2018－01	58.00	864
昔日神童——维纳	2018－01	48.00	865
数坛怪侠——爱尔特希	2018－01	68.00	866
当代世界中的数学.数学思想与数学基础	2019－01	38.00	892
当代世界中的数学.数学问题	2019－01	38.00	893
当代世界中的数学.应用数学与数学应用	2019－01	38.00	894
当代世界中的数学.数学王国的新疆域(一)	2019－01	38.00	895
当代世界中的数学.数学王国的新疆域(二)	2019－01	38.00	896
当代世界中的数学.数林撷英(一)	2019－01	38.00	897
当代世界中的数学.数林撷英(二)	2019－01	48.00	898
当代世界中的数学.数学之路	2019－01	38.00	899

刘培杰数学工作室
已出版(即将出版)图书目录——初等数学

书　　名	出版时间	定　价	编号
105 个代数问题:来自 AwesomeMath 夏季课程	2019－02	58.00	956
106 个几何问题:来自 AwesomeMath 夏季课程	即将出版		957
107 个几何问题:来自 AwesomeMath 全年课程	即将出版		958
108 个代数问题:来自 AwesomeMath 全年课程	2019－01	68.00	959
109 个不等式:来自 AwesomeMath 夏季课程	即将出版		960
国际数学奥林匹克中的 110 个几何问题	即将出版		961
111 个代数和数论问题	即将出版		962
112 个组合问题:来自 AwesomeMath 夏季课程	即将出版		963
113 个几何不等式:来自 AwesomeMath 夏季课程	即将出版		964
114 个指数和对数问题:来自 AwesomeMath 夏季课程	即将出版		965
115 个三角问题:来自 AwesomeMath 夏季课程	即将出版		966
116 个代数不等式:来自 AwesomeMath 全年课程	即将出版		967

紫色慧星国际数学竞赛试题	2019－02	58.00	999

澳大利亚中学数学竞赛试题及解答(初级卷)1978～1984	2019－02	28.00	1002
澳大利亚中学数学竞赛试题及解答(初级卷)1985～1991	2019－02	28.00	1003
澳大利亚中学数学竞赛试题及解答(初级卷)1992～1998	2019－02	28.00	1004
澳大利亚中学数学竞赛试题及解答(初级卷)1999～2005	2019－02	28.00	1005
澳大利亚中学数学竞赛试题及解答(中级卷)1978～1984	即将出版		1006
澳大利亚中学数学竞赛试题及解答(中级卷)1985～1991	即将出版		1007
澳大利亚中学数学竞赛试题及解答(中级卷)1992～1998	即将出版		1008
澳大利亚中学数学竞赛试题及解答(中级卷)1999～2005	即将出版		1009
澳大利亚中学数学竞赛试题及解答(高级卷)1978～1984	即将出版		1010
澳大利亚中学数学竞赛试题及解答(高级卷)1985～1991	即将出版		1011
澳大利亚中学数学竞赛试题及解答(高级卷)1992～1998	即将出版		1012
澳大利亚中学数学竞赛试题及解答(高级卷)1999～2005	即将出版		1013

联系地址:哈尔滨市南岗区复华四道街 10 号　哈尔滨工业大学出版社刘培杰数学工作室
网　　址:http://lpj.hit.edu.cn/
邮　　编:150006
联系电话:0451－86281378　　13904613167
E-mail:lpj1378@163.com